ALD(原子層堆積)による
エネルギー変換デバイス

監訳:鈴木 雄二　　翻訳:廣瀬 千秋

Atomic Layer Deposition in Energy Conversion Applications

Julien Bachmann (Ed.)

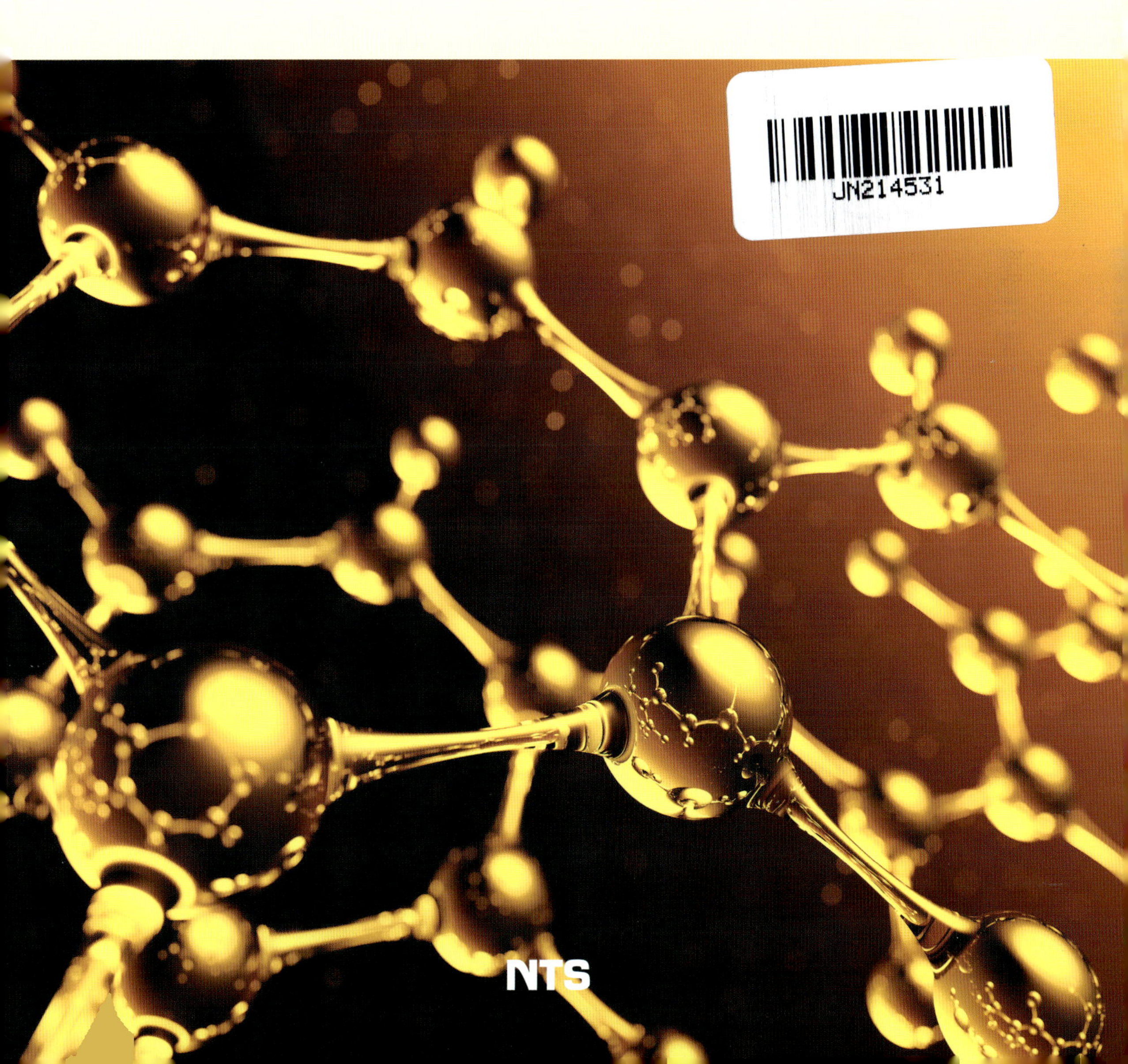

Atomic Layer Deposition in Energy Conversion Applications
Edited by Prof. Julien Bachmann

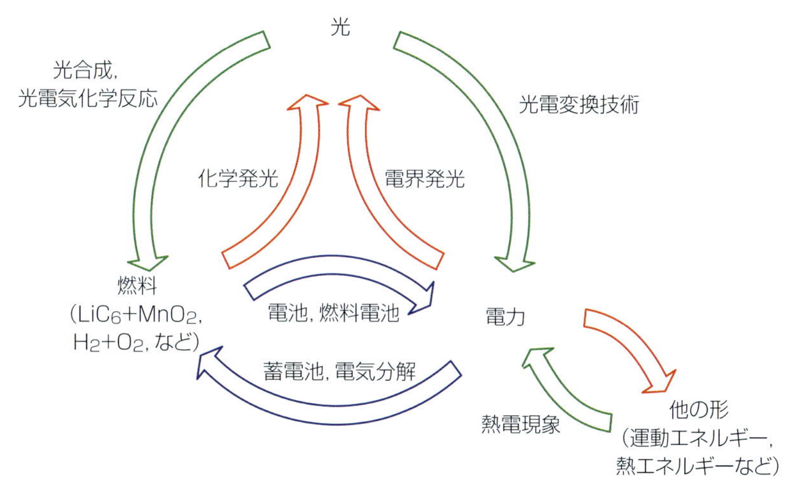

図２　再生可能エネルギー経済におけるエネルギーの収穫（緑），貯蔵（青），および開発（赤）を表すダイヤグラム。本書では図に示してあるエネルギーの収穫と貯蔵の形を扱っている。(p.5)

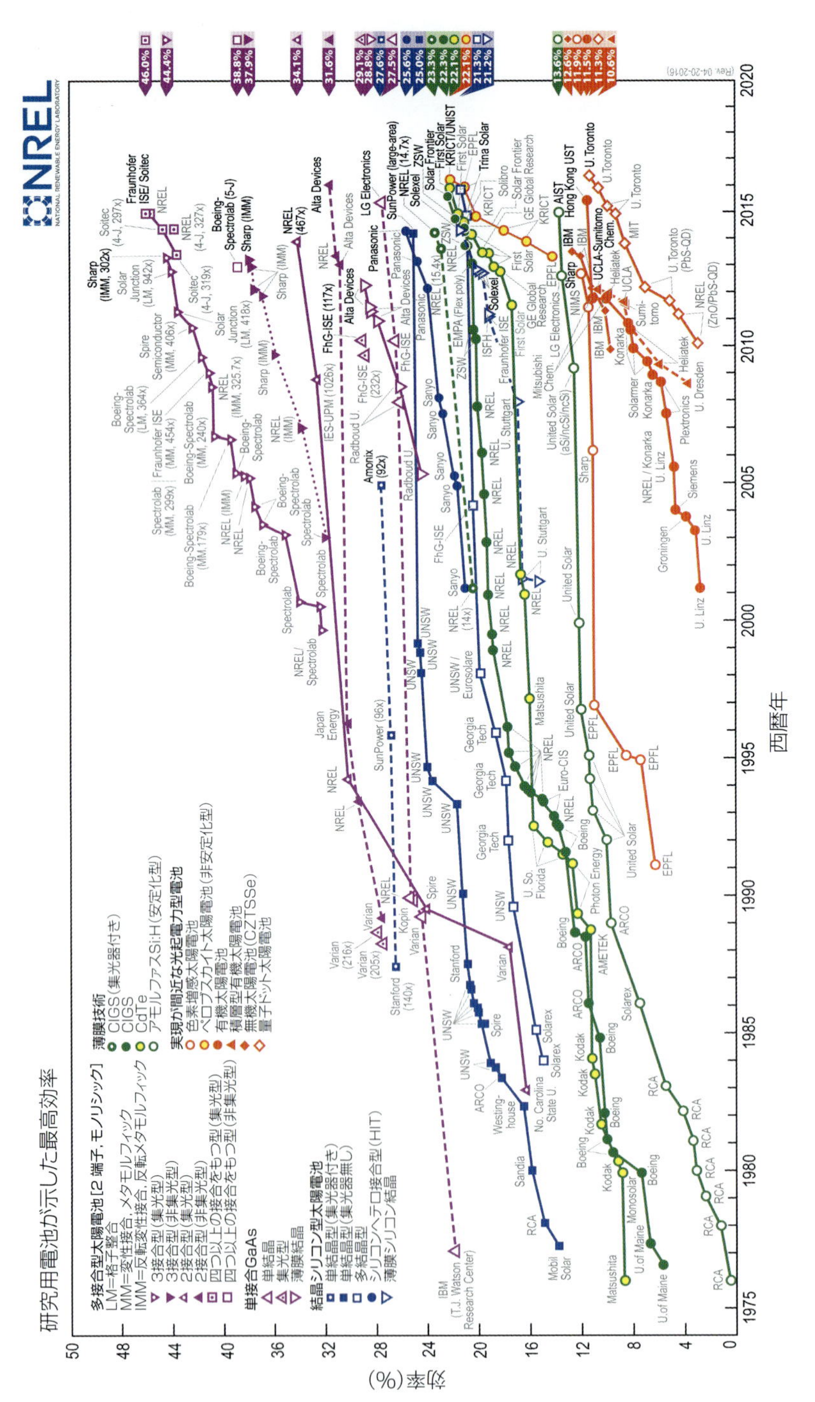

図５　これまでに開発された太陽電池の効率について，NREL によって収集・編纂された記録をカテゴリー別にプロットした図 [3]。著作権 2016，The National Renewable Energy Laboratory, Golden, CO. (p.9)

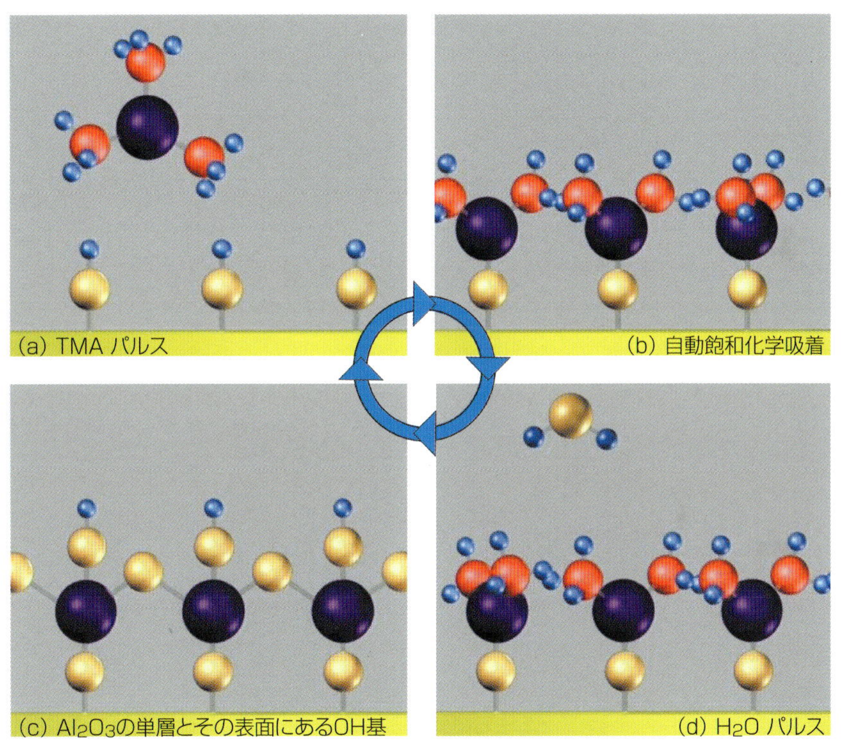

図 1.1　TMA と H_2O からの Al_2O_3 層形成を使って示す原子層堆積（ALD）の原理。（Detavernier et al. 2011 [5]。Royal Society of Chemistry の許諾を得て転載。）（p.16）

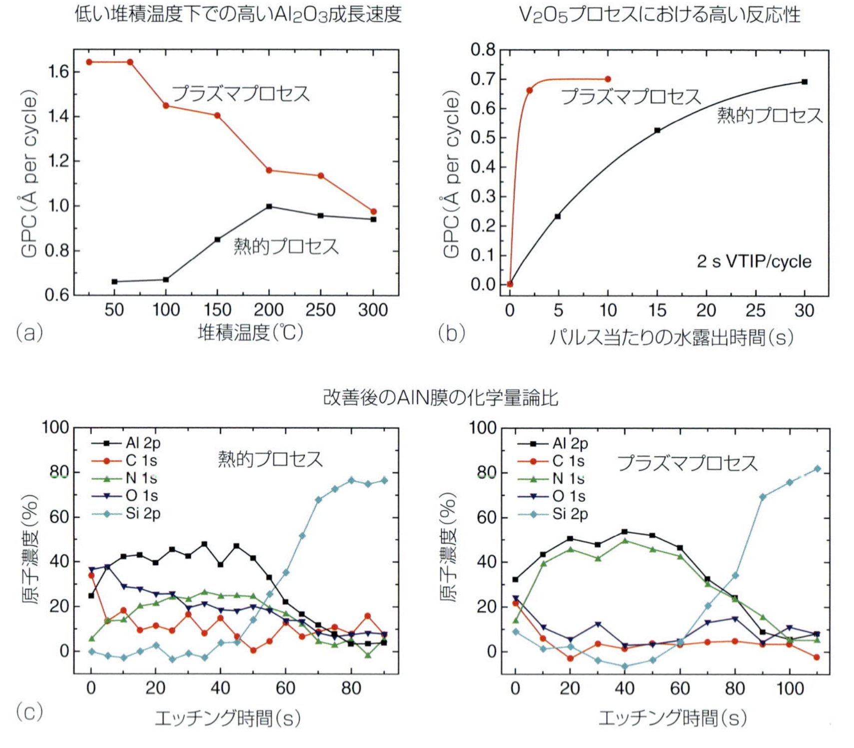

図 1.7 熱的 ALD と比べたときに（遠隔式）PE-ALD が有する長所の抜粋。(a) 2 s の TMA および 5 s の H_2O または H_2O プラズマを使った Al_2O_3 成長について堆積温度の関数としてプロットしたサイクル当たりの成長厚（GPC）。(b) V 原子の前駆体としてトリイソプロポキシドバナジル（vanadyl triisopropoxide, VTIP）を用いた熱的 ALD および PE-ALD について，V_2O_5 の GPC を H_2O 露出時間の関数としてみた結果。(c) 熱的に得た AlN 膜と，250℃ において 2 s の TMA および 5 s の NH_3 または NH_3 プラズマ用いる PE-ALD で得た AlN 膜の XPS プロファイル。(p.24)

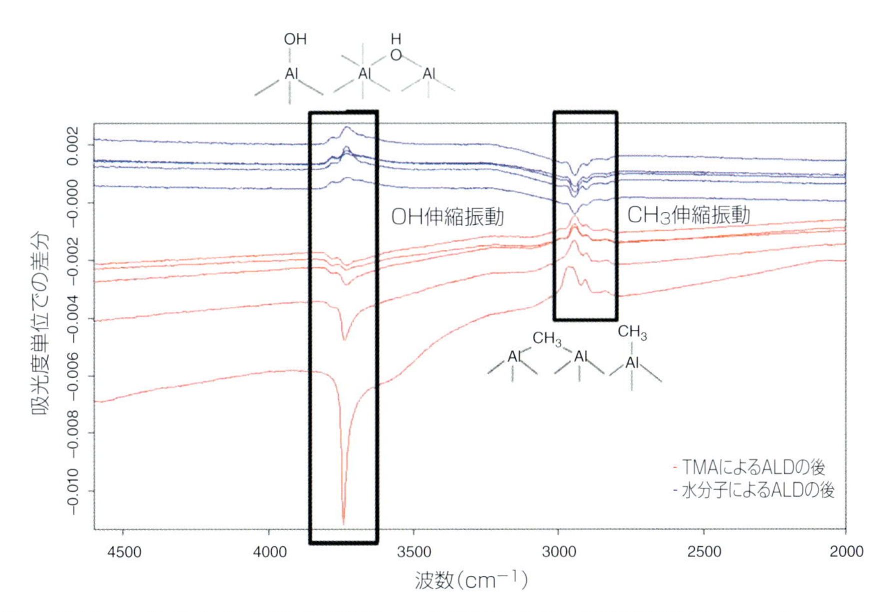

図 1.10　TMA/H_2O の ALD 過程の初期サイクル時に得られた FTIR 差分スペクトル。(p.28)

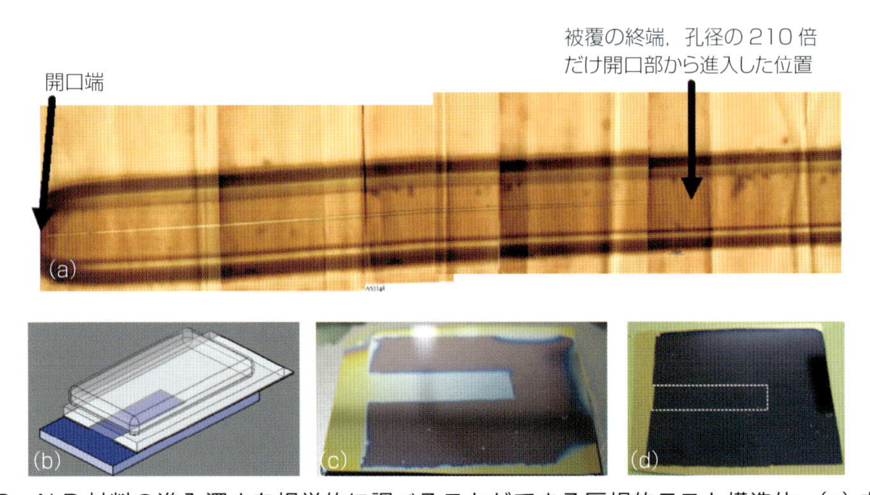

図 1.13　ALD 材料の進入深さを視覚的に調べることができる巨視的テスト構造体。(a) 内径が 20 μm の溶融石英製キャピラリー管に施した内壁の WN コーティング。(Becker et al. 2003 [96]。アメリカ化学会の許諾を得て転載。) (b) 長方形の断面（緑色部分）をもち ALD 処理後に SiO_2 薄板片としての取り出しが可能な巨視的孔の概念図。(c) 200：1 の AR 比（進入深度：幅で定義されている）をもつ細孔の内壁に施した TiN のコンフォーマル堆積の結果。(d) カバーされていない部分の黄色のコーティングは Ru 堆積の結果である。一方，マークされている孔部分の内側にはコーティングがないことから，この ALD 処理ではコンフォーマル堆積が得られていないことが示される。(p.32)

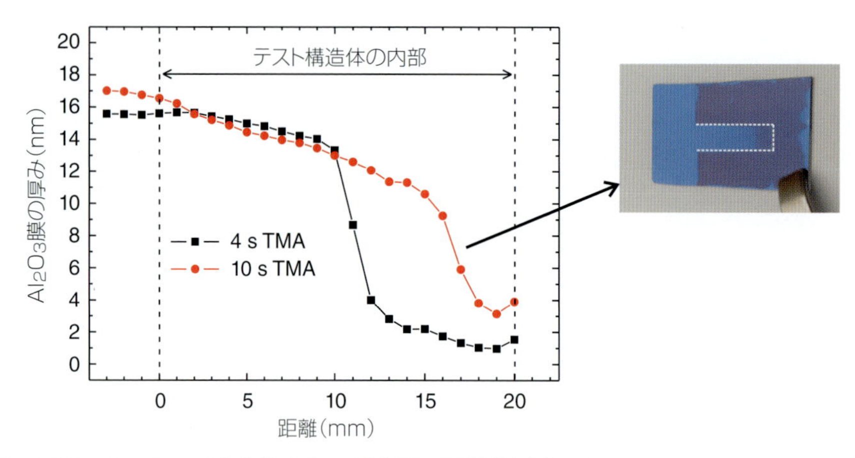

図 1.14　200：1 のアスペクト比をもつ長方形の巨視的細孔に行った Al_2O_3 コーティングで得られた膜厚プロファイル。TMA の曝露時間が増すとともに Al_2O_3 被覆がテスト構造体の奥に進む。(p.33)

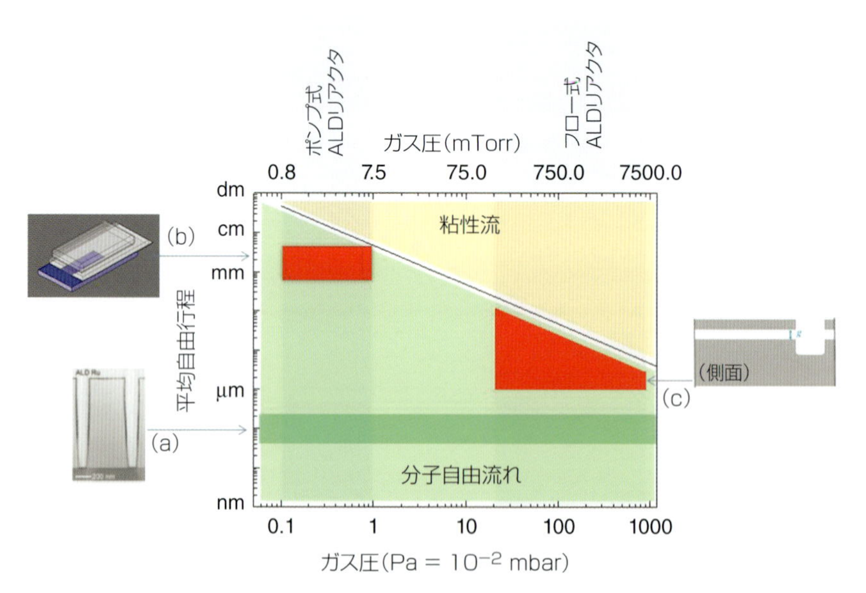

図 1.15　ALD 装置内部の圧力の関数としてみた，200℃の TMA 分子の平均自由行程。実際的な圧力の全範囲および有意なナノ構造体・マイクロ構造体のすべてにおいて，前駆体の輸送が分子自由流れに支配される。図と異なる圧力領域における ALD 過程の膜厚均一性を定量化するためには別途のアプローチが開発されている。(a) ナノ寸法構造体への堆積と電子顕微鏡による断面観察に使われる。(b) 巨視的な横方向溝構造体に使われるもので，低圧プロセスに対して Dendoove らが提唱している。(c) μm サイズの側方溝構造体について，高圧過程への適用を Puruunen et al. が最近提唱したもの。(p.34)

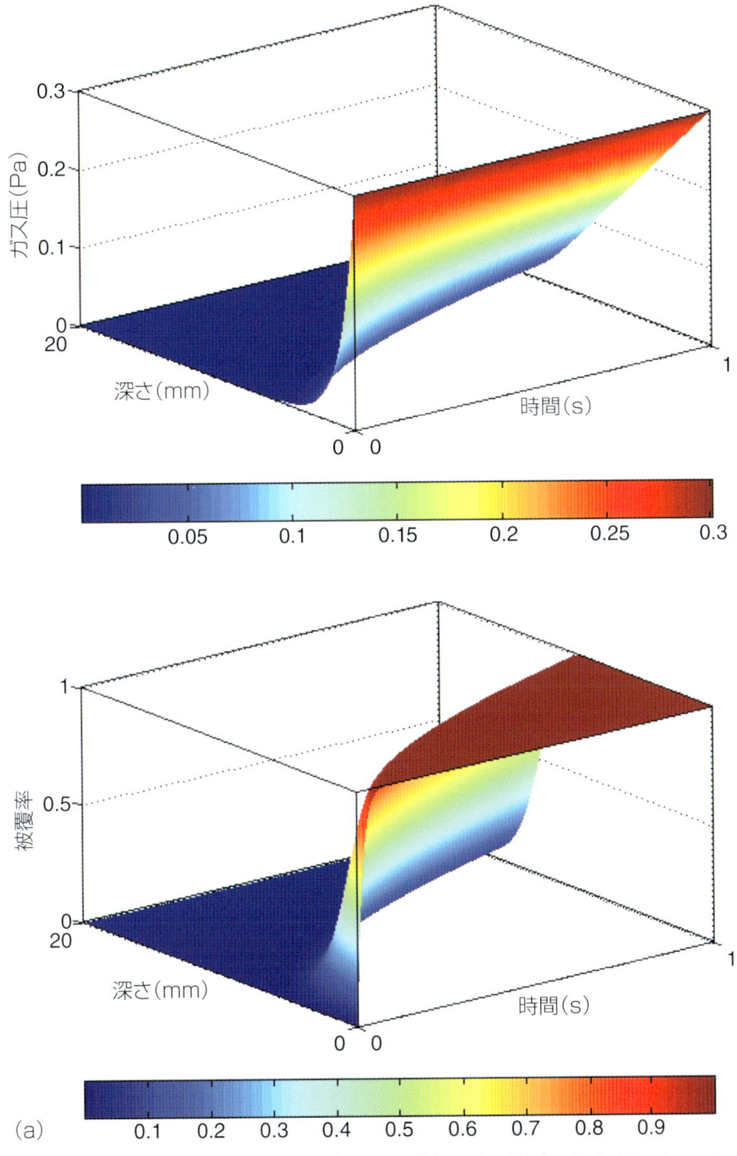

図 1.18 断面が正方形でアスペクト比 AR が 66 の孔について行ったシミュレーション計算 (P = 0.3 Pa, t = 1 s, $K_{max} = 4.7 \times 10^{18}\ m^{-2}$) で得た圧力プロファイル (a) と被覆率プロファイル (b)。(a) を得た計算では初期吸着係数が 10%で，拡散律速の堆積挙動が得られた。(b) を得た計算では初期吸着係数が 0.1%で，反応律速の堆積挙動が得られた。(p.38)

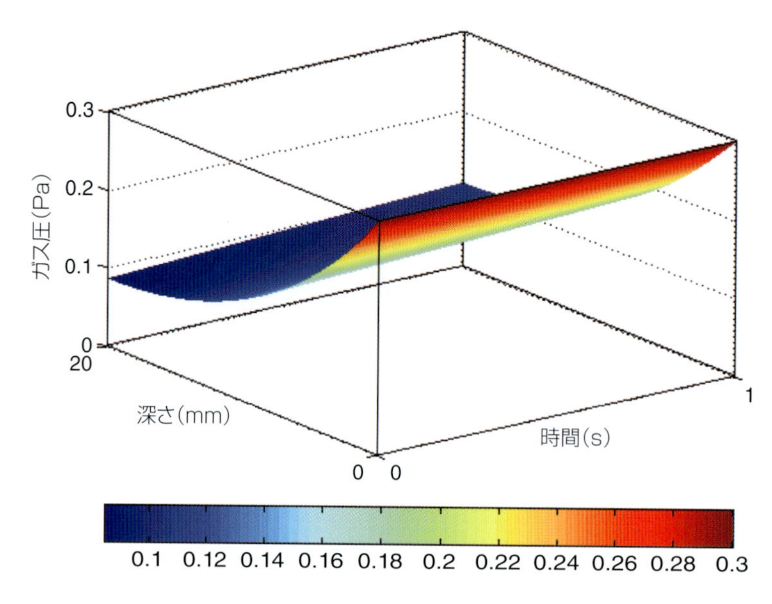
0.3
0.2
0.1
0
ガス圧(Pa)
20
深さ(mm)
0
0
時間(s)
1
0.1 0.12 0.14 0.16 0.18 0.2 0.22 0.24 0.26 0.28 0.3

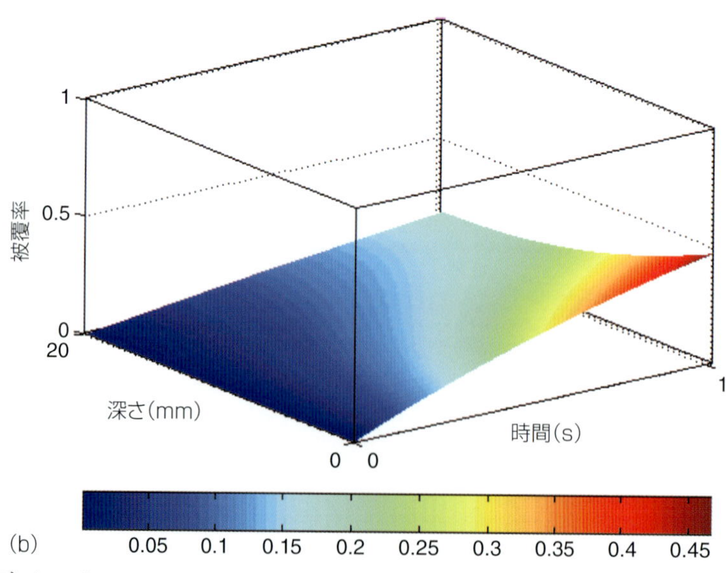
1
0.5
0
被覆率
20
深さ(mm)
0
0
時間(s)
1
0.05 0.1 0.15 0.2 0.25 0.3 0.35 0.4 0.45

(b)

図 1.18（続き）（p.39）

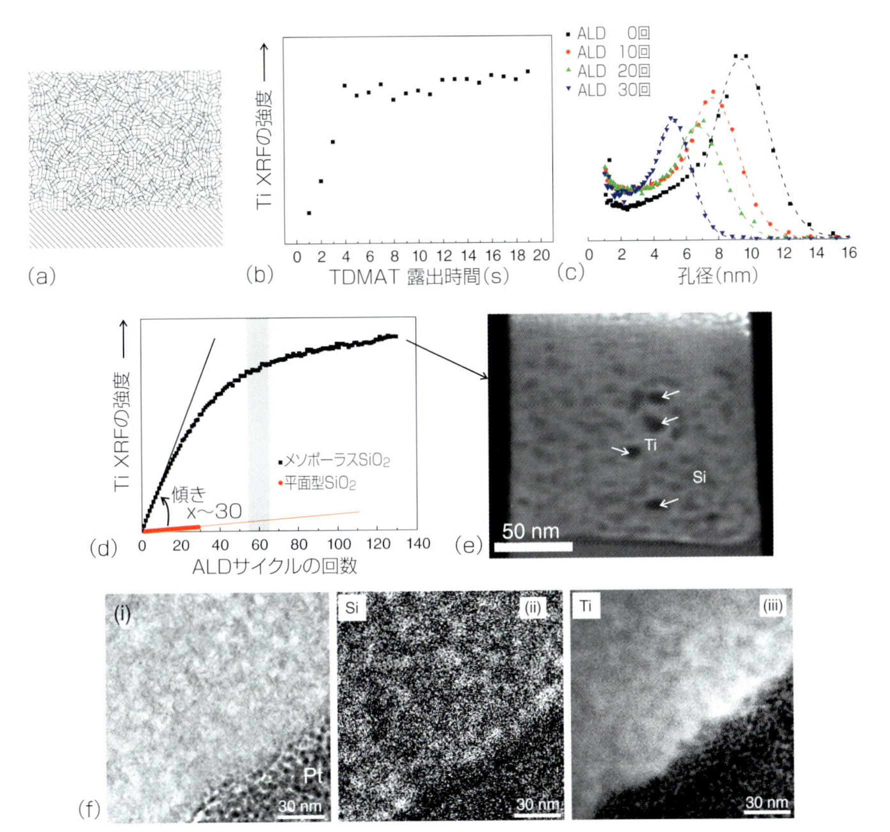

図 1.21 メソポーラスシリカ薄膜と TiO_2 の組み合わせで行われた ALD の結果。(a) ナノスラブベースのメソポーラス膜の模式的表示。(b) 厚さが約 115 nm で孔径が約 6.5 nm の孔をもち孔隙率が約 75%の膜に実施した ALD で得た結果に得られた Ti XRF シグナルについて求められた，TDMAT 露出時間に対するシグナル強度のプロット。(c) その場測定で得られた EP データから計算した孔径分布で，約 18 nm の孔を約 80%の多孔度でもつ厚さ 150 nm の膜について ALD10 サイクルおきに行った測定から得られた。(d) ALD のサイクル数に対してプロットした Ti の XRF 強度で，サイズが約 7.5 nm の孔が約 80%の多孔度で存在する厚さ 120 nm の平面 SiO_2 基板について測定された。(e) (d) で用いた TiO_2 被覆膜で行った電子線トモグラフィ測定の結果からマイクロピラーサンプルの 3D 再構築を含む面外方向オルトスライスに対するものが示してある。ダークグレー；シリカ，ライトグレー；TiO_2，黒色の矢印；ボイド (空隙)。(f) TiO_2 で被覆されたシリカ膜から得た断面サンプルの TEM 画像 (i)，同じ領域で Si についてエネルギーフィルタを施したものの TEM マップ (ii)，そして，同じ領域で Ti についてエネルギーフィルタを施したものの TEM マップ (iii)。(p.45)

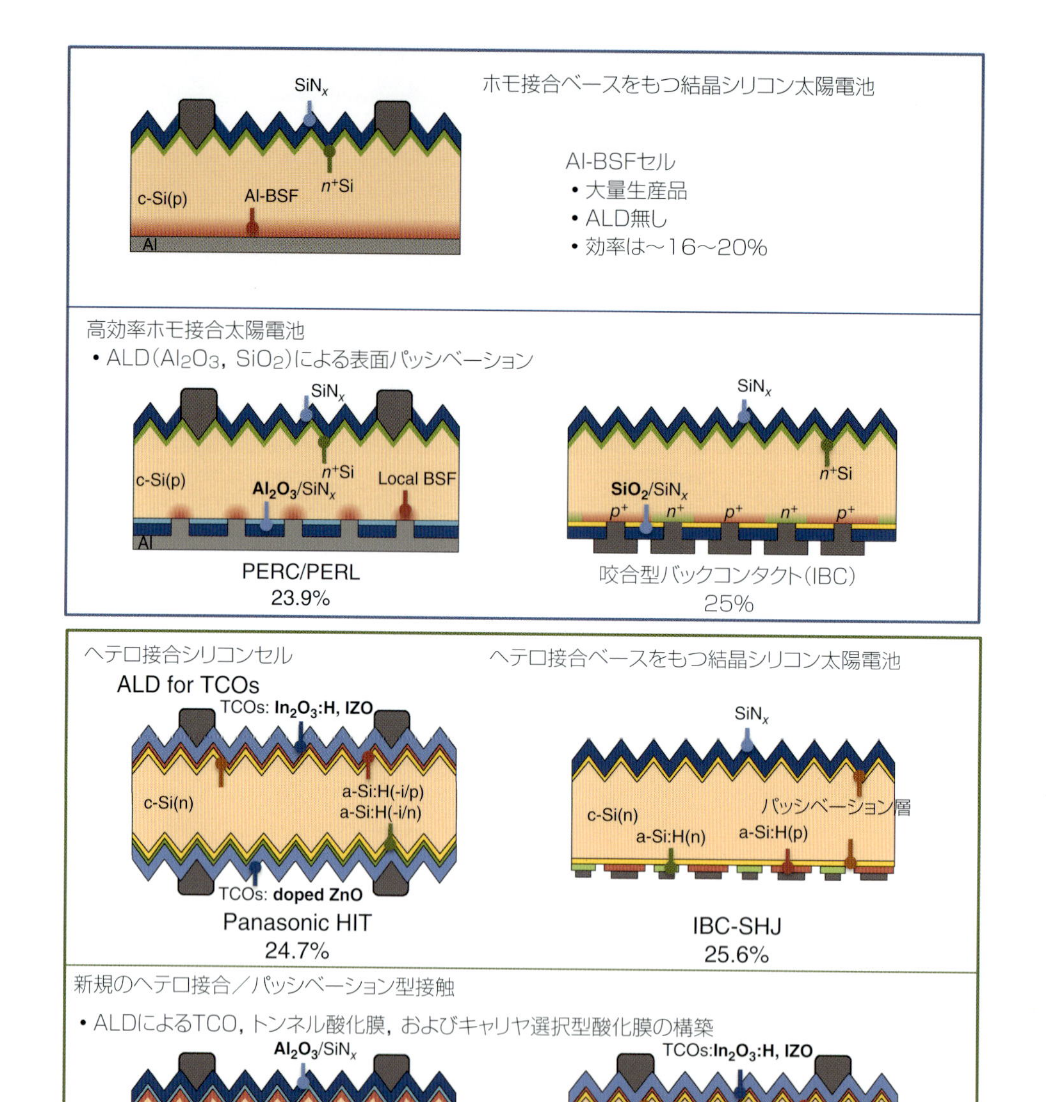

図 2.1　異なるコンセプトで作られるシリコン太陽電池の比較：構造と現時点の最大効率（2016 年 1 月）。工業生産品では効率が上記より数%低くなることに注意しよう。これらのデバイスはホモ接合型とヘテロ接合型に分類することができる。ALD 法によって作ることができる機能性薄膜が太線で示してある。(p.57)

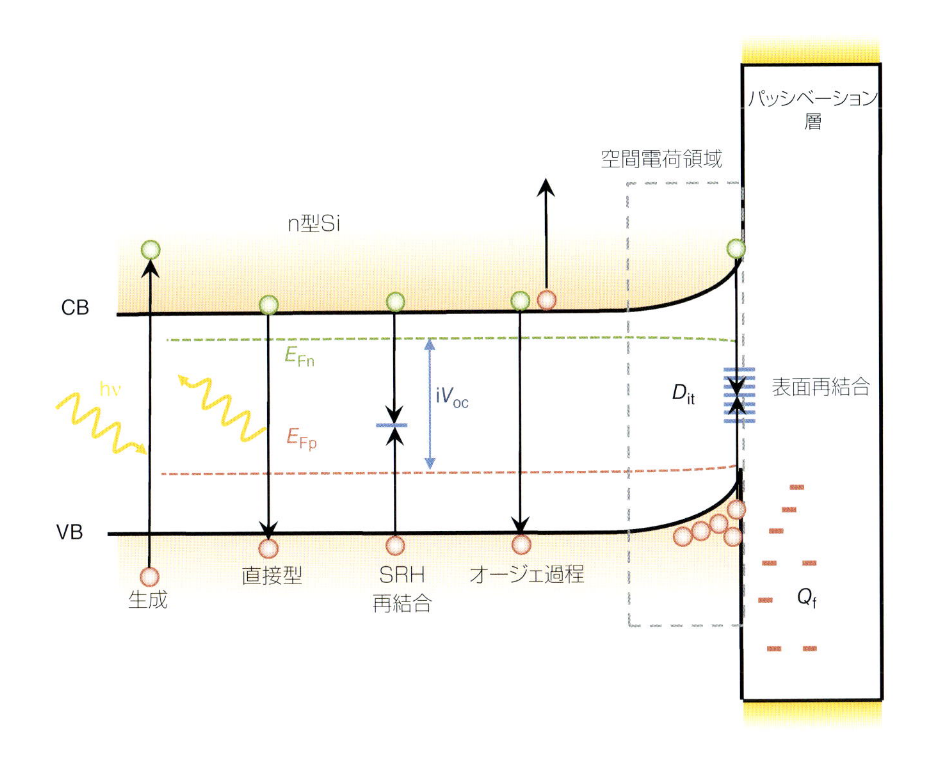

図 2.2 パッシベーション処理済みの Si 表面。光吸収時の余剰キャリヤ生成とその再結合が示されているが，後者は，第 3 キャリヤとの直接過程（オージェ過程）または状態欠陥を介した過程（SRH 再結合）で生じる。このような表面では界面（欠陥）状態の密度 D_{it} が高い。パッシベーション膜があるとこの D_{it} が小さくなり，（ここで示す例では）固定負電荷密度 Q_f を介して表面の電子密度が下がるが，このときには Q_f によって空間電荷領域が誘起されてバンドに上向きの曲がりが生じる。(p.61)

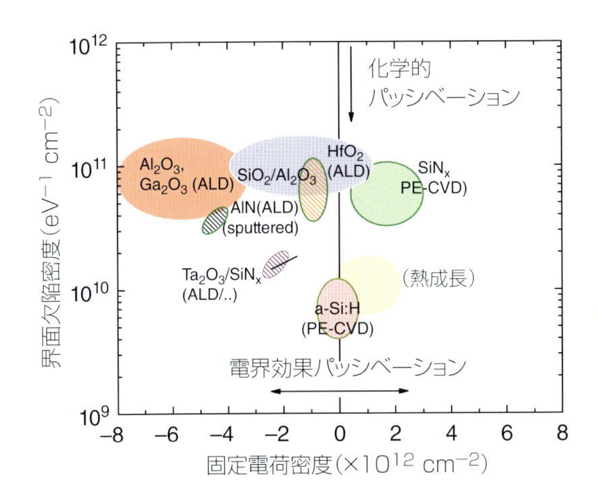

図 2.3 パッシベーション方式で生じる代表的な界面欠陥密度と固定電荷密度の模式的概略図。文献 [30] から引用。注意しておくが，実際の界面特性はパッシベーション層のプロセス条件に強く依存する可能性がある。(p.64)

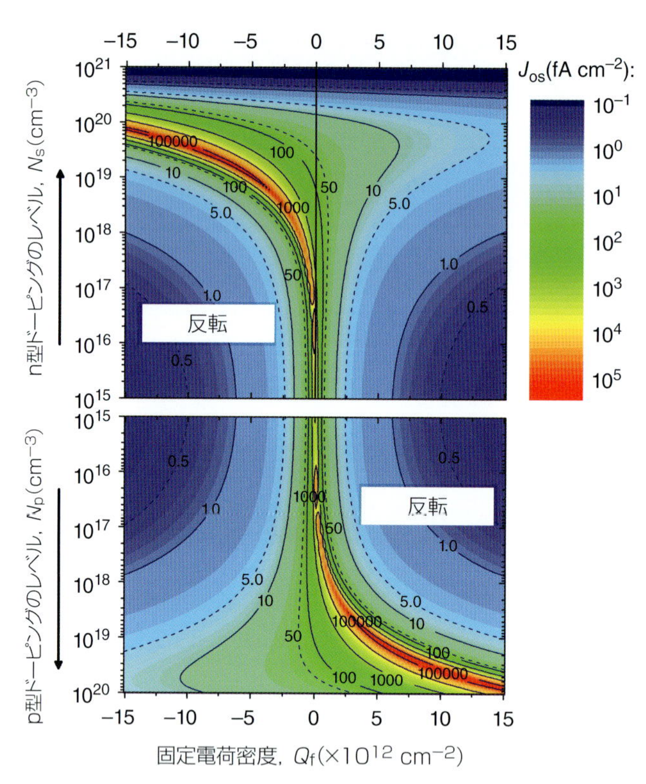

図 2.4 化学的パッシベーションのレベルが同一の場合について得られた，与えられた電荷密度での表面ドープ濃度が飽和表面電流密度に対して及ぼす効果。図の結果は単一の欠陥に対して (2.2) 式を使って得られたもので，$S_{n0}=S_{p0}=5000$ cm s^{-1} と置いてある。キャリヤ密度の計算はフェルミディラック統計による Girisch アルゴリズム [31] によって行われ，$n_i=9.65\times10^9$ cm^{-3} [32]，$\Delta n=1\times10^{15}$ cm^{-3} のベースインジェクションレベル，および $N_{base}=1\times10^{15}$ cm^{-3} のベースドーピングレベルが用いられている。n 型 Si および p 型 Si におけるバンドギャップ狭小化については Yan と Cuevas によって用いられた経験モデル [33,34] が使われている。(p.65)

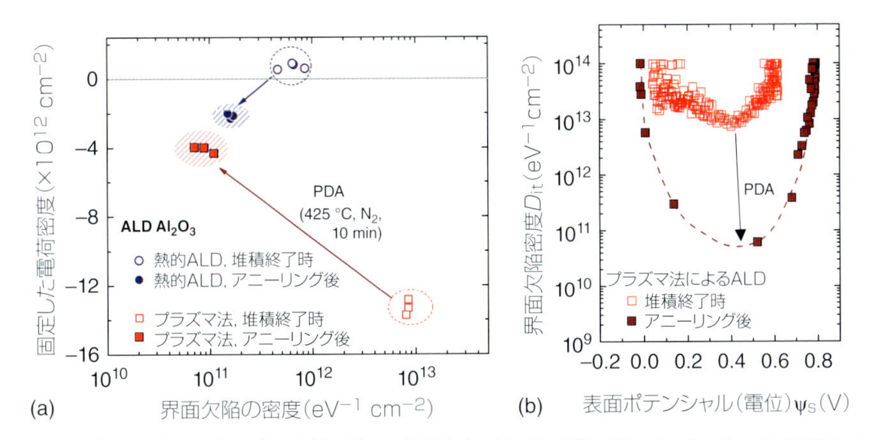

図 2.5 プラズマ法(O_2 プラズマを使用)で成膜した Al_2O_3 膜にパッシベーションを施した n 型 Si (100) と熱的 ALD (H_2O を使用) により成膜した Al_2O_3 膜でパッシベーションを施した n 型 Si (100) について, 堆積終了時の状態のものおよび堆積後に N_2 雰囲気下の 425℃アニーリングを行ったものにコロナ酸化物特性評価法 (COCOS) を適用して得られた界面特性。(a) どちらの方法で得たものについても, アニーリング後に D_{it} 値が有意に減少している。(b) Si/Al_2O_3 界面の D_{it} 値はミッドギャップ近傍での減少がとくに著しい。COCOS 測定については, シンガポール国立大学の Nandakumar 博士に感謝する。(p.68)

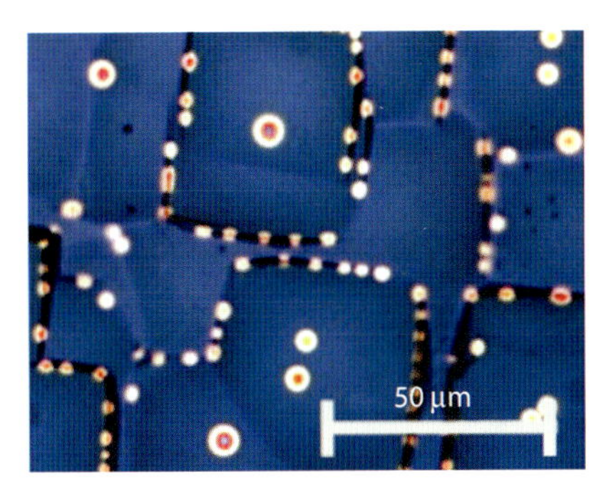

図 2.7 850℃における放電で Al_2O_3/SiN_x 膜内部に生成したブリスター(小泡)の光学顕微鏡画像。このフィルムは, ランダムピラミッドのテクスチャ(網目)で Si 表面をパッシベーションする。(Bordihn et al.2014 [57]。アメリカ物理学会の許諾を得て転載。)(p.70)

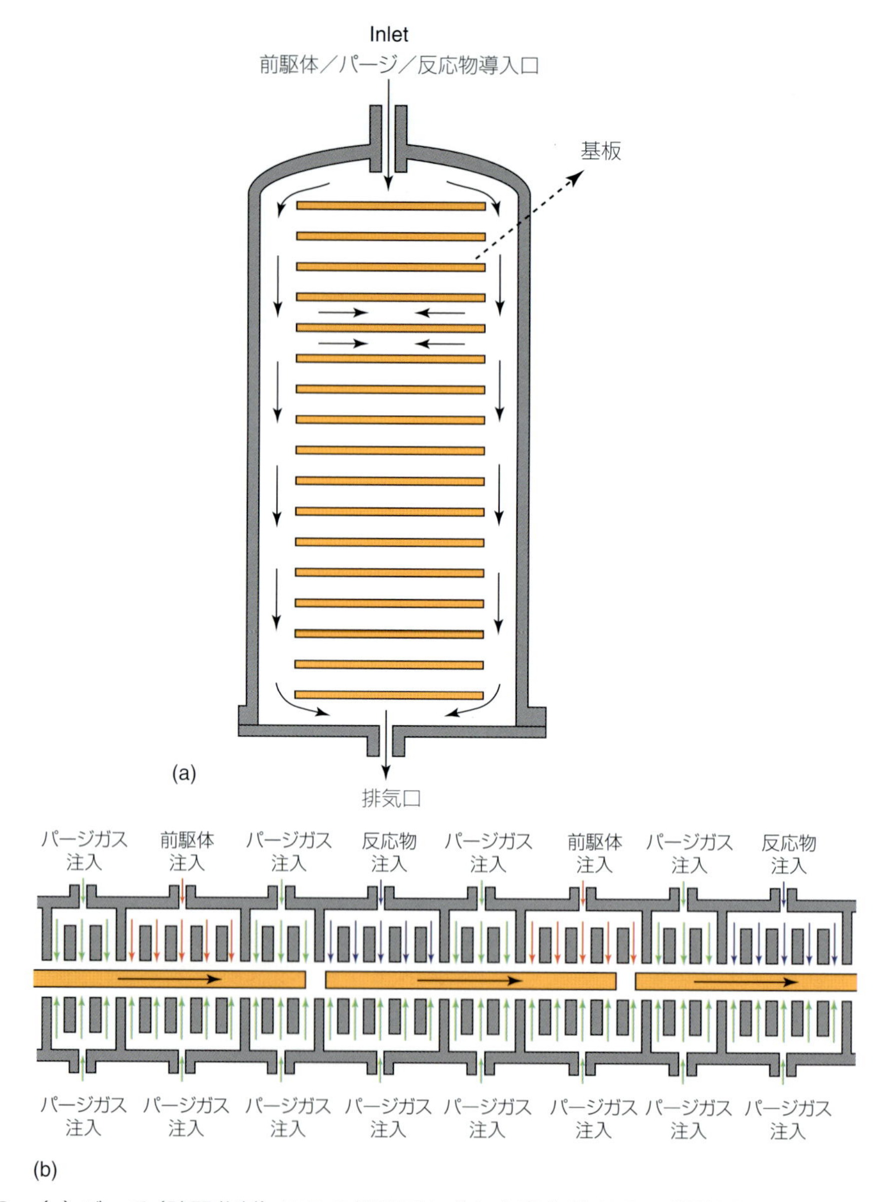

図 2.8 (a) バッチ (時間分割) ALD の概略図と (b) 空間分割 ALD の概略図。(Delft et al., Institute of Physics の許諾を得て転載。) (p.73)

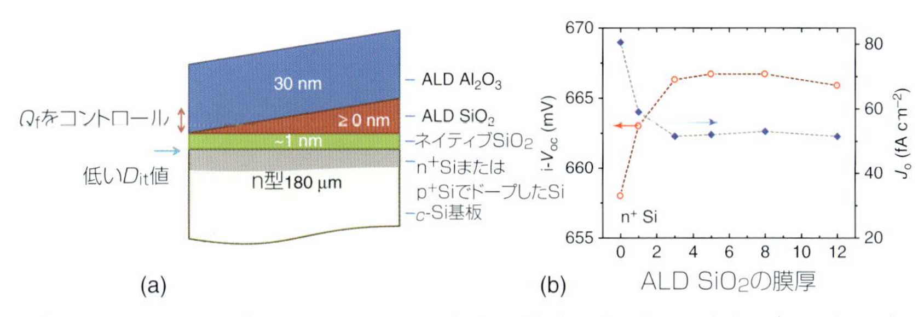

図 2.10　(a) SiO_2/Al_2O_3 パッシベーション方式の模式的概略図。(b) n^+ Si 表面 ($N_S = 2 \times 10^{20}$ cm^{-3}) の上に乗せた SiO_2/Al_2O_3 スタックによるパッシベーションの結果。(Van De Loo et al.2015［11］。Elsevier 社の許諾を得て転載。)(p.76)

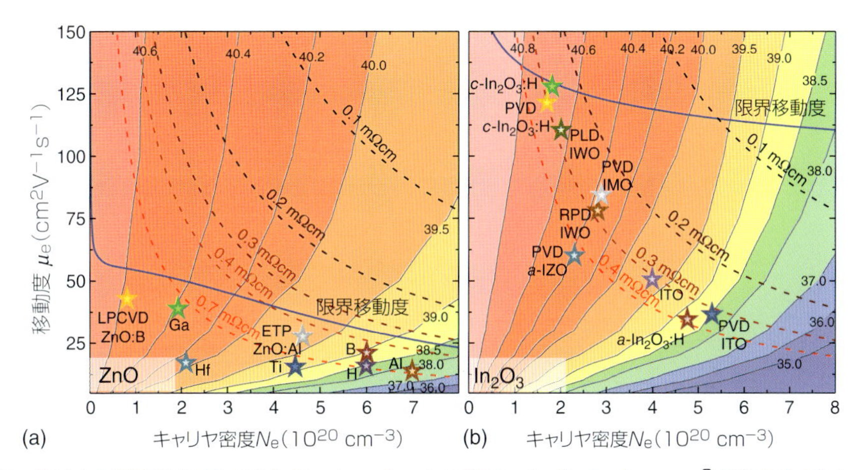

図 2.13　SHJ 太陽電池に対するシミュレーションで得た J_{SC} を (mA cm^{-2} 単位で) プロットしたもので，ZnO ベースの透明導電性酸化物 (TCO) (a) および In_2O_3 ベースの TCO (b) に対してキャリヤ密度および移動度の関数とする包絡線プロット。破線は抵抗値の等値線。シミュレーションの対象として用いたのはテクスチャウェーハで，5 nm の真性 a-Si:H，10 nm の p 型 a-Si:H，および 75 nm の TCO が太陽電池の前面に配置してある。OPAL2［108］を使って光子流をシミュレーションしたが，In_2O_3 および ZnO の光学定数にはエリプソメトリ測定で得た値［106,109］が使われた。キャリヤ密度や移動度の変化に自由キャリヤ吸収から生じる効果を計算するために，モデル化された誘電率関数に対する Drude 振動子の ε_{Drude} からの寄与に相応の変化が付けられた。バンド間吸収は一定に保たれると仮定し，In_2O_3 と ZnO の m* もそれぞれ 0.23 m_e と 0.4 m_e で一定と仮定した。太い線は，キャリヤ密度の関数としてみた限界移動度である。ZnO に対する値の計算は Masetti et al. のモデル［110］に最新のパラメータ値［111］を使って行われた。In_2O_3 のモビリティ限界は，フォノン散乱由来のモビリティ限界とイオン化不純物散乱由来のモビリティ限界［109,112］を使って行われた。ZnO については，さまざまなドーパント原子が入った ALD 膜について文献値 (表 2.5 参照) が図に使ってあり，さらに低圧 CVD 法で得られた ZnO:B や膨張 In_2O_3 熱プラズマ CVD 法［113］で得られた ZnO:Al についても記してある。In_2O_3 については，無定型酸化インジウム (a-In_2O_3:H) に対する値と酸化インジウム結晶 (c-In_2O_3:H) (ALD 法［109］で形成)，ITO［106］，IMO［114］，および無定型 IZO［115］(スパッタリング法で形成)，そして IWO (反応性プラズマ堆積 (RPD)［116］およびパルスレーザー堆積法 (PLD)［117］で形成) に対する値が図に示されている。ALD 過程は太字 (ゴシック体) で表してある［118］。(p.82)

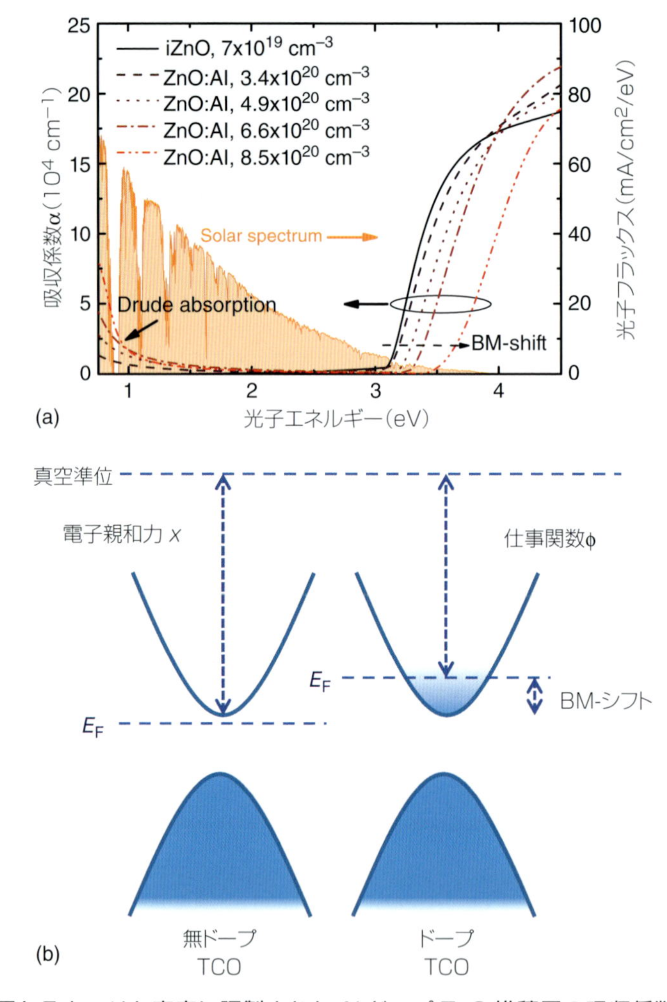

図 2.14　(a) 異なるキャリヤ密度に調製された Al ドープ ZnO 堆積層の吸収係数。成膜は 200℃ における熱的 ALD で行われ，Zn 源と Al 源にそれぞれ DEZ（ジエチル亜鉛）と DMAl（ジメチルアルミニウム）が使われた。ドルーデ（Drude）機構の寄与およびバーンスタイン-モスシフト（Burstein-Moss, BM シフトと略記）の増加が示されている。(b) 無作為にドープされた TCO のバンドダイヤグラム (a) と意図的ドーピングを行った TCO のバンドダイヤグラム (b)。電子親和力 X は伝導帯の端と真空準位のエネルギー差を表し，仕事関数 ϕ はフェルミ準位 E_F と真空準位のエネルギー差を表す。(p.85)

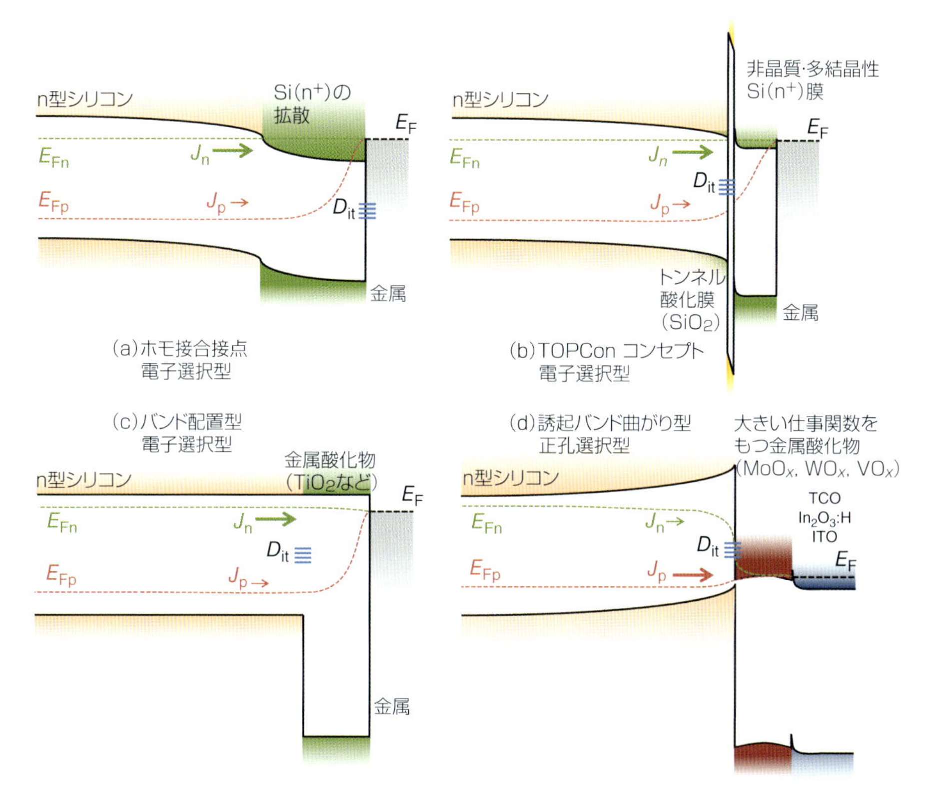

図 2.18 キャリヤ選択型接合を得るために使われるいくつかの手法におけるバンド構造の模式図。すべてのバンド構造は光照射下を想定したものだが，スケール合わせはされていない。(a) 通常使われるもので，n^+型のドーピングによって形成される電子選択型接合。(b) TOPCon コンセプトによって得られる電子選択型接合で，薄い（部分的に）結晶性の n^+ Si とトンネル酸化膜で形成される。(c) Si と金属酸化物膜の間でのバンドアラインメントを通して実現された電子選択型接合。(d) 高い仕事関数をもつ金属酸化物膜に誘起されるバンドの曲がりを通して実現した正孔選択型接合。(c) と (d) のコンセプトは互いに離れた二つのパッシベーション超薄膜に対してもしばしば使われるが，議論を複雑にしないために図には示されていない。(p.94)

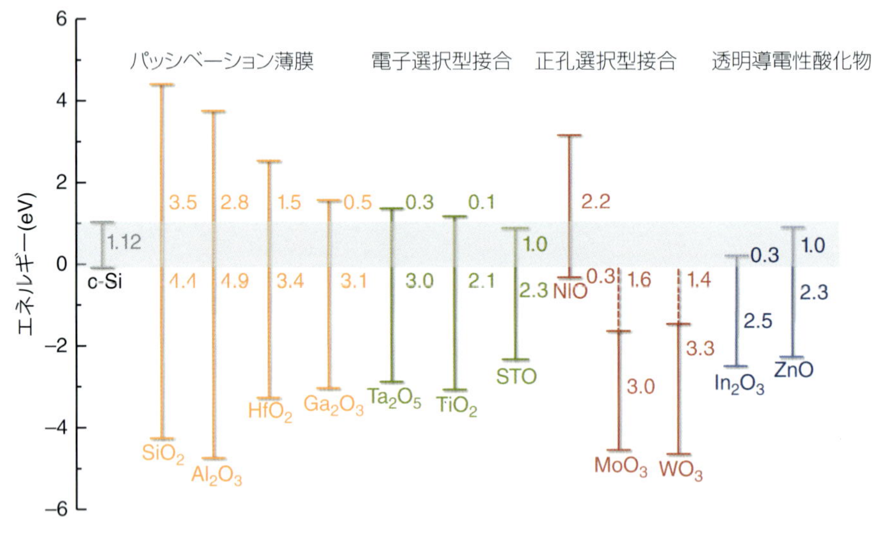

図 2.19 いくつかの金属酸化物と Si の間でのバンドオフセットの模式図。オフセットの値は電子ボルト単位 eV で与えてある。（参照文献［168］と［169］から引用。）（p.96）

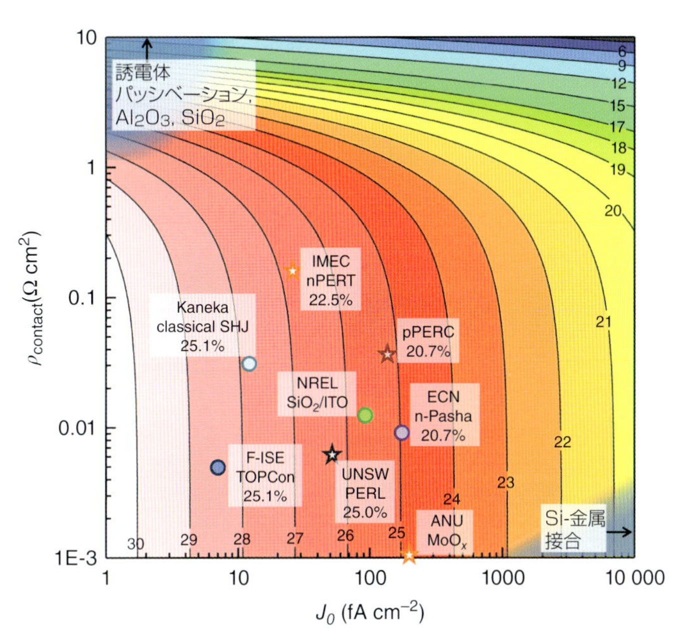

図 2.20　全面パッシベーション接合型太陽電池について計算で得られた効率の上限値の J_0 と ρ_C に対する等値線プロット。「計算は文献［173］および［174］の記載と同様に行われたが，（表面およびバルクに有り得る）別途の再結合チャンネル，短絡，および光学的ロスは一切考慮されていない（すなわち J_{SC} として 44 mA cm^{-2} を想定している)。これまでに報告されているさまざまな構造体／太陽電池についても比較のために示してあり，また，フルデバイスの効率も示してある。プロットに加えたデバイスを列挙すると；Kaneka（カネカ）社の SHJ 電池（2015，私信）［14］，F-ISE の TOPCON コンセプト［3,175］，NREL（米国再生可能エネルギー研究所）の SiO_2/ITO スタック［173］，ANU（Australian National University）の TiO_2 スタック［176］，UNSW（University of New South Wales）の PERL［177］，p 型 PERC（Passivative Emitter and Rear Contact）太陽電池［177］，IMEC（ベルギーのナノテク研究機関）の nPERT（両面 n 型 PERT 太陽電池）［178,179］，ECN（オランダエネルギー研究センター）の *n*Pasha（2015，私信［178］），および p 型 Si/MoO_x 接触［180］である。正孔選択型接合は星印で示され，電子選択型接合は丸印で示されている。背面全面接合を使うコンセプトは大胆な考え方といえよう。PERL 太陽電池に関しては，文献［177］に報告されている表面再結合速度と文献［24］のケース 3 を使って J_0 の見積計算が行われた。背面接合の一部を接合に使う太陽電池コンセプトについては，接合面積の比率に対する補正が J_0 と ρ_C に加えられている。(p.98)

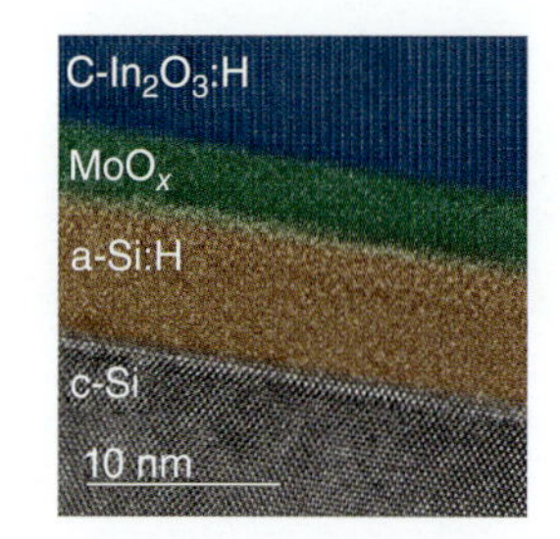

図 2.22　アモルファスシリコン (a-Si:H)，ALD MoO_x，結晶化 ALD 水素ドープ酸化インジウム (c-In_2O_3:H) の擬似カラー断面画像。（文献［20］から転載。）(p.102)

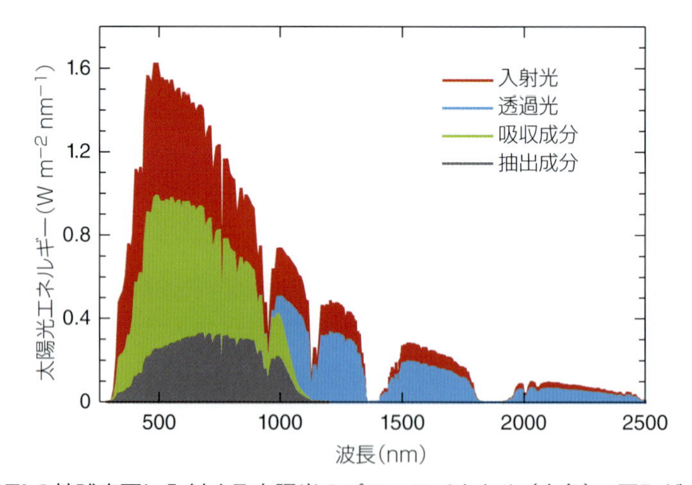

図 3.1　緯度 37° の地球表面に入射する太陽光のパワースペクトル (赤色)。厚みが 100 μm のシリコンウェーハに吸収される太陽光エネルギーについて，反射係数と吸収係数による補正後の近似値 (緑色)。電力として取り出されるエネルギー (灰色) の見積りには，完璧な光子－電子変換と，光子エネルギー(4.5－1.1 eV)と Si 太陽電池の起電力 (0.64 V) の間に適正な変換係数が使ってある。(p.111)

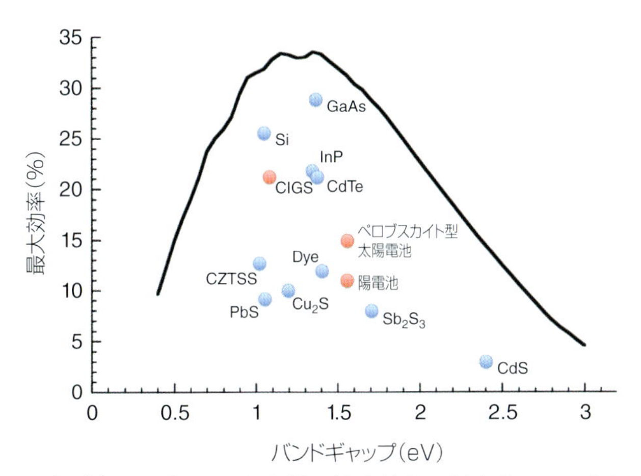

図 3.2 バンドギャップに対してプロットした単一接合効率に対するショックレー・クワイサーの限界。実際の太陽電池における記録値が丸印で加えてある（記録値は Green, Dasgupta の報文とその引用文献による）。(p.112)

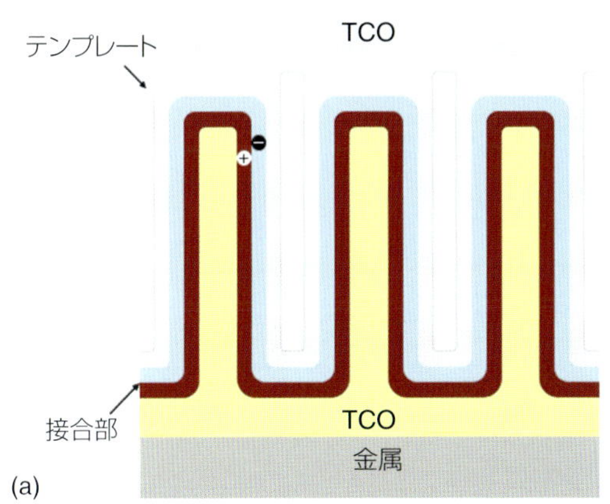

図 3.4 照射領域の体積は，大きなアスペクト比をもつ透明テンプレートの表面に ALD を施して厚みを増やすことで容易に増やすことができる。(a) “折りたたみジャンクション”ジオメトリを使うと膜厚を増やさないでも照射領域当たりの吸収体の体積が増加する。(b) 同じ ALD Fe_2O_3 膜が平坦なガラスの上に置かれた状態と酸化アルミニウムアノード膜に織り込まれた状態（アスペクト比は > 100）。(p.115)

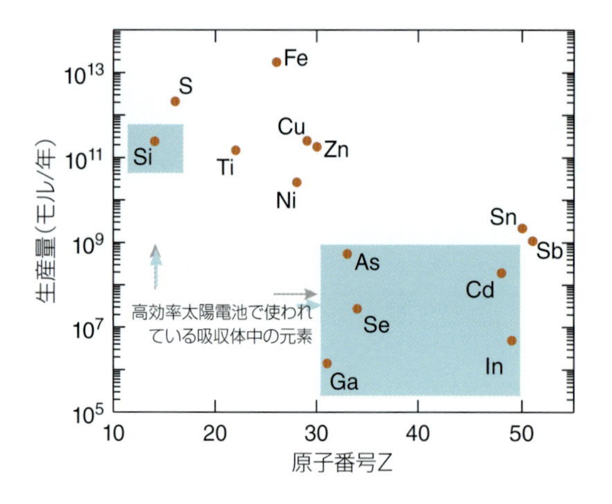

図 3.5 太陽光の吸収体に使われる元素のいくつかについて，世界の生産量が対数目盛りで原子番号に対してプロットしてある。(p.116)

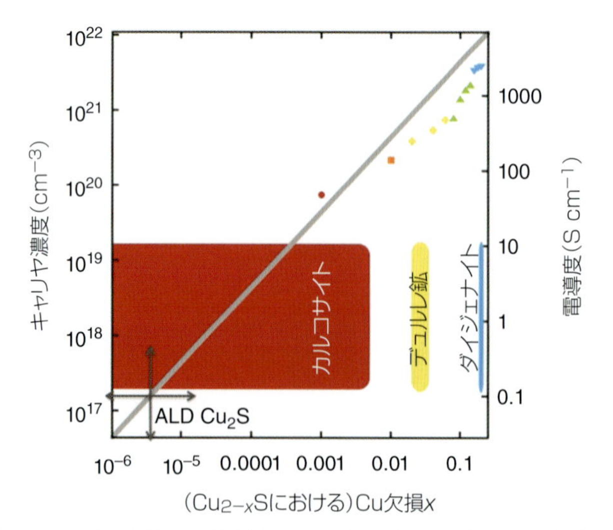

図 3.6 $Cu_{2-x}S$ について Cu 欠損 x の関数としてプロットしたキャリヤ濃度と電導度の予測値と文献値の比較。Cu (I) の前駆体として Cu_2S を用いた ALD によって高い化学量論比をもつ半導体が得られたことが，キャリヤ濃度が比較的低いことから証明されている。(Martinson et al. [13]。イギリス化学会の許諾を得て転載。)(p.117)

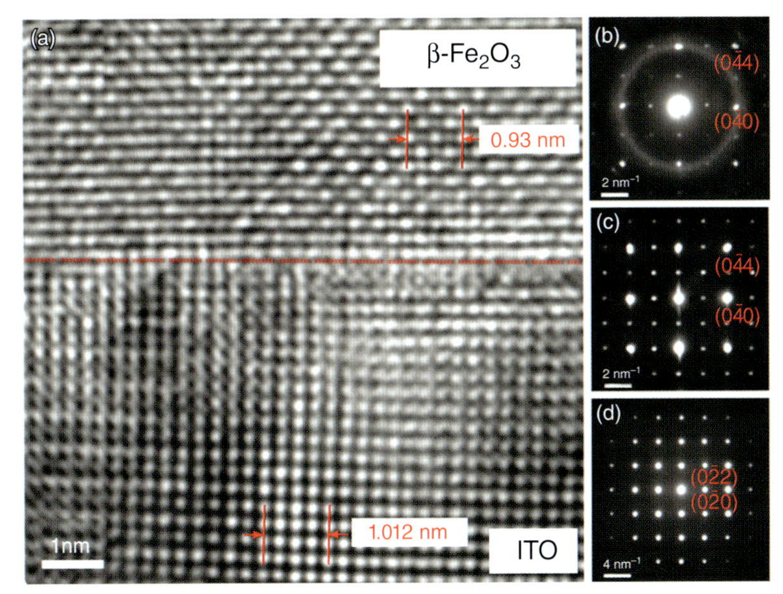

図 3.7 (a) Fe_2O_3 の ALD でつくられた β-Fe_2O_3 (001) || ITO (001) 界面の高解像度断面 TEM 画像。(b ~ d) それぞれ Fe_2O_3，ITO，および YSZ で得られた β-Fe_2O_3 [100] 軸方向の電子回折パターン。（Emery et al., [19]。アメリカ化学会の許諾を得て転載。）(p.119)

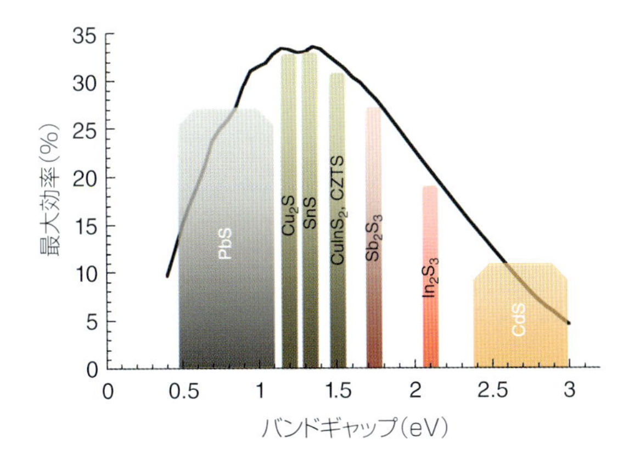

図 3.8 ALD 成長法で得られた硫化物のうちで太陽電池に関連するもののバンドギャップのグラフによる表示。各バーの高さが太陽電池としての単一ギャップ限界効率 (single-gap efficiency) の理論値に対応する。(p.120)

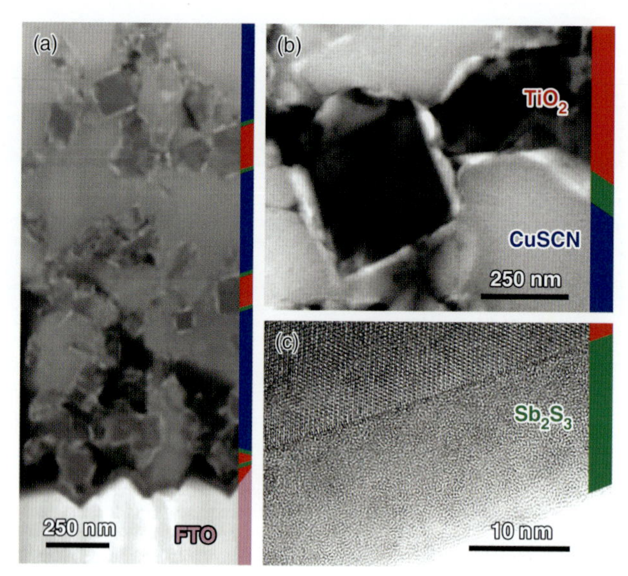

図 3.9　電導性ガラス上のナノ結晶性 TiO_2 表面に ALD で成長させた Sb_2S_3 の透過電子顕微鏡画像 (FTO)。ALD コーティングに特有の適合性（コンフォーマル特性）がはっきり分かる。（Wedemeyer et al. [5]。イギリス化学会の許諾を得て転載。）(p.123)

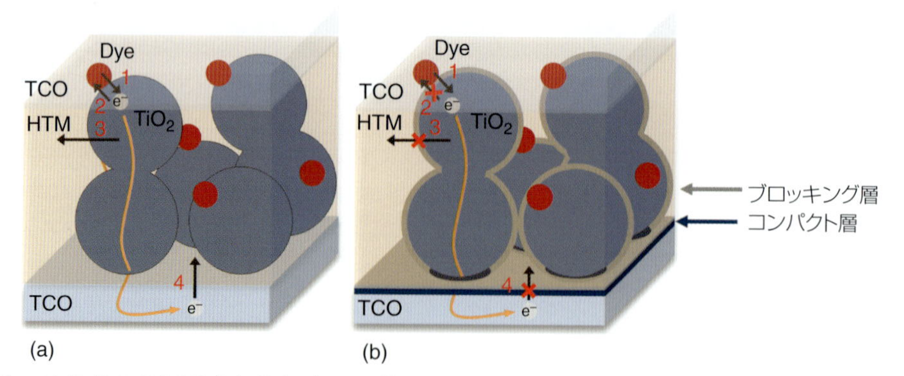

図 4.1　ALD 前の DSSC (a) および ALD 後の DSSC (b) における電子輸送および起こり得る再結合過程。(1) 励起色素から TiO_2 への光電子注入。(2) TiO_2 中の電子と酸化色素分子の再結合。(3) TiO_2 中の注入電子と HTM の再結合。(4) 透明導電性酸化物 (TCO) に捕捉された電子と HTM 中の正孔の再結合。導電性でコンパクトな超薄膜ブロッキング層を ALD 法で堆積することにより，これらのタイプの再結合過程を抑制することができる。(p.129)

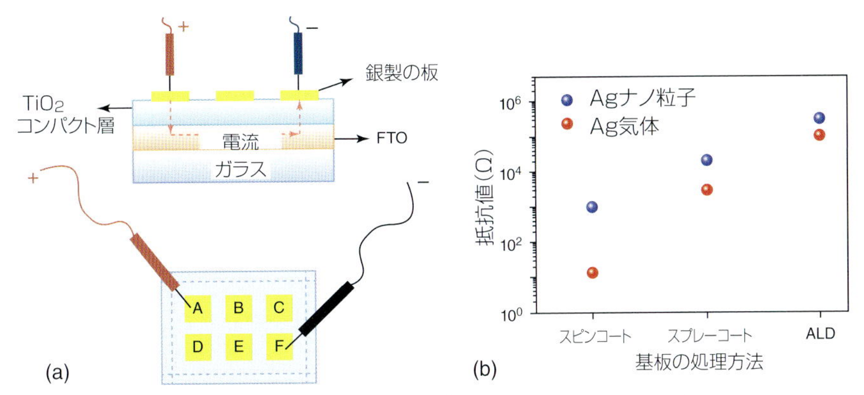

図 4.2 (a)(異なる方法で堆積した)TiO_2 コンパクト層について，Ag ペーストおよび真空蒸着による Ag 被覆後の抵抗値測定の概念図。(b) TiO_2 膜の上に異なる方法で調製した Ag 接合の間の平均抵抗(各サンプルについて，厚さは～50 nm と報告されている)。(Wu et al. 2014 [29]。アメリカ化学会の許諾を得て転載。)(p.132)

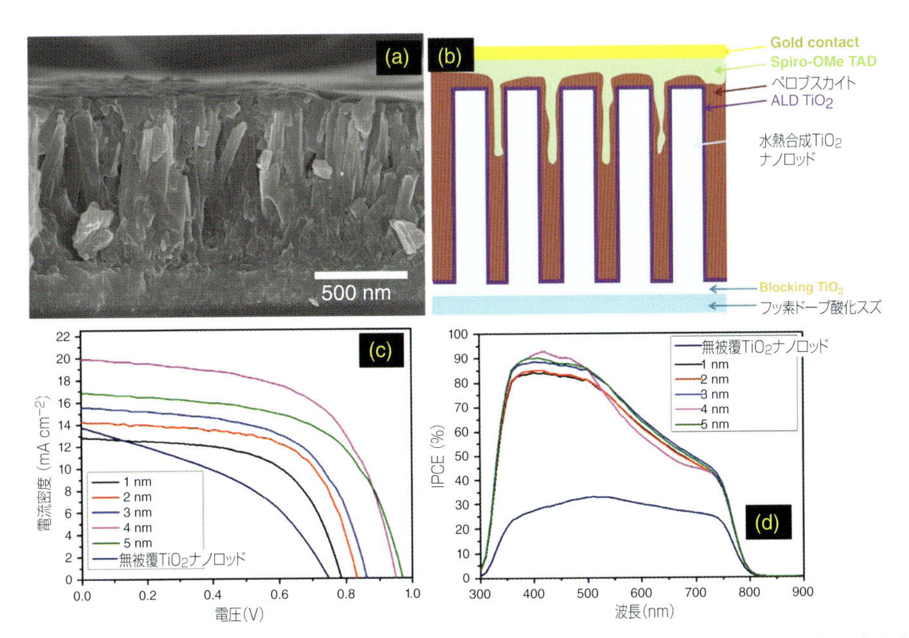

図 4.3 モルフォロジーと光起電力特性。(a) 断面観察 FESEM(電界放出型電顕)で観測された TiO_2 ナノロッド上の ALD TiO_2 の断面像。(b) (a) で調べたデバイスの孔充填機構を説明するための概略図。(c) TiO_2 ナノロッド上にさまざまな厚みで調製された ALD TiO_2 層をもつデバイスについて，100 mW cm^{-2} の光照射下で測定された J-V 曲線。(d) (c) に示す各曲線について，300～900 nm の波長範囲で測定された IPCE(出力電子数／入射光子比；光電変換効率)スペクトル。(Mali et al. 2015 [41]，アメリカ化学会の許諾を得て転載。)(p.137)

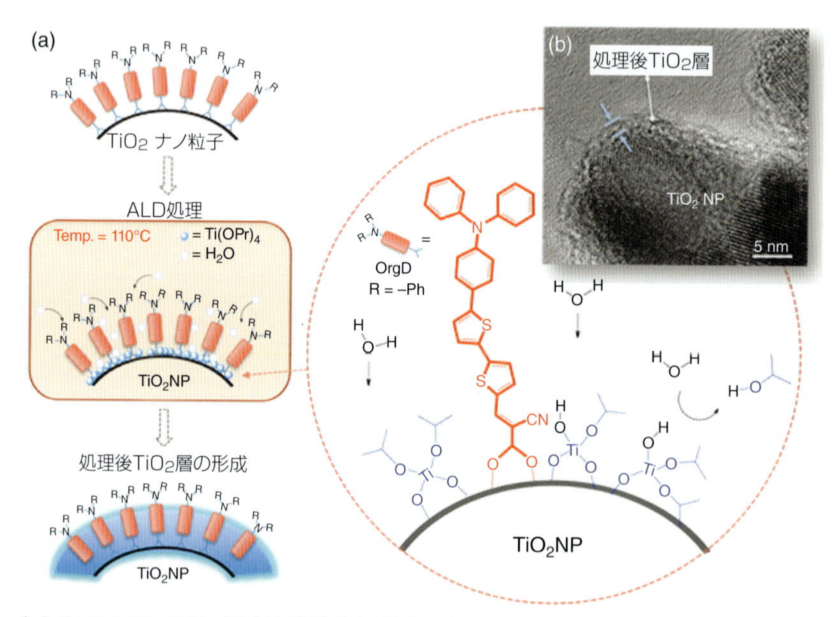

図 4.4 (a) ALD TiO_2 膜における堆積後組織化の概念。(b) 堆積後組織化を施した TiO_2 の HR-TEM 画像。TiO_2:OrgD に 10 サイクルの ALD TiO_2 処理が施してある。(Son et al. 2013 [68]。アメリカ化学会の許諾を得て転載。)(p.138)

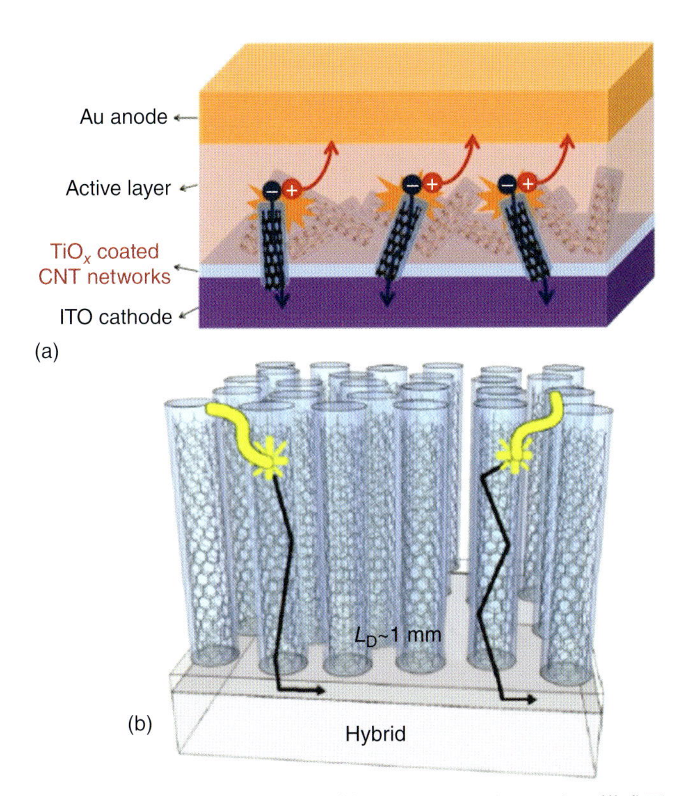

図 4.8 電子輸送層として ALD TiO_2 をもつ均一被覆 CNT ネットワークの模式図。
(a) 逆型有機太陽電池。活性材料は，光吸収材の PCBM と HTM の P3HT である。(Jin et al. 2012 [109]。Elsevier 社の許諾を得て転載。) (b) CNT (カーボンナノチューブ) が FTO (フッ素ドープ酸化スズ) 基板に移され，次いで ALD TiO_2 による均一被覆を施されて DSSC (色素増感型太陽電池) における層化光アノードに使われる。(Yazdani et al. 2014 [110]。アメリカ化学会の許諾を得て転載。) (p.145)

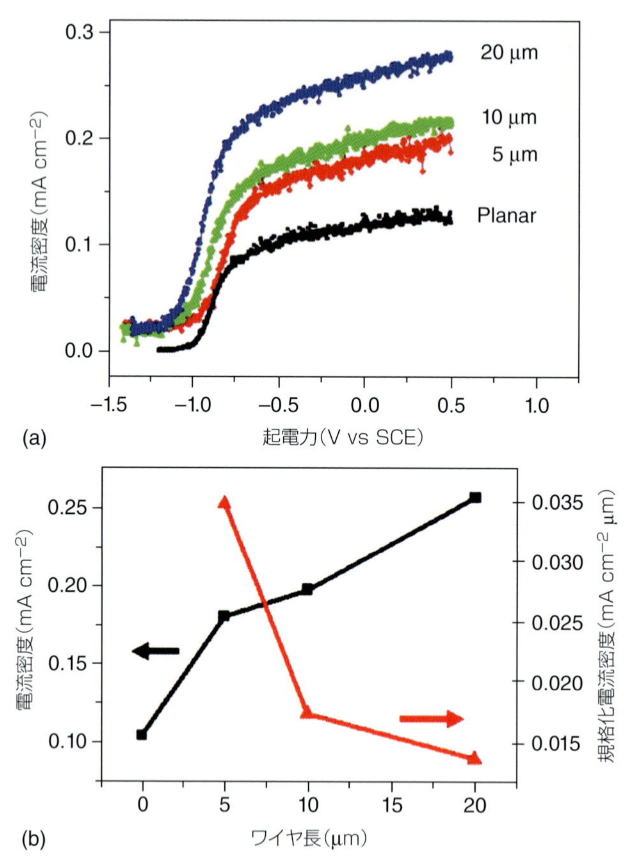

図 4.9　(a) 光電流密度対起電力の関係における n 型 Si NW (ナノワイヤ) /TiO_2 群の長さによる変化。青色：20 μm，緑色：10 μm，赤色：5 μm，黒色；平面 n 型 Si/TiO_2。(b) 光電流密度と n 型 Si NW の長さの間の関係。ワイヤ配列が長いほど光電流密度が高いことが分かる。右側縦軸はナノワイヤの長さで規格化された光電流密度である。(Hwang et al. 2009 [111]。アメリカ化学会の許諾を得て転載。) (p.147)

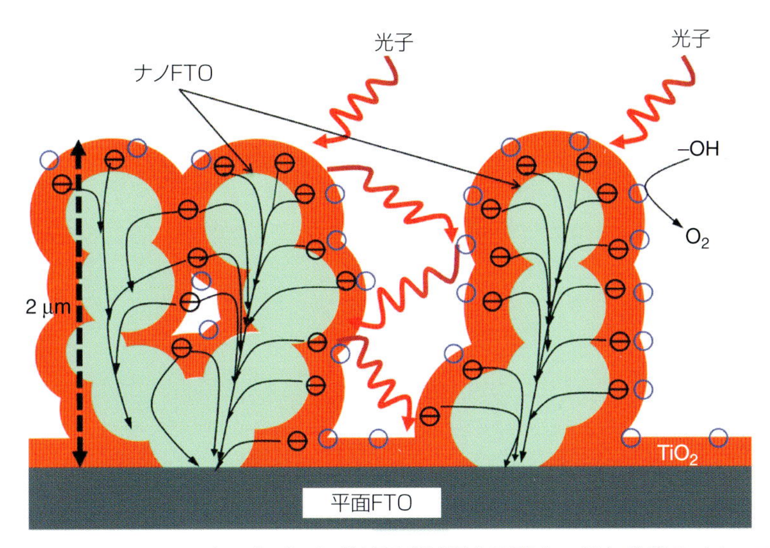

図 4.10 TiO_2/ ナノ FTO アーキテクチャにおける光捕捉と電荷キャリヤ分離のメカニズムを示す模式図。ALD TiO_2 の薄膜（オレンジ色）が TiO_2/ ナノ FTO ネットワーク（緑色）を被覆している。左側の領域ではネットワークにある空孔が TiO_2 膜によって封じられている。そのため光に誘起された正孔にとって電気化学的に活性な半導体–液体接合にたどり着けなくなる。（Cordova et al. 2015 [119]。イギリス化学会の許諾を得て転載。）（p.148）

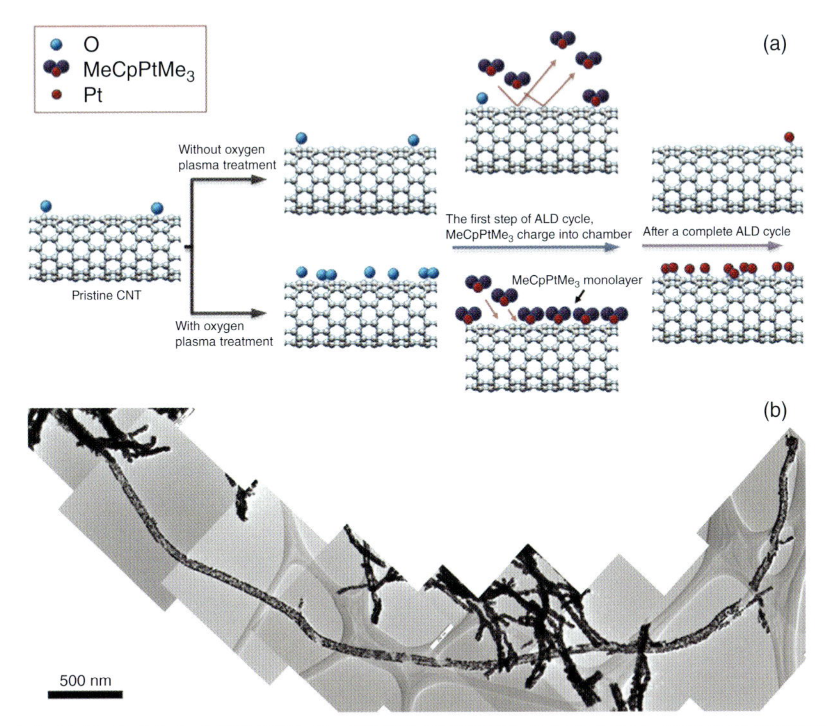

図 5.3 (a) ALD サイクルの完了後に O_2 プラズマ処理有りの場合となしの場合の CNT の相異を示す概念図。（Hsueh et al. [15]。イギリス物理学会の許諾を得て転載。）(b) O_2 プラズマ処理済 CNT のスティッチング（つなぎ合せ）TEM 画像。全長 25 μm にわたって Pt NP の一様な堆積がみられる。堆積は 25 μm 厚で垂直に配列された CNT アレイ全体に対して行われた（ALD は 200 サイクル）。（Dameron et al. [12]。Elsevier 社の許諾を得て転載。）（p.162）

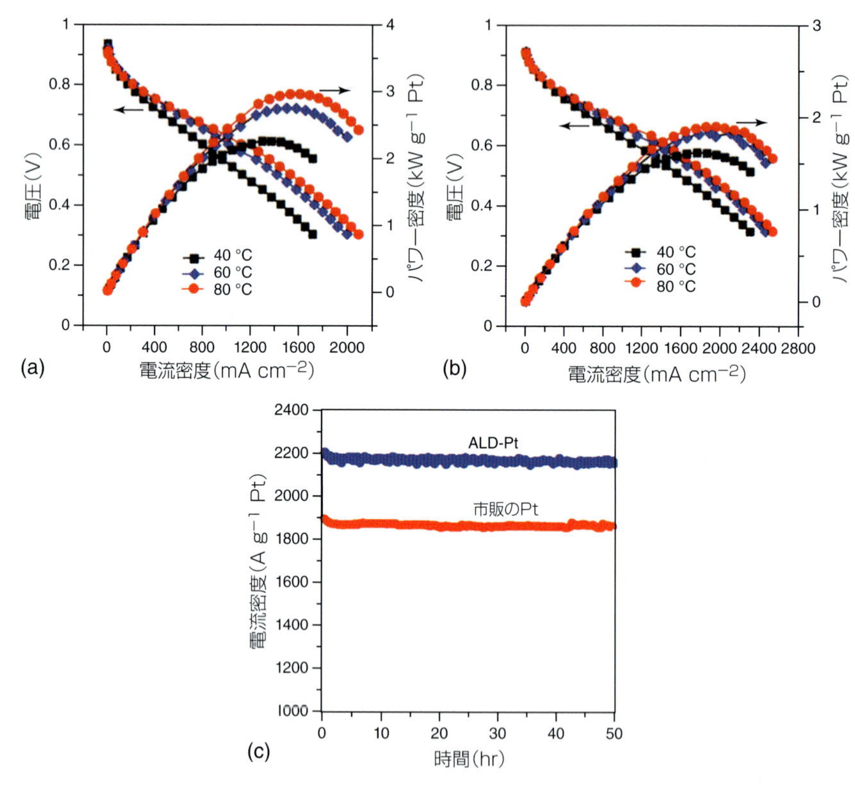

図 5.4 MEA で得られた 40，60，80℃のときの分極曲線。(a) ALD-Pt アノード (b) 市販の Pt アノード (c) それぞれ ALD-Pt と市販 Pt で作られた MEA で行った 60℃ × 50 hr × 0.7 V 定電圧耐久テストの結果。（Shu et al.［13］。Elsevier 社の許諾を得て転載。）(p.163)

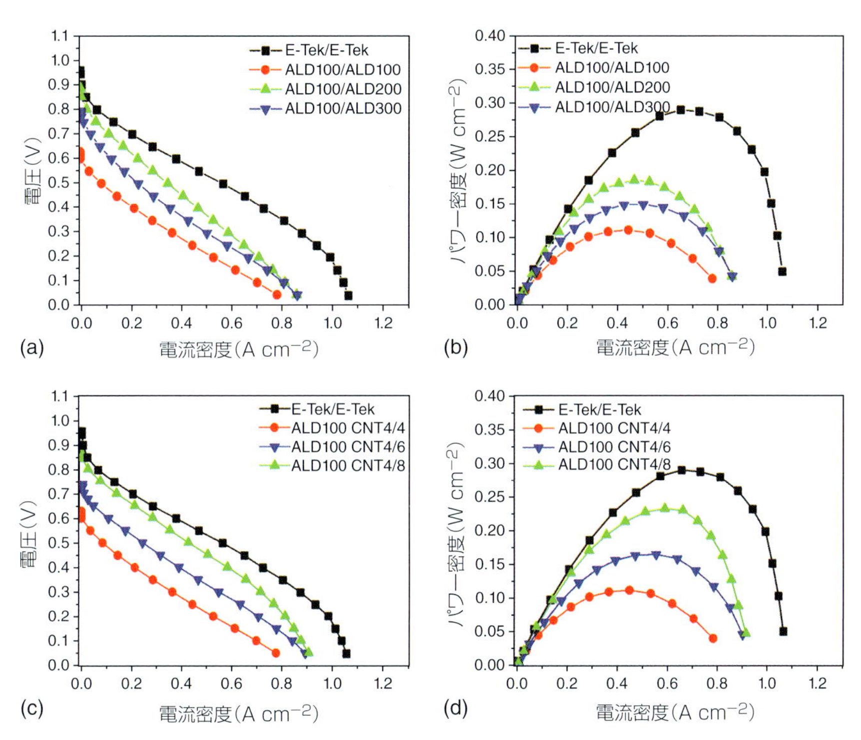

図 5.5 アノードとカソードの両方が ALD 法でつくられた単一 PEM 燃料電池の性能。ALD サイクル数を変えた場合 ((a) と (b)) および CNT 充填量を変えた場合 ((c) と (d))。市販の E-Tek 電極でつくられた電池を比較として示してある。(Hsueh et al. [16]。Elsevier 社の許諾を得て転載。) (p.165)

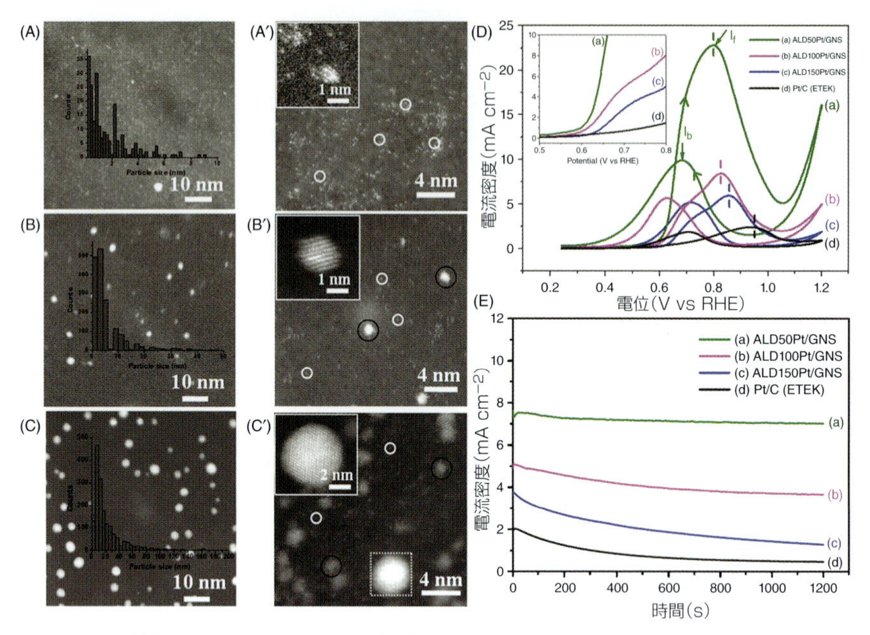

図 5.6 Pt/GNS 試料の HAADF-STEM 画像(A, B, C)および性能測定データ(D, E)。(A, B, C)は各 50, 100, 150ALD サイクルによる結果,(A', B', C')は対応する拡大画像を表わす。各画像中の差し込み図は対応する GNS 上 Pt クラスターのヒストグラムを示す。(D);種々の Pt 触媒上でのメタノールの酸化におけるサイクリックボルタンメトリ(CV)曲線。挿入図はメタノール酸化の開始電位領域の CV 曲線を拡大したもの。(E);種々の Pt 触媒についてRHE に対して 0.6 V の定電位で測定された 20 分間にわたるクロノアンペロメトリ(CA)曲線。これら電気触媒作用のテストは室温で,1 M のメタノールと 0.5 M の H_2SO_4 を含む Ar-飽和水溶液中で行われた。試料の区分は;(a) ALD50 Pt/GNS,(b) ALD100 Pt/GNS,(c) ALD150 Pt/GNS, および(d) Pt/C である。(Sun et al. [17]。Nature Publishing Group の許諾を得て転載。)(p.167)

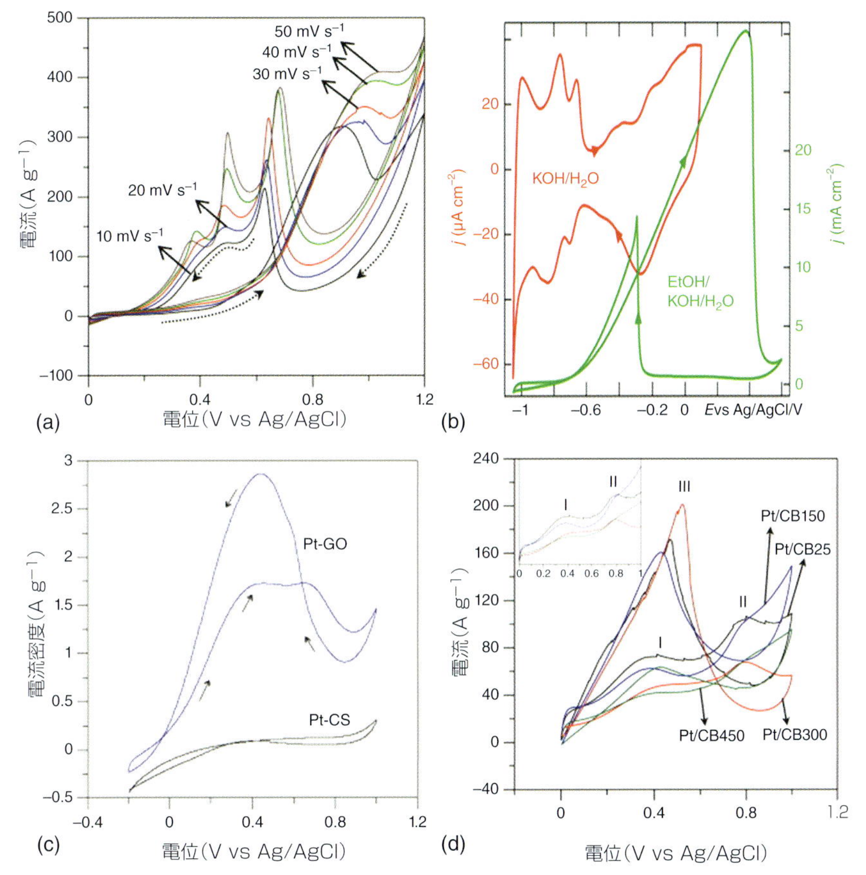

図 5.7 ALD-Pt 触媒のサイクリックボルタモグラム。(a) 平均粒径が 2.9 nm の ALD-Pt 触媒について，0.5 M H_2SO_4 + 0.5 M メタノール中で異なる掃引速度により測定されたサイクリックボルタモグラム (CV)。(Huang et al. [19]。Elsevier 社の許諾を得て転載。) (b) TiO_2 ナノチューブに担持させた Pt クラスターについて，0.1 M KOH および 1 M KOH + 1 M エタノール中で測定された CV 曲線。掃引速度：50 mV s^{-1}。(イギリス化学会の許諾を得て参照文献 [21] から転載。) (c) ALD-Pt 触媒について，0.5 M H_2SO_4 + 0.5 M HCOOH 中，10 mV s^{-1} の電圧掃引速度で測定された CV 曲線。(Hsieh et al. [14]。Elsevier 社の許諾を得て転載。) (d) 0.5 M H_2SO_4 + 0.5 M HCOOH 中, 50 mV s^{-1} の電圧掃引速度で測定された CV プロファイル。挿入図は，対 Ag/AgCl で 0−1 V の電位範囲内の CV 曲線。(Hsieh et al. [20]。Elsevier 社の許諾を得て転載。) (p.169)

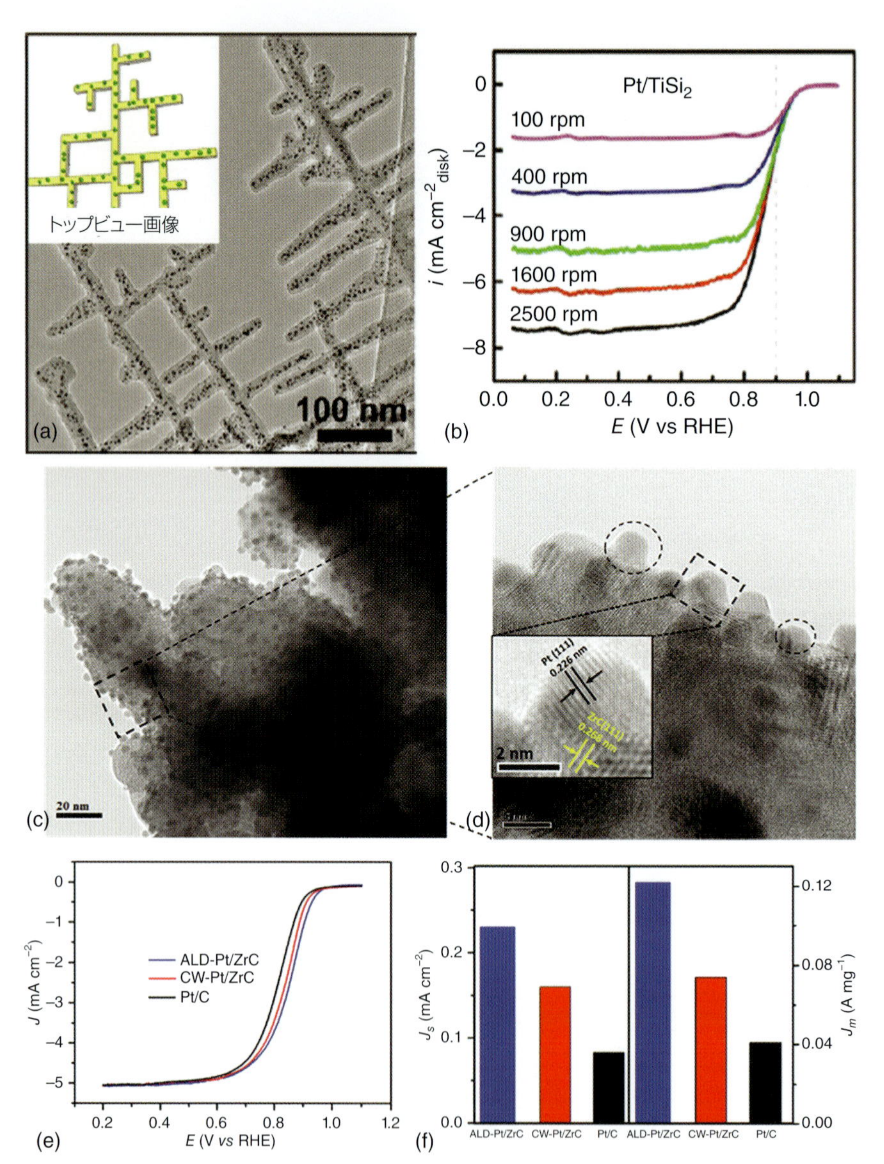

図 5.8 ALD-Pt/$TiSi_2$ および ALD-Pt/ZrC の TEM 画像と分極曲線 (a) 通常の 50 サイクル ALD 成長後の ALD-Pt/$TiSi_2$ ヘテロナノ構造のトップビュー TEM 画像。(b) 0.1 M KOH 中，10 mV s^{-1} の掃引速度の条件下，回転速度を変えて測定された ALD-Pt/$TiSi_2$ の分極曲線。(Xie et al. [50]。アメリカ化学会の許諾を得て転載。) (c, d) ALD-Pt/ZrC 触媒の TEM 画像。(e) 各種電極の分極曲線；ALD-Pt/ZrC，化学的還元複合物 (CW) -Pt/ZrC，E-TekPt/C 触媒。室温下で O_2–飽和 0.5 M H_2SO_4 溶液で測定 (1600 rpm，掃引速度：10 mV s^{-1})。(f) これら触媒の 0.9 V vs RHE での比活性と質量活性。(Cheng et al. [51]。イギリス化学会の許諾を得て転載。) (p.171)

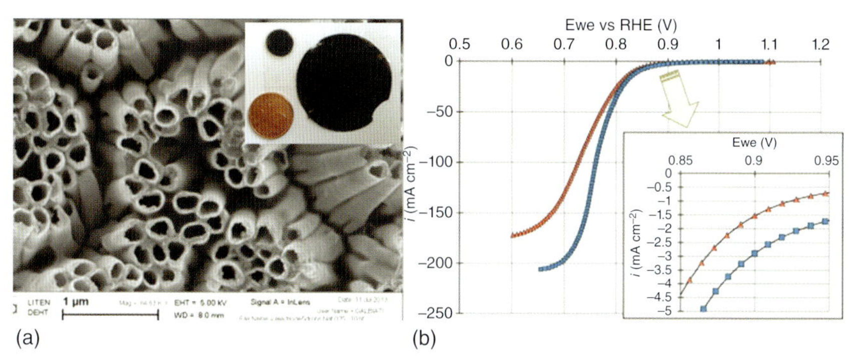

図 5.9　ALD-Pt NT の SEM 画像と分極曲線 (a) 薄い Nafion® 被覆層をもつ ALD-Pt NT の SEM 画像。挿入図 ;ALD-Pt NT 膜電極の光学写真。(b) O_2 飽和雰囲気下の 0.5 M H_2SO_4 中で測定された ALD-Pt NT 電極の分極曲線 (赤色の三角) と Pt/C 電極の分極曲線 (青色の四角)。(Galbiati et al. [18]。Elsevier 社の許諾を得て転載。) (p.172)

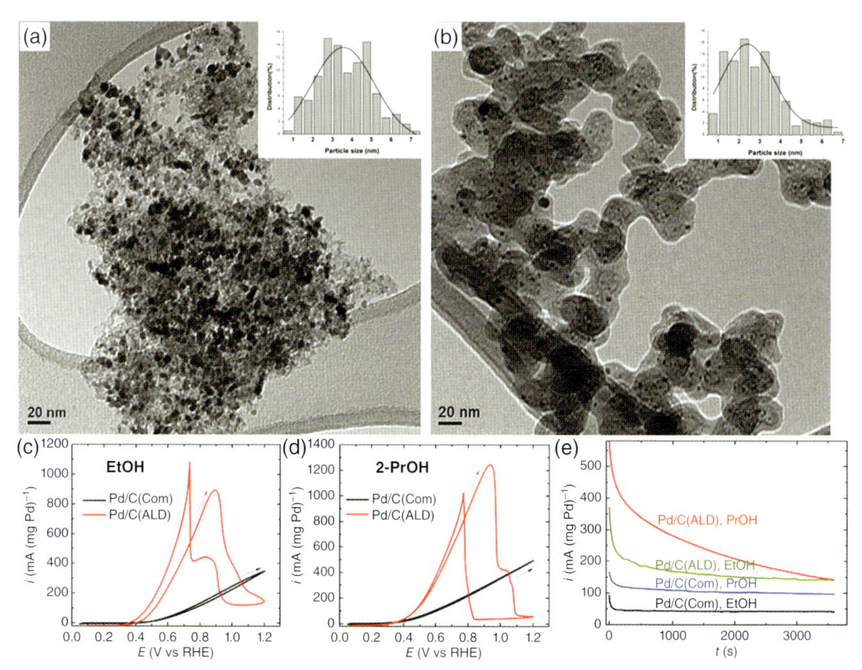

図 5.10　ALD-Pd/C と Com (市販) -Pd/C の TEM 画像および電流密度曲線 (a) 市販 Pd/C 触媒の TEM 画像。(b) ALD-Pd/C 触媒の TEM 画像。挿入図 (a), (b) は NP サイズのヒストグラム。(c) エタノール酸化の CV 曲線。(d) イソプロパノール酸化の CV 曲線。どちらの曲線も 0.1 M NaOH と 1 M アルコールを含む電解液中で 10 mV s^{-1}, 1800 rpm の条件下で測定されたもの。3 回目の CV スキャンの結果も示してある。(e) 0.1 M NaOH ＋ 1 M アルコール中, RHE 基準 0,7 V で測定されたクロノアンペロメトリ曲線。(Rijjineb et al. [24]。アメリカ化学会の許諾を得て転載。) (p.174)

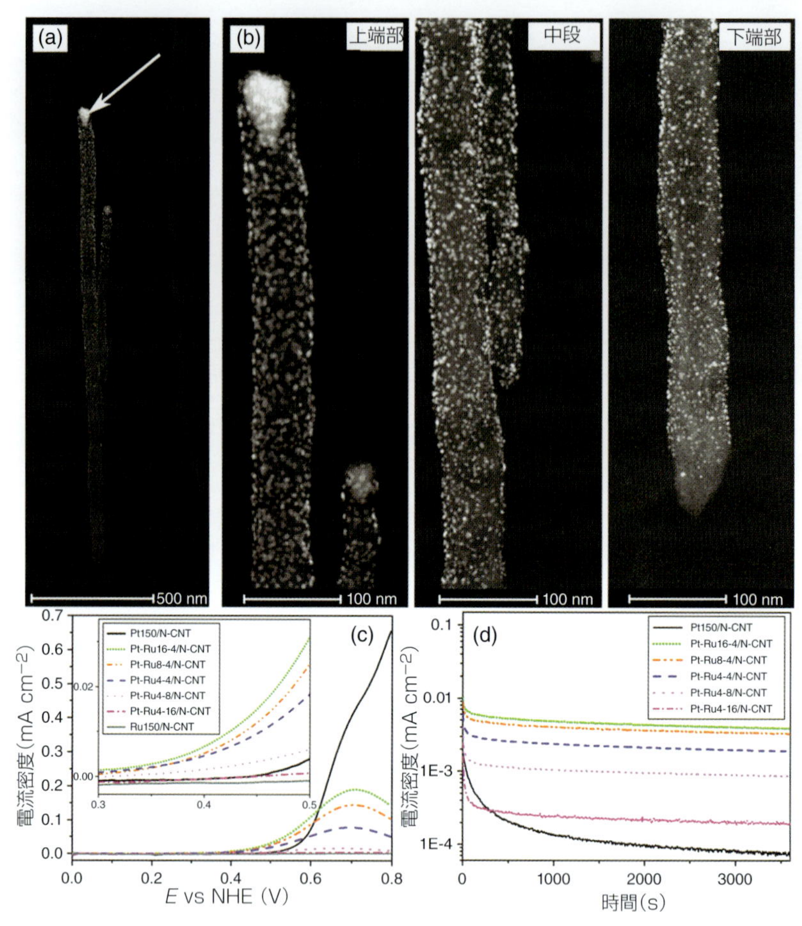

図 5.11　PtRu 触媒の STEM 画像および電流密度曲線（a，b）；PtRu 触媒 NP（ナノ粒子）で修飾された 1.8 μm 長の N-CNT の HAADF STEM 画像。矢印は CNT 成長触媒（Ni）を指す。(c) ALD-Pt，ALD-PtRu，ALD-Ru 各触媒に対して 0.5 M H_2SO_4 + 1 M MeOH 中，10 mV s^{-1} で測定されたアノード掃引（第 1 回目の CV サイクル）の結果。(d) これら触媒に対して同じ電解液中で 0.4 V（vs NHE）で測定されたクロノアンペロメトリ曲線。
（Johansson et al. [32]。Elsevier 社の許諾を得て転載。）（p.176）

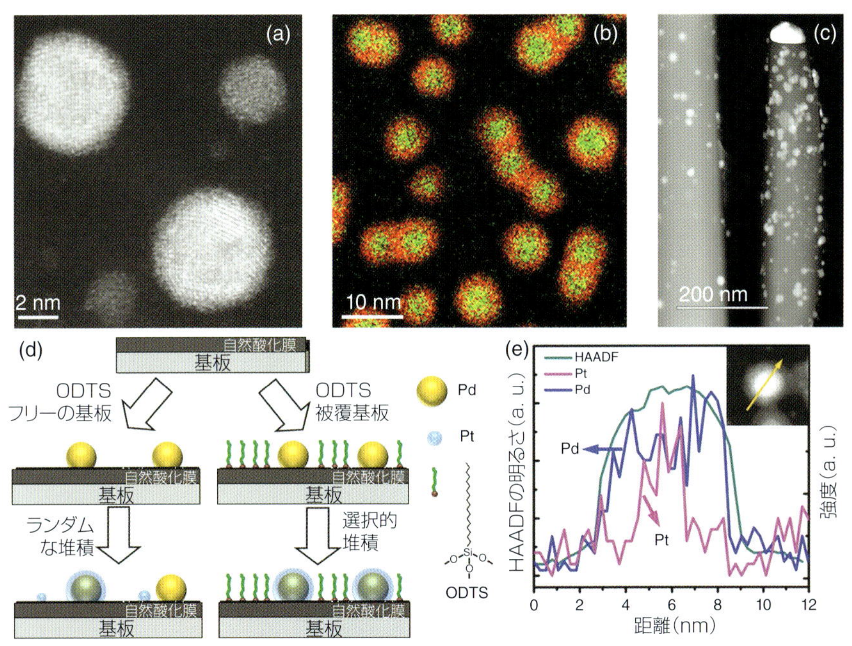

図 5.12 Pd/Pt および Pt/Pd コア／シェルの NP の堆積概念図など（150 サイクルの Pd；50 サイクルの Pt で）Al_2O_3 被覆 Si_3N_4TEM ウィンドウ上に成長させた Pd/Pt コア／シェル NP の (a) HAADF-STEM 画像と (b) EDX（エネルギー分散型 X 線解析）マッピング。(c) Al_2O_3 被覆 GaP ナノワイヤの上に Pt/Pd コア／シェルナノ粒子が堆積している様子を示す HAADF-STEM 画像。ナノワイヤの上端にある大きな粒子は金粒子で，VLS プロセスでナノワイヤを成長させるときに使用される。（Weber et al. [77]。イギリス物理学会の許諾を得て転載。）(d) ODTS で修飾された基板上に領域選択性 ALD 法を使ってコア／シェル NP を成形加工する概念図。(e) 代表的な Pt/Pd コア／シェル NP の HAADF-STEM によるラインスキャンの結果。挿入図；HAADF-STEM 画像。（[78] から転載。http://www.nature.com/articles/srep08470 ではクリエイティブコモンズライセンス：https://creativecommons.org/licenses/by/4.0/）が使われている。）(p.178)

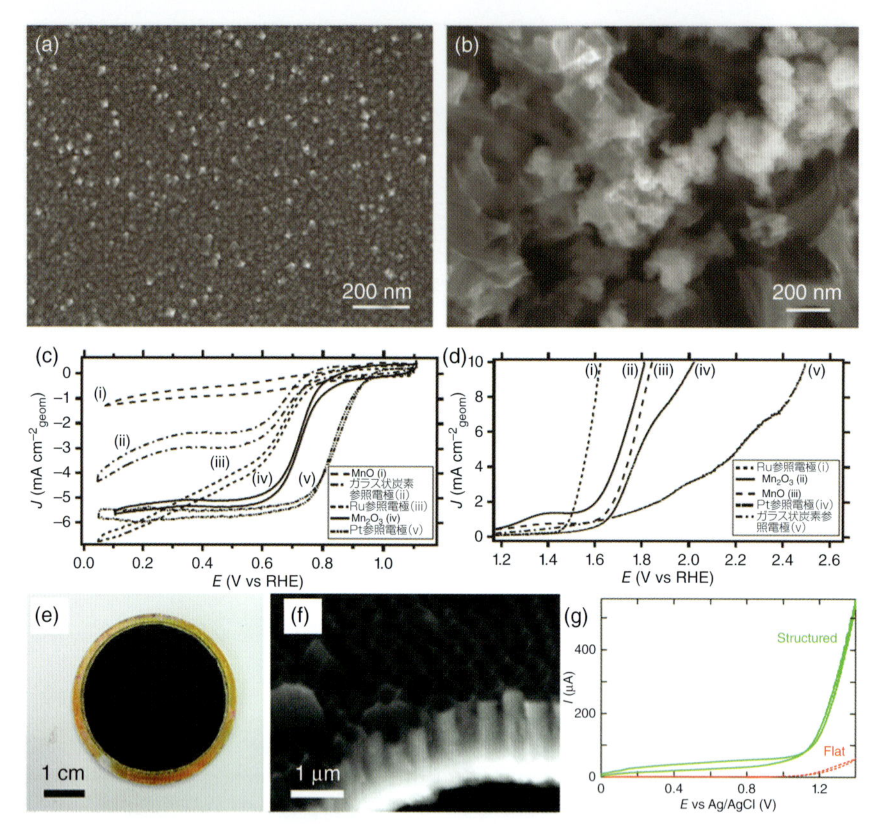

図 5.14 ALD-堆積 MnO_x 触媒のモルフォロジーを示す SEM 画像。(a) 堆積したままの MnO。(b) MnO を 400℃で 10 時間空気中でアニールして得られた Mn_2O_3。(c) O_2-飽和 0.1 M KOH 溶液の中で 1600 rpm でテストして得た MnO_x 触媒の酸素還元反応 (ORR) の性能。(d) O_2-飽和 0.1 M KOH 溶液の中で 1600 rpm でテストして得た MnO_x 触媒の酸素発生反応 (OER) の性能。(Pickrahn et al. [82]。John Wiley and Sons 社の許諾を得て転載。) (e) 多孔質 Fe_2O_3 電極のデジタル写真。(f) 多孔質 Fe_2O_3 電極の SEM 画像。(g) 新たに調整したナノ構造化電極 (緑色の曲線) と比較材電極 (赤色の点線) のサイクリックボルタモグラム。比較電極は，同じ巨視的表面積 ($0.30\ cm^2$) をもつ平面電極で，Si 上にスパッタされた ITO 膜の上に Fe_2O_3 の ALD で調製されたもの。掃引速度：$20\ mV\ s^{-1}$，pH＝7。(Gemmer et al. [83]。Elsevier 社の許諾を得て転載。) (p.181)

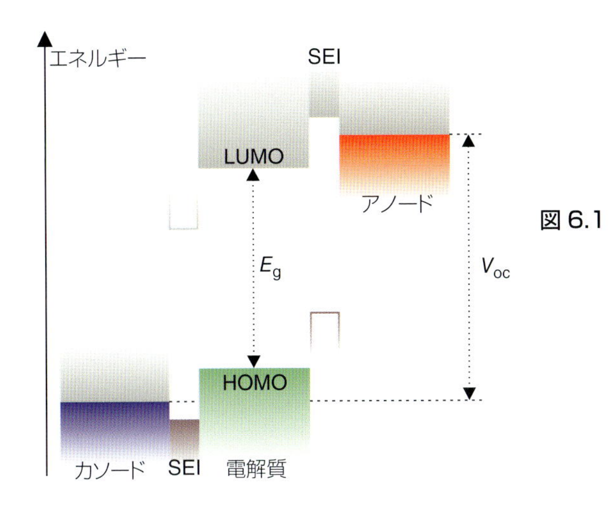

図 6.1 カソード側とアノード側の両方に SEI（固体・電解液間）膜をもつ電池における模式的エネルギーダイヤグラム。灰色に塗られた部分と色づけされた部分はそれぞれ空準位と被占有準位を示す。カソード側の SEI 膜の LUMO の位置およびアノード側の SEI 膜の HOMO の位置は任意性が大きい。V_{oc} は開回路ポテンシャル，E_g は電解質のバンドギャップを表す。（p.187）

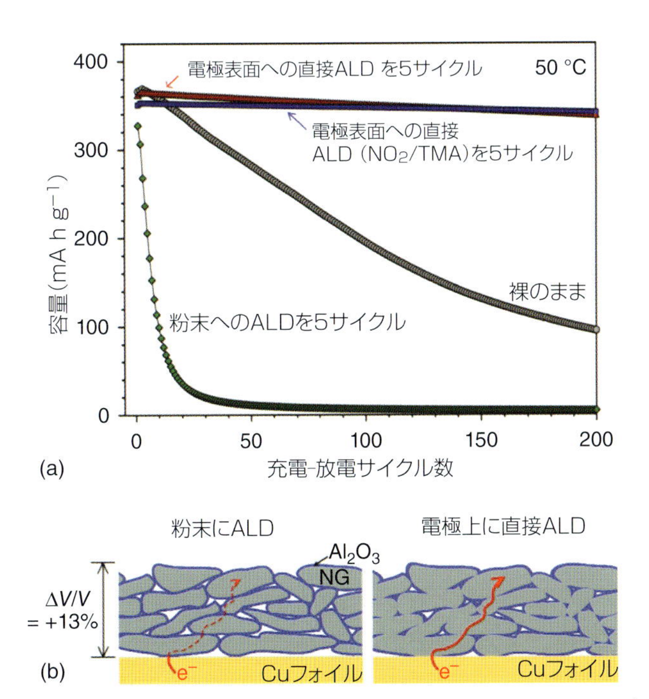

図 6.2 天然グラファイトコンポジットに ALD 被膜を付けた電極が示した電気化学的特性。(a) 50℃におけるサイクル特性。(b) 粉末上で ALD 処理したコンポジット電極と電極上で直接 ALD 処理したコンポジット電極のそれぞれの中での電子輸送の概念図。（Ju et al. 2010 [16]。John Wiley and Sons の許諾を得て転載。）（p.189）

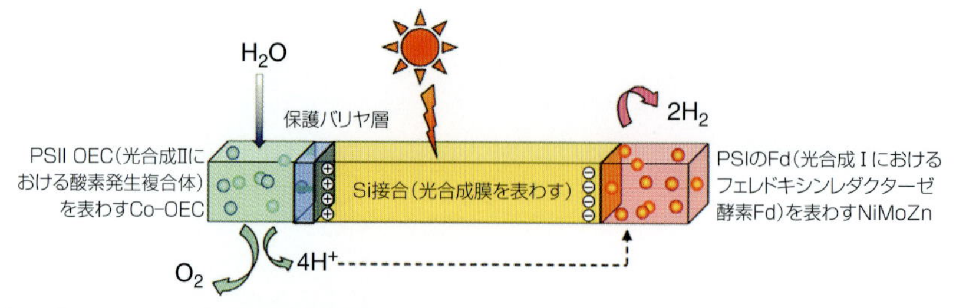

図 8.1　人工葉のコンセプトを示す概略図。（Nocera 2012［7］。アメリカ化学会の許諾を得て転載。）(p.224)

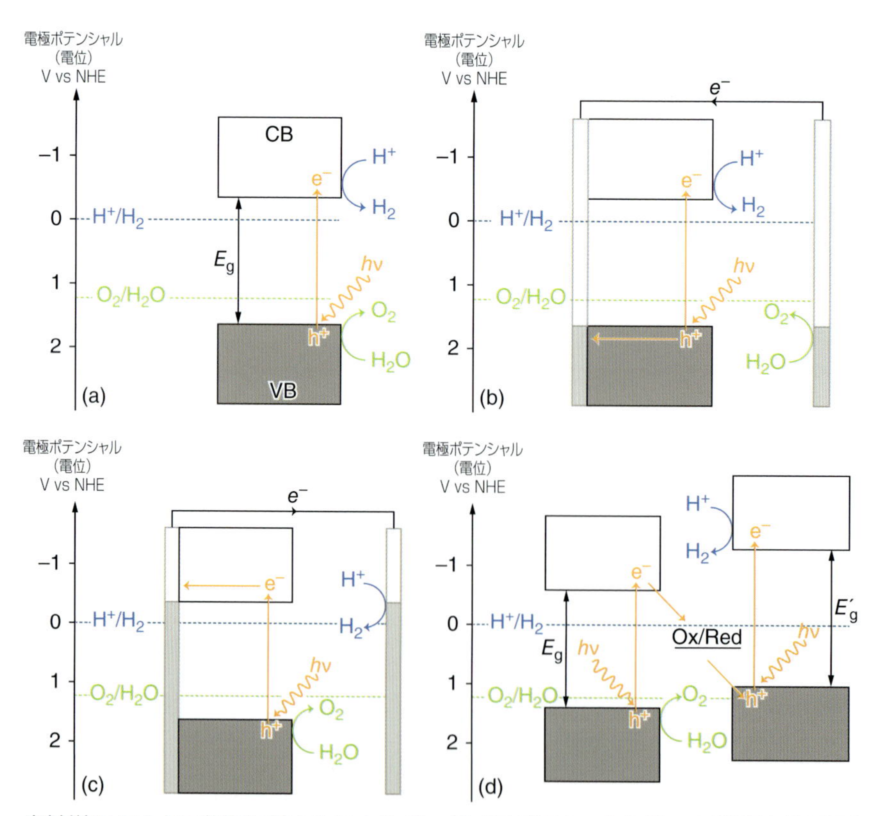

図 8.2　光触媒による水の分解に対するエネルギーダイアグラム。(a) 単一の半導体光電極をもつ単励起プロセス。(b) 半導体光カソードと金属アノードの組み合わせによる単励起プロセス。(c) 半導体光アノードと金属カソードの組み合わせによる単励起プロセス。(d) 二重励起スキーム別名 Z スキーム。(p.226)

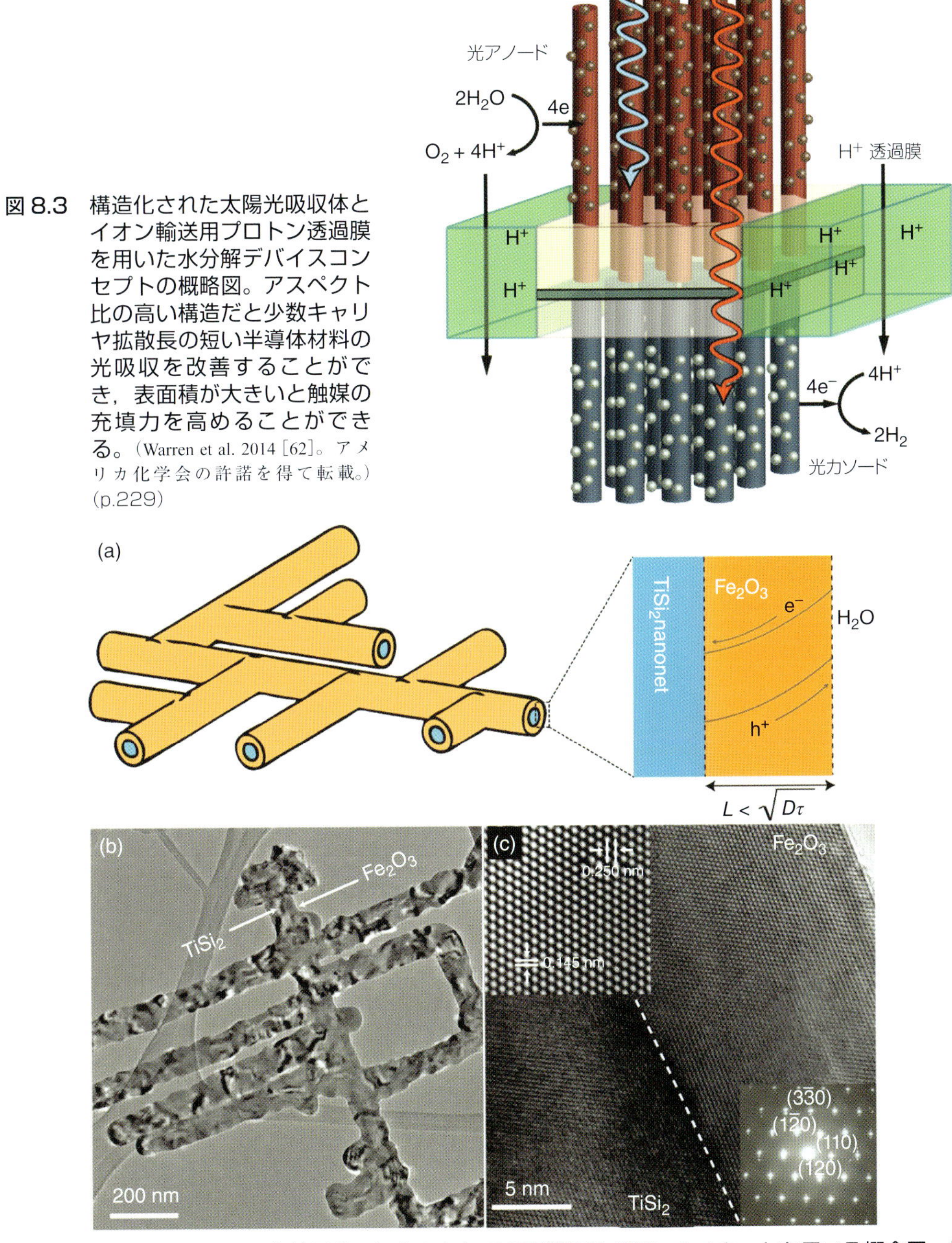

図 8.3　構造化された太陽光吸収体とイオン輸送用プロトン透過膜を用いた水分解デバイスコンセプトの概略図。アスペクト比の高い構造だと少数キャリヤ拡散長の短い半導体材料の光吸収を改善することができ，表面積が大きいと触媒の充填力を高めることができる。（Warren et al. 2014［62］。アメリカ化学会の許諾を得て転載。）(p.229)

図 8.5　(a) その原理には有効電荷コレクタとしての高導電性 $TiSi_2$ ナノネットを用いる概念図。拡大断面図に電子バンドの構造を示す。ヘマタイトの厚さが電荷拡散長より小さいときに効率的な電荷捕集が行われる。(b) 典型的なヘテロナノ構造の構造複雑性とその $TiSi_2$ コア／ヘマタイトシェルの性質を示す低倍率 TEM 画像。(c) HRTEM データ (HR：High Resolution)。見やすくするために境界面に破線が引かれている。左側挿入図；ヘマタイト (110) および $(\bar{3}30)$ に対する格子間隔 [(0.250 nm) と (0.145 nm)] を示す格子フリンジ分解 HRTEM 画像。右側挿入図；ヘマタイトの ED パターン。（Lin et al. 2011［98］。アメリカ化学会の許諾を得て転載。）(p.235)

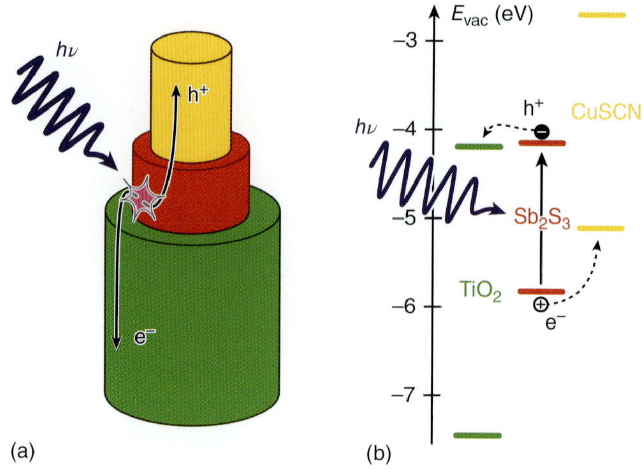

図 8.6　同軸ナノ円筒形太陽電池の機能原理。(a) 太陽電池デバイスを構成する多数の並列円筒の中の一本をとり，それぞれ同軸方向の p-i-n 接合の幾何形状を示す概略図。(b) 本半導体の（エネルギー）バンドダイヤグラム。（Wu 2015 [56]。イギリス化学会の許諾を得て転載。）(p.237)

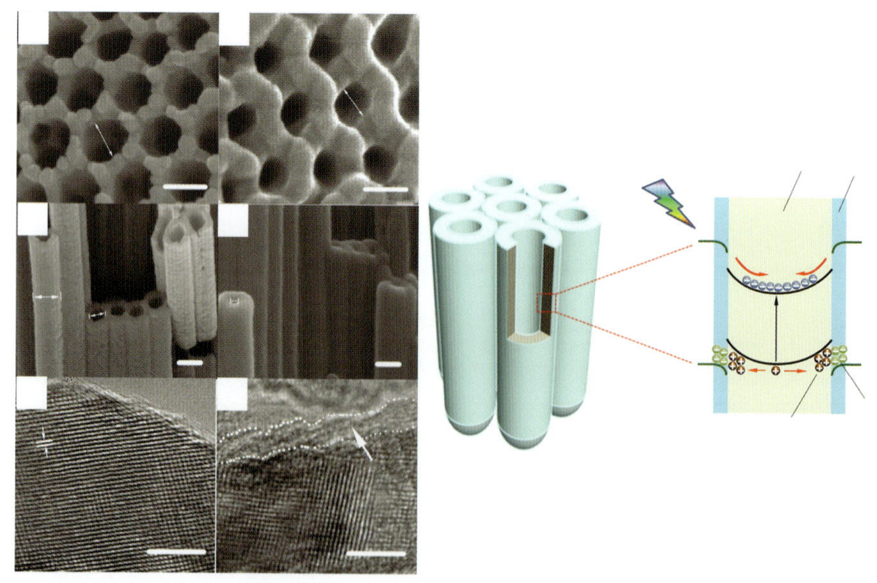

図 8.8　TiO_2 NT と Al_2O_3- 被覆 TiO_2 NT の EM 写真画像の比較 ((a) ～ (f))，および Al_2O_3- 被覆 TiO_2 NT の模式構造図 ((g)，(h))。(a)，(c)，(e) は TiO_2 NT，(b)，(d)，(f) は Al_2O_3- 被覆 TiO_2 NT のもの (a)，(b) は上端部，(c)，(d) は断面の画像（いずれも SEM による；なお (d) は ALD180 サイクル処理）。(e)，(f) は TEM 画像 ((f) は ALD25 サイクル処理)。(g) と (h) は Al_2O_3 電場効果パッシベーションの模式図で，(g) は Al_2O_3 シェル（淡青灰色）と一緒に堆積させた TiO_2 NT の構造を示す。(h) は，Al_2O_3 シェルで被覆された TiO_2 NT のエネルギーバンドダイヤグラムである。UV 光照射下では，Al_2O_3 膜内に位置する負電荷の存在によって光生成正孔が表面にトラップされるため，管壁の中央部に不対電子が取り残される。（Gui et al. 2014 [118]。アメリカ化学会の許諾を得て転載。）(p.240)

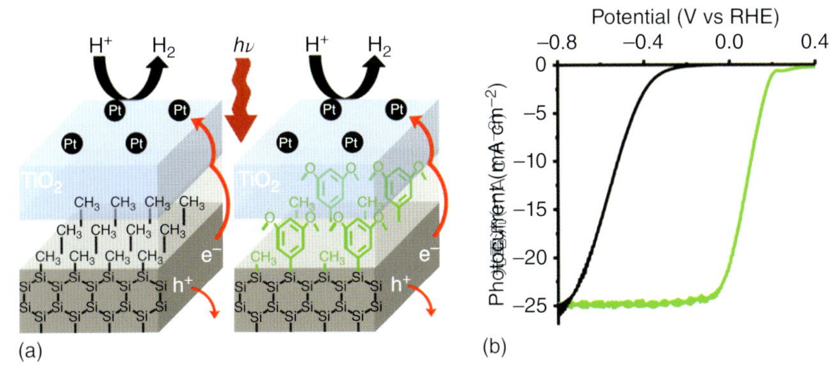

図 8.9　(a) Cl-終端処理されたp-Si (111) 基板に, 一つはCH_3基, もう一つは3,5-ジメトキシフェニル基 (dimethoxyphenyl) で修飾し，そのあと引き続き ALD によりTiO_2膜，Pt 粒子を積層して全体を機能化した概念図。(b) 0.5 M H_2SO_4中，AM 1.5 G,100 mW cm^{-2}, 0.1 V s^{-1}の条件下で得られた電圧–電流曲線。黒色：CH_3，緑色：3,5-ジメトキシフェニル。(Seo et al. 2015 [120]。アメリカ化学会の許諾を得て転載。)(p.241)

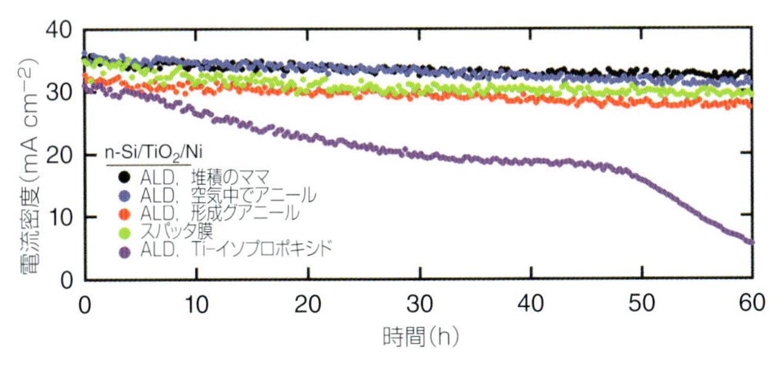

図 8.10　各種 n-Si/TiO_2/Ni の定電位安定度試験の結果。1.0 M KOH (aq) 中の水酸化で，光量 1 sun の照射条件下。電極は 1.85 V vs RHE に保持。全膜厚は TTIP-ALD を除いて〜100 nm 厚で，TTIP-ALD はサンプル内で 50 〜 150 nm の範囲で変化する。(McDowell et al. 2015 [129]。アメリカ化学会の許諾を得て転載。)(p.243)

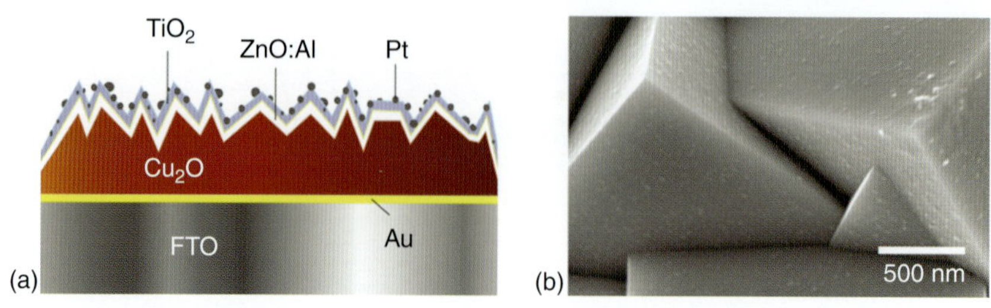

図 8.11　(a) 電極構造の模式図。(b) ALD サイクル [5 × (4 nm ZnO/0.17 nmAl_2O_3) /11 nm TiO_2] とそれに続く Pt ナノ粒子の電着で得た電極表面の SEM 画像。(Pracchino et al. 2011 [135]。アメリカ化学会の許諾を得て転載。) (p.244)

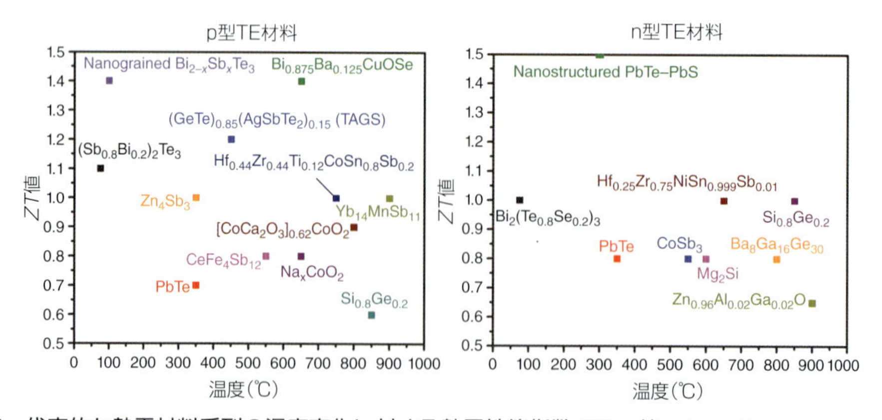

図 9.2　代表的な熱電材料系列の温度変化に対する熱電性能指数 ZT の値。(p.253)

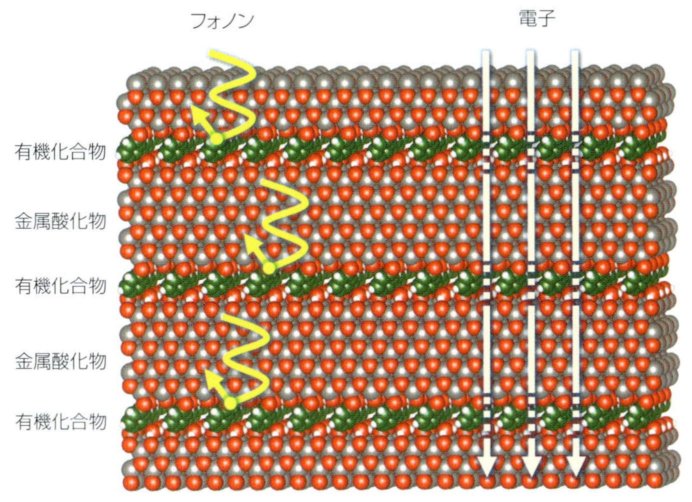

図 9.3　厚い熱電性酸化物層の間に薄い有機薄膜層が規則的に挟み込まれてフォノンの輸送がブロックされ電子輸送は保持されている超格子薄膜の模式図。(p.259)

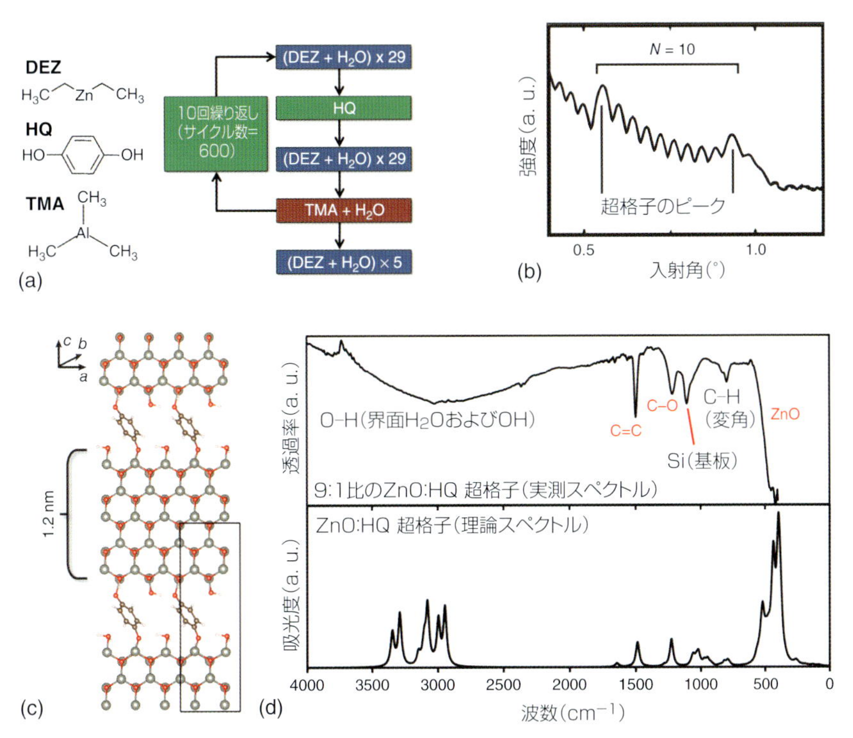

図 9.4　(a) 酸化物：有機材 ZnO:HQ 超格子を ALD/MLD 法で製作するときの模式図；(b) XRR 法による超格子構造の検証；(c) 第一原理計算で得られた ZnO:HQ 超格子の原子レベルモデル；(d) ZnO:HQ 超格子の IR スペクトルの測定結果と理論スペクトル。(p.259)

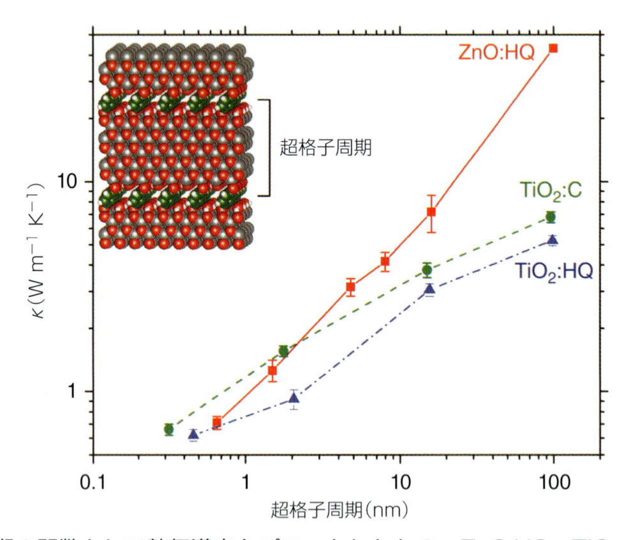

図 9.5　超格子周期の関数として熱伝導率をプロットしたもの。ZnO:HQ，TiO_2:HQ（いずれも堆積のまま），TiO_2:C（アニール後）の ALD/MLD による薄膜のデータ。図中約 100 nm 超格子周期のデータは純無機材薄膜からとったもの。(p.260)

翻訳にあたって

本書の原著は Wiley-VCH Verlag GmbH & Co. から 2017 年に出版された *Atomic Layer Deposition in Energy Conversion Applications* で，Friedrich-Alexander University of Erlangen-Nürnberg（ドイツ）の Julien Bachmann 教授を編者とする執筆チームによって各章が記述されている。代表的なエネルギー変換デバイスの最新状況について，材料調製の立場および ALD 法（原子層堆積法）を使ってそれを実行する手順に精通する立場から記述されている。各章末に提示される参照文献の一覧も充実していて，ALD 法に親しんでいる研究者・技術者にとってはエネルギー変換の分野で求められる事項をより良く理解する助けになり，エネルギー変換分野に携わっている研究者・技術者には ALD 法によって達成される事項を深く認識する助けになるであろう。

我々が使用するエネルギーの代表的な形態である太陽光，電気，および熱について，それらを非機械的に相互変換するデバイスタイプのいくつかを原理から具体例にわたって記述されていて，それぞれの専門家が，固体および界面を利用する技術について解説し，近年著しい発展を見せている ALD 法について手法の詳細と具体的適用例についても記述されている。よって，何らかの形で当該分野に関わっている読者にとって，分野の最新状況を把握する上できわめて有用な書物といえよう。

本書は，鈴木雄二教授（東京大学大学院工学系研究科）による厳密で厳格な監訳とチェックを得てはじめて形を為したもので，多くの誤訳を指摘・手直ししていただいた結果であることを明記しておきたい。また，齋藤太朗氏にも同様，産学官に通じた経験に基づく翻訳編集の支援をいただいた。

最後に，翻訳の機会を提供していただいた吉田　隆（株）エヌ・ティー・エス社長および多岐にわたって助言をいただいた大湊国弘氏（編集担当）に深く感謝する。

2018 年　秋

廣瀬　千秋

●●● 監訳者紹介 ●●●

鈴木　雄二　　Yuji Suzuki

東京大学大学院工学系研究科機械工学専攻教授，博士（工学）

東京大学大学院工学系研究科博士課程修了。東京大学工学部助手，名古屋工業大学工学部講師，東京大学大学院工学系研究科講師，同助教授・准教授を経て 2010 年より教授。
専門は熱流体工学，MEMS，マイクロエネルギー，環境発電（エネルギーハーベスティング），燃焼における壁面効果，熱機器の最適設計，熱流体計測法。

●●● 翻訳者紹介 ●●●

廣瀬　千秋　　Chiaki Hirose

東京工業大学名誉教授，理学博士

東京大学大学院理学系研究科化学専攻後期博士課程中退。東京工業大学資源化学研究所助手，同助教授，教授を経て定年退職。
現役時代の専門は物理化学（構造化学，分子分光，マイクロ波分光，レーザー分光，表面和周波分光）。

目　次

翻訳にあたって

監訳者紹介・翻訳者紹介

序　文 ……… 3

第1編　ALD（原子層堆積）入門

第1章　原子層堆積の基礎：膜成長の特性と類似性 ……… 15
1.1　原子層堆積(ALD)とは ……… 15
1.1.1　原子層堆積(ALD)の原理 ……… 15
1.1.2　ALD成長の特性−線形性，飽和現象，ALD窓 ……… 19
1.1.3　プラズマ支援ALD ……… 21
1.1.3.1　プラズマALDを実施するためのプラズマの構成 ……… 22
1.1.3.2　プラズマALDで進行する反応 ……… 23
1.1.3.3　プラズマALDの長所と難点 ……… 23
1.2　その場キャラクタリゼーションを用いるALD過程の研究 ……… 25
1.2.1　水晶微小天秤 ……… 25
1.2.2　四重極質量分析(QMS) ……… 26
1.2.3　分光エリプソメトリ ……… 26
1.2.4　フーリエ変換赤外線分光 ……… 27
1.2.5　発光分光法 ……… 28
1.2.6　その他のその場測定法 ……… 28
1.3　ALD過程の膜厚均一性 ……… 29
1.3.1　ALD過程の膜厚均一性に対する定量化 ……… 30
1.3.2　ALD過程における膜厚均一性のモデル化 ……… 34
1.3.3　プラズマALD(PE-ALD)の膜厚均一性 ……… 39
1.3.4　ナノ多孔性材料のコンフォーマル保護コーティング ……… 42

第2編　光電効果材料におけるALD

第2章　Si太陽電池のパッシベーションに用いる原子層堆積 ……… 55
2.1　高効率Si結晶太陽電池入門 ……… 55
2.1.1　Siホモ接合太陽電池を作るときのALD ……… 56

2.1.2 Si ヘテロ接合太陽電池を作るときの ALD ……………………………………58
2.1.3 新規のパッシベーション接合と ALD……………………………………………59
2.1.4 第 2 章の概略………………………………………………………………………60
2.2 Si ホモ接合太陽電池の表面パッシベーションのためのナノレイヤー………………60
2.2.1 表面パッシベーションの基礎 ……………………………………………………60
2.2.1.1 表面再結合の物理…………………………………………………………60
2.2.1.2 表面パッシベーション……………………………………………………63
2.2.1.3 Si ホモ接合太陽電池との互換性…………………………………………66
2.2.2 ALD で形成した Al_2O_3 表面のパッシベーション ……………………………66
2.2.2.1 パッシベーションを施す Al_2O_3 の ALD 成膜……………………………67
2.2.2.2 界面欠陥の水素化…………………………………………………………68
2.2.2.3 Al_2O_3 による界面加工 ……………………………………………………70
2.2.2.4 表面条件がパッシベーション特性に及ぼす効果…………………………70
2.2.3 太陽電池生産に使う ALD…………………………………………………………71
2.2.3.1 PV(太陽光発電)産業における要請………………………………………71
2.2.3.2 高スループット ALD 反応装置 …………………………………………72
2.2.3.3 PV 産業での Al_2O_3 の ALD………………………………………………74
2.2.4 ALD パッシベーション方式における新規開発 …………………………………75
2.2.4.1 n^+Si 表面および p^+Si 表面のパッシベーションに用いる ALD スタック……75
2.2.4.2 込み入ったトポロジーをもつ表面のパッシベーションに使用する ALD ……77
2.2.4.3 新規の ALD パッシベーション方式 ………………………………………79
2.3 Si ヘテロ接合太陽電池に使うための透明導電性酸化物(TCO)…………………………81
2.3.1 SHJ 太陽電池における TCO の基礎 ………………………………………………81
2.3.1.1 面方向電導度………………………………………………………………81
2.3.1.2 透明度………………………………………………………………………84
2.3.1.3 SHJ(シリコンヘテロ接合)太陽電池との適合両立性……………………86
2.3.2 透明導電性酸化物 TCO の ALD …………………………………………………87
2.3.2.1 ドープ ZnO の ALD ………………………………………………………87
2.3.2.2 Al ドーピングの先にあるもの：B, Ti, Ga, Hf, および H によるドーピング‥90
2.3.2.3 In_2O_3 の ALD ……………………………………………………………90
2.3.3 ALD 法による TCO の大量製造 …………………………………………………92
2.4 パッシベーション接合における ALD 適用の展望 …………………………………………93
2.4.1 パッシベーション接合の基本 ……………………………………………………93
2.4.1.1 パッシベーション接合の作り方 …………………………………………93
2.4.1.2 パッシベーション接合に必要な事項 ……………………………………97
2.4.2 パッシベーション接合のための ALD……………………………………………99

2.4.2.1　トンネル酸化膜のための ALD……99
2.4.2.2　電子選択型接合のための ALD……100
2.4.2.3　正孔選択型接合のための ALD……102
2.5　結論と展望……102

第３章　光吸収のために行う ALD……110
3.1　太陽光吸収の概略……110
3.2　太陽光吸収体に ALD を行う理由……113
3.2.1　大面積コーティングの均一度と精密度……113
3.2.2　光の捕集と電荷抽出の直交化……114
3.2.3　ピンホールがない超薄膜，ETA（超薄膜吸収体）太陽電池……116
3.2.4　化学量論比とドーピングという化学的制御……116
3.2.5　低温エピタキシ……118
3.3　可視光吸収体および近赤外光吸収体を得るための ALD プロセス……119
3.3.1　光吸収のための ALD 金属酸化物……120
3.3.2　光吸収のための ALD 金属カルコゲニド……120
3.3.2.1　CIS（$CuInS_2$）……121
3.3.2.2　CZTS（Cu_2ZnSnS_4）……121
3.3.2.3　Cu_2S……122
3.3.2.4　SnS……122
3.3.2.5　PbS……122
3.3.2.6　Sb_2S_3……122
3.3.2.7　CdS……123
3.3.2.8　In_2S_3……123
3.3.2.9　Bi_2S_3……124
3.3.3　光吸収用 ALD に使われるその他の材料……124
3.4　展望とこれからのチャレンジ……124

第４章　ナノ構造体太陽電池における表面および界面エンジニアリングのための原子層堆積（ALD）……127
4.1　序論……127
4.2　改良型ナノ構造体太陽電池に使われる ALD……128
4.2.1　コンパクト層：TCO/ 金属酸化物界面……131
4.2.2　ブロッキング層：金属酸化物／光吸収体界面……133
4.2.3　表面のパッシベーションと光吸収体の安定化：吸収体/HTM 界面……137
4.2.4　量子ドット上への原子層堆積……139

4.2.5 大表面積電流コレクタ上の ALD：コンパクト遮断膜……141
4.3 水の分解に用いる光電気化学デバイスを得るための ALD……145
4.4 展望と結論……149

第3編 ALD の電気化学的なエネルギー貯蔵への適用

第5章 燃料電池および電解槽に使用する電極触媒の原子層堆積……157
5.1 序論……157
5.2 白金族金属とその合金系の電極触媒用 ALD……159
5.2.1 Pt 電極触媒の ALD……160
5.2.1.1 製作と微細構造……160
5.2.1.2 電気化学的性能……163
5.2.2 Pd 電極触媒の ALD……173
5.2.3 Pt ベース合金とコア／シェルのナノ粒子電極触媒の ALD……175
5.2.3.1 Pt 合金ナノ粒子電極触媒の ALD……175
5.2.3.2 コア／シェルナノ粒子電極触媒の ALD……177
5.3 遷移金属酸化物電極触媒の ALD……179
5.4 まとめと展望……181

第6章 薄膜リチウムイオン電池用の原子層堆積……186
6.1 序論……186
6.2 被覆粉末型電池材料の ALD による製造……187
6.3 ALD に関連する Li 化学……189
6.4 薄膜電池……190
6.5 固体電解質を作るための ALD……191
6.5.1 Li_2CO_3……191
6.5.2 Li-La-O……192
6.5.3 LLT……192
6.5.4 Li-Al-O（$LiAlO_2$）……193
6.5.5 $Li_xSi_yO_z$……194
6.5.6 Li-Al-Si-O……194
6.5.7 $LiNbO_3$……195
6.5.8 $LiTaO_3$……195
6.5.9 Li_3PO_4……195
6.5.10 Li_3N……195
6.5.11 LiPON……196

6.5.12　LiF …… 197
6.6　カソード材料のための ALD …… 197
6.6.1　V_2O_5 …… 197
6.6.2　$LiCoO_2$ …… 198
6.6.3　$MnOx/Li_2Mn_2O_4/LiMn_2O_4$ …… 199
6.6.4　堆積後のリチウム化 …… 200
6.6.5　$LiFePO_4$ …… 200
6.6.6　硫化物 …… 201
6.7　ALD によるアノード材料製作 …… 201
6.8　展望 …… 203

第 7 章　高温燃料電池用の ALD 処理酸化物 …… 208
7.1　高温燃料電池（HTFC）の概略 …… 208
7.1.1　固体酸化物形燃料電池（SOFC） …… 209
7.1.2　溶融炭酸塩形燃料電池（MCFC） …… 210
7.2　SOFC デバイスおよび MCFC デバイスにおける薄膜層 …… 210
7.2.1　一般的特徴 …… 210
7.2.2　ALD の利点 …… 211
7.3　SOFC 材料のための ALD …… 212
7.3.1　電解質および界面 …… 212
7.3.1.1　ジルコニア系材料 …… 212
7.3.1.2　セリア系材料 …… 214
7.3.1.3　ガリウム系材料（Gallate） …… 215
7.3.2　電極および電流コレクタ …… 215
7.3.2.1　Pt 析出 …… 215
7.3.2.2　アノード …… 215
7.3.2.3　カソード …… 215
7.4　MCFC カソードおよびリブ付きセパレータ（バイポーラプレート）の被覆 …… 216
7.5　結論および新規話題 …… 217

第 4 編　ALD の光電気化学的エネルギー変換および熱電効果によるエネルギー変換への適用

第 8 章　光電気化学的水分解に用いる ALD …… 223
8.1　序論 …… 223
8.2　光電気化学電池（PEC）：原理，材料，改良 …… 225

8.2.1　PEC の原理 ……225
8.2.2　光電極の材料 ……226
8.2.2.1　金属酸化物 ……227
8.2.2.2　元素半導体および化合物半導体 ……227
8.2.2.3　窒化物 ……228
8.2.3　光電極の幾何形状：マイクロおよびナノ構造化 ……228
8.2.4　光電極の被覆と機能化 ……231
8.3　PEC に対する ALD の関わり ……231
8.3.1　電極材料の合成 ……232
8.3.2　ナノ構造化光電極 ……233
8.3.3　触媒の堆積 ……237
8.3.4　接合部のパッシベーションと修飾 ……238
8.3.5　光腐食からの保護 ……242
8.3.5.1　平面光アノードの保護 ……242
8.3.5.2　平面光カソードの保護 ……243
8.3.5.3　ナノ構造光電極の保護 ……244
8.4　結論と展望 ……245

第 9 章　熱電材料のための原子層堆積 ……251
9.1　序論 ……251
9.1.1　熱電エネルギー変換と冷却 ……251
9.1.2　熱電材料の設計と最適化 ……252
9.1.3　薄膜熱電デバイス ……254
9.2　熱電材料における ALD プロセス ……255
9.2.1　熱電酸化物薄膜 ……255
9.2.2　熱電性のセレニド薄膜およびテルリド薄膜 ……257
9.3　熱電性能を向上させる超格子 ……258
9.4　展望とこれからのチャレンジ ……262

索　引

序　文

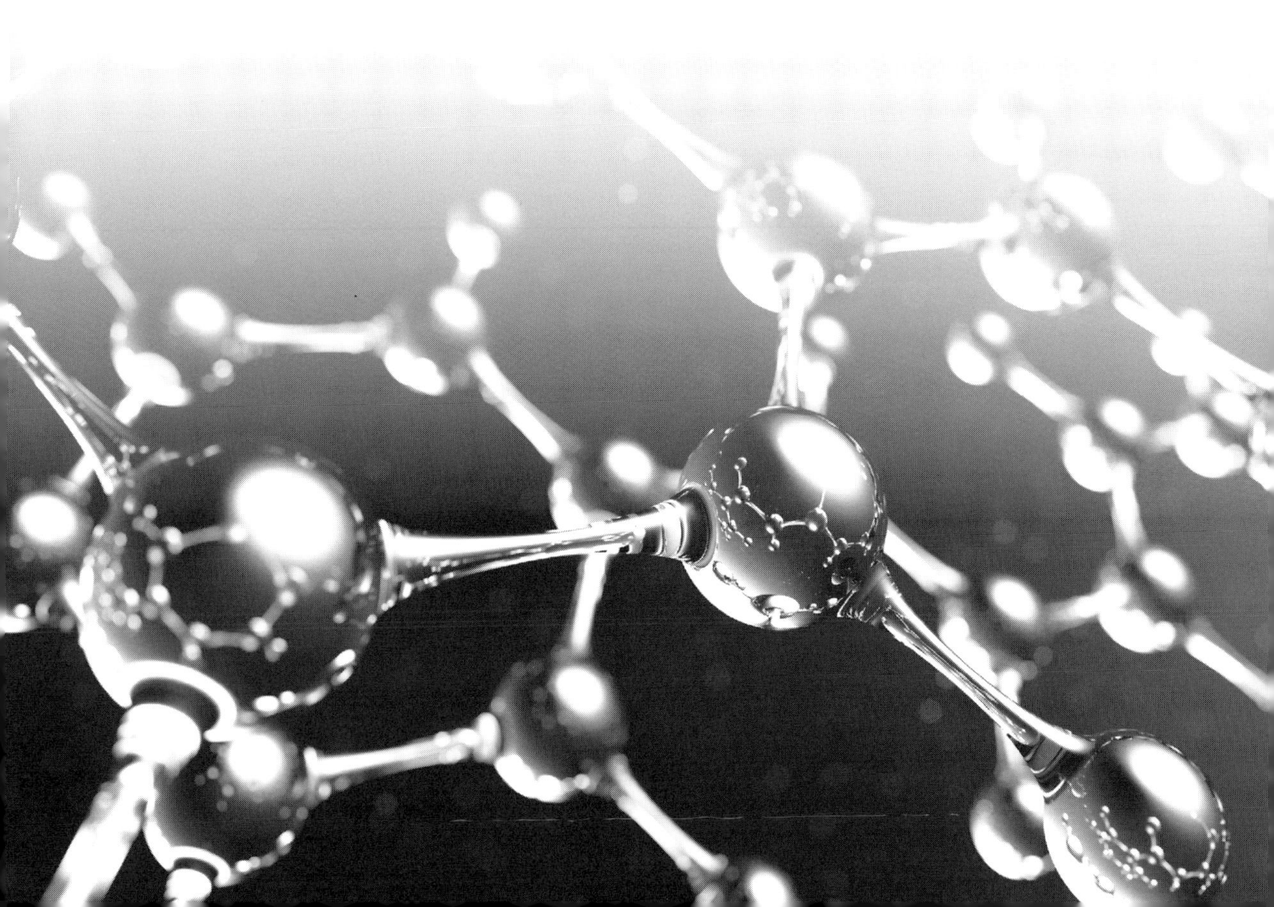

エネルギー変換の歴史

環境からエネルギーを取り込んで利用する営みは生命を定義付ける特性である。同時に，人類にとっては中心的重要性をもつ活動に他ならない。実際の話，いくつかの(前)歴史的重大事件が新規のエネルギー形態を制御する営為であった。火の扱いに習熟したこと，および動物を家畜化して労働力にしたことは，それぞれ旧石器時代と新石器時代に成し遂げた最も重要な成果である。はるか後代になるが，職人仕事に水力あるいは風力が使われるようになった。さらに時が経ってから熱機関の発明をきっかけに産業革命が起こり，エネルギーの運搬体として石炭と蒸気が中心的な位置を占めることになった(**図1**参照)。20世紀にはその役割が内燃機関のなかでの石油に代わり，分散型(非集中式)エネルギー変換に使用された。同時に，最も有用で使い勝手に優れたエネルギー形態として電力の地位が確かなものになった。しかし現在も，高度に集中化された巨大エネルギー変換ユニット(発電施設)というインフラ構造で使用される石炭と蒸気に電力の大部分が由来している。

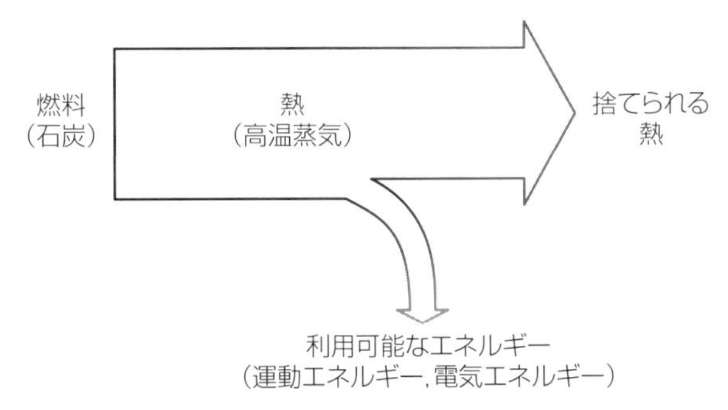

図1　化石燃料からのネルギー収穫の原理図；熱機関には不可避的に大量の損失が伴うことが示されている。

エネルギー変換の未来

電力が化石燃料から作られ，同時に移動のためのエネルギーも化石燃料が補完するという状況は，電力が普遍的なエネルギー形態になる未来社会へ向かう途上の中間段階であって，化石燃料は遠からず時代遅れになる状況を表すのではないだろうか。それほど遠くない未来のこととして考えられるのだが，熱機関という中間媒体を経由することなく人類が太陽エネルギーを収穫するようになる※。ただしその態様は太陽電池による直接的な収穫に加えて太陽エネルギーに起因する風力，水力，あるいはバイオマスを経由する収穫になるだろう。人類が消費するエネルギーは約18 TW (18×10^{12} Js^{-1}，従来型の大規模発電施設18,000箇所分にほぼ相当)だが太陽光から供給されるのは120,000 TW (120×10^{15} Js^{-1}) もあることを考えれば，地球に入射する太陽エネルギーのほんのわずかな部分を捕捉するだけで事足りるのだ[1]。

※訳注：原文はenergy harvestingで，Web検索によればenergy harvestingは「エナジーハーベスティング」または「環境発電」と訳されているが，本書での意味は「収穫」であると解釈した。

表 1　化石燃料に立脚する経済の特徴と再生可能に立脚する経済の特徴の比較

	化石燃料 19 世紀，20 世紀	再生可能エネルギー 21 世紀？
主要エネルギー源	石炭，石油，天然ガス（+ウラン燃料）a)	太陽光（風力，潮位，バイオマスを含む）
主要エネルギー源の残量	有限 b)	事実上無限 b)
エネルギーの 2 次的形式	熱（蒸気または燃焼気体の形で）	電力
エネルギーの貯蔵形式	原油精製の分留成分	（光）電気化学デバイスの燃料
放出物	温室効果ガス CO_2 a)	正味の CO_2 放出なし
エネルギー変換デバイスの主要タイプ	機械的：熱機関	固体，運動部位なし
出力変換効率に付随する代表的なスケーリング挙動	ユニットのサイズとともに増大する	ユニットのサイズが増すとわずかだが減少する
エネルギーを収穫する組織体および分配のためのインフラ構造	集中方式；少数の大企業が所有・稼働する大型ユニット	分散方式；企業または個人が所有・稼働する小型ユニット

a) 核融合発電も再生が不可能なエネルギー源（^{235}U など核融合材料）に依存するからある種の化石で，温室効果ガスの放出には関わらない。核融合が技術的に実現すれば事実上無尽蔵のネルギー源になるだろう。

b) 化石燃料の残留貯蔵量は，数十年，数世紀，もしかすると数十世紀にわたって枯渇しないだろう。一方太陽エネルギーは何十億年にわたって手に入れることができる。

エネルギー経済におけるこのような変遷がゆっくり進行するのは当然で，化石燃料の不足とそれに伴うコスト増から有意な影響を受けることはないだろう。ただ，再生可能なエネルギー源への移行には多くのチャンスが伴っている（**表 1** 参照）。そのうちで最初で最大な効果は，人間による温室効果ガスの排出が抑止されて（少なくともきわめて有意な割合で減少して），社会的および地政学的な影響が伴う劇的な気候変化をこれによって回避することができる。第二点として，これを実行すれば，19 世紀から使ってきたもう一つの遺物である熱機関という技術上の偉業のすべてで避けられない制約，すなわち効率が熱力学的に受ける制約が除かれることになる。第三点は，エネルギー収穫が（資金的および技術的観点で）個人および小企業にも手が届くものになる。これによって生じると思われるのはエネルギーインフラ構造においてこれまで続けられてきた全体のトレンドが逆転した脱中央化（decentralization）で，これは，侵し難く大きな（formidable）力を個々の市民が手に入れることを意味する [2]。

必要とされる技術要素

100% 再生が可能で脱中央化されたエネルギー経済というビジョンは，さまざまな形を取るエネルギーの間での変換を安価かつ効率的に行う技術を手にしたときにのみ実現可能である（**図 2** 参照）。現時点では太陽光からの電力入手が光起電力デバイス（太陽電池）によって可能で，マスマーケット（大量消費市場）からは最高効率が～20% の製品が手に入り，最新のラボデバイスでは最高で 46% の効率をもつ太陽電池 [3] が手に入る。これらの値から分かるように，太陽電池の効率は熱機関について理論的に可能な効率を以前から上回ってきた※。しかし，燃

※訳注：太陽電池の効率は，現在の最良の熱機関の効率（コンバインドサイクルでは 60% 程度）には至っていない。

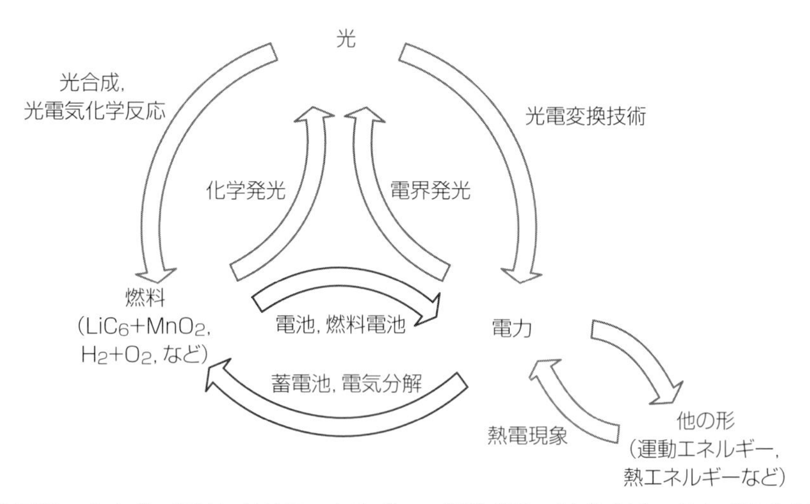

図２　再生可能エネルギー経済におけるエネルギーの収穫（緑），貯蔵（青），および開発（赤）を表すダイヤグラム。本書では図に示してあるエネルギーの収穫と貯蔵の形を扱っている。（口絵参照）

料に比べて電力は貯蔵と輸送がはるかに難しい。再生可能エネルギーの収穫で避けられない断続性（間欠性），すなわち気象条件に起因する要素もまた，電力というエネルギー形式と化学ポテンシャルというエネルギー形式の間での（電流と燃料の形での）可逆的な相互変換を決定的に重要なものにする。この変換を担うのは電気化学デバイスで，再充電が可能なバッテリー，電解槽（電気分解装置），および燃料電池がその役割を果たす。オプション的だが，太陽光から燃料への直接変換を光電気化学セルの中で行えば（人工光合成とも呼べるだろう），エネルギーの収穫と貯蔵を同時に行う集積型の解になる。最後に，熱電デバイスを用いて熱から電力への直接変換を行えば，何もしなければ捨ててしまう廃熱を回収して小馬力デバイスをオフグリッドで稼働することによって工業プロセスでの全体的エネルギー効率の改善に寄与する。

一般的な解を提供できるような単一の技術（テクノロジー）は多分存在しない。むしろ，応用のそれぞれに固有の要請事項があって（内包されていて），個別的に最適な解を必要とするのだ。電気化学的なエネルギー貯蔵でその最適化を行うときの例を挙げると，エネルギー密度を最大にするケース（長時間にわたる持続的かつ定常的な供給が目的の場合）と，電力密度を最大にするケース（間歇的だが高密度での供給を目的とする場合）が有り得る。体積あたりに高い密度の電力（コンパクトな電力）がとくに欲しい場合と質量あたりに高い密度の電力（軽いものに収まった電力）が望まれる場合がある。エネルギー貯蔵デバイスの技術的性能を定義するときにも単一のパラメータで定義するのは不可能で，経済的な側面や実用的な側面も考慮しなければならない。たとえば，民生機器，移動用の器具，ヘルスケア製品，あるいは据え置き型製品についても，何らかの蓄電デバイスが使われているか否かにより購入時にかかる費用，メンテナンスに要する費用，そして信頼度と寿命に大きな違いがあるであろう。そのため，再生可能エネルギーには多様な未来が開けている。

本書の概略

本書では，太陽光，電気，および熱の形態を取っているエネルギーを非機械的に相互変換するデバイスのうちのいくつかのタイプについて記述する。そこで，可動部を有するものとしては風力発電，水力発電，地熱発電，太陽熱発電，熱ポンプ発電，およびその他の手法を取り上げ，“従来型の”エンジニアリング（工学技術）は扱わない。代わりに，固体とそれらの界面に立脚する手法に的を絞るのだが，そこでは原子膜堆積と薄膜被覆技術が重要な役割を果たす。同じく本書の記述から除外するテーマとして，電力からの光の生成（照明およびディスプレイでは科学的にチャレンジングな課題だが再生可能エネルギーとの間には直接的なかかわりがない），熱の取り出し（電気抵抗を使う熱生成には基本的かつ科学的なハードルが存在しない），および燃料からの熱の取り出し（その目的には燃焼が好適で，十分確立している）がある。

上記を除く全タイプのエネルギー変換は，凝縮物質内部での電荷キャリヤ（ほとんどのケースで電子だがイオンの場合もある）の輸送とそれらキャリヤの界面貫通に依存する（後者では化学結合の再構成が関与する場合もある）。エネルギー変換のスループット（出力密度）が，二つの固体層の界面あるいは液固界面における電荷キャリヤの交換速度で決まることがしばしばある。そのようなときに，ナノ構造化された界面を介在させることにより，界面上の各点への短い輸送距離を保持したままで界面の幾何学的面積を増やすことができる（**図3**参照）。ナノ構造体化には性能設計（エンジニアリング）への系統的アプローチが可能という利点があり，構造体がバルクの電荷輸送に対してもつ幾何学的パラメータおよび介在する材料の界面電荷輸送のキネティクスを関与する材料に関して調節することがそれにあたる。ただ，そのときに，ほとんどの場合に界面で関与する極薄の固体層（$< 2\ \mu m$，しばしば< 20 nm，場合によっては< 2 nm）を均一な厚さで複雑な構造体に堆積しなければならないという新たな困難を意味する。この課題の実現可能性こそが本書で扱う原子層堆積法（ALD）がもつ特有の側面で（第1

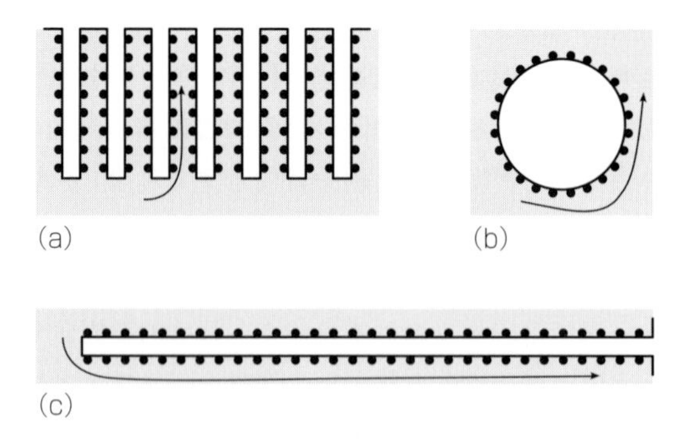

図３　エネルギー変換に際してナノ構造体形成と交換現象の最適化が生起するときに両者の間に内在する関係をイラストで示すダイヤグラム。(a) 二つの相の間に存在してナノ構造化された界面については，界面に交換サイト（黒丸）が高い容積密度で存在する一方，それぞれの相の内部では短い輸送距離が保持される（矢印）。(b) バルク層では交換サイトの密度が低い。(c) ナノ構造体をある値を超える長さに延伸することはできないが，これは，輸送距離が対応して延びて限界に達するためであろう。

章），現代型のエネルギー変換とこの方法が密接に関連する理由の一つである。光起電力デバイス（太陽電池），電気化学デバイス，光電気化学デバイス，および熱電デバイスにおいてALDが具備するもう一つの長所はサブナノメートルレンジでの厚み制御性だが，半導体における界面の加工にしばしば求められるのがこの性能なのだ。

光起電力材料：戦略，長さスケール，原子層堆積（ALD）

太陽電池にはさまざまなタイプがあり，「世代」による分類がしばしば行われる（**図4**参照）。第1世代太陽電池では，厚い（> 100 μm）平面型結晶シリコン膜の間に形成したホモ接合が使われている。第2世代太陽電池は“薄膜型太陽電池”とも呼ばれ，平面状の薄膜（< 1 μm）が接合された無機直接遷移型半導体である。第3世代太陽電池にはいくつもの相違する手法（色素増感型，超薄膜型，励起子型など）がひとくくりになっているが，ナノ構造化された界面が使われているという共通の特徴をもつ。

市販されている太陽電池の多くが結晶シリコン光電池で間接バンドギャップ型半導体がベースになっているが，その半導体には光を充分吸収させるためにかなりの厚み（> 100 μm）をもたせてある。このように厚い層で輸送損失を最小にするためにはきわめて高い純度と結晶性をもつ材料が必要とされる。この要請は，情報テクノロジー産業の世界でシリコンに対して得られている高レベルの制御技術により可能になる。このタイプの太陽電池では固体のバルク片の中に基本的な半導体接合が作られるのだが，表面トラップのパッシベーションに関して最も有望な手法としてALDが台頭した（第2章）。Siの代わりにIII-V族半導体が使われる場合には，応用に用いることができるきわめて高い効率の多重接合太陽電池の構築が，バンドギャップ制御により可能になっている[4]。

アモルファス（非晶質）シリコンを使うと結晶シリコンがもつ間接バンドギャップに関わる

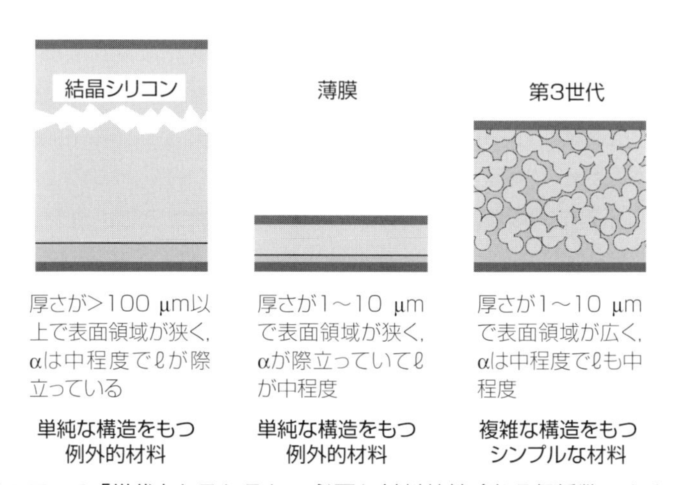

図4　太陽電池の三つの「世代」とそれぞれで必要な材料特性（光吸収係数αとキャリヤの拡散距離ℓ）および界面のジオメトリ。第3世代でのアプローチでは，比表面積が大きくなって材料に対する要請が緩くなった。

制約が緩和される。膜層を（1 μm 程度まで）薄くすることができるため，動的 p-n 接合層構造の形成がプラズマ化学気相成長法（CVD 法）によって容易になる。不純物パターンおよびそれを介して材料に付与する電子特性が析出条件を通して調節できるようになる［5,6］。しかし，主として水素が使われるドープ剤にデバイスの安定性が制約され，商用品への適用に対して有意な障害になる。代替法として，（厚さが数 μm の）p 型吸収体とバッファ層と呼ばれてごく薄い（< 100 nm）n ドープ層の間にヘテロ接合を作ることができる。バッファ層の大部分が CdS で構成され，前者は主として Cu（In,Ga）（S,Se）$_2$ で作られる。通常，スタック全体は熱蒸発とスパッタ，そして反応性気体による処理を使って製作される。この手法は有意な市場占有度をもつが，入手可能性および安全性に関連する課題が絡む可能性があるため無限にスケールアップすることはできない。原子層堆積法（ALD）が薄膜光電池の主流の成膜法になったわけではないが，最近の結果をみると，p 型 Cu（Zn, Sn）S_2 や n ドープ ZnO などといった代替材料の使用に際して有用な手法になる可能性がみえる［7,8］。

色素増感太陽電池では光吸収材料に分子を使うことができる可能性が実証されて，新規のパラダイムが導入された［9］。そのときには，広いバンドギャップをもつ半導体（オリジナル研究およびその後の研究の大部分で TiO_2）の表面に，励起状態からの効率的な電荷移動が保証される形で単分子層を吸着させなければならない。単層膜の吸収断面積には限度があるから，たとえばコロイド懸濁液の乾燥などによって半導体表面をナノ構造化することにより表面の光吸収を最大にしなければならない。接合の p サイドについては，最初には I^-/I_3^- など電解質溶液で構成されると思われるが，ポリマーを使って実現することもできる。当然のことだが，光吸収と電荷分離を最大にするとともに再結合損失を最少にすることは，電池の幾何パラメータを調節することによりある程度実現することができる。しかし，ALD を使えば超薄膜（< 1 nm）トンネルバリアが導入されるので，その目的を同時達成するうえで理想的な方法になる（第 4 章）。

第 3 世代太陽電池のうちで有機薄膜太陽電池（このデバイスでは ALD の重要性はない）では，励起子の結合エネルギーが大きいため“バルクヘテロ接合”方式をとる必要があり，互いに溶けあわない有機物相を 10 nm オーダーの特性横方向長さで混合しなければならない［10］。他方，全固体・全無機タイプのナノ構造化太陽電池も存在する。これは極薄吸収体（ETA）セルと呼ばれ，内部吸収体の役割を果たす p-i-n 接合の厚みを極薄にできる。非平面構造では幾何学的な境界面積が増大するため，極薄化が可能になっている［11～13］。このように，輸送特性が比較的貧弱な吸収体もありえるのだ。ETA セルを使って実験すると，延伸している構造体の長さと幅を調節して光吸収係数およびキャリヤ輸送長に合わせることができる。このシステムでは，光吸収体の薄い層（～10 nm）を析出させるときに ALD が理想的な手法になる（第 3 章）。$H_3CNH_3PbI_3$ をプロトタイプとする鉛酸アンモニウムペロブスカイト（これまでのところこの物質には ALD が使えない）が優れた光吸収体であると同時に優れた電荷移動体であるとの報告があるが［14,15］，この分野における最近の展開のうち最も劇的である。これら一群の物質の使用に関して現時点での最大の制約は，安定性および光物理特性が不明確であることである。

さまざまなタイプの太陽電池とそれぞれの効率の歴史が National Renewable Energy Laboratory（NREL）によって集約されている（**図 5** 参照）。

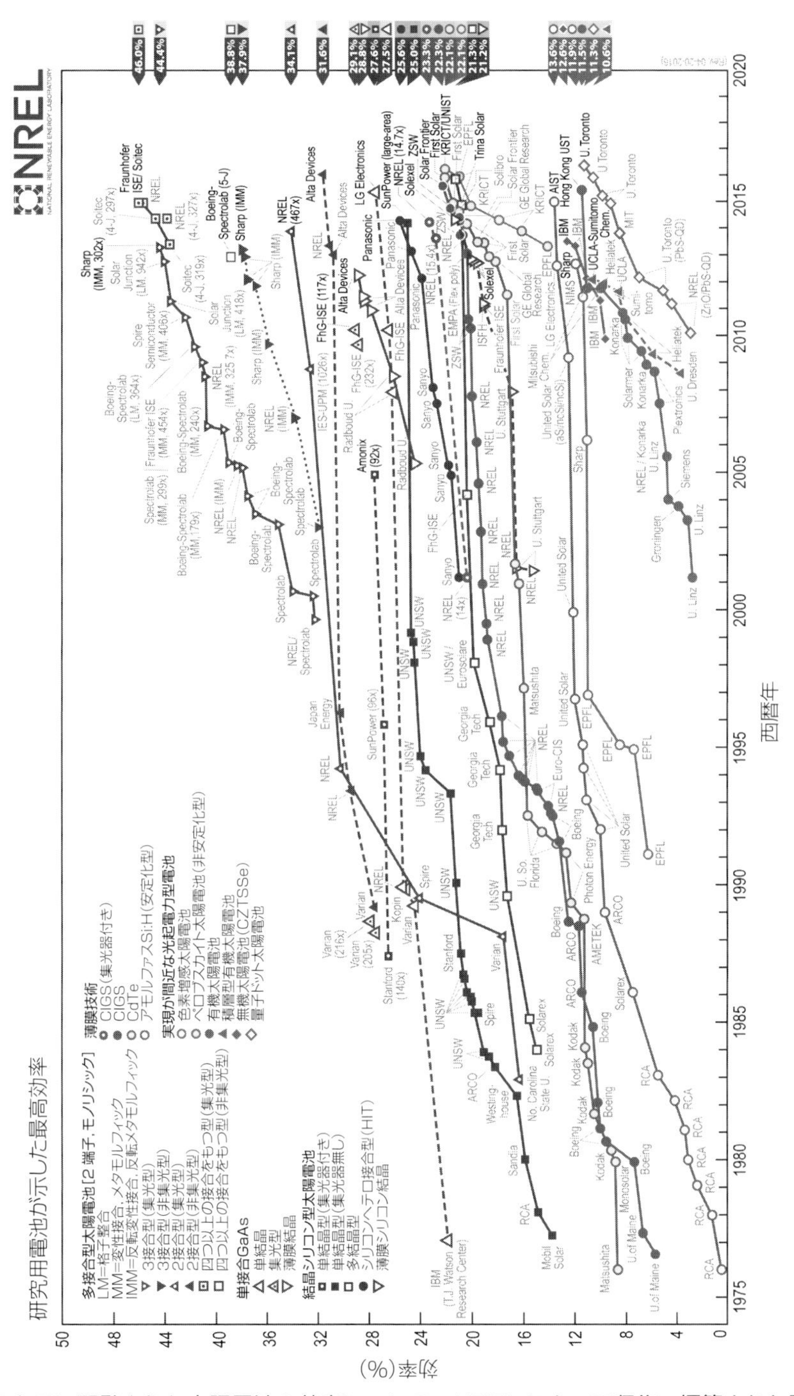

図５　これまでに開発された太陽電池の効率について，NREL によって収集・編纂された記録をカテゴリー別にプロットした図 [3]。著作権 2016，The National Renewable Energy Laboratory, Golden, CO.（口絵参照）

電気化学的エネルギー貯蔵：原理，化学，ALD

吸エルゴン（吸ギブズエネルギー）性化学反応のうちで逆反応が可能なものを駆動することで電気エネルギーを貯蔵することができる。典型的な例をあげると，電気分解によって水が水素分子と酸素分子に変わり，逆反応が燃料電池を駆動する（両方向への化学反応が可能なデバイスを再生燃料電池という）。また，おなじみの鉛蓄電池（バッテリー）ではPb（II）からPb（0）＋Pb（IV）への不均化反応が同じ目的の反応になる。このように，蓄電池と燃料電池で大きく異なる種類の化学反応特性の背後で類似した原理が作用している。これらに対する性能パラメータはパワー密度とエネルギー密度で，どちらについても体積あたりの値と重量あたりの値が定義されている（当然，価格，安全性，および寿命が加わる）。電解質と燃料電池はどちらも純粋な形での取り出しが可能な還元剤（燃料）を生成／消費し，通常は空気中の酸素分子を酸化剤に使うが，どちらにも大きな長所が二つある。まず，酸化剤を内部に貯蔵（および搬入）しないためエネルギ－密度とパワー密度が大きい。第2に，エネルギー密度（燃料容器のサイズで決まる）とパワー密度（電極の表面積で決まる）の設定にあたって決定権をエンジニア（技術者）がもつ。完全に閉じた系の中で電極自体が酸化剤と還元剤になっている電池（およびバッテリー）ではそのような柔軟性が得られない。ただし，電池では，動作に触媒作用が必要とされない点，および電極および電解質の中での輸送だけが電子の移動を制限する点で，動作が単純になっている。燃料分子が生成するということは化学結合が再構成されることを意味し，通常は数個の電子，数個のイオン，そして場合によっては分子が介在するから，電解触媒の表面化学が決定的に重要である。

さまざまなタイプの電池が存在するが，それらの違いは電極間で交換されるイオンの性質の違いに由来する。再充電可能型電池で最も新しい種類のファミリーでは，最も軽い金属元素であるリチウムが放電時と充電時にそれぞれ遷移金属酸化物およびグラファイトに取り込まれる（第6章）。デバイスの小型化には輸送に伴う損失を減らすと同時にパワー密度を最適化することも必要で，電池の研究に際しても，負極と正極およびある種の（固体）イオン交換セパレータの製作にALDが魅力的な手段になる（まだ市販品での応用には至っていない）。事実，ALDを使うと負極と正極だけではなく幾種類かの（固体）イオン交換セパレータにも材料の薄膜層を堆積することができる。リチウムイオン電池でのALDの適用では分子状金属–有機リチウム前駆体がもつ揮発性と反応性がチャレンジの一つである。

電解浴および燃料電池の領分では貴金属元素ベースの触媒活性粒子をALDで堆積する試みが強力に進められているが（第5章），アルカリ形燃料電池（AFC），固体高分子形燃料電池（PEFC），およびメタノール燃料電池（DMFC）がその対象である。電気化学的な酸素分子／水分子変換，水素分子／水分子変換，メタノール／二酸化炭素変換，およびその他いくつかの関連する反応を最も良好に触媒する元素（Ru，Ir，Pd，Pt）はどれも高価だが，ALDによってこれまでにない膜厚制御が可能になったお蔭で，担持を必要最低限にすることにより最高効率での使用が可能になった。もう一つのALD法の応用可能性が固体酸素形燃料電池のイオン伝導層である（SOFC，第7章）。大型で据え置き固定型で稼働するSOFCでは高温環境で動作するため，セラミックスで置き換えることで貴金属触媒の使用を回避する。それらを隔離する電解質材料は酸素イオンの交換と輸送が可能でなければならず，三元酸化物セラミックスで構成される。電極材料と電解質材料はどちらも ALD 法によって膜状に堆積することができるが，化学量論比と結晶化度によって化学特性と物理特性（イオン電導度，電子電導度，熱安定度）が決まるためどちらにも厳格な要請（スペック）がある。

その他の界面立脚エネルギー変換戦略

すでに言及したことだが，（太陽光からの）エネルギーの変換と（化学的な形での）貯蔵を 1 個の光電気化学デバイスに組み込むことができる（第 8 章）。当然のことだが，光起電力からの要請と電気化学からの要請が組み合わさることに由来するきわめて厳しい要求事項があり，効率的な光電気化学を達成するためにはそれらのすべてを同時に満たさなければならない。光子エネルギー，半導体のバンド端の位置，燃料の熱力学，そして触媒性能のすべてが絡まり合っているのだ。このようなチャレンジにおいて，さまざまな機能性材料および非平面基体への適用が可能な ALD 法という手法の使用が決定的な意味をもつ。色素増感型太陽電池を突き詰めると光電気化学デバイスの半分を使う（実際に貯蔵することができる燃料は生成させない）デバイスだが，このデバイスの成功もその原理が正しいことの証しである。

最終章（第 9 章）は，再生可能エネルギーを収穫する営為の背景にあるアプローチ（道筋，手順），第 8 章までに記述した全手法の背後にある熱力学に的を絞る。熱を電気エネルギーに変換する能力は，少なくとも二つの観点からきわめて魅力的である。第一に，駆動部なしでオフグリッドに位置するデバイスを熱を使って動かすことができる。第二に，効率は低いかもしれないが，無駄とみなされてきたタイプのエネルギーを利用することができる。その効率は高温浴と低温浴の温度差が大きいときに増大するが，代表的な熱電材料の多くは高温での熱安定性に限界がある。熱電エネルギーの収穫における将来の進展には，新規ナノ構造体の開発，すなわち個別では限られた熱電効果しか示さないが，組み合わせることにとりわけ適しているナノ構造体の開発が絡むであろう。よって，ここで考える構造体では長さスケールがとりわけ重要になるが，その理由は，電子輸送に対してはいかなる障害も生まないで効率的にフォノンを散乱しなければならないためである［16,17］。対応する化学的性質がチャレンジングだが，そのような構造体を作る上でお勧めの選択肢としてここにも ALD が顔を出す。

参照文献

1 U.S. Energy Information Administration (2016) *International Energy Outlook 2016*: U.S. Department of Energy, www.eia.gov/forecasts/ieo (accessed 23 November 2016).

2 Armaroli, N. and Balzani, V. (2007) *Angew. Chem. Int. Ed.*, **46**, 52-66.

3 NREL *Data courtesy of the National Renewable Energy Laboratory*, Golden, CO: U.S. Department of Energy 2016, www.nrel.gov/ncpv/images/efficiency_chart.jpg (accessed 23 November 2016).

4 King, R.R., Law, D.C., Edmondson, K.M., Fetzer, C.M., Kinsey, G.S., Yoon, H., Sherif, R.A., and Karam, N.H. (2007) *Appl. Phys. Lett.*, **90**, 183516.

5 Rech, B. and Wagner, H. (1999) *Appl. Phys. A*, **69**, 155-167.

6 Terakawa, A. (2013) *Sol. Energy Mater. Sol. Cells*, **119**, 204-208.

7 Mughal, M.A., Engelken, R., and Sharma, R. (2015) *Sol. Energy*, **120**, 131-146.

8 Naghavi, N., Abou-Ras, D., Allsop, N., Barreau, N., Bucheler, S., Ennaoui, A., Fischer, C.-H., Guillen, C., Hariskos, D.,

Herrero, J., Klenk, R., Kushiya, K., Lincot, D., Menner, R., Nakada, T., Platzer-Bjorkman, C., Spiering, S., Tiwari, A.N., and Torndahl, T. (2010) *Progr. Photovoltaics*, **18**, 411−433.
9 Grätzel, M. (2004) *J. Photochem. Photobiol., A*, **164**, 3−14.
10 Benten, H., Mori, D., Ohkita, H., and Ito, S. (2016) *J. Mater. Chem. A*, **4**, 5340−5365.
11 Tennakone, K., Kumara, G.R.R.A., Kottegoda, I.R.M., Perera, V.P.S., and Aponsu, G.M.L.P. (1998) *J. Phys. D: Appl. Phys.*, **31**, 2326−2330.
12 Kaiser, I., Ernst, K., Fischer, C.-H., Könenkamp, R., Rost, C., Sieber, I., and Lux-Steiner, M.C. (2001) *Sol. Energy Mater. Sol. Cells*, **67**, 89−96.
13 Hodes, G. and Cahen, D. (2012) *Acc. Chem. Res.*, **45**, 705−713.
14 Sum, T.C. and Mathews, N. (2014) *Energy Environ. Sci.*, **7**, 2518−2534.
15 Boix, P.P., Nonomura, K., Mathews, N., and Mhaisalkar, S.G. (2014) *Mater. Today*, **17**, 16−23.
16 Nielsch, K., Bachmann, J., Kimling, J., and Böttner, H. (2011) *Adv. Energy Mater.*, **1**, 713−731.
17 Chen, Z.-G., Han, G., Yang, L., Cheng, L., and Zou, J. (2012) *Progr. Nat. Sci. Mater. Int.*, **22**, 535−554.

第１編

ALD(原子層堆積)入門

第1章 原子層堆積の基礎：膜成長の特性と類似性

Julien Dendorven and Christophe Detavernier *

この章では原子層堆積（ALD）法の基本および決定的な長所を紹介する。代表例としてTMA/H_2OのALDサイクルを紹介してから，真の逐次膜成長において本質となる特性（線形性，サイクルごとの成長，飽和，および温度窓）について記述する。原子レベルでの厚み制御性と3D基板上への優れた膜厚均一性が当該反応に具わる表面制御特性により保証される仕組みを説明してから，プラズマALDという概念を導入する。この章の第二パートではALDの研究でしばしば使われるその場測定の手法に考察の焦点が移る。ALDにおける成長特性を決めるうえでその場測定の手法の利点を議論してから，具体例として，水晶振動子マイクロ天秤，四重極質量分析，偏光分光分析，および可視光発光分光（OES）について記述する。第三のパートすなわち最後のパートでは，ALDの膜厚均一性をまとめる。膜厚均一性の定量化に使われる巨視的および微視的な横方向テスト構造体の使用を紹介し，同時に，ナノ多孔性材料におけるコンフォーマルALDの特性評価のためのアプローチについて記述する。

1.1 原子層堆積（ALD）とは

1.1.1 原子層堆積（ALD）の原理

ALDの手法は自己制限型膜成長法の一種で，成長膜を前駆化学種に交互に曝露することを特徴とし，単分子層を逐次的に堆積させる[1,2]。ALD法は1970年代に発明され，1980年代に開発が進められて電界発光型平板ディスプレイに使用するための発光性ZnS膜およびAl_2O_3絶縁体膜の構築に使われた。1990年代には，デバイスサイズが小さいマイクロエレクトロニクスでの高誘電率酸化物に対する需要が生じた結果，ALD法が工業的成功を収めるに至った。それ以来，何種類かの酸化物，窒化物，カルコゲン化合物，および金属を含む多様な材料がALD法によって成膜されている[3,4]。ここでは，その例としてALD法によるAl_2O_3膜の成長を議論する。基本的なプロセスが**図1.1**に示してある。最初の状況が図1.1（a）に示してあり，OH基で終端されているSiO_2基板がトリメチルアルミニウム（TMA）蒸気のパルスに曝露される（代表的な曝露時間は数秒間）。チャンバー内で露出しているすべての表面，および試料上

* *Ghent University, Department of Solid-State Sciences, CoCooN Group, Krijgslaan 281, 9000 Ghent, Belgium*

Atomic Layer Deposition in Energy Conversion Applications, First Edition. Edited by Julien Bachmann.

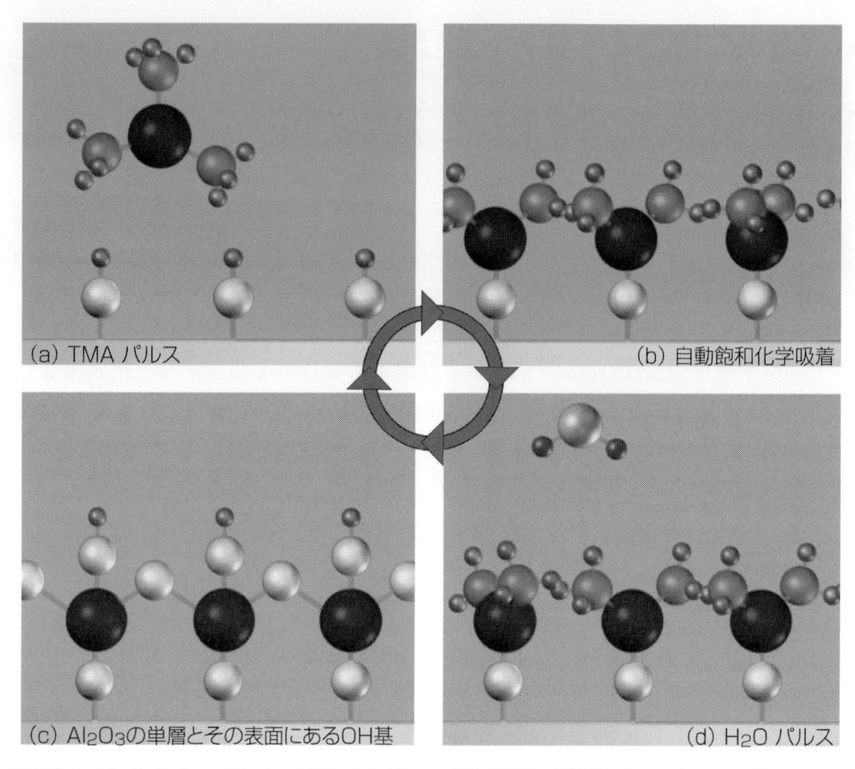

図 1.1　TMA と H_2O からの Al_2O_3 層形成を使って示す原子層堆積 (ALD) の原理。 (Detavernier et al. 2011 [5]。Royal Society of Chemistry の許諾を得て転載。) (口絵参照)

に存在する穴その他のすべてに TMA 分子が吸着する。TMA 分子の吸着は表面に存在する OH 基との化学反応を通して進行する化学吸着なので，この堆積は自己制限型で，アクセス可能な OH 基のすべてが消費された時点で TMA 分子の吸着が停止する (図 1.1 (b) 参照)。TMA パルス導入に続いて行われるのが反応チャンバーのパージングまたは真空ポンプによる排気で，反応物パルスに続いて水蒸気などが導入される (図 1.1 (d) 参照)。水蒸気は吸着 TMA と反応し，残留メチル基を加水分解する。この表面反応によりアルミナの (サブ) 単分子膜が形成される。図 1.1c を見ると最初のアルミナ層が OH 基によって終端されることが分かる。したがって，ALD 過程を繰り返すことにより膜を堆積させることができ，そのときには 1 回あたり 1 原子膜 (通常はそれより少ない部分膜) が形成される。

たとえば化学気相成長法 (CVD) や物理気相成長法 (PVD，真空蒸着やスパッタ) など，あるいは電気化学的堆積といった他の膜堆積法に対して ALD にはいくつか長所がある。決定的な長所は高いアスペクト比 (AR 値) をもつ構造体にもコンフォーマルな堆積 (均一膜の形成) が可能なことである。それ以外の長所としては，(i) 層の厚みが Å レベルで制御できること (堆積速度に限界があることは ALD の欠点とみなされるが，極度に薄い薄膜 (たとえば< 10 nm) の堆積を可能にする点で特有の利点とみられ始めている)，(ii) 反応性の表面サイトが存在する領域でのみ ALD の堆積反応が起こるため化学的選択性に基づく領域選択 ALD が可能なこ

と[6～13]，そして，(iii)工業レベルでのスケール性である。ALDには前駆体蒸気への表面曝露を用いているので方向性がなく，多数の基板を同時に被覆するバッチリアクタを設計することができる[14,15]。さらに，空間的に分離された反応物の流れを使った大面積プロセシングが活発に探究されており，とくに，光起電力への応用およびフレキシブルエレクトロニクスへの応用が進められている[16]。

これまでの数十年間にさまざまな材料を堆積する何百種類ものALD前駆体化合物が見出されてきた。2005年以来について記されているPuruunennenの総説[3]およびMiikkulainenらによる最近のアップデート版[4]は，酸化物，窒化物，カルコゲン化合物，および金属のALDによる堆積に使うことができるプロセス化学に関する優れた総説である(**図1.2**参照)。

現今のALDはマイクロエレクトロニクスで主に使われ，たとえば高誘電率ゲート酸化物の成長に使用されている。高いアスペクト比をもつ形状のコンフォーマルコーティングが可能なことから，ナノ構造体，ナノ多孔体，あるいは繊維状の基板に対する超薄膜コーティングが求められる分野でのブレイクスルーを可能にする潜在力が秘められている。多くの総説に記されているが[5,17～21]，さまざまなナノ構造体に対して汎用性をもつコーティング技術としてのALDが，2000年代の初めから多くの研究者に探索されてきた。例を挙げると，陽極酸化アルミニウム(AAO)のコーティング[22～24]，エアロゲル[25～28]，ナノサイズ粉末[29～34]，ナノワイヤ[35～38]，および線維状材料[39～42]の調製においてALDによる堆積が報告されている。応用可能性がある分野としては触媒，気体分離，センサ，バッテリ，キャパシタ，燃料電池，光電池(太陽光発電パネル)，およびフォトニクスが挙げられる。

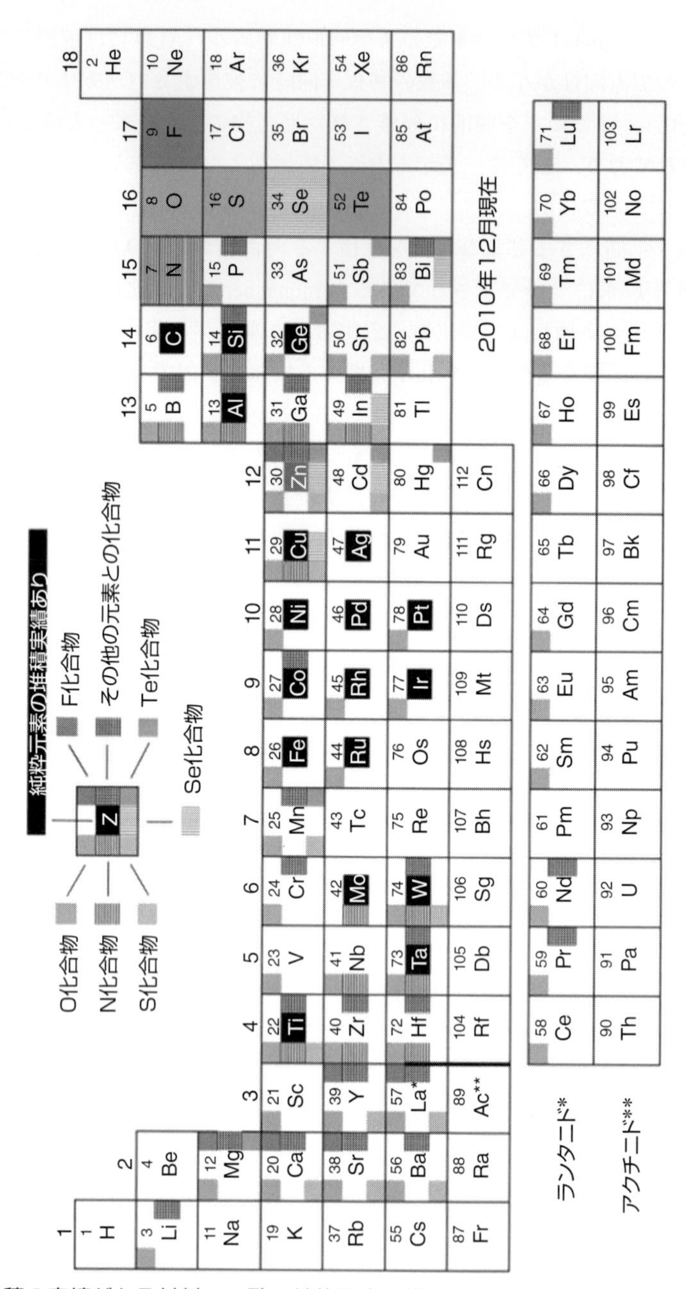

図 1.2　ALD 堆積の実績がある材料の一覧。純粋元素の堆積に加えて，酸素，窒素，硫黄，セレン，テルル，フッ素，およびそれら以外の元素との化合物として堆積するものについてもシェードの形と位置の違いで区別して示されている。((Miikkulainen et al., 2013 [4])，American Institute of Physics (米国物理学会)。)

1.1.2 ALD成長の特性−線形性，飽和現象，ALD窓

理想的ALDサイクルの特徴は，堆積する材料の量がALDサイクルの回数に正比例して増加することにある。通常，成膜速度(GPC)すなわち“サイクル当たりの成長”を表す量として，ALDサイクル当たりに堆積する材料の量(あるいは等価厚のサイクル当たりの増分)を定義する。GPCは実験室と文献の両方で一般に使われる実用的な概念(コンセプト)だが，堆積過程が進行中の化学反応を“実効的な”GPC値が反映することはあり得ないこと，そして，成長表面に存在する化学吸着サイトの数によってそれが決まることを肝に銘じよう。この化学吸着サイト数は，アクセス可能な表面サイトの反応性と数に依存するだろうし，さらには，表面のモルフォロジーにも依存するだろう。**図1.3**に示すように，見かけの(実効的な)GPC値についてはALDプロセスの開始時に基板依存性がみられ，数サイクルを経てから定常的なGPC値に至る。このようなことが起こるのは，オリジナルの基板の状態と成長したままの基板の状態ではその上にあるサイトの反応性に違いがあり得るためである。基質阻害とそれによって膜の核形成／成長に生じる遅延について，初めは不利なものと思えるかもしれないが，領域選択性の

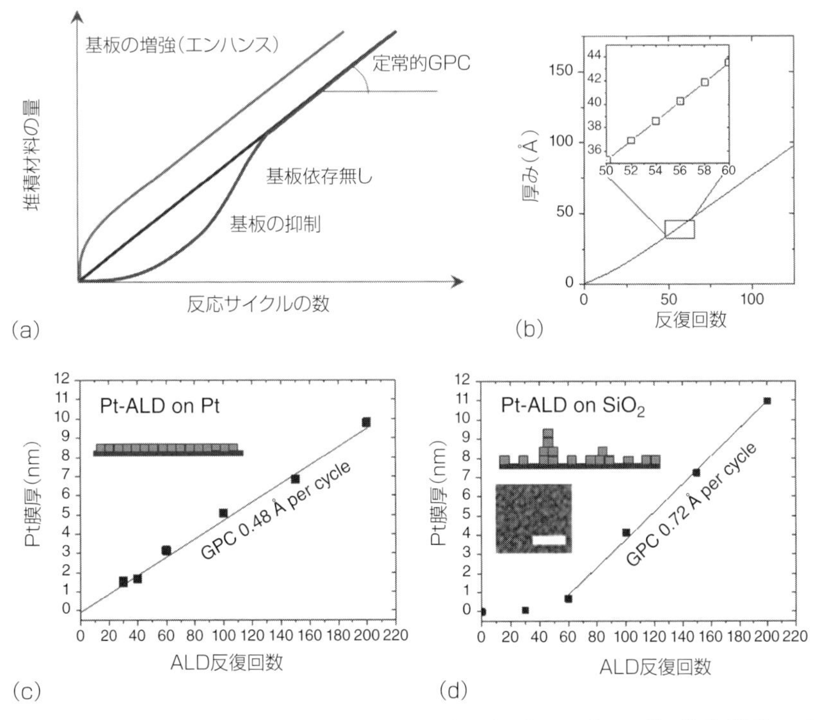

図1.3　ALD過程の反復回数に対する関数としてみた堆積材料の量が示す線形増加挙動：原理的考察の結果(a [43])，Al_2O_3のALDで観測されたその場エリプソメトリデータ(b)，そして，スパッタPt表面で行った150℃での2D成長で得られた$MeCpPtMe_3/O_3$プロセスでの膜厚データ(c)，および，SiO_2表面上での島状構造で得られた結果(d [44])。(c)と(d)の対比からわかるが，GPC値については表面の条件に依存する“実効的な”量と解釈するべきである(電子顕微鏡画像の上に描かれた目盛りバーは100 nm)。(Annelies Dalabieの厚意ある許諾を得て転載。)

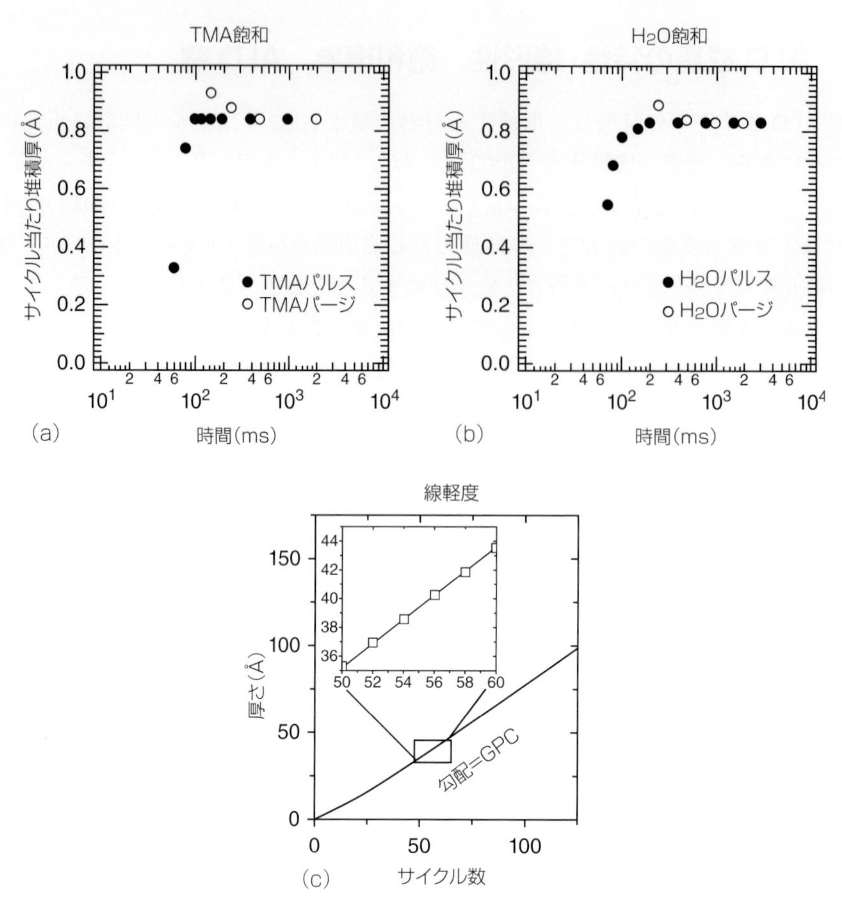

図 1.4　Al_2O_3 の ALD に際して行った TMA および H_2O 露出で生じた飽和。（Puurunen 2005 [3]。アメリカ物理学会の許諾を得て転載。）

ALD に的を絞っている場合にはこの効果がきわめて有利に働くことが有り得る。Pt の ALD に際して得られたデータが図 1.3 に示してあるが，それからは，“見かけの” GPC 値が表面モルフォロジーに強く依存することをみてとることができる。実際，粗い表面への ALD 成長では見かけ上高い GPC が得られるが，これは，成長に使える表面の実効的面積が大きいことによりサイクル当たりに堆積可能な材料が多いためである。

交互に進行する二つの表面反応の両方がもつ自己飽和特性を，ALD を特徴づける特性と考えることができる。新規の ALD 過程を構築しようとするときには，“飽和” を実証することが決定的な目標になる。飽和曲線を得るために行う代表的な作業では，二つの半サイクルのどちらか一方での露出量（exposure dose）を変化させて同じ基板温度での堆積実験を数回実施する。この実験から得られた GPC 値を曝露量に対してプロットするが（大部分のケースでは露出時間に対してプロットする），TMA/H_2O プロセスについて得られた例が**図 1.4** に示してある。

“ALD 窓” は，飽和成長条件が保たれる温度範囲で定義される（**図 1.5**（a）参照）。温度が低くなると，表面反応を駆動するために必要な熱エネルギーが得られないため膜成長が止まる。明

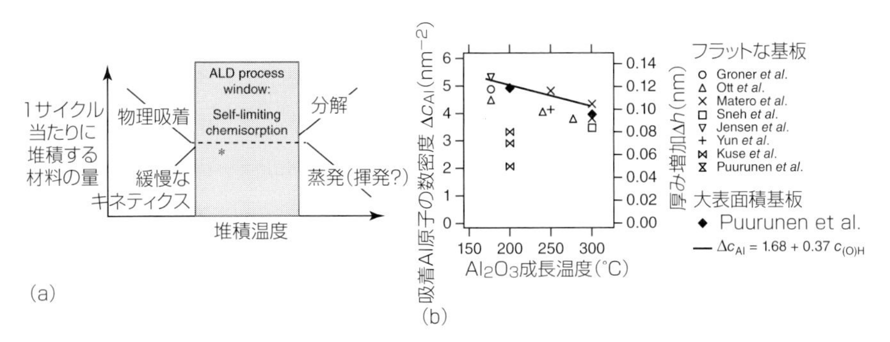

図 1.5　ALD における基板温度の影響。(a) 概念図 [43]。(b) Puruunenn が行った TMA/H_2O プロセスで得られたデータの集約で [3]，GPC 値が "ALD 窓" の内側での温度の関数として変化することが示されている。(Puurunen 2005 [3]。アメリカ物理学会の許諾を得て転載。)

らかに速い膜成長が観測されるときがあるが，本来必要な化学吸着の代わりに物理吸着が起こってその原因になっている場合がしばしばある。高い温度では想定を超えて高い成長速度が得られるときがあるが，高温表面で前駆体が熱分解するのがその原因である(これが起こるときには CVD タイプの成長特性になる)。高温になると成長速度が下がる場合があるが，成長に必要な化学種の熱脱離がその原因である。ALD 窓の内側では GPC の値が一定に保たれるとは限らないことは，留意すべき重要事項である。TMA/H_2O プロセスは 180℃から 380℃の範囲で飽和成長特性をもつが[45]，図 1.5 (b) で分かるように高温では GPC が低下する。ALD 窓の全域にわたって自己飽和型化学吸着が成立しているが，高温になると成長表面の脱ヒドロキシル(水酸基の脱離)が起こる。

1.1.3　プラズマ支援 ALD

上述した TMA/H_2O プロセスのような ALD 過程では，表面反応のために必要な活性化エネルギーが試料の加熱だけで供給される。このようなプロセスは熱的 ALD プロセスと呼ばれる。ただ，プラズマ源を使って反応物を事前に活性化(予備活性化)することができる(プラズマ ALD または PE-ALD) [46]。プラズマとは，中性粒子と荷電粒子が混ざったもので巨視的には中性の気体状混合物をいう。材料プロセシング用プラズマの大部分が低圧気体($<$ 10 Torr)と強電場によって作られる。プラズマガスのなかにあるすべての電子は加速されて大きな運動エネルギーをもつ。バックグランド気体のなかの原子あるいは分子がこれらの電子と衝突すると，気体種のイオン化，励起，あるいは解離が起こる。そして，電子，イオン類，活性な中性原子種／中性分子種(ラジカル種)，および光子が生成する。生成するイオンや電子も印加電場に加速される。電子とイオンでは質量に大差があり，電子が獲得する運動エネルギーはイオン類が獲得するものより大きい。その結果，平均温度が 10^4 K (数 eV) の "ホットエレクトロン" が生成する一方で，電子以外の気体種は反応器の温度 (300～500 K) の近辺に保たれる。よって低圧プラズマは熱的平衡状態になっていない。電離度すなわちプラズマ中に存在するイオン種

の分率は通常 10^{-6}～10^{-3} の範囲にある。

1.1.3.1 プラズマ ALD を実施するためのプラズマの構成

プラズマ ALD（PE-ALD と略記される）ではプラズマ中に生成する化学種を反応物として使う。酸化物膜，窒化物膜，および金属膜の成長には，O_2 プラズマ，N_2 プラズマ，NH_3 プラズマ，および H_2 プラズマ（あるいはそれらの混合）がこれまで使われている [46]。前述したようにプラズマが入ると高エネルギーイオンや高反応性ラジカルが生成し，たとえば O_2 は解離して 2 個の O ラジカルになる。一般的な PE-ALD プラズマの中のイオン化率は比較的低いので，表面反応に際してはラジカル類が重要な働きをすると考えられる。それでも，イオン類が試料表面に達すると，その表面にエネルギーを供給して平滑化や高密度化などの物理的変化を生起させることが可能である。ただし，それらイオン種が成長膜や基板に埋め込まれるという通常は好ましくない現象が生じたり，欠陥の生成を誘起したりすることも有り得る。ラジカル種は，荷電粒子に比べて寿命が長いためプラズマ放電を起こさせている領域への束縛度が低い。したがって，プラズマ配位を通してイオン衝撃のレベルを制御することができる。

PE-ALD で使われるタイプのプラズマ構成が**図 1.6** にまとめてある。1 番目の構成では，堆積チャンバーと分離しているキャビティ内でプラズマが作られる。生成するイオン類と電子は

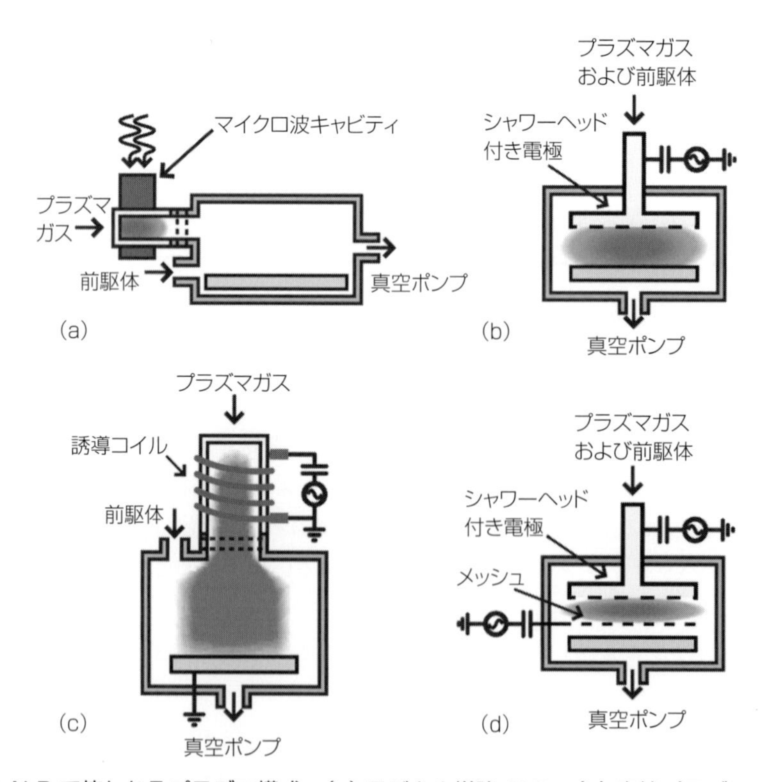

図 1.6　PE-ALD で使われるプラズマ構成。(a) ラジカル増強 ALD。(b) 直接プラズマ。(c) 誘導結合プラズマ。(d) 遠隔構成直流プラズマ。（Profijt et al. 2011 [46]。アメリカ物理学会の許諾を得て転載。）

ALD 反応ゾーンまで輸送される途中で再結合するため，寿命が長いラジカル種だけが基板まで到達することができる。よって，この構成は“ラジカル増強 ALD”または“ラジカル支援 ALD”と呼ばれる。膜ないし基板に対するイオン誘起損傷が完全に回避されるのが，この構成がもつ主要な利点である。ただし，反応性ラジカルの流れも，プラズマと試料が接するプラズマ構成と比べて衰える。プラズマと試料が接するプラズマ構成の一つが“直接プラズマ”配置である。この配置では容量結合を介して高周波(RF)発振器から電極の一方に電力が供給され，通常は接地されているもう一方の電極に基板が配置される。試料は，プラズマが密接しているので高分率のラジカル種およびイオン種に曝露される。その結果，短時間のプラズマ曝露で均一な被覆を達成することができる。ただし，プロセシングの条件によってはいくつかのイオン衝撃が問題になる可能性がある。遠隔プラズマ配置では基板の上流にプラズマ源を配置する。ごく頻繁に行われる手法ではガラス管または石英管に高周波(RF)コイルを巻き，誘導結合により内部にプラズマを作る。O_2 の遠隔プラズマでは，試料台の上で 10^{12}～10^{14}/cm^2 s のイオンフラックスと 35 eV 以下のイオンエネルギーが得られている。ただし，プラズマ内部に UV 光子(9.5 eV)が生成するため電気的欠陥が誘起される恐れがある[47]。四つめのプラズマ構成は遠隔構成で動作させる直接プラズマとでもいうべきもので，上部電極と試料の間にグリッドが配置してある[48]。このグリッドが底部電極の働きをするため，試料台はプラズマ生成に関与しない。そのため，基板へのイオン衝突が大幅に回避される。

1.1.3.2　プラズマ ALD で進行する反応

PE-ALD の反応機構に関する研究の大部分が O_2 プラズマに立脚するプロセスを対象にしており，酸化物の成長に至る過程が扱われる[49]。Heil et al. の研究では，トリメチルアルミニウム(TMA)と O_2 プラズマからの Al_2O_3 生成過程で生じる反応生成物についてその場測定質量分析法と OES(光学発光分光法)を使って調べている[50]。測定結果にはプラズマステップでの CO，CO_2，および H_2O の生成が観測されていて，表面に存在するメチル配位子(吸着 TMA 分子由来)が O ラジカルによって燃焼することによるとされている。Rai et al. は，燃焼に類似するこれらの反応では Al_2O_3[51]および TiO_2[52]の PE-ALD における O_2 プラズマステップで表面 OH 基とカルボン酸塩が生成することを，その場測定赤外線分光によって証明した。さらに，それらカルボン酸塩が長時間にわたって O_2 プラズマに曝露されると分解されて CO_2 と CO に変わること，すなわち，熱的 ALD のときと同じく続く前駆体ステップでは OH 基が主要な化学吸着サイトであることも実証した。H_2 プラズマを還元剤に使った純粋金属膜の形成がしばしば行われる。Kim et al. は，$TiCl_4$ と H_2 プラズマを用いる Ti の PE-ALD の反応機構を研究した。そして，反応の進行が Eley-Rideal 機構に従う，すなわち，気相から吸着した Cl 種と H ラジカルが反応して HCl が生成して表面から脱離すると提唱している[53]。

1.1.3.3　プラズマ ALD の長所と難点

PE-ALD がもつ決定的な長所として，膜密度が高くなること，不純物濃度が低いこと，化学量論比が優れていること，そして，電子的特性が改善されることが挙げられる。プロセスの観点からいえば，ラジカル種を使うことで低い温度での堆積が可能になるが，これは，ポリマー

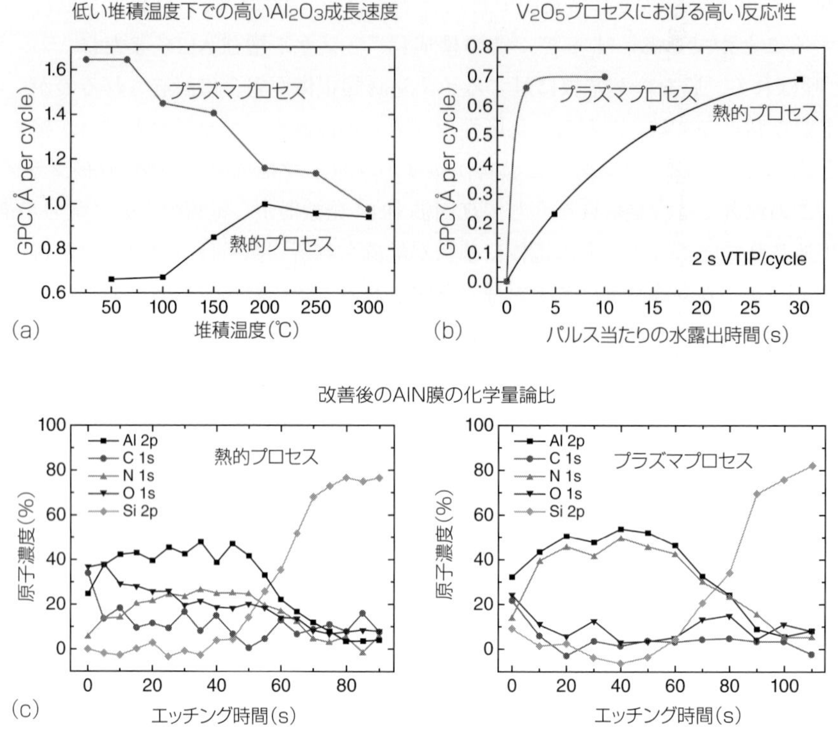

図 1.7　熱的 ALD と比べたときに（遠隔式）PE-ALD が有する長所の抜粋。(a) 2 s の TMA および 5 s の H_2O または H_2O プラズマを使った Al_2O_3 成長について堆積温度の関数としてプロットしたサイクル当たりの成長厚（GPC）。(b) V 原子の前駆体としてトリイソプロポキシドバナジル（vanadyl triisopropoxide，VTIP）を用いた熱的 ALD および PE-ALD について，V_2O_5 の GPC を H_2O 露出時間の関数としてみた結果。(c) 熱的に得た AlN 膜と，250℃において 2 s の TMA および 5 s の NH_3 または NH_3 プラズマ用いる PE-ALD で得た AlN 膜の XPS プロファイル。（口絵参照）

のコーティングをするときに決定的な利点になり得る。加えて，PE-ALD を使うと一般的に幾分高い成長速度が可能なので，全体の堆積時間を総体的に短縮することができる。より重要なこととして挙げられるのは，プラズマ中に生成するラジカル種を使うことにより，コーティングにおける堆積に使う前駆体の選択幅が広がることがある。たとえば，ベータジケトナート前駆体は水蒸気に対する反応性は低いが酸素ラジカルとは即時に反応する。PE-ALD がもつ長所のいくつかを**図 1.7** に示してある。

残念だが，ALD 過程にプラズマを使うことには特有の欠点がいくつかある。第一に，ラジカル種が側壁で再結合するため，高アスペクト比 AR をもつ構造体におけるコンフォーマル性が制約を受ける。第二に，プラズマから生成するイオン種および紫外線により成長層に特定の欠陥が生じる可能性がある。第三の難点はプロセス的なもので，プラズマを使用するときには複雑で高価な反応器が必要である。

1.2 その場キャラクタリゼーションを用いる ALD 過程の研究

ALD プロセスの探索に際してはその場キャラクタリゼーションの手法が有効で，これによってプロセスが“ブラックボックス”の中で起こるものではなくなり，表面で起こる化学事象および成長膜の特性をリアルタイムでモニターすることが可能になる。ALD の本質は表面化学なので，表面科学者によって開発された手法，たとえば電子分光およびイオン分光の手法を使うのが理想的といえよう。残念なことに，これらの手法には超高真空状態が必須条件だが，ALD プロセスの条件にはこの条件が適合しない※。さまざまなその場測定技術が過去 10 年間に開発されていて，そのうちのいくつかが市販の ALD 反応器に装備されている。

1.2.1 水晶微小天秤

水晶振動子マイクロ天秤（QCM）は薄膜の堆積をモニターする手法としてよく知られている [55,56]。振動している圧電結晶（ピエゾ結晶）の上に材料が堆積すると結晶片の共鳴振動数が低くなるので，この共鳴振動数の変化分を測定することにより質量の増加分を 1 ng cm^{-2} を超え得る精度で測定することができる。ALD の進行中に QCM を実施する際に鍵となる課題に，(i) 反対面への堆積の防止 [57] と (ii) 温度依存性の扱い [58] がある。事実，上記の共鳴振動数は QCM 結晶の温度にも強く依存する。AT カットの石英結晶の指定温度範囲は −45～90℃である。これより高い温度では，不活性プローブガスのパルスを結晶上に吹き付けたときにわずかな温度変化で共鳴振動数が大きく変化して見かけの質量変化が大きくなる。QCM 前の温度が上記温度範囲より低いときには，正の堆積質量が記録されてしまう。QCM 前の温度が上記温度範囲より高いと，負の堆積質量が出る。不活性プローブガスを使うことで温度プロファイルを最適化し，温度によって誘起される見かけの質量変化を最小化することができる。QCM は，測定および解析をしているときのケアが十分なときだけシンプルで強力な手法になる。見かけ上の過渡的質量や見かけ上の質量ドリフトがあると，ALD の表面化学に関して誤った解釈を生み，測定された ALD 成長速度に誤差が生じる。これらのことは**図 1.8** のトレースにみることができる。

※訳注：“*in vacuo*” 技法すなわち真空下で実施する技法である X 線光電子分光，低エネルギーイオン散乱分光および走査型トンネル顕微鏡が装備されていて，専用の反応容器のなかで ALD を行ってから，キャラクタリゼーションを実施するためにサンプルを真空下で（すなわち外気に曝さないで）ALD リアクタからキャラクタリゼーション用超高真空（UHV）チャンバに移動させている。これにより ALD の間に起こる表面反応に関して豊富なデータが手に入る。しかし，本書の記述は “その場測定法，*in situ* 法” に絞られているので，試料を移動させる必要があるこれらの手法が関連する議論はしない。

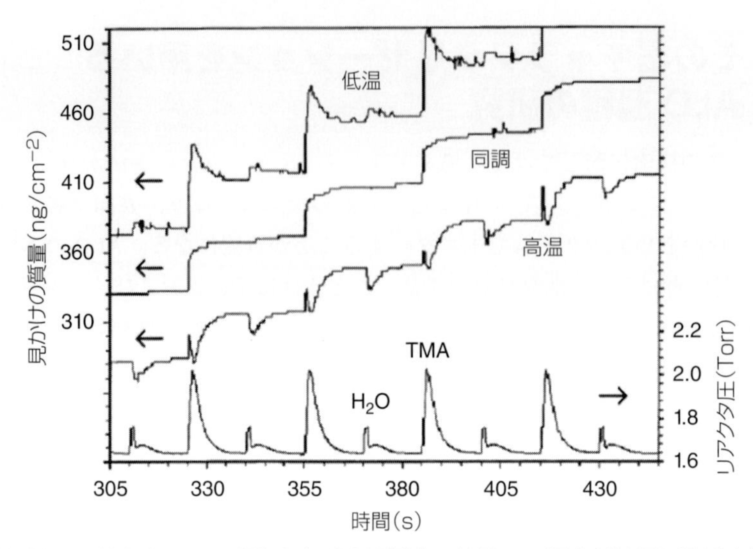

図 1.8　TMA/H2 の ALD について行われた QCM 測定の結果で，温度が結果に及ぼす効果が示されている。結晶表面への実際の堆積が反映されているのは " 同調 " データだけである。" 低温 " トレースと " 高温 " トレースにはガスのパージに際して生じる温度の揺らぎが原因の見かけの質量変化が記録されている。（Rocklein and George 2003 [58]。アメリカ化学会の許諾を得て転載。）

1.2.2　四重極質量分析（QMS）

ALD が進行している反応容器および排気ラインのなかに存在する気相化学種を同定しモニターする目的に四重極質量分析法（QMS）を使うことができる [59,60]。市販のシステムには気体をサンプリングするための入口オリフィスが付属されている。フィラメントからの電子による電子衝撃により気体分子のイオン化と断片化（フラグメント化）が起こる。イオン化された化学種は四重極フィルタに送られ，特定の質量／電荷比をもつものだけがそこを通過する。四重極を掃引し，ファラデーカップなどを使ってイオン電流を測定する。

前駆体の凝縮を回避するためにサンプリングポイントを ALD 反応器の高温ゾーンの近くに配置した専用システムを Ritala et al. が報告している [61,62]。この装置は容易に凝縮する蒸気に対して有用だが，標準的な市販 QMS を使っても，たとえば反応器の排気ラインに装着することで多くの気体を検出することができる [63]。QMS シグナルを増強する上できわめて有用なトリックは，ALD 反応容器内部の総表面積を増やすことである。ALD が進行しているときには 1 cm^2 当たり～10^{14} 個の反応生成物が放出されるので，（たとえば大量のガラス製スライドや粉末粒子を反応器のなかに入れることで）試料の表面積を増やすと気体反応生成物の量が増大して検出が容易になる。

1.2.3　分光エリプソメトリ

分光エリプソメトリは，表面に堆積させた薄膜（多重薄膜）の光学定数と厚みを決定する上で有力な光学技法である。分光エリプソメトリは，これらの膜特性を直接測定するのではなく

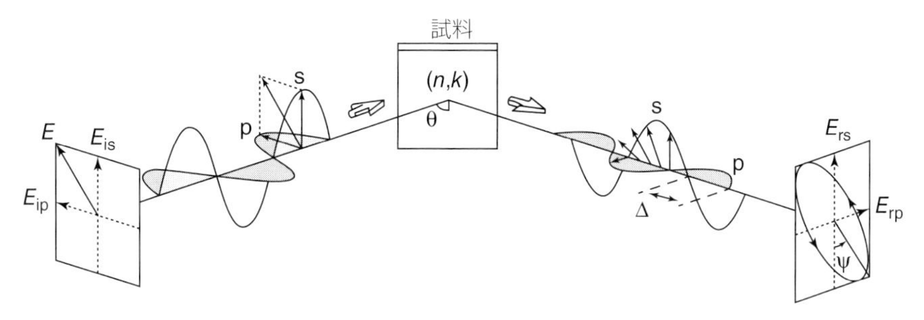

図 1.9　基本的なエリプソメータシステムの原理図。(Fujiwara 2007 [64]。John Wiley and Sonsの許諾を得て転載。)

試料面で反射するときに光ビームの偏光特性に生じる変化を測定する。したがって，装置としてみたエリプソメトリに必要なのは，(i) 入射ビームの偏光特性を決めるための偏光子と光源，(ii) 反射された光ビームの偏光特性を特定するための偏光アナライザと光検出ユニットである。

エリプソメトリによる測定結果は，通常 Ψ と Δ を使って下式で記述される。

$$\tan(\Psi)\exp(i\Delta) = R_p/R_s$$

ただし，R_p と R_s はそれぞれ p 偏光成分（光の電場が入射面と平行な平面の上で振動する成分）および s 偏光成分（光の電場が入射面に垂直な平面の上で振動する成分）に対して試料がもつ複素フレネル係数である（**図 1.9** 参照）。分光エリプソメトリでは一連の波長におけるパラメータ Ψ と Δ の値を測定する。試料が実際にもっている特性と分光エリプソメトリのデータを結びつけるために試料のモデルを構築して，フレネルの方程式を使ってそのモデルに対するエリプソメトリパラメータ Ψ_{mod} と Δ_{mod} を計算する。一般的に多重層モデルを構築するが，それぞれの層については厚みおよび光学定数の間でのある種の分散関係により特徴づける。最後に，モデルパラメータのうちで可変なものの値を変化させて SE 測定で得られている値との一致が最も良い Ψ_{mod} 値と Δ_{mod} 値をみつける [65]。図 1.3 (b) のデータは Al_2O_3 の ALD 中に行われたエリプソメトリ測定で得られたオングストロームレベルでの厚み感度を示している。

1.2.4　フーリエ変換赤外線分光

フーリエ変換赤外線分光（FTIR が一般的な略語）では，試料分子がもつ原子間結合の振動モードを検出する [66]。ALD が進行している対象に FTIR を適用するときの決定的チャレンジは，試料表面に生成している（準）単一層での赤外線吸収を測定することにある。赤外線ビームの光路上に極微量の H_2O ガスまたは CO_2 ガスがあるだけでも測定にスプリアス（偽）信号が出るほどきわめて高い信号–雑音比をもつため，きわめてクリーンな測定が求められる [67]。表面の赤外線分光に特化したセットアップがいくつか設計されていて，そのなかには平行に向き合わせた二枚の研磨 Si ウェーハの隙間を使う透過配置 [68]，金属グリッドに圧入して実効表面積の増大とそれによる信号増強を行った ZrO_2 粉末での透過ジオメトリ測定 [69]，全反射

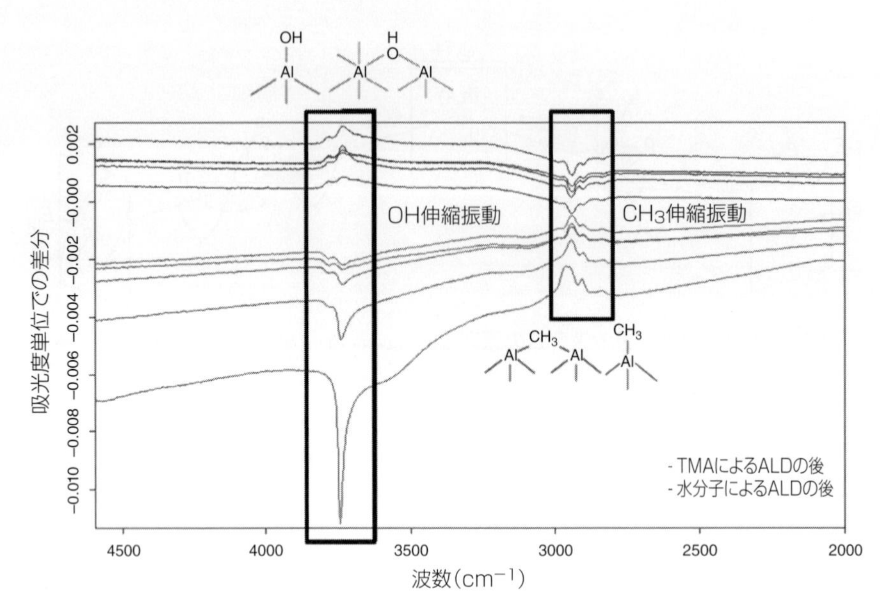

図 1.10　TMA/H_2O の ALD 過程の初期サイクル時に得られた FTIR 差分スペクトル。（口絵参照）

(ATR) 法による測定 [70]，そして，より新規の方法である赤外線反射吸収分光 [71] が含まれる。**図 1.10** に示すのは，TMA/H_2O ALD プロセスを実施する前と後に測定された代表的なその場測定 FTIR の差分スペクトルである。

1.2.5　発光分光法

発光分光法 (OES) は，プラズマから放出される光の強度を波長の関数として調べるために使うことができるので，PE-ALD 過程をその場追跡するときにきわめて有用である。発光スペクトルを構成するスペクトル線は，プラズマのなかにある化学種が電子励起状態から放射失活するときに生じる。したがって，特定の励起イオン，励起原子，および励起分子のプラズマ中での存在に関する情報が発光スペクトルから明らかになる。また，これら化学種が反応物の場合と反応生成物の場合があるから，気相，チャンバーの壁，あるいは成長中の ALD 膜の表面で起こっている化学反応に関する知見も与える [72]。

1.2.6　その他のその場測定法

その場測定法のうちで ALD 反応器に装着された実績があるものを挙げると，反射高エネルギー電子回折 (RHEED) [73]，反応エンタルピーを測定するためのサーモパイル [74]，金属層同士の適合をモニターするためのシート抵抗測定 [75]，重量測定 [76]，光反射率測定 [77]，孔径の減少をモニターするために行われたガスコンダクタンス測定 [78]，ナノ細孔における ALD をモニターするための偏光解析型ポロシメトリ (エリプソメトリによる多孔度測定) [79]

がある。

測定装置を ALD 反応器の内側に置く必要がない点で，実際上は光学的手法が最も使いやすい。反応器の内側に光を出し入れするための入射窓と出射窓さえあれば対象表面の遠隔プローブが行える。従来のスペクトル領域は UV/Vis（可視光／紫外線，石英窓を使い分光エリプソメトリに使用）および赤外線（FTIR 分光に使用，KBr 窓を使う）だが，最近，いくつかの研究グループによってスペクトル領域が X 線領域（Be 窓を使う）まで拡張されたので，可能なキャラクタリゼーションが一層多様になった[80]。ALD 法で堆積させた薄膜の事後（*ex situ*）キャラクタリゼーションには X 線ベースの標準的な解析手法，たとえばラボベースの X 線源を使って行う X 線反射率測定や X 線回折の測定が充分有用なことは前から知られているが，ALD が進行中に行うその場測定の大部分にはシンクロトロン X 線源を使う必要がある。ALD を実施中に行う測定が真のその場測定になるうえで必要なのは ALD の（半）サイクルの間で（測定のために）行うパージまたは排気の影響を極力低く抑えること，すなわち作業に時間をかけ過ぎないことである。シンクロトロン装置で得られる高い光子束（フラックス）はその意味で魅力的で，ラボベースの X 線源に比べてはるかに短時間でのデータ取得が実現する。X 線の強度が高いことにより検出限界も改善されるため，ALD サイクルの 1 回目から測定を実施することが可能になる。シンクロトロン X 線源がもたらす大きな利点の二つ目は，それぞれの実験および材料に対して光子エネルギーが個別的に同調可能なことである。シンクロトロンベースの X 線源が実用化したことでその場測定のツールボックスが大幅に拡大され，たとえば，蛍光 X 線測定（XRF，膜の組成を調べる[81,82]），X 線吸収分光（XAS/EXAFS，原子の局所的環境を調べる[83,84]），X 線光電子分光（XPS，表面の組成と酸化状態を調べる），X 線回折（XRD，膜の結晶性および粒子サイズを調べる），X 線反射率測定（XRR，膜の厚み，粗さ，粒径を調べる），および斜入射小角 X 線散乱（GISAXS，表面のモルフォロジーを調べる）[85,86]を挙げることができる。

1.3　ALD 過程の膜厚均一性

急速に成長しているナノテクノロジーの分野で，孔，溝，あるいはナノ小孔など深さをもつ構造体への均一な被膜堆積が重要性を増している。さまざまな薄膜堆積手法のうち最高のコンフォーマル・コーティングを達成する，すなわちマイクロメートルスケールおよびナノメートルスケールの構造体に対して最も均一な厚みの堆積膜を作ることができるのは，ALD である。ALD が示す優れた膜厚均一性は表面反応における自己飽和制限特性（self-saturated control）によるもので，これが PVD や CVD などで作用するフラックス制限堆積との違いを生む。CVD では，通常前駆体の蒸気と反応物の蒸気の混合流に成長膜を曝露する（一方 ALD では気体への曝露が逐次的である）。そのため膜の成長速度が気体の局所的な流束（フラックス）に依存する。深さをもつ形状をコーティングする過程では気体の輸送が拡散律速になるので，入口の近くに位置する表面領域が受け取る反応物のフラックス（分率）と構造体の深部にある表面に到達する反応物フラックスとの間に数桁の違いが生じ得る。そのため，堆積速度がフラックス律速になる堆積技術は，高いアスペクト比をもつ構造体や多孔質材料のコーティングには適さない。成膜プロセスの早い時点で材料に存在する孔，溝，あるいは小孔の入口付近が塞がりやすい。加えて，ALDでは材料に存在する孔，溝，あるいはナノ小孔の入口近辺が高フラックスの前駆体に曝されるので，内側の表面より早く吸着が飽和すると考えられる。開口部の近くが飽和してしまうとそこでは反応が起こらないので，試料全体を十分長い時間にわたって曝露することが容易になり，材料上にあるさまざまな形状の深部まで前駆体分子を拡散させ内部表面全体で化学吸着サイトを飽和させることができる。

高いアスペクト比をもつ形状でのコンフォーマル被覆膜の堆積にALDの手法が効果的なことが実証されている[87～89]。それでも，アスペクト比が高い構造体のすべての深さで良好なコンフォーマル性を達成するためには，ALDのプロセスパラメータを慎重に最適化しなければならない。

1.3.1　ALD過程の膜厚均一性に対する定量化

ALDプロセスに具わる膜厚均一性を例示するために最も広く使われるケースでは，微視的深溝（代表的深さは< 10 μm）のなかへの堆積をALD法で行ってから走査型電子顕微鏡（SEM）または透過型電子顕微鏡（TEM）によるキャラクタリゼーションを行う。その実例が**図1.11**に示してある。フルカバレージ（全面被覆）の達成が可能か否かを判定する材料を与える点で，

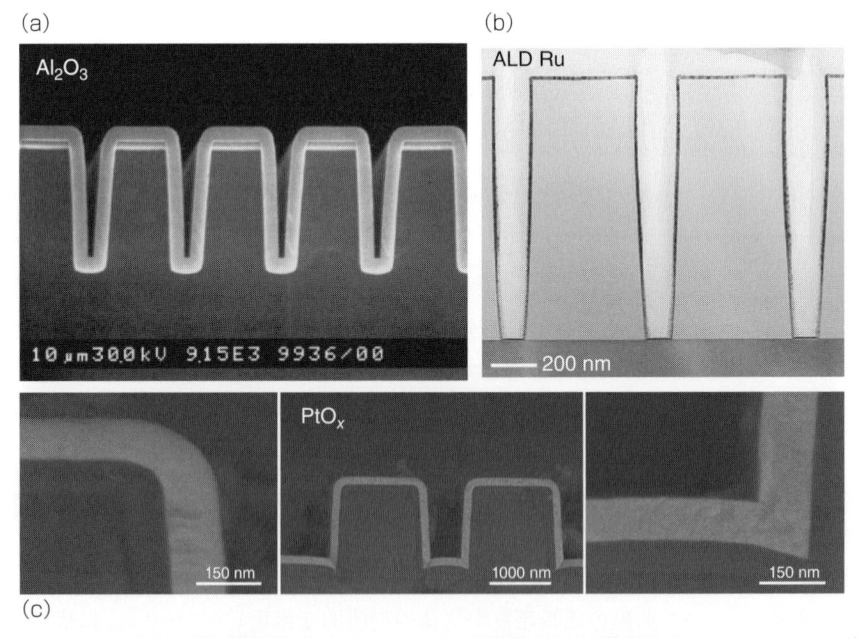

図1.11　(a) トレンチ（溝）構造をもつSiウェーハに堆積させた膜厚300 nmのAl_2O_3膜における断面SEM像。(Ritala et al., 1999 [89]。Wiley社の許諾を得て転載。) (b) トレンチ構造をもつ基板にALD法でRuのコンフォーマルコーティングを行ったものの断面TEM画像。(Kim et al., 2009 [18]。Wiley社の許諾を得て転載。) (c) トレンチ構造をもつSi基板上のPtO_xのコンフォーマルコーティング膜のFESEM。(電界放出型走査電子顕微鏡) 画像 (Hämäläonen et al., 2008 [90]。Wiley社の許諾を得て転載。)

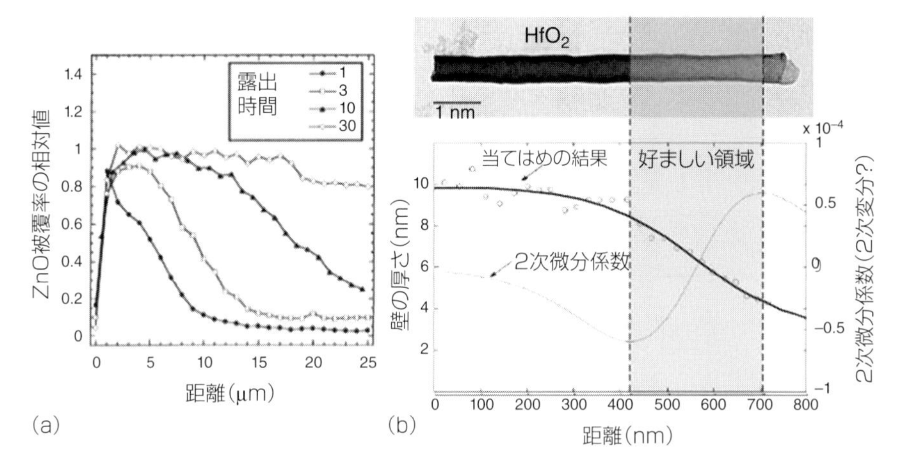

図 1.12　陽極酸化アルミニウム（AAO）ナノ細孔への ALD で得られた結果の膜厚／被覆率プロファイル。(a) 孔径が 65 nm の AAO 孔の ZnO 被覆では，前駆体 Zn への露出時間を増すと ZnO 被覆率が増大する。(Elam et al. 2003 [22]。アメリカ化学会の許諾を得て転載。) **(b) AAO テンプレートへの HfO_2 ALD とそれに続く溶解処理で得た HfO_2 ナノ細管について長さ方向で測定された壁厚。**(Perez et al., 2008 [23]。Wiley 社の許諾を得て転載。)

この手法は stop/go タイプの結果を与える。しかし，膜の定量的厚みを溝に沿って得るのは困難である。

陽極酸化アルミニウム（AAO）の上に ALD 法で堆積させた膜の膜厚プロファイルについて，いくつかのグループが測定に成功している [23,91]。AAO は，アルミニウム膜に対する 2 段階の電気化学的陽極酸化で形成することができる [92～94]。円筒型の孔（代表的な直径が 30～500 nm）が明瞭な輪郭で平行に並んでいるので，高アスペクト比のナノ構造体への ALD についてモデル研究をする上で魅力的な材料なのだ。Elam et al. は，AAO 膜中への ZnO の ALD を行ってから電子線マイクロアナライザ（EPMA）を使った孔軸方向線掃引を行った [22]。直径が 65 nm の AAO ナノ孔での ZnO の ALD で得られた拡散律速挙動が**図 1.12** に示してある。図から分かるように，Zn 先駆体への曝露時間を長くすると，前駆体分子が孔内部の深いところまで進入して堆積できるようになる。

AAO における ALD プロセスがもつ膜厚均一性について，Perez et al. が TEM を使って研究した [23]。AAO 構造体のなかに ALD 法により HfO_2 層を堆積してから AAO を選択的に溶かすことで，AAO の孔を複製するナノチューブが手に入る（図 1.12 (b) 参照）。複製したナノチューブの厚みを局所的に測ることでオリジナルのナノチューブにおける深さの関数としての厚みが分かる。注目して欲しいのだが，AAO 孔のなかでの ALD における拡散律速挙動を利用することで AAO 膜の内側表面の上にパターン化 ALD を実施することが可能である [95]。孔のなかの特定の深さに最初の ALD 前駆体が吸着するとその吸着前駆体が活性表面サイトをブロックするので，続いて入ってくる 2 番目の ALD 前駆体の吸着がその孔壁部分では阻害されて深さ方向にコントロールされた堆積が可能になる。TMA がもつパッシベーション効果（表面不活性化効果）を使うことで，AAO 孔内部のコントロールされた深さでの ALD が ZnO, TiO_2，および V_2O_5 で達成されている。

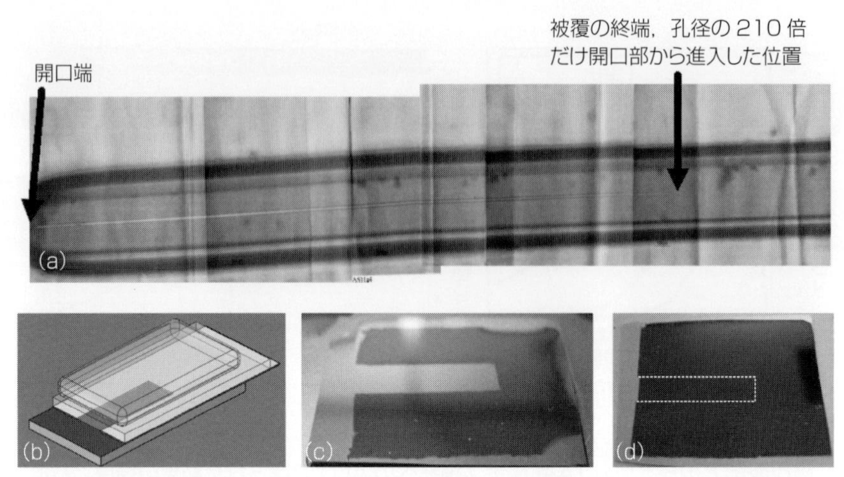

図 1.13　ALD 材料の進入深さを視覚的に調べることができる巨視的テスト構造体。(a) 内径が 20 μm の溶融石英製キャピラリー管に施した内壁の WN コーティング。(Becker et al. 2003 [96]。アメリカ化学会の許諾を得て転載。) (b) 長方形の断面（緑色部分）をもち ALD 処理後に SiO_2 薄板片としての取り出しが可能な巨視的孔の概念図。(c) 200：1 の AR 比（進入深度：幅で定義されている）をもつ細孔の内壁に施した TiN のコンフォーマル堆積の結果。(d) カバーされていない部分の黄色のコーティングは Ru 堆積の結果である。一方，マークされている孔部分の内側にはコーティングがないことから，この ALD 処理ではコンフォーマル堆積が得られていないことが示される。(口絵参照)

標準的な ALD 条件では，孔の直径または溝の幅に比べて前駆体分子の平均自由行程がはるかに大きな値を取るため，前駆体ガスが分子流として（すなわちクヌーセン拡散により）マイクロメートルサイズの孔または溝のなかに進入する。例を示すと，温度が 200℃ でガス圧が 1 Torr のときに TMA の平均自由行程は約 35 μm である。圧力が充分低いときには，巨視的な孔のなかでも分子自由流れが成り立つときがある（図 1.15 参照）。そのため，充分低い圧力で ALD を行うときに，与えられたアスペクト比をもつ構造体のなかに向かう ALD 材料の進入深さを決めるときに比較的シンプルなテスト構造体を使ってそれを行うことができる。Becker et al. は，ALD 堆積層の膜厚均一性を測るときに直径が 20 μm の溶融石英製キャピラリー管の使用を提唱した [96]。そのキャピラリー管を ALD 過程に曝露してから加熱して ALD により外壁に付いた被覆を焼却し，溶融石英と適合する屈折率をもつ液体で内部を満たす。このように処理した管を光学顕微鏡のなかに置くと進入深さを視覚的に決めることができる。当該論文の著者らは，アスペクト比が約 200：1 のキャピラリー管内部の成膜に成功した WN（窒化タングステン）の ALD 膜を示した（**図 1.13** (a) 参照）。ALD の膜厚均一性を定量化する別途の巨視的手法が Donovan et al. によって導入された [97,98]。アルミフォイルのシートから長方形の巨視的テスト構造体を切り取って，二つのシリコンウェーハの間にそのフォイル片を挟む（図 1.13 (b) 参照）。このシンプルな構造体により，ALD がもつ優れた段差被覆性に対する直接的でストレートなテストが可能になる。TiN で成功したコンフォーマルコーティングが図 1.13 (c) に示してあり，膜厚均一性が欠如する Ru コーティングが図 1.13 (d) に示してある。ここで述べた手法はその後 Musschoot et al. によって拡張されて，繊維状材料への熱的 ALD およびプラズ

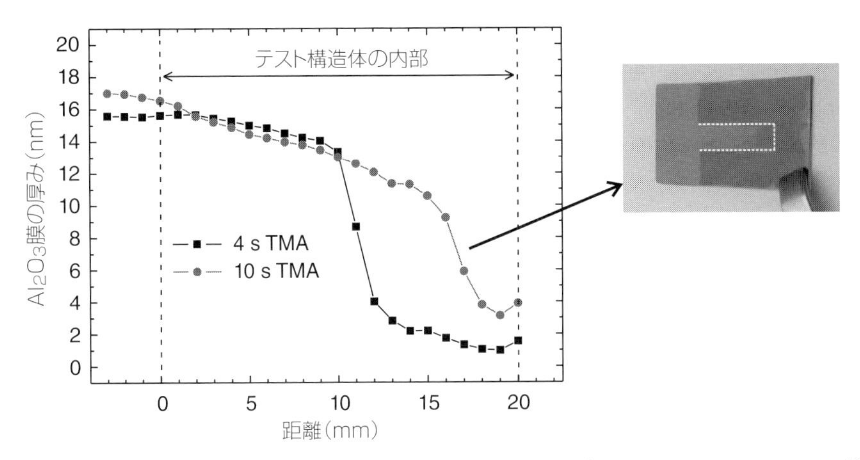

図 1.14　200：1 のアスペクト比をもつ長方形の巨視的細孔に行った Al_2O_3 コーティングで得られた膜厚プロファイル。TMA の曝露時間が増すとともに Al_2O_3 被覆がテスト構造体の奥に進む。（口絵参照）

マ ALD の研究に使われた[99]。

巨視的テスト構造体を使うと，分光エリプソメトリ測定を介して膜厚プロファイルの定量的解析が可能になる。**図 1.14** には，アスペクト比が約 200：1 の孔について調べた Al_2O_3 膜の厚さを二つの TMA 曝露時間について示してある。図 1.12 (a) に示した ZnO プロセスと同様に，TMA の曝露時間を増やすことで膜厚均一性が改善され得る。図 1.12 (a), (b) に示した実験結果も同様な傾向を示している。孔／空隙の入口近くで相対被覆率あるいは厚みが（ほとんど）最大である。ある深さに達すると，（飽和以前の）曝露時間に依存して被覆率あるいは厚さが孔／穴のなかへの深さとともに徐々に減少する。測定された膜厚データを浸入深さの関数として並べたものは，深い孔または溝の内部に向かう ALD 前駆体の拡散に対するモデルに基づくシミュレーションの結果との比較が可能である（下に続く議論を参照して頂きたい）。

ミリメートル寸法の巨視的構造体を使うという Dendooven et al. が提唱する手法は**図 1.15** に示すように低圧 ALD プロセスに限定される。低圧 ALD は，PE-ALD で典型的に用いられる真空ポンプ式 ALD 反応器（ALD チャンバーを半サイクルごとに真空ポンプを使って排気する）で通常見かける。より伝統的なフロータイプ ALD リアクタ（半サイクルごとにパージにより排気する）は通常かなり高い圧力で動作し，そのようなガス圧ではミリメートルサイズの構造体のなかの気流が粘性流条件で決まる。最近，薄い膜の下側にアスペクト比が 25,000：1 に達する水平溝を形成する MEMS による方法を Puurunen et al. が提唱した。この薄膜は，ALD の終了後に容易にはぎ取ることができて，堆積した膜を“溝”の内側表面上での“深さ”（実際は横方向の位置）の関数として調べることができる[100]。

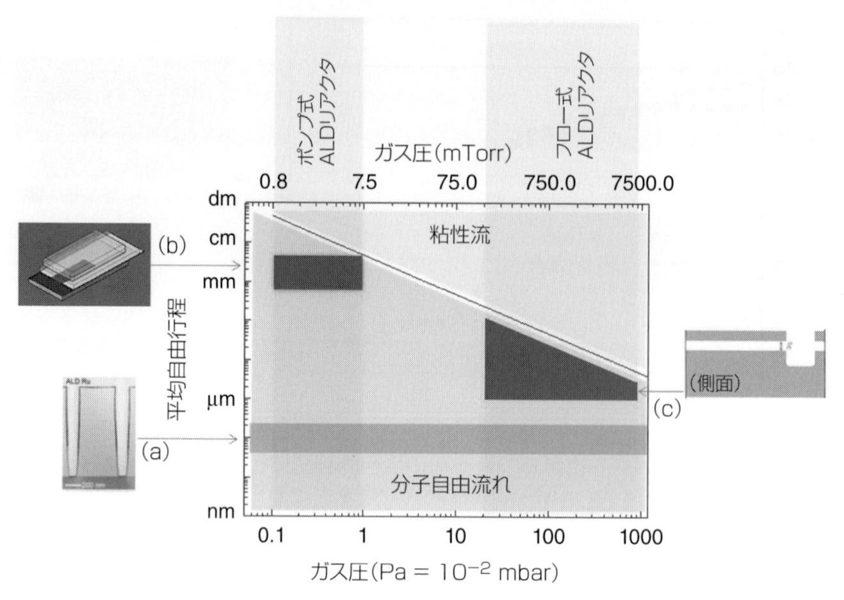

図 1.15　ALD 装置内部の圧力の関数としてみた，200℃の TMA 分子の平均自由行程。実際的な圧力の全範囲および有意なナノ構造体・マイクロ構造体のすべてにおいて，前駆体の輸送が分子自由流れに支配される。図と異なる圧力領域における ALD 過程の膜厚均一性を定量化するためには別途のアプローチが開発されている。(a) ナノ寸法構造体への堆積と電子顕微鏡による断面観察に使われる。(b) 巨視的な横方向溝構造体に使われるもので，低圧プロセスに対して Dendoove らが提唱している。(c) µm サイズの側方溝構造体について，高圧過程への適用を Puruunen et al. が最近提唱したもの。(口絵参照)

1.3.2　ALD 過程における膜厚均一性のモデル化

深さが L，断面の直径が D，アスペクト比 AR が L/D で与えられる円筒形の孔について，膜厚均一性が得られるコーティングを行うために必要な曝露（孔の開口部における前駆体ガスの分圧 P とパルス持続時間 t の積で定義される）に対して下式で与えられる解析的モデル式が Gordon et al. によって提唱されている（[101]，**図 1.16** 参照)。

$$P \cdot t = K_{\max}\sqrt{2\pi mkT}\cdot\left(1+\frac{19}{4}a+\frac{3}{2}a^2\right) \tag{1.1}$$

上記の表式で，$K_{\max}$ は単位表面積当たりの飽和被覆率（被覆率＝分子の数／ 1 m^2)，m は前駆体分子の分子量，T は温度（K）である。アスペクト比が大きいときには必要な曝露が一般化アスペクト比 a の 2 乗にほぼ比例する。このモデルの背景にある模式図が**図 1.17** (a) に示してある。孔壁の飽和は孔の入口から始まり，“前線”が前に進む形で孔全体に広がる。前駆体は 1 回目の衝突で壁に吸着する，すなわち吸着確率を 1 としている。未飽和曝露面の被覆プロファイルは“前線”の位置で急に被覆がゼロとなる飽和被覆部で構成されている。このモデルに対する数学的な定式は気体拡散方程式を使って導かれる。そのとき，完全に被覆された部分が未被覆の活性部分につながる“管”の働きをする。すなわち，未被覆の活性部分は“真空ポンプ”とみなせる。Gordon et al. は，既知のアスペクト比をもつ円筒孔のなかでの HfO_2，Ta_2O_5，

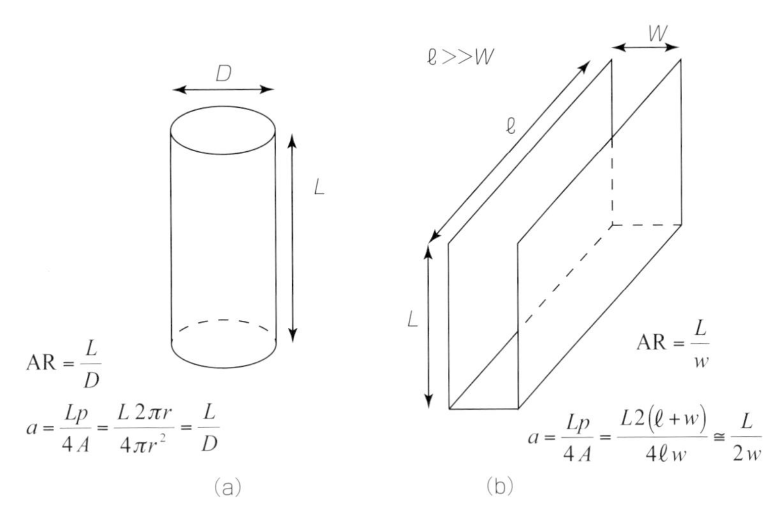

図 1.16　アスペクト比（AR）の表式と一般化アスペクト比の表式。(a) 円筒形の孔に対する表式。(b) 溝に対する表式。

WN，および V_2O_5 に対する飽和ドースについて，予測と実験結果の間に良好な一致を見出している［102］。

(1.1) 式の導出に用いられた定式は円筒形の孔について導出されたが［103］，一般化アスペクト比 a に対して下式で与えられる一般式を導入すれば，円以外の断面をもつ孔および溝に対しても（近似的に）当てはまる。

$$a = \frac{Lp}{4A}$$

ただし，L は孔の深さ，p は孔断面の外周の長さ，A は孔断面の面積である。

円筒孔に対しては a が深さ／孔径比のままである。溝幅が w の溝については表式が $L/(2w)$ に簡単化されるが，この表式は溝に対して通常使われる表式 L/w の 1/2 である。アスペクト比 AR が大きいときには $(P \bullet t) \sim a^2$ なので，必要な曝露は同じ AR をもつ孔（AR は深さと幅の比）に比べて 1/4 になる。

AAO での ALD のようにナノメートルスケールの孔に対する ALD では，ALD サイクルとともに孔の直径が小さくなる。したがって，未飽和曝露の場合，Gordon モデルは ALD サイクルのたびに進入深さが減少することを予測する。この減少によって最終的な膜厚プロファイルには深さ方向に膜厚の減少が生じるが，実験的に得られたプロファイルにもこの減少が観測されている。Perez et al. は，AAO 孔の内部への HfO_2 の ALD で得た深さ方向プロファイルについて（図 1.12 (b) 参照），Gordon モデルを逐次的に適用して予測した傾斜，すなわち ALD の進行につれて少しずつ断面積の減少が生じるという予測との間に良好な一致が得られていると報告している。しかし，巨視的な穴への Al_2O_3 ALD で得られた膜厚の傾斜は（図 1.14 参照），堆積とともにアスペクト比 AR が増大するとして説明することはできない。なぜなら，穴の幅（～100 μm）に比べて堆積膜の厚み（典型的には数 nm）を無視することができる。このケースでは

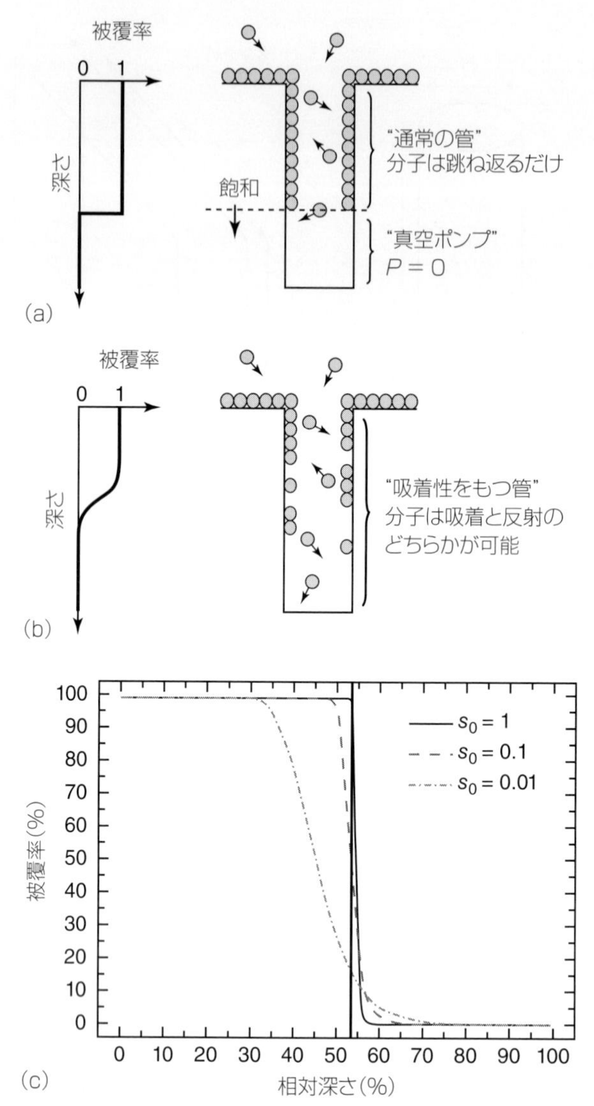

図 1.17　(a) Gordon et al. が提唱するモデルの模式図。得られる被覆は階段状のプロファイルで特徴づけられる。(b) Dendooven et al. が提唱するモデルの模式図。得られる被覆のプロファイルは厚みが勾配をもつスロープで特徴づけられる。(c) アスペクト比が 100：1 の円筒状の孔について行ったシミュレーションの結果で，初期吸着確率を $s_0 = 1$，0.1，および 0.001 ($P = 0.3$ Pa，$t = 5$ s，$K_{max} = 4.7 \times 10^{18}$ m^{-2}) とした場合の深さの関数として示した TMA 被覆率のプロット。

観測された傾斜を吸着係数と関連づけるのだが，この係数の値は（実際の ALD 過程のすべてで予測されるように）1 以下である。

Dendooven et al. は，吸着確率が 1 以下の場合まで Gordon et al. のキネティックモデルを拡張した [97]。この拡張モデルは“吸着性の”管に対して導出されているコンダクタンス式に基づいている [104]。この場合の前駆体分子の動きは，壁のうちで被覆されていない部分に吸着するか跳ね返るかのどちらかになる (図 1.17 (b) 参照)。壁のうちの反応性部位への吸着確率※は，表面の被覆率が上がるにつれてラングミュア則にしたがって減少すると仮定する。図 1.17 (c) に示すのは，100：1 のアスペクト比 AR をもつ円筒形の孔に対するシミュレーションで得られた被覆プロファイルについて，初期吸着係数 s_0 が与える効果である。s_0 = 100%では階段状のプロファイルが得られるが，これは Gordon et al. のモデルと一致する。s_0 の値がそれ以下のときには厚さが漸次減少する傾斜面 (スロープ) が予測される。TMA に対して吸着確率の初期値として 10%を使ったときに，Al_2O_3 の厚みプロファイルに対するシミュレーション結果と実験結果に良好な一致が得られた。

AAO 膜への ALD で堆積させた ZnO 層の断面解析で得られた Zn の被覆プロファイルについて (図 1.12 (a) 参照)，そのシミュレーション計算を行うための 1 次元 (1D) モンテカルロモデルを Elam et al. が開発した [22]。充分低い反応確率とそこそこのアスペクト比 AR について，彼らは拡散律速挙動では無く反応律速挙動を 1D モンテカルロモデルに基づいて予測した。拡散律速領域と反応律速領域への振り分けというこの分類は，Dendooven et al. [105] および Knoops et al. [106] によって後に証明された。**図 1.18** に示すのは，アスペクト比が 66：1 の方形孔について初期吸着係数が 10%のときに得られた圧力成長と被覆率成長である。このケースでの堆積は明らかに拡散律速になっていて，前駆体分子の進入深さが時間と共に深くなって堆積の "前線" が穴の底に向かって移動する。一方, 初期付着確率を 0.1%にしてシミュレーション計算を行うと堆積が反応律速になる。曝露開始直後から前駆体分子の大部分が穴の底まで達することができるのだが，被覆プロファイルにみて取れるように反応が遅々としている。

※訳注：正しくは吸着頻度である。

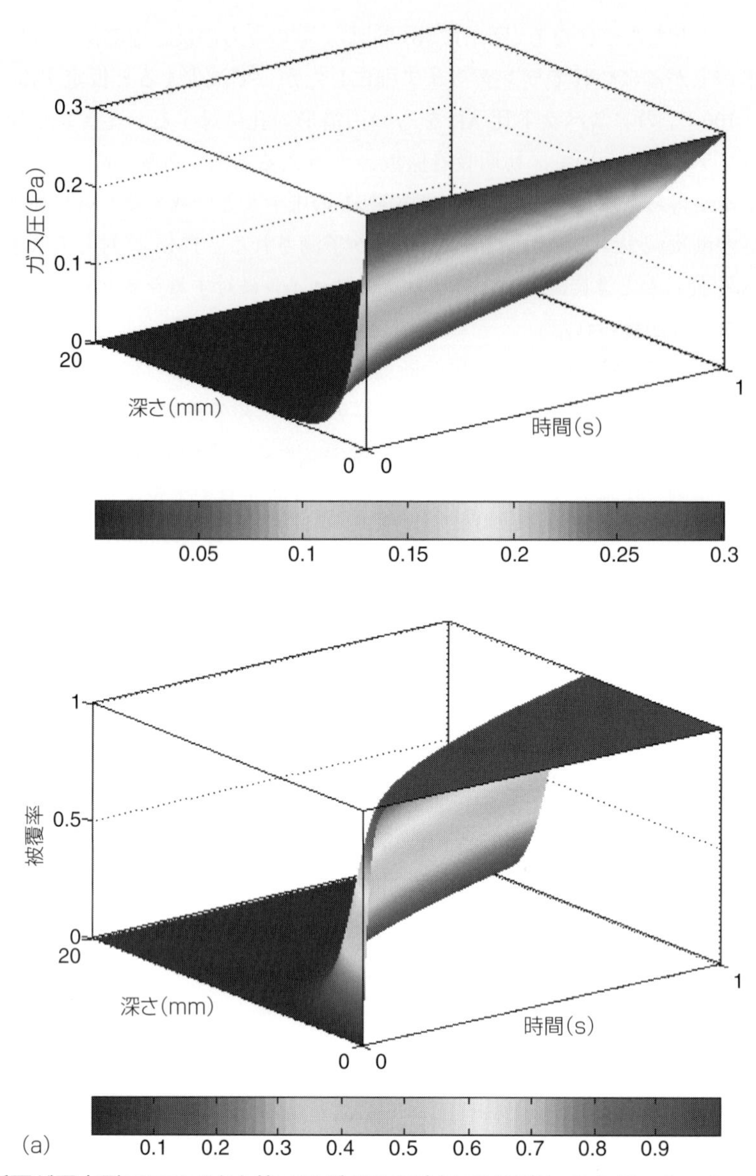

図 1.18　断面が正方形でアスペクト比 AR が 66 の孔について行ったシミュレーション計算（P = 0.3 Pa，t = 1 s，K_{max} = 4.7 × 10^{18} m^{-2}）で得た圧力プロファイル（a）と被覆率プロファイル（b）。（a）を得た計算では初期吸着係数が 10％で，拡散律速の堆積挙動が得られた。（b）を得た計算では初期吸着係数が 0.1％で，反応律速の堆積挙動が得られた。（口絵参照）

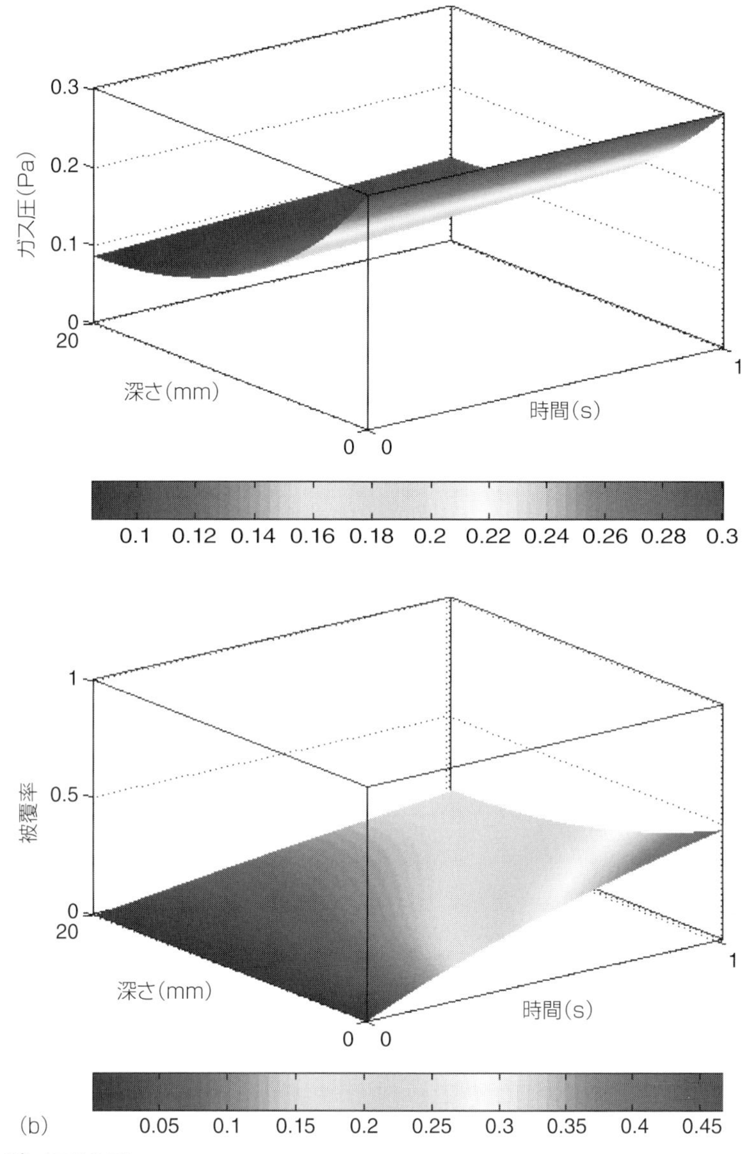

(b)

図 1.18（続き）（口絵参照）

1.3.3　プラズマ ALD（PE-ALD）の膜厚均一性

すでに記したことだが，高いアスペクト比をもつ構造体に良好な膜厚均一性を達成するというのは熱的 ALD より PE-ALD にとってチャレンジングである。ラジカル類が表面との衝突で再結合するのがその理由である。たとえば，酸素ラジカルは表面に存在する酸素原子と反応して酸素分子 O_2 になるが，この分子種は表面に吸着されている金属前駆体との反応性をもたないことが多い。深い穴や溝を PE-ALD でコーティングするときには，反応性化学種が壁との間で多重衝突をするため，活性種が穴の深部に到達する前に壁との多重衝突を経ることになって表面再結合により深い位置の表面に達する前に失われてしまう。したがって，高アスペクト比構造体では，側壁での再結合を通して起こるラジカル種の消失があるので PE-ALD の膜厚均一性が不可避的に制約される。

ここで扱う再結合確率 r は活性原子が表面と衝突するときに再結合する確率を意味し，原子のタイプと表面の材料の組みに対して与えられる。さまざまな表面での O，N，および H 原子について報告されている再結合確率の値は大きな範囲にあり，パイレックスガラス表面での O 原子の再結合に対する値 0.000094 からシリコン表面での H 原子の再結合に対する値 0.8 にわたる[106]。文献に発表されている r 値にはかなりのバラツキがある。このような不一致が生じている原因として，原子の再結合をモニターするために使われる手法（多くは間接的計測）が多様なことによる（たとえば，発光分光分析（OES），レーザ誘起 2 光子蛍光，デュアル熱電対，触媒プローブ，および質量分析などが使われる）[107,108]。そして，原子の再結合係数が依存するのが表面材料だけではなく表面条件（たとえば不純物や吸着ガス種の存在および表面に対する何らかの前処理），ガス圧と温度，表面の温度，そしてプラズマの構成にも依存する[109〜112]こと，などが挙げられる。表面条件の影響については Cartry et al. が扱っていて，彼らは，マイクロ波プラズマのアフタグロー領域に配置したシリカ表面での O 原子の再結合について 0.0004 の値を得る一方，直接そのプラズマに曝されたシリカ表面では 2 桁大きい 0.03 の値を得た[113]。（プラズマの各部分で存在が他の化学種に比べて圧倒的な）イオン類が表面再結合に対する活性サイトを作ることが有り得るというのが，この違いに対して可能な説明である。上で述べたように，ガス圧も再結合確率に影響し得る。シリコン，アルミニウム，およびステンレス鋼の表面について，圧力を高くすると N 原子の再結合が減少することを Adams et al. が報告している。シリコン表面については，1 Torr のときに測定された再結合確率は 0.0026，3 Torr では 0.0016，そして 5 Torr では 0.0005 であった。O 原子の再結合についても同様な傾向を Gomez et al. が観測している[111]。加えて，表面温度に対しても有意な依存性が有り得る。たとえば，アルミナ上での O 原子の再結合確率は室温における 0.0097 から 500℃では 0.061 に増大することを Guyon et al. が見出している[114]。一方，数種類の金属表面において H 原子の再結合確率がかなり広い温度範囲でほぼ一定になっていることが Wood と Wise によって報告されている[115]。全体的な概観から分かるように，PE-ALD 過程の膜厚均一性が再結合確率を媒介して依存する因子には，反応物としてプロセスで使うラジカルのタイプ，堆積させる材料，そして，ガス圧や堆積温度およびプラズマの構成といったプロセスパラメータがある。注意して欲しいのだが，ガス圧とプラズマの構成が影響を及ぼすのは再結合確率だけではなく，試料表面および高アスペクト比構造体の入口におけるラジカル密度にも影響が及び，それが翻って膜厚均一性に影響するのであろう。加えて，プラズマへの曝露が続いている間に（ラジカル類との反応が起こって）試料表面が変化して前駆体の金属配位子で覆われた表面から酸化物，窒化物，および堆積させている金属で覆われた表面に変わるから，再結合係数が変化する可能性がある。

PE-ALD の膜厚均一性に関する系統的な研究に関しては，報文が数件しか存在しない。Dendooven et al. は，巨視的テスト構造体を使った研究により，TMA と O_2 プラズマで作った

Al_2O_3 の遠隔 PE-ALD の膜厚均一性に対して，気体の圧力，RF 電源の出力，プラズマ曝露時間，およびプラズマプルームの向きが与える効果を研究した[98]。彼らは，プラズマタイプが膜厚均一性に与える効果を調べるために，Al_2O_3 の膜厚均一性と TMA と NH_3 プラズマから得た AlN の膜厚均一性を比較した。さらに，モンテカルロ法を使ってラジカル再結合の影響を評価した。O_2 を使った Al_2O_3 プロセスについては，プロセスパラメータを最適化することによりアスペクト比 AR が 40：1（深さ／幅で定義している）の孔のなかのコンフォーマルコーティングが達成可能である。AlN プロセスの膜厚均一性にはより大きな限界があり，20：1 のアスペクト比で早くも実現不可能になるようだ。この事実は，NH_3 プラズマのなかで生成するラジカルが O ラジカルに比べて迅速に再結合することを示唆する。ガス圧または RF の出力を上げるかプラズマへの露出を長くすることによってラジカル密度を高くすることで Al_2O_3 PE-ALD プロセスの膜厚均一性を上げることができるかもしれない。注意したいのだが，O_2 プラズマステップのときに起こる燃焼反応の際に反応生成物として作られる H_2O は，2 次的な熱的 ALD 反応を介して PE-ALD プロセスの見かけの膜厚均一性に寄与する。

Knoops et al. は，アスペクト比が高い溝における PE-ALD の膜厚均一性に対する再結合確率 r の効果について知見を得るためにモンテカルロモデルを用いた。r 値が大きくなるとともに必要な飽和ドース量がかなりの程度で増加するが，この傾向は高いアスペクト比で顕著である。これより，熱的 ALD でも観測されている拡散律速領域と反応律速領域に加えて高い r 値での PE-ALD プロセス（あるいは高い AR と組になった低い r 値での PE-ALD プロセス）に対して再結合律速領域が固定される。加えて，30：1 のアスペクト比をもつ溝におけるコンフォーマルコーティングについては r 値が低い PE-ALD プロセスでの達成が可能であると推定された。他方，多くの金属表面でみられるように表面再結合確率が高い場合には，10：1 を超えるアスペクト比をもつ溝のコーティングには非現実的に大きな露出が必要と思われる。

Kariniemi et al. は，深い微小溝の内部への堆積とそれに続く断面 SEM 測定により，さまざまな PE-ALD プロセスの膜厚均一性を特定した[48]。彼らは，それまで達成されていたものよりかなり大きいアスペクト比（60：1 まで）の溝に堆積させた金属酸化物コーティングに良好な膜厚均一性が得られることを示した。他の PE-ALD による研究[116～118]と比べて決定的に違っているのはリアクタの設計だが，この違いは，O_2 プラズマステップにおいて 2 桁ないし 3 桁高い圧力が使われることに関連する。誘導結合プラズマ源に比べて Kariniemi et al. が用いた遠隔容量結合 RF プラズマ源の方が試料表面と溝の入口部で高いラジカル濃度を与えると予想され，よって溝深部でも高いラジカルフラックスが得られて膜厚均一性が改善されたのだ。加えて，プラズマへの曝露が高い圧力で行われるため溝壁における O ラジカルの再結合効率が低くなっている可能性もある。H_2 プラズマを使った Ag の PE-ALD について，Kariniemi et al. は AR 値が 60：1 の溝の底近傍に Ag の成長を観察したが，コーティングに膜厚均一性はみられなかった。この事実は，金属の上ではとくに H ラジカルで比較的高い再結合確率がみられることと関連づけられるか，あるいは，2 次的に起こって膜厚均一性に寄与する熱的 ALD 反応が欠如することに関連づけられるであろう。

PE-ALD プロセスの膜厚均一性を改善する上で，孔の入口で得られるラジカル密度または曝露時間を通してラジカルへの曝露を増やすことが鍵であることが分かった。

ラジカル密度が及ぼす効果は Dendooven et al. の研究においてガスの圧力を増加させ，RF の出力を上げる実験で実証され，また，Kariniemi et al. の研究においてプラズマの構成を変化させることで実証されている。なお，後者の手法の方が効果的に思われる。

実験結果には，O_2 ベースの PE-ALD でもそれなりのアスペクト比が達成されることが示されている。この事実について，Knoops et al. のモンテカルロモデルでは酸化物表面における O ラジカルの再結合確率が比較的低いことを唯一の理由にする。しかし，Dendoven et al. および Musschoot et al. が Al_2O_3 の PE-ALD 実験で得た膜厚プロファイルに対するモンテカルロ法によるシミュレーションでは，二つの反応すなわち (i) O ラジカルと吸着 TMA 分子の間での孔の入口における燃焼反応と (ii) その燃焼反応で生成する H_2O 分子と吸着 TMA 分子の間で孔の深部において起こる熱的 ALD 反応を重畳させたときのみ実験結果が“再現”される。一方，Kariniemi et al. は，SiO_2 プロセスでも良好な膜厚均一性が達成される一方で Si 前駆体は H_2O と緩慢に反応することから，2 次的 H_2O 効果が堆積に果たす役割は 2 次的であると結論した。これは，高いアスペクト比をもつ構造体の内部のラジカルフラックスの違いによって説明することができるかもしれない。事実，平面基板におけると同様に O ラジカルのフラックスが充分大きい場合には，O ラジカルが起こす複数の燃焼型反応と 2 次的な H_2O 反応が競争することになるが，前者の方が迅速に進行するであろうから，この 2 次的 H_2O 反応は副次的（マイナー）な反応であろう。ラジカルのフラックスが低いなら，H_2O との 2 次的反応が比較的大きなインパクトをもつ（働きをする）ことだろう。

NH_3 プラズマ，N_2 プラズマ，あるいは H_2 プラズマを使う場合には，プラズマ段階での反応生成物に H_2O が存在しないから熱的 ALD 反応が 2 次的に起こる可能性はない。Dendooven et al. の得た結果には，高アスペクト比構造体に NH_3 プラズマを使うときには窒化物の成長が無視できないことが示されており，プラズマ中に生成するラジカル類が高い再結合確率をもつことが示されている。しかし，NH_3 プラズマの化学はきわめて複雑で，そこにあるラジカル類の表面再結合の理解は不透明である [119]。N_2 だけのプラズマについてすら，N ラジカルの表面再結合に関する研究は数例報告されているに過ぎない。文献には明記されないが，NH_3 プラズマまたは N_2 プラズマを使う PE-ALD による窒化物膜のコンフォーマル成長に関する報文がないということは，これらのプロセスで良好な膜厚均一性を達成するのが真のチャレンジであることを示すのだろう。

1.3.4　ナノ多孔性材料のコンフォーマル保護コーティング

ナノポーラス材料と膜を組み合わせて行う ALD を使うと，多孔性ネットワークの複製またはコーティングを通して一層優れた組成と構造特性をもつナノ材料が創製される。得られる材料には，フォトニクス，触媒，ガス分離，エネルギー変換，センシングなどに応用が広がる。ALD を使うとナノメートル寸法の孔に対するコンフォーマル被覆が可能になることがポーラスシリコンへの SnO_2 ALD を通して 1996 年に証明された [87]。それ以来，多くの技術者・研究者が多孔質の膜や薄膜に ALD を適用してナノ構造体の構築，孔壁の機能化，あるいは孔サイズの調節を行っている。

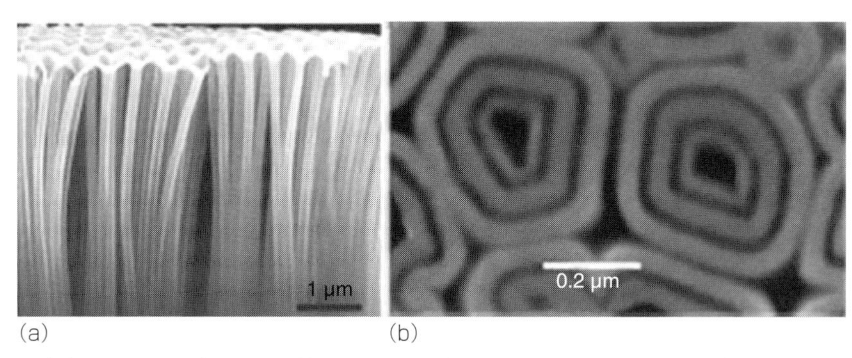

図 1.19　(a) AAO テンプレートを使った ALD で得られた TiO_2/Ni/TiO_2 自立ナノ細管の SEM 画像。(Daub et al. 2007 [121]。アメリカ物理学会の許諾を得て転載。) (b) AAO の ALD 層をテンプレート層に使い，Al_2O_3 の ALD 層をスペーサ層に使って得られた同軸 HfO_2 ナノ細管の上端部の SEM 画像。(Gu et al., 2010 [122] アメリカ化学会の許諾を得て転載。)

ALD 法による製作が初めて実現した自立ナノ細管は，ポリカーボネートフィルタ (孔径 200 nm) に TiO_2 または ZrO_2 を成膜してからそのフィルタを溶解して得られたものである [120]。その後，いくつかのグループがナノ細管を作る目的に AAO (陽極酸化アルミナ，代表的な孔径が 30～500 nm) を可溶性テンプレートとして使用した (**図 1.19** 参照) [123～126]。例を挙げよう。Daub et al. は AAO テンプレートの細孔に NiO 酸化物の ALD を行ってから水素雰囲気下で金属酸化物を還元して強磁性の Ni ナノ細管を合成した [121]。Bae et al. は，二つ以上の TiO_2 コーティング層の間に可溶性 Al_2O_3 スペーサ層を挿入して，同軸嵌めこみ TiO_2 ナノ細管の製作が可能なことを実証した [127]。Gu et al. は，多重壁 HfO_2 ナノ細管の合成に同じ手法を適用した [122]。さらに，TiO_2 ALD によって AAO テンプレートに作った TiO_2 ナノ細管配列の光触媒活性がいくつかの研究グループによって調べられている [128～130]。

ALD は，最密充填コロイド状シリカまたはポリスチレン球で作られているオパール構造体への成膜と複製にも使われている [131～138]。したがって，オパールレプリカ，別名逆オパールは，固体マトリックス材料に埋め込まれたサブマイクロメートルサイズの空気ボイドで形成された規則配列で構成されている。誘電定数が周期的に変調されているため，これらの構造体はフォトニックバンドギャップをもっている (特定の波長領域の電磁波が材料中の伝搬を遮断される)。そのため，3D フォトニック結晶の有望な候補になる。サイズが 510 nm のポリスチレン球で構成されているオパール構造体が**図 1.20** に示してある。ALD のように膜厚均一性がきわめて高い堆積法だけにオパールフィルムの均一な嵌入を達成することができる。TiO_2-ALD とそれに続くシリカ球のエッチングを用いたオパール構造の複製も実現可能である。

大部分の研究は，孔径が 30 nm 以上の材料，たとえば，上記した Si ベースの溝構造体，AAO あるいはオパール構造体における ALD コーティングに焦点がある。サブ 10 nm サイズの孔の ALD コーティングに的が絞られた研究はわずかである。George と共同研究者は，5 nm 管状アルミナ膜の内部への Al_2O_3，TiO_2，および SiO_2 の ALD を研究した [78,139]。彼らは，N_2 コンダクタンス (透過率) のその場測定を ALD の半サイクルごとに行って，(孔内部の流れを Knudsen 流と仮定して) 孔の直径を求めた。前駆体への曝露後の孔のサイズはそれに続く H_2O

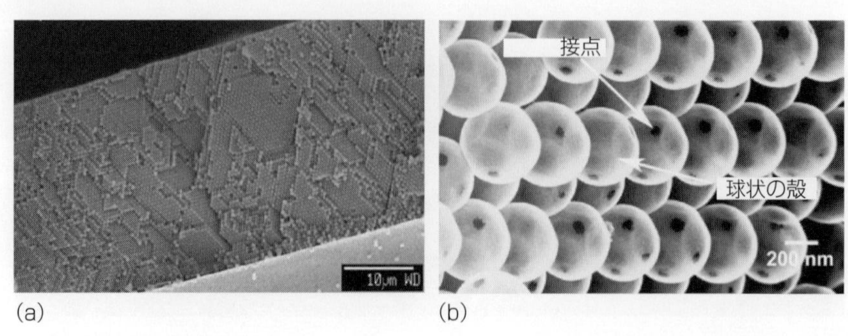

図 1.20　(a) オパール膜の SEM 画像。(Kuruturi et al. 2010 [138]。) (b) ALD 法で合成された TiO_2 逆オパールの SEM 画像。(King et al. 2005 [132]。Wiley 社の許諾を得て転載。)

曝露の後より小さかったが，これは，孔の壁に付着した嵩高の前駆体配位子が H_2O ステップ時に OH 基という小さな化学種に置き換わったことを反映している。孔の直径は逐次小さくなって分子直径（推定値 3～10 Å）に達し，特定ガスを分離する目的のためにその分子に合わせたナノメートルサイズの孔をもつ膜を加工する目的に ALD が使えることを示している。Lin と共同研究者たちは，Al_2O_3 の ALD を使って，ゾルゲル法で調製され 4 nm の孔をもつアルミナ膜を細工した [140,141]。ALD の結果，毛管凝縮に基づいて起こる O_2 ガスからの水蒸気分離が改善された。McCool と DeSisto は，SiO_2 の触媒 ALD を通してメソ多孔質シリカ膜における孔サイズの縮小を調べた [142,143]。膜を通過する N_2 の透過係数から ALD のサイクル数が充分大きくなると Knudsen 拡散から形状拡散にシフトすることが明らかになったが，これは，孔の寸法が微小孔領域にあることを示唆する [144]。H_2 と CH_4 を使った分離実験でも，Knudsen 拡散からの乖離と分子ふるい効果との類似性が明らかになった。Velleman et al. は，ALD による AAO 膜の孔径チューニングを被覆膜の湿式化学機能化と組み合わせた [145]。疎水性分子に対して膜が示す選択性を改善するために，高い疎水性をもつシラン種を使った表面修飾が実施された。疎水性–親水性反発により，得られた化学修飾膜は疎水性分子の輸送に対して親水性分子に対する感度より強い感度を示した。Chen et al. は，TiO_2 の ALD を行ってねじれが存在するシリカナノ孔の孔サイズを 2.6 nm から 2 nm に減らした [146]。彼らは，DNA シークケンシングに対してこの構造体が有する大きな可能性を明らかにした。

Dendooven et al. は，ナノ寸法の孔の内部表面のコーティングに対する ALD の限界に関する研究について，最近発表した一連の報文で報告した。彼らは Si 基板の上に堆積した SiO_2 および TiO_2 のメソポーラス膜とマイクロポーラス膜を使っている。試料が明確に定義された構造をもつので，XRF，GISAXS [80]，およびエリプソメーターポロシメトリ [79] を使ってナノポーラス膜への ALD をその場方式（*in situ*）でモニターすることができる。

最初に行われた一連の実験はシリカナノスラブの無秩序 3D ネットワークで構成されたメソポーラスシリカ薄膜への ALD で，6～20 nm の範囲で平均孔径を制御することができる。使用した膜は高い多孔性（孔隙率，70～80%）と優れた 3D 孔アクセシビリティを示した。ナノスラブベースのシリカ薄膜の上にある 3D メソポーラスネットワーク中で行われた，テトラキス（ジメチルアミノ）チタン（TDMAT）と H_2O から作った TiO_2 の ALD で得られた結果が**図 1.21** に

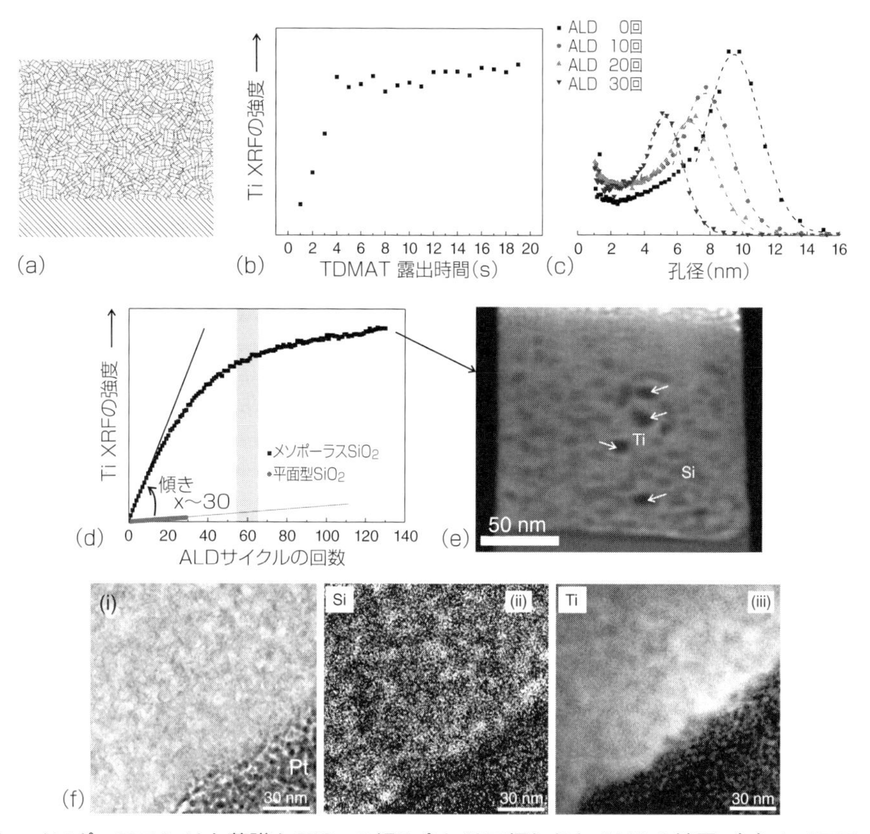

図 1.21 メソポーラスシリカ薄膜と TiO_2 の組み合わせで行われた ALD の結果。(a) ナノスラブベースのメソポーラス膜の模式的表示。(b) 厚さが約 115 nm で孔径が約 6.5 nm の孔をもち孔隙率が約 75%の膜に実施した ALD で得た結果に得られた Ti XRF シグナルについて求められた，TDMAT 露出時間に対するシグナル強度のプロット。(c) その場測定で得られた EP データから計算した孔径分布で，約 18 nm の孔を約 80%の多孔度でもつ厚さ 150 nm の膜について ALD10 サイクルおきに行った測定から得られた。(d) ALD のサイクル数に対してプロットした Ti の XRF 強度で，サイズが約 7.5 nm の孔が約 80%の多孔度で存在する厚さ 120 nm の平面 SiO_2 基板について測定された。(e) (d) で用いた TiO_2 被覆膜で行った電子線トモグラフィ測定の結果からマイクロピラーサンプルの 3D 再構築を含む面外方向オルトスライスに対するものが示してある。ダークグレー；シリカ，ライトグレー；TiO_2，黒色の矢印；ボイド (空隙)。(f) TiO_2 で被覆されたシリカ膜から得た断面サンプルの TEM 画像 (i)，同じ領域で Si についてエネルギーフィルタを施したものの TEM マップ (ii)，そして，同じ領域で Ti についてエネルギーフィルタを施したものの TEM マップ (iii)。((c) (d) 口絵参照)

まとめてある [79,147]。その場測定 XRF を使って化学組成を決定して，その結果からメソポーラス膜で飽和に達する ALD 条件が調べられた。膜は連続的に 1s TDMAT パルスに曝露されたが，それぞれのパルスに続いて XRF データ取得が 20 秒かけて行われた。Ti からの XRF の強度 (Ti Kα 線のピーク面積) はメソポーラス薄膜に堆積した Ti 原子の量に比例する。その強度を TDMAT 曝露時間に対してプロットした結果が図 1.21 (b) に示してある。飽和に達するにはほぼ 4 秒かかった。曝露時間を 20s まで延ばしても吸着量の有意な増強は生じなかった。そこで，交叉しているチャンネルの 3D ネットワーク中への ALD 前駆体の侵入は即時に起こると結論された。TDMAT/H_2O ALD プロセスにメソポーラス薄膜を繰り返し曝露すると TiO_2 の膜が孔の壁にコンフォーマルに堆積し，その結果として孔の寸法が小さくなると予想される。図 1.21 (c) をみると，初期平均孔径が約 9 nm の溝状メソ孔への ALD 堆積において 10 サイクルごとに測られた孔径が順次減少している。なお，ALD コーティングだけが孔径を小さくするのではなく，ALD の過程で多孔質のネットワークが収縮しても小さくなることに注意しよう。図 1.21 (d) に示すのは孔の平均直径の初期値が 7.5 nm の膜で測定された結果で，Ti 吸着量が ALD の回数に対してプロットしてある。平面の参照基板の上に行われた ALD では，予想通り XRF の強度が ALD サイクルの回数に比例して増大している。平面基板の上ではサイクル当たりの成長速度が 0.5 Å であることが XRR から分かり，XRF の強度曲線では初期の勾配がはるかに大きいことから，TiO_2 がチャンネル状メソポアの内側表面に堆積することが分かる。この勾配は ALD の回数ごとに減少するが，その理由は，孔の壁への TiO_2 コーティングによって孔径が徐々に減少するため，そして，それと連動して孔ネットワークの内側表面積が減少するためである。ALD サイクル当たりに堆積する Ti 原子の量は，使用可能な表面の面積に直接関連する。Ti XRF 強度曲線の勾配が最終的に一定になるが，これは TDMAT 分子が孔に入れないことを意味しており，堆積が続いている場所がメソポーラス膜の頂上であることを示唆する。孔径が TDMAT 分子に予測される動的分子径（化学反応時の分子径，kinetic diameter）すなわち 0.7 nm [148] まで狭まるまでには約 60 回の ALD サイクルを必要としたが，これから，直径が 1 サイクル当たり 0.11 nm 減少することが分かる。これから孔内部における TiO_2 の成長速度は 1 サイクル当たり約 0.55 Å ということになり，平面基板の上への堆積に際して得られた値（1 サイクル当たり 0.5 Å）にほぼ一致している。この TiO_2 で満たされたメソポーラスシリカ膜に対して電子線トモグラフィ測定も行われた。この 3D 構造体の面外方向に取った直交断面が図 1.21 (e) に示してある。TiO_2 の堆積が膜全体にわたることをこの結果が確証している。加えて，TiO_2 ALD では完全な充填にならなかった大口径の孔（直径＞ 7.5 nm）の存在も確認される。多分，これらの大口径孔は，小さな孔が充填されたために ALD 前駆体がたどり着けなくなったために残されたのである。エネルギーフィルタ TEM 測定で得られた元素分布マップからもメソポーラスシリカ膜全体にわたる TiO_2 の存在が確認される（図 1.21 (f) 参照）。インクボトル型メソ孔をもつメソポーラス TiO_2 膜に対する TiO_2 の ALD および HfO_2 の ALD でも同様な結果が得られている [86,149]。

Dendooven et al. は，平均孔径が約 1 nm のマイクロポーラスシリカ膜内部へのコンフォーマルコーティングについても調べている [81]。TDMAT 分子は分子径が約 0.7 nm で，これらの膜がもつマイクロ孔になんとか進入することができる（**図 1.22** (a) 参照）。1 回の ALD サイクルにつき，参照用の平面基板への堆積に比べてほぼ 18 倍の Ti 原子がマイクロポーラス膜に堆積した（図 1.22 (b) 参照）。ALD サイクルにつれて堆積する Ti 量の勾配が緩くなるが，これは，マイクロ孔の孔径が TiO_2 堆積ごとに狭くなり，1〜3 回の堆積で TDMAT 分子が通過できなくなるためである。

この系統的研究により，低メソポーラス領域およびマイクロポーラス領域の直径をもつ溝型の空隙およびインクボトル型空隙へのコンフォーマルコーティングが可能であることが明確に

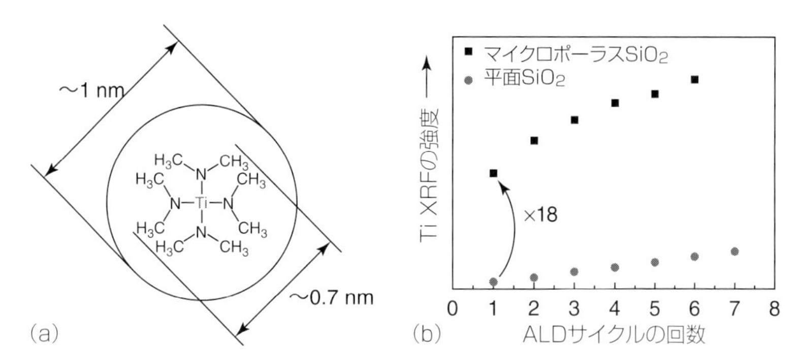

図 1.22　多孔度が約 40%で厚みが約 80 nm のマイクロポーラスシリカ薄膜での TiO_2 ALD。(a) TDMAT 分子と孔の平均サイズの比較。(b) マイクロポーラス SiO_2 膜および平面 SiO_2 基板について測定された，ALD サイクルの回数に対する Ti XRF 強度のプロット。

示され，また，多孔質材料へのコンフォーマルコーティングおよび孔サイズにおける分子サイズでのチューニングを実施するうえで ALD が理想的な適合性をもつことが明瞭に示された。

参照文献

1 George, S.M.（2010）*Chem. Rev.*, **110**, 111－131.
2 Leskelä, M., Ritala, M., and Nilsen, O.（2011）*MRS Bull.*, **36**, 877－884.
3 Puurunen, R.L.（2005）*J. Appl. Phys.*, **97**, 121301.
4 Miikkulainen, V., Leskelä, M., Ritala, M., and Puurunen, R.L.（2013）*J. Appl. Phys.*, **113**, 021301.
5 Detavernier, C., Dendooven, J., Sree, S.P., Ludwig, K.F., and Martens, J.A.（2011）*Chem. Soc. Rev.*, **40**, 5242－5253.
6 Park, M.H., Jang, Y.J., Sung-Suh, H.M., and Sung, M.M.（2004）*Langmuir*, **20**, 2257－2260.
7 Chen, R., Kim, H., McIntyre, P.C., Porter, D.W., and Bent, S.F.（2005）*Appl. Phys. Lett.*, **86**, 191910.
8 Chen, R. and Bent, S.F.（2006）*Adv. Mater.*, **18**, 1086.
9 Sinha, A., Hess, D.W., and Henderson, C.L.（2006）*J. Electrochem. Soc.*, **153**, G465－G469.
10 Farm, E., Kemell, M., Ritala, M., and Leskelä, M.（2008）*J. Phys. Chem. C*, **112**, 15791－15795.
11 Mackus, A.J.M., Mulders, J.J.L., van de Sanden, M.C.M., and Kessels, W.M.M.（2010）*J. Appl. Phys.*, **107**, 116102.
12 Lee, W., Dasgupta, N.P., Trejo, O., Lee, J.-R., Hwang, J., Usui, T., and Prinz, F.B.（2010）*Langmuir*, **26**, 6845－6852.
13 Kim, W.-H., Lee, H.-B.-R., Heo, K., Lee, Y.K., Chung, T.-M., Kim, C.G., Hong, S., Heo, J., and Kim, H.（2011）*J. Electrochem. Soc.*, **158**, D1－D5.
14 Okuyama, Y., Barelli, C., Tousseau, C., Park, S., and Senzaki, Y.（2005）*J. Vac. Sci. Technol., A*, **23**, L1－L3.
15 Granneman, E., Fischer, P., Pierreux, D., Terhorst, H., and Zagwijn, P.（2007）*Surf. Coat. Technol.*, **201**, 8899－8907.
16 Poodt, P., Cameron, D.C., Dickey, E., George, S.M., Kuznetsov, V., Parsons, G.N., Roozeboom, F., Sundaram, G., and Vermeer, A.（2012）*J. Vac. Sci. Technol., A*, **30**, 010802.
17 Knez, M., Nielsch, K., and Niinistö, L.（2007）*Adv. Mater.*, **19**, 3425－3438.
18 Kim, H., Lee, H.-B.-R., and Maeng, W.-J.（2009）*Thin Solid Films*, **517**, 2563－2580.
19 Bae, C., Shin, H., and Nielsch, K.（2011）*MRS Bull.*, **36**, 877－884.
20 Elam, J.W., Dasgupta, N.P., and Prinz, F.B.（2011）*MRS Bull.*, **36**, 899－906.
21 Marichy, C., Bechelany, M., and Pinna, N.（2012）*Adv. Mater.*, **24**, 1017－1032.
22 Elam, J.W., Routkevitch, D., Mardilovich, P.P., and George, S.M.（2003）*Chem. Mater.*, **15**, 3507－3517.
23 Perez, I., Robertson, E., Banerjee, P., Henn-Lecordier, L., Son, S.J., Lee, S.B., and Rubloff, G.W.（2008）*Small*, **4**, 1223－1232.
24 Banerjee, P., Perez, I., Henn-Lecordier, L., Lee, S.B., and Rubloff, G.W.（2009）*Nat. Nanotechnol.*, **4**, 292－296.
25 Kucheyev, S.O., Biener, J., Wang, Y.M., Baumann, T.F., Wu, K.J., van Buuren, T., Hamza, A.V., Satcher, J.H., Elam, J.W., and Pellin, M.J.（2005）*Appl. Phys. Lett.*, **86**, 083108.
26 Elam, J.W., Libera, J.A., Pellin, M.J., Zinovev, A.V., Greene, J.P., and Nolen, J.A.（2006）*Appl. Phys. Lett.*, **89**,

053124.
27 Biener, J., Baumann, T.F., Wang, Y., Nelson, E.J., Kucheyev, S.O., Hamza, A.V., Kemell, M., Ritala, M., and Leskelä, M. (2007) *Nanotechnology*, **18**, 055303.
28 Ghosal, S., Baumann, T.F., King, J.S., Kucheyev, S.O., Wang, Y., Worsley, M.A., Biener, J., Bent, S.F., and Hamza, A.V. (2009) *Chem. Mater.*, **21**, 1989–1992.
29 Hakim, L.F., George, S.M., and Weimer, A.W. (2005) *Nanotechnology*, **16**, S375–S381.
30 King, D.M., Spencer, J.A. II, Liang, X., Hakim, L.F., and Weimer, A.W. (2007) *Surf. Coat. Technol.*, **201**, 9163–9171.
31 Hakim, L.F., Vaughn, C.L., Dunsheath, H.J., Carney, C.S., Liang, X., Li, P., and Weimer, A.W. (2007) *Nanotechnology*, **18**, 345603.
32 King, D.M., Liang, X., Zhou, Y., Carney, C.S., Hakim, L.F., Li, P., and Weimer, A.W. (2008) *Powder Technol.*, **183**, 356–363.
33 Zhou, Y., King, D.M., Li, J., Barrett, K.S., Goldfarb, R.B., and Weimer, A.W. (2010) *Ind. Eng. Chem. Res.*, **49**, 6964–6971.
34 Longrie, D., Deduytsche, D., and Detavernier, C. (2014) *J. Vac. Sci. Technol., A*, **32**, 010802.
35 Min, B., Lee, J., Hwang, J., Keem, K., Kang, M., Cho, K., Sung, M., Kim, S., Lee, M.-S., Park, S., and Moon, J. (2003) *J. Cryst. Growth*, **252**, 565–569.
36 Kang, M., Lee, J.-S., Sim, S.-K., Min, B., Cho, K., Kim, H., Sung, M.-Y., Kim, S., Song, S.A., and Lee, M.-S. (2004) *Thin Solid Films*, **466**, 265–271.
37 Fan, H.J., Knez, M., Scholz, R., Nielsch, K., Pippel, E., Hesse, D., Zacharias, M., and Gösele, U. (2006) *Nat. Mater.*, **5**, 627–631.
38 Law, M., Greene, L.E., Radenovic, A., Kuykendall, T., Liphardt, J., and Yang, P. (2006) *J. Phys. Chem. B*, **110**, 22652–22663.
39 Peng, Q., Sun, X.-Y., Spagnola, J.C., Hyde, G.K., Spontak, R.J., and Parsons, G.N. (2007) *Nano Lett.*, **7**, 719–722.
40 Hyde, G.K., Park, K.J., Stewart, S.M., Hinestroza, J.P., and Parsons, G.N. (2007) *Langmuir*, **23**, 9844–9849.
41 Lee, S.-M., Pippel, E., Gösele, U., Dresbach, C., Qin, Y., Chandran, C.V., Brauniger, T., Hause, G., and Knez, M. (2009) *Science*, **324**, 488–492.
42 Roth, K.M., Roberts, K.G., and Hyde, G.K. (2010) *Text. Res. J.*, **80**, 1970–1981.
43 Figure courtesy of A. Delabie, private communication.
44 Dendooven, J., Ramachandran, R.K., Devloo-Casier, K., Rampelberg, G., Filez, M., Poelman, H., Marin, G.B., Fonda, E., and Detavernier, C. (2013) *J. Phys. Chem. C*, **117**, 20557–20561.
45 George, S.M., Ott, A.W., and Klaus, J.W. (1996) *J. Phys. Chem.*, **100**, 13121.
46 Profijt, H.B., Potts, S.E., van de Sanden, M.C.M., and Kessels, W.M.M. (2011) *J. Vac. Sci. Technol., A*, **29**, 050801.
47 Profijt, H.B., Kudlacek, P., van de Sanden, M.C.M., and Kessels, W.M.M. (2011) *J. Electrochem. Soc.*, **158**, G88–G91.
48 Kariniemi, M., Niinistö, J., Vehkamäki, M., Kemell, M., Ritala, M., Leskelä, M., and Putkonen, M. (2012) *J. Vac. Sci. Technol., A*, **30**, 01A115.
49 Potts, S.E., Keuning, W., Langereis, E., Dingemans, G., van de Sanden, M.C.M., and Kessels, W.M.M. (2010) *J. Electrochem. Soc.*, **157**, P66–P74.
50 Heil, S.B.S., van Hemmen, J.L., van de Sanden, M.C.M., and Kessels, W.M.M. (2008) *J. Appl. Phys.*, **103**, 103302.
51 Rai, V.R., Vandalon, V., and Agarwal, S. (2010) *Langmuir*, **26**, 13732–13735.
52 Rai, V.R. and Agarwal, S. (2009) *J. Phys. Chem. C*, **113**, 12962–12965.
53 Kim, H. and Rossnagel, S.M. (2002) *J. Vac. Sci. Technol., A*, **20**, 802–808.
54 Musschoot, J., Deduytsche, D., Poelman, H., Haemers, J., Van Meirhaeghe, R.L., Van den Berghe, S., and Detavernier, C. (2009) *J. Electrochem. Soc.*, **156**, P122–P126.
55 Sauerbrey, G. (1959) *Z. Angew. Phys.*, **155**, 206–222.
56 Ballantine, D.S. (1997) *Acoustic Wave Sensors*, Academic Press.
57 Elam, J.W., Groner, M.D., and George, S.M. (2002) *Rev. Sci. Instrum.*, **73**, 2981.
58 Rocklein, M.N. and George, S.M. (2003) *Anal. Chem.*, **75**, 4975–4982.
59 Paul, W. and Steinwedel, H. (1953) *Z. Naturforsch.*, **80**, 448.
60 Dawson, P. (1976) *Quadrupole Mass Spectrometry*, Elsevier, Amsterdam.
61 Ritala, M., Juppo, M., Kukli, K., Rahtu, A., and Leskelä, M. (1999) *J. Phys. IV*, **9**, 8.
62 Juppo, M., Rahtu, A., Ritala, M., and Leskelä, M. (2000) *Langmuir*, 16, 4034–4039.
63 Henn-Lecordier, L., Lei, W., Anderle, M., and Rubloff, G.W. (2007) *J. Vac. Sci. Technol., B*, **25**, 130–139.
64 Fujiwara, H. (2007) *Spectroscopic Ellipsometry-Principles and Applications*, Wiley.

65 Langereis, E., Heil, S.B.S., Knoops, H.C.M., Keuning, W., van de Sanden, M.C.M., and Kessels, W.M.M. (2009) *J. Phys. D: Appl. Phys.*, **42**, 073001.
66 Chabal, Y.J. (1988) *Surf. Sci. Rep.*, **8**, 211－357.
67 Dillon, A.C., Ott, A.W., Way, J.D., and George, S.M. (1995) *Surf. Sci.*, **322**, 230.
68 Kwon, J., Dai, M., Halls, M.D., Langereis, E., Chabal, Y.J., and Gordon, R.G. (2009) *J. Phys. Chem. C*, **113**, 654.
69 Goldstein, D.N., Mccormick, J.A., and George, S.M. (2008) *J. Phys. Chem.*, **112**, 19530－19539.
70 Rai, V.R. and Agarwal, S. (2012) *J. Vac. Sci. Technol., A*, **30**, 01A158.
71 Sperling, B., Kimes, W., and Maslar, J.E. (2010) *Appl. Surf. Sci.*, **256**, 5035－5041.
72 Mackus, A.J.M., Heil, S.B.S., Langereis, E., Knoops, H.C.M., van de Sanden, M.C.M., and Kessels, W.M.M. (2010) *J. Vac. Sci. Technol., A*, **28**, 77－87.
73 Bankras, R., Holleman, J., Schmitz, J., Sturm, M., Zinine, A., Wormeester, H., and Poelsema, B. (2006) *Chem. Vap. Deposition*, **12**, 275－279.
74 Nilsen, O. and Fjellvåg, H. (2011) *J. Therm. Anal. Calorim.*, **105**, 33－37.
75 Schuisky, M., Elam, J.W., and George, S.M. (2002) *Appl. Phys. Lett.*, **81**, 180－182.
76 Koukitu, A., Kumagai, T., Taki, T., and Seki, H. (1999) *Jpn. J. Appl. Phys.*, **38**, 4980－4982.
77 Rosental, A., Adamson, P., Gerst, A., and Niilisk, A. (1996) *Appl. Surf. Sci.*, **107**, 178－183.
78 Berland, B.S., Gartland, I.P., Ott, A.W., and George, S.M. (1998) *Chem. Mater.*, **10**, 3941－3950.
79 Dendooven, J., Devloo-Casier, K., Levrau, E., Van Hove, R., Sree, S.P., Baklanov, M.R., Martens, J.A., and Detavernier, C. (2012) *Langmuir*, **28**, 3852.
80 Devloo-Casier, K., Ludwig, K.F., Detavernier, C., and Dendooven, J. (2014) *J. Vac. Sci. Technol., A*, **32**, 010801.
81 Dendooven, J., Pulinthanathu Sree, S., De Keyser, K., Deduytsche, D., Martens, J.A., Ludwig, K.F., and Detavernier, C. (2011) *J. Phys. Chem. C*, **115**, 6605.
82 Fong, D.D., Eastman, J.A., Kim, S.K., Fister, T.T., Highland, M.J., Baldo, P.M., and Fuoss, P.H. (2010) *Appl. Phys. Lett.*, **97**, 191904.
83 Setthapun, W., Williams, W.D., Kim, S.M., Feng, H., Elam, J.W., Rabuffetti, F.A., Poeppelmeier, K.R., Stair, P.C., Stach, E.A., Ribeiro, F.H., Miller, J.T., and Marshall, C.L. (2010) *J. Phys. Chem. C*, **114**, 9758－9771.
84 Filez, M., Poelman, H., Ramachandran, R.K., Dendooven, J., Devloo-Casier, K., Fonda, E., Detavernier, C., and Marin, G.B. (2014) *Catal. Today*, **229**, 2－13.
85 Devloo-Casier, K., Dendooven, J., Ludwig, K.F., Lekens, G., D' Haen, J., and Detavernier, C. (2011) *Appl. Phys. Lett.*, **98**, 231905.
86 Dendooven, J., Devloo-Casier, K., Ide, M., Grandfield, K., Kurttepeli, M., Ludwig, K.F., Bals, S., Van Der Voort, P., and Detaverniera, C. (2014) *Nanoscale*, **6**, 14991－14998.
87 Dücsö, C., Khanh, N.Q., Horvath, Z., Barsony, I., Utriainen, M., Lehto, S., Nieminen, M., and Niinistö, L. (1996) *J. Electrochem. Soc.*, **143**, 683－687.
88 Ott, A.W., Klaus, J.W., Johnson, J.M., George, S.M., McCarley, K.C., and Way, J.D. (1997) *Chem. Mater.*, **9**, 707－714.
89 Ritala, M., Leskelä, M., Dekker, J.-P., Mutsaers, C., Soininen, P.J., and Skarp, J. (1999) *Chem. Vap. Deposition*, **5**, 7－9.
90 Hämäläinen, J., Munnik, F., Ritala, M., and Leskelä, M. (2008) *Chem. Mater.*, **20**, 6840－6846.
91 Diskus, M., Nilsen, O., and Fjellvåg, H. (2011) *Chem. Vap. Deposition*, **17**, 135－140.
92 Masuda, H. and Satoh, M. (1996) *Jpn. J. Appl. Phys., Part 2*, **35**, L126－L129.
93 Thompson, G.E. (1997) *Thin Solid Films*, **297**, 192－201.
94 Jessensky, O., Muller, F., and Gösele, U. (1998) *Appl. Phys. Lett.*, **72**, 1173－1175.
95 Elam, J.W., Libera, J.A., Pellin, M.J., and Stair, P.C. (2007) *Appl. Phys. Lett.*, **91**, 243105.
96 Becker, J.S., Suh, S., Wang, S.L., and Gordon, R.G. (2003) *Chem. Mater.*, **15**, 2969－2976.
97 Dendooven, J., Deduytsche, D., Musschoot, J., Vanmeirhaeghe, R.L., and Detavernier, C. (2009) *J. Electrochem. Soc.*, **156**, P63－P67.
98 Dendooven, J., Deduytsche, D., Musschoot, J., Vanmeirhaeghe, R.L., and Detavernier, C. (2010) *J. Electrochem. Soc.*, **157**, G111－G116.
99 Musschoot, J., Dendooven, J., Deduytsche, D., Haemers, J., Buyle, G., and Detavernier, C. (2012) *Surf. Coat. Technol.*, **206**, 4511－4517.
100 Gao, F., Arpiainen, S., and Puurunen, R.L. (2015) *J. Vac. Sci. Technol., A*, **33**, 010601.
101 Gordon, R.G., Hausmann, D., Kim, E., and Shepard, J. (2003) *Chem. Vap. Deposition*, **9**, 73－78.
102 Gordon, R. G. (2008) *Step Coverage by ALD Films: Theory and Examples of Ideal and Non-ideal Reactions.* Presented at the AVS Topical Conference on ALD, Bruges, Belgium, June 29-July 2.

103 Knudsen, M. (1909) *Ann. Phys.*, **333**, 75–130.
104 In, S.R. (1998) *J. Vac. Sci. Technol., A*, **16**, 3495–3501.
105 Dendooven, J., Musschoot, J., Deduytsche, D., Vanmeirhaeghe, R., and Detavernier, C. (2008) *Conformality of Thermal and Plasma Enhanced ALD*. Presented at the AVS Topical Conference on ALD, Bruges, Belgium, June 29-July 2.
106 Knoops, H.C.M., Langereis, E., van de Sanden, M.C.M., and Kessels, W.M.M. (2010) *J. Electrochem. Soc.*, **157**, G241–G249.
107 Macko, P., Veis, P., and Cernogora, G. (2004) *Plasma Sources Sci. Technol.*, **13**, 251–262.
108 Adams, S.F. and Miller, T.A. (2000) *Plasma Sources Sci. Technol.*, **9**, 248–255.
109 Cvelbar, U., Mozetic, M., and Ricard, A. (2005) *IEEE Trans. Plasma Sci.*, **33**, 834–837.
110 Tserepi, A.D. and Miller, T.A. (1994) *J. Appl. Phys.*, **75**, 7231–7236.
111 Gomez, S., Steen, P.G., and Graham, W.G. (2002) *Appl. Phys. Lett.*, **81**, 19–21.
112 Kim, Y.C. and Boudart, M. (1991) *Langmuir*, **7**, 2999–3005.
113 Cartry, G., Duten, X., and Rousseau, A. (2006) *Plasma Sources Sci. Technol.*, **15**, 479–488.
114 Guyon, C., Cavadias, S., Mabille, I., Moscosa-Santillan, M., and Amouroux, J. (2004) *Catal. Today*, **89**, 159–167.
115 Wood, B.J. and Wise, H. (1961) *J. Phys. Chem.*, **65**, 1976.
116 van Hemmen, J.L., Heil, S.B.S., Klootwijk, J.H., Roozeboom, F., Hodson, C.J., van de Sanden, M.C.M., and Kessels, W.M.M. (2007) *J. Electrochem. Soc.*, **154**, G165–G169.
117 Dingemans, G., van Helvoirt, C.A.A., Pierreux, D., Keuning, W., and Kessels, W.M.M. (2012) *J. Electrochem. Soc.*, **159**, H277–H285.
118 Kubala, N.G., Rowlette, P.C., and Wolden, C.A. (2009) *J. Phys. Chem. C*, **113**, 16307–16310.
119 van den Oever, P.J., van Helden, J.H., Lamers, C.C.H., Engeln, R., Schram, D.C., van de Sanden, M.C.M., and Kessels, W.M.M. (2005) *J. Appl. Phys.*, **98**, 093301.
120 Shin, H.J., Jeong, D.K., Lee, J.G., Sung, M.M., and Kim, J.Y. (2004) *Adv. Mater.*, **16**, 1197.
121 Daub, M., Knez, M., Gösele, U., and Nielsch, K. (2007) *J. Appl. Phys.*, **101**, 09J111.
122 Gu, D., Baumgart, H., Abdel-Fattah, T.M., and Namkoong, G. (2010) *ACS Nano*, **4**, 753–758.
123 Sander, M.S., Cote, M.J., Gu, W., Kile, B.M., and Tripp, C.P. (2004) *Adv. Mater.*, **16**, 2052.
124 Yang, C.-J., Wang, S.-M., Liang, S.-W., Chang, Y.-H., Chen, C., and Shieh, J.-M. (2007) *Appl. Phys. Lett.*, **90**, 033104.
125 Kim, W.-H., Park, S.-J., Son, J.-Y., and Kim, H. (2008) *Nanotechnology*, **19**, 045302.
126 Chong, Y.T., Goerlitz, D., Martens, S., Yau, M.Y.E., Allende, S., Bachmann, J., and Nielsch, K. (2010) *Adv. Mater.*, **22**, 2435.
127 Bae, C., Yoon, Y., Yoo, H., Han, D., Cho, J., Lee, B.H., Sung, M.M., Lee, M., Kim, J., and Shin, H. (2009) *Chem. Mater.*, **21**, 2574–2576.
128 Kemell, M., Pore, V., Tupala, J., Ritala, M., and Leskelä, M. (2007) *Chem. Mater.*, **19**, 1816–1820.
129 Ng, C.J.W., Gao, H., and Tan, T.T.Y. (2008) *Nanotechnology*, **19**, 445604.
130 Liang, Y.-C., Wang, C.-C., Kei, C.-C., Hsueh, Y.-C., Cho, W.-H., and Perng, T.-P. (2011) *J. Phys. Chem. C*, **115**, 9498–9502.
131 Rugge, A., Becker, J.S., Gordon, R.G., and Tolbert, S.H. (2003) *Nano Lett.*, **3**, 1293–1297.
132 King, J.S., Graugnard, E., and Summers, C.J. (2005) *Adv. Mater.*, **17**, 1010.
133 King, J.S., Heineman, D., Graugnard, E., and Summers, C.J. (2005) *Appl. Surf. Sci.*, **244**, 511–516.
134 Graugnard, E., Chawla, V., Lorang, D., and Summers, C.J. (2006) *Appl. Phys. Lett.*, **89**, 211102.
135 Sechrist, Z.A., Schwartz, B.T., Lee, J.H., McCormick, J.A., Piestun, R., Park, W., and George, S.M. (2006) *Chem. Mater.*, **18**, 3562–3570.
136 Povey, I.M., Bardosova, M., Chalvet, F., Pemble, M.E., and Yates, H.M. (2007) *Surf. Coat. Technol.*, **201**, 9345–9348.
137 Hwang, D.-K., Noh, H., Cao, H., and Chang, R.P.H. (2009) *Appl. Phys. Lett.*, **95**, 091101.
138 Karuturi, S.K., Liu, L., Su, L.T., Zhao, Y., Fan, H.J., Ge, X., He, S., and Yoong, A.T.I. (2010) *J. Phys. Chem. C*, **114**, 14843–14848.
139 Cameron, M.A., Gartland, I.P., Smith, J.A., Diaz, S.F., and George, S.M. (2000) *Langmuir*, **16**, 7435–7444.
140 Pan, M., Cooper, C., Lin, Y., and Meng, G. (1999) *J. Membr. Sci.*, **158**, 235–241.
141 Cooper, C.A. and Lin, Y.S. (2002) *J. Membr. Sci.*, 195, 35–50.
142 McCool, B.A. and DeSisto, W.J. (2004) *Chem. Vap. Deposition*, **10**, 190.
143 McCool, B.A. and DeSisto, W.J. (2004) *Ind. Eng. Chem. Res.*, **43**, 2478–2484.
144 Schuring, D. (2002) Diffusion in zeolites: Towards a microscopic understanding, PhD thesis. Eindhoven University

of Technology.

145 Velleman, L., Triani, G., Evans, P.J., Shapter, J.G., and Losic, D.（2009）*Microporous Mesoporous Mater.*, **126**, 87–94.

146 Chen, Z., Jiang, Y., Dunphy, D.R., Adams, D.P., Hodges, C., Liu, N., Zhang, N., Xomeritakis, G., Jin, X., Aluru, N.R., Gaik, S.J., Hillhouse, H.W., and Brinker, C.J.（2010）*Nat. Mater.*, **9**, 667–675.

147 Dendooven, J., Pulinthanathu Sree, S., De Keyser, K., Deduytsche, D., Martens, J.A., Ludwig, K.F., and Detavernier, C.（2011）*J. Phys. Chem. C*, **115**, 6605–6610.

148 Davie, M.E., Foerster, T., Parsons, S., Pulham, C., Rankin, D.W.H., and Smart, B.A.（2006）*Polyhedron*, **25**, 923–929.

149 Dendooven, J., Goris, B., Devloo-Casier, K., Levrau, E., Biermans, E., Baklanov, M.R., Ludwig, K.F., Van Der Voort, P., Bals, S., and Detavernier, C.（2012）*Chem. Mater.*, **24**, 1992–1994.

第２編

光電効果材料におけるALD

第2章 Si太陽電池のパッシベーションに用いる原子層堆積

Bart Macco, Bas W. H. van de Loo, and Wilhelmus M. M. Kessels *

2.1 高効率Si結晶太陽電池入門

現在，結晶シリコン（Si）太陽電池は1年当たり43 GWP（ギガワットピーク）のペースで大量生産されていて，90％以上のシェアのもとで太陽光発電市場を独占している[1]。他の太陽電池テクノロジーを抑えてSi太陽電池が成功した背後には，費用有効性における止むことのない改善がある。事実，現在の太陽光発電でトータルコストに主要な寄与をしているのは太陽電池自体ではない[1]。そのため，太陽光発電のさらなるコスト削減ではより優れた変換率の実現がおもな駆動力になっている。大部分の半導体デバイスと同じくSi太陽電池でも，デバイス性能を最適化してより高い変換効率を得るうえで境界面の精密な制御が鍵になる。たとえば，Al_2O_3の薄いパッシベーション層によってSiの界面欠陥密度を減らすことでSi太陽電池の効率を有意に増大させることができる。まさにこの用途の上で，Si太陽電池への原子層堆積（ALD）がもつ能力が2000年に初めて明らかにされた[2]。高スループットのALDリアクターが新規に開発されたことにより，Si太陽電池の大量生産への道が，Al_2O_3のALDによって開かれた。現在，ALDによって成膜されたAl_2O_3ナノ膜のおかげで市販太陽電池の変換効率が～1％増大し，また，実験室スケールでは当時の最高効率の25％をもつ太陽電池に組み込まれた[3]。より広い括りでは，Al_2O_3のALDの成功に触発されてさまざまな市販太陽電池に別途の機能性膜層を形成するためのALD探索が始められた。たとえば，透明導電性酸化物膜（TCO）の堆積にALDが使われている。TCOには透明性と導電性が同時に求められるため，高い電子移動度をもたせなければならない。138 $cm^2 V^{-1}s^{-1}$という記録的に高い電子移動度をもつALD TCO材料が実現したことから分かるように[4]，そのような膜の堆積にもALDが好適である。

ALDによって新規の高効率Si太陽電池が可能になることをこの章で示すが，それが実現するもとは，高い材料品質，精密な厚み制御，そして優れた制御性で薄膜スタックを形成することが可能になるというユニークな利点にある。この節の残りの部分ではSi太陽電池の分野を

* *Eindhoven University of Technology, Department of Applied Physics, De Rondom 1, Building TNO, 5612 AP, Eindhoven, The Netherlands*
本章の執筆ではMaccoとvan de Looが等しい寄与をした。

Atomic Layer Deposition in Energy Conversion Applications, First Edition. Edited by Julien Bachmann.

概観し，各コンセプトについて現時点および将来的な視点でALDが果たし得る役割を議論する。

端的にいえば，太陽電池では，光吸収によって半導体内部に過剰に生成する電子と正孔を別々に電極から取り出すときに電力が得られる。この取り出しを可能にするためには，2タイプの電極，すなわち，電子だけを選択的に取り出す電極と，正孔だけを選択的に取り出す電極が必要である。通常，そのキャリヤ選択型接合を形成するときに作られるジャンクション（接合部）のタイプによってSi太陽電池が分類される。Si太陽電池で最も一般的なコンセプトの概要がその分類に基づいて**図2.1**に示してある。それぞれのコンセプトについてもう少し詳しく記すと次のようになる※。最初の部類の太陽電池はホモ接合型で，Si結晶のドーピングによる作り分けで強いn型になっている部位と強いp型になっている部位（n^+ Si，p^+ Siと呼ばれる）で構成される（産業界ではこのタイプが広汎に使われている）。これにより，n^+ Siにつながる金属電極とp^+ Siにつながる金属電極からそれぞれ電子と正孔が選択的に取り出される。Siと他の材料の接合がヘテロ接合で，このタイプの接合も電荷キャリヤ選択性を得るために使われる。興味深いことに，ホモ接合をもつタイプの太陽電池，ヘテロ接合をもつタイプの太陽電池，および両方のタイプの接合をもつ太陽電池のいずれについても実験室段階では25%を超える変換効率が記録されている[3,5〜8]。これらは，Si太陽電池に対して予測されている限界値29.34%[9]に近い値だが，工場における大量生産でより高い費用効果を達成するための研究努力が現在も続けられている。

2.1.1　Siホモ接合太陽電池を作るときのALD

現在の太陽光発電産業の主役はアルミニウム裏面電界構造をもつ太陽電池（Al-BSF（aluminum back-surface field）太陽電池）で，p型シリコンをベースにしている（図2.1参照）。典型的な変換効率が19〜20%と中程度の値をもち，きわめて優れた費用効果での生産が可能である。デバイスの前面にはn^+ Si領域があって（便宜的に“エミッタ”と呼ばれる）電子を選択的に引き出す前面コンタクトを構成する。さらに，それらn^+ Siが横方向電気伝導路にもなって電子を前面コンタクトグリッドに導く。二つの金属接点の間には通常反射防止膜（ARC）として非晶質の窒化シリコン水素化物a-SiN_x:H（SiN_xとも表される）層が設けられている。SiN_xがSi表面での電子–正孔再結合を減らすので，この被膜は表面パッシベーションとも呼ばれる。表面パッシベーションは高い開回路電圧V_{oc}を得て高効率太陽電池を達成するうえでも重要である。Al-BSF太陽電池の背面全体は，スクリーン印刷されたAlに対して行う800℃での“高温焼成”ステップによって（部分的に）シリコンとの合金化が施される。Al接点，Alドープ（p^+型）Si，および正孔選択型接点がこれによって作られる。Al-BSFのコンセプトではALDを使う堆積層形成を行わない。

これより進んでいて現在も工業的に行われて高い変換効率が得られるコンセプトは，PERC

※訳注：太陽電池の分類にはさまざまなものがあるようで，たとえば（国研）産業技術総合研究所太陽光発電センターのホームページ（https://unit.aist.go.jp/rcpv/ci/about_pv/types/groups.html）には違うものが記されている。

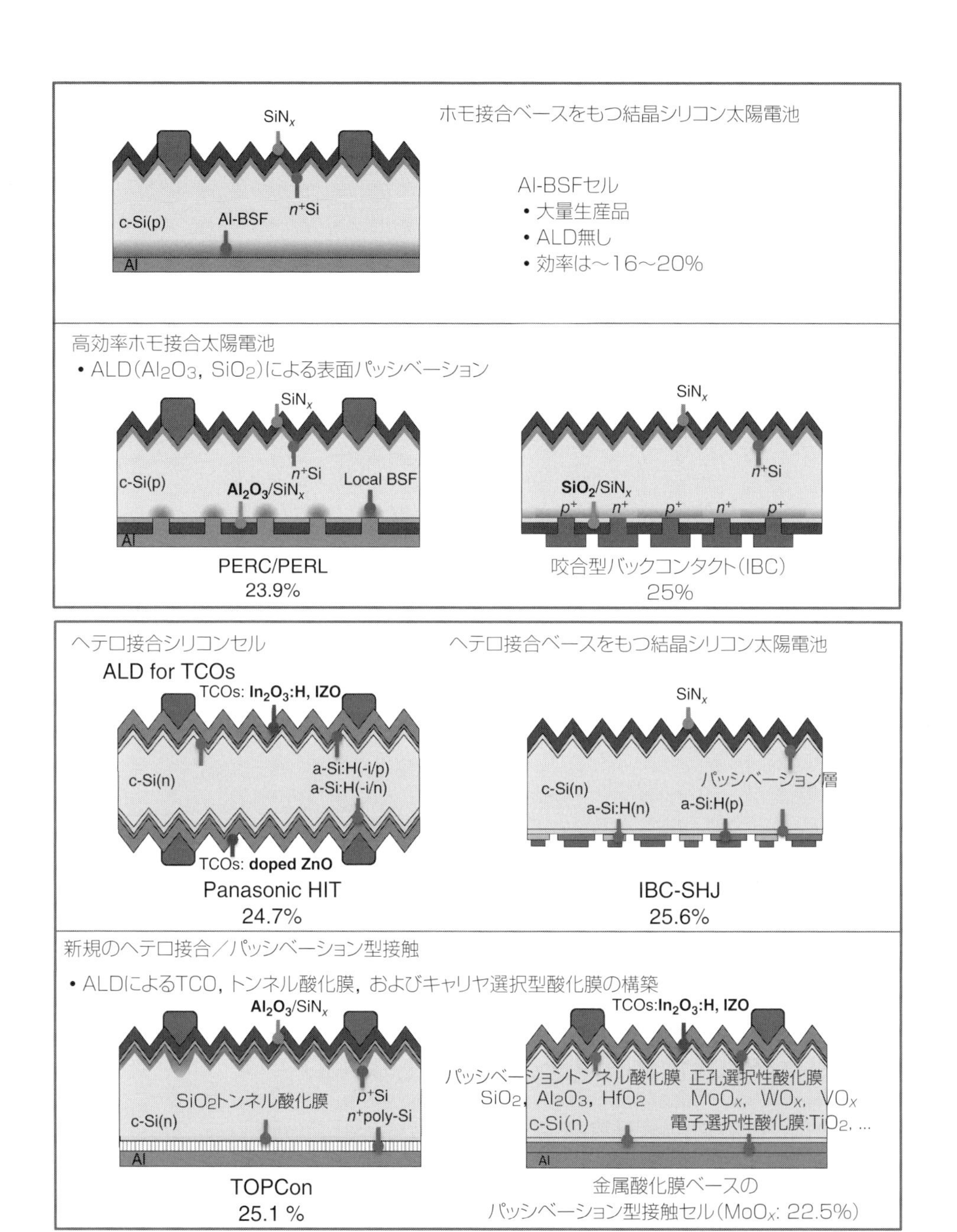

図 2.1　異なるコンセプトで作られるシリコン太陽電池の比較：構造と現時点の最大効率（2016 年 1 月）。工業生産品では効率が上記より数%低くなることに注意しよう。これらのデバイスはホモ接合型とヘテロ接合型に分類することができる。ALD 法によって作ることができる機能性薄膜が太線で示してある。（口絵参照）

(Passivated Emitter Rear Contact) 太陽電池と呼ばれるものである。(Al-BSF 電池のように) 全面にAl を使うのをやめて，背面で局所的 Al 接合を使う。このようにして接合の間の Si 表面が薄膜によるパッシベーションを受け，電荷キャリヤの再結合が少なくなって変換効率が増大する。低ドープ p 型 Si 背面のパッシベーションに際して Al_2O_3 の ALD がきわめて有効なことが過去 10 年間に証明された。そして，太陽電池生産における実装での ALD の前途をこの応用が開いた。

高い変換効率を得るためには，Si 背面での電荷キャリヤ再結合を少なくするだけではなくSi バルク中の欠陥を介した再結合も最小化しなければならない。たとえば，低コストだが粒子界面に欠陥が存在する多結晶 Si ウェーハを使わないでより高価な単結晶 Si ウェーハを使う方法がある。さらに，一般的に使われている p 型 Si ウェーハに代えて，B-O (ホウ素-酸素) 欠陥が存在しないなどによりバルク材料の品質が一般的に優れている n 型 Si ウェーハを使うこともできる。よって，高効率セグメントにおける位置取りでは n 型太陽電池というコンセプトが (p 型) PERC コンセプトと競合する。n 型 Si に基づく太陽電池の大部分は Si 前面の全体にわたる p 型ドーピングを必要とする (図 2.1 に示してあるのはこのような太陽電池である)。このアプローチは難しいと長い間考えられてきたが，理由の一半は p^+ シリコンに対して適切なパッシベーション方式が無かったことにある。ところが，ALD 法で成膜した Al_2O_3 によりこれら p^+ シリコン表面のパッシベーションにブレイクスルーが起こって，当時の時点では高い値である 23.8% の太陽電池変換効率が得られた [10]。

最後になるが，相互嵌合 (interdigitated) バックコンタクト (IBC) 太陽電池というコンセプトを使えば [6]，他より加工段階が多いことが代償になるが原理的にはさらに高い効率が得られる。IBC コンセプトでは，前面の金属化によって不可避的に生じる吸収と反射を避けるために電子選択性接点と正孔選択性接点を背面に設ける。さらに，IBC 太陽電池においては，たとえば太陽電池の背面の n^+ Si 表面または p^+ Si 表面に存在する欠陥を同時にパッシベーションするための ALD 層が研究されている [11]。

2.1.2　Si ヘテロ接合太陽電池を作るときの ALD

パナソニック㈱ (前身の三洋電機) が開発に成功した太陽電池は劇的に違う設計で，内部薄層 (intrinsic thin layer) によるヘテロ接合 (Heterojunction with Intrinsic Thin－layer, HIT)，すなわち内部薄層ヘテロ接合でできていて [12]，そのコンセプトはシリコンヘテロ接合 (SHJ) コンセプトと通称される。この太陽電池では Si 表面のパッシベーションと電荷キャリヤ抽出に際する選択性の達成にそれぞれ内部の水素化アモルファス層すなわち Si (a-Si:H) 層とドーピングを受けた真性 (intrinsic) Si (a-Si:H) 層が使われている。通常の Si ホモ接合太陽電池では，金属グリッドに向けた過剰電荷キャリヤの横方向伝導が高ドープ領域を経由する。ところが，SHJ 太陽電池にはそのような領域が存在しないので両サイドの TCO (透明導電性酸化物) が使われる。事実，ALD で成膜された TCO は，SHJ 電池が製作に関して求める厳しい要請 (たとえば 200℃以下という低い処理温度とソフトな堆積) を満足すると同時に材料の品質に対する厳しい条件 (たとえば高い導電度と透明度および適切な仕事関数) も満足することが可能である。高い可能性をもつとはいえ，大量生産においてこの目的への ALD の実装はまだ行われていない。ただし，工業的 ALD 反応器における TCO の堆積はすでに達成されている［13］。

通常の SHJ 太陽電池の最大効率（25.1％［14］）と Si 太陽電池の基本的限界効率（29.4％［9］）の相違は，その一部が前面の a-Si:H 層および TCO による寄生吸収または寄生反射によって生じる。この不一致はいくつかの方法で克服することができて，たとえば IBC-SHJ コンセプトを使うと前面には TCO が不必要であり，また，a-Si: 層は背面だけに使えばよい。このやりかたにより，シリコン太陽電池の効率の世界記録である 25.6％が Panasonic によって達成された［7］。

2.1.3　新規のパッシベーション接合と ALD

プロセス温度に限界があって大量生産における難問になり得るため，そして a-Si:H ベースのヘテロ接合太陽電池には寄生吸収があるため，他のタイプの材料によって電極にキャリヤ選択性をもたせられるものを目指した研究も行われている。そのような研究は一般に接合のパッシベーションと呼ばれる。たとえば，接合のパッシベーションに向けた新規アプローチの一つにトンネル酸化膜パッシベーションコンタクト（TOPCon: Tunnel-Oxide Passivated Contact）構造がある。熱安定性に優れていて，変換効率が 25.1％に達している［3］。TOPCon の正体は電池設計のハイブリッドで，正面側に古典的なホモ接合が作られ，背面側には高度にドープされた（部分的）結晶性 Si のパッシベーション接続でヘテロ接合が作られている。その接続における抽出には選択性がもたせてあり，ドーパントの選択を通して電子の抽出と正孔の抽出のどちらかを選択することができる。さらに，Si と部分結晶 Si の間の境界面に作られた極薄のパッシベーショントンネル酸化膜が，高い変換効率を達成する鍵になる［15］。そこで考えられるのは，ALD で得られる精密な厚み制御が表面のパッシベーションの度合いとパッシベーション接合における接触抵抗の間でのトレードオフというしばしば直面する課題を調べて最適化するうえで重要な役割を果たすということである。

興味深いことに，金属酸化物をパッシベーション接続として用いる新規ヘテロ接合への関心も増している。そのヘテロ接合は，部分的結晶性 Si や a-Si:H と違って完全に透明であることが望ましい。そのようなパッシベーション接合を太陽電池の前面に使うことができれば，プロセスの有意な単純化が可能になることだろう。その点で興味深い金属酸化物の例には MoO_x［16］，WO_x［17］，NiO_x［18］，および TiO_x［19］があり，いずれにも ALD プロセスが容易に可能であるから，すでに研究が始められている［20］。さらに，横方向導電性，表面パッシベーション，キャリヤ選択性をもたらす金属酸化物および他の材料の明確に定義されたスタックが入手可能である［21,22］。可能性としてみれば，そのようなスタックにはシリコン太陽電池の新規コンセプトにも可能性が開けているので費用効果に優れた製造とあいまったきわめて高い変換効率が可能になるかもしれない。

2.1.4　第 2 章の概略

本章の構成は次のとおりである。2.2 節では，ホモ接合 Si 太陽電池のためのパッシベーション層形成における ALD の役割を議論する。とくに注目するのは，表面パッシベーションの物理，Al_2O_3 の ALD による表面パッシベーション，太陽光発電産業における高スループット堆積法としてみた ALD，そして，ALD によって成膜されるパッシベーション膜の分野における最近の発展である。2.3 節で焦点を当てるのは，ヘテロ接合 Si 太陽電池で使用するために ALD で成膜される透明導電性酸化膜 TCO，たとえば ZnO 膜や IN_2O_3 膜に的を絞る。2.4 節では，金属酸化物をベースとする新規パッシベーション接合について考察する。ここでは，ALD がもつさまざまでユニークな側面，たとえば精密にあつらえられたスタックを形成する能力などが重要な役割を担う。

2.2　Si ホモ接合太陽電池の表面パッシベーションのためのナノレイヤー

この節では，Si ホモ接合太陽電池における ALD パッシベーションの現状と期待される展開について記す。表面再結合の物理機構と表面パッシベーションの基礎を最初に取り上げる。次いで，p 型表面および p^+ 型表面のパッシベーションで広く使われる Al_2O_3 の ALD を概観する。また，シリコン太陽電池の工業的大量生産の場における堆積技術に対する要請事項について議論し，併せて，新規の高スループット ALD リアクターについても記述する。最後の節では，Si のパッシベーションに使われる ALD の分野において開けている機会と最近の展開について概説する。そこで記すのは，n^+ Si をパッシベーションするための ALD 堆積膜，複雑なトポロジーをもつ表面のパッシベーション，そして，ALD 法による新規な交互パッシベーション膜の形成における最近の展開である。

2.2.1　表面パッシベーションの基礎

2.2.1.1　表面再結合の物理

Si の内部で光吸収が起こると，電子と正孔が余剰に生成され，それぞれの数が平衡値の n_0 個と p_0 個から Δn 個と Δp 個ずつ増えて $n = n_0 + \Delta n$ 個と $p = p_0 + \Delta p$ 個になる。生成された余剰電荷キャリヤは，速やかに熱緩和して（10^{-12} 秒ほどの間に）Si の格子温度 T における数に戻る。暗所にある半導体における電子と正孔の分布の記述には単一のフェルミ準位 E_F が使われるが，光照射下では電子と正孔の分布が別々のフェルミエネルギー E_{Fn} と E_{Fp} を使って記述される。この場合もキャリヤ密度が擬フェルミ準位と伝導帯および価電子帯との間隔で記述されることに注意しよう。ボルツマン統計が当てはまるときには，積 pn が下式で与えられる。

$$p \cdot n = \left(p_0 + \Delta p\right)\left(n_0 + \Delta n\right) = n_i^2 \cdot \exp\left(\frac{E_{Fn} - E_{Fp}}{kT}\right) \tag{2.1}$$

ただし，n_{i} は真性キャリヤの密度，k はボルツマン定数である。電子–正孔対当たりの自由エネルギーは $E_{\mathrm{Fn}}-E_{\mathrm{Fp}}$ で，電池内電圧 $\mathrm{i}V_{\mathrm{oc}}$ に対応する，すなわち，q を素電荷として $E_{\mathrm{Fn}}-E_{\mathrm{Fp}}=q\cdot\mathrm{i}V_{\mathrm{oc}}$ である（$\mathrm{i}V_{\mathrm{oc}}$ などについては**図 2.2** を参照しよう）。

電荷キャリヤの生成によって誘起される擬フェルミ準位の分裂も，熱力学的平衡に戻ろうとする過程の駆動力である。その過程では過剰電荷キャリヤが再結合して付随する自由エネルギーが失われる。直接再結合（発光性）とオージェ再結合という内在チャンネルがある以上，この再結合がある程度まで起こるのは避けられない。この過程でエネルギーが光子やフォノンあるいは第 3 のキャリヤに移動する。さらに外部格子欠陥や不純物によって Si のバンドギャップ内に形成された状態を介する付帯的な（外因性の）再結合も起こり得る。このたぐいの再結合を定式化した 3 人の研究者 Schockley，Read，および Hall にちなんで，この経路は（SHR）経路と名付けられている。表面では Si の格子が終端するため，本来的に Si ダングリングボンドが高密度で存在する。それらが欠陥準位（たとえば $\mathrm{P_{b0}}$ 欠陥）を形成するため強い SHR 再結合が誘起される。

電荷キャリヤが表面で受ける再結合の速度 U_{s} を拡張 SHR 式に基づいて（$\mathrm{cm^{-2}\,s^{-1}}$ の単位で）下式のように表すことができるが，この定式では，欠陥が Si バンドギャップ全体にわたり欠

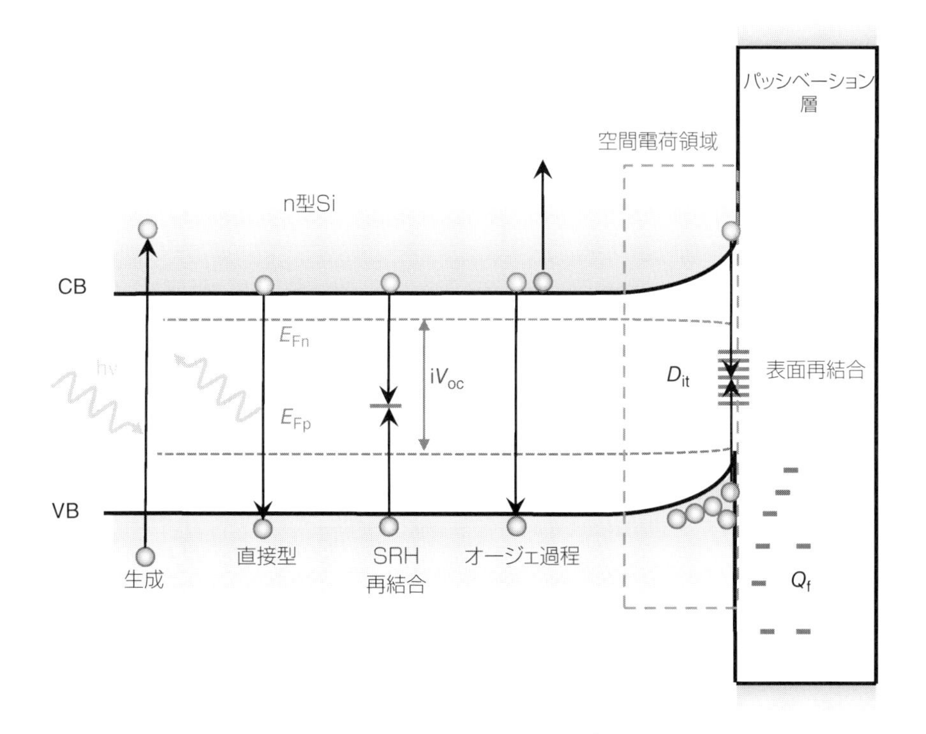

図 2.2　パッシベーション処理済みの Si 表面。光吸収時の余剰キャリヤ生成とその再結合が示されているが，後者は，第 3 キャリヤとの直接過程（オージェ過程）または状態欠陥を介した過程（SRH 再結合）で生じる。このような表面では界面（欠陥）状態の密度 D_{it} が高い。パッシベーション膜があるとこの D_{it} が小さくなり，（ここで示す例では）固定負電荷密度 Q_{f} を介して表面の電子密度が下がるが，このときには Q_{f} によって空間電荷領域が誘起されてバンドに上向きの曲がりが生じる。（口絵参照）

陥状態密度 $D_{it}(E)$ で連続していると考える。

$$U_S = \left(p_s n_s - n_{i,eff,s}^2\right) \cdot \int_{Eg} \frac{dE}{\dfrac{n_s + n_1(E)}{S_{p0}(E)} + \dfrac{p_s + p_1(E)}{S_{n0}(E)}} \tag{2.2}$$

ただし，

$$S_{n0}(E) = \nu_t D_{it}(E) \sigma_n(E),\quad S_{p0}(E) = \nu_t D_{it}(E) \sigma_p(E)$$

である。

上の表式で，v_t は熱的速度，$n_{i,eff,s}$ は表面における真性キャリヤ密度の実効値（バンドギャップ狭隘化とフェルミ－ディラック統計を考慮），n_s と p_s は表面における電子と正孔の密度，$\sigma_n(E)$ と $\sigma_p(E)$ はそれぞれエネルギー依存性をもつ電子の捕獲断面積と正孔の捕獲断面積であり，欠陥サイトによるキャリヤキャプチャの物理過程に直接つながっている。SHR 密度 n_1 と p_1 は下式で与えられるが，

$$n_1 = N_C \exp\left(-\frac{E_C - E_t}{kT}\right),\quad p_1 = N_V \exp\left(-\frac{E_V - E_t}{kT}\right)$$

これらにより欠陥サイトがもつ再結合サイトとしての有効度が決まる。なお，上式で，E_1 は欠陥のエネルギー準位，N_C と N_V はそれぞれ伝導帯と価電子帯の実効状態密度である。Si バンドギャップの中央部近くにある欠陥は，再結合サイトとして最も効果的である。さらに，欠陥の電子捕獲速度が正孔捕獲速度に等しいとき，すなわち下式が成り立つときにその欠陥は再結合サイトとして最も有効である。

$$\sigma_p \cdot p_S \approx \sigma_n \cdot n_S \tag{2.3}$$

U_s は主要な物理パラメータであり，最小化しなければならないが，実験的に直接アクセスすることができない。そのため, 表面再結合を評価する目的に別の性能指数, たとえば少数キャリヤの有効寿命 τ_{eff} および潜在的開放回路電圧（implied open-circuit voltage）iV_{oc} が通常使われるが（**表 2.1** 参照），どちらについても可能な限り大きな値を取るのが理想である。しかし，どちらのパラメータにも，バルク Si 中のものなど別の部類の再結合過程が含まれる。表面再結合だけを定量化するときには，実効表面再結合速度 S_{eff} または表面飽和電流密度 J_{0s} を評価する [23,24]。パラメータ J_{0s}（単位は A cm^{-2}）には利点があり，（擬－フェルミ準位がフラットな場合に）下式によりその値を太陽電池の開放回路電圧 V_{oc} に変換することができる。

$$V_{OC} = \frac{nkT}{q} \ln\left(\frac{J_{SC}}{J_{0S} + J_{0,others}} + 1\right) \tag{2.4}$$

ただし，n は理想係数（ideality factor），J_{sc} は短絡回路電流密度，$J_{0,others}$ は Si バルクのものなど別の再結合経路を組み入れるパラメータである。Si 太陽電池は表面：体積比が大きいため，表面が主要な再結合源になる可能性がある。より薄くより高品質な Si ウェーハを追求する昨

表 2.1　表面パッシベーションの品質を評価するために通常用いられるパラメータ

パラメータ	記号	カバーする再結合部位	評価手段	定義
少数キャリヤ寿命実効値	τ_{eff}	バルク，HDR，SCR，表面	PC，PL	$\tau_{eff} \equiv \frac{\Delta_n}{U_{(total)}}$
表面再結合速度（SRV）	S	表面	（大部分で評価不能）	$S \equiv \frac{U_s}{\Delta n_s}$
実効表面再結合速度	S_{eff}	表面，SCR	PC，PL	$S_{eff} \equiv \frac{U_s}{\Delta n_d}$
開放回路電圧の対象	iV_{oc}	バルク，HDR，SCR，表面	PC，PL	$iV_{OC} \equiv \frac{kT}{q} \ln\left(\frac{np}{n_i^2}\right)$
飽和表面電流密度	J_{0s}	表面	PC，PL	$J_{0S} \equiv qU_S\left(\frac{p_S n_S}{n_{i,eff,S}^2}-1\right)^{-1}$
（“エミッタ”）飽和電流密度	J_{0e}，J_0	HDR，SCR，表面	PC，PL，J-V，Suns-V_{oc}	$J_{0e} \equiv qU_{HDR\text{-}surface}\left(\frac{p_W n_W}{n_{i,eff,W}^2}-1\right)^{-1}$

（表の脚注）：パラメータのいくつかは，表面における再結合に加えて，バルク Si における高ドープ領域（HDR）における再結合，およびパッシベーション方式により Si 中に誘起れる空間電荷領域（SCR）での再結合もカバーする。表に示すパラメータの評価（見積）に当たって，Si バルクにおける平均キャリヤ密度（n，p）に加えて表面におけるキャリヤ密度（n_s，p_s），SCR のエッジにおけるキャリヤ密度（n_d，p_d），および HDR の基部におけるキャリヤ密度（n_s，p_{s_W}）が参照されている。これらの見積（評価）には，光電導性（PC），光ルミネセンス（PL），電流電圧（J-V）プロット，および Suns-VOC 特性（太陽光照度–起電力電圧特性）も参照される。

今の流れからすると，バルク再結合を減らして表面再結合の重要度を高めることの重要さが一層増すことだろう。

2.2.1.2　表面パッシベーション

表面再結合を抑える目的に使える戦略がいくつかある。まず，化学的パッシベーションと総称される何種類かの手法を使って本来存在する欠陥の密度 D_{it} の値を数桁小さくすることができる。シリコン表面に薄膜を堆積させて Si ダングリングボンドに連結すると化学的パッシベーションが得られる。さらに，パッシベーション方式で生成する原子状水素あるいは堆積後アニーリング（PDA，postdeposition annealing）に際して生成するフォーミングガス（水素と窒素の混合ガス）が残留する欠陥のパッシベーションをすることも有り得る。太陽電池の表面パッシベーションに使う材料で最も有望な例としては，熱成長 SiO_2 [25]，プラズマ CVD（PE-CVD）SiN_x [26]，PE-CVD a-Si:H，および ALD Al_2O_3 [27,28] がある。当たり前のことだが，化学的パッシベーションが達成されるためには，パッシベーション層も Si 中で起こる電荷キャリヤ再結合に適するエネルギー準位の中にはほとんど状態をもたない必要がある。そのため，広いバンドギャップと低濃度の不純物という条件が最もうまくいく。逆に，金属では状態が広い範囲にわたり連続的に分布するので，Si と接触させるとキャリヤ再結合に対する触媒の働きをする。

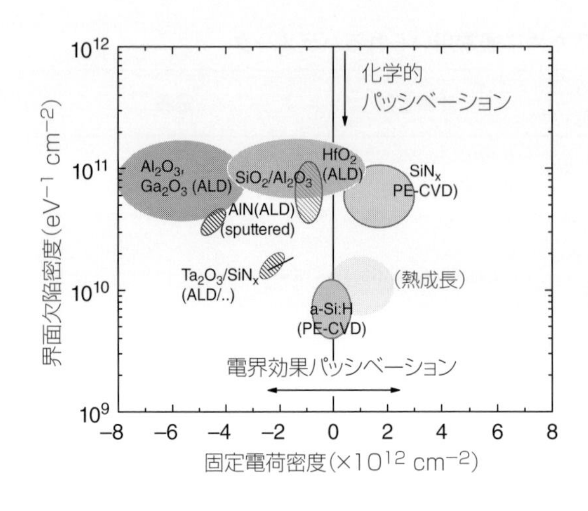

図 2.3　パッシベーション方式で生じる代表的な界面欠陥密度と固定電荷密度の模式的概略図。文献［30］から引用。注意しておくが，実際の界面特性はパッシベーション層のプロセス条件に強く依存する可能性がある。(口絵参照)

表面再結合を抑制するためのもう一つの戦略では，電子または正孔の表面濃度を抑制する(2.2 式参照)。そのような抑制を達成する手法の例が Si に対するバンド屈曲 (band bending) で，たとえばパッシベーション層内部の電荷密度 Q_f を固定することによってこれを行う電界効果パッシベーションと呼ばれる方法がある。熱成長法で得た SiO_2 は Q_f〜3×10^{11} cm^{-2} とわずかに正の値をもち，SiN_x は代表値が〜3×10^{12} cm^{-2} と大きな正値をもつが，ALD Al_2O_3 膜は通常 (桁が 10^{12}〜10^{13} cm^{-2} の) 大きな負の値を取る [29]。異なるパッシベーション方式で得られる界面の特性に対する図式的概略が**図 2.3** に示してある。

Si 表面のキャリヤ密度は，バンドの屈曲に支配されるだけではなくシリコンの (局所的) ドープレベル N_s にも大きく左右される。ドープされた表面をパッシベーションするときは，Q_f によって少数キャリヤがさらに少なくなったり増加したりすることにより表面再結合に強く影響するので，誘電体中の固定電荷密度の極性が重要な意味をもつ。例を示すと，強く p ドープされている Si 表面 (p^+ Si) では電子が少数キャリヤである。したがって，そのような表面へのパッシベーション方式は，理想的には負の Q_f を示して電子密度がさらに低くなる。一方 n^+ Si 表面では電子が多数キャリヤで，負の Q_f によって有意に減ることがない。さらに悪いことに，負の Q_f が少数キャリヤの密度を増加させて表面再結合が増進する。

ドーピングレベルと固定電荷密度が表面再結合に及ぼす効果をさらに例示するのが**図 2.4** で，固定レベルの化学的パッシベーションに対して SRH 方程式による評価を行った結果が示されている。興味深いことに，ドーピングレベルがきわめて高いときには (すなわち $N_s > 10^{20}$ cm^{-3} のとき)，図で評価された領域では固定電荷の密度と極性が表面再結合に事実上効果を与えず，すべてのケースで低い密度に保たれる。N_s が下がってくると (すなわち N_s〜10^{20} cm^{-3} になると)，SRH 再結合が最大になる条件 (2.3 式参照) が満足されるが，それは“誤った”電荷極性をもつパッシベーション層を使った時のことに過ぎない。要するに，高い J_{0s} が生じるのは，n^+ タイプ Si 表面では負の Q_f に対して，p^+ タイプ Si 表面では正の Q_f に対してである。最後に，N_s がさらに下がると ($N_s < 10^{18}$ cm^{-3})，“誤った”電荷極性の場合にもパッシベーションの品質は優秀である。その“誤った”電荷極性の場合には，固定電荷密度に誘起

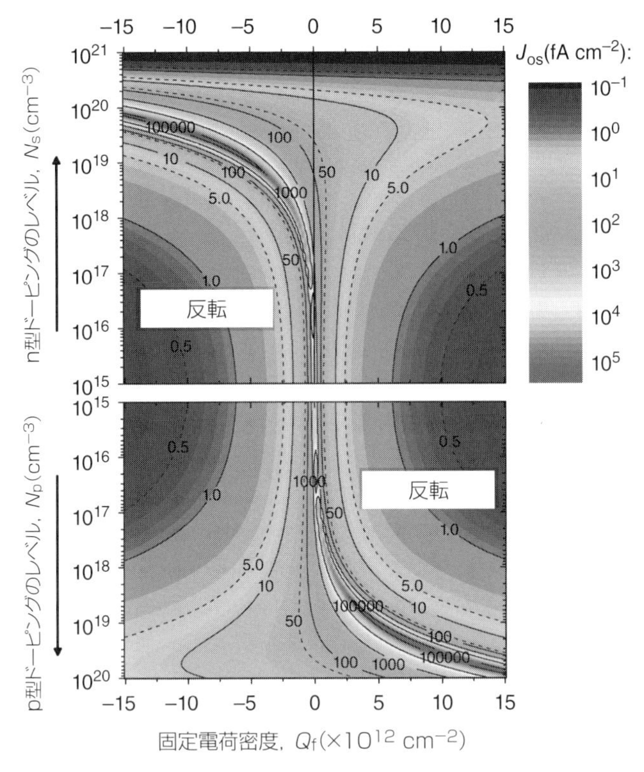

図 2.4　化学的パッシベーションのレベルが同一の場合について得られた，与えられた電荷密度での表面ドープ濃度が飽和表面電流密度に対して及ぼす効果。図の結果は単一の欠陥に対して(2.2) 式を使って得られたもので，$S_{n0}=S_{p0}=5000$ cm s^{-1} と置いてある。キャリヤ密度の計算はフェルミディラック統計による Girisch アルゴリズム [31] によって行われ，$n_i=9.65\times10^9$ cm^{-3} [32]，$\Delta n=1\times10^{15}$ cm^{-3} のベースインジェクションレベル，および $N_{base}=1\times10^{15}$ cm^{-3} のベースドーピングレベルが用いられている。n 型 Si および p 型 Si におけるバンドギャップ狭小化については Yan と Cuevas によって用いられた経験モデル [33,34] が使われている。（口絵参照）

されるバンド屈曲のために Si 表面に反転が生じる。そのときには表面がきわめて良好なパッシベーションを受け得るとはいえ，大部分の太陽電池で反転層は好ましくない。そのような表面は寄生的短絡路（シャントパス）が生じる可能性があり，表面近傍に作られた空乏領域では SRH 再結合が誘起されて太陽電池の効率にとって悪いインパクトになる可能性がある [35,36]。要点を記すと，パッシベーション方式にとって低い欠陥状態密度 D_{it} は常に好ましいが，理想的な Q_f は一般的にみて Si 表面のドーピング濃度に依存する。ALD パッシベーション方式の Q_f を制御する方法については，2.2.4 項で議論する。

ところで，パッシベーションが貧弱な表面や金属と Si が接触しているときなどきわめて強い表面再結合がある場合には，表面に向けた過剰電荷キャリヤの輸送によって表面再結合の速度が制限されることを記しておく必要がある。この場合には，表面に向けた過剰キャリヤの輸送が高ドープ（p^+ Si，n^+ Si）領域の存在によって有意に減少する可能性があり，それによって再結合が抑制される。よく知られている例が Si ホモ接合太陽電池の p^+ Si 領域と n^+ Si 領域で

(図2.1参照)，これらの領域が金属接点を“シールド(遮蔽)”する結果，接点が1タイプの電荷キャリヤを選択的に抽出する。一方，良好なパッシベーションが行われた表面では，高度にドープされた領域を経由する少数キャリヤの輸送による制限や影響を表面再結合速度が受けない。そのため，高度にドープされた領域は“透明”と呼ばれる。

2.2.1.3　Siホモ接合太陽電池との互換性

Si太陽電池製造工程における実装では，パッシベーション方式が満足しなければならない多くの事項がデバイス側と加工技術側の両方に存在する。光の問題では，電池前面のパッシベーションにおいて(両面受光型電池の場合は背面パッシベーションにおいても)太陽光スペクトルに対する高い透明性が必要である。加えて，反射防止の観点では2 eVにおける反射率nの値として～2が適切である。ただし，パッシベーション方式と別途の無反射被膜工程を分けることも有り得る。対照的に，太陽電池の背面を誘電体ミラーとして使う場合には，低い屈折率が望ましい。太陽電池には数十年にわたる稼働を想定した設計が行われるから，パッシベーション方式には長期間の安定性も必要になる。パッシベーション方式は光誘起劣化(LID)や電圧誘起劣化(PID)の影響をとくに受けやすい。スクリーン印刷法またはステンシル印刷法で作った金属微細電極を焼成してSiに接合する場合には，(800℃で数秒間という)超高温安定性が求められる。ところが，電気メッキ法を使って低温でその接合が作られている場合はこの要請は不要である。しかし後者の場合には，金属メッキにつきものの“ゴースト”の生成を防ぐために，漏れ電流が低いピンホールフリー薄膜が必要になる。

最後に，パッシベーション方式の加工技術に対する要請が太陽電池の実装から提起される場合がある。例を挙げると，太陽電池の寸法は156×156 mm^{2}が工業規格であり広い範囲の均一度が求められる。さらに，パッシベーション層の形成には低温処理が好ましい。そのコスト面以外での理由は，高温にするとSiバルクの品質，とくに多結晶Siのバルクの品質に重大な劣化が生じ得るからである[37]。結晶Siでは，表面のパッシベーションに加えて，粒界に存在する欠陥に対して水素によるパッシベーションを行うことが必要な場合もある。

2.2.2　ALDで形成したAl_2O_3表面のパッシベーション

多くの高効率太陽電池コンセプトにおいて，p型Siおよび高濃度ドープp^+型Siの表面パッシベーションがきわめて重要である。歴史的にみると，ALDによるAl_2O_3膜の成膜が導入される前までは，それらp型Siの表面パッシベーションは困難であった。熱酸化Siはきわめて小さい正の性能指数Q_fをもち，化学的パッシベーションとしては優秀であるが，そのパッシベーションを受けたボロンドープ表面は経時安定性に欠ける[38]。加えて，表面近傍にドープされているボロンが熱酸化によって激減するから，高温でのプロセスはバルクの寿命に悪い影響を与える可能性もある[37,39]。一方，SiN_xはn^+Siの無反射被膜にはきわめて適しているが，大きいQ_f値をもつのでp型Siの表面パッシベーションには好ましくない。

Al_2O_3によるパッシベーションをSi太陽電池に対して行った最初の結果がHezelとJaegerによって報告されたのは1980年代であった[40,41]。その研究ではAl_2O_3の形成にCVD(熱分解)

が使われた。ただし，Al_2O_3 がパッシベーション層としてきわめて優れた適性をもつことが認められたのは 2006 年のことだった。Agostinlli et al.［27］および Hoex et al.［42］は，p 型 Si 表面に対して Al_2O_3 が優れたパッシベーションを示すことを報告した。これらの研究では H_2O または O_2 のプラズマとトリメチルアルミニウム（TMA）を前駆体とする ALD で Al_2O_3 膜が成膜された。Al_2O_3 膜によって高レベルの表面パッシベーションが得られたが，その原因は化学的パッシベーションと電場効果パッシベーションの優れた組み合わせにあると報告されている。とくに，ALD 法による Al_2O_3 膜は，10^{11} cm^{-2} 以下というきわめて低い D_{it} 値を与える一方で 10^{12}〜10^{13} cm^{-2} というきわめて大きな負の Q_f 値を与える［29］。同様な界面特性は，1989 年に TMA と H_2O を使った ALD による最初の Al_2O_3 膜実験でも報告されている［43］。負の Q_f 値をもつことから，Al_2O_3 膜は p 型 Si 表面および p^+ 型 Si 表面のパッシベーションにとって理想的である。ALD Al_2O_3 膜の（再）発見から間もなくそれを使った最初の太陽電池によって高い発電効率が実証され，たとえば PERC 電池と PERL 電池でそれぞれ 20.6%［45］と 23.2%［10］という高い効率が得られた。2.2.3 項で詳しく記すが，このような長所をもつため Al_2O_3 の ALD には太陽電池の生産に前途が開かれている。さらに，Al_2O_3 がもっている他の可能性がこれから実現されると期待されるが，このことは，Al_2O_3 パッシベーション膜をもつ Si 太陽電池によって 25% を超える変換率が得られたという最近の結果［3］をみても明らかであろう。Al_2O_3 による表面のパッシベーションに関して広範囲にわたる概要については，文献［29］の参照を勧める。ここでは，Al_2O_3 による表面パッシベーションに関して鍵になる事項をいくつか概説する。

2.2.2.1　パッシベーションを施す Al_2O_3 の ALD 成膜

Al_2O_3 の ALD プロセスのうちで最も多く使われ，最も広く研究されているのは，有機金属前駆体としての TMA（トリメチルアルミニウム）と共反応物としての H_2O プラズマ，O_3 プラズマ，または O_2 プラズマを組み合わせるプロセスである。始めの半サイクルは表面における反応で，下記反応式で $n=1$ または 2 としたもので記述することができる［46］。なお，これから出てくる化学種で“*”印が付いている化学種は表面種を表す。

$$\mathrm{TMA:}\ n{}^*\mathrm{OH} + \mathrm{Al(CH_3)_3} \rightarrow {}^*\mathrm{O}_n\mathrm{Al(CH_3)}_{3-n} + n\mathrm{CH_4}$$

パージ（ガス抜き）ステップを経て ALD の 2 段目が起こるが，熱的 ALD の場合にはこの反応を下記の配位子交換反応で表すことができる。

$$\mathrm{H_2O:}\ {}^*\mathrm{Al(CH_3)} + \mathrm{H_2O} \rightarrow {}^*\mathrm{AlOH} + \mathrm{CH_4}$$

この反応が起こるためには十分な熱量が必要なため，低い温度でこれを行うときには O_3 または O_2 プラズマなど高い反応性をもつ化学種を使ったいわゆるエネルギー増強 ALD プロセスがしばしば使われる。そのときに起こると考えられる燃焼に類似する反応経路は下のようになる：

$$\mathrm{O_2}\ \text{プラズマ}:\ {}^*\mathrm{Al(CH_3)} + 4\mathrm{O} \rightarrow {}^*\mathrm{AlOH} + \mathrm{CO_2} + \mathrm{H_2O}$$

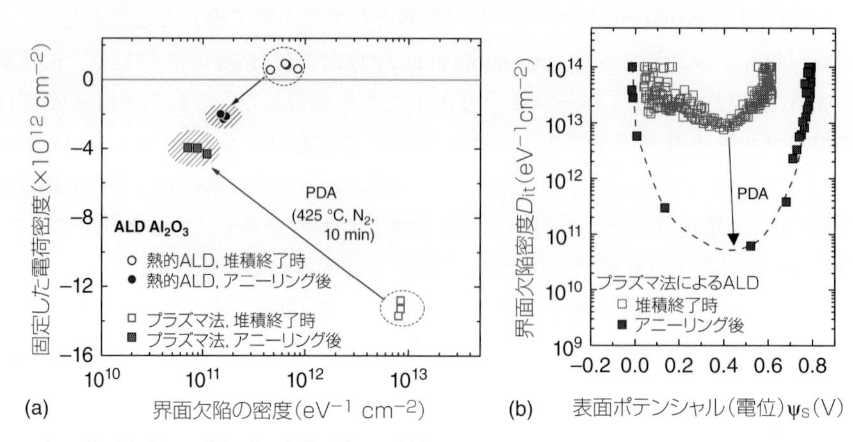

図 2.5　プラズマ法（O_2 プラズマを使用）で成膜した Al_2O_3 膜にパッシベーションを施した n 型 Si（100）と熱的 ALD（H_2O を使用）により成膜した Al_2O_3 膜でパッシベーションを施した n 型 Si（100）について，堆積終了時の状態のものおよび堆積後に N_2 雰囲気下の 425℃アニーリングを行ったものにコロナ酸化物特性評価法（COCOS）を適用して得られた界面特性。(a) どちらの方法で得たものについても，アニーリング後に D_{it} 値が有意に減少している。(b) Si/Al_2O_3 界面の D_{it} 値はミッドギャップ近傍での減少がとくに著しい。COCOS 測定については，シンガポール国立大学の Nandakumar 博士に感謝する。（口絵参照）

$$O_3：{}^*AL(CH_3)+4/3O_3 \rightarrow {}^*AlOH+CO_2+H_2O$$

得られる Al_2O_3 膜は非晶質で，～6.4 eV と高い光学的バンドギャップをもつ。このようなバンドギャップをもつため Al_2O_3 膜は太陽電池の前面への適用に適している。Al_2O_3 膜の屈折率は合成法によって違うが 2 eV の光子エネルギーで～1.55 から 1.65 の間にあり，ARC（無反射被膜）に使うには小さすぎる。このことが，SiN_x によるキャッピングがしばしば行われる理由である。

蒸着したままの状態では Al_2O_3 によるパッシベーションの品質が ALD 過程で選択した酸化剤に強く依存する（**図 2.5** 参照）。水またはオゾンを酸化剤に使った場合は，蒸着したままの状態でもパッシベーションが許容範囲のものであり得る。しかし，プラズマ ALD では，直後のパッシベーションはきわめて不十分である。実際，プラズマによる損傷のため表面の脱パッシベーションが起こってしまう。この損傷の主要な原因は，プラズマ段階で照射される紫外線である [47,48]。D_{it} は，短時間の 400℃から 450℃の堆積後アニーリングによって，蒸着したままの状態の値から大きく減少し，フォーミングガス（N_2/H_2）や N_2 の雰囲気下でのアニーリングと同程度の結果になる [49]。実際の太陽電池製造プロセスでは，後に続くプロセス段階，すなわち SiN_x の堆積や接合のための焼成での高温ステップによって，個別の堆積後アニーリングが不要になることも多い。

2.2.2.2　界面欠陥の水素化

Si 表面には自然酸化膜（SiO_2）が存在するので，Al_2O_3 を堆積する前に Si をフッ化水素酸（HF）の希釈液に浸して SiO_2 を除去する。それでも，ALD を実施した後の Si/Al_2O_3 界面が実際には

$Si/SiO_2/Al_2O_3$ 界面になっているが，このことは，たとえばトンネル電子顕微鏡（TEM）観察という良く用いられる手段で確認することができる（**図 2.6** 参照）[42,50]。

Si/SiO_2 界面に残存する欠陥は続いて行われる堆積後アニーリングに際して Al_2O_3 から放出される水素によりパッシベーションを効率的に受ける。この水素化に関する証拠が，重水素化 Al_2O_3 の堆積で実験的に見出された。Al_2O_3 膜の中に存在する重水素が堆積後アニーリングのときに拡散して Si/SiO_2 界面に達する [51]。その界面水素の活性化エネルギーは，Al_2O_3 膜に組み込まれた水素の量への依存性をもたないが，水素化速度は依存する [52]。したがって，界面欠陥の水素化は，Al_2O_3 膜中に存在する水素の量および膜のミクロ構造にある程度依存することになる [53]。ベストなパッシベーション特性が得られたのは密な水素含有 Al_2O_3 膜で，ALD 膜では～200℃で堆積させたものが該当する。

興味深いことに，Si 表面への直接堆積ではないなら，Al_2O_3 を欠陥のパッシベーションに用いることもできる。たとえば，HfO_2 または TiO_2 といったような材料によって Si にパッシベーションを施すと，Al_2O_3 によるキャッピングおよび続けて行われる堆積後アニーリングの後の堆積 SiO_2 層が大幅に改善される [25,51,54,55]。事実，SiO_2 に対して示されているが，堆積後アニーリングが済んだら，Al_2O_3 によるキャッピング層は，改善されたパッシベーション特性を損なわないで除去することができる [29,51]。ただし，Al_2O_3 によるキャッピングがあることで堆積後アニーリングに際して界面欠陥の水素化が起こることが保証されると同時に，表面パッシベーション層の長時間安定性と高温安定性が改善される [51,56]。

最後に，注意すべき事を記そう。Al_2O_3 を使った水素化はパッシベーションとしては好ましいのだが，太陽電池の製造現場ではその水素が悪い影響を与える可能性がある。たとえば，（接合の焼成が誘電体を通して行われる時などに生じる）温度の急上昇によって Al_2O_3 膜中にブリスター（小泡）の形成が誘起されることがある（**図 2.7** 参照）[58]。高温の Al_2O_3 から放出される水素が拡散バリアとなる Al_2O_3 膜の下側に蓄積すると，局所的に層間剥離が起こるのであろ

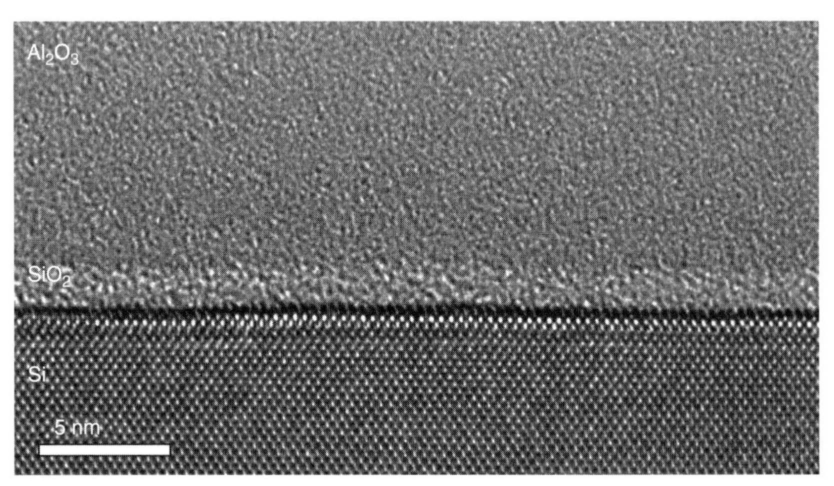

図 2.6　プラズマ ALD 法により Si 上に形成してアニールした Al_2O_3 の TEM 画像。Al_2O_3 層は非晶質であることが示されている。界面の SiO_2 層は 1.5 nm の厚みをもつ。（(Hoex et al.2006 [42])。アメリカ物理学会の許諾を得て転載。）

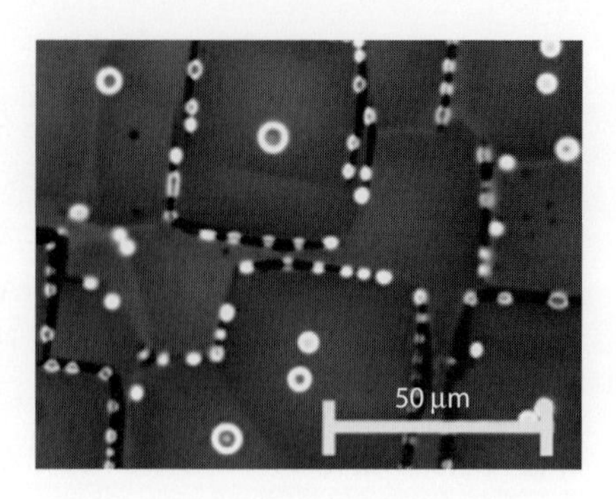

図2.7　850℃における放電でAl_2O_3/SiN_x膜内部に生成したブリスター（小泡）の光学顕微鏡画像。このフィルムは，ランダムピラミッドのテクスチャ（網目）でSi表面をパッシベーションする。（Bordihn et al.2014 [57]。アメリカ物理学会の許諾を得て転載。）（口絵参照）

う[58,59]。実際の太陽電池製造プロセスでは，後続の工程における温度上昇を遅くすることで水素放出を緩やかにしてブリスター形成を回避する。さらに，Al_2O_3膜を薄くする（10 nm以下の膜厚）ことによってもブリスター形成の回避が可能である[59]。興味深いことに，膜中のブリスターを利用したSiへの局所点接合を用いる太陽電池コンセプトも存在する[60]。

2.2.2.3　Al_2O_3による界面加工

Al_2O_3層の膜厚が表面パッシベーションの質に与える効果は，科学的見地と製造プロセス面からの見地の両方で興味深い。最も良いパッシベーション結果が得られるのは，プラズマALDではAl_2O_3の膜厚が5 nm以上のとき[61]，熱的ALDでは10 nm以上のときである[29]。Al_2O_3層がきわめて薄くなると堆積後アニーリングの後の化学パッシベーションのレベルが落ちるが，理由は堆積後アニーリング時に界面における水素化が起こらないためであろう[61]。興味深いことだが，Si-Al_2O_3界面のごく近傍，具体的にはSiからの距離が2 nmまでの範囲に一定の電荷密度が局在している[61]。

最後に記したごく近傍での局在は，Si太陽電池の製造プロセスにとって好ましい。SiN_xは通常反射率が適切なため（1.9から2.7の間で調節可能）ARC（反射防止被膜）にSiN_xが広く使われる。しかし，Siの上に直接堆積する場合には，Q_fが正の値を取るためp型Siおよびp^+Siについては理想的な組み合わせではない。Al_2O_3/SiN_x層でAl_2O_3薄膜を層間膜に使うと，トータルのQ_fが負値を取る[62]。したがって，前面のp^+Siの表面をパッシベーションする上でAl_2O_3/SiNスタックが理想的な組み合わせになる。極薄Al_2O_3層を使うことができるという事実によって，ALDが大量生産にとって有用な技術になるが，これについては2.2.3項で議論する。ここでは，Al_2O_3/SiN_xスタックでは極薄のAl_2O_3層（10 nm以下）が挟み込まれるため，Q_fやD_{it}など界面特性が膜の厚さ，膜成長時のプロセス条件，および膜生成後の焼成あるいはアニーリングの条件に強く依存することを強調しておく[62]。

2.2.2.4　表面条件がパッシベーション特性に及ぼす効果

パッシベーション方式による界面特性の違いがSiの表面条件，すなわちドーピングレベル，結晶学的終端，および表面のトポロジーに由来する[63,64]というのは当然のことである。この態様についてもALD Al_2O_3に対する研究が行われている。

高ドープ p 型シリコンすなわち p^+Si の表面で表面ドーピング濃度の範囲が大きい場合には，ALD で使われた酸化剤の種類によらずきわめて低い J_0 値が報告されている [44,65～67]。事実，p^+Si 表面は Al_2O_3 によるパッシベーションをきわめて効果的に受けるため，高ドープ領域におけるオージェ再結合が主要な再結合機構になって測定される J_0 を主として決めていることがしばしばある [65,68,69]。最近, Blasck et al. によって熱式 ALD で成膜した Al_2O_3 でパッシベーションされたボロンドープ Si 表面の界面パラメータ Q_f と S_{n0} について，少なくとも $N_s \leq 3 \times 10^{19}$ cm^{-3} のときには表面のドーピング濃度に独立であることが示された [67]。たとえそうでも p^+Si のパッシベーションには注意が必要で, ボロンを拡散させる段階で Si 表面にボロンリッチ層（正体はホウ素−Si 化合物）が生成する場合があり，それがあると ALD Al_2O_3 による表面パッシベーションおよびその他のパッシベーション層が阻害されることになる [65,70]。以上を要するに，p 型 Si および p^+Si の表面のパッシベーションには ALD Al_2O_3 がきわめて効果的で，表面のドーピング濃度に事実上独立な結果を与える。

高ドープ p^+Si の表面では Q_f が負の値をもつため，ALD Al_2O_3 で得られるパッシベーションのレベルは図 2.4 からわかるように多くの場合に妥協の結果になる。このことがとくに当てはまるのは表面のドーピングレベルが 10^{18}～10^{20} cm^{-3} のときである。ドーピングが低い n 型 Si の表面だけで Al_2O_3 によるパッシベーションに良好な結果が得られるが，そのときには負値の Q_f が反転するので太陽電池には好ましくない。したがって，2.2.4 項で詳しく記すように，n 型 Si の表面および n^+Si の表面のパッシベーションについては ALD ベースの（新規）方式についても成功裏に探索が進められている。

Si 表面のパッシベーションが強く依存するものとしてはドーピングレベルの他に結晶方位などの表面条件があり得る。

しかし，ALD Al_2O_3 に関してこれまで調べられた限りでは，Si (100) 面と Si (111) 面でごくわずかな違いしか見出されていない [69]。一方，Al_2O_3 表面の清浄化（クリーニング）は最終的パッシベーション特性に影響するので無視してはいけない [74]。

2.2.3　太陽電池生産に使う ALD

2.2.3.1　PV（太陽光発電）産業における要請

パッシベーション層としての ALD Al_2O_3 が実験室スケールで成功したことが PV 専用に設計された高スループット ALD リアクター開発の誘因になった。集積回路（IC）産業では高スループット ALD リアクターが直ちに使用されたが，IC 産業および PV 産業で提示される要請には明らかな違いがある（**表 2.2** 参照）。たとえば，IC 産業に比べて PV 産業の方が粒子の生成や膜の均一度に対する要請はゆるいが，スループットとコストに関しては明らかに要求が厳しい。たとえば，結晶 Si 太陽電池の代表的生産ラインは最大毎秒 1 ウェーハのスループットで設計されている。一方，Al_2O_3 堆積のコストとしては，（電池の設計にもよるが）コスト効果を残すためにウェーハ当たりでわずか 0.03～0.05 ドルしか許容されない。

薄膜生成に関して ALD 法と競合する手法には，物理気相成長法（PVD），プラズマ CVD 法（PE-CVD），常圧 CVD 法（AP-CVD），および噴霧熱分解法がある。一般論をいえば，ALD が

表2.2　代表的なフィルムについて行った，集積回路（IC）産業と太陽光発電（PV）産業の装置的要請の比較

	IC産業	PV産業
デバイス当たりのプロセス数	200～400	15～20
膜の均一度（%）	＞99	＞96
粒子生成	深刻	深刻
金属（Fe）混入（cm^{-2}）	＜10^{10}	＜10^{12}
代金（ウェーハ当たりドル）	3～10	0.03～0.05
装置代金（10^6ドル）	2～5	0.5～2.5
装置のスループット（ウェーハ数/時間）	10～50	1000～3000
装置のアップタイム（連続稼働時間）	＞95%	＞95%
ウェーハの最大許容破損率	1 : 50 000	1 : 1000

出典：Granneman et al.[75] から転記。

これらの堆積技術と競合する立場になるためには付加的な長所をもたなければならない。たとえば低コストであり，空間的な膜厚均一性や太陽電池の効率にメリットがあるなどである。ALDプロセスの高収率性，効率的な前駆体使用，および低温のプロセス温度は低コストに貢献する。反応器の最適設計とは別に，前駆体の効率的使用と最適なスループットを保証する方法は，ALDの半反応がちょうど飽和するだけの最小限の前駆体を反応容器に注入することである。堆積膜の品質と均一度が許容範囲にあるなら，このアプローチは有効である。さらに，“太陽電池グレード”の前駆体を使うこともあり得る。そのような前駆体は純度が落ちるため低価格なのだ[76,77]。太陽電池の両面にALD膜が使えるとき（2.2.3項参照），あるいは，パッシベーション接合など膜または膜スタックの組成，均一度，および厚みに対して厳しい要請があるときには，ALDがお勧めの堆積手法になるだろう。

2.2.3.2　高スループットALD反応装置

太陽電池（PV）産業では時間分割ALDまたは空間分割ALDが使われるが，両者には前駆体化合物を供給する手法に違いがある（**図2.8**参照）。

時間分割ALDでは前駆体化合物を注入するステップと共反応物を注入するステップがパージまたは真空排気のステップで時間的に分離される。研究と開発の両方で圧倒的に使われているのがこの時間分割ALDで，PV産業では，大量のウェーハ（通常500～1000個）を同時にバッチリアクターの中に置くことであり，充分高いスループットが実現される。ウェーハを背中合わせで配置するため，ウェーハの反対面への寄生堆積（ラップアラウンド）が理想的な形で回避される。表面律速堆積がALD独特の性質なので，原理的にはすべてのウェーハに均一膜が達成される。一般的に，バッチリアクターでは単一ウェーハ装置による場合に比べてパージ時間，前駆体注入時間，および共反応物注入時間を長くしなければならない。そのため，バッチALDでは共反応物にはH_2Oに代えて反応性が高くてパージ時間を短縮できるO_3を使用することが望ましいケースが多い。

空間分割ALD（S-ALD）では，前駆体注入と共反応物注入を空間的に分けて行う。S-ALDでは前駆体ゾーンと共反応物ゾーンが空間的に分けられていて，N_2ベアリングガス（搬送担持ガス，大気圧よりやや低圧）によって浮上した状態でウェーハが前駆体ゾーンから共反応物ゾー

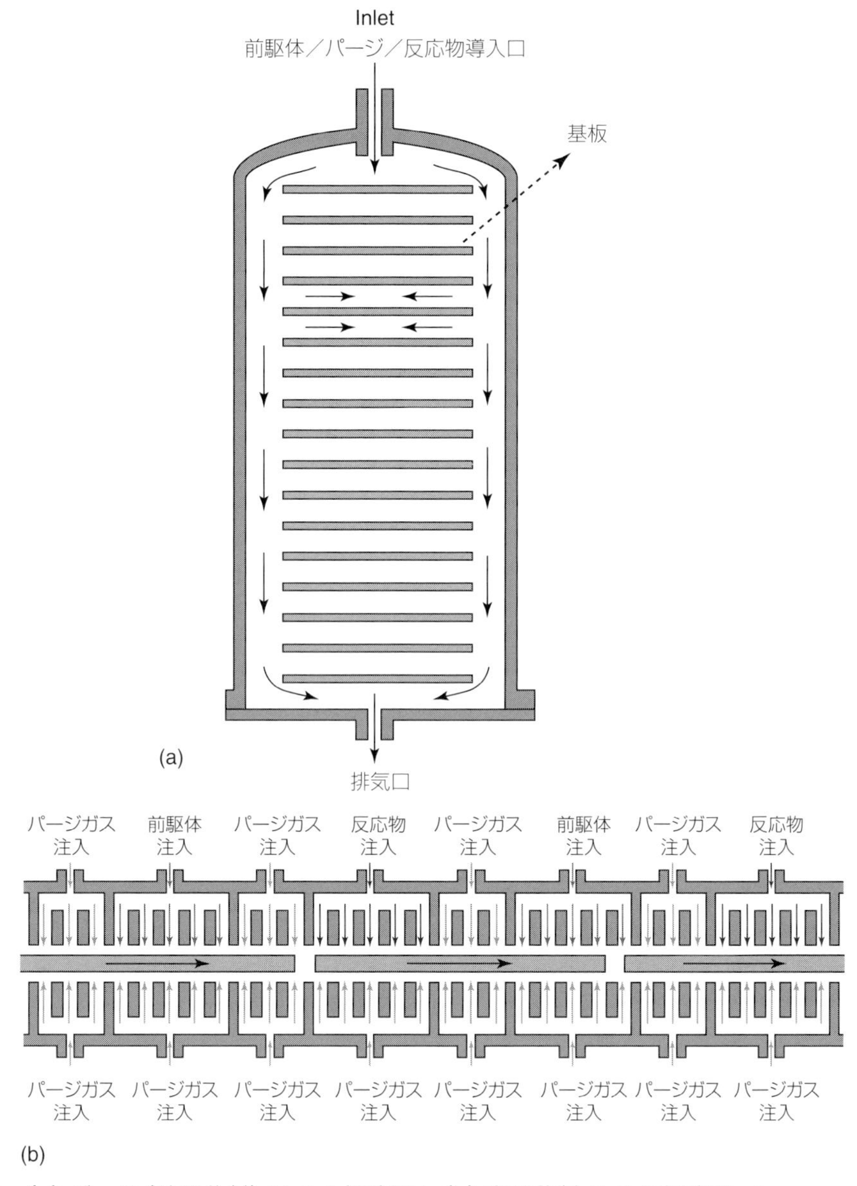

図 2.8　(a) バッチ（時間分割）ALD の概略図と (b) 空間分割 ALD の概略図。（Delft et al., Institute of Physics の許諾を得て転載。）（口絵参照）

ンへ，そして次の前駆体ゾーンへと順次移動する（図 2.8 (b) 参照）。このようにして，時間分割法では繰り返し必要な前駆体ガスの排気と共反応物ガスの排気に使われる時間が不必要になる。前駆体ガスと共反応物ガスが空間的に隔離されているため，ALD 半反応はウェーハの表面でのみ起こり（理想的には）リアクターの壁では反応が起こらない。空間分割 ALD のコンセプトはインライン処理にとりわけ興味深いものであり，また，排気ステップがないから大気圧での動作が可能である。また，原理的には排気ポンプおよび高速スイッチングバルブは必要ない。時間分割 ALD と空間分割 ALD の工業的特徴のいくつかの比較が**表 2.3** に示してある。

表 2.3　時間分割 ALD と空間分割 ALD について工業的にみた特徴

	時間分割 ALD	空間分割 ALD
工程	バッチ	インライン
圧	～ 1 Torr	常圧またはそれ以下
単面堆積	数珠つなぎウェーハスタック	ウェーハの片面のみ前駆体曝露
両面堆積	可能（数珠つなぎ無し，スループット半減）	可能（前駆体曝露をウェーハの両面に行う）
Si の PV を行っている企業	ASM，Beneq	Levitech，SoLayTec
壁面への堆積	可	不可
スループット制約因子	パージ時間とドース時間	表面反応のキネティクス
スタックの堆積	柔軟	可能
ナノメートルサイズの膜でのターンアラウンド時間	長い（～ 0.5 ～ 1 時間）	短い（< 1 分）

2.2.3.3　PV 産業での Al_2O_3 の ALD

Al_2O_3 により Si 表面をパッシベーションする手法として，ALD 以外には，PE-CVD（プラズマ CVD）や AP-CVD（常圧 CVD）およびスパッタリングが適している［41,67,79～81］。PV 産業の Al_2O_3 堆積法としては PE-CVD が特に ALD と競合しているが，その理由は，大部分の生産ラインで SiN_x を堆積するための PE-CVD リアクターがすでに装備されているためである。一方，太陽電池の生産においては ALD の技術は比較的新しい。しかし，この 2.2.3 節に記すように，厚さが 2 nm 以下の均一な Al_2O_3 膜でも，SiN_x による無反射被覆（SiN_x ARC）または SiO_2 の誘電体反射膜と組み合わせた時には，太陽電池が負の Q_f の恩恵を受けるには十分である。きわめて薄い Al_2O_3 層を使うことができるということにより，大量生産にとって ALD がとりわけ興味深いものになる。さらに，直接比較した結果によると最高のパッシベーション特性が得られているのは ALD 法で形成された Al_2O_3 膜である［67,82］。

例として Schmidt et al.［82］は，2010 年にスパッタ，PE-CVD，空間分割 ALD，および時間分割 ALD の手法で得られた Al_2O_3 単層膜による Si 表面のパッシベーションの比較を行った。**図 2.9** に示すのはその抜粋である。高温焼成ステップの前と後のどちらについても，ALD 法とりわけプラズマ ALD 法が最高のパッシベーション結果を示している。表面パッシベーションの品質に見出される相違が PERC 型太陽電池の変換効率と見事な対応を示していることは重要で，Al_2O_3 膜をスパッタ法で成膜した太陽電池における 20.1％から，ALD 法による堆積後にプラズマ CVD による SiO_2 キャッピングを行った太陽電池における 21.4％にわたっている［82］。Al_2O_3 によるパッシベーションについては現在もさまざまな方法について研究が続けられている。スパッタ法で成膜された Al_2O_3 膜を例に取ると，水素原子の不在やスパッタ損傷の存在が表面パッシベーションに影響を及ぼす［29］。スパッタ法による Al_2O_3 膜の成膜は，水素含有雰囲気の使用により 2010 年を過ぎてから大幅に改善された［83］。

昨今は，PV 産業の世界でも，薄い Al_2O_3 層の大量生産に用いるために空間分割 ALD および時間分割 ALD システムが試行されている。熱的 ALD で得られる Al_2O_3 膜が優れたパッシベー

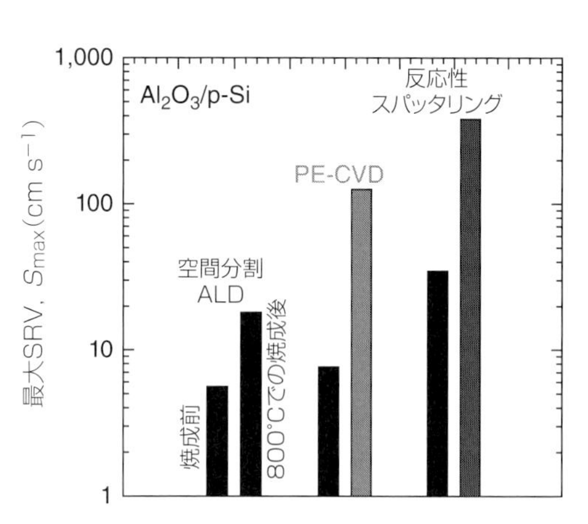

図 2.9　空間分割 ALD 法，プラズマ CVD 法，およびスパッタリング法で成膜した Al_2O_3 パッシベーション層について，800℃における焼成の前後について実施した品質比較，すなわち S_{eff} の上限すなわち表面再結合速度（SRV）の視点での（低い S_{eff} が好ましい）パッシベーション結果の品質比較。（Schmidt et al.2010［82］。EU PVSEC の許諾を得て転載。Katrin Aust 氏に感謝する。）

ション特性をもつため，これまでのところ，プラズマ ALD が可能な高スループットリアクターの開発が Si PV 産業のためには行われていない。ごく最近のことだが，低ドープ Si 表面に対する Al_2O_3 の空間分割 ALD および時間分割 ALD に SiN_x キャッピング層を組み合わせたパッシベーションに関してもきわめて類似した結果が報告され［29,75］，直接の比較でも類似性が見出されている［82］。加えて，n^+Si 表面と p^+Si 表面の両方について堆積法の違いによるパッシベーション品質の有意差はみられない。このことは，析出法としての ALD がもつロバストネス（頑健性）を示す［84］。しかし，以後の節で示すが，リアクターの設計が異なればドープ膜およびスタックの形成に関して固有で明確な違いがみられ，プロセスの複雑度に関しても固有で明確な違いある。最後に，PV 産業における大量生産では，保有コストと収率への考慮がリアクタータイプや堆積法の最終決定に決定的な因子になると思われる。

2.2.4　ALD パッシベーション方式における新規開発

p 型 Si 表面および p^+Si 表面への ALD パッシベーションが確立したため，最近の研究では ALD による n^+Si 表面のパッシベーションもターゲットになっている。さらに，何もしなければ高い表面再結合からの影響を受ける新規の光トラップ方式を可能にするための ALD パッシベーション層の形成，たとえば“ブラックシリコン”テクスチャの形成が探究されている。ALD によって成膜される新規パッシベーション材料も探究されており，また，ALD をベースとするパッシベーション方式のさらなるチューニングがドーピングまたはスタック構築を通して行われている。この節では，ALD による表面パッシベーションの分野で起きているこれらについて最近の展開の概要を記す。

2.2.4.1　n^+ Si 表面および p^+ Si 表面のパッシベーションに用いる ALD スタック

高効率太陽電池設計の多くで n^+Si 表面のパッシベーションが重大関心事である（**図 2.10** 参照）。しかし，これまでの節で記したように，この応用にとって Q_f が負値を取る Al_2O_3 は理想的な材料ではない。さらに，IBC（Interdigitaded Back Contact）太陽電池を例に取ると n^+Si 領域

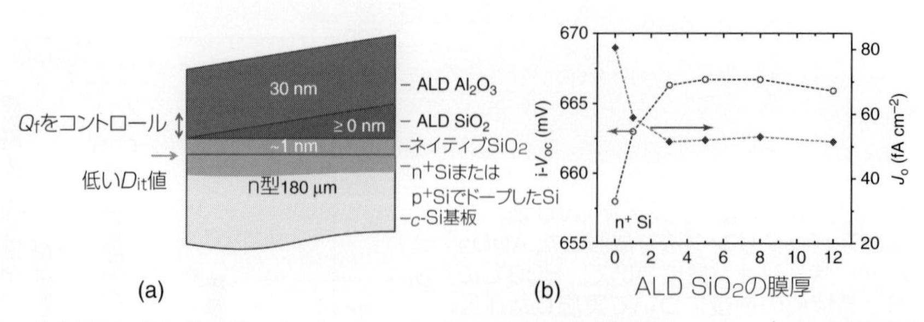

図2.10　(a) SiO_2/Al_2O_3 パッシベーション方式の模式的概略図。(b) n^+ Si表面 ($N_s = 2 \times 10^{20}$ cm^{-3}) の上に乗せた SiO_2/Al_2O_3 スタックによるパッシベーションの結果。(Van De Loo et al.2015 [11]。Elsevier社の許諾を得て転載。)（口絵参照）

と p^+Si領域が隣り合っているので同時にパッシベーションを施すことが望ましい。有意な Q_f 値ながら高レベルの化学パッシベーション効果（すなわち低い D_{it} 値）をもつパッシベーション方式を使うと，理想的にはどちらの表面タイプについても“誤りの”電荷極性に関連する効果，たとえば空乏領域再結合や寄生短絡を回避することができる。そのような“ゼロ電荷”アプローチでは，固定電荷による電場効果パッシベーションによるのではなく，n^+Siまたは p^+Siの表面の高いドーピングレベルによる方が少数電荷キャリヤ密度の局所的減少を確保できる可能性がある[11]。最後に，ALDによる n^+Si表面と p^+Si表面の同時パッシベーションは工業的視点からも関心事で，単一のALD作業で太陽電池の両面同時パッシベーションが可能になり得る。うまいことに，ベースの Al_2O_3 層がもつ負の Q_f 値はいくつかのやり方でチューニングすることができる。

まず，堆積温度を高くして（～300～500℃）Al_2O_3 単結晶の Q_f 値を下げる方法がある。ただ，この手法には化学的パッシベーションが減るという代償が伴う[85,86]。さらに，PE-CVD（プラズマCVD）による SiN_x 表面被覆とそれに続けて行われる高温焼成ステップ（＞800℃）がセットになって固定電荷密度を減衰させることが見出されている[72]。その Al_2O_3/SiN_x スタックは，広い範囲にわたる表面ドーピング濃度（～$10^{18} - 2 \times 10^{20}$ cm^{-3}）で n^+Si表面をパッシベーションできることがRichter et al.によって示されている[72]。しかし，このスタックには値が～$1 - 9 \times 10^{12}$ cm^{-2} で負の Q_f が残存するので[62]，反転領域効果または空乏領域効果があって太陽電池への適用に理想的とはいえない。

一方，200℃で形成されたALD SiO_2/Al_2O_3 スタックまたは HfO_2/Al_2O_3 スタック（たとえば，HfO_2 源にHf(NMeEt)$_4$ と H_2O を使い，SiO_2 源に $SiH_2(NEt_2)_2$ と O_2 を使って成膜）を Q_f が可変のパッシベーション方式に使うことができる[54,56,87]。Si-SiO_2 キャッピング界面またはSi-HfO_2 キャッピング界面がアニーリング中に水素化されることがこれらスタックの Al_2O_3 キャッピング層によって保証され，結果として D_{it} 値が＜ 10^{11} という優秀なレベルの化学パッシベーションが得られる[54,56]。ここでは，きわめて薄い（2～4 nm）SiO_2 中間層または HfO_2 中間層によって Al_2O_3 中に負の Q_f 値が生じるのが阻止されている[54,56,87]。SiO_2 中間層の厚みが増して4 nm以上のときには，SiO_2 層のバルクが絶対値がきわめて小さい正の Q_f 値をもつため（SiO_2 の成膜法によっては）SiO_2/Al_2O_3 スタックの全体的な電荷の極性が正になることすらある[54,56,87]。総括すると，“デジタルな”厚みコントロールとALDで得られる中間層の優れた均一性があれば，SiO_2/Al_2O_3 スタックおよび HfO_2/Al_2O_3 スタックの Q_f 値の精密な制御が可能である[11,54,56]。最近，Al_2O_3 の単一層または焼成 Al_2O_3/SiN_x スタックで得られる n^+Si 表面のパッシベーションに関して，ALDで得た SiO_2/Al_2O_3 スタックの性能が勝ることが示された[11]。

すでに言及したことだが，ALDベースのパッシベーション方式による n^+Si のパッシベーションが可能なことにより，大量生産の場で使用するALDリアクターに新しいチャンスが開けた。空間分割ALD(SALD)では p^+Si の上に Al_2O_3 を堆積することができる。その空間分割ALDリアクターの底側を使うと太陽電池の n^+Si 側に SiO_2/Al_2O_3 スタックを同時に堆積することができる。バッチALDでは，1回の堆積工程で太陽電池の両側のパッシベーションが可能である。事実，工場仕様のバッチALDリアクターではすでに SiO_2/Al_2O_3 スタックのスケールアップが成功している[11]。

2.2.4.2　込み入ったトポロジーをもつ表面のパッシベーションに使用するALD

高効率をもつ太陽電池の大部分では，少なくとも前側の表面に無反射被覆(ARC)されたランダムピラミッド(RP)テクスチャ(湿式化学エッチングにより形成される)をもち，これにより良好な光捕捉性と高い短絡電流密度が確保される(**図2.11**(a)参照)。表面再結合は Al_2O_3 ベースのパッシベーション方式のRPテクスチャでは平坦な表面と比べ～1.7倍になるが，これは表面積の増加によるものと考えられる。一方，反応性イオンによるエッチングを前面に施すと，“ブラックシリコン”(図2.11(b)参照)と呼ばれるきわめて粗い表面トポロジーが得られる。ブラックシリコンはAR被膜が無い状態でも優れた光捕捉特性をもつ[90,91]。RPテクスチャSiと比較したとき，ブラックシリコンは短波長領域での光吸収がとくに大きい。しかも，RPテクスチャSiに比べて光吸収の入射角依存度が低い[91]。

このような長所がある一方で，ブラックシリコンの表面積は平坦面に比べて7～14倍もある[92,93]。このように大きな表面積増大は，表面パッシベーションの品質に対する厳しい制約になる。ブラックシリコンテクスチャをもつ太陽電池の効率が長年にわたって18.2%以下に抑えられてきた。最近，ブラックシリコンで作られたIBC電池について22.1%の変換効率が報告された[91]。このケースでは熱ALD法による堆積でブラックシリコン表面に Al_2O_3 のパッシベーションが施されていた[91]。そのような表面パッシベーションを得る上ではブラックシリコンのすべての柱(ピラー)にわたって Al_2O_3 による完全被覆(**図2.12**のTEM画像参照)が必須で，ALDの手法が理想的な手段になる。さらに，ブラックシリコンの表面での電荷キャリヤの再結合率は，大きな表面積をもつ表面での知見をベースとした予測値よりはるかに低い[92～95]。その重要な理由は，平坦またはRPテクスチャ表面に比べるとブラックシリコン表面の電場効果パッシベーションが明らかに効果的であることである[92,95]。もっと具体的にいえば，パッシベーション層中の固定電荷密度によってブラックシリコンテクスチャの注射針のような形状のピラーがほとんど完全に反転ないし集積する結果，表面再結合が実質的に抑制されるのである。最後に，太陽電池への応用にとって，より一層のドーピングを受けたブラックシリコンも無視できない。p^+ ドープブラックシリコン上の Al_2O_3 について得られた最初の

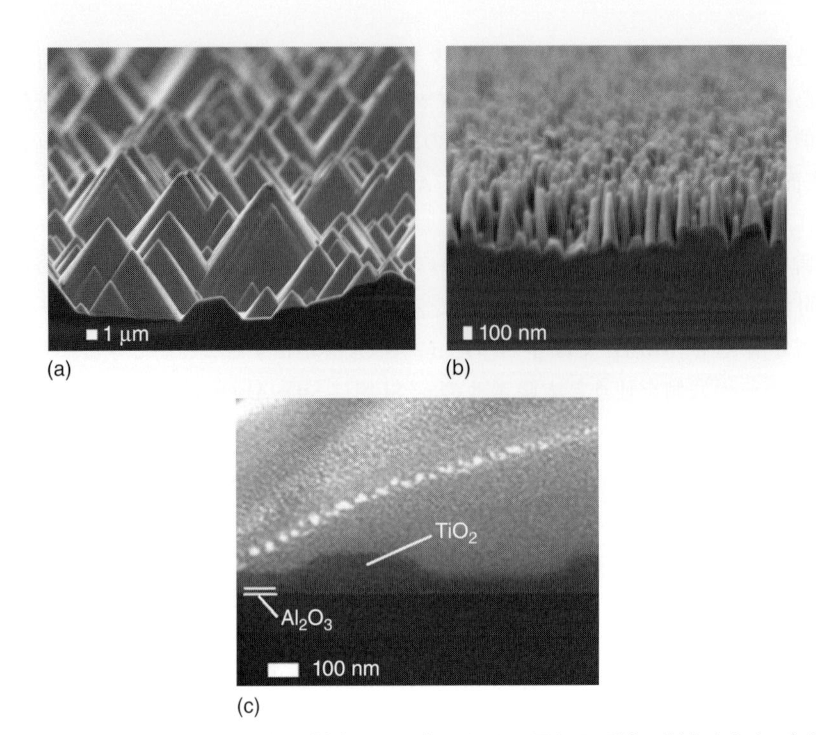

図 2.11　Si 太陽電池における光吸収を増強する目的のために異なる手法で製作されたデバイスの SEM 画像。(a) モノクリスタル Si のために産業で標準的に使われている方法，すなわち Si の湿式エッチングでランダムピラミッドを作る方法。この RP テクスチャ表面にパッシベーション膜と無反射膜が堆積される。(b) “ブラックシリコン”。反応性イオンエッチング法で作られ，続けて行われるパッシベーションにおいてプラズマ ALD で成膜される膜厚 30 nm の Al_2O_3 膜で覆われる（著者らは，ブラック Si 合成に関して貴重な情報を提供して頂いた Delft University of Technology に感謝する）。(c) 酸化チタン共振器の断面。プラズマ ALD によって成膜した Al_2O_3 の 30 nm 膜に TiO_2 を電子ビーム蒸着で堆積したものであり，表面パッシベーションが得られている。（パネル (c)：Spinelli et al.2013 [88]。アメリカ物理学会の許諾を得て転載。）

結果は有望性を示しているが [96]，n^+ ドープブラックシリコン表面については前節で議論した SiO_2/Al_2O_3 および HfO_2/Al_2O_3 の ALD スタックが興味深い候補である。

ブラックシリコンだけではなく，さらに複雑な表面トポロジーをもつテクスチャ，たとえば Si ナノワイヤや階層テクスチャの表面パッシベーションにも ALD Al_2O_3 膜が使われている [90,97]。そのようなトポロジーでは，ナノ構造体上の膜に良好な適合性を確保するために ALD プロセスに際して前駆体ドースを多重に行う場合もある [90]。興味深いことに光トラップという手法も開発されていて，そのときには平坦な Si 表面を使うことができる [88]。この手法では，平坦表面に ALD Al_2O_3 によるパッシベーションを施す。得られるパッシベーション層の上にナノメートル寸法の TiO_2 共振器を堆積すると Si 中での光トラップが増強される（図 2.11 (c) 参照）[88]。このアプローチは，表面のテクスチャ化が無反射膜の使用に重畳する（を補強する）一方で，ALD Al_2O_3 膜によって得られる表面パッシベーションに悪い影響を及ぼすこともないので，太陽電池への応用できわめて有望といえよう。

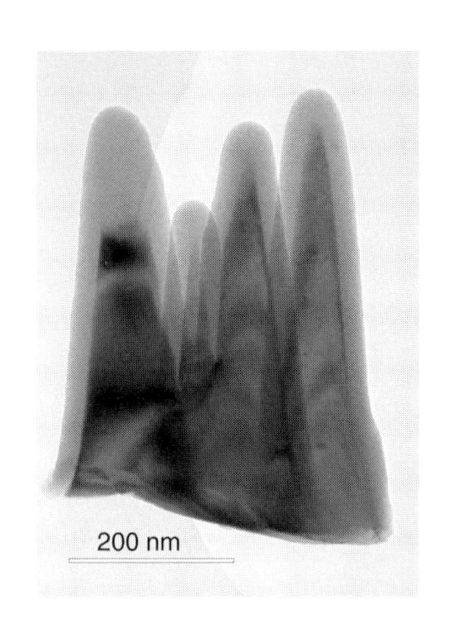

図 2.12　図2.11b に示したブラックシリコンピラーの明視野画像。プラズマ ALD にて生成した膜厚が 30 nm の共形 Al_2O_3 層が堆積している。

2.2.4.3　新規の ALD パッシベーション方式

ALD Al_2O_3 がとてつもない成功を収めたのを受けて，TiO_2，Ta_2O_5，および Ga_2O_3 など他の材料の ALD で得られた表面パッシベーションの特性が調べられている。**表 2.4** にはこれまで得られているパッシベーションの結果および対応界面の特性がいくつかの系について示してある。最近，ALD 法で調製された Ga_2O_3 [100] および Ta_2O_5 [98] が良好な表面パッシベーションを達成する材料であることが Cuevas と共同研究者によって同定された（後者は PE-CVD SiN_x キャッピング層とセットで扱われている）。表面パッシベーションの素晴らしい結果が示されてはいるが，プロセスの複雑度，コスト，あるいはパッシベーションの品質に関して，たとえば Al_2O_3 膜や SiO_2/Al_2O_3 スタックに比較したときにこれらの材料からは明白な長所が得られていない。しかし，新しい分野として 2.4 節で記す接合のパッシベーションにおいてこれら新規材料がきわめて有用になる可能性がある。

光子エネルギーが 2 eV の光（波長が～600 nm の赤色光）に対する屈折率が～2 の材料は，反射防止被覆 ARC に適するのでパッシベーション材料として興味深い。たとえば，SiN_x が Si 太陽電池に使われるようになる前は TiO_2 が伝統的に使われており，パッシベーションの品質に優れた SiN_x が徐々に取ってかわったのだ。最近，$TiCl_4$ と H_2O を前駆体に用いる ALD で TiO_2 パッシベーションが可能なことを Liao et al. が示した [99]。堆積後アニーリング処理の後に光照射（light-soaking）ステップを組み合わせることで TiO_2 のパッシベーションが達成される [99]。興味深いことに，TiO_2 は接合のパッシベーションに用いる材料としても適している可能性がある。

ALD 法は，単一層の堆積の他に，良好なコントロール下でのスタックやドープ膜の形成にも適した手法である。パッシベーション層の電気特性や光特性を細かくチューニングする目的にこの能力を使える可能性がある。たとえば，屈折率が違う 2 種類の材料を使って太陽電池の内部への光トラッピングを増進するための二重層，傾斜 ARC，あるいは Bragg ミラーを作ることができる。ALD を用いるパッシベーション方式は ARC にも適しており，それには Al_2O_3/ZnO スタックがあり得て，ZnO による Al_2O_3 のキャッピングの後でパッシベーション特性の改善が得られている [22]。ALD SiO_2 および ALD Al_2O_3 についても，ドーピングを使って D_{ij}

表 2.4　数種類の材料から ALD 法で行う表面パッシベーションの最適条件のまとめ

材料または スタック	金属前駆体	共反応物	堆積温度 (℃)	GPC (成膜速度) (Å)	堆積後アニーリング (℃，雰囲気)	D_{it} $(\times 10^{11}\ eV^{-1}cm^{-2})$	Q_f $(\times 10^{12}\ cm^{-2})$	S_{eff} $(cm\ s^{-1})$	文献番号
Al_2O_3	$AlMe_3$	O_2 プラズマ	200	1.1	450，N_2	0.8	−5.6	2.8	[47]
	$AlMe_3$	O_3	200	0.9	400，N_2	1.0	−3.4	6.0	[47]
	$AlMe_3$	H_2O	200	1.1	350，N_2	0.4	−1.3	4.0	[47]
SiO_2	$SiH_2(NEt_2)_2$	O_2 プラズマ	200	1.2	400，N_2	10	0.6−0.8	25^a	[55]
SiO_2/Al_2O_3	$SiH_2(NEt_2)_2$	O_2 プラズマ	200	1.2	400，N_2	1	−5.8〜0.6	3	[55]
HfO_2/Al_2O_3	$Hf(NMeEt)_4$	H_2O	150	1.1	350，N_2/H_2	<1	−（4−1）	<1	[54]
Ta_2O_5	$Ta_2(OEt)_{10}$	H_2O	250	0.3	無し	n.a.	−1.8	〜467	[98]
Ta_2O_5/SiN_x	$Ta_2(OEt)_{10}$	H_2O	250	0.3	無し	n.a.	−1.0	3.2	[98]
TiO_2	$TiCl_4$	H_2O	100	0.6	200〜250，N_2，光照射	n.a.	n.a.	2.8	[99]
Ga_2O_3	$GaMe_3$	O_3	250	0.2	350，H_2/Ar	n.a.	n.a.	6.5	[100]

注：キャッピング層として使われるケースもある SiN_x 層は PE-CVD 法で形成される。注意したいのだが，S_{eff} の値はドーピングデータに依存するが，そのドーピングデータは研磨された n 型フロートゾーンシリコンウェーハでベース抵抗が 1〜5 Ω のもののデータに基づく値が表に示されている。サイクル当たりの成長すなわち GPC 値が各プロセスに対して示してある。

n.a.; データ入手不能。a 経時的に不安定。

や Q_f で表される界面特性を改善することができる[101,102]。たとえば，TiO_2 でドープされた Al_2O_3 層は単一の Al_2O_3 層に比べてわずかに大きい負の Q_f 値をもつことが見出されている[101]。

ALD 法を使うとナノ薄膜やナノ合金が得られる可能性があって，パッシベーション特性の改善あるいは新規機能の付与にそれを使うこともできる。たとえば ALD $TiO_2-Al_2O_3$ ナノラミネートでは，パッシベーションの品質劣化が代償だが Al_2O_3 の単一層に比べて電気伝導度が高くなることが見出されている[102]。さらに，表面パッシベーション方式の耐湿性（ダンプヒート安定性）を増進する目的にも Al_2O_3-TiO_2 ナノラミネートが使われて，水蒸気バリア層の役を担っている[103]。（サイクル比が 1:1 の Al_2O_3;:TiO_2 ALD で形成された）Al_2O_3-TiO_2 “合金”も調べられていて，わずかながら表面パッシベーションが改善された[104]。この節をまとめると，膜の成長と組成の精密な制御が ALD により可能になったことで ALD ベースのパッシベーション方式にさらなる発展の道が開けたことになる。

2.3　Si ヘテロ接合太陽電池に使うための透明導電性酸化物（TCO）

この節では，SHJ（シリコンヘテロ接合）太陽電池で使用するための透明導電性酸化物（TCO）として ZnO ベース TCO および In_2O_3 ベース TCO を形成するときの ALD の役割を概観する。最初に TCO に関する基本的事項と SHJ 太陽電池への実装に関連して重要な側面をまとめる。次に，In_2O_3 ベース TCO が高い電気伝導度と透明度をもつことを記して太陽電池の前面に使用する目的にとりわけ適していることを示す。SHJ 太陽電池の効率の最新記録の達成にはこの TCO が鍵になった。ZnO ベースの TCO は，太陽電池の背面に用いる低価格代替品として最も有望で，その理由は，背面に対する光エレクトロニクス的要請が緩やかなことにある。また，ZnO の仕事関数が電子の集電電極に適した値になっている。

ZnO ベースの TCO と In_2O_3 ベースの TCO の両方について ALD プロセスを記述する。ドープ ZnO ベース膜（ZnO:X，X＝Al，B，Ga, etc.）の ALD プロセスについて記すサブセクションでは，ドーパントスーパーサイクル法の使用によって得られたドープレベルの高度な制御について記述する[105,106]。スーパーサイクル法にはドーパントのクラスタリングが付きものだが，これによるチャレンジとそのクラスタリングを軽減する戦略のいくつかについても併せて記述する。（ドープされている）In_2O_3 ベースについては現在使われている ALD プロセスの概要を記すが，きわめて有望な特性を与える可能性が高いことから高移動度 H ドープ In_2O_3 にとくに注目する。終わりに ALD による TCO の大量生産における最近の展開について記すが，そこでは（ドープ付き）ZnO についても簡単に触れる。

2.3.1　SHJ 太陽電池における TCO の基礎

2.3.1.1　面方向電導度

透明電導性酸化膜（TCO）に対する 1 番目の要請事項は，金属グリッドに向けた面内電荷輸

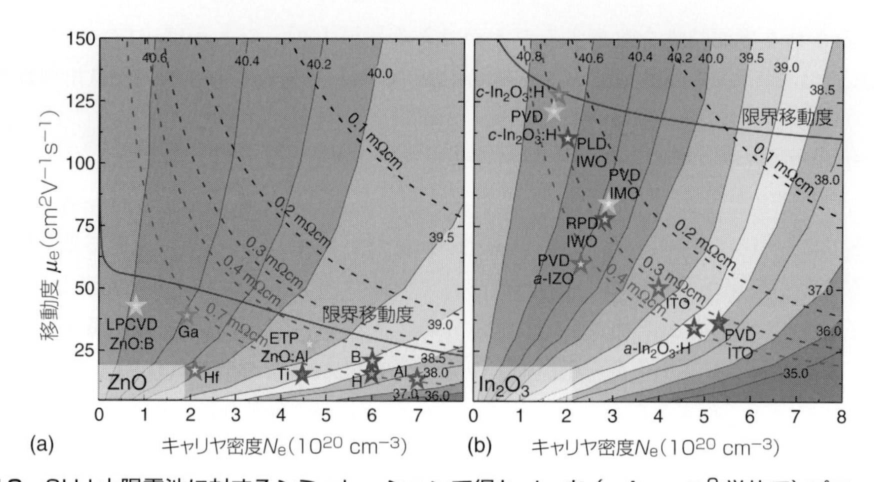

図 2.13　SHJ 太陽電池に対するシミュレーションで得た J_{sc} を (mA cm^{-2} 単位で) プロットしたもので，ZnO ベースの透明導電性酸化物 (TCO) (a) および In_2O_3 ベースの TCO (b) に対してキャリヤ密度および移動度の関数とする包絡線プロット。破線は抵抗値の等値線。シミュレーションの対象として用いたのはテクスチャウェーハで，5 nm の真性 a-Si:H，10 nm の p 型 a-Si:H，および 75 nm の TCO が太陽電池の前面に配置してある。OPAL2 [108] を使って光子流をシミュレーションしたが，In_2O_3 および ZnO の光学定数にはエリプソメトリ測定で得た値 [106,109] が使われた。キャリヤ密度や移動度の変化に自由キャリヤ吸収から生じる効果を計算するために，モデル化された誘電率関数に対する Drude 振動子の ε_{Drude} からの寄与に相応の変化が付けられた。バンド間吸収は一定に保たれると仮定し，In_2O_3 と ZnO の m* もそれぞれ 0.23 m_e と 0.4 m_e で一定と仮定した。太い線は，キャリヤ密度の関数としてみた限界移動度である。ZnO に対する値の計算は Masetti et al. のモデル [110] に最新のパラメータ値 [111] を使って行われた。In_2O_3 のモビリティ限界は，フォノン散乱由来のモビリティ限界とイオン化不純物散乱由来のモビリティ限界 [109,112] を使って行われた。ZnO については，さまざまなドーパント原子が入った ALD 膜について文献値 (表 2.5 参照) が図に使ってあり，さらに低圧 CVD 法で得られた ZnO:B や膨張 In_2O_3 熱プラズマ CVD 法 [113] で得られた ZnO:Al についても記してある。In_2O_3 については，無定型酸化インジウム (a-In_2O_3:H) に対する値と酸化インジウム結晶 (c-In_2O_3:H) (ALD 法 [109] で形成)，ITO [106]，IMO [114]，および無定型 IZO [115] (スパッタリング法で形成)，そして IWO (反応性プラズマ堆積 (RPD) [116] およびパルスレーザー堆積法 (PLD) [117] で形成) に対する値が図に示されている。ALD 過程は太字 (ゴシック体) で表してある [118]。(口絵参照)

送に際して過剰なオーム損失が生じるのを防ぐために比抵抗を低くすることである。比抵抗 ρ はキャリヤの密度を N_e，移動度を μ_e，素電荷を e として $(N_e\mu_e e)^{-1}$ で与えられる。厚みが 75 nm の前面 TCO に代表的なシート抵抗は～40 $\Omega\gamma^{-1}$ で，0.3 mΩ cm の比抵抗に対応する [107]。ところで，TCO は入射光の導入結合 (インカップリング) を最大にするための反射防止膜の役も担うので，屈折率が～2 のときに膜厚が 75 nm 前後に限定される。**図 2.13** で破線で記入してある等比抵抗曲線は，この比抵抗値が得られる N_e ($> 1 \times 10^{20}$ cm^{-3}) 値と μ_e 値の組をトレースしたものである。

TCO は通常～3 eV と高いバンドギャップをもち真性キャリヤ密度 N_e がきわめて低い。しかし，In_2O_3 薄膜や ZnO 薄膜には 2 価に帯電した酸素空孔 (V_O^{2+}) や 1 価に帯電した H^+ が意図しないのに存在し，典型的な N_e 値が～10^{19} cm^{-3} またはそれ以上になって n 型のドーピングを受けている。充分低い比抵抗を得る目的で異なる元素のドーピングによってさらなる n 型

表 2.5　Zn 源として DEZ を使う ZnO ドーピングのために実施された低温 ALD プロセスの報告例からの抜粋

ドーパント	ドープ前駆体	T_{dep}（℃）	ドープレベル（at.%）	N_e (10^{20} cm^{-3})	μ_e (cm^{2}V^{-1}s^{-1})	ρ (mΩcm)	参照文献
Al	$AlMe_3$	200	1.9	1.4	14.3	3.1	[134]
	$AlMe_3$ a)	170	− − −	4.3	7	2.1	[135]
	$AlMe_3$ b)	200	7	8	− −	− −	[136]
	$AlMe_2(O^iPr)$	250	4.6	10	6	1.1	[137]
	$AlMe_2(O^iPr)$	200	− − −	0.7 ～ 7	13.4 ～ 15.6	0.7 ～ 6.7	[106]
B	$B(O^iPr)_3$	150 ～ 240	1.6	＜ 3	＜ 12	2.2 ～ 3.5	[138]
	B_2H_6	150	− − −	～ 6	～ 20	0.64	[139]
Ti	$Ti(OCHMe_2)_4$	200	1.6	2.9	20.4	1.05	[140]
			− − −	4.5	15	0.9	[141]
Ga	$GaMe_3$	210	− − −	～ 2	25 ～ 40	0.8	[142]
Hf	$Hf(NMeEt)_4$	220	1.7	2.1	17	1.6	[143]
H	H_2 プラズマ	200	− − −	6	15	0.7	[144]

a) このプロセスでは堆積する TMA の量を減らすために脱ヒドロキシ反応を使う。
b) このプロセスでは堆積する TMA の量を減らすためにアルキルアルコールによる官能基導入を行う。

ドーピングが施されるのだが，In_2O_3 には Sn，ZnO には Al，Ga，または B が使われて N_e 値が 10^{20}～10^{21} cm^{-3} に増やされる。

キャリヤ移動度 μ_e には電荷キャリヤの散乱による上限がある。もともと存在して避けられない散乱過程はフォノン散乱である。(通常は) 多結晶性の TCO の品質によるが，たとえば，粒界などの結晶欠陥やその他の不純物に由来する外因性の散乱過程が有意な場合がある。それでも，この節の議論に関わりがあるキャリヤ密度値の範囲 ($> 1\times10^{20}$ cm^{-3}) で関連があるのはイオン化したドーパントによって生じるクーロン散乱で，イオン不純物散乱 (IIS) と呼ばれる。イオン化ドーパントが均一に分散しているケースに対しては，IIS による限界移動度 μ_{ii} を Pisarkiewicz et al. によって得られた下式によって計算することができる [112]。

$$\mu_{ii} = \frac{3(\varepsilon_r\varepsilon_0)^2 h^3}{Z^2 m^{*2} e^3}\cdot\frac{N_e}{N_i}\cdot\frac{1}{F_{ii}^{np}(\xi_0)} \tag{2.5}$$

この式で h はプランク定数，ε_0 と ε_r はそれぞれ真空の誘電率と膜の比誘電率，m^* は有効電子質量，Z はイオン化不純物の電荷数，N_i はイオン化不純物の濃度である。$F_{ii}^{np}(\xi_0)$ は縮重半導体のイオン化不純物散乱 IIS に対する遮蔽関数で，下式で与えられる因子 ξ_0 を通してキャリヤ密度に依存する [112]※。

$$\xi_0 = \sqrt[3]{3\pi^2}\cdot\frac{\varepsilon_r\varepsilon_0 h^2 N_e^{1/3}}{m^* e^2}$$

※訳注：N_e は次元が単位体積あたりだから数密度である。よって N_i も濃度ではなく同じ次元の数密度にしないと上の式で左辺と右辺の次元が一致しない。

$N_e > 1 \times 10^{20}$ cm^{-3}のときにはZnOにおける移動度がIISによってほぼ< 50 cm^{2}V^{-1}s^{-1}に制限され，In_2O_3の値は< 150 cm^{2}V^{-1}s^{-1}に制限される[119,120]。このことからみた限りではIn_2O_3に明白な利がある が，この違いは，主として電子の有効質量がZnOにおける～0.4－0.5 m_eに対して～0.2－0.3 m_eと小さいことによる。ZnOベースのTCOのなかとIn_2O_3ベースのTCOのなかのキャリヤ移動度の限界は，高いキャリヤ密度のときには主としてIISに起因し，図2.13ではそれが青色の実線で示されている。

2.3.1.2　透明度

TCOには，低い抵抗率に加えて，入射する太陽光の光子エネルギー（～1.12－3.5 eV）の範囲の良好な透明性も求められる。ZnOとIn_2O_3はバンドギャップが大きいため（$E_g > 3$ eV）その光子エネルギー範囲まで原理的に透明だが，このことは，**図2.14**（a）に示されているうちで事実上，無ドープ状態にあるZnOのスペクトル吸収係数から見て取ることができる。バンドギャップである3 eVを超える光子エネルギーでZnOによる強い吸収増大が予想通り観測されている。ドーピングが上がるとZnOによる光吸収の立ち上がりが高い光子エネルギー（すなわち短い波長）にシフトするが，これは光学的バンドギャップの広がりに対応する。この効果はバースタイン－モスシフト（またはBMシフト）と呼ばれる。図2.14（b）からわかるようにZnOのフェルミ準位E_Fが伝導帯に近接している。これは，非意図的なドーピングによって伝導帯が（ほとんど）縮重するためである。TCOに対するドーピングが上がるとフェルミ準位がさらに高く上がって伝導帯に入ってしまう。これによって光学的バンドギャップが大きくなるが，その理由は，価電子帯の頂上からの光学遷移に際して伝導帯の底にある被占有状態が使えないためである。このようにして高い光子エネルギーまで透明性が延びるから，TCOの高いドーピングは利点である。しかし，このことによる利点は比較的小さい。図2.14（a）からわかるように，太陽光ではこのように高い光子エネルギーをもつ光子がごく少数に限られる。

ドーピングによって生成するフリーキャリヤ（自由キャリヤ）によってドルーデ吸収が増大し，低光子エネルギー域でフリーキャリヤ吸収（FCA）も増大する（図2.14（a）参照）。太陽光のスペクトルに含まれる光子の大部分はエネルギーが低いので，この効果はきわめて有害である。しかも，ドルーデ効果の寄与が増大すると低い光子エネルギーに対する屈折率nが小さくなり，屈折率ミスマッチによるフリーキャリヤ反射（FCR）が増進する。複素誘電率関数ε_{Drude}に対するドルーデ効果の寄与はプラズマ周波数ω_pと散乱周波数ω_τで決まり，下式で与えられる[121]；

$$\varepsilon_{\mathrm{Drude}}(\omega) = -\frac{\omega_p^2}{\omega^2 + i\omega\omega_\tau}, \quad \omega_p = \sqrt{\frac{e^2 N_e}{\varepsilon_0 m^*}}, \quad \omega_\tau = \frac{e}{m^* \mu_e} \tag{2.6}$$

上式で，ω_pはドルーデ効果が寄与し始める周波数を表し，ダンピング項ω_τはω_pのまわりでの広がり幅を決める。これらの表式から分かることだが，これらの式から高い移動度は二つの意味で利点であることが分かる。第一に，低い抵抗率を得るために必要なN_eを減らし，ω_pを減少させる。同時に，移動度が高いときには（すなわち低いω_τでは），広がりが小さくなるためプラズマ周波数を超えたところのドルーデ効果の寄与が少さくなる。

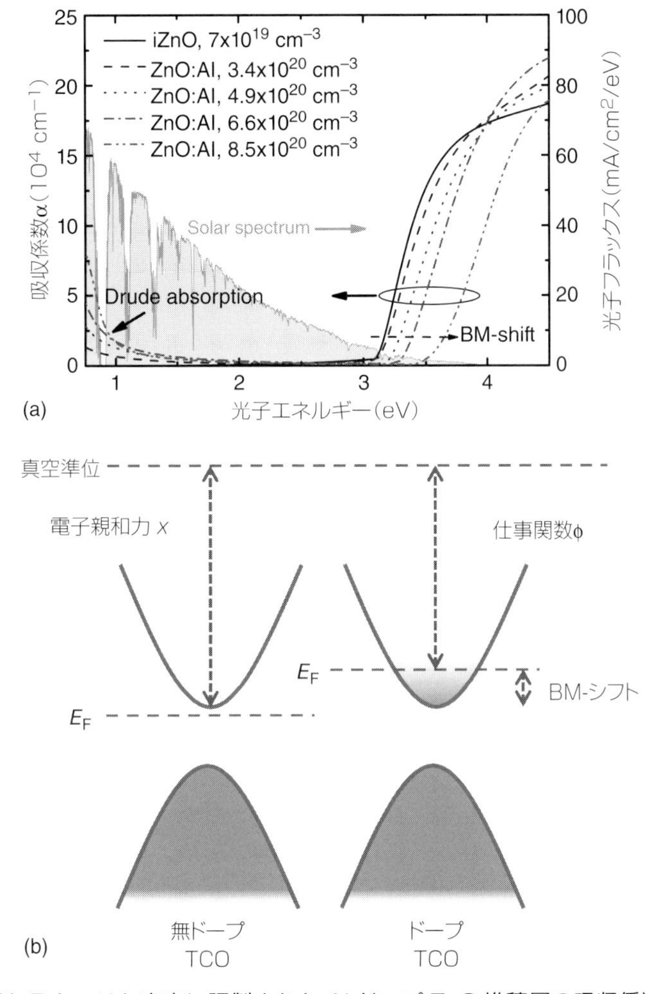

図 2.14 (a) 異なるキャリヤ密度に調製された Al ドープ ZnO 堆積層の吸収係数。成膜は 200℃における熱的 ALD で行われ，Zn 源と Al 源にそれぞれ DEZ (ジエチル亜鉛) と DMAl (ジメチルアルミニウム) が使われた。ドルーデ (Drude) 機構の寄与およびバーンスタイン-モスシフト (Burstein-Moss, BM シフトと略記) の増加が示されている。(b) 無作為にドープされた TCO のバンドダイヤグラム (a) と意図的ドーピングを行った TCO のバンドダイヤグラム (b)。電子親和力 X は伝導帯の端と真空準位のエネルギー差を表し，仕事関数 ϕ はフェルミ準位 E_F と真空準位のエネルギー差を表す。(口絵参照)

SHJ 太陽電池の J_{sc} へのドルーデ効果の寄与のうちで FCA (自由キャリヤ吸収) と FCR (自由キャリヤ反射) によるものについて，ZnO を用いた TCO (透明導電性酸化膜) と In_2O_3 を用いた TCO の両方についてシミュレーションの結果から得た等値線プロットが図 2.13 に示してある。プロットからわかるように，高い短絡電流 J_{sc} を得る上では高い μ_e と低い N_e が鍵である。一方，抵抗係数を小さくするためには μ_e と N_e が両方とも大きいことが望ましい。これらの点からは，ZnO に比べて In_2O_3 の方が移動度の上限値が大きいので高い J_{sc} 値と低い比抵抗を与える。それにもかかわらず，等値線プロットが示すように J_{sc} が示す対 N_e 感度と対 μ_e 感度は In_2O_3 よりもZnOの方が低い。そのおもな理由はZnOの方が大きい実効電子質量をもつことにあり，そのため，与えられたN_eとμ_eに対するω_pとω_rがより低い値になる。

比較のために，既報の報文から引用したキャリヤ密度とキャリヤ移動度の値も図2.13に示した。ALDを用いたプロセスが太字で記してある。ZnOベースのプロセスからは限界移動度よりかなり低い移動度値が得られることが図から分かる。これからは，材料の品質に関係がある散乱（たとえば粒界や中性不純物による散乱）の重要性が示唆される。それでもALD法は他の堆積法と少なくとも対等な位置にある。とりわけ従来，ETP法（膨張熱プラズマ法）や低圧CVD法（LPCVD）による膜では，はるかに厚い膜厚（$>$ 500 nm）が形成されている。

In_2O_3ベースのプロセスでは，さまざまな高移動度TCO（透明導電性酸化物）が作られていて，いずれも性能がスパッタ法で得たITO（酸化インジウムスズ）を大きく超えている。とくに，結晶化In_2O_3:H（c-In_2O_3:H）はμ_e由来の低い抵抗率（$<$ 0.3 mΩ cm）ときわめて高いJ_{sc}値のためきわめて有望であり，その移動度μ_eの値は限界値にきわめて近い。初期にはスパッタ法でこの材料が作られたが[122]，後述するように最近はALD法による成膜法も開発されている[4,109]。ただ，この材料では良好な金属−TCO接点の構築が困難なことが証明されており，また，Hドープ材料は動作条件下の安定性が劣る。ただし，後者の問題は二重層を使うことで回避することができる[123,124]。最近，スパッタ法で成膜されたZnドープ・アモルファス酸化インジウム（IZO）が関心を集めているが，その理由は，良好な金属−TCO接続特性と安定性のもとで比較的高いμ_e値（～60 $cm^2V^{-1}s^{-1}$）が得られることによる[115,124]。さらに，MoドープIn_2O_3（IMO）およびWドープIn_2O_3（IWO）は高移動度TCOになるので，IWOベースTCOのSHJ太陽電池に銅被膜を施したSHJ太陽電池が22％を超える効率が達成されている[116]。

2.3.1.3　SHJ（シリコンヘテロ接合）太陽電池との適合両立性

透明導電性酸化物（TCO）の製作とそのプロセシングはSHJ太陽電池の設計とプロセシングと整合する必要がある。TCOプロセシングに関わる制約の大部分が無ドープSi超薄膜とドープa-Si:H超薄膜に支配される。とくにp型ドーピングを行ったa-Si:H膜はきわめて強い温度敏感性をもつため，プロセシング温度の上限が200℃に制約される[107]。加えて，これら超薄膜はプラズマによる損傷を受けやすい。たとえば，スパッタ法によるTCO堆積では下地のa-Si:H膜にプラズマによる損傷が生じやすく，そのため表面パッシベーションの度合いが低下してしまう[106,125]。この損傷は堆積後アニーリングによって（部分的に）修復することができるが，a-Si:H膜のマイクロ構造が不可逆的に変わってしまう[125]。

上記の事項に加えて，TCOの仕事関数ϕも重要である。a-Si:H（p）膜に接合する前面TCOのϕ値はa-Si:H（p）膜のϕ値（～5.3 eV）以上であることが望ましく，a-Si:H（n）膜に接合する背面TCOのϕ値はそのa-Si:H（n）膜のϕ値（～4.2 eV）以下であることが望ましい[126]。ϕ値にミスマッチがあるとドープa-Si:H//TCO層の間にショットキー接続が生じて関連する空乏領域がSiウェーハまで広がってバンドの屈曲を小さくしてしまい，その結果，曲線因子（fill factor）ひいては開放電圧に重大な影響を与える[127,128]。a-Si:Hの厚みまたはドープレベルを変えることでこの効果を軽減することができるが，代償として光の寄生吸収およびa-Si:H（p）膜中の欠陥密度増大が伴う[126,129]。図2.14（b）に示す模式図から分かるように，縮重TCO

の ϕ 値はバースタイン–モスシフトを媒介して電子親和力 χ と Si:H 膜のドーピングレベルから決まり，（バンドギャップ狭小化を無視すると）$\chi - \Delta E_{BM} = \phi$ で与えられる［130］。したがって，ドープ a-Si:H/TCO 接触を最適化するためにはドーピングレベルを介して行う TCO の仕事関数のコントロールが重要である［106,126,129］。ZnO の電子親和力（～4.4 eV）が In_2O_3 に対する値（～5.0 eV）より小さいから，a-Si:H（n）膜との接触には ZnO が適していて前面の a-Si:H（p）膜との接触にはドーピングが低い In_2O_3 が適切である［130］。太陽電池では背面の透明度に対する要求の方が低いから，その背面では In ベース TCO に代えて ZnO ベース TCO の使用が低コスト代替法になる［131］。事実，背面の ITO（酸化インジウムスズ）をドープ ZnO に置き換えても変換効率が落ちないことが最近示された［131］。

2.3.2　透明導電性酸化物 TCO の ALD

2.3.2.1　ドープ ZnO の ALD

ZnO の ALD プロセスに関する研究ではジエチル亜鉛（$ZnEt_2$，DEZ と略記）と水をベースにするプロセスを対象とするものが圧倒的で，200℃以下の温度でも高い成長速度（代表値は 1 サイクル当たり＞1.5 Å）が得られる［132］。このプロセスは下の反応式で記述することができる［133］。

$$\text{DEZ}: {}^{*}\text{ZnOH} + \text{Zn}(C_2H_5)_2 \rightarrow {}^{*}\text{ZnOZn}(C_2H_5) + C_2H_6$$

$$H_2O: {}^{*}\text{ZnOZn}(C_2H_5) + H_2O \rightarrow {}^{*}\text{ZnOH} + C_2H_6$$

ALD プロセスで作られる ZnO は，意図しなくても酸素空孔および H ドーパントが存在することによりドープされており，～10^{19} cm^{-3} に達する電子密度をもつ場合がある。それでも ZnO の比抵抗は代表値が 10^{-3} Ω cm と高い領域にあり，SHJ 太陽電池への応用で求められる 10^{-4} Ω cm にするためのカチオンドーピングが必要である。

ZnO のドーピングで最も広く行われるのは TMA を使って行う Al ドーピングだが，他のドーパント前駆体や原子，たとえば B，Ga，Ti，Hf，さらには H までもがこれまでかなりの関心を集めている。ドープ ZnO の低温 ALD プロセスに関する概要が表 2.5 に示してある。

ZnO マトリックスにドーパントを導入するには，ALD スーパーサイクルと呼ばれるプロセスが通常使われる。その ALD スーパーサイクルの原理は**図 2.15** に示してある。そこでは，数回（n 回）の連続する ZnO サイクルに 1 回のドーパントサイクルが挿入される。このスーパーサイクルを反復すると**図 2.16**（a）に示すような構造体が得られ，ドーパントが別個の平面の上に位置取りしている。この点が格子へのドーパント組み込みがランダムである CVD 法や PVD 法による結果との明確な違いである。隣り合うドーパントステップ（すなわち Al_2O_3 ステップ）の間に行う ZnO サイクルのサイクル数，すなわちサイクル比 n を通して垂直方向のドーパント間隔を正確に制御することができる。したがって，スーパーサイクルの手法を使えばきわめて厳密にキャリヤ密度を制御することができるのである（図 2.16（b）参照）。

ドーパントの垂直方向間隔を適正にコントロールする上で，スーパーサイクル法で行われる

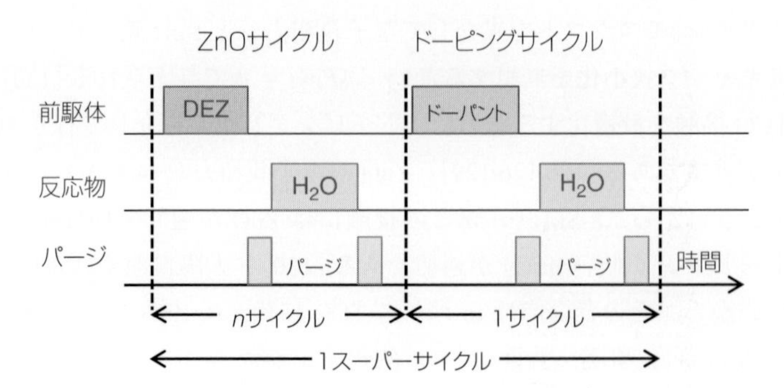

図2.15　ALDスーパーサイクルの原理を示す概念図。ZnOへのドーピングに使われれるALDスーパーサイクルでは，ZnO ALDプロセスをn回行ってからドーパント元素（Al, B, Gaなど）が含まれるプロセスを1回挿入する。所定の膜厚が得られるまでこのスーパーサイクルを反復する。（参照文献［46］から転載。）

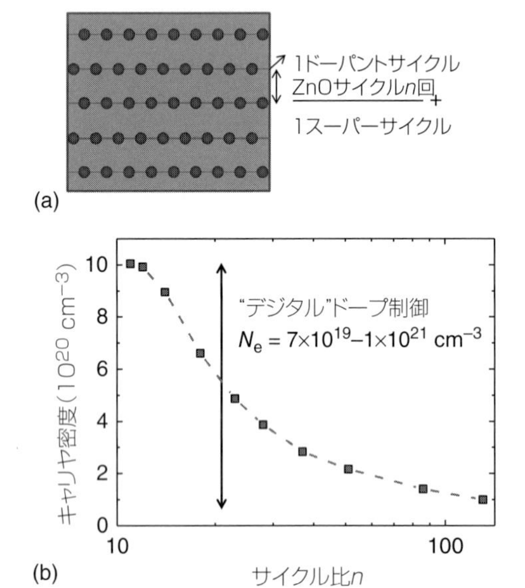

図2.16　(a) ALDのスーパーサイクルを使って得られる超構造。ドーパントの深さ方向間隔をサイクル比nで制御する。(b) スーパーサイクルを使うことによりZnO中のキャリヤ密度を精密に制御できることの具体例。上に結果を示す例では，ドーパント前駆体としてDMAl（ジメチルアルミニウム）が使われ堆積温度が200℃であった。

ALDプロセスの切り換え時に定常状態ALD挙動からのずれが生じ得ることの認識が重要である。例を挙げると，TMAまたはDMAlを用いるドーピングステップの直後のZnOサイクルにZnO成長速度の低下がみられ，この低下は約4回のZnOサイクルが過ぎてから回復する［137,145］。この低下は，Al_2O_3ステップ後にAlOH*とZnOH*が表面化学種として存在し，相対的に塩基性のZnOH*基に向けてAlOH*基からプロトン移動が起こって表面OH基の密度が減少するためとされている［137］。加えて，TMAが使われる場合には下記反応式によりTMA導入ステップ時に以下のZnOのエッチングが生起することも観測されている。

$$*ZnOH + Al(CH_3)_3 \rightarrow *Al(CH_3)OH + Zn(CH_3)_2$$

これらの効果によって，スーパーサイクル当たりの成長（GPSC）には組み合わせる ALD サイクルの成長速度の線形和から予測されるものからのズレが生じる。

上で説明したスーパーサイクルの手法を使うとスーパー構造のなかに高いドーパント密度をもつ面が自発的に形成されるため，それがドーパントのクラスター化のもとになる可能性が生じる。そのようなクラスター形成はいくつか有害な効果をもつ可能性がある。第一に，クラスター形成によってドーピング効率が低下する可能性があり，不活性ドーパントによる中性不純物の散乱が増進する。第二に，ドーパントサイクルの時に ZnO 粒子の成長が中断するため，粒界散乱が増進する［105］。最後に，与えられたドーパント密度においてはドーパントが等方的に分布するときにイオン不純物散乱（IIS）が最少になる。そのため，ドープ ZnO 層の最適化にはドーパントの縦方向間隔のコントロールに加えて横方向間隔のコントロールが強く望まれる。

このドーパントクラスタリングを少なくするための手法として，サイクル当たりのドーパント原子数を少なくすることで行う方法がいくつか報告されている。Wu et al. は，**図 2.17** の模式図で示すようにドーパント前駆体に TMA を使う代わりに DMAl など結合部位のより大きな分子を使って立体障害を大きくすると Al 原子の間の横方向間隔が大きくなることを示した。1 回のドーパントサイクルで析出する Al 原子が～1.1 at.nm^{-2} から～0.3 at.nm^{-2} に減るため，膜中にあってドーパントとして活性な Al 原子の割合，すなわちドーピング効率が～10％から 60％に増大する［137］。そのため，TMA に対する最大値～4×10^{20} cm^{-3} に対して最大キャリヤ密度レベルとして 10^{21} cm^{-3} を達成することが可能になる。

立体障害の利用に加えて，TMA の化学吸着ステップで使用できるヒドロキシルサイトの量

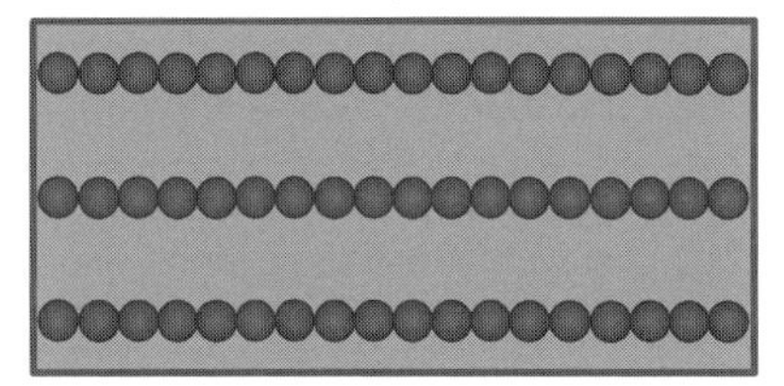

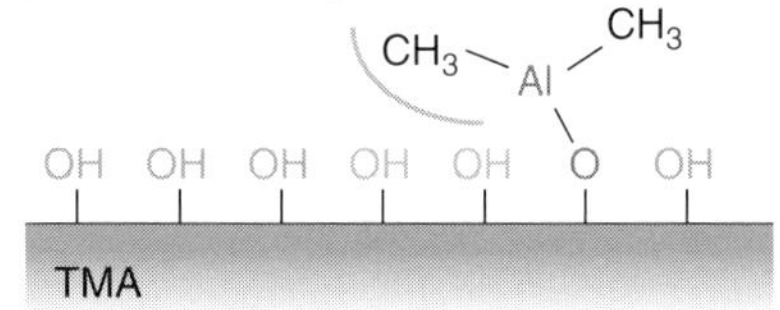

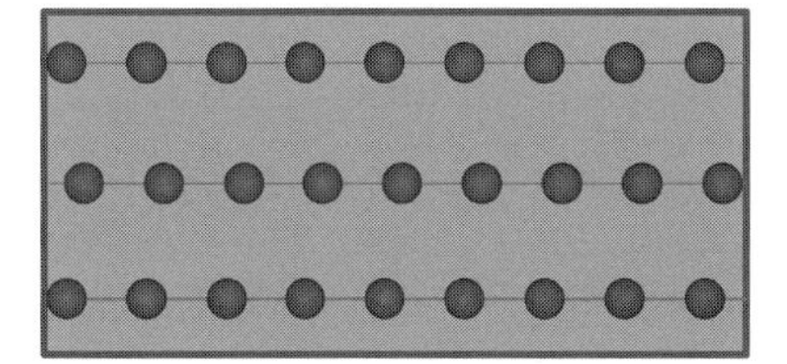

図 2.17　ドーパントクラスタリング（ドーパントクラスタの生成）とドーピング効率の相関を示す概念図。ドーパントクラスタリングを抑制する一つの方法は結合部位の大きなドーパント前駆体の使用であり，クラスタリングが立体的に阻害される。図には TMA と DMAl に対する例が示してある。

を少なくすることでもドーパントステップで堆積させるAlの量を減らすことができる。Park and Heohが使ったかなりシンプルな手法では，脱ヒドロキシル反応によってヒドロキシル基の量を減らす目的で，水によるドーピングの後の排気にかける時間を延長した[135]。もう一つの手法では，最後のDEZドースから時間を置かず直ちにTMAドースを行った。すなわちH_2Oのドースを省略したのである。TMAの化学吸着に使えるヒドロキシルサイトが少なくなるため，Alの組み入れが減少してドーピング効率が増進する[145]。最後に，TMAの導入に先立ってアルキルアルコールへの曝露を行って表面を機能化する手法を使うことでTMAの化学吸着に使えるサイトの数を減らすことができる。形成される表面化学種のアルコキシドやアルコキシレートは，後で行われる酸化剤ステップで除かれる[136]。

2.3.2.2 Alドーピングの先にあるもの：B，Ti，Ga，Hf，およびHによるドーピング

ZnOに対するドーパントとして研究されている原子のうちではAlが圧倒的だが，B，Ti，Ga，Hf，さらにはHまでがかなりの関心を集めている。ZnOに対するホウ素ドーピングは低圧CVDの分野でよく知られており，B前駆体にはB_2H_6およびホウ酸トリイソプロピル（$B(O^iPr)_3$，TIBと略記）の使用が知られている。B_2H_6を用いるケースではZnO:Bに関してSang et al.が報告しており，150℃という低い堆積温度で得た試料で0.64 mΩという低い抵抗率をもち有望な結果を得ている（表2.5参照）[139]。20 $cm^2\ V^{-1}s^{-1}$というキャリヤ移動度もかなり高い値である。このように有望な結果があるのにもかかわらず，ALDドーパントにB_2H_6を使った報告はほとんどない。その理由として考えられるのはB_2H_6の高い毒性およびきわめて高い蒸気圧である。高い蒸気圧によりコントロールされたドースが困難なのだ[138]。最近，有望な代替B前駆体として$B(O^iPr)_3$が提案された。堆積温度を200℃にしたときに0.9 mΩ cmという低い抵抗率を達成することができる。DMAlの場合と同様に，前駆体$B(O^iPr)_3$の長所は結合部位が大きい分子であるということで，サイクル当たりに堆積するドーパントBの量を少なくする上で有利である[138]。

表2.5から分かるように，ドーパントとしてTiおよびGaを使ったときにも<1 mΩ cmという低い抵抗率を得ることができる。Thomas et al.が報告しているのだが，ZnOサイクルにH_2プラズマ処理を挟むことによってもHによるZnOのドーピングができる[144]。このやり方により，そこそこ高い移動度15 $cm^2\ V^{-1}\ s^{-1}$のもとで0.7 mΩという抵抗率が達成されている。

ZnOのドーピングについて記したこの節を締めくくるにあたり，1 mΩ cmより充分低い抵抗率を低温（≤200℃）で達成できることがいくつかのグループによって示されていることを強調しておく。効果的なドーピングを達成するコツはドーパントクラスター化の抑制で，通常のスパッタ法で得られるITO（酸化インジウムスズ）に対する代表的な値（～0.4 mΩ cm）を達成することはできないが，材料のコストや入手性を考慮するとドープZnOがITOに対する代替品として有効なものとなり，とりわけ太陽電池の背面への使用が効果的であろう。

2.3.2.3 In_2O_3のALD

歴史的にみるとSHJ太陽電池のTCOにはSnドープIn_2O_3（ITO）が最も広く使われたが，In_2O_3ベースのTCOを得るためのALDに関する報告は，ZnOベースのTCOに関するものに

表 2.6 ALD プロセスによる In_2O_3 のドーピングとして報告されているプロセスのまとめ

ドーパント	前駆体	T_{dep}（℃）	N_e ($\times 10^{20}$ cm^{-3})	μ_e (cm^{2}V^{-1}s^{-1})	ρ (mΩ cm)	GPC (Å)	文献番号
－－	$InCl_3$, H_2O	500	0.25	72	3	0.2	[146]
Sn	$InCl_3$, $SnCl_2$, H_2O	500	5.2	47	0.25	0.2	[146]
－－	In(acac)$_3$, H_2O	160 ～ 255	－－	－－	30－6 × 10^4	0.15 ～ 0.25	[147]
－－	In[(^{i}PrN)$_2$CN(CH_2Me)]$_3$,	230 ～ 300	－－	－－	－－	0.45	[148]
－－	H_2O						
－－	$InMe_3$, H_2O	200 ～ 250	0.27	84	2.8	～ 0.39	[149]
－－	DMLDMIn, H_2O	300	0.75	28.7	1.6	0.6	[150]
－－	In(TMHD)$_3$, O_2 プラズマ	100 ～ 400	－－	－－	2.5 ～ 18	0.14	[151]
－－	InCp, O_3	200 ～ 450	－－	－－	16	1.3 ～ 2.0	[152]
Sn	InCp, O_3, TDMASn, H_2O_2	275	4	50	0.3	1.1 ～ 1.7	[153]
H ?	InCp, $H_2O + O_2$	100 ～ 250	0.8 ～ 4.5	38 ～ 111	034 ～ 2.5	1.0 ～ 1.6	[154]
H$^{a)}$	InCp, $H_2O + O_2$	100	1.8	138	0.27	1.2	[4,109]

a) 使用した膜は 150 ～ 200 C でポスト結晶化されていた。

訳者コメント：下線部の 30－6 は 30－60 の誤植と思われる。前後の記法（小さい値が左側）から判断。

比べて数が少ない。(ドープ済み) In_2O_3 の ALD プロセスに関する概要が**表 2.6** に示してある。

1995 年に Asikainen は，ハロゲン化物 $InCl_3$ を前駆体に用いる In_2O_3 および ITO の ALD について，Sn ドーピングにより 0.25 mΩ cm というきわめて低い抵抗率を達成した[146]。しかし，このプロセスはサイクル当たりの成長(GPC)が 0.2 Å と小さく，さらに，堆積温度に 500℃という高温を必要とする。それより低温での ALD については，In(acac)$_3$, In[(^{i}PrN)$_2$CN(CH_2Me)]$_3$, $InMe_3$, DMLDMIn, In(TMHD)$_3$, および InCp(シクロペンタジエニルインジウム)を使用した結果が報告されている。In(acac)$_3$ と In[(^{i}PrN)$_2$CN(CH_2Me)]$_3$ が多少大きな GPC を示すが，光電気特性は未だ報告されていない。$InMe_3$ と H_2O は中間的な温度(300～350℃)で適正な抵抗率(～3 mΩ cm)と GPC 値～0.39 Å をもつ。

2006 年には，Elam et al. が InCp とオゾンを使い 200～450℃で行った In_2O_3 の ALD プロセスについて報告した[152]。1.3～2.0 Å という高い GPC 値が達成され，また，TDMASn と H_2O_2 を使った Sn ドーピングにより，275℃で 0.3 mΩ cm というきわめて低い抵抗率が得られた。数年後には，Libera et al. は，酸化剤としての H_2O および O_2 を個別に InCp と組み合わせたときには収率の増加がないが，一緒にしたものを酸化剤に使うと，きわめて低い堆積温度(100～250℃)でも高い GPC 値(1.0～1.6 Å)になることを示した[154]。彼らは，酸化剤の H_2O と O_2 が違う役割を担うのだから両方が膜成長に必要であると提唱している。すなわち，H_2O は Cp リガンドを排除し，O_2 は表面 In を酸化して +1 価から +3 価に変えるとした。また，アモルファス膜について 100℃で 0.34 mΩ cm という低い抵抗率が達成された。移動度の最大値は 111 cm^2 V^{-1} s^{-1} で，アモルファス成長から多結晶成長への遷移温度に近い 140℃でこの値が得られた。

Macco et al. は，Libera et al. が InCp および O_2 と H_2O の組み合わせを使って行った ALD プロセスについて，意図されていない H ドープが生じ，In_2O_3 すなわち In_2O_3:H だったことが示された［4］。100℃で堆積させたアモルファス膜では 4.2％の H 含量をもつ 150～200℃という低温での堆積後アニーリングによって膜の固相結晶化が起こる結果，～138 $cm^2\ V^{-1}\ s^{-1}$ という記録的に高い電子移動度と $1.8\times10^{20}\ cm^{-3}$ という比較的低いキャリヤ密度のもとで 0.27 mΩ cm という低い抵抗率が得られる。この組み合わせでは，SHJ 太陽電池が関与する光子エネルギーの範囲の FCA（フリーキャリヤ吸収）を無視できる［4］。事実，結晶層の品質は，フォノン過程と IIS 過程だけが作用する程度に高い，すなわち移動度が基本的限界になっている（図 2.13（b）参照）［109］。きわめて優れた光電気特性，低温プロセスおよび高い成長速度を有しているため，SHJ 太陽電池への応用としてこのプロセスが大変興味深いものになっている。IZO（Zn 添加 In_2O_3），IMO（Mo 添加 In_2O_3），および IWO（酸化タングステン一重層含有 In_2O_3）について，ALD プロセスの報告は，著者らが知る限り発表されていないから，今後発展させるチャンスがそこにある。

2.3.3　ALD 法による TCO の大量製造

産業では ALD はまだ SHJ 太陽電池の TCO 形成に用いられていないが，最も広汎に使われるスパッタ法に比べて ALD による手法にはいくつか基本的長所がある。まず，ALD プロセスには材料にとって環境の厳しいプラズマを伴わないので（スパッタリング時などに生じる）基板のプラズマ損傷が避けられる。そのため，最近の研究は SHJ 太陽電池に TCO を形成する“ソフトな”堆積手法としての ALD の利点に焦点があたっており，パッシベーションの改善が示されている［106,155］。加えて，ドープ ZnO の ALD について記した節で議論したように，ALD 法を使うと TCO コーティングおよび仕事関数に対して高レベルでの制御が可能になる。そのため，a-Si:H/TCO 接触の最適化が大幅に容易になり，ドーピングレベルの調節あるいはドーピングプロファイルの調節によってそれを実施することができる［106,126,129］。

加えて，太陽電池業界に高スループット ALD が導入されたことから，そのリアクターを使って行う（ドープ）ZnO の堆積も検討されており，とりわけ空間分割 ALD（S-ALD）が注目されている［78,156～159］。**表 2.7** で分かるように，比較的良好な材料特性の試料について 1 nm s^{-1} を超える堆積速度を組み合わせる S-ALD プロセスが報告されている。たとえば，Ellinger et al. はスパッタリングにおける代表的な成長速度に比肩する高い成長速度（～1.5 nm s^{-1}）でも，中程度の堆積温度（250℃）できわめて低い抵抗率（0.5 mΩ cm）が得られることを示している［163］。

ドープ TCO を対象とする ALD において，空間分割 ALD（S-ALD）と時間分割 ALD（T-ALD）の決定的な違いは，空間分割法では基板に対する前駆体供給が均一なため，スーパーサイクルの手法を使わず，他の前駆体の予混合または同時注入でドーパントを導入できることにある。この手法では，表面の活性サイトを両方の前駆体が競合する。その結果，組み込まれるドーパントの量が各前駆体の分圧に依存し，さらには曝露時間にも依存することになる［162］。ある

表 2.7　Zn 源に DEZ (ジエチル亜鉛) を使ってドーピングを施した ZnO および無ドープ ZnO に対する S-ALD の結果に関する報告のまとめ

ドーパント	前駆体	成長速度 ($nm^{-1}s^{-1}$)	T_{dep} (℃)	N_e (10^{20} cm^{-3})	μ_e ($cm^2V^{-1}s^{-1}$)	ρ ($m\Omega$ cm)	文献番号
--	--	0.6	200			1 ~ 2×10^5	[160,161]
--	--	~ 1	75 ~ 250	0.2 ~ 0.7	14 ~ 30	4 ~ 150	[159]
Al	TMA	0.2	200	5	6	2	[162]
Al	DMAl	~ 1.5	250	--	--	0.46	[163]
In	$InMe_3$	0.1	200	6	3	3	[164]
Ga	$GaMe_3$	0.4	250	--	--	2	[165]

程度のコントロールがスーパーサイクル法には可能だが，前駆体の予混合法または同時混合法を使う場合にはそれが失われることになる。しかし，これまでの報告では良好な材料特性が得られており，また，InGaZnO など他の多成分酸化物の堆積でもうまくいくのだから，前駆体予混合 S-ALD や同時混合 S-ALD を工業生産に適用するのは必ずしも悪いことではない[166]。

2.4　パッシベーション接合における ALD 適用の展望

この節では，パッシベーション接合という新興分野とその分野で ALD がもち得る役割を議論する。初めにパッシベーション接合の基本的原理と要請を述べ，コンセプトのいくつかについて概要を記す。その上で，トンネルタイプでキャリヤ選択性の酸化物へのパッシベーションの例およびそのような酸化物を成膜するために用いる ALD について概説する。

2.4.1　パッシベーション接合の基本

パッシベーション接合を端的にいえば，Si 吸収体の上に積み重なった薄膜のスタックで，Si 表面をパッシベーションすると同時に正孔選択型薄膜または電子選択型薄膜の働きもする。その例としては伝統的な SHJ 太陽電池および序論で述べた TOPCon (トンネル酸化膜パッシベーションコンタクト構造) 太陽電池のコンセプトがある。

2.4.1.1　パッシベーション接合の作り方

パッシベーション接合の動作原理と長所を簡単に説明するために，**図 2.18** にキャリヤ選択型接合を得る戦略例におけるバンドダイヤグラムの模式図を示す。描かれている四つのダイヤグラムのすべてで考えているのは光照射下の Si で，その光照射によって電荷キャリヤの過剰状態が起こる。金属 (または TCO) のなかでは擬フェルミ準位の分離はあり得ないから，二つの擬フェルミ準位は接合面の位置で一致するはずである。フェルミ準位の勾配は力を表すから，金属に向かう電子電流 (J_n) および正孔電流 (J_p) が生じる。

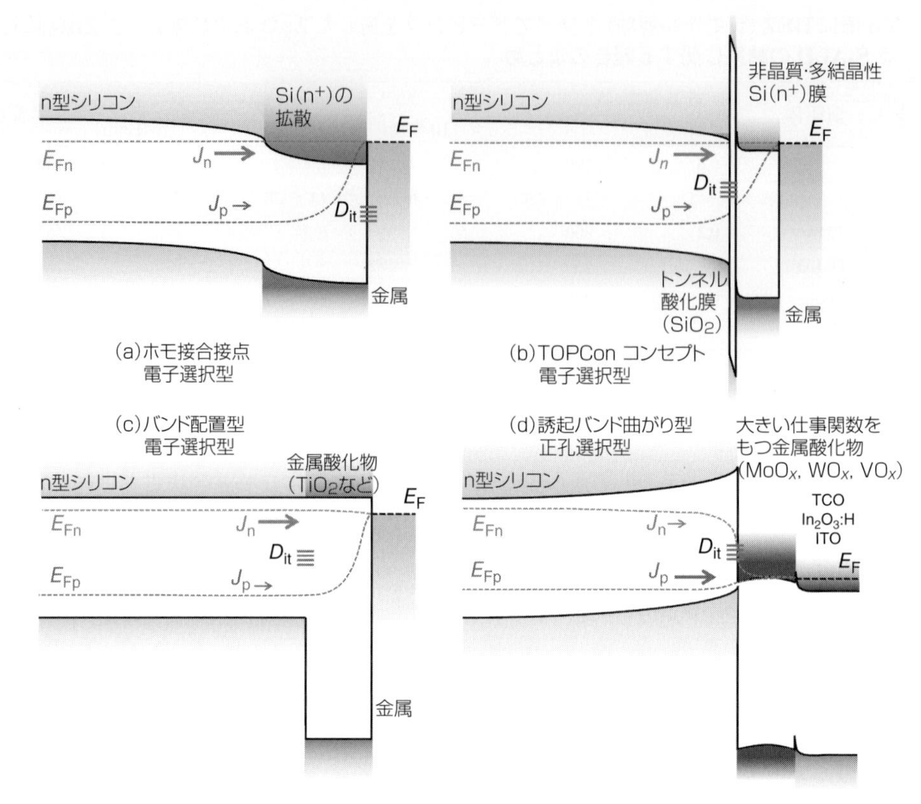

図 2.18　キャリヤ選択型接合を得るために使われるいくつかの手法におけるバンド構造の模式図。すべてのバンド構造は光照射下を想定したものだが，スケール合わせはされていない。(a) 通常使われるもので，n$^+$型のドーピングによって形成される電子選択型接合。(b) TOPCon コンセプトによって得られる電子選択型接合で，薄い (部分的に) 結晶性の n$^+$ Si とトンネル酸化膜で形成される。(c) Si と金属酸化物膜の間でのバンドアラインメントを通して実現された電子選択型接合。(d) 高い仕事関数をもつ金属酸化物膜に誘起されるバンドの曲がりを通して実現した正孔選択型接合。(c) と (d) のコンセプトは互いに離れた二つのパッシベーション超薄膜に対してもしばしば使われるが，議論を複雑にしないために図には示されていない。(口絵参照)

$$J_{\mathrm{n}} = en\mu_{\mathrm{n}}\nabla E_{\mathrm{Fn}}, \quad J_{\mathrm{p}} = ep\mu_{\mathrm{p}}\nabla E_{\mathrm{Fp}} \tag{2.7}$$

上の方程式で，μ_{n} と μ_{p} はそれぞれ電子と正孔の移動度である。ここで，式中に出ているすべての量が原理的に空間座標 x に依存することに注意しよう。

接合が選択性をもつためには，Si と金属接点の間にある薄膜または領域がパッシベーション作用だけではなく，金属接点に向かう電子電流と正孔電流に関して強い非対称性ももたなければならない。この非対称性が得られる仕組みを理解するためには，(2.7) 式が基本的には電子および正孔に対するオームの法則を表すことに気づく必要がある [167]。電荷キャリヤ伝導度が高いときには (すなわち移動度とキャリヤ濃度の積が大きい値を取るときには)，擬フェルミ準位に接触位置に向けて下向きの勾配 (すなわちわずかな電圧降下) が存在するであろう。したがって，パッシベーション接合の場合には抽出しようとするキャリヤの擬フェルミ準位は可能な限り平坦(すなわち小さい抵抗)でなければならず，もう一方の擬フェルミ準位は大きな曲がり(すなわち高い抵抗)をもたなければならない。このことが，Si の上の理想的なパッシベーション層との大きな違いで，Si の上では両方の擬フェルミ準位が平坦だが(両方のキャリヤに対して大きな抵抗を示す)，Si/ 金属接点の場合には両方の擬フェルミ準位が(原理的に)曲がっている(両方のキャリヤに対して抵抗が小さい)。

図 2.18(a)に示すのは電子選択型接合($J_n \gg J_p$)を得るために常用される方法で，高い Si ドーピングが行われている。電子選択性は高ドープ n^+ Si 領域における正孔に対する高抵抗に由来する。注意して欲しいのだが，フェルミ準位 E_{Fp} が大きい勾配をもつことから分かるように，正孔が金属に向けて強い力を受ける。それでもこの領域の正孔電流 J_p はきわめて低いが，その理由は，価電子帯と E_{Fp} のエネルギー間隔が大きいため正孔の密度が低く抑えられていること，および正孔に対する抵抗係数が大きいことにある。そのようなホモ接合に基づく接合は高い選択性をもち得るが，高ドープ領域で生じるオージェ再結合による制限がデバイスとしての V_{oc} に加わる。パッシベーション接合を使うとこの難点を回避することができるので，その例が図 2.18(b)～(d)に示してある。

図 2.18(b)には TOPCon(トンネル酸化膜パッシベーションコンタクト構造)のコンセプトが示してある。(部分的)結晶 Si 層の n^+ ドーピングにより図 2.18(a)におけるドープ領域にきわめて類似した形の電子抽出選択性が得られる。通常は硝酸酸化ステップ(NAOS)で形成される膜厚が～1.4 Å の極薄 SiO_2 トンネル酸化膜によって化学パッシベーションが可能になり，その結果がドーパント拡散に対する障壁として働く。注意しておくが，ここのドープ Si 層の典型的厚み(数十ナノメートル)が代表的なドープ層厚み(～0.5 Å)よりはるかに薄く，それによってオージェ再結合が大幅に抑制される。

図 2.18(c)に示すケースでは，電子選択型接合がバンドアラインメントによって作られる。すなわち，伝導帯オフセットがほとんどない形で(理想的にはゼロで)ワイドバンドギャップ材料を Si の上に堆積する。この方法では，価電子バンドオフセットが大きいことで正孔電流 J_p が大幅に抑えられる。ここでも，E_{Fp} の勾配が大きいことによって正孔が金属方向に強い力を受けるが，価電子帯と E_{Fp} の間のエネルギー間隔が大きいため金属酸化物膜内部で正孔の密度が低くなって正孔電流 J_p も小さくなる。注意しておくが，ここでは議論を簡単にするため価電子帯には曲がりがないと仮定した(すなわち，n 型 Si と金属酸化物膜に対して固定電荷ゼロと等しい仕事関数を仮定した)。

図 2.18(d)に示すケースでは，正孔選択型接触が誘起バンド曲がりによって形成される。図の例では，金属酸化物(たとえば MoO_x，WO_x，VO_x)がもつ高い仕事関数(≥ 5.5 eV)によって n 型 Si の表面に鋭い上向きの曲がり誘起され，反転につながる。バンドの曲がりによって表面の電子濃度が減少する一方で，金属に向かう高い正孔電流 J_p は増強される。

Si との間でパッシベーション接合を作る候補酸化物について，Si とのバンドオフセットが**図 2.19** に示してある。これらの値は具体的なプロセス条件によりかなりの幅で変わり得ることに注意しよう。図に記されている値は参考値に過ぎないのだ。バンドオフセットが小さいことから，Ta_2O_5，TiO_2，およびチタン酸ストロンチウム(STO)の電子選択型接合に興味がもたれる。同様に価電子帯オフセットが小さい NiO は，正孔選択型接合としての興味がもたれる

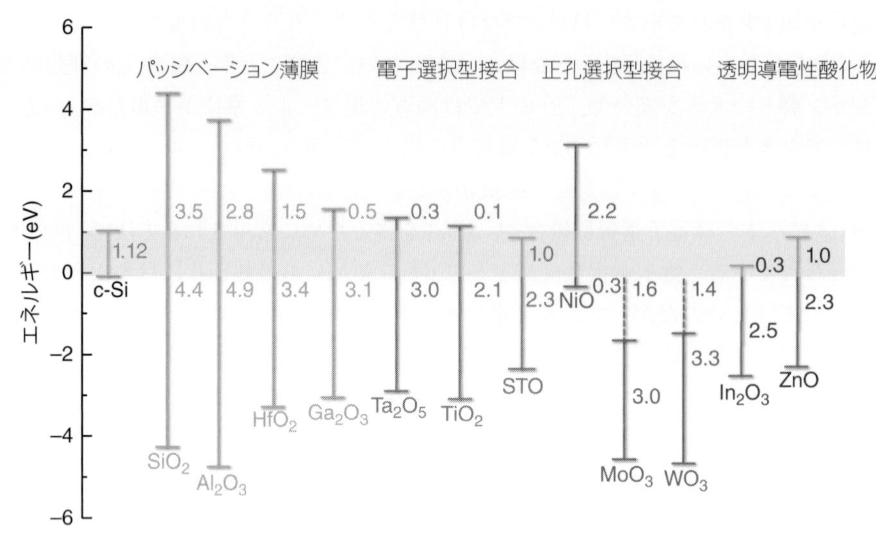

図 2.19　いくつかの金属酸化物と Si の間でのバンドオフセットの模式図。オフセットの値は電子ボルト単位 eV で与えてある。（参照文献［168］と［169］から引用。）（口絵参照）

［18,170］。一方，MoO_3 と WO_3 はバンド屈曲が誘起される正孔選択型接合を作る［17,171］。

簡単のため，図2.18のバンドダイヤグラムには個別のパッシベーション層が示されていない。選択型接合に使われる酸化物では（良好な）パッシベーションが得られないため，多くのパッシベーション接合では a-Si:H 層または極薄（< 2 nm）の Al_2O_3 や SiO_2 のようなトンネル酸化物膜による界面パッシベーションが Si 層とキャリヤ選択型薄層の層間パッシベーションに使われる※。

広く用いられる酸化物パッシベーション層も図 2.19 に示してある。2.2 節で記したが，これら酸化物は界面欠陥密度 D_{it} が低くなければならないが，固定電荷密度 Q_f の存在がウェーハのドーピングによりパッシベーションの品質に対して利点になる場合と欠点になる場合がある。パッシベーション接合に適用する場合には，そのような層に対して別途の要請事項が加わる。すなわち，電荷キャリヤのトンネル現象をそれら酸化物が許容しなければならないから，超薄膜（< 2 nm）についても D_{it} が低い値を取らなければならない。固定電荷の存在も重要で，図 2.18（d）に示されているケースと同様に固定電荷によって誘起されるバンド屈曲がキャリヤ選択度に影響を及ぼす可能性がある。たとえば，Al_2O_3 は高い負の固定電荷をもつから電子選択型接合より正孔選択型接合に適している。最後に，トンネリング確率がバンドオフセットに対して指数関数的に逆比例するため Si との間のバンドオフセットも，トンネリングに重要な役割を果たす。たとえば SiO_2 では，価電子帯（4.4 eV）のオフセットと伝導帯（3.5 eV）のオフセットが非対称なため，正孔のトンネリングより電子のトンネリングの方がはるかに容易であ

※原書注：これらの層については，たとえば図 2.18（d）のように仕事関数が大きい金属酸化物層と Si 層の間に a-Si:H が加わって E_{Fn} に生じる落ち込みの大部分が Si 中ではなく a-Si:H で生じる場合には，界面パッシベーションに加えてこれらの層もキャリヤ選択性の助けにもなると考えられている。a-Si:H 中の移動度は Si 中に比べて数桁小さいため，結果として金属接点に向かう J_n が 2.7 式により減少する。

る［172］。このように，バンドオフセットの非対称も選択性に寄与する。

2.4.1.2　パッシベーション接合に必要な事項

さまざまなパッシベーション接合方式のそれぞれについて長所と短所を評価するときには，パッシベーション接合に関する 2 種類の性能指数（figure of merit）が役に立つ：

・接合に選択性をもたせる方の電荷キャリヤの接触抵抗 ρ_c。
・もう一方のタイプの電荷キャリヤと金属接点の間の再結合電流 J_0。

1 次近似の範囲では接触抵抗が曲線因子（FF）に影響を及ぼし，再結合電流が V_{oc} を制限する。**図 2.20** に Si 太陽電池における最大効率について，背面接合の ρ_c 値と J_0 値の関数として示す。この計算では，背面が全面接合され損失メカニズムがないことが仮定されているので（光学的損失ゼロ，電池全体にわたり別途再結合なし，別途の抵抗損失なし），結果は太陽電池に対して背面接合の場合の効率の上限を与える。

図 2.20 から分かるように，高効率デバイス（＞ 25 %）には ρ_c と J_0 がともに低い値（＜ 1 Ω cm^{-2} と＜ 100 fA cm^{-2}）を取ることが求められ，そこで，パッシベーション接合であるための基準範囲を定義することができる。比較すると，p 型 Al-BSF コンセプトで代表的な Si/ 金属接合は，接触抵抗はきわめて低い（～5 mΩ cm^2）反面で J_0 が高いため（＞ 500 fA cm^{-2}）太陽電池としての効率が厳しく制限される。一方，Al_2O_3 パッシベーション層があると絶縁を保持したままできわめて低い J_0（＜ 10 fA cm^{-2}）が得られる。そのため，多くの太陽電池設計（たとえば PERC や PERL）で Si への局所的金属接合を作るといういわゆる局所的金属接合方式が採用されている。そこでは，値が低い（$J_{0,pass}$）パッシベーション領域と，J_0 の値は大きい（$J_{0,cont}$）が ρ_c が小さい接合領域の間でトレードオフが行われている。局所的接合になっている背面の実効的 J_0 値と ρ_c 値は，接触面積の分率 f を介して下式により決められる。

$$J_{0,\text{eff}} = fJ_{0,\text{cont}} + (1-f)J_{0,\text{pass}}\,, \quad \rho_{\text{c,eff}} = \rho_c / f$$

ただし，局所的な接合では，プロセスの複雑度が増すと同時に内部にあるキャリヤの横方向輸送に必要な抵抗性 FF 損失が付加的に Si 内部で生じる可能性がある（**図 2.21** 参照）［3］。

図 2.20 にはさまざまなパッシベーション接合コンセプトに対する文献値および部分的金属化を用いるさまざまな太陽電池の背面における値も加えてある。パッシベーション接合で最も良く知られている例は（ドープ）a-Si:H を用いた古典的 SHJ コンセプトであろう。現時点で記録保持をしている Kaneka の太陽電池（効率が 25.1 %）の背面接合は，きわめて低い J_0 値（12 fA cm^{-2}）と低い接触抵抗（30 mΩ cm^2）を有している［14］。TOPCon コンセプトおよび文献［173］で扱われる SiO_2/ITO スタック（後述）は，トンネルダイオードを使った電子選択型接合になっている。どちらのコンセプトでも ρ_c 値がきわめて小さく，その酸化物を介して効率的な輸送が生じることが分かる。加えて，TOPCon コンセプトからトンネル酸化膜を使うときわめて低い J_0 値の達成が可能なことが分かる。そのようなパッシベーション接合がきわめて優れた特性をもつため，J_0 値が低く保たれたままで全面接合を使うことができる。このことは，

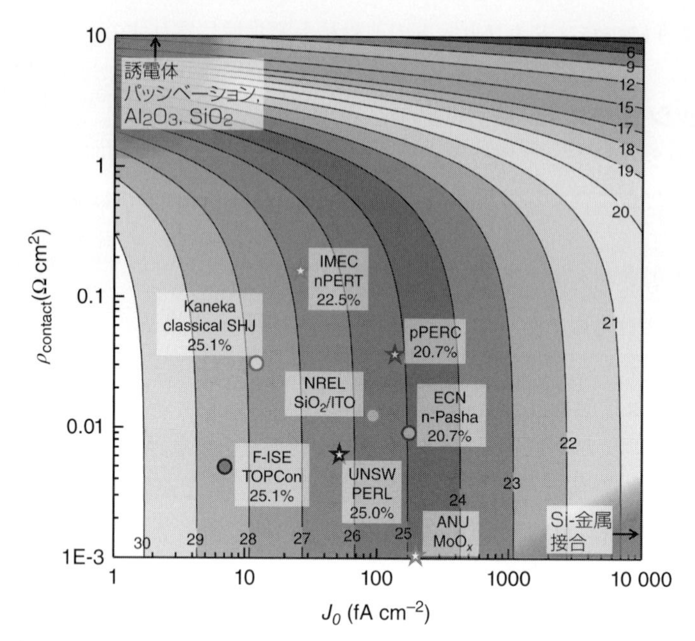

図 2.20　全面パッシベーション接合型太陽電池について計算で得られた効率の上限値の J_0 と ρ_c に対する等値線プロット。｢計算は文献 [173] および [174] の記載と同様に行われたが，(表面およびバルクに有り得る) 別途の再結合チャンネル，短絡，および光学的ロスは一切考慮されていない (すなわち J_{SC} として 44 mA cm $^{-2}$ を想定している)。これまでに報告されているさまざまな構造体／太陽電池についても比較のために示してあり，また，フルデバイスの効率も示してある。プロットに加えたデバイスを列挙すると；Kaneka (カネカ) 社の SHJ 電池 (2015, 私信) [14], F-ISE の TOPCON コンセプト [3,175], NREL (米国再生可能エネルギー研究所) の SiO_2/ITO スタック [173], ANU (Australian National University) の TiO_2 スタック [176], UNSW (University of New South Wales) の PERL [177], p 型 PERC (Passivative Emitter and Rear Contact) 太陽電池 [177], IMEC (ベルギーのナノテク研究機関) の nPERT (両面 n 型 PERT 太陽電池) [178,179], ECN (オランダエネルギー研究センター) の *n*Pasha (2015, 私信 [178]), および p 型 Si/MoO_x 接触 [180] である。正孔選択型接合は星印で示され，電子選択型接合は丸印で示されている。背面全面接合を使うコンセプトは大胆な考え方といえよう。PERL 太陽電池に関しては，文献 [177] に報告されている表面再結合速度と文献 [24] のケース 3 を使って J_0 の見積計算が行われた。背面接合の一部を接合に使う太陽電池コンセプトについては，接合面積の比率に対する補正が J_0 と ρ_c に加えられている。(口絵参照)

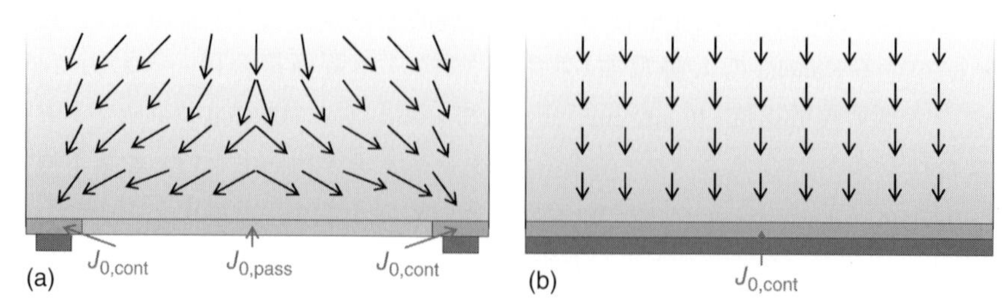

図 2.21　電流が流れるパターンの概念図；(a) 接合が局所的な太陽電池の場合 (b) 背面の全面で接合している太陽電池の場合。(参照文献 [3] から転載。)

太陽電池の中で1次元の電荷輸送が得られるという利便を生む。横方向輸送に伴う抵抗損失が減少するとともにプロセスの観点からはきわめて簡単になる。背面の部分的金属化を使う太陽電池コンセプトでも低い ρ_c 値に達することができるが，金属接点が局所的なことから不可避的に高い J_0 値になってしまう。他の金属酸化物膜もパッシベーション接合形成に有望で，電子選択型接点用には TiO_2 が，そして正孔選択型接合には MoO_x，WO_x，および VO_x が挙げられる。p型Siの上に直接蒸着した MoO_x がきわめて低い接触抵抗（1 mΩ cm^2）と中程度の J_0 値（~200 fA cm^{-2}）をもつことが報告されているが，これは図2.20でみて取ることができる[180]。ρ_c 値が低く J_0 値が中程度であることから，そのような接合は背面部分接合方式に最適で，このことは，20.4%の効率が報告されている太陽電池で背面の5%だけが接合に使われていることからも分かる[181]。さらに，通常のSHJ太陽電池のa-Si:H(p)層の置き換えにも MoO_x が使われている。a-Si:H層のパッシベーション特性により，全面前側接合（full-area front contact）型太陽電池に対して22.5%という目覚ましい効率が報告されている[182]。この太陽電池に関しては，a-Si:H/MoO_x/TCO接合の報告はない。

2.4.2 パッシベーション接合のための ALD

前節に記したように，さまざまな薄膜（およびスタック）がパッシベーション接合にとって興味深い対象であり，それらは原理的にはALD法による成膜が可能である。さらに，ALD法の適用には，プロセス／ドーピングの制御や容易なスタック製作など明確な利点がある。しかし，この新しい分野の探究がすでに十分なされたとはいえない。そこで，この節では，トンネル酸化膜およびキャリヤ選択型酸化物の成膜においてALD法に可能な役割について議論し，ALDに関してすでにこの分野で示されている例のいくつかと，今後の展望を記す。

2.4.2.1 トンネル酸化膜のための ALD

トンネル酸化膜の接触抵抗率（すなわち ρ_c）と表面パッシベーションのレベル（すなわち J_0）は酸化膜の厚みに強く依存する。したがって，ALD法を使えば広い面積にわたって単層以下の厚みでコントロールできるという事実はそれが可能なための鍵といえよう。PERC型太陽電池（passivated emitter and rear contact）に使われるSiウェーハの高ドープ領域と金属接点の間にもALD Al_2O_3 超薄膜が使われていることも記しておこう。厳密にはこれをパッシベーション接合といえないが，わずか2回の Al_2O_3 サイクルによって接触抵抗に有意な増加がないままでパッシベーションが増進する（V_{oc} が12 mV増大）[183]。

Al_2O_3/ZnO(:Al)スタックに正孔選択型接合を作る目的でトンネリングALD Al_2O_3 膜が用いられたが，この膜の成膜はすべてALD法で行われた[21,22]。このスタックが示す選択性は Al_2O_3 のなかにある負の固定電荷によって生じており，それによって正孔がSi表面に集積される。これは，図2.18(d)に示した仕事関数が大きい金属酸化物の使用と類似している。次に，ZnO(:Al)の伝導帯のなかにある電子とそれら正孔が再結合する。興味深いことに，そのときのスタックは，Al_2O_3 のなかに固定されている電荷が界面に局在することを利用している。すなわち，そのときの電荷がSi-Al_2O_3 界面に乗っているため超薄膜でも存在することを利用している[184]。加えて，TCO中のフェルミ準位の位置はALDの際に行うドーピングレベルの制御を通して予めチューニングされているが，得られる接合の動作に対してその位置が決定的なことが見出されている。この業績が見事な概念実証であるにもかかわらず，高いJ_0（$>10^4$ fA cm^{-2}）と中程度のρ_c（$>1\ \Omega$ cm^2）によって高い効率が阻害されている。

Al_2O_3以外では，多くのパッシベーション接合でSiO_2がトンネル酸化膜として使われている。Young et al.は，SiO_2薄膜とスパッタITO（酸化インジウムスズ）のスタックがSiのフェルミ準位と重ドープ縮重ITOのフェルミ準位の間のエネルギーラインアップを媒介して電子選択型接合を作ることを示した[173]。図2.20に示すように，92.5 fA cm^{-2}と低いJ_0値とわずか11.5 mΩ cm^{2}のρ_c値というのは有望な結果である。注目すべきことに，ITOのスパッタリングを行う前の最適SiO_2厚みは4.5 nmで，この値はトンネル過程に基づいた期待値よりはるかに大きい。この結果は，プラズマに由来する大エネルギーイオンによるSiO_2/ITO層分子の混合のためとされている[173]。その意味では，プラズマ由来のダメージが無い点で，TCO類（In_2O_3:H，ZnO）のALD[4]の方がはるかに良くコントロールされたプロセスであるといえるだろう[106]。

最後になるが，トンネル層としてALD法による金属酸化物超薄膜を使うことが有機薄膜太陽電池（organic PV）の分野ですでに探究されている[185,186]。具体的には，Ga_2O_3およびTa_2O_5のALD膜が有機PVで使われて成功を収めている。この二つの材料はSi表面に対して優れたパッシベーションを与えることが最近示されており，Si太陽電池でのパッシベーション接合形成にきわめて興味深い材料になっている[98,100]。

2.4.2.2　電子選択型接合のためのALD

Avasthi et al.はTiO_2の超薄膜（1～4 nm）で電子選択型接合を成膜した[19]。その電子選択性は，図2.18（c）に示すバンド配置に由来する。Avasthi et al.の研究によってTiO_2が電子選択性をもつことが示されたが，デバイス構造がかなりシンプルなことおよびパッシベーションがないことによってデバイスとしてのパフォーマンスが厳しく制約された。ところが，Liao et al.は，$TiCl_4$とH_2Oを使った100℃における熱的ALDプロセスによりTiO_2を堆積させることで優れた表面パッシベーションが達成されることを示している[99]。独立に行われた研究により，注意深く形成されたTiO_2/Siヘテロ接合で16 cm s^{-1}というきわめて遅い表面再結合速度が観測されて[187]，この界面が高いパッシベーション性をもつことが分かった。その後，Yang et al.によって（Ti（O^{i}Pr)$_4$とH_2Oを用いる230℃での）ALDによって成膜した4.5 nm厚のTiO_2膜がかなり低い接触抵抗係数～0.25 Ω cm^{2}とJ_0値25 fA cm^{-2}を与えることが示された[176]。このALD TiO_2を1.5-nm SiO_2境界層と組み合わせた太陽電池のチャンピオン電池は20.5%という目覚ましい効率を示している。

図2.19から分かるように，Ta_2O_5とSTO（チタン酸ストロンチウム）の組も電子選択型接合に適したバンド配置をもっている。2.2.4節で示したことだが，SiN_xでキャッピングすることによりALD Ta_2O_5が優れたパッシベーションを与える[98]。よって，SiとTa_2O_5の間にパッシベーション層を使うのを回避できるかもしれない。しかし，観測されている負で絶対値が～10^{12} cm^{-3}の固定電荷によって電子選択型接合としての作用が阻害される可能性がある。

半導体産業でのSTOは，その誘電率の高さによって広く知られている。実験的に分かっているようにSTOのバンドオフセットはn型Siとp型Siの両方で～0.1 eVと無視できる大きさで，極薄のSiO_2界面層(< 1.2 nm)があっても有意な変化を示さない[188]。加えて，さらに重要なことだがDFT計算によると伝導帯オフセットがSTO薄膜の第一層に強く依存していて，無視できる大きさの伝導帯オフセット(0.1～0.2 eV)という所望条件はSTO膜の第一層がSrOで構成されるときに成り立つ。一方，第一層がTiO_2で構成されるときにはさらに高いオフセット(1.2～1.3 eV)になる[189]。ALDを使うと，最初のサイクルの選択(TiO_2にするかSrOにするか)とサイクル比の選択を通して界面の組成とバルクの組成の両方を詳細に制御することができるから[190]，そのような酸化物(複数)の成膜にはALDがきわめて有用であると結論することができる(**表 2.8** 参照)。

表 2.8　有望なキャリヤ選択型酸化物の報文で扱われている ALD プロセスの抜粋

金属酸化物	金属の前駆体	反応物	T_{dep} (℃)	GPC (Å)	文献番号
電子選択型酸化物					
TiO_2	$Ti(O^iPr)_4$	H_2O	150 ～ 300	0.2 ～ 0.3	[191]
	$TiCl_4$	H_2O	100	0.6	[99]
	$Ti(Cp^*)(OMe)_3$	O_2 プラズマ	50 ～ 300	0.5	[192]
	$Ti(NMe_2)_4$	H_2O	25 ～ 325	0.5 ～ 1.4	[193]
Ta_2O_5	$Ta_2(OEt)_{10}$	H_2O	250	0.3	[98]
	$Ta(NMe_2)_5$	O_2 プラズマ	100 ～ 250	0.8 ～ 0.9	[192]
	$Ta(NMe_2)_5$	H_2O/O_3	200 ～ 300	0.9 ～ 1.1	[194]
STO	$Cp(Me)_5Ti(OMe)_3$ $/Sr(^iPr_3Cp)_2DME$	O_2 プラズマ	150 ～ 350	2.3 ～ 2.6[a)]	[190]
	$Ti(O^iPr)_4/Sr(thd)_2$	H_2O プラズマ	250	0.6[b)]	[195]
正孔選択型酸化物					
MoO_x	$(N^tBu)_2(NMe_2)_2Mo$	O_3	100 ～ 300	0.3 ～ 2.4	[196]
	$(N^tBu)_2(NMe_2)_2Mo$	O_2 プラズマ	50 ～ 350	0.8 ～ 1.9	[20,197]
	$Mo(CO)_6$	O_3	152 ～ 172	0.8	[198]
WO_x	$(N^tBu)_2(NMe_2)_2W$	H_2O	300 ～ 350	0.4 ～ 1.0	[199]
	$W(CO)_6$	O_3	195 ～ 205	0.2	[200]
	$WH_2(^iPrCp)_2$	O_2 プラズマ	300	0.9	[201]
VO_x	$V(NEtMe)_4$	H_2O	125 ～ 200	0.8	[202]
	$VO(OPr)_3$	H_2O	170 ～ 190	1.0	[203]
	$VO(OPr)_3$	O_2/H_2O プラズマ	50 ～ 200	0.7	[204]
NiO_x	$Ni(Et_2Cp)_2$	O_3	150 ～ 300	0.4 ～ 0.9	[205]
	$Ni(thd)_2$	H_2O	260	0.4	[206]
	$Ni(Cp)_2$	H_2O	165	- - -	[207]
	$Ni(dmamp)_2$	H_2O	120	0.8	[208]

a) 報告されているGPCは[SrO]/[TiO_2]サイクル比が1：3に対して得られたスーパーサイクル当たりの成長である。
b) 報告されているGPCは[SrO]/[TiO_2]サイクル比が1：1に対して得られたスーパーサイクル当たりの成長である。

2.4.2.3　正孔選択型接合のための ALD

有機太陽電池に関する文献では，正孔輸送材料として酸化モリブデン（MoO_x）が頻出する。ごく最近，標準的な SHJ 太陽電池において前面にある正孔選択型 a-Si:H（p）膜を MoO_x の蒸着膜に置き換えられることが示された［16,180,209］。この正孔選択型接合の動作は，MoO_x が高い仕事関数（～6.6 eV）をもつことに由来すると考えられている（図 2.18（d）参照）。光損失が少なくなって，光電流が有意に増大して 1.9 mA cm^{-2} に達する。MoO_x ベースの SHJ 太陽電池に対して報告されている効率は現時点ですでに 22.5％で，アプローチの新規性と併せて今後が期待される［182］。

最近，$(N^tBu)_2(NMe_2)_2Mo$ と O_2 プラズマを使い 50℃の温度で実施する ALD によっても MoO_x の堆積が可能なことが報告された［197］。この手法による MoO_x 層が a-SiH/MoO_x/ALD In_2O_3:H スタックに適用され（**図 2.22** 参照），高レベルのパッシベーションと光に対する高い透明度が得られている［20］。別の報文では，ALD MoO_x ベースの試作太陽電池で得られた結果が報告されているが，効率は～11％で蒸着法で作った製品には並んでいない［210］。

上記以外の正孔選択型材料すなわち WO_x，VO_x，および NiO_x については，キャリヤ選択型接合を得るために ALD を使うことをテーマとする研究の報告がまだ存在しない。その類いの材料はどれも ALD 法で得られるはずだから，近未来に報告されることだろう。パッシベーション接合の構築に際しては，パッシベーションの質に関する（a-Si:H 層およびトンネル酸化物とのセットでの）評価およびキャリヤ選択度がポイントになるだろう。

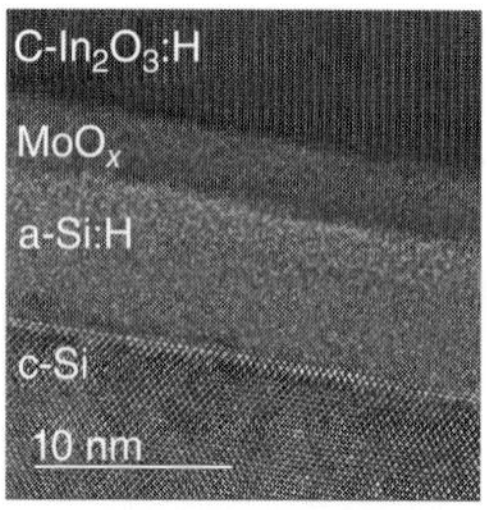

図 2.22　**アモルファスシリコン（a-Si:H），ALD MoO_x，結晶化 ALD 水素ドープ酸化インジウム（c-In_2O_3:H）の擬似カラー断面画像。**（文献［20］から転載。）（口絵参照）

2.5　結論と展望

シリコン太陽電池の分野では p 型 Si 表面のパッシベーションに Al_2O_3 の ALD がブレークスルーをもたらした。いまでは 25％以上という高い効率をもつ太陽電池に組み込まれており，また，ブラックシリコン表面テクスチャをもつ太陽電池などチャレンジに満ちたコンセプトを可能にしている。これらの成功により，時間分割 ALD および空間分割 ALD に基づいた高スループットリアクターの開発が過去数年間に成功を収めている。それらリアクターは，PV 産業の世界における HVM が提示する厳しい要請，すなわちスループット面とコスト面での要請を満足しており，ALD は Al_2O_3 の成膜に関わる他の技術との競争力を具えている。加えて，ALD で成膜された他の材料も Si パッシベーションについて調べられた。その例としては HfO_2，

SiO_2，Ga_2O_3，Ta_2O_5，および TiO_2 があり，いずれも各種ドープ表面のパッシベーションが可能である。最近，SiO_2/Al_2O_3 スタックのパッシベーションについても，バッチ ALD を用いたスケールアップが成功している。

表面のパッシベーション以外に，ドープ ZnO 膜やドープ In_2O_3 膜など TCO の成膜における ALD のポテンシャルが認められている。TCO の堆積法として ALO がもつ決定的な長所に膜特性のきわめて精密な制御が含まれ，とくに，ドープ ZnO のように外部ドーパントを使うときにそれが発揮される。加えて，ソフトな手法であるから a-Si:H の敏感なパッシベーション層にダメージを誘起しない。ALD 法で成膜された In_2O_3 TCO では，電子移動度が記録的な値になって基本的限界に達する。これにより，電気伝導度と透明度の間で可能な限り最大のトレードオフが可能になる。つまるところ，これらのメリットによって，Si 太陽電池の生産における TCO の堆積法として ALD がきわめて有望なものになる。ただし，ALD が秘めている可能性は今後太陽電池レベルで実証される必要がある。さらに，太陽電池の工業生産に際して，高スループットの空間分割 ALD リアクターによる ZnO 膜の堆積が最近実現したものの ALD による TCO 形成の位置づけ，すなわち実用性もこれから見定めるべき課題である。

最後に，興味深い萌芽的研究分野はパッシベーション接合である。この分野では，金属酸化物の超薄膜またはスタック（厚みが 1～80 nm）に対して表面パッシベーション，キャリヤ選択性，低い接触抵抗等々多くの要請事項がある。幸いなことに，そのようなスタックを厳密なコントロールの下で堆積するときに，ALD 法は理想的な方法である。加えて，TCO およびパッシベーション膜の ALD による形成から手に入れた知識をこの分野で組み合わせることができる。たとえば，Al_2O_3/ZnO スタックが正孔選択型接合の先駆けになり，SiO_2/In_2O_3 スタックが電子選択型パッシベーション接合として有望である。高スループット ALD リアクターの入手が可能となれば，そのようなパッシベーション法の開発が完了したときには 1 回の成膜運転での両面への同時形成が可能になる。それができるようになれば，太陽電池の生産プロセスの有意な（大きな）簡単化になって，PV の分野で ALD がもつ可能性を際立たせることだろう。

参照文献

1 Fraunhofer ISE（2015）Photovoltaics Report, *Freiburg 17 November* 2015. https://www.ise.fraunhofer.de/de/downloads/pdf-files/aktuelles/photovoltaics-report-in-englischer-sprache.pdf（accessed 18 November2016）

2 Agostinelli, G.G., Vitanov, P., Alexieva, Z., Harizanova, A., Dekkers, H.F.W., De Wolf, S., and Beaucarne, G.（2004）Proceedings of the 19th European Photovoltaic Solar Energy Conference and Exhibition, Paris, France, June 7–11, 2004, pp. 2529–2532.

3 Glunz, S.W., Feldmann, F., Richter, A., Bivour, M., Reichel, C., Steinkemper, H., Benick, J., and Hermle, M.（2015）Proceedings of the 31st European Photovoltaic Solar Energy Conference and Exhibition, Hamburg, p. 259.

4 Macco, B., Wu, Y., Vanhemel, D., and Kessels, W.M.M.（2014）*Phys. Status Solidi RRL*, **8**, 987.

5 Green, M.A., Emery, K., Hishikawa, Y., Warta, W., and Dunlop, E.D.（2014）*Prog. Photovoltaics Res. Appl.*, **22**, 701.

6 Cousins, P.J., Smith, D.D., Luan, H.C., Manning, J., Dennis, T.D., Waldhauer, A., Wilson, K.E., Harley, G., and Mulligan, W.P.（2010）Conference Record IEEE Photovoltaic Specialists Conference p. 275.

7 Yamaguchi, T., Ichihashi, Y., Mishima, T., Matsubara, N., and Yamanishi, T.（2014）*IEEE J. Photovoltaics*, **4**, 1433.

8 Smith, D.D., Cousins, P., Westerberg, S., De Jesus-Tabajonda, R., Aniero, G., and Shen, Y.-C.（2014）*IEEE J. Photovoltaics*, **4**, 1465.

9 Richter, A., Hermle, M., and Glunz, S.W.（2013）*IEEE J. Photovoltaics*, **3**, 1184.

10 Benick, J., Hoex, B., van de Sanden, M.C.M., Kessels, W.M.M., Schultz, O., and Glunz, S.W.（2008）*Appl. Phys.*

Lett., **92**, 253504.
11 van de Loo, B.W.H., Knoops, H.C.M., Dingemans, G., Janssen, G.J.M., Lamers, M.W.P.E., Romijn, I.G., Weeber, A.W., and Kessels, W.M.M.（2015）*Sol. Energy Mater. Sol. Cells*, **143**, 450.
12 Taguchi, M., Yano, A., Tohoda, S., Matsuyama, K., Nakamura, Y., Nishiwaki, T., Fujita, K., and Maruyama, E.（2014）*IEEE J. Photovoltaics*, **4**, 96.
13 Nandakumar, N., Dielissen, B., Garcia-alonso, D., Liu, Z., and Kessels, W.M.M.（2014）Technical Proceedings of the 6th World Conference on Photovoltaic Energy Conversion, pp. 1–2.
14 Adachi, D., Hernández, J.L., and Yamamoto, K.（2015）*Appl. Phys. Lett.*, **107**, 233506.
15 Moldovan, A., Feldmann, F., Zimmer, M., Rentsch, J., Benick, J., and Hermle, M.（2015）*Sol. Energy Mater. Sol. Cells*, **142**, 123.
16 Battaglia, C., de Nicolás, S.M., De Wolf, S., Yin, X., Zheng, M., Ballif, C., and Javey, A.（2014）*Appl. Phys. Lett.*, **104**, 113902.
17 Gerling, L.G., Mahato, S., Morales-vilches, A., Masmitja, G., Ortega, P., Voz, C., Alcubilla, R., and Puigdollers, J.（2015）*Sol. Energy Mater. Sol. Cells*, **3**, 1.
18 Islam, R. and Saraswat, K.C.（2014）40th IEEE Photovoltaic Specialists Conference, PVSC 2014, p. 285.
19 Avasthi, S., McClain, W.E., Man, G., Kahn, A., Schwartz, J., and Sturm, J.C.（2013）*Appl. Phys. Lett.*, **102**, 203901.
20 Macco, B., Vos, M.F.J., Thissen, N.F.W., Bol, A.A., and Kessels, W.M.M.（2015）*Phys. Status Solidi RRL*, **9**, 393.
21 Smit, S., Garcia-Alonso, D., Bordihn, S., Hanssen, M.S., and Kessels, W.M.M.（2014）*Sol. Energy Mater. Sol. Cells*, **120**, 376.
22 Garcia-Alonso, D., Smit, S., Bordihn, S., and Kessels, W.M.M.（2013）*Semicond. Sci. Technol.*, **28**, 082002.
23 del Alamo, J.A. and Swanson, R.M.（1984）*IEEE Trans. Electron Devices*, **31**, 1878.
24 McIntosh, K.R. and Black, L.E.（2014）*J. Appl. Phys.*, **116**, 014503.
25 Dingemans, G., van de Sanden, M.C.M., and Kessels, W.M.M.（2011）*Phys. Status Solidi RRL*, **5**, 22.
26 Hoex, B., Peeters, F.J.J., Erven, A.J., Bijker, M.D., Kessels, W.M.M., and De Sanden, M.C.M.（2006）4th World Conference on Photovoltaic Energy Conversion, pp. 1036–1039.
27 Agostinelli, G., Delabie, A., Vitanov, P., Alexieva, Z., Dekkers, H.F.W., De Wolf, S., and Beaucarne, G.（2006）*Sol. Energy Mater. Sol. Cells*, **90**, 3438.
28 Hoex, B., Schmidt, J., Pohl, P., van de Sanden, M.C.M., and Kessels, W.M.M.（2008）*J. Appl. Phys.*, **104**, 044903.
29 Dingemans, G. and Kessels, W.M.M.（2012）*J. Vac. Sci. Technol., A*, **30**, 040802.
30 Cuevas, A., Allen, T., Bullock, J., Wan, Y., Yan, D., and Zhang, X.（2015）Proceedings of 42nd IEEE Photovoltaic Specialists Conference, New Orleans.
31 Girisch, R.B.M., Mertens, R., and Keersmaecker, R.F.（1988）*IEEE Trans. Electron Devices*, **35**, 203.
32 Altermatt, P.P., Schenk, A., Geelhaar, F., and Heiser, G.（2003）*J. Appl. Phys.*, **93**, 1598.
33 Yan, D. and Cuevas, A.（2013）*J. Appl. Phys.*, **114**, 044508.
34 Yan, D. and Cuevas, A.（2014）*J. Appl. Phys.*, **116**, 194505.
35 Dauwe, S., Mittelstadt, L., Metz, A., and Hezel, R.（2002）*Prog. Photovoltaics Res. Appl.*, **10**, 271.
36 Dirnstorfer, I., Simon, D.K., Jordan, P.M., and Mikolajick, T.（2014）*J. Appl. Phys.*, **116**, 044112.
37 Cousins, P.J. and Cotter, J.E.（2006）*Sol. Energy Mater. Sol. Cells,* **90**, 228.
38 Thomson, A.F. and McIntosh, K.R.（2009）*Appl. Phys. Lett.*, **95**, 052101.
39 Grove, A.S., Leistiko, O., and Sah, C.T.（1964）*J. Appl. Phys.*, **35**, 2695.
40 Jaeger, K. and Hezel, R.（1985）18th IEEE Photovoltaic Specialists Conference, p. 1752.
41 Hezel, R. and Jaeger, K.（1989）*J. Electrochem. Soc.*, **136**, 518.
42 Hoex, B., Heil, S.B.S., Langereis, E., Van De Sanden, M.C.M., and Kessels, W.M.M.（2006）*Appl. Phys. Lett.*, **89**, 042112.
43 Higashi, G.S. and Fleming, C.G.（1989）*Appl. Phys. Lett.*, **55**, 1963.
44 Hoex, B., Schmidt, J., Bock, R., Altermatt, P.P., Van De Sanden, M.C.M., and Kessels, W.M.M.（2007）*Appl. Phys. Lett.*, **91**, 112107.
45 Schmidt, J., Merkle, A., Brendel, R., Hoex, B., van de Sanden, M.C.M., and Kessels, W.M.M.（2008）*Prog. Photovoltaics Res. Appl.*, **16**, 461.
46 Knoops, H.C.M., Potts, S.E., Bol, A.A., and Kessels, W.M.M.（2015）*Handbook of Crystal Growth*, 2nd edn, Elsevier, pp. 1101–1134.
47 Dingemans, G., Terlinden, N.M., Pierreux, D., Profijt, H.B., van de Sanden, M.C.M., and Kessels, W.M.M.（2011）*Electrochem. Solid-State Lett.*, **14**, H1.
48 Profijt, H.B., Kudlacek, P., van de Sanden, M.C.M., and Kessels, W.M.M.（2011）*J. Electrochem. Soc.*, **158**, G88.
49 Dingemans, G., Seguin, R., Engelhart, P., Van De Sanden, M.C.M., and Kessels, W.M.M.（2010）*Phys. Status Solidi*

RRL, **4**, 10.
50 Hoex, B., Bosman, M., Nandakumar, N., and Kessels, W.M.M. (2013) *Phys. Status Solidi RRL*, **7**, 937.
51 Dingemans, G., Beyer, W., van de Sanden, M.C.M., and Kessels, W.M.M. (2010) *Appl. Phys. Lett.*, **97**, 152106.
52 Richter, A., Benick, J., Hermle, M., and Glunz, S.W. (2014) *Appl. Phys. Lett.*, **104**, 061606.
53 Dingemans, G., Einsele, F., Beyer, W., van de Sanden, M.C.M., and Kessels, W.M.M. (2012) *J. Appl. Phys.*, **111**, 093713.
54 Simon, D.K., Jordan, P.M., Dirnstorfer, I., Benner, F., Richter, C., and Mikolajick, T. (2014) *Sol. Energy Mater. Sol. Cells*, **131**, 72.
55 Dingemans, G., van Helvoirt, C.A.A., Pierreux, D., Keuning, W., and Kessels, W.M.M. (2012) *J. Electrochem. Soc.*, **159**, H277.
56 Dingemans, G., Terlinden, N.M., Verheijen, M.A., van de Sanden, M.C.M., and Kessels, W.M.M. (2011) *J. Appl. Phys.*, **110**, 093715.
57 Bordihn, S., Mertens, V., Müller, J.W., and (Erwin) Kessels, W.M.M. (2014) *J. Vac. Sci. Technol., A*, **32**, 01A128.
58 Richter, S.W.G.A., Henneck, S., Benick, J., Hörteis, M., and Hermle, M. (2010) 25th European Photovoltaic Solar Energy Conference and Exhibition, Valencia, Spain, pp. 1453–1459.
59 Hennen, L., Granneman, E.H.A., and Kessels, W.M.M. (2012) 38th IEEE Photovoltaic Specialists Conference (IEEE, 2012), pp. 001049–001054.
60 Vermang, B., Goverde, H., Uruena, A., Lorenz, A., Cornagliotti, E., Rothschild, A., John, J., Poortmans, J., and Mertens, R. (2012) *Sol. Energy Mater. Sol. Cells*, **101**, 204.
61 Terlinden, N.M., Dingemans, G., van de Sanden, M.C.M., and Kessels, W.M.M. (2010) *Appl. Phys. Lett.*, **96**, 112101.
62 Schuldis, D., Richter, A., Benick, J., Saint-Cast, P., Hermle, M., and Glunz, S.W. (2014) *Appl. Phys. Lett.*, **105**, 231601.
63 Altermatt, P.P., Schumacher, J.O., Cuevas, A., Kerr, M.J., Glunz, S.W., King, R.R., Heiser, G., and Schenk, A. (2002) *J. Appl. Phys.*, **92**, 3187.
64 Baker-Finch, S.C. and McIntosh, K.R. (2011) *IEEE J. Photovoltaics*, **1**, 59.
65 Mok, K.R.C., van de Loo, B.W.H., Vlooswijk, A.H.G., Kessels, W.M.M., and Nanver, L.K. (2015) *IEEE J. Photovoltaics*, **5**, 1310.
66 Liao, B., Stangl, R., Ma, F., Mueller, T., Lin, F., Aberle, A.G., Bhatia, C.S., and Hoex, B. (2013) *J. Phys. D: Appl. Phys.*, **46**, 385102.
67 Black, L.E., Allen, T., McIntosh, K.R., and Cuevas, A. (2014) *J. Appl. Phys.*, **115**, 093707.
68 Liao, B., Stangl, R., Ma, F., Hameiri, Z., Mueller, T., Chi, D., Aberle, A.G., Bhatia, C.S., and Hoex, B. (2013) *J. Appl. Phys.*, **114**, 094505.
69 Liang, W., Weber, K.J., Suh, D., Phang, S.P., Yu, J., McAuley, A.K., and Legg, B.R. (2013) *IEEE J. Photovoltaics*, **3**, 678.
70 Phang, S.P., Liang, W., Wolpensinger, B., Kessler, M.A., and MacDonald, D. (2013) *IEEE J. Photovoltaics*, **3**, 261.
71 Hoex, B., van de Sanden, M.C.M., Schmidt, J., Brendel, R., and Kessels, W.M.M. (2012) *Phys. Status Solidi RRL*, **6**, 4.
72 Richter, A., Benick, J., Kimmerle, A., Hermle, M., and Glunz, S.W. (2014) *J. Appl. Phys.*, **116**, 243501.
73 Bordihn, S., Dingemans, G., Mertens, V., and Kessels, W.M.M. (2013) *IEEE J. Photovoltaics*, **3**, 925.
74 Bordihn, S., Engelhart, P., Mertens, V., Kesser, G., Köhn, D., Dingemans, G., Mandoc, M.M., Müller, J.W., and Kessels, W.M.M. (2011) *Energy Procedia*, **8**, 654.
75 Granneman, E.H.A., Kuznetsov, V.I., and Vermont, P. (2014) *ECS Trans.*, **61**, 3.
76 Dingemans, G. and Kessels, W.M.M. (2010) 25th European Photovoltaic Solar Energy Conference and Exhibition, Valencia, Spain, pp. 1083–1090.
77 Nandakumar, N., Lin, F., Dielissen, B., Souren, F., Gay, X., Gortzen, R., Duttagupta, S., Aberle, A.G., and Hoex, B. (2013) 28th European Photovoltaic Solar Energy Conference and Exhibition, pp. 1105–1107.
78 van Delft, J.A., Garcia-Alonso, D., and Kessels, W.M.M. (2012) *Semicond. Sci. Technol.*, **27**, 074002.
79 Miyajima, M.K.S., Irikawa, J., and Yamada, A. (2008) 23rd European Photovoltaic Solar Energy Conference and Exhibition, Valencia, Spain, pp. 1029–1032.
80 Black, L.E., Allen, T., Cuevas, A., McIntosh, K.R., Veith, B., and Schmidt, J. (2014) *Sol. Energy Mater. Sol. Cells*, **120**, 339.
81 Li, T.-T. and Cuevas, A. (2009) *Phys. Status Solidi RRL*, **3**, 160.
82 Schmidt, J., Werner, F., Veith, B., Zielke, D., Bock, R., Tiba, V., Poodt, P., Roozeboom, F., Li, T.A., Cuevas, A., and Brendel, R. (2010) *Industrially Relevant Al2O3 Deposition Techniques for the Surface Passivation of Si Solar Cells.* 25th European Photovoltaic Solar Energy Conference and Exhibition, Valencia, Spain, pp. 1130–1133.

83 Zhang, X. and Cuevas, A.（2013）*Phys. Status Solidi RRL*, **7**, 619.
84 Saynova, D.S., Romijn, I.G., Cesar, I., Lamers, M.W.P.E., Gutjahr, A., Dingemans, G., Knoops, H.C.M., van de Loo, B.W.H., Kessels, W.M.M., Siarheyeva, O., Granneman, E.H.A., Gautero, L., Borsa, D.M., Venema, P.R., and Vlooswijk, A.H.G.（2013）28th European Photovoltaic Solar Energy Conference and Exhibition, pp. 1188–1193.
85 Dingemans, G. and Kessels, W.M.M.（2011）*ECS Trans*., **41**, 293.
86 Duttagupta, S., Ma, F., Lin, S., Mueller, T., Aberle, A.G., and Hoex, B.（2013）*IEEE J. Photovoltaics*, **3**, 1163.
87 Terlinden, N.M., Dingemans, G., Vandalon, V., Bosch, R.H.E.C., and Kessels, W.M.M.（2014）*J. Appl. Phys*., **115**, 033708.
88 Spinelli, P., Macco, B., Verschuuren, M.A., Kessels, W.M.M., and Polman, A.（2013）*Appl. Phys. Lett*., **102**, 233902.
89 Richter, A., Benick, J., and Hermle, M.（2013）*IEEE J. Photovoltaics*, **3**, 236.
90 Wang, W.-C., Lin, C.-W., Chen, H.-J., Chang, C.-W., Huang, J.-J., Yang, M.-J., Tjahjono, B., Huang, J.-J., Hsu, W.-C., and Chen, M.-J.（2013）*ACS Appl. Mater. Interfaces*, **5**, 9752.
91 Savin, H., Repo, P., von Gastrow, G., Ortega, P., Calle, E., Garín, M., and Alcubilla, R.（2015）*Nat. Nanotechnol*., **10**, 624.
92 von Gastrow, G., Alcubilla, R., Ortega, P., Yli-Koski, M., Conesa-Boj, S., Fontcuberta i Morral, A., and Savin, H.（2015）*Sol. Energy Mater. Sol. Cells*, **142**, 29.
93 Allen, T., Bullock, J., Cuevas, A., Baker-Finch, S., and Karouta, F.（2014）IEEE 40th Photovoltaic Specialist Conference（PVSC）562.
94 Otto, M., Kroll, M., Käsebier, T., Salzer, R., Tünnermann, A., and Wehrspohn, R.B.（2012）*Appl. Phys. Lett*., **100**, 1.
95 Repo, P., Haarahiltunen, A., Sainiemi, L., Yli-Koski, M., Talvitie, H., Schubert, M.C., and Savin, H.（2013）*IEEE J. Photovoltaics*, **3**, 90.
96 Repo, P., Benick, J., Von Gastrow, G., Vähänissi, V., Heinz, F.D., Schön, J., Schubert, M.C., and Savin, H.（2013）*Phys. Status Solidi RRL*, **7**, 950.
97 Liu, Y., Das, A., Lin, Z., Cooper, I.B., Rohatgi, A., and Wong, C.P.（2014）*Nano Energy*, **3**, 127.
98 Wan, Y., Bullock, J., and Cuevas, A.（2015）*Appl. Phys. Lett*., **106**, 201601.
99 Liao, B., Hoex, B., Aberle, A.G., Chi, D., and Bhatia, C.S.（2014）*Appl. Phys. Lett*., **104**, 253903.
100 Allen, T.G. and Cuevas, A.（2014）*Appl. Phys. Lett*., **105**, 031601.
101 Benner, F., Jordan, P.M., Richter, C., Simon, D.K., Dirnstorfer, I., Knaut, M., Bartha, J.W., and Mikolajick, T.（2014）*J. Vac. Sci. Technol., B*, **32**, 03D110.
102 Simon, D.K., Jordan, P.M., Knaut, M., Chohan, T., Mikolajick, T., and Dirnstorfer, I.（2015）IEEE 42nd Photovoltaic Specialists Conference（IEEE, 2015）.
103 Suh, D.（2015）*Phys. Status Solidi RRL*, **9**, 344.
104 Repo, P., Talvitie, H., Li, S., Skarp, J., and Savin, H.（2011）*Energy Procedia*, **8**, 681.
105 Wu, Y., Hermkens, P.M., van de Loo, B.W.H., Knoops, H.C.M., Potts, S.E., Verheijen, M.A., Roozeboom, F., and Kessels, W.M.M.（2013）*J. Appl. Phys*., **114**, 024308.
106 Macco, B., Deligiannis, D., Smit, S., van Swaaij, R.A.C.M.M., Zeman, M., and Kessels, W.M.M.（2014）*Semicond. Sci. Technol*., **29**, 122001.
107 De Wolf, S., Descoeudres, A., Holman, Z.C., and Ballif, C.（2012）*Green*, **2**, 7.
108 McIntosh, K.R. and Baker-Finch, S.C.（2012）38th IEEE Photovoltaic Specialists Conference（IEEE, 2012）, pp. 000265–000271.
109 Macco, B., Knoops, H.C.M., and Kessels, W.M.M.（2015）*ACS Appl. Mater. Interfaces*, **7**, 16723.
110 Masetti, G., Severi, M., and Solmi, S.（1983）*IEEE Trans. Electron Devices*, **30**, 764.
111 Ellmer, K. and Mientus, R.（2008）*Thin Solid Films*, **516**, 4620.
112 Pisarkiewicz, T., Zakrzewska, K., and Leja, E.（1989）*Thin Solid Films,* **174**, 217.
113 Sharma, K., Williams, B.L., Mittal, A., Knoops, H.C.M., Kniknie, B.J., Bakker, N.J., Kessels, W.M.M., Schropp, R.E.I., and Creatore, M.（2014）*Int. J. Photoenergy*, **2014**, 1.
114 Yoshida, Y., Wood, D.M., Gessert, T.A., and Coutts, T.J.（2004）*Appl. Phys. Lett*., **84**, 2097.
115 Morales-Masis, M., Martin De Nicolas, S., Holovsky, J., De Wolf, S., and Ballif, C.（2015）*IEEE J. Photovoltaics*, **5**, 1340.
116 Yu, J., Bian, J., Duan, W., Liu, Y., Shi, J., Meng, F., and Liu, Z.（2016）*Sol. Energy Mater. Sol. Cells*, **144**, 359.
117 Newhouse, P.F., Park, C.-H., Keszler, D.A., Tate, J., and Nyholm, P.S.（2005）*Appl. Phys. Lett*., **87**, 112108.
118 Macco, B., Knoops, H.C.M., Vos, M.F.J., Kuang, Y., Verheijen, M.A., and Kessels, W.M.M.（2015）30th European Photovoltaic Solar Energy Conference and Exhibition.
119 Preissler, N., Bierwagen, O., Ramu, A.T., and Speck, J.S.（2013）*Phys. Rev. B*, **88**, 085305.
120 Ellmer, K.（2012）*Nat. Photonics*, **6**, 809.

121 Knoops, H.C.M., van de Loo, B.W.H., Smit, S., Ponomarev, M.V., Weber, J.-W., Sharma, K., Kessels, W.M.M., and Creatore, M. (2015) *J. Vac. Sci. Technol., A*, **33**, 021509.
122 Koida, T., Fujiwara, H., and Kondo, M. (2007) *Jpn. J. Appl. Phys.*, **46**, L685.
123 Barraud, L., Holman, Z.C., Badel, N., Reiss, P., Descoeudres, A., Battaglia, C., De Wolf, S., and Ballif, C. (2013) *Sol. Energy Mater. Sol. Cells*, **115**, 151.
124 Tohsophon, T., Dabirian, A., De Wolf, S., Morales-Masis, M., and Ballif, C. (2015) *APL Mater.*, **3**, 116105.
125 Demaurex, B., De Wolf, S., Descoeudres, A., Holman, Z.C., and Ballif, C. (2012) *Appl. Phys. Lett.*, **101**, 171604.
126 Ritzau, K.-U., Bivour, M., Schröer, S., Steinkemper, H., Reinecke, P., Wagner, F., and Hermle, M. (2014) *Sol. Energy Mater. Sol. Cells*, **131**, 9.
127 Rößler, R., Leendertz, C., Korte, L., Mingirulli, N., and Rech, B. (2013) *J. Appl. Phys.*, **113**, 144513.
128 Bivour, M., Schröer, S., and Hermle, M. (2013) *Energy Procedia*, **38**, 658.
129 Tomasi, A., Sahli, F., Fanni, L., Seif, J.P., De Nicolas, S.M., Holm, N., Geissbühler, J., Paviet-Salomon, B., Löper, P., Nicolay, S., De Wolf, S., and Ballif, C. (2016), IEEE J. Photovoltaics **6**, 17.
130 Klein, A., Körber, C., Wachau, A., Säuberlich, F., Gassenbauer, Y., Harvey, S.P., Proffit, D.E., and Mason, T.O. (2010) *Materials (Basel)*, **3**, 4892.
131 Carroy, G.R.P., Muñoz, D., Ozanne, F., Valla, A., and Mur, P. (2015) 30th European Photovoltaic Solar Energy Conference and Exhibition, pp. 359–364.
132 Tynell, T. and Karppinen, M. (2014) *Semicond. Sci. Technol.*, **29**, 043001.
133 Elam, J.W. and George, S.M. (2003) *Chem. Mater.*, **15**, 1020.
134 Lee, D.-J., Kim, H.-M., Kwon, J.-Y., Choi, H., Kim, S.-H., and Kim, K.-B. (2011) *Adv. Funct. Mater.*, **21**, 448.
135 Park, H.K. and Heo, J. (2014) *Appl. Surf. Sci.*, **309**, 133.
136 Yanguas-Gil, A., Peterson, K.E., and Elam, J.W. (2011) *Chem. Mater.*, **23**, 4295.
137 Wu, Y., Potts, S.E., Hermkens, P.M., Knoops, H.C.M., Roozeboom, F., and Kessels, W.M.M. (2013) *Chem. Mater.*, **25**, 4619.
138 Garcia-Alonso, D., Potts, S.E., van Helvoirt, C.A.A., Verheijen, M.A., and Kessels, W.M.M. (2015) *J. Mater. Chem. C*, **3**, 3095.
139 Sang, B., Yamada, A., and Konagai, M. (1997) *Sol. Energy Mater. Sol. Cells*, **49**, 19.
140 Lee, D.-J., Kim, K.-J., Kim, S.-H., Kwon, J.-Y., Xu, J., and Kim, K.-B. (2013) *J. Mater. Chem. C*, **1**, 4761.
141 Ye, Z.-Y., Lu, H.-L., Geng, Y., Gu, Y.-Z., Xie, Z.-Y., Zhang, Y., Sun, Q.-Q., Ding, S.-J., and Zhang, D.W. (2013) *Nanoscale Res. Lett.*, **8**, 108.
142 Ott, A.W. and Chang, R.P.H. (1999) *Mater. Chem. Phys.*, **58**, 132.
143 Geng, Y., Xie, Z.-Y., Yang, W., Xu, S.-S., Sun, Q.-Q., Ding, S.-J., Lu, H.-L., and Zhang, D.W. (2013) *Surf. Coat. Technol.*, **232**, 41.
144 Thomas, M.A., Armstrong, J.C., and Cui, J. (2013) *J. Vac. Sci. Technol., A*, **31**, 01A130.
145 Na, J.-S., Peng, Q., Scarel, G., and Parsons, G.N. (2009) *Chem. Mater.*, **21**, 5585.
146 Asikainen, T. (1995) *J. Electrochem. Soc.*, **142**, 3538.
147 Nilsen, O., Balasundaraprabhu, R., Monakhov, E.V., Muthukumarasamy, N., Fjellvåg, H., and Svensson, B.G. (2009) *Thin Solid Films*, **517**, 6320.
148 Gebhard, M., Hellwig, M., Parala, H., Xu, K., Winter, M., and Devi, A. (2014) *Dalton Trans.*, **43**, 937.
149 Lee, D.-J., Kwon, J.-Y., Il Lee, J., and Kim, K.-B. (2011) *J. Phys. Chem. C*, **115**, 15384.
150 Kim, D., Nam, T., Park, J., Gatineau, J., and Kim, H. (2015) *Thin Solid Film*s, **587**, 1.
151 Ramachandran, R.K., Dendooven, J., Poelman, H., and Detavernier, C. (2015) *J. Phys. Chem. C*, **119**, 11786.
152 Elam, J.W., Martinson, A.B.F., Pellin, M.J., and Hupp, J.T. (2006) *Chem. Mater.*, **18**, 3571.
153 Elam, J.W., Baker, D.A., Martinson, A.B.F., Pellin, M.J., and Hupp, J.T. (2008) *J. Phys. Chem. C*, **112**, 1938.
154 Libera, J.A., Hryn, J.N., and Elam, J.W. (2011) *Chem. Mater.*, **23**, 2150.
155 Demaurex, B., Seif, J.P., Smit, S., Macco, B., Kessels, W.M.M., Geissbuhler, J., De Wolf, S., and Ballif, C. (2014) *IEEE J. Photovoltaics*, **4**, 1387.
156 Hoye, R.L.Z., Muñoz-Rojas, D., Nelson, S.F., Illiberi, A., Poodt, P., Roozeboom, F., and MacManus-Driscoll, J.L. (2015) *APL Mater.*, **3**, 040701.
157 Munoz-Rojas, D. and MacManus-Driscoll, J. (2014) *Mater. Horiz.*, **1**, 314.
158 Illiberi, A., Poodt, P., Bolt, P.J., and Roozeboom, F. (2014) *Chem. Vap. Depos.*, **20**, 234.
159 Illiberi, A., Roozeboom, F., and Poodt, P. (2012) *ACS Appl. Mater. Interfaces*, **4**, 268.
160 Nandakumar, N., Dielissen, B., Garcia-Alonso, D., Liu, Z., and Kessels, W.M.M., (2014), in *Proc. 6th World Conf. Photovolt. Energy Convers.*, pp. 2–3.
161 Nandakumar, N., Dielissen, B., Garcia-Alonso, D., Liu, Z., Roger, G., Kessels, W.M.M.E., Aberle, A.G., and Hoex, B.

(2015) *IEEE J. Photovoltaics*, **5**, 1462.
162 Illiberi, A., Scherpenborg, R., Wu, Y., Roozeboom, F., and Poodt, P. (2013) *ACS Appl. Mater. Interfaces*, **5**, 13124.
163 Ellinger, C.R. and Nelson, S.F. (2014) *Chem. Mater.*, **26**, 1514.
164 Illiberi, A., Scherpenborg, R., Roozeboom, F., and Poodt, P. (2014) *ECS J. Solid State Sci. Technol.*, **3**, P111.
165 Nandakumar, N., Hoex, B., Dielissen, B., Garcia-Alonso, D., Gortzen, R., Kessels, W.M.M., Fin, L., Aberle, A.G., and Mueller, T. (2015) Presented at the 25th Asia Photovoltaic Solar Energy Conference and Exhibition.
166 Illiberi, A., Cobb, B., Sharma, A., Grehl, T., Brongersma, H., Roozeboom, F., Gelinck, G., and Poodt, P. (2015) *ACS Appl. Mater. Interfaces*, **7**, 3671.
167 Wurfel, U., Cuevas, A., and Wurfel, P. (2015) *IEEE J. Photovoltaics*, **5**, 461.
168 Robertson, J. (2000) *J. Vac. Sci. Technol., B*, **18**, 1785.
169 Stradins, P., Essig, S., Nemeth, W., Lee, B.G., Young, D., Norman, A., Liu, Y., Luo, J., Warren, E., Dameron, A., Lasalvia, V., Page, M., and Ok, Y. (2014) 6th World Conference on Photovoltaic Energy Conversion.
170 Islam, R., Shine, G., and Saraswat, K.C. (2014) *Appl. Phys. Lett.*, **105**, 182103.
171 Bivour, M., Temmler, J., Steinkemper, H., and Hermle, M. (2015) *Sol. Energy Mater. Sol. Cells*, **142**, 34.
172 Ng, K.K. and Card, H.C. (1980) *J. Appl. Phys.*, **51**, 2153.
173 Young, D.L., Nemeth, W., Grover, S., Norman, A., Lee, B.G., and Stradins, P. (2014) IEEE 40th Photovoltaic Specialists Conference (IEEE, 2014), pp. 1–5.
174 Khanna, A., Mueller, T., Stangl, R.A., Hoex, B., Basu, P.K., and Aberle, A.G. (2013) *IEEE J. Photovoltaics*, **3**, 1170.
175 Feldmann, F., Bivour, M., Reichel, C., Hermle, M., and Glunz, S.W. (2014) *Sol. Energy Mater. Sol. Cells*, **120**, 270.
176 Yang, X., Zheng, P., Bi, Q., and Weber, K. (2016) *Sol. Energy Mater. Sol. Cells*, **150**, 32–38.
177 Fell, A., McIntosh, K.R., Altermatt, P.P., Janssen, G.J.M., Stangl, R., Ho-Baillie, A., Steinkemper, H., Greulich, J., Muller, M., Min, B., Fong, K.C., Hermle, M., Romijn, I.G., and Abbott, M.D. (2015) *IEEE J. Photovoltaics*, **5**, 1250.
178 Cornagliotti, E., Uruena, A., Aleman, M., Sharma, A., Tous, L., Russell, R., Choulat, P., Chen, J., John, J., Haslinger, M., Duerinckx, F., Dielissen, B., Gortzen, R., Black, L., and Szlufcik, J. (2015) *IEEE J. Photovoltaics*, **5**, 1366.
179 Urueña, M.H.A., Aleman, M., Cornagliotti, E., Sharma, A., Deckers, J., Tous, J.S.L., Russell, R., John, J., Yao, Y., Söderström, T., and Duerinckx, F. (2012) 31st European Photovoltaic Solar Energy Conference and Exhibition, vol. **33**, p. 81.
180 Bullock, J., Cuevas, A., Allen, T., and Battaglia, C. (2014) *Appl. Phys. Lett.*, **105**, 232109.
181 Bullock, J., Samundsett, C., Cuevas, A., Yan, D., Wan, Y., and Allen, T. (2015) 42nd IEEE Photovoltaic Specialists Conference, vol. **5**, p. 1591.
182 Geissbühler, J., Werner, J., Martin de Nicolas, S., Barraud, L., Hessler-Wyser, A., Despeisse, M., Nicolay, S., Tomasi, A., Niesen, B., De Wolf, S., and Ballif, C. (2015) *Appl. Phys. Lett.*, **107**, 081601.
183 Zielke, D., Petermann, J.H., Werner, F., Veith, B., Brendel, R., and Schmidt, J. (2011) *Phys. Status Solidi RRL*, **5**, 298.
184 Werner, F., Veith, B., Zielke, D., Kühnemund, L., Tegenkamp, C., Seibt, M., Brendel, R., and Schmidt, J. (2011) *J. Appl. Phys.*, **109**, 113701.
185 Chandiran, A.K., Nazeeruddin, M.K., and Graetzel, M. (2014) *Adv. Funct. Mater.*, **24**, 1615.
186 A.K. Chandiran, N. Tetreault, R. Humphry-baker, F. Kessler, C. Yi, K. Nazeeruddin, and M. Grätzel, **12**, 3941 (2012).
187 Sahasrabudhe, G., Rupich, S.M., Jhaveri, J., Berg, A.H., Nagamatsu, K., Man, G., Chabal, Y.J., Kahn, A., Wagner, S., Sturm, J.C., and Schwartz, J. (2015) *J. Am. Chem. Soc.*, **137**, 14842. doi: 10.1021/jacs.5b09750
188 Chambers, S.A., Liang, Y., Yu, Z., Droopad, R., and Ramdani, J. (2001) *J. Vac. Sci. Technol., A*, **19**, 934.
189 Först, C.J., Ashman, C.R., Schwarz, K., and Blöchl, P.E. (2004) *Nature*, **427**, 53.
190 Longo, V., Leick, N., Roozeboom, F., and Kessels, W.M.M. (2012) *ECS J. Solid State Sci. Technol.*, **2**, N15.
191 Ritala, M., Leskela, M., Niinisto, L., Haussalo, P., and Niinist, L. (1993) *Chem. Mater.*, **5**, 1174.
192 Potts, S.E., Keuning, W., Langereis, E., Dingemans, G., van de Sanden, M.C.M., and Kessels, W.M.M. (2010) *J. Electrochem. Soc.*, **157**, P66.
193 Xie, Q., Jiang, Y.-L., Detavernier, C., Deduytsche, D., Van Meirhaeghe, R.L., Ru, G.-P., Li, B.-Z., and Qu, X.-P. (2007) *J. Appl. Phys.*, **102**, 083521.
194 Kim, M.K., Kim, W.H., Lee, T., and Kim, H. (2013) *Thin Solid Films*, **542**, 71.
195 Kwon, O.S., Kim, S.K., Cho, M., Hwang, C.S., and Jeong, J. (2005) *J. Electrochem. Soc.*, **152**, C229.
196 Bertuch, A., Sundaram, G., Saly, M., Moser, D., and Kanjolia, R. (2014) *J. Vac. Sci. Technol., A*, **32**, 01A119.
197 Vos, M.F.J., Macco, B., Thissen, N.F.W., Bol, A.A., and (Erwin) Kessels, W.M.M. (2016) *J. Vac. Sci. Technol., A*, **34**, 01A103.
198 Diskus, M., Nilsen, O., and Fjellvåg, H. (2011) *J. Mater. Chem.*, **21**, 705.
199 Liu, R., Lin, Y., Chou, L.-Y., Sheehan, S.W., He, W., Zhang, F., Hou, H.J.M., and Wang, D. (2011) *Angew. Chem. Int.*

Ed., **50**, 499.

200 Malm, J., Sajavaara, T., and Karppinen, M.（2012）*Chem. Vap. Depos.*, **18**, 245.

201 Song, J., Park, J., Lee, W., Choi, T., Jung, H., Lee, C.W., Hwang, S., Myoung, J.M., Jung, J., Kim, S., Lansalot-matras, C., and Kim, H.（2013）*ACS Nano*, **7**, 11333.

202 Blanquart, T., Niinistö, J., Gavagnin, M., Longo, V., Heikkilä, M., Puukilainen, E., Pallem, V.R., Dussarrat, C., Ritala, M., and Leskelä, M.（2013）*RSC Adv.*, **3**, 1179.

203 Boukhalfa, S., Evanoff, K., and Yushin, G.（2012）*Energy Environ. Sci.*, **5**, 6872.

204 Musschoot, J., Deduytsche, D., Van Meirhaeghe, R.L., and Detavernier, C.（2009）216th Electrochemical Society Meeting, pp. 29–37.

205 Lu, H.L., Scarel, G., Li, X.L., and Fanciulli, M.（2008）*J. Cryst. Growth*, **310**, 5464.

206 Lindahl, E., Ottosson, M., and Carlsson, J.-O.（2009）*Chem. Vap. Depos.*, **15**, 186.

207 Chae, J., Park, H.-S., and Kang, S.（2002）*Electrochem. Solid-State Lett.*, **5**, C64.

208 Yang, T.S., Cho, W., Kim, M., An, K.-S., Chung, T.-M., Kim, C.G., and Kim, Y.（2005）*J. Vac. Sci. Technol., A*, **23**, 1238.

209 Battaglia, C., Yin, X., Zheng, M., Sharp, I.D., Chen, T., McDonnell, S., Azcatl, A., Carraro, C., Ma, B., Maboudian, R., Wallace, R.M., and Javey, A.（2014）*Nano Lett.*, **14**, 967.

210 Ziegler, J., Mews, M., Kaufmann, K., Schneider, T., Sprafke, A.N., Korte, L., and Wehrspohn, R.B.（2015）*Appl. Phys. A*, **120**, 811.

第3章 光吸収のために行う ALD

Alex Martinson*

3.1 太陽光吸収の概略

太陽エネルギーから直流電力への変換という複雑なプロセスの第一ステップは太陽電池技術に関係なく光子の吸収である。単純とはいえないが，高い変換効率を得るという最終目的にとって，太陽光の吸収が重要なステップをなす。プロセスとしての太陽エネルギー変換効率（η_p）は，光吸収の効率（η_a），電荷分離の効率（η_{cs}），および電荷抽出の効率（η_{ce}）のそれぞれに正比例するので下式で表される。

$$\eta_p = \eta_a \cdot \eta_{cs} \cdot \eta_{ce} \tag{3.1}$$

したがって，これら三つの基本ステップのそれぞれにおける効率低下が加重的に伝播して太陽電池の最終的な性能に反映する。

太陽光の吸収という作業には，温度が～5800 K の黒体からの放射スペクトルに良く似た太陽からの放射スペクトル，すなわち，紫外線，可視光線，および赤外線にまたがる電磁波で構成されるスペクトル（**図 3.1** 参照）を相手にするというさらなるチャレンジが存在する。地球に入射する光子は広いスペクトル範囲とランダムな偏光方向をもち，直射光と間接光（散乱光）で構成されるため，太陽エネルギーを効率的に捕集する作業は単純ではない。

太陽光吸収のチャレンジが最もはっきり示されるのは，太陽電池で最も一般的に使われる吸収体すなわち結晶シリコン（Si）の動作であろう（図 3.1 参照）。Si は紫外線（UV），可視光線（VIS），および近赤外線（NIR）のかなりの部分を吸収するが，全部を吸収するのではない。反射，バンドギャップ近傍での不十分な吸収，およびサブバンドギャップ伝送といった因子がすべて実効効率 η_a に含まれるため，次に議論するように η_a は材料特性および表面形状の詳細に依存する。

シリコンの吸収が最も強い UV 領域ですら，入射光の一部が反射によって排除される。鏡面反射（界面による光反射）はフレネルの反射則に従い，界面への入射角，波長，偏光方向，および媒質間での屈折率の違いに依存する。光電場が入射面に垂直な成分の反射率 R_s および平

* *Argonne National Laboratory, Materials Science Division, 9700 South Cass Avenue, Lemont, IL 60439, USA*

Atomic Layer Deposition in Energy Conversion Applications, First Edition. Edited by Julien Bachmann.

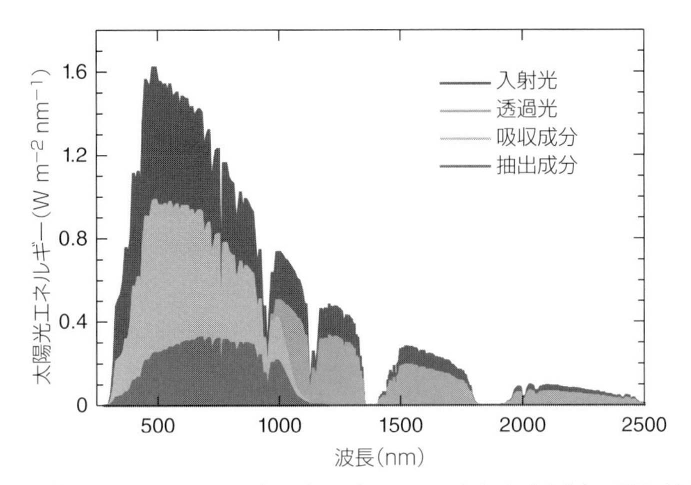

図 3.1　緯度 37° の地球表面に入射する太陽光のパワースペクトル（赤色）。厚みが 100 μm のシリコンウェーハに吸収される太陽光エネルギーについて，反射係数と吸収係数による補正後の近似値（緑色）。電力として取り出されるエネルギー（灰色）の見積りには，完璧な光子－電子変換と，光子エネルギー（4.5－1.1 eV）と Si 太陽電池の起電力（0.64 V）の間に適正な変換係数が使ってある。（口絵参照）

行な成分の反射率 R_p は次式で与えられる※1,2。

$$R_\mathrm{s} = \left|\frac{n_1\cos\Theta_\mathrm{i} - n_2\cos\Theta_\mathrm{t}}{n_1\cos\Theta_\mathrm{i} + n_2\cos\Theta_\mathrm{t}}\right|^2, \quad R_\mathrm{p} = \left|\frac{n_1\cos\Theta_\mathrm{t} - n_2\cos\Theta_\mathrm{i}}{n_1\cos\Theta_\mathrm{t} + n_2\cos\Theta_\mathrm{i}}\right|^2$$

垂直入射（$\Theta_\mathrm{i} = \Theta_\mathrm{t} = 0$）のときにはコサイン（余弦）が 1 となるので R_s と R_p が $|(n_1 - n_2)/(n_1 + n_2)^2|$ に簡単化される。したがって，屈折率 n_2 を可視光領域にわたって平均した値が 4.5 の Si 平面半導体が単純に空気と境界をもつ場合，平均反射率は～40％になる。その結果が図 3.1 に示してある。入射パワーの～60％がデバイスに吸収され，残る～40％はほとんど反射だけによって失われる。このことは，光吸収を最大にしようとする真剣な取り組みのすべてで重要な課題である。そのため，反射による効果を最小にするようにテクスチャ化や無反射被覆などの反射防止処理が通常用いられる。最新の無反射被膜コーティングを行ううえでは，明らかに ALD が当を得た手法であり，多重層の厚みに対する正確なコントロールや傾斜屈折率を得るために好適である [1,2]。

太陽光のうちで反射によって除かれなかった部分を発電出力に寄与させるために，適切な材料に吸収させる。第一近似では，半導体のバンドギャップより大きなエネルギーの光子が吸収され，その吸収強度（吸光度）は光子エネルギーごとの状態密度に比例し，さらに分光学的選

※訳注 1：入射光の進行方向と反射光の進行方向が同時に乗る平面を入射面という。
※訳注 2：n_1 と n_2 はそれぞれ入射側の媒質と透過側の媒質の屈折率。下付きの i と t は入射（incident）と透過（transimtted）を表し，Θ_i と Θ_t はそれぞれ入射角と透過角で，界面の法線と入射方向の間の角度および透過方向の間の角度である。

択則による変調が加わる。伝導帯の最低エネルギー状態と価電子帯の最大エネルギー状態がブリルアンゾーンの中で同じ結晶運動量（kベクトル）にあるときに，その半導体は直接遷移（direct bandgap）をもつと呼ばれる。そのような材料では光子の直接吸収が可能で，中間状態を経由して運動量を結晶格子に移さなくて済む。しかし，最小エネルギー状態と最大エネルギー状態がブリルアンゾーン内でずれている間接半導体ではこの中間ステップが必要である。太陽電池ではこの影響は重要であり，シリコンなど間接半導体が入射光の有意な割合を単一光路で吸収するためには通常数百マイクロメートルの厚みを必要とし，1 ないし 2 マイクロメートルの膜厚があれば十分な直接半導体（CDTe や CIGS など）と対照的である。図 3.1 から分かるように，単結晶 Si では 1,000 nm から 1,100 nm の波長領域では光子吸収が不十分である。

太陽光の吸収において 3 番目に重要な問題になるのは，バンドギャップより小さいエネルギーの光子の透過，すなわち，図 3.1 で示すように波長が 1,100 nm 以上の光が透過してしまうことによって生じる。光子のエネルギーがバンドギャップより小さいときはバンド間遷移が不可能なため，有用な吸収が不可能なのだ。バンドギャップが小さい半導体ほど太陽光スペクトルのより大きな部分を吸収することができるという事実は，太陽エネルギーをより効率的に変換するうえでバンドギャップの狭隘化が有用なアプローチになることを意味する。しかし，太陽電池の正常な動作下では，有効なデバイス電圧，すなわち光子が抽出されるエネルギーはバンドギャップに比例する。光吸収の最大化（すなわち光電流の最大化）と各光子のポテンシャルエネルギー（すなわち電圧，起電力の最大化）の間の折り合い付け（トレードオフ）は，William Shockley と Hans Queisser によって最初に定式化された有名な太陽電池に対する詳細バランス限界式に捕捉されている。**図 3.2** に示す結果から分かることだが，下式で与えられる総合パワー効率（η_p）を最適化するために，半導体のバンドギャップに理論的最適化が存在する。

$$\eta_p = J_{SC} \cdot V_{OC} \cdot FF \tag{3.2}$$

（FF ＝ fill factor，充填因子）

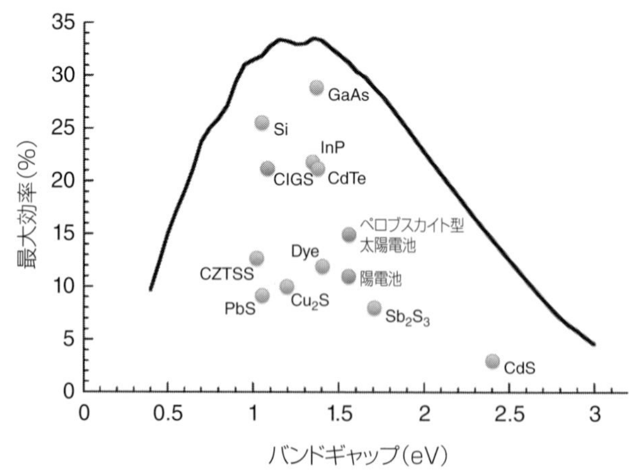

図 3.2　バンドギャップに対してプロットした単一接合効率に対するショックレー・クワイサーの限界。実際の太陽電池における記録値が丸印で加えてある（記録値は Green，Dasgupta の報文とその引用文献による）。（口絵参照）

バンドギャップが 2.5～0.9 eV の範囲にある半導体薄膜の ALD による形成を私たちが考えるのは，この枠組みの範囲においてなのだ。

3.2　太陽光吸収体に ALD を行う理由

ALD プロセスを通して太陽光を吸収する材料を作ることができるという事実が，太陽光発電のために ALD の手法を調べようとしていることのモチベーションではない。ALD では，たとえばより厳密な厚みコントロール，比較的密な多結晶膜，および緩い真空条件といった多くの素晴らしいメリットが組み合わさっている。しかし，化学気相成長（CVD）法や物理気相成長法などを思い浮かべれば分かることだが，このような利点は ALD に限られることではない。事実，太陽電池の構築において重要な側面のいくつかでは他の堆積法に比べて ALD の方が劣っている。そもそも，大部分のプロセスで ALD は実用的な膜厚が 0.1 nm から 100 nm の薄膜堆積法である。膜厚に本質的限界など存在せず，1 μm を超える膜厚の ALD 成長膜の報告も今では珍しくないが，堆積速度が遅い。一般的なサイクル当たりのドース時間（0.1 s）とパージ時間（8 s）およびサイクル当たりの成長速度（0.1 nm）を考えると，厚みが 100 nm の薄膜ですら 2 時間以上かけた堆積が必要である。これに対して，最も効率的な“薄膜”太陽電池の大部分では膜厚が 300～1000 nm の吸収体が使われている。しかし，多くの非工業生産セッティングは徹夜の（長時間の）堆積が可能である。また，後で詳しく記すが ALD によるバッチコーティングも可能である。

ALD は，成長が比較的遅いとはいえ独自の長所をいくつかもっているため，科学研究の手法としての重要度が増しているばかりか，太陽光吸収体の商業生産にも可能性が増している。以下では光吸収の点で最もユニークな特徴について考察する。

3.2.1　大面積コーティングの均一度と精密度

厚みと組成の両方における均一性という ALD が本来的にもっている特徴により，それによって形成した被膜は太陽電池の光吸収体として格別な強さをもつ候補になる。ほかの物理堆積法の多くが被覆原料材のターゲットの大きさが基板と同程度のものを必要とするのに対して，ALD では，どのような基板に対しても迅速に拡散して容易にすべての表面に到達する気体の前駆体を使う。前駆体の拡散はすべての場所で同じにはならないかもしれないが，自己制限メカニズムは，すべての位置で均一性が保持されるうえで十分な曝露（等しい曝露とは限らない）のみを必要とする。このことが，ALD に最も近い成膜技術である化学気相成長（CVD）法との最も大きな違いになる。これにより，大寸法の PV パネルの被覆とそれに対するバッチ方式のプロセシングがどちらも可能になる。このように明白な長所も，気相前駆体の費用，均一な被覆に必要とされる余計な時間，および半サイクルごとに生じる余剰反応物のリサイクル問題などから多少の揺り戻しを受ける。

ALD がもっているデジタル性により，電荷抽出距離を超えずに光吸収を最大化するような吸収体厚みの調節が可能になる。このタスクにとってサブナノメートルの精度は現実的でない

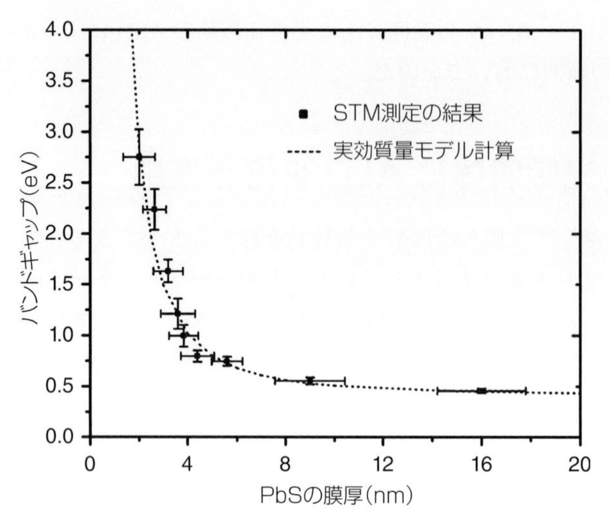

図 3.3　SiO_2 上に成長させた ALD PbS における膜厚によるバンドギャップの変化。実効質量モデルによる計算で得られたバンドギャップが点線で記されている。量子閉じ込めナノ粒子のサイズを調節することで吸収される光の波長を精密に同調することができる。(Dasgupta 2009. アメリカ化学会の許諾を得て転載。)

が，精密な厚み制御を，太陽光吸収体の中央に電場の最大強度を一致させる光スペーサの構築に利用できる可能性がある [3,4]。このようにして，比類のない大きさの消光膜を最小の吸収体厚みで達成できるかも知れない。光吸収層を薄くすることには，材料の節約に加えて，再結合を加速する多数ドーパントのレベルを上げずに直列抵抗を小さくする働きもある。

ALD がもつサブナノメートルの精密度は，ある種の半導体でバンドギャップチューニングを可能にする量子閉じ込めナノ粒子の気相合成で最も熱心に検討されている。PbS 吸収体と NiS 吸収体は，この効果を利用してきわめて小さなバンドギャップ (0.5 eV と 0.4 eV) を太陽光吸収体に理想的な範囲 (1.1 eV～1.7 eV) にシフトさせるのに用いられる (**図 3.3** 参照)。このときに行われるナノ粒子のサイズ分布に対する厳しいコントロールに匹敵するのは，層を重ねていくもう一つの手法である連続的イオン層吸着反応による沈着 (SILAR) 法である。

3.2.2　光の捕集と電荷抽出の直交化

光生成された少数電荷キャリヤが太陽光吸収体から抽出が可能になる特性膜厚は，しばしば電荷抽出長と呼ばれ L_{CE} で表される。L_{CE} は光吸収体の少数キャリヤ寿命 (τ)，吸収体中での自由電荷の移動度 (μ)，およびデバイスのビルトイン電界 (V_{bi}) の関数として次式で表される：

$$L_{CE} = \sqrt{\tau\mu V_{bi}} \tag{3.3}$$

L_{CE} は，特定の材料品質をもつ与えられた半導体において有用膜厚 (薄膜の実現可能な光捕集の効率) の上限値の役を担う。しかし，ALD 法がもつ自己制御性によって生じるコンフォーマル被覆性を考慮すると，この厚みが入射光の進行方向または電荷の抽出方向に垂直である必要はない。すなわち，照射方向と平行に高密度で配置された超薄膜には，同じ膜厚の（しかしはるかに大きい体積の）1 枚の膜に比べて数桁高い光収穫が可能であろう（**図 3.4** 参照）（8.2.3 節も参照）。

理屈の上では，さらに薄い吸収膜でも十分な光吸収がこれによって可能になるから，大きい L_{CE} 値という要請が劇的に緩まる。その結果，電荷抽出長 L_{CE} が小さいか吸収が弱い（あるいは両方の性質をもつ）多くの新規材料が使用可能になるであろう。他方，積 $\tau\mu$ を決める材料品質（純度，粒子サイズ，欠陥密度）も緩くなるだろう。最初に行われた戦略は，Sb_2S_3 [5] や $CuInS_2$ [6] のように地球上に豊富に存在する材料のうちでそこそこの $\tau\mu$ 積をもつ材料を利用して太陽電池の発電効率を改善する試みだった。地球に豊富な吸収体の使用が可能にすることは，太陽エネルギーの変換におけるスケーラビリティにとって決定的なことかもしれない。**図 3.5** に示すように，最も良い効率の太陽電池にこれまで使われている元素の多くは地球上の埋蔵量が限られている。後述する折りたたみ接合戦略に ALD が用いられる頻度は低いがこの折りたたみ接合戦略を使うと最適の特性とはいえない材料（たとえば Si）から大きな光電流を得られることが実験的にも理論的にも広く知られている [7,8]。しかし，この戦略には太陽光の

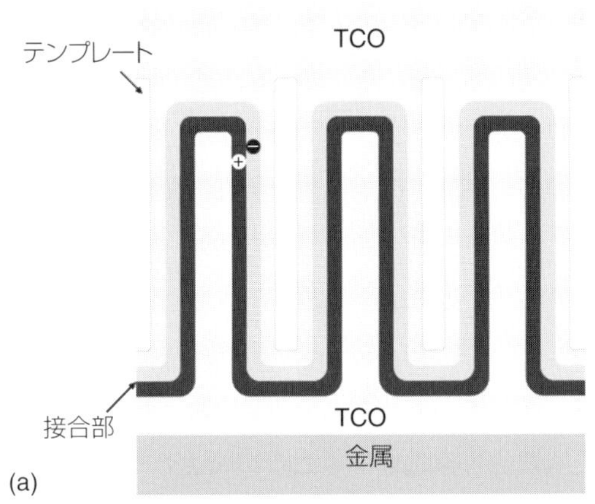

図 3.4　照射領域の体積は，大きなアスペクト比をもつ透明テンプレートの表面に ALD を施して厚みを増やすことで容易に増やすことができる。(a)“折りたたみジャンクション”ジオメトリを使うと膜厚を増やさないでも照射領域当たりの吸収体の体積が増加する。(b) 同じ ALD Fe_2O_3 膜が平坦なガラスの上に置かれた状態と酸化アルミニウムアノード膜に織り込まれた状態（アスペクト比は > 100）。（口絵参照）

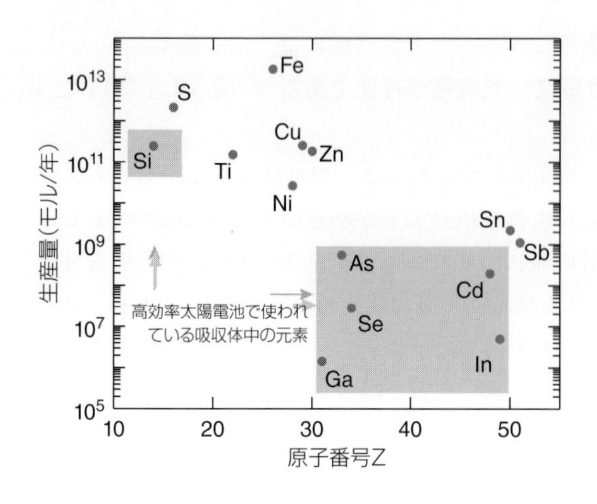

図 3.5　太陽光の吸収体に使われる元素のいくつかについて，世界の生産量が対数目盛りで原子番号に対してプロットしてある。（口絵参照）

取り込みと電荷抽出が直交すること（太陽光の入射方向とキャリヤ電流が流れる方向が垂直である）に起因する大面積の接合部という基本的な制約がある。シミュレーションで示され[8,9]，実験でも明らかにされているが，接合面の面積に依存する逆電流密度が大きくなることによる開放電圧の損失が存在する。大面積の接合部には，点接触アプローチによる ALD によってさらなる検討が可能である[10]（第 2 章参照）。ただ，これは同様に改善された平面接合に比例したものになることだろう。

3.2.3　ピンホールがない超薄膜，ETA（超薄膜吸収体）太陽電池

ETA（超薄膜吸収体）太陽電池は，光照射方向と電荷捕集方向が直交する方式の太陽電池に広く与えられている名称の一つである。このたぐいの太陽電池は，光吸収体の厚みが 50 nm 程度またはそれ以下で十分な光吸収を示す。前述した暗電流密度増大および界面における再結合の増大に加えて，吸収体膜の不完全に起因して想定外の導通が生じた層を経由する物理的接合短絡がきわめて起こりやすい。ここでも，ALD は，本質的に直進性をもたないメカニズムによってこのチャレンジに対応できる。スパッタリングや蒸着ベースの手法は高度に畳み込まれた幾何構造に対して絶望的で，中程度のものであっても粗さや粒子が存在するときには欠陥につながりやすい。一方，ALD 法では，小さな傷が埋まるため 6 nm 厚までのピンホールフリー薄膜が可能になる[11,12]。

3.2.4　化学量論比とドーピングという化学的制御

太陽光の吸収体を含めて半導体の特性においては，化学量論比の制御が至上の要件になる。化学量論比に有意な相違があるときには，たとえば酸化鉄にみられるようにバンドギャップを含めて光電特性および結晶相の大きな違い（たとえば FeO 型，Fe_2O_3 型，Fe_3O_4 型）が現われる。明らかなことだが，バンドギャップや結晶型が違うと，光吸収だけではなく電荷輸送，緩和経

路，そして励起状態の寿命を決める電子状態密度にも劇的な違いがある。化学量論比の小さな違いでも，相の違い（たとえば，Cu_2S，$Cu_{1.97}S$，$Cu_{1.75}S$）が誘起されるばかりか，同じ結晶相の範囲でも化学量論比の詳細が電気特性に劇的な影響があるときがある。$Cu_{2-x}S$ 太陽光吸収体ファミリーの場合では，欠落 Cu のサイトのそれぞれが膜に p ドープを施す結果正電荷をもつ陽イオン空孔の働きをする（**図 3.6** 参照）[13]。たとえば，$Cu_{1.99}S$ のドーピング密度は $10^{20}\ cm^{-3}$ を超える。この大きさの電子ドーピングは縮重半導体につながるため，材料の働きが半導体より金属に近くなって太陽エネルギーの効率的利用には不向きである。

原子層堆積（ALD）では，表面合成反応という均一な反応が支配するため，材料の化学量論比に対して例外的に高度な制御が実現する。ALD とは対照的に，物理気相成長法では，組成が既知のターゲットを使うとはいえ，蒸発速度およびスパッタ速度に不均一が起こり得るうえに，複数の元素の堆積速度を制御するパワー密度にも小さな変動が起こり得る。一方 ALD を含めた化学気相成長法では，少なくとも ALD の場合のように反応を終結まで進行させる場合には，高純度化学物質の化学反応に際して空間的に均一な反応の下でことが進む。とくに強い酸化剤や還元剤がほかに存在しないときには，金属の酸化状態が最終的な化学量論比に影響を及ぼすことが示されている。たとえば，キャリヤ濃度による最も敏感な決め方により化学量論比が最も優れているとされた Cu_2S 膜は，硫化水素と Cu（I）前駆体の組み合わせによって形成されている [13]。

太陽光吸収体の電子特性の制御は元素置換を使っても可能である。たとえば，最も一般的な太陽光吸収体である単結晶 Si は，アクセプターであるボロン原子によって不純物ドープ p 型半導体になり，ドナーであるリンによって n 型半導体になる。In_2O_3 や ZnO といった二元素化合物半導体は，透明導電性酸化物のため，それぞれ Sn 不純物原子および Al 不純物原子の組

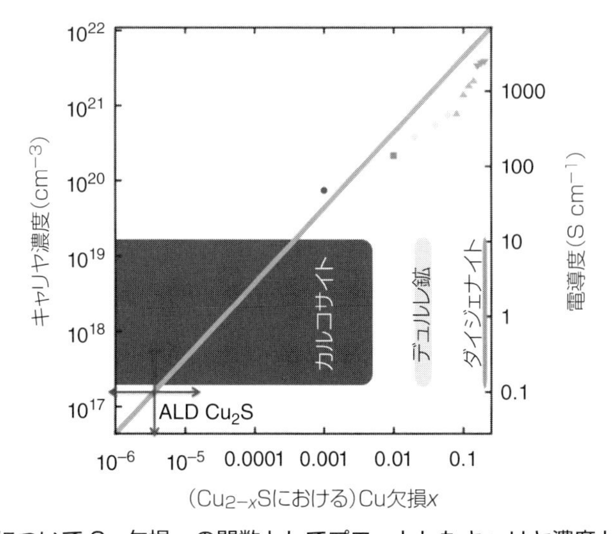

図 3.6　$Cu_{2-x}S$ について Cu 欠損 x の関数としてプロットしたキャリヤ濃度と電導度の予測値と文献値の比較。Cu (I) の前駆体として Cu_2S を用いた ALD によって高い化学量論比をもつ半導体が得られたことが，キャリヤ濃度が比較的低いことから証明されている。（Martinson et al. [13]。イギリス化学会の許諾を得て転載。）（口絵参照）

み入れによって10^{20} cm^{-3}以上の過剰キャリヤ濃度が誘起される[14,15]。太陽光吸収体では，中程度のドーピングレベルも達成されている。これらの材料は多数キャリヤタイプのスイッチングに用いることができ，それにより，Mg：Fe_2O_3のようなpnホモ接合が可能になる[16]。一方，ALD法による不純物ドーピングでは，キャリヤ濃度を大きいが中程度レベルまで増やす（または減らす）ことができるので，それによって電荷分離を担うビルトイン電場の強度（または長さ）を増やすことができる。たとえば，p-i-n型太陽電池においてALD成長SnS膜の抵抗は少量のSbが入ると有意に増大する[17]。所望比率の所望原子を間歇的にパルス印加するだけで容易に不純物原子をALD膜に組み込むことができる。不純物原子に対するALDプロセスでは明確な表面化学がきっちりした成長速度で進行するため，ドーズ比を正確に一致させることが滅多にできないような元素組成も得ることができて，高度に可変な組成の実現が可能なこともしばしばある。さらにいえば，スパッタ法と違って，コンピュータ制御のドーズスケジュールを使って組成を簡単に修正することができる。このことは，一つの膜堆積の間のサイクル比を緩やかに調節することで，傾斜ドーププロファイルにするための比較的単純なALDレシピを作成できることも意味している。

注意深く選ばれた不純物ドーパントが十分高い濃度で入っているものについても，半導体のバンドギャップ内に比較的狭いが大きな状態密度を作ることが予測されていて，中間バンドと呼ばれる。この中間バンド（IB）は，理論的にはShockley−Queisser限界を超える新規太陽電池に対する基礎をなす（図3.1参照）。その到達目標は，真性ギャップより低いが中間ギャップより大きいエネルギーをもつ光子の捕捉数の改善である。IBが真性ギャップのなかに飛び石を形成し，電子はそれを伝ってホップすることで光起電力には有意な損失を生じないで光電流に寄与する。これら次世代型吸収体にとって，ALDは，空間的精密性と化学的精密性を併せもち，それにより局所的状態密度を作ることができるため，強力な選択肢になるだろう。ALD法で作られた最初の中間吸収体としてV：In_2S_3が最近報告された[18]。

3.2.5　低温エピタキシ

太陽光吸収体のうちでバンドギャップ，賦存量，および光物理特性に対する要請を同時に満足するもののリストは驚くほど短く，どのようなものであっても新規候補が熱望されている。このリストを拡大する一つの方法がエピタキシ法の使用で，テンプレートを使って方向性のある成長を一つの材料から次の材料へと行わせる。いくつか特別なケースでは，ALDを使って行う準安定結晶構造のエピタキシャル安定化により新規の太陽光吸収体が実現できると思われる（**図3.7**参照）。たとえば，異なる基板の上でα-Fe_2O_3膜を形成するときと同じALDプロセスを使ってITO（酸化インジウムスズ）上に行った立方晶β-Fe_2O_3相のエピタキシャル安定化により，これまでテストされたことがないα-Fe_2O_3（バンドギャップは2.1 eV）より理想に近いバンドギャップ（1.9 eV）をもつ太陽光吸収層が作られた[19]。同様に，ほかのよく知られている材料についても，配向した多結晶ドメインを使うことにより改善された光物理特性が示される可能性がある。たとえば，ヘマタイト（α-Fe_2O_3）の高角度粒界が再結合と関連づけられている。六方晶α-Fe_2O_3を含めて異方性が大きい材料では，電荷移動度に結晶配向に依存する異方性が

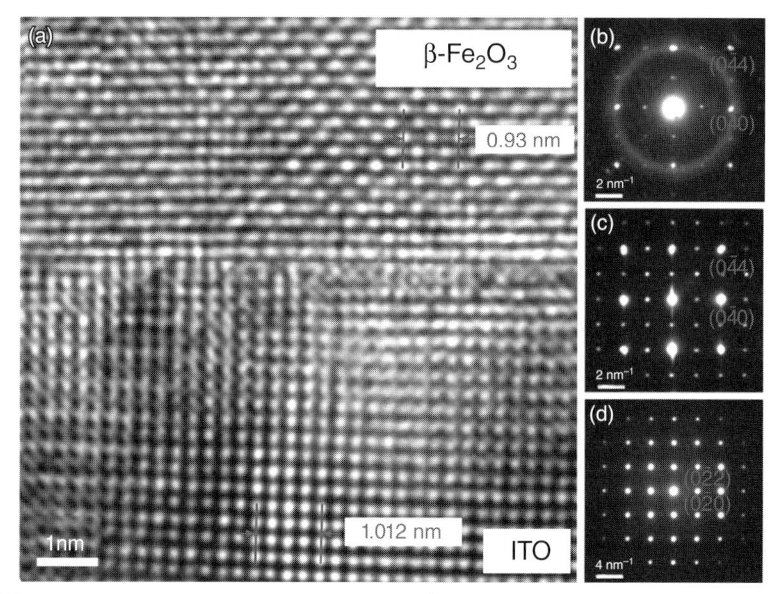

図 3.7　(a) Fe_2O_3 の ALD でつくられた β-Fe_2O_3 (001) || ITO (001) 界面の高解像度断面 TEM 画像。(b ～ d) それぞれ Fe_2O_3，ITO，および YSZ で得られた β-Fe_2O_3 [100] 軸方向の電子回折パターン。(Emery et al., [19]。アメリカ化学会の許諾を得て転載。)（口絵参照）

知られている。したがって，原子層エピタキシを使って電荷を抽出する方向を c 軸と平行に合わせることで寿命–移動度 ($\tau\mu$) 積が改善される可能性がある。

3.3　可視光吸収体および近赤外光吸収体を得るための ALD プロセス

現在，ALD を特徴づける逐次的で自己制御型の気相反応が膨大な種類の材料について知られており，周期表では Li から Bi (ビスマス) にわたる [20]。これらの材料のうちで小さなサブセット (一部分) だけが太陽光からの電力収穫を効率良く行う目的に適したバンドギャップをもっている (**図 3.8** 参照)。ALD 法で成長させる太陽光吸収体の昨今の拡大の多くは，ALD の化学反応が金属カルコゲニド材料–S，Se，または Te を含む化合物–まで拡張されたことによっている。初めて ALD プロセスが実証されたのは ZnS についてだが，それ以後の ALD の歴史の多くは酸化物に根ざしている。Fe_2O と Cu_2O を含めた少数の例外を別にして，大部分の酸化物は Shockley と Queisser が予言した理想範囲の 0.8～2.0 eV よりかなり大きなバンドギャップをもっている (図 3.1 参照)。酸化アルミニウム，酸化ジルコニウム，二酸化チタン，および酸化亜鉛は ALD のコミュニティから大いに注目されている材料例だが，紫外線 (UV)–可視光 (VIS)–近赤外線 (NIR) スペクトルの範囲では最大エネルギーの太陽光光子だけを吸収するに過ぎない。対照的に，CdTe と $CuInS_2$ を含めて多くのカルコゲニドが太陽電池の世界で長い歴史をもち十分優れた太陽光吸収体で，現在は ALD 法による成膜も可能である。ほかにも，知名度が低いが，十分な太陽エネルギー吸収性を示すカルコゲニド化合物 (たとえば Cu_2S，SnS，

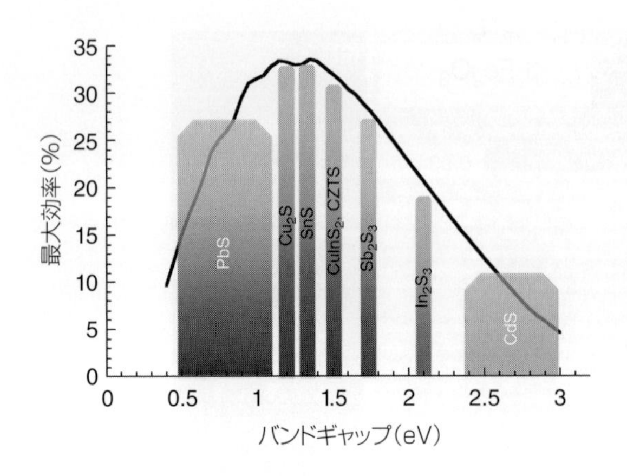

図 3.8　ALD 成長法で得られた硫化物のうちで太陽電池に関連するもののバンドギャップのグラフによる表示。各バーの高さが太陽電池としての単一ギャップ限界効率（single-gap efficiency）の理論値に対応する。（口絵参照）

および Sb_2S_3）も存在する。

3.3.1　光吸収のための ALD 金属酸化物

ALD 法かそれとも別の方法で成長させたのかによらず，1％以上の効率をもつ太陽電池に使われた酸化物吸収体はきわめてわずかである。例外が Cu_2O で，これについては，酸化銅フォイルを用いたデバイスまたは電着で形成したデバイスで 4％という総合出力変換効率に到達している［21］。その後，ZnO［21,22］または $Zn_{1-x}Mg_xO$［23］を含む n 型窓の堆積に ALD が使われてきたが，この材料に必要な厚い酸化銅層は，大部分のケースでより経済的な電着法または金属銅の酸化で得られている。一般的な ALD プロセスによる結晶性 Cu_2O の形成に関する報文はこれまでに数件あるだけである。サイクル当たりの成長速度は一般的にきわめて遅い（0.005 nm/ サイクル）［24］。ただし，Cu（I）（hfac）（TMVS）（CupraselectTM, Air Products）と水を使う迅速大気圧 ALD プロセスでは，純粋相 Cu_2O が 1 nm min^{-1} の成長速度で達成されている［25］。

上記以外で効率的な吸収を示す酸化物は Fe_2O_3 を含めて光電気化学（液体接合）デバイスに広く用いられており，第 8 章で扱う。

3.3.2　光吸収のための ALD 金属カルコゲニド

現在，太陽エネルギーの変換に適合するバンドギャップをもつ多くの金属硫化物半導体が ALD 法で合成されており，状況が**表 3.1** にまとめてある。最も際立つのは SnS で，ALD 法で成長させた吸収体が最高レベルのデバイス性能を示す。

表 3.1 半導体特性をもつ金属カルコゲニド太陽光吸収物質の ALD 成長で得られたものの特性表。ALD 法またはそれ以外の方法で得られている値の最大値が記してある。

	バンドギャップ	多数キャリヤ	パワー効率（%）	最高記録（%）	参照文献
$CuInS_2$	1.5	p 型	4	12	[26]
CZTS	1.5	p 型	－－－	12.6	[27]
Cu_xS	1/2	p 型	＜ 0.1	10	[28]
SnS	1.3	p 型	4	4	[29～31]
PbS	0.4（QD）	p 型	0.6	6	[32]
Sb_2S_3	1.7	p 型	3	8	[5,33,34]
CdS	2.4（QD）	n 型	0.3	3	[35]
In_2S_3	2.1	n 型	0.4	3	[36]
Bi_2S_3	1.5	n 型	－－－	2.5	[37]

3.3.2.1 CIS（$CuInS_2$）

太陽光吸収材料で ALD 法による成長が最初に成功した材料は三元化合物の $CuInS_2$ である[38]。この材料は，カルコパイライト結晶構造に属し，高い消光比をもつ直接ギャップ型太陽光吸収体の一つである。同類の仲間には $CuInSe_2$，Cu(In,Ga)Se_2，Cu(In,Ga)(S,Se)$_2$［CIGS］，および Cu(Zn,Sn)(S,Se)$_2$［CZTS］があり，1970 年代の初頭以後の発展により現在は 21%の出力効率が達成されている。初期の ALD プロセスの多くと同様に，これら物質の表面合成は比較的高温で行われ（＞ 300℃）[38]，ハロゲン化物が前駆体に使われた。完全な自己制御的ではないが，CuCl と $InCl_3$ の入れ替えを H_2S ガスを用いて注意深く行うことでほぼ純相の $CuInS_2$ 薄膜が得られることが報告されている。ナノポーラス TiO_2 の孔の内部にこの材料を堆積したうえで，H_2S アニーリングによる相純化を行った[39]。全体としての太陽光−電力変換効率として 4%までの値が報告されている。したがって，これらのデバイスはこれまでに報告されているもののうちで最も効率的な ALD 吸収体をもつ太陽電池の一つである[26]。

3.3.2.2 CZTS（Cu_2ZnSnS_4）

太陽電池などへの応用を目指してこれまでにつくられた ALD カルコゲン化合物のうちで最も複雑なものが CZTS（Cu_2ZnSnS_4）である[27]。この太陽光吸収体は CIGS ファミリーの一員だが，稀少で高価な In と Ga が豊富に存在する Zn と Sn に置き換えられている。CTZS 太陽電池で記録された最大効率は 11%止まりだが（ALD 法による太陽電池値ではない），地球に豊富に存在する元素が使われるこれらのデバイスは，地球全体での使用エネルギーに対応するテラワット（TW）レベルへの拡大があり得る。$CuInS_2$ の ALD には高温が必要だが，この四元化合物を合成する ALD は大幅に低い温度（＜ 150℃）で行われ，有機金属前駆体が使われる。標準的な有機金属化合物を前駆体とする比較的低温での ALD 成長だが，起こり得る失敗モードが少なくとも三つある。すなわち，下層の SnS_2 層上での CuS 核生成の不良，気相にあるジエチル亜鉛と Cu_2S の間でのイオン交換，そして，裸の石英表面における（TDMASn と H_2S を使って成長させた）SnS_2 層の相安定性である。それでも，適正なプロセス順で堆積した場合には，Ar 雰囲気での 2 時間のアニーリングの後で純相膜が得られて，光電気化学の試作デバイスのなかで光活性を示す。

3.3.2.3 Cu_2S

Cu_2S は，薄膜太陽電池において工業的に真剣に探究された薄膜の第一号である。地球に豊富に存在するうえに，CdTe や CIGS (Cu,In,Ga,Se) が現れる前の 1980 年にすでに出力効率 10%のマイルストーンを成し遂げた。しかし，Cu_2S の生成を伴う CdS とのトポタクティックカチオン交換（骨格構造が保持されるカチオン交換）が，吸収体の不安定接合および最適でない (p^+) 電子ドーピングをもたらした。化学量論比をもち CdS フリーで安定な Cu_2S 吸収体層は，物理気相成長を使う方法，Cu 金属の硫化，CVD，および溶液法のいずれでも実現するのは難しい。対照的に，bis (*N,N'*-di-*sec*-butylacetamidinato) dicopper (I) と H_2S を交互に用いる低温 ALD を用いると，高度の化学量論比をもち，中程度にドープされ (10^{17} cm^{-3})，配向性が高い結晶薄膜が得られる (3.3.2.4 で続きを記す) [13,40]。さらに，ALD 法で形成した酸化物被覆があるときには，少なくとも 1 か月間にわたり空気による酸化の影響を受けず，電子特性の安定化が得られた [13,41]。

3.3.2.4 SnS

SnS は，1.3 eV というほぼ理想的なバンドギャップをもつ p 型カルコゲニドで，太陽光−電力変換用として最近再発見された。SnS の ALD は，Sn (II) acetylacetone または *N^2,N^3-di-tert*-butyl-butane-2,3-diamino-Sn (II) と H_2S により行われた [42〜44]。透明で軽度にドープされた (10^{15} cm^{-3}) 薄膜は優れた移動度を示し ($10\ cm^2\ V^{-1}\ s^{-1}$)，光捕集が可能な範囲が 950 nm までと優れており，薄膜太陽電池としての外部量子効率は 90%を示す。この SnS 膜と同じく ALD 法で成長させた Zn (O,S) 膜に対して電子特性を同時に最適化したとき，4%のデバイス効率という記録値が得られている [31]。Cu_2O についても，良好な光捕捉効率に必要な厚さ (〜1 μm) に光吸収膜の膜厚が収束するまでの時間を短縮するために，従来型 ALD の高速化が検討されている [30]。

3.3.2.5 PbS

量子ドット増感太陽電池 (QDSSC) は，金属カルコゲナイドの ALD の恩恵を得ている 2 種類目の太陽電池である。典型的な色素増感型太陽電池 (DSSC) で用いられる分子状色素の代わりとして，PbS 量子ドット [32] が多孔性ワイドギャップ半導体フレームワークの増感に用いられる。ここでも ALD は，このクラスの太陽電池に共通の比表面積の大きな酸化物構造の表面あるいは内部に均一な膜を形成するのに特筆的に優れている。QD のサイズすなわちエネルギー準位の微細なチューニングにも ALD を使うことができて，サイクル数を変えるだけで済む。

3.3.2.6 Sb_2S_3

硫化アンチモンは 1 桁台の発電効率をもつデバイスの基礎をなす。結晶性の輝安鉱 Sb_2S_3 は真性 n 型吸収体で，〜750 nm (〜1.7 eV) までの光子を捕集する。ALD 法によるデバイスで最

図 3.9　電導性ガラス上のナノ結晶性 TiO_2 表面に ALD で成長させた Sb_2S_3 の透過電子顕微鏡画像 (FTO)。ALD コーティングに特有の適合性（コンフォーマル特性）がはっきり分かる。
（Wedemeyer et al. [5]。イギリス化学会の許諾を得て転載。）（口絵参照）

も効率の良いものは，tris (dimethylamino) antimony Sb(NMe_3) と H_2S ガスを使って低温（120℃）で形成される 10 nm厚の膜を用いる。TiO_2 ナノ結晶の孔の内側にアモルファス膜を堆積するが，この膜が投影領域内部にある吸収体の体積を増やす働きをする（**図 3.9** 参照）。嵌合している骨格（scaffold）を 315℃でアニールすると，吸収体が結晶化して光活性をもつ *c*-Sb_2S_3 相になる。

3.3.2.7　CdS

硫化カドミウムは比較的大きいバンドギャップ（2.4 eV）をもつ半導体で，太陽電池では通常極薄バッファ層に用いられ光の吸収を回避する役を担う。上記のギャップ幅と Cd 元素の毒性にもかかわらず，この光吸収体がもつ光電子特性により無数の科学研究が行われている。ALD 法で成長させた CdS 量子ドットに対して，dimethylcadmium + H_2S サイクルの回数を変えるだけでドットが 1 nm から 10 nm の間で精密に調節された [35]。

3.3.2.8　In_2S_3

硫化インジウムは 2.1 eV のバンドギャップをもつ光吸収体だが，構成金属が相対的に稀少で高価なため一般的に想定される材料とはいえない。ただ，バッファ層への利用や置換型ドープにより中間的バンドをもつ吸収体として有望なことが最近認められている。いくつかの太陽電池技術において，毒性が比較的低く n 型の中間バンドギャップ半導体として，毒性の可能性がある CdS バッファ層を置き換える候補である [45～47]。最も安定なスピネル形 β-In_2S_3 型のものは V [48,49]，Ti [48]，Fe [50]，および Nb [51] などの遷移金属と合金化したものの粉末および単結晶についても中間バンド型太陽電池（IBPV）の吸収体としての可能性が探られている。その目的は，2個のサブバンドギャップ光子から中間バンド（IB）間の励起を媒介して一つの親バンドギャップ励起への変換である（3.2.4 節参照）。In_2S_3 の最初の ALD は比較的高温におけるハロゲン化物の化学反応により行われたが，その後 In（III）trifluoroacetylacetonate に変わり，ごく最近は酸素フリーの In（III）*N*,*N*'-diisopropylacetamidinate に変わった[52]。

3.3.2.9　Bi_2S_3

硫化ビスマスは比較的重い Bi 金属がベースの 1.3 eV 半導体である。そのバンドギャップは単一ギャップのエネルギー変換にほぼ理想的だが，元素としての賦存量が Ag や In と同等に過ぎない。Bi の価格は現在も Ag や In より1桁以上低く，鉛など重金属のような毒性もない。その点では，ALD 法で成長させる太陽光吸収体としての有用性が期待される。しかし，ALD-成長 Bi_2O_3 に基づく太陽電池はこれまで報告されていない。

3.3.3　光吸収用 ALD に使われるその他の材料

太陽エネルギーから電気エネルギーへの変換に適した純粋元素の半導体はごく少なく，Si は貴重な例外である。残念なことに，適度な温度での直接的な ALD により Si 元素を形成する道筋は今も分かっていない。窒化物は，太陽エネルギーの吸収としばしば関連づけられるもう一つの材料クラスである。事実，InGaN/GaN に立脚した多重接合デバイスは，これまでに構築された太陽電池のうちで効率が最も高いものの一つである。しかし，この類いの材料については ALD によって得られる有意な利点にどのようなものがあるのか不明である。最近は，ハロゲン化金属ペロブスカイトを含めて混合金属–有機化合物ハイブリッドを含めて上記よりさらに一般的でない材料クラスについて，太陽電池コミュニティから注目を集めている。ALD によるこれら複雑な材料の合成は今後の課題であるとはいえ，それに用いられる構成要素になり得るもののいくつかは（PbS を含めて）すでにつくられている。その後の，複雑な膜設計を維持したままのハイブリッド・ペロブスカイト相[53]への転換は，未来のエネルギー材料に対する ALD の適合性と多用途性を明示している。

3.4　展望とこれからのチャレンジ

ALD による太陽光吸収体の形成は，現在までに酸化物と硫化物について 10 種類以上で行われているが，多くの材料が残されている。しかし，それらの努力は，ALD によって初めて可能になるユニークな制御，すなわち化学量論比，膜厚均一性，組成制御，およびエピタキシに的を絞らなければならない。

高品質の光吸収薄膜の ALD 成長は，より高効率で地球に豊富な材料を用いる太陽エネルギー変換デバイスに向かううえでの必要不可欠な第一歩である一方で，次のフロンティアとして界面が残されている。例外的に大きな接合面積をもつ ETA（極超薄膜）設計からは，界面がデバイス性能に対して果たす限りない役割が想起される。ALD は，パッシベーション反応における化学的選択性というポテンシャルに加えて，次に行われる改良のための均一な表面機能性もつくり出すため，これらのチャレンジに取り組むうえで好適である。このように，ALDは，太陽エネルギーの吸収と変換の未来にとって本質的な貢献を続けることだろう。

参照文献

1 Liu, X., Coxon, P.R., Peters, M., Hoex, B., Cole, J.M., and Fray, D.J. (2014) *Energy Environ. Sci.*, **7**, 3223.
2 Jewell, A.D., Hennessy, J., Hoenk, M.E., and Nikzad, S. (2013) *Proc. SPIE*, **8820**, 88200Z.
3 Kim, J.Y., Kim, S.H., Lee, H.H., Lee, K., Ma, W., Gong, X., and Heeger, A.J. (2006) *Adv. Mater.*, **18**, 572.
4 Andersen, P.D., Skårhøj, J.C., Andreasen, J.W., and Krebs, F.C. (2009) *Opt. Mater.*, **31**, 1007.
5 Wedemeyer, H., Michels, J., Chmielowski, R., Bourdais, S., Muto, T., Sugiura, M., Dennler, G., and Bachmann, J. (2013) *Energy Environ. Sci.*, **6**, 67.
6 Nanu, M., Reijnen, L., Meester, B., Goossens, A., and Schoonman, J. (2003) *Thi. Solid Films*, **431**, 492.
7 Kelzenberg, M.D., Boettcher, S.W., Petykiewicz, J.A., Turner-Evans, D.B., Putnam, M.C., Warren, E.L., Spurgeon, J.M., Briggs, R.M., Lewis, N.S., and Atwater, H.A. (2010) *Nat. Mater.*, **9**, 239.
8 Kayes, B.M., Atwater, H.A., and Lewis, N.S. (2005) *J. Appl. Phys.*, **97**, 114302.
9 Martinson, A.B.F., Hamann, T.W., Pellin, M.J., and Hupp, J.T. (2008) *Chem. Eur. J.*, **14**, 4458.
10 Vermang, B., Fjällström, V., Xindong, G., and Edoff, M. (2014) *IEEE J. Photovoltaics*, **4**, 486.
11 Groner, M.D., Elam, J.W., Fabreguette, F.H., and George, S.M. (2002) *Thin Solid Films*, **413**, 186.
12 Groner, M.D., George, S.M., McLean, R.S., and Carcia, P.F. (2006) *Appl. Phys. Lett.*, **88**, 051907.
13 Martinson, A.B.F., Riha, S.C., Thimsen, E., Elam, J.W., and Pellin, M.J. (2013) *Energy Environ. Sci.*, **6**, 1868.
14 Rit, M., Asikainen, T., Leskelä, M., and Skarp, J. (1996) *MRS Online Proc. Lib. Arch.*, **426**, 513.
15 Elam, J.W., Martinson, A.B.F., Pellin, M.J., and Hupp, J.T. (2006) *Chem. Mater.*, **18**, 3571.
16 Lin, Y., Xu, Y., Mayer, M.T., Simpson, Z.I., McMahon, G., Zhou, S., and Wang, D. (2012) *J. Am. Chem. Soc.*, **134**, 5508.
17 Sinsermsuksakul, P., Chakraborty, R., Kim, S.B., Heald, S.M., Buonassisi, T., and Gordon, R.G. (2012) *Chem. Mater.*, **24**, 4556.
18 McCarthy, R.F., Weimer, M.S., Haasch, R.T., Schaller, R.D., Hock, A.S., and Martinson, A.B.F. (2016) *Chem. Mater.*, **28**, 2033.
19 Emery, J.D., Schlepütz, C.M., Guo, P., Riha, S.C., Chang, R.P.H., and Martinson, A.B.F. (2014) *ACS Appl. Mater. Interfaces*, **6**, 21894.
20 Miikkulainen, V., Leskelä, M., Ritala, M., and Puurunen, R.L. (2013) *J. Appl. Phys.*, **113**, 021301.
21 Lee, Y.S., Chua, D., Brandt, R.E., Siah, S.C., Li, J.V., Mailoa, J.P., Lee, S.W., Gordon, R.G., and Buonassisi, T. (2014) *Adv. Mater.*, **26**, 4704.
22 Brittman, S., Yoo, Y., Dasgupta, N.P., Kim, S.I., Kim, B., and Yang, P.D. (2014) *Nano Lett.*, **14**, 4665.
23 Ievskaya, Y., Hoye, R.L.Z., Sadhanala, A., Musselman, K.P., and MacManus-Driscoll, J.L. (2015) *Sol. Energy Mater. Sol. Cells*, **135**, 43.
24 Dhakal, D., Waechtler, T., Schulz, S.E., Gessner, T., Lang, H., Mothes, R., and Tuchscherer, A. (2014) *J. Vac. Sci. Technol., A*, **32**, 041505.
25 Muñoz-Rojas, D., Jordan, M., Yeoh, C., Marin, A.T., Kursumovic, A., Dunlop, L.A., Iza, D.C., Chen, A., Wang, H., and MacManus Driscoll, J.L. (2012) *AIP Adv.*, **2**, 042179.
26 Nanu, M., Schoonman, J., and Goossens, A. (2005) *Adv. Funct. Mater.*, **15**, 95.
27 Thimsen, E., Riha, S.C., Baryshev, S.V., Martinson, A.B.F., Elam, J.W., and Pellin, M.J. (2012) *Chem. Mater.*, **24**, 3188.
28 Reijnen, L., Meester, B., Goossens, A., and Schoonman, J. (2003) *Chem. Vap. Deposition*, **9**, 15.
29 Park, H.H., Heasley, R., Sun, L., Steinmann, V., Jaramillo, R., Hartman, K., Chakraborty, R., Sinsermsuksakul, P., Chua, D., Buonassisi, T., and Gordon, R.G. (2015) *Prog. Photovoltaics Res. Appl.*, **23**, 901908.
30 Sinsermsuksakul, P., Hartman, K., Kim, S.B., Heo, J., Sun, L.Z., Park, H.H., Chakraborty, R., Buonassisi, T., and Gordon, R.G. (2013) *Appl. Phys. Lett.*, **102**, 053901.
31 Sinsermsuksakul, P., Sun, L., Lee, S.W., Park, H.H., Kim, S.B., Yang, C., and Gordon, R.G. (2014) *Adv. Energy Mater*, **4**, 1400496.
32 Brennan, T.P., Trejo, O., Roelofs, K.E., Xu, J., Prinz, F.B., and Bent, S.F. (2013) *J. Mater. Chem. A*, **1**, 7566.
33 Wu, Y.L., Assaud, L., Kryschi, C., Capon, B., Detavernier, C., Santinacci, L., and Bachmann, J. (2015) *J. Mater. Chem. A*, **3**, 5971.
34 Kim, D.H., Lee, S.J., Park, M.S., Kang, J.K., Heo, J.H., Im, S.H., and Sung, S.J. (2014) *Nanoscale*, **6**, 14549.

35 Brennan, T.P., Ardalan, P., Lee, H.B.R., Bakke, J.R., Ding, I.K., McGehee, M.D., and Bent, S.F.（2011）*Adv. Energy Mater.*, **1**, 1169.
36 Sarkar, S.K., Kim, J.Y., Goldstein, D.N., Neale, N.R., Zhu, K., Elliot, C.M., Frank, A.J., and George, S.M.（2010）*J. Phys. Chem. C*, **114**, 8032.
37 Cao, Y., Bernechea, M., Maclachlan, A., Zardetto, V., Creatore, M., Haque, S.A., and Konstantatos, G.（2015）*Chem. Mater.*, **27**, 3700.
38 Nanu, M., Reijnen, L., Meester, B., Schoonman, J., and Goossens, A.（2004）*Chem. Vap. Deposition*, **10**, 45.
39 Nanu, M., Schoonman, J., and Goossens, A.（2004）*Adv. Mater.*, **16**, 453.
40 Martinson, A.B.F., Elam, J.W., and Pellin, M.J.（2009）*Appl. Phys. Lett.*, **94**, 123017−1 to 123013−3.
41 Riha, S.C., Jin, S., Baryshev, S.V., Thimsen, E., Wiederrecht, G.P., and Martinson, A.B.F.（2013）*ACS Appl. Mater. Interfaces*, **5**, 10302.
42 Kim, J.Y. and George, S.M.（2010）*J. Phys. Chem. C*, **114**, 17597.
43 Kim, S.B., Sinsermsuksakul, P., Hock, A.S., Pike, R.D., and Gordon, R.G.（2014）*Chem. Mater.*, **26**, 3065.
44 Sinsermsuksakul, P., Heo, J., Noh, W., Hock, A.S., and Gordon, R.G.（2011）*Adv. Energy Mater.*, **1**, 1116.
45 Naghavi, N., Abou-Ras, D., Allsop, N., Barreau, N., Bucheler, S., Ennaoui, A., Fischer, C.H., Guillen, C., Hariskos, D., Herrero, J., Klenk, R., Kushiya, K., Lincot, D., Menner, R., Nakada, T., Platzer-Bjorkman, C., Spiering, S., Tiwari, A.N., and Torndahl, T.（2010）*Prog. Photovoltaics Res. Appl.*, **18**, 411.
46 Hariskos, D., Spiering, S., and Powalla, M.（2005）*Thi. Solid Films*, **480**, 99.
47 Abou-Ras, D., Rudmann, D., Kostorz, G., Spiering, S., Powalla, M., and Tiwari, A.N.（2005）*J. Appl. Phys.*, **97**, 084908.
48 Lucena, R., Aguilera, I., Palacios, P., Wahnon, P., and Conesa, J.（2008）*Chem. Mater.*, **20**, 5125.
49 Lucena, R., Conesa, J., Aguilera, I., Palacios, P., and Wahnon, P.（2014）*J. Mater. Chem. A*, **2**, 8236. 118 3 ALD for Light Absorptio.
50 Chen, P., Chen, H., Qin, M., Yang, C., Zhao, W., Liu, Y., Zhang, W., and Huang, F.（2013）*J. Appl. Phys.*, **113**, 213509.
51 Ho, C.H.（2011）*J. Mater. Chem.*, **21**, 10518.
52 McCarthy, R.F., Weimer, M.S., Emery, J.D., Hock, A.S., and Martinson, A.B.F.（2014）*ACS Appl. Mater. Interfaces*, **6**, 12137.
53 Sutherland, B.R., Hoogland, S., Adachi, M.M., Kanjanaboos, P., Wong, C.T.O., McDowell, J.J., Xu, J., Voznyy, O., Ning, Z., Houtepen, A.J., and Sargent, E.H.（2015）*Adv. Mater.*, **27**, 53.
54 Dasgupta, N.P., Lee, W., and Prinz, F.B.（2009）*Chem. Mater.* **21**, 3973, DOI:10.1021/cm901228x.

第4章 ナノ構造体太陽電池における表面および界面エンジニアリングのための原子層堆積（ALD）

Carlos Guerra-Nuñez[1], Hyung Gyu Park[2], and Ivo Utke[1]

4.1 序論

この数十年間にわたるナノエレクトロニクスにおいて，とりわけエネルギー・ハーベスティング（環境発電）と貯蔵のための新世代ナノ構造デバイスが勃興した。太陽光発電（PV）デバイスは，第一世代のバルクシリコン太陽電池から第二世代の薄膜太陽電池，そして第三世代のナノ構造体太陽電池へと進化したが，これは，エネルギー変換効率を改善すると同時に材料と製造コストの節約を目指した努力の結果にほかならない。現在は，ナノ構造化太陽電池が最も望ましいテクノロジーの一つで，これによれば商用電力との競争に耐えるために要求される0.03ドル kWh^{-1} の価格で持続可能型エネルギーを供給することが約束される[1]。色素増感太陽電池（DSSC）が1991年に発明されて，低純度で安価な材料を用い低コストプロセスで製作されるデバイスが太陽電池変換効率（PCE）として～7.9％を達成して以来[2]，これらのタイプの太陽電池が研究の焦点になっている。現在はDSSCのコンセプトが異なるタイプのアーキテクチャ，たとえばナノ粒子，ナノチューブ，あるいはナノワイヤに拡張されており，また，カーボンナノチューブ光吸収体，グラフェン光吸収体，量子ドット光吸収体，およびペロブスカイト光吸収体といった種々の機能性材料が使われる。

ナノ構造太陽電池は，大きな表面積：体積比により光吸収が増進されること，そして，電荷の輸送距離が短いため電荷輸送速度が改善されていることが特徴である。使用する材料と製造コストの大幅な節約がこれらの特徴に加わる。これまで第三世代太陽電池に対して公表されている最大効率は，ペロブスカイト光吸収体を使ったデバイスで得られた19.3％と20.2％である[3,4]。これまでも効率の改善が進められてきたが，最終的にはPCEの低下につながる再結合プロセスの多くに今でも曝されている。大きな制約の一つは，ナノ粒子のネットワークをまたぐ無数の界面を通した光電子輸送である。ナノチューブ／ナノワイヤ金属酸化物構造体または機能性材料を担持体に用いることは，界面と粒界の数を減らして効率を引き上げるための戦略の一つである[5]。これらのデバイスがもつ電気的性能や機械的・化学的安定性は，ナノ構造

1 EMPA, Swiss Federal Laboratories for Materials Science and Technology, Laboratory for Mechanics of Materials and Nanostructures, Feuerwerkerstrasse 39, CH-3602 Thun, Switzerland.
2 ETH Zürich, Nanoscience for Energy Technology and Sustainability, Department of Mechanical and Process Engineering, Tannenstrasse 3, CH-8092 Zürich, Switzerland.

Atomic Layer Deposition in Energy Conversion Applications, First Edition. Edited by Julien Bachmann.

太陽電池内部の異なる要素間の界面の性質に大きく左右されるであろう。再結合過程や吸収体の不安定性を通して生じる損失の大部分がこれら界面で起こる。そこで，それら界面に堆積させた超薄膜（しばしばナノメートル以下の厚さだが）が再結合バリア／保護膜層の働きをしてPCE光電変換効率（Photovoltaic Conversion Efficiency, PCE）を劇的に改善する。原子層堆積法（ALD）は，サブナノメートルの精度でそのような膜を堆積させられる唯一とまではいえないにしろ適切な手法である。第1章で詳しく記したように，ALDは，高度に多孔質の材料であっても原子レベルの膜厚精度で均一な（ピンホールフリーの）膜を得るために逐次的に注入される気体分子（多くのケースで有機金属前駆体と酸化剤）の自己制御型表面反応に依存している。この点が，表面および界面の調製に際してALDが理想的ツールであることの鍵ともいえる特徴である。

ALDはナノテクノロジーの分野で広く用いられるツールだが，対象分野は次の二つに分けられる；(i) ナノチューブ／ナノワイヤ，ナノラミネート，およびナノロッドなどナノメートル寸法の基本構成要素の構築，および (ii) 広範にわたる応用のための薄膜を用いた表面および界面エンジニアリング。Knez et al. および Kim et al. は，ALD法を使って構築される多種多様なナノ構造体に関する総説を公表している［6,7］。この章でカバーするのは，幾何学的に込み入ったナノ構造体の上にALD法で堆積させたさまざまな金属酸化物の超薄膜を用いた表面および界面エンジニアリングに深く関連している研究であり，色素増感太陽電池（DSSC），量子ドット増感太陽電池（QDSSC），コロイド量子ドット太陽電池（CQDSC），有機太陽電池，ペロブスカイト太陽電池などの太陽光発電デバイス，および水の電気分解のための光電化学電池への応用を議論する。この章の記述に対する補足になる総説を数編，すなわち太陽光発電デバイスの表面および界面エンジニアリングのためのALDに関するもの［6,8～16］，およびその他の堆積技術に関するもの［17,18］を挙げておく。

4.2　改良型ナノ構造体太陽電池に使われるALD

色素増感太陽電池（DSSC）が通常のシリコン太陽電池に対する低価格の選択肢としてGrätzelと共同研究者により最初に報告されたのは1991年であった［2］。その後，基本的なTiO_2ナノ粒子構造体から，異なる金属酸化物ナノ粒子，基板材料，光吸収膜，および正孔輸送材料までコンセプトが拡張された。ナノ構造体太陽電池のPCE（光電変換効率）は次の四つの因子のそれぞれに支配される［19］；(i) 光吸収性材料（たとえばルテニウムベースの色素，量子ドット，ペロブスカイト）のなかでの光電子生成，(ii) 金属酸化物ナノ構造体（たとえばTiO_2，ZnO，SnO_2）の伝導帯への光電子注入，(iii) 光アノード内部での電荷輸送，金属酸化物ナノ構造体から透明導電性酸化物（TCO）（たとえばFTO，ITO）への電荷移動，およびそれに続く対向電極の電荷捕集体への外部回路を経由した電荷移動，そして (iv) 正孔輸送材料（HTM），固体または三ヨウ化物や*spiro*-OMeTADなどの電解質からの電子供給によって生じる光増感体（光吸収性物質）の再生成。これらプロセスの大部分が別々の界面で起こるため，PCEは界面での再結合損失によって制限される。**図4.1** (a) に古典的なDSSCアーキテクチャに基づくナノ構造体太陽電池について，電子の輸送経路と再結合経路を示す。液体DSSCと固体DSSCおよび光電

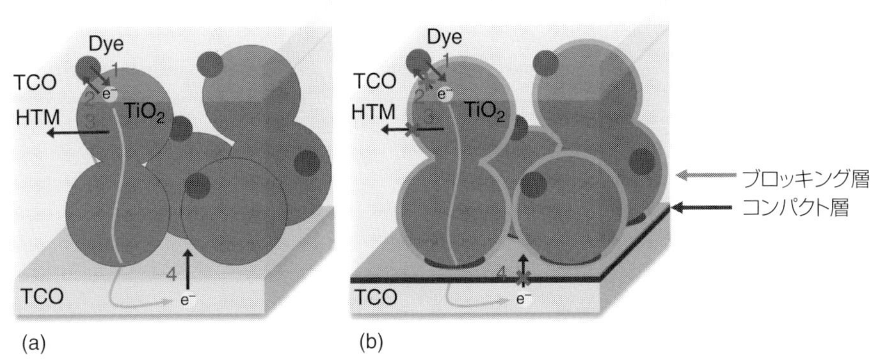

図 4.1　ALD 前の DSSC (a) および ALD 後の DSSC (b) における電子輸送および起こり得る再結合過程。(1) 励起色素から TiO_2 への光電子注入。(2) TiO_2 中の電子と酸化色素分子の再結合。(3) TiO_2 中の注入電子と HTM の再結合。(4) 透明導電性酸化物 (TCO) に捕捉された電子と HTM 中の正孔の再結合。導電性でコンパクトな超薄膜ブロッキング層を ALD 法で堆積することにより，これらのタイプの再結合過程を抑制することができる。(口絵参照)

気化学電池で起こるさまざまな再結合過程の詳細に関しては総説を参照して頂きたい[20,21]。ここでは，ALD を用いたそれらの低減法について簡単に紹介するに留めておく。

さて，主要な再結合損失は，金属酸化物に注入された電子が (i) 金属酸化物構造の表面にあるトラップ準位，(ii) 酸化された光吸収層，または (iii) HTM すなわち正孔輸送材料と再結合するときに生じる。一方，DSSC 中で支配的な再結合損失は，界面で生じる TCO から HTM に向けた電子の逆移動である[22]。とくに光強度が低いときおよび開回路条件でそれが著しい[23]。

したがって，これらの再結合プロセスを弱めるために，異なる界面の間に再結合防止超薄膜層が用いられる (図 4.1 (b) 参照)。しばしばこれらの薄膜は，広いバンドギャップをもつ金属酸化物のトンネリング層であり，たとえば TiO_2，Al_2O_3，ZnO，HfO，SnO_2 など ALD 法によりきわめて優れた厚み制御のもとで堆積可能な膜である。それらの膜の堆積に ALD が用いられた DSSC のさまざまな例が**表 4.1** にまとめてある。

表 4.1　いくつかの第三世代太陽電池の上に ALD 法で堆積した（コンパクト型およびブロッキング型の）バリア再結合層

担持物質	担持膜厚 (μm)	吸収材料	正孔輸送材料	ALD コンパクト層	コンパクト層厚み（nm）	効率（%）	コントロール電池効率（%）	文献番号
コンパクト型								
TiO_2 NP	8-9	N719	ピリジンベースの電解質	TiO_2	50	3.27	2.53	[24]
TiO_2 NP	0.9	D102	Spiro-OMeTAD	TiO_2	20	1.3	＜0.1	[25]
TiO_2 NP	15	N719	I_3 電解質	TiO_2	4	4.6	4.6	[26]
TiO_2 NP	6	N719	I_3 電解質	HfO_2	1.65	6	3.6	[27]
TiO_2 NP	18	N719	I_3 電解質	TiO_2	10	8.5	7	[28]
平面	―――	ペロブスカイト	Spiro-OMeTAD	TiO_2	50	12.56	0.32	[29]
TiO_2 NP	18	CdS QDs と N719	Spiro-OMeTAD	TiO_2	22	2.36	1.67	[30]
SnO_2 NP	4	N719	ピリジンベースの電解質	SnO_2	20	3.7	0.76	[31]
平面	―――――――	ペロブスカイト（CH_3NH_3I）	P3HT	TiO_2	10	13.6	8.7	[32]
TiO_2 NP	0.25	ペロブスカイト（$CH_3NH_3Pb_{3-x}Cl_x$）		TiO_2	11	7.1	0.01	[33]
ブロッキング型								
ZnO NW	15	N719	ピリジンベースの電解質	TiO_2	21	2.1	0.85	[24]
TiO_2 NP	18	CdS QDs と N719	Spiro-OMeTAD	TiO_2	2.2	2.36	1.67	[30]
SnO_2 NP	4	N719	ピリジンベースの電解質	Al_2O_3	0.11	3.7	0.76	[31]
TiO_2 NP	16	N719	ピリジンベースの電解質	Al_2O_3	0.1	6.5	5.75	[34]
TiO_2 NP	9	N3	I_3 電解質	Al_2O_3	2.2	8.4	6.2	[35]
TiO_2 NT	40	N719	I_3 電解質	Al_2O_3	0.12	5.75	4.65	[36]
TiO_2 NP	1.8	N719	Spiro-OMeTAD	ZrO_2	0.22	0.27	1.08	[37]
TiO_2 NP	2.7	Y123	ピリジンベースの電解質	Ga_2O_3	0.4	4	1.4	[38]
TiO_2 NP	2.7	Y123	ピリジンベースの電解質	ZrO_2	0.13	2.65	2.5	[39]
TiO_2 NP	2.7	Y123	ピリジンベースの電解質	Ga_2O_3	0.3	3.5	2.5	[39]
TiO_2 NP	2.7	Y123	ピリジンベースの電解質	Nb_2O_5	0.05	3.2	2.5	[39]
TiO_2 NP	2.7	Y123	ピリジンベースの電解質	Ta_2O_5	0.13	3	2.5	[39]
TiO_2 NP	0.3	ペロブスカイト（$CH_3NH_3PbI_3$）	Spiro-OMeTAD	TiO_2	2	11.5	7.2	[40]
TiO_2 NR	1.8	ペロブスカイト（$CH_3NH_3PbI_3$）	Spiro-OMeTAD	TiO_2	4.8	13.45	5.03	[41]
ZnO NR	0.35	ペロブスカイト（$CH_3NH_3PbI_3$）	Spiro-OMeTAD	TiO_2	5 サイクル	13.4	11.9	[42]
ITO NW/TiO_2 NP	30	N719	I_3 電解質	TiO_2	30	6.1	0.1	[43]
ITO NW/TiO_2 NP	0.9	ペロブスカイト（$CH_3NH_3PbI_3$）	Spiro-OMeTAD	TiO_2	10	7.5	7.1	[44]
ITO NW/TiO_2 NP	20	N719	I_3 電解質	HfO_2	1.3	4.83	2.82	[45]

NP：ナノ粒子，NW：ナノワイヤ，NT：ナノチューブ，NR：ナノロッド

4.2.1　コンパクト層：TCO/ 金属酸化物界面

TCO（透明導電性酸化膜）上に堆積させた金属酸化物薄膜で，金属酸化物ナノ構造体から電流コレクタへの電子移動は許すが捕捉された電子が HTM（正孔輸送材料），たとえばトリヨード電解質またはスピロ OMeTAD に戻るのは許さない膜を，コンパクト層という※。仮に TCO が金属酸化物コンパクト層で不完全に被覆されている場合には，電解質に直接露出している TCO 表面で再結合損失が起こるであろう。このタイプの再結合過程は，開回路条件下の低光量下で支配的に生じる[23]。最初は，TCO/TiO_2 ナノ粒子界面のコンパクト層がゾル-ゲル法，スプレー熱分解法，スパッタ法により形成された[23,46]。これら初期の研究により，厚さがナノメートル程度ときわめて薄くしかも均一度がきわめて高いコンパクト層が必要なことが示された[47]。そこで，ピンホールフリーな均一層の堆積を行い，効果的な再結合防止に役立つうえで異なる酸化物の理想的な膜厚を見出すために ALD が用いられた。コンパクト層の堆積に ALD を使うことは Law et al. による初期の研究で示され，厚さが 10～50 nm の TiO_2 膜を FTO（フッ素ドープ酸化スズ）の上に堆積したコンパクト層について，TiO_2 ナノ粒子を基板上に加える以前に，全体的 PCE（光電変換効率）が 2.53％から 3.27％まで相対的に 25％も増加することが示された[24]。それから間もなく，Hamman et al. はナノ粒子の付加に先立って厚さが～14 nm の ALD TiO_2 コンパクト層を FTO 基板の上に堆積すると FTO と電解質の間のレドックス短絡を軽減できることを示した[48]。別の研究では，フレキシブル基板に対する代替の低温プロセスの方法として，$TiCl_4$ を前駆体とする厚さ 20 nm の TiO_2 コンパクト層が 150℃における ALD によって堆積された。そして，このコンパクト層の使用によって太陽電池の J_{sc} と V_{oc} がコンパクト層をもたない電池の値よりそれぞれ 460％と 870％増大することが観測された[25]。Miettunen et al. による研究では，わずか 4 nm 厚の ALD TiO_2 層をもつ FTO（フッ素ドープ酸化スズ）基板と ITO（酸化インジウムスズ）基板の両方に同様な挙動が見られ，コンパクト層を用いたときには光強度が低いときの開回路電圧が高くなることが見出された[26]。直後に行われた Bills et al. による研究では，ナノ粒子の付加に先立って行ったわずか 30 サイクルの HfO_2 ALD（～1.65 nm）によって効率が 66％上昇した（3.6％から 6％に上昇した）[27]。これらの研究は，コンパクト層およびコンパクト層が DSSC（色素増感太陽電池）の効率に及ぼす効果の研究における ALD の有用性を示しているが，その理由は，ALD には精密に制御した超薄膜の堆積が可能なことにある。Kim et al. は，互いに違う手法で堆積された TiO_2 コンパクト層の比較検討が行い，加水分解法およびスピンキャスティング法で得られたものより ALD 法で得られた TiO_2 コンパクト層の方が優れた性能をもつとの結論を得ている[28]。彼らは，また，ALD TiO_2 コンパクト層の最適厚みを 5 nm から 10 nm の間と推論しており，それより厚みが増すと光の透過率が落ちて電池性能が低下するのが原因としている。ALD TiO_2 コンパクト層の光透過率は，5 nm から 15 nm までの膜厚でおおむね一定であるが，厚みが 20 nm の ALD TiO_2 膜ではすでに透過率が下がり，裸の FTO（フッ素ドープ酸化スズ）基板表面の～80％から～

※ 訳注：スピロ OMeTAD=Spiro-MeOTAD[2,2',7,7'-Tetrakis(*N,N*-di-*p*-methoxyphenylamino)-9,9'-spirobifluorene]，2,2',7,7'-テトラキス(*N,N*-ジ-*p*-メトキシフェニル-アミン)-9,9'-スピロ-ビフルオレン

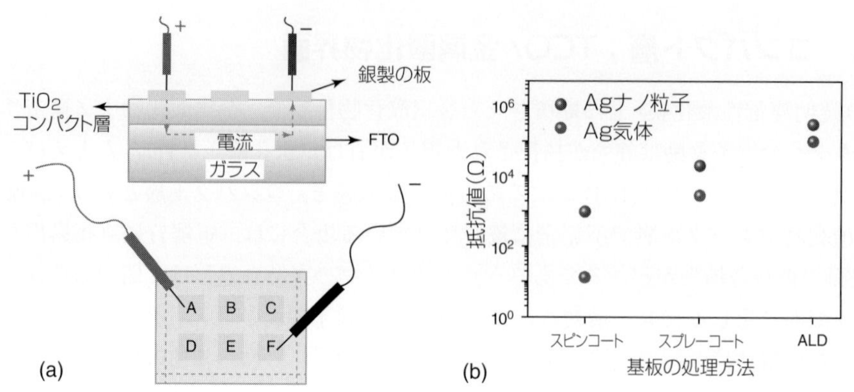

図 4.2　(a)（異なる方法で堆積した）TiO_2 コンパクト層について，Ag ペーストおよび真空蒸着によるAg被覆後の抵抗値測定の概念図。(b) TiO_2 膜の上に異なる方法で調製したAg接合の間の平均抵抗（各サンプルについて，厚さは～50 nmと報告されている）。（Wu et al. 2014 [29]。アメリカ化学会の許諾を得て転載。）（口絵参照）

63%に低下した。したがって，ピンホールフリー膜のブロッキング性と与えられた厚みでの光透過率の間でのトレードオフが生じる。さらに，ALD TiO_2 膜は，別の方法（電析法，スピンキャスティング法，スパッタ法）で形成された膜よりも光透過率が低く，ALD膜が真にピンホールフリー特性をもつことが示唆される。

最近，Wu et al. は，異なる三つの方法（スプレー熱分解法，スピンコーティング法，ALD法）で堆積された同じ膜厚の TiO_2 膜でいずれもペロブスカイト太陽電池に使用されるものの比較を行った[29]。ALD法で堆積した薄膜は，他の方法による薄膜よりかなり大きいPCEを示した。3種類の膜が厳密に等しい光透過率を示したことから，50 nmの膜厚でもALD膜のピンホールフリー特性がほかの方法で作られた膜を上回ると結論された。各膜のピンホール構造を測るために，Agナノ粒子（2～10 nm）を各膜のピンホール候補に浸み込ませて抵抗を測定し，**図 4.2** (b) に示す結果を得ている。

膜抵抗の低下はFTO基板に向けてAgナノ粒子が浸入したことによって生じた。ALD膜が高い抵抗率を示すことから，この膜のピンホールフリー性が証明される。同様にKavan et al. は，ピンホールフリー・コンパクト層の影響および結晶構造の影響を調べた[49]。その研究では，ALD TiO_2 膜についてサイクリックボルタンメトリ測定を行って膜厚（1～6 nm）の関数としてピンホール面積の割合が測定された。彼らの報告によると，厚みが～5 nmから～6 nmの TiO_2 コンパクト層ではピンホール面積が1%を切っているが，500℃でアニーリングを行うと（ナノ粒子添加後に行う典型的な処理である）無被覆のFTO領域が残されてピンホール面積の割合が56%になってしまう。ちなみに，～5 nmという膜厚は前述の研究グループによって最適値と報告された値である。同じ報告で，堆積したままの結晶性 TiO_2 ALD膜でピンホール面積が1%以下になるためにはより大きな膜厚（6～7 nm）が必要であることが示された。同様に，Lin et al. は，低温プロセスで得たアモルファス TiO_2 ALDコンパクト層が，より高温における堆積で得た同じ膜厚（～15 nm）の多結晶アナターゼ型 TiO_2 膜より優れた性能を示すことを報告した[30]。彼らは，多結晶アナターゼ型TiO_2膜は光の透過率が劣ること，この膜が完全には正孔の再結合を防いでないこと，を示した。そして，疑似太陽光による5分間の光照射後のTiO_2膜の抵抗率が有意に下がることを報告している。

コンパクト層は，太陽電池の性能に大きなインパクトを与える。これまでの研究によると，TCOがピンホールフリー膜で均一に被覆されていれば，コンパクト層がきわめて薄くても電子の逆方向移動をブロックするのに十分である。厚い膜では光の透過が減ってPCEも下がるであろう。厚さ5〜10 nmのアモルファスTiO_2は，光の透過を犠牲にしない最適厚さと思われる。多結晶膜は，ブロッキング特性が多少劣ると考えられる。ところで，ほとんどの文献でコンパクト層の材料にTiO_2が選択されているが，SnO_2を使ったケース[31]およびZnOを使ったケースでも[50,51]でも同様のブロッキングが得られている。現在は，異なるデバイス構造において，とくに，新興のペロブスカイト太陽電池では平面型とナノ構造体型のどちらでも，薄いコンパクト層を堆積して太陽電池性能を増強するのは標準的な方法である。だが，例えば最近の論文によると，平面型ペロブスカイト太陽電池において厚さが10 nmのALD TiO_2膜をコンパクト層としたものが最適であり，PCE値が同じ厚みでスピンコートTiO_2膜をコンパクト層にした同型太陽電池の8.7%に対して13.6%の値を示したと報告されている[32]。同様に，フレキシブルPET/ITO基板に厚さ11 nmのALD TiO_2コンパクト層を堆積し，ペロブスカイト光吸収体が用いられたもののPCEは7.1%で，コンパクト層がない場合の0.01%と大きな違いを示す[33]。

この節では，ほかの堆積技術に比べたときにALDがもっているより優れた可能性，および効果的な再結合遮断特性を得る上で超薄膜のピンホールフリー特性の重要性を紹介した。

4.2.2　ブロッキング層：金属酸化物／光吸収体界面

ナノ構造太陽電池については大きな表面積が主要な利点であることを前述したが，その大面積が太陽電池としての性能にとって主要な制約になる可能性もある。金属酸化物半導体では表面欠陥とトラップサイトが再結合中心の作用をして，注入電子が金属酸化物表面で正孔，すなわちHTM（正孔輸送材料）中の正孔および酸化された色素分子中の正孔と，再結合することがあり得る。そこで，界面におけるこれら再結合損失を減少ないし除去する方法として金属酸化物ナノ構造体の上に薄い被膜を堆積させる手法があり，この被膜はブロッキング層と呼ばれる。ブロッキング層の材料には，界面にエネルギー障壁を作るために光吸収膜より広いバンドギャップと金属酸化物ナノ構造体より正の伝導帯ポテンシャルが必要である。選択するブロッキング層材料によってJ_{sc}とV_{oc}が大きく影響される。ブロッキング層の材料が金属酸化物ナノ構造体より高い等電点（EIP）と低い電子親和力をもつときに，その材料が表面双極子をつくることができる[52]。伝導帯エッジが高くバンドギャップが広い材料がコア金属酸化物の伝導帯をオフセットすることができるという意味で良好な“ブロッキング効果”をもっている[53]。その結果として伝導帯端がシフトし，それによりV_{oc}が改善される。ブロッキング層のEIPが高いときに色素の吸収が高くなってJ_{sc}が増大した[53,54]。よって，太陽電池を最適性能にするブロッキング層としてのお勧め材料は金属酸化物親構造体と光吸収材料に依存する。

理想的なブロッキング層にするためには，太陽電池の効率を改善する意味で下記要請を満足しなければならない；

i) 金属酸化物ナノ構造体の全表面にわたる均一で均質な被覆。これにより，金属酸化物の表面欠陥サイトのパッシベーションが確保され，無被覆表面からのリークが回避される。
ii)（とくにナノ粒子タイプの DSCC で）効率的な光吸収膜にすると同時に HTM を効果的に浸入させるうえで必要な小孔をブロックしないだけではなく，色素から金属酸化物への電子注入を効率的にするために充分薄くする。
iii) 色素または HTM への電子逆移動を回避するのに十分な厚みをもつ。

近年，さまざまな方法で堆積された半導体金属酸化物膜および絶縁性金属酸化物膜が研究されてきた。その総説の一つが文献[17]である。ほかの堆積法とは異なり，ALD 法はブロッキング層として用いられる金属酸化物膜のそれぞれについて最適厚みを精密に調べることができるという利点がある。その結果として，コア–シェル金属酸化物のコア側の特性とシェル側の特性の間の関係を理解することができる。この節では，異なるタイプの第三世代太陽電池に ALD 法で堆積させたブロッキング層について概観する。表 4.1 には，ALD 法で堆積されてブロッキング層として用いられた金属酸化物が列記されている。

TiO_2 ナノ粒子 DSSC の上に異なる金属酸化物をブロッキング層として堆積させた系について行われた初期の研究では，Al_2O_3 をゾル–ゲル法で堆積させた膜厚～1 nm のものが最高の性能を示すと結論されている[54]。その後，Lin et al. が，Al_2O_3 層の原子レベルの精度の厚み依存性について ALD 法により被覆厚を 1 サイクル（～0.12 nm）から 10 サイクル（～1.2 nm）にわたって変化させて調べた[34]。彼らは，Al_2O_3 層のわずか 1 サイクル分の厚み（～0.1 nm）で PCE が（5.75％から 6.50％と）14％高くなることを示し，また，厚い Al_2O_3 層によってフェルミ準位が高くなって TiO_2 への色素電子の注入がブロックされることを示した。彼らによれば，高温のゾル–ゲル法に比べて ALD の方が浸入能や厚み制御に勝るため，Al_2O_3 ブロッキング層の最適厚さについてより現実的な値が得られることが分かった。1 サイクルの Al_2O_3 ALD でブロッキング層が得られることについては，異なる色素と誘電体が用いられる DSSC を使った研究によって確認された。異なる誘電体が使われている色素増感太陽電池のすべてについて，1 サイクルの Al_2O_3 ALD によって電子寿命が裸の TiO_2 電極に比べてほぼ 6 倍長くなった[55]。また，SnO_2 ナノ粒子光アノードの上にサブナノメートル厚の Al_2O_3 ブロッキング層が堆積されて，同じ結果が得られている[31]。サブナノメートル Al_2O_3 ブロッキング層についてはほかにも研究が行われた。Antila et al. は，1 サイクルの Al_2O_3 だけで V_{oc} 値の増加がみられたが，PCE には有意な変化がないことを示した[56]。しかし，彼らの実験では，堆積温度，熱処理，および色素のタイプが異なっているため直接的な比較が難しい。Ganapathy et al. は無被覆の太陽電池に比べて膜厚 1～2 nm の Al_2O_3 膜があるときの方が性能が良く，また，2 nm 厚の Al_2O_3 ブロッキング層では 35％の改善が得られることを示した[35]。TiO_2 ナノチューブナノ構造体の上に堆積された Al_2O_3 ブロッキング層の効果が調べられた[36]。Al_2O_3 ブロッキング層に対しては 1 サイクル（0.12 nm）の Al_2O_3 が最適厚さであり，PCE に 23％の増大（4.65％から 5.75％

に）がみられた。さらに，Al_2O_3のALDに先だって$TiCl_4$処理を行うとPCEがさらに向上し，$TiCl_4$処理のみでAl_2O_3がないときには6.77％であるのに対し，8.62％が得られた。

特定の厚みのAl_2O_3ブロッキング層を用いてこれまで報告されているPCE値の相違の原因には，Al_2O_3膜の水素含有量を決める因子になる。ALD温度および酸化剤（水，オゾン，プラズマ）に加えて，使用されたALDプロセスの違いや使用された色素のタイプの違いが考えられる［57］。また，前駆体パルス（曝露）時間と曝露量は多孔性構造体の表面積と幾何学形状※に適合させなければならない。これらの事項が勘案されなければ，気体前駆体の不完全な浸入につながるだろう。高いアスペクト比をもつ構造体や曲がりくねった構造体では，構造体全体の均一膜の堆積に平坦な基板よりも長い露出時間とドース時間が必要である［58,59］。最近，この問題への対処として，SnO_2ナノ粒子光アノードを被覆するときのTMA曝露時間が検討された［60］。Dong et al. は，TMA曝露時間とH_2O曝露時間の両方の延長が色素の吸収とブロッキング特性に対する好ましい効果があり，わずか2回のALDサイクルでPVの効率が125％高くなることを示した。この効果は，曝露時間の延長によってAl_2O_3の浸入が良くなったこととナノ粒子ネットワークの被覆が良くなったためとされている。

もちろん，わずか1回ないし2回のALDサイクルで単層膜被覆が完了するかどうかについては，任意の材料系すなわち，ブロッキング層の材料およびそれを堆積させる表面の材料に対する核形成（または好ましい化学吸着サイトの有無）という観点での解明が必要である。超薄膜Al_2O_3ブロッキング層がPV性能に与える真のメカニズムや貢献は確立されていない。Al_2O_3の超薄膜層は，金属酸化物上の表面欠陥サイトをパッシベーションし，EIP（等電点）が高いことから色素の光吸収を増大させ，FTO（フッ素ドープ酸化スズ）および金属酸化物ナノ構造体から電解質への電子逆移動をブロックする。しかも，これらはいずれも相互に排他的ではない。Pascoe et al. は，1～3サイクル分のALD Al_2O_3で被覆されたナノ粒子をアノードをもつDSSCにおける電子輸送速度を測定して，Al_2O_3ブロッキング層の役割が伝導電子と酸化還元メディエータの間のトンネル障壁にほかならないと結論している［61］。いずれにしろ，これらの研究は，サブナノメートルレベルで制御された超薄膜の堆積が可能というALD法の能力を示し，それらの膜がDSSCにおける再結合バリア層としてポジティブに作用することを示している。この観点からは，ALDはサブナノメートルで制御可能な唯一の方法といえる。

サブナノメートル厚の金属酸化物層に関して行われた上記以外の研究は以下の通りである。Li et al. は，TiO_2ナノ粒子光アノードを2サイクルのALD ZrO_2による被覆を施し，PCEが4倍になったと報告している。彼らは，被覆膜をさらに厚くすると色素からTiO_2への電荷注入が減るため光電流が下がることを報告している［37］。同様に，4サイクルのALD Ga_2O_3堆積を行ったときに，1サイクル目（膜厚～1 Å）で早くもJ_{sc}とV_{oc}の増大が始まることが示され，6サイクル目でV_{oc}の最大値（1.11 V）が得られ，曲線因子（FF）の増大も伴うことが分かった。ただし，J_{sc}の値はGa_2O_3の厚みが増すと共に減少した［38］。彼らが調べたうちで最も高効率の太陽電池では，わずか4回のGa_2O_3 ALDサイクルで太陽電池の効率が285％（1.4％から4％に）増大した。さらに，FTO（フッ素ドープ酸化スズ）/TiO_2のナノ粒子界面に厚みが5 nmの

※訳注：孔のアスペクト比のこと。

TiO_2 コンパクト層をもつ場合，わずか2サイクルの Ga_2O_3 ALD サイクルにより効率がさらに4.6％に向上する。ナノ構造体光アノードに堆積した金属酸化物の役割がこの結果によって示されており，コンパクト層とブロッキング層の役割を同時に果たすことである。

上記の研究により，金属酸化物の種類が違えば膜厚による変化が違ったものになることが示された。最近，ブロッキング層に使う金属酸化物の膜厚の効果が Grätzel のグループによって系統的に研究されている。その一つでは，ALD 法で堆積させた4種類の絶縁酸化物（Ga_2O_3，ZrO_2，Nb_2O_5，および Ta_2O_5）が比較された。電荷キャリヤの再結合速度と輸送速度，そして V_{oc}，J_{sc}，FF，および PCE がサイクル回数の関数として詳細に解析された。彼らは，伝導帯の位置とブロッキング層の金属酸化物の酸化状態がきわめて重要であると結論している［39］。同じグループにより，ペロブスカイト太陽電池の結晶性 TiO_2 ナノ粒子光アノード上のコンパクト層とブロッキング層として，アモルファス TiO_2 超薄膜の膜厚の違いの効果が調べられた。TiO_2 超薄膜の堆積により，粒子サイズがチューニングされた上に FTO と金属酸化物ナノ構造体の両方からペロブスカイト光吸収体へ向けた電子の逆移動がブロックされた。彼らの報告によると，厚みが2〜3 nm の TiO_2 層を堆積させたときに J_{sc} が犠牲になることなく色素導入量が減少し，V_{oc} と FF は有意に増加した。彼らは，アモルファス TiO_2 がコンパクト層とブロッキング層の両方の働きをするためには2〜3 nm が最適厚さであると報告している。PCE は7.2％から11.5％に増大した。厚みがこれより大きくなると孔ネットワークが閉じてしまってペロブスカイトと HTM（正孔輸送材料）の充填が悪くなる［40］。したがって，ナノ粒子構造におけるブロッキング層に TiO_2 を使用する場合には，孔ネットワークが閉じてしまわない範囲でのブロッキング層の許容厚みの上限がある。ナノ粒子の代替としてナノロッドを使うと，厚みが＞3 nm の TiO_2 ブロッキング層を使っても活性層への良好な浸入が許容される。Mali et al. は，ペロブスカイトベースの太陽電池では厚みが4.8 nm のアモルファス TiO_2 ブロッキング層によって PCE が5.03％から13.45％へと増大することを報告している［41］。このケースでは，**図4.3**（a）に示すようにナノロッドの FTO（フッ素ドープ酸化スズ）界面に固有の TiO_2 コンパクト層が存在するから（概略は図4.3（b）），堆積させた ALD 膜はナノロッドの表面パッシベーションと電子の逆流ブロッキングだけに寄与する。ナノロッドの間にある空間は，〜8 nm 厚の ALD TiO_2 ブロッキング層が加わった後であってもペロブスカイト光吸収体および正孔輸送材料（図では Spiro-OMeTAD）の効果的な浸入に充分である。Mali et al. によって報告されているブロッキング層の最適膜厚は，アモルファス TiO_2 コンパクト層（図4.3（c），（d））の厚み〜4 nm に対応し，FTO から HTM へ向けた電子の逆移動に対するブロッキング層と同じ厚みになる。なお，この膜ではピンホールが1％以下になっていることが Kavan et al. によって示されている［49］。

5サイクルの ALD TiO_2 で被覆した ZnO ナノロッドが骨格（scaffold）に用いられているペロブスカイト光吸収体では，同様の13.4％の PCE 値が得られた［42］。

ALD 法によるブロッキング層の堆積によってナノ構造体太陽電池の電気性能を劇的に改善することができるが，とくに，固相太陽電池（たとえばペロブスカイト型太陽電池）で違いが際立つ。そのときに選択する材料は，原理的には，親金属酸化物の表面欠陥サイトやトラップサイトのパッシベーション，色素導入量増大，電子注入を改善するための価電子帯オフセット，

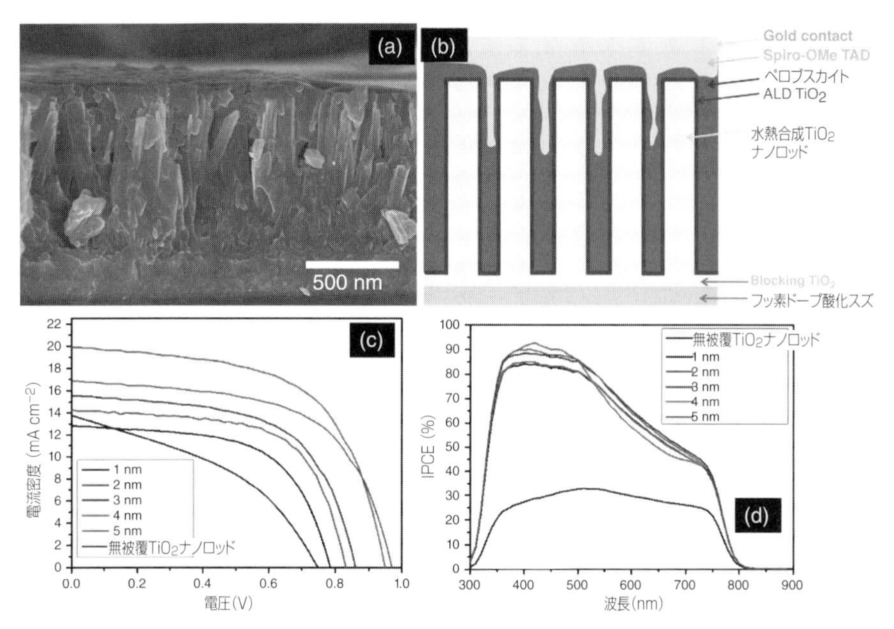

図 4.3　モルフォロジーと光起電力特性。(a) 断面観察 FESEM（電界放出型電顕）で観測された TiO_2 ナノロッド上の ALD TiO_2 の断面像。(b) (a) で調べたデバイスの孔充填機構を説明するための概略図。(c) TiO_2 ナノロッド上にさまざまな厚みで調製された ALD TiO_2 層をもつデバイスについて，100 mW cm^{-2} の光照射下で測定された J-V 曲線。(d) (c) に示す各曲線について，300 ～ 900 nm の波長範囲で測定された IPCE（出力電子数／入射光子比；光電変換効率）スペクトル。（Mali et al. 2015［41］，アメリカ化学会の許諾を得て転載。）（口絵参照）

そして，電子逆移動のブロックを行う。ALD によるブロッキング層の堆積ではコンパクト層の同時堆積が可能だが，この層の成長は裸の FTO（フッ素ドープ酸化スズ）表面でのみ，金属酸化物ナノ構造体と FTO の間の接触抵抗が増大せずに可能である（図 4.1b 参照）。

4.2.3　表面のパッシベーションと光吸収体の安定化：吸収体/HTM 界面

ナノ構造化太陽電池にとって主要なチャレンジの一つは経時的な熱的および化学的不安定性である。ルテニウムベースの色素や量子ドットのような無機吸収体は酸化，熱による劣化，および金属酸化物ナノ構造体からの脱離を生じやすく，デバイスとしての長期安定性に問題が生じる。Ru 色素ベース DSSC における不安定を改善する方法を検討するために，不安定性の機構が詳細に調べられている［62～64］。TiO_2 ナノ構造体からの色素の脱離と電解質による劣化が不安定の主要な原因であった。電解質溶液に対する量を制御した色素添加が，色素の脱離を16 日間にわたって抑止するための解決方法であった［65］。安定化の代替法は ALD の適用である。ALD により超薄膜を堆積して色素／ MO_x 構造を被覆して光アノード表面を電解質から完全に隔離し，それによって色素を金属酸化物ナノ構造体に対して安定化する。Son et al. は，ブロッキング層には～1 nm の SiO_2 ALD が十分あり，この膜厚では裸の TiO_2 表面がパッシベーションされる一方で TiO_2/ 色素界面の絶縁は生じないことを示した［66］。その後，すぐに

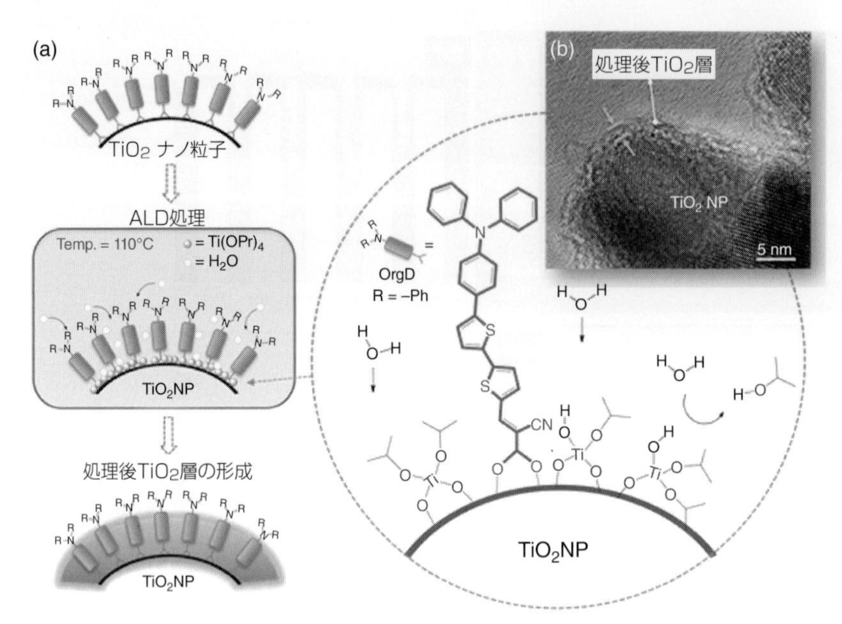

図 4.4　(a) ALD TiO_2 膜における堆積後組織化の概念。(b) 堆積後組織化を施した TiO_2 の HR-TEM 画像。TiO_2:OrgD に 10 サイクルの ALD TiO_2 処理が施してある。(Son et al. 2013 [68]。アメリカ化学会の許諾を得て転載。)（口絵参照）

Hanson et al. は，色素の導入に続けて ALD Al_2O_3 の堆積を行うと，裸の TiO_2 表面がパッシベーションされるだけでなく，Ru 色素が TiO_2 ナノ構造体に対して安定化されることを報告した。彼らは，ALD のサイクル数増加に伴う色素の脱離速度の減少と電子の逆方向移動の減少がもたらされる一方で，電子注入が代償であることを報告した [67]。Son et al. [68] と Hanson et al. [69] が時を同じくして，色素／ナノ構造体の上に ALD TiO_2 のサブナノメートル膜を堆積することによって TiO_2 ナノ粒子構造体に対する吸着色素の安定化が生じることを報告した。Son et al. は，8 サイクルの（TTIP（titanium tetraisopropoxide）を用いる）ALD TiO_2 による OrgD 色素分子の安定化を報告したが，これによって色素分子の脱離が 50 倍も遅くなった。TiO_2 による OrgD 色素の安定化の概要が**図 4.4** に示してある。電解質水溶液との濡れ特性をより効率的に向上させるため，彼らは色素導入後の TiO_2 によって光アノードの親水性がどのように増すかについて示している [68]。Hanson et al. は，Ru ベースの色素を使い～1 nm 厚までの TiO_2（$TiCl_4$ 由来）または Al_2O_3 でその色素を安定化することによって同様な挙動が生じることを報告した [69]。後に，同じグループは，効率的な電子注入の下で Ru 色素を安定化するために TiO_2 層と Al_2O_3 層の組み合わせを使う手法を検討した [70]。

これまで，Ru ベース色素光吸収体と液体電解質の組み合わせからペロブスカイト光吸収体（たとえば $CH_3NH_3PbI_3$：ハロゲン化鉛系ペロブスカイト）と正孔輸送導電体材料（たとえば Spiro-OMeTAD）の組み合わせへの移行があったが，約 5 年間という短い間に目覚ましい変換効率の増大がこれらの材料によって示された [71,72]。

電子および正孔の拡散長が～1 μm というこの新規太陽光吸収材料の出現により，平面構造とナノ構造のどちらがベストな性能をもつかに関して論争が巻き起こった。ただ，ペロブスカイト太陽電池については長時間安定性が現在の重大な関心事として集中的に調べられている。たとえば，$CH_3NH_3PbI_3$ 膜は湿気があると容易に劣化する。その点でもALDはきわめて有用で，酸素および湿気から守るための均一な封入にALDがきわめて有効である。

Dong et al. が行った研究では，一定期間にわたってPCE（太陽光変換効率）を調べるために，ペロブスカイト光吸収体（$CH_3NH_3PbI_3$）の上またはSpiro-OMeTADの添加後にTMAとO_3を使うALDによってAl_2O_3を堆積させた。Spiro-OMeTAD層の上に3サイクルのALD Al_2O_3 堆積を行った太陽電池は，コーティングのない太陽電池に比べて安定性に顕著な改善がみられた。大気中で24日間保存した後のPCEが12.9％になったが，この値は初期値の約90％にあたる[73]。Al_2O_3 薄膜によるコーティングが空気と湿気の透過から太陽電池を守ったが，保護膜が厚すぎると，正孔の量子トンネリングが減少して全体としての性能が下がるであろう。そのため，これら太陽電池の安定性を改善するうえでは，本質的に原子レベルでの厚み制御が可能なALDが，唯一とはいえないまでも有望な道筋である。

Chang et al. は，ALDを用いて長期安定性を改善する別の方法をALD Al_2O_3 を用いた別の種類の太陽電池のパッケージ方法として知られる方法に基づいて提案した。彼らは，封入目的に50 nm厚のAl_2O_3 膜を堆積することによって，デバイスが完成したときに，その長期的安定度が大幅に改善することを示した。初期に10.55％のPCE値をもつペロブスカイト太陽電池は，空気雰囲気（温度が30℃で相対湿度が65％）に40日以上曝露した後の劣化は無視できる程度であった[74]。彼らは，50 nm厚のALD Al_2O_3 被覆のガスバリア性能は，酸素透過速度（OTR）が1.9×10^{-3} cm^3 m^{-2} day^{-1}，水蒸気透過速度（WVTR）が9.0×10^{-4} g m^{-2} day^{-1}であることを示した。加えて，彼らは，ペロブスカイトの上に40 nm厚のALD ZnO膜を堆積し，16.5％というPCE値を得ている。

4.2.4　量子ドット上への原子層堆積

量子ドット（QD）ナノ構造体へのALDによる超薄膜堆積がこの5年間に研究されている。広範囲にわたる光電子デバイスでQDが有望な材料とされているが，その理由は光（吸収）特性の可変性および湿式化学合成という製造の経済性にある。さまざまな材料で作られる2 nmから10 nmのサイズのナノ結晶から薄膜を形成することができる。それら薄膜は，Bohr励起子半径が大きいことから，ナノ粒子のサイズの増減を通してバンドギャップのチューニングが可能である。加えて，励起子の多重生成あるいはキャリヤの増倍も生じる。すなわち，1個の入射光子当たりに複数の電子–正孔対の生成がありえる。これらは，発光ダイオードや光電池に理想的な材料特性である。しかし，QDは準安定状態にあるナノ結晶であり，高い表面：体積比と高い表面エネルギーをもつ一方でQDを取り巻く有機リガンドからの保護が貧弱なため，酸化，光熱的劣化，オストワルド成長（ripening），および焼結に曝される[75]。

Pourret et al. は，QD膜が開放構造をもつことから気体前駆体を孔ネットワークに拡散させて充満できることを示した。彼らは，ドロップキャスティング法によりCdSeナノ結晶フィルムを石英センサーの上に形成し石英結晶マイクロバランス（微小天秤）測定を行い，平坦基板に比較して 13 倍の質量吸着（mass uptake）があることを示した。CdSe QD の稠密膜についても，QD 結晶のサイズは初期のままで膜電気伝導度が有意に増大した [76]。Ihly et al. は，ALD Al_2O_3 により浸潤させかつ保護膜を形成した PbS QD が 30 日間空気に曝露した後でも安定に保たれることを膜吸収スペクトルから示した。さらに，その浸潤アルミナがナノスケールのマトリックスになって 80℃での曝露においても QD 間の固相拡散または焼結が阻止されることが示された [77]。同じ研究グループは PbS QD 膜を ALD Al_2O_3 で浸潤・被覆したときは空気に 30 日間曝した後でも～2.3％の効率が保持されることを示した。これに対して，無被覆のサンプルではほんの数時間だけ空気に曝露した場合，効率が＜ 0.5％であった [78]。さらに，彼らは，空気に対して安定で電子移動度＞ 7 $cm^2\ V^{-1}\ s^{-1}$ をもつ PbSe QD FET トランジスタを実証した [79]。そして，そのように高い移動度の要因として ALD によるトラップサイトのパッシベーションを挙げ，粒子間距離に由来する QD 間のトンネルバリアが低くなるという要因を否定した。その後，Cate et al. によって，QD 膜に対する Al_2O_3 または Al_2O_3/ZnO の湿潤により，被膜なしの場合に比べてキャリヤの増倍がより効率的に活性化されることが示された [80]。

Lambert et al. は，熱的 ALD およびプラズマ支援 ALD を用いて CdSe QD を Al_2O_3 の単層膜で被覆した。そして，TEM 観察および吸収スペクトルの測定から，熱的 ALD を施したときにはもとの QD の結晶サイズが保持されるがプラズマ支援 ALD では違うことを見出した [81]。Sargent のグループは，QD 膜上に ALD 層を形成したときの影響を調べた。Ip et al. は，PbS コロイド量子ドット太陽電池（CQDSC）を ALD 法により 80℃で厚さ 70 nm の Al_2O_3/ZrO_2 ナノラミネートで堆積しカプセル化したものは，13 日間空気中でテストした後でも効率が～6％のままで変わらないことを示した。厚さが 70 nm のナノラミネートが，効率を損なうことなしにデバイスを大気雰囲気の条件から隔離することができた [82]。同じグループは，界面での再結合を減少させるために TiO_2 QD と PbS QD 間の再結合バリア層としていくつか金属酸化物を検討した。ALD 法で堆積させた ZnO が最も優れた性能を示し，開放電圧と光電流捕集が改善された。彼らは，ALD ZnO バッファ層を使うことでキャリヤ再結合がほとんど半分になることを示した [83]。

Lin et al. は，ALD TiO_2 再結合バリア層をもつ QD 色素共増感型（QD-dye-coseisitized）太陽電池を試作した。まず，FTO と TiO_2 メソポーラス構造体の間に TiO_2 コンパクト層を形成し，CdS QD を堆積し，さらにその上に 150 サイクルまでの ALD-TiO_2 による堆積・被覆を行った。このようにして作ったブロッキング層の上に Ru 光吸収分子（N719）を堆積した [84]。彼らはこれによって界面層がないサンプルに比べて PCE が 41.3％改善されたと報告している。

Roelofs et al. は，量子ドット増感太陽電池（QDSSC）におけるブロッキング層としての ALD Al_2O_3 層が担う役割を研究した。CdS QD を加える前の太陽電池（TiO_2/Al_2O_3/CdS QD）にブロッキング層を付けたものと CdS QD を加えた後の太陽電池（TiO_2/CdS QD/Al_2O_3）にブロッキング層を付けたもの，および両者を組み合わせたもの（TiO_2/Al_2O_3/QD/Al_2O_3）（**図 4.5** 参照）について行った 5 サイクルまでの Al_2O_3 ALD を比較した [85]。

彼らは，以前の報告と同様に，これら三つの配置すべてに対してわずか 1 サイクルの Al_2O_3 ALD が最大の効率を与えることを示した。電子寿命は Al_2O_3 の厚みが増すとともに長くなるから，TiO_2 に注入された電子に対して Al_2O_3 層が確かに再結合バリアであるとの結論が支持

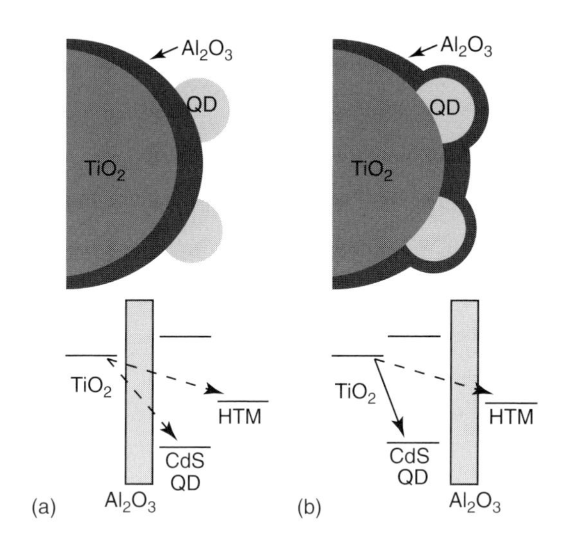

図 4.5　QDSSC（量子ドット増感太陽電池）における再結合バリア層の異なる配置：(a) TiO_2/Al_2O_3/QD 配置。(b) TiO_2/QD/Al_2O_3 配置。ALD Al_2O_3 の堆積を CdS QD（量子ドット）を加える前に行うか後に行うかの違いによる。Spiro-OMeTAD は正孔輸送型材料である。望ましくない再結合経路が矢印で示してある。Al_2O_3 バリア層でブロックすることができる経路は破線の矢印で示してある。（Roelofs et al. 2013［85］。アメリカ化学会の許諾を得て転載。）

される。ほかの配置に比較して TiO_2/Al_2O_3/QD 配置で電子寿命が長くなっているが，これは，酸化された CdS QD および Spiro-OMeTAD の両方への電子再結合がブロックされるためである。

QD 膜に ALD を使う目的には，酸化および光熱劣化からの防護やキャリヤ伝導度の増進に加えて，QD ナノ結晶の堆積がある。その一例に PbS 量子ドットがあり，bis（2,2,6,6- テトラメチル -3,5- ヘプタンジオナート）鉛（II）（$Pb(tmhd)_2$）と，H_2S を 3.5％添加した N_2 が用いられる。もう一つの例が，ジメチルカドミウム（DMCd）とチオアセトアミド（C_2H_5NS）の分解で作ったその場生成硫化水素（H_2S）を用いた CdS の堆積である［87,88］。

4.2.5　大表面積電流コレクタ上の ALD：コンパクト遮断膜

ここまでの節で私たちが扱ってきたのは，平坦な TCO（透明電導性酸化物）を使い，表面積を増やすための骨格（scaffold）として異なる金属酸化物ナノ構造体を使うナノ構造太陽電池である。しかし，前にも触れたが，DSSC の古典的な構造では，ナノ粒子のネットワークを通り抜けて電流コレクタに達する屈曲した光電子経路により制約され，そこでは経由する無数の界面にわたって再結合速度が増大する。ナノ粒子構造体における再結合プロセスを最小化するために提唱される戦略の一つは，粒界の数が少ないナノ構造体の使用である。TiO_2 と ZnO によるナノチューブ／ナノワイヤにはナノ粒子構造体に勝る利点がいくつかあり，孔サイズが大きいため光吸収材料や正孔輸送材料が効率的に浸潤されること，そして，粒界がきわめて少ないことが示された。しかし，それらも最も一般的な電流コレクタである FTO（フッ素ドープ酸化スズ）や ITO（酸化インジウムスズ）に比べて電気伝導度と透明度が劣っている。

FTO や ITO がもつ優れた電気特性を TCO として利用するために，それらをそのままナノ骨格（scaffold）として用いられる。その結果，光吸収膜の接触面積そして電流捕集面積が増え，したがってナノ粒子膜に比べて輸送距離が短くなる（**図 4.6** 参照）。

しかし，電流コレクタの表面積が増えるとTCOから活性材料への電子再結合（たとえば図4.1のプロセス1）が増える。したがって，平面TCOの場合と同様に，コンパクトなブロッキング層をTCOナノ構造体界面の全体にわたって導入することによって活性材料に向けた電子の逆流を軽減することができる。

2005年にChappel et al.は，その理想的な構造を提唱した［90］。ナノ構造体化TCOを使った最初の実験はその数年後にMartinson et al.によって報告された［91］。彼らは，陽極酸化アルミニウム膜（AAO）をテンプレートに用い，AAOの秩序化ナノ多孔性配列の内側と上側にITO（酸化スズインジウム）を堆積した。彼らは，InCp（シクロペンタジエニルインジウム）とO_3を温度220℃で用い，10サイクルごとに1サイクルのTDMASn（テトラキスジメチルアミノスズ）およびH_2O_2によりドープされた。彼らは，得られた中空のITO円筒群の内側にコンパクトブロッキング層としてアモルファスTiO_2を堆積した。そして，フィルムを色素溶液に浸してその上にRu色素を堆積した。これにより，理想的には電子がTiO_2の中を径方向に数ナノメートル走って下端にあるITOナノワイヤシリンダーに捕集される。この太陽電池からは1.1%という低いPCEしか得られなかったが，ナノ構造化太陽電池に新しい可能性をもつ構造への道が開かれた。

Noh et al.は，この構造を改良して，気相輸送成長法（VPT, vapor transport method）を使ってITO基板の上にITOナノワイヤ群を直接堆積し，次いで，ALD TiO_2膜で被覆し，N719 Ru色素を浸潤させた［89］。彼らは，通常のナノ粒子配列に比べてこの配置では表面積が大幅に減少するため$TiCl_4$による処理を行って粒子サイズが5～7 nmのTiO_2ナノ粒子の形成を誘起した。ALD TiO_2ナノワイヤとTiO_2ナノ粒子で被覆された厚みが25 μmのナノワイヤITO群を，平面ITOの上の厚みが14 μmのナノ粒子配置と比較した。平面型TCOナノ粒子太陽電池の色素導入量がNW-NP（ナノワイヤ–ナノ粒子）群のほぼ2倍になったが，変換効率はそれぞれ4.3%と3.8%で大差がないことが示された。加えて，DSSCにおけるNW-NP群の電荷収集（charge collection）速度は，ナノ粒子電池の4～10倍であった。彼らは，この構造をステンレス製メッシュ

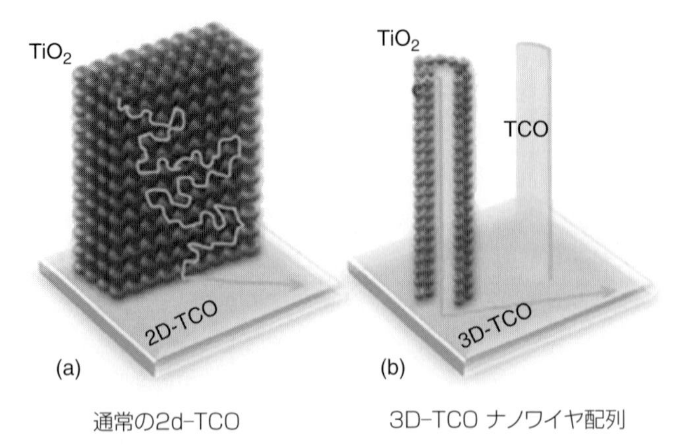

図4.6　量子ドット増感太陽電池（DSSC）の光アノードの模式図。(a) 通常の平面TCOとTiO_2ナノ粒子膜で構成されるタイプ。(b) 新たに提唱されている3D-TCOシェルナノワイヤ配列。
（Noh et al. 2011［89］。John Wiley and Sonsの許諾を得て転載。）

に搭載して可撓式光電気化学電池を構築している[92]。同じグループが長さ 30 μm の ITO ナノワイヤと TiO_2 のいわゆるダブルシェル層を用いて 6.1%の PCE を達成している。この二重の層は，厚さが 30 nm の ALD TiO_2（TTIP と H_2O）の上に粒径が〜2 nm のナノ結晶で作られた厚みが 70 nm のナノ粒子フィルムが形成されたコンパクト層で構成されている（**図 4.7** 参照）[43]。

同じグループによる最近の報告では，TiO_2 コンパクト層で被覆した上記 ITO ナノワイヤ二重シェル構造において Ru 色素をペロブスカイト光吸収体に置き換えることにより 7.5%の変換効率が得られている[44]。また，彼らは，TiO_2 ナノ粒子ネットワークだけを使うときに比べてペロブスカイト太陽電池における光電流密度の方が 40%大きくなると報告している。

Li et al. の最近の研究では，DSSC で使用するための ITO ナノワイヤ光アノードのブロッキング層として ALD 堆積した HfO_2 膜と TiO_2 膜が調べられた。そのブロッキング層には，厚さが 70 nm の TiO_2 多孔質膜も堆積されている[45]。厚さがわずか 1.3 nm の ALD TiO_2 コンパクト層の方が同じ厚さの ALD HfO_2 コンパクト層より優れていて PCE が 4.83%に達すると報告

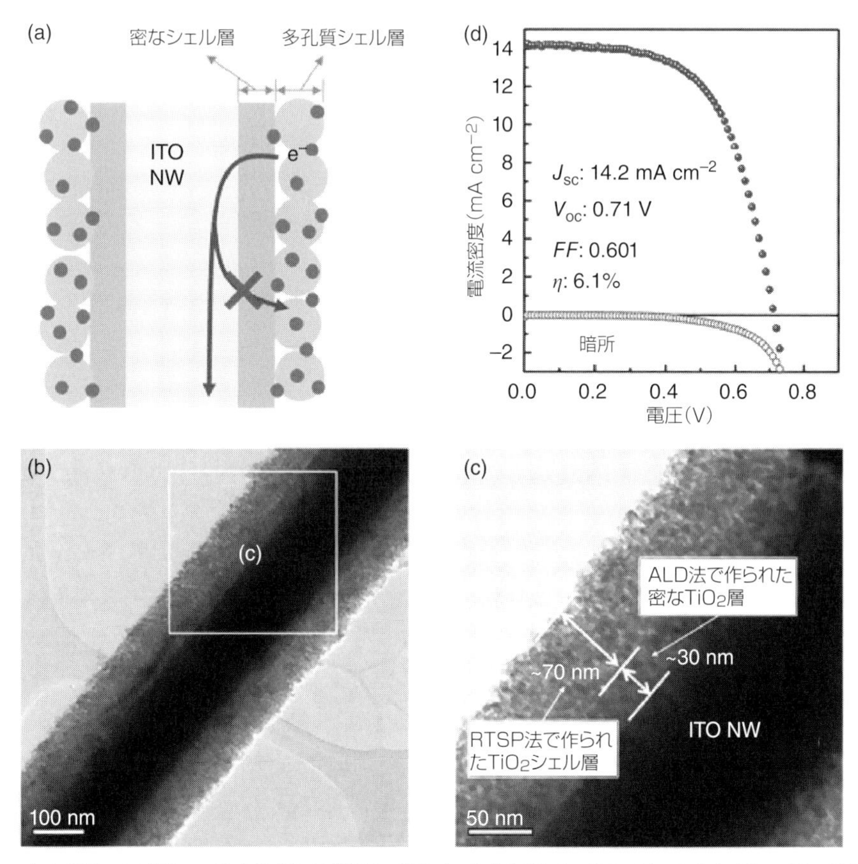

図 4.7 (a) TiO_2 二重シェルモデルの概要。(b) と (c) ITO ナノワイヤの上に乗っている TiO_2 二重シェル層の TEM 画像。(d) TiO_2 二重シェル層をもつデバイスに対する J–V 測定の結果。（Han et al. 2013 [43]。イギリス化学会の許諾を得て転載。）

されている。

高い表面積，優れた電気伝導性と熱伝導性，および化学的安定性と機械的安定性を与える可能性をもつ他の材料は，機能性炭素材料で，たとえばカーボンナノチューブ（CNT），グラフェン，およびカーボンフォームがある。これらの材料が金属酸化物との組み合わせで新規ナノ構造に用いられるケースが増えている。最近，注入光電子の金属酸化物材料から電流コレクタへの輸送を改善する目的でカーボンナノチューブが使われている［93〜100］。これらの研究により，TiO_2 ナノ粒子構造体に対してある程度（〜0.2〜0.3 wt%）の CNT が混入させた組み合わせが DSSC の PCE を増大させ，その増大の割合が〜54%に達する場合も見出され，このときの PCE の絶対値は 8%を超えている［99,100］。ただし，ナノ粒子構造体に対する CNT の混入が〜0.2〜0.3 wt%を超えると全体としての変換効率が低下する。このおもな原因は，無被覆の CNT 表面と電解質の短絡と無被覆表面の存在によって高くなった再結合速度にある。CNT 表面に対する金属酸化物の被覆率が低いのは，CNT のコーティングに使われたゾル-ゲル法に原因がある。HTM に向かって CNT の中を移動している光電子にとって，CNT の無被覆表面がリーク（漏れ）チャンネルの働きをするため効率の低下になる［101］。CNT が化学的に不活性なこと自体が表面の完全な被覆を確保するうえでチャレンジである。したがって，酸処理またはプラズマ処理による化学的機能化が表面に官能基または欠陥を導入し，CNT 上への金属酸化物の堆積を改善するためにしばしば使われる戦略である。異なる応用のために異なる金属酸化物を ALD を用いてカーボンナノチューブへのコーティングする研究が報告されている［102〜108］。この章では，太陽電池に直接関係する報告について議論する。

Jin et al. は，TiO_x で被覆した CNT を使って**図 4.8** に示す有機太陽電池を試作した［109］。CNT を機能化した上でポリ（ジメチルシロキサン）（PDMS）を用いたスタンプ工程により FTO 基板に転写し，ALD 法またはゾル-ゲル法で TiO_x によるコーティングを行い，さらに活性層のスピンコーティングと Au 接点を蒸着した。彼らは，厚さが 10 nm の TiO_x コーティングを施した機能化 CNT をもつ電池の PCE について，ALD 法によるコーティングを行ったものとゾル-ゲル法によるコーティングを行ったものを比較した。驚くことではないが，ALD でコーティングした CNT の方がゾル-ゲル法で得たものより表面の被覆と均一性で優れていて，後者では一部に無被覆の CNT が存在した。1 sun（1 sun = 100 mW cm^{-2}）の照射を行った後では，ALD 法で TiO_2 コーティングを行った CNT の PCE は 2.54%，ゾル-ゲル法で TiO_2 コーティングを行った CNT の PCE は 0.90%であった。ゾル-ゲル溶液からの TiO_2 コーティングを行った CNT は，TiO_x コーティングが施されていない CNT ネットワークと類似した抵抗挙動を示したが，これは TiO_x の被覆が不均一なことに由来する。

Yazdani et al. は，光アノードに CNT など速い輸送仲介体を組み入れることで実効的な電子拡散長を増大させ電荷再結合を減衰させられることを示した［110］。彼らは，CNT の機能化処理は一切行わずに ALD TiO_2 による被覆を施すために PMMA 支援スタンプ工程を介して多層 CNT アレイを FTO 基板に転写した。彼らは，CNT を使うことで電荷再結合が大きく抑制され，標準的なメソ多孔質 TiO_2 光アノードにおける値より 2 桁大きい拡散長が得られることを示した。しかしながら，密な多層 CNT 群による光吸収が 200 nm から 1200 nm までの波長で 99.6〜99.9%に達し，このデバイスにおける光アノードの性能に対する制約因子である。したがっ

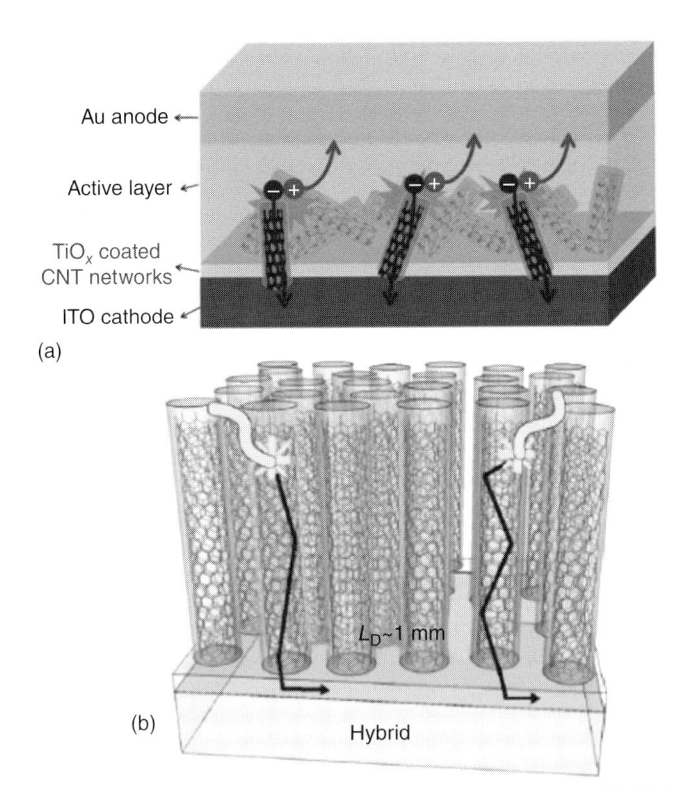

図 4.8 電子輸送層として ALD TiO_2 をもつ均一被覆 CNT ネットワークの模式図。(a) 逆型有機太陽電池。活性材料は，光吸収材の PCBM と HTM の P3HT である。(Jin et al. 2012 [109]。Elsevier 社の許諾を得て転載。) (b) CNT (カーボンナノチューブ) が FTO (フッ素ドープ酸化スズ) 基板に移され，次いで ALD TiO_2 による均一被覆を施されて DSSC (色素増感型太陽電池) における層化光アノードに使われる。(Yazdani et al. 2014 [110]。アメリカ化学会の許諾を得て転載。) (口絵参照)

て，どの量まででCNTが有益から害悪に転じるのかという閾値が存在するが，ALD法によって被覆されたCNTを使った詳細な検討が必要である。

ここで確認しておきたいのだが，メソ多孔質 TiO_2 をCNTで置き換えたり両者を混合したりすることの主目的は，無数に存在する粒界を減らすこと，そして，それによって(電荷キャリヤの)再結合速度を減少させて電流コレクタに向かう電子輸送を改善することである。この目的は，TiO_2，ZnO，あるいはITOやFTOナノワイヤ／ナノチューブを使うコンセプトと類似しているが，こちらではより導電性が高い材料が使われる。CNTの上に堆積させたALD層は，TCOの上に堆積させたコンパクト層と類似の機能，具体的には漏れ電流を阻止する機能をもつ。したがって，親材料の全表面にわたる完全な被覆が決定的に重要である。

4.3 水の分解に用いる光電気化学デバイスを得るための ALD

光電気化学 (PEC) 分解により水を H_2 と O_2 に分解することは，太陽からの光エネルギーを貯蔵可能燃料に変換する持続可能型の手法である[21]。要約すると，水分子が太陽電池のなかにある半導体光電極に接触すると，光で生成する電子によって還元されて H_2 分子になり，正孔によって酸化されて O_2 分子になるのである（詳細は第8章を参照されたい）。この酸化還元反応を改良する戦略の一つは，ナノ構造体型太陽電池の場合と同様に，半導体材料の薄膜で被覆されていて高導電性のナノ構造体化担体の使用である。

半導体の厚さがキャリヤの拡散長によって制限される一方で，ナノ構造体化担体の大きな表面積が光吸収および水との接触面積を大きくし，大体積の O_2 と H_2 が作られる。同様に大きな表面積のため，これらのナノ構造体は表面再結合および界面再結合を受けやすく，また，Si，CuO，および CdS などでは水と接している半導体が光腐食を受ける。このような場合には，ブロッキング層による表面および界面のエンジニアリングによってこれらの再結合過程を減らすとともに活性材料を腐食から保護することができる。この節では，水分解デバイスにおけるブロッキング層／保護層を堆積させるために ALD が使われている例のいくつかを示す。光電気化学電池の広い範囲で使われている ALD 膜についての詳細は第8章に記されている。

光腐食を受けやすい半導体の場合は，極薄の ALD 層があれば，表面欠陥のパッシベーションと水媒体への電子の逆反応の抑制と併せて，劣化からも守ることもできる。

Hwang et al. は，異なる長さをもつ（5～20 μm）Si ナノワイヤを用い，Si を腐食から保護するために $TiCl_4$ と H_2O を用いた～25 nm から 40 nm の ALD TiO_2 膜を堆積し，水を光酸化する能力を調べた[111]。彼らは，長さが 20 μm の Si/TiO_2 コアシェル構造体が，同じ膜厚の ALD TiO_2 膜平面配置に比べて 2.5 倍以上の光電流を与えることを示した（**図 4.9** 参照）。この結果は，光の反射が低いこと，およびナノワイヤの表面積が大きいことによると説明され，ナノ構造の優位性を示す例である。Dasgupta et al. は，やはり導電性ナノ構造体として Si ナノワイヤを用い，保護層として～10～12 nm 厚の TiO_2 膜を ALD 法で形成してから，直径が 0.5 nm から 3 nm の範囲の ALD Pt ナノ粒子を堆積した。そして，ALD Pt ナノ粒子で正の光起電力を達成するためには，わずか 1 ALD サイクルという薄さの TiO_2 中間層（インターレイヤ）が必要とされることを見出した[112]。

これと対照的に，Chen et al. は平面 Si アノードを使い，前駆体として TDMAT と H_2O を用いる ALD により異なる厚みの TiO_2 膜で被覆してから，水の分解をプロモートする触媒としてよく知られているイリジウムを PVD 法により 2 nm 厚に堆積した[113]。彼らの報告によれば，膜厚が 2～3 nm あれば，TiO_2 膜によって下地の Si 基板が腐食から保護される一方で，電解質と Si アノードの間での電子および正孔の効率的な輸送が充分可能である。これより厚い TiO_2 膜，たとえば 10 nm 厚のものは，ピーク間分裂が大きくなる（610 mV）。このことから，効率的な電子輸送には極薄の TiO_2 層の使用が支持される。彼らは，ALD TiO_2 保護膜の有無による Si アノードの耐久性の違いも調べている。保護膜がないサンプルは，濃度が 1 M（モル）の酸性溶液および同じく 1 M の塩基性溶液のなかで光照射したときの両方で 30 分以内に壊れてしまった。ALD TiO_2 層が付いているサンプルは，電気化学的寿命試験（8 h）の間安定に保たれた。

Liu et al. は，導電性ナノ構造体として ZnO を使い，TTIP（オルトチタン酸テトライソプロピル）と H_2O を用いてわずか 1 nm 厚の TiO_2 でそれを被覆した[114]。そして，水の分解に対する光電気化学活性が裸の ZnO ナノワイヤに比べて 25% 高くなることが示された。この活性増

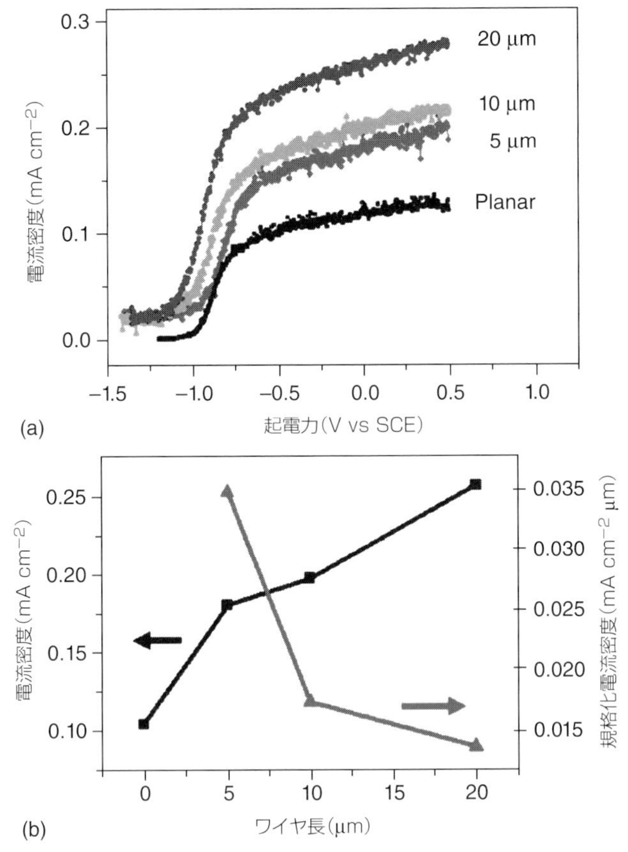

図 4.9 (a) 光電流密度対起電力の関係における n 型 Si NW (ナノワイヤ) /TiO_2 群の長さによる変化。青色：20 μm，緑色：10 μm，赤色：5 μm，黒色；平面 n 型 Si/TiO_2。(b) 光電流密度と n 型 Si NW の長さの間の関係。ワイヤ配列が長いほど光電流密度が高いことが分かる。右側縦軸はナノワイヤの長さで規格化された光電流密度である。(Hwang et al. 2009 [111]。アメリカ化学会の許諾を得て転載。)（口絵参照）

進について彼らは，TiO_2 超薄層により少数キャリヤ拡散に影響することなく深い正孔トラップの部分的除去がなされたことを通して ZnO 表面状態のパッシベーションが生じたためであると説明している。同様に，Lee et al. は p 型 InP ナノピラーを使い，これに厚さが 3〜5 nm の ALD TiO_2 膜を堆積してから Ru 触媒をスパッタして，水素生成のための酸性媒質のなかでの光カソードの安定性を調べた [115]。そして，InP ナノワイヤでは InP 平面基板に比べて濡れ性と無反射特性が改善されることを示した。厚さが〜5 nm の ALD TiO_2 保護層をもつナノピラーは，0.23 V (vs NHE) で 37 mA cm^{-2} の一定電流を 4 時間流し続けたときにも安定に保たれた。表面エネルギーが低くなったことにより H_2 の泡の脱離が速くなるが，これは，効率的な水分解デバイスにとって重要な特性である。水の電気分解デバイスで使用する Si ナノワイヤへの TiO_2 保護層に対する代替として，Bi_2O_3 層の堆積も調べられている。Weng et al. は，$Bi(thd)_3$ と H_2O を使ってナノワイヤを Bi_2O_3 でコーティングした [116]。Bi_2O_3 により，Si ナノワイヤの化学的安定性だけではなく電流密度と開始電位も改善されて，水分解に対する PEC

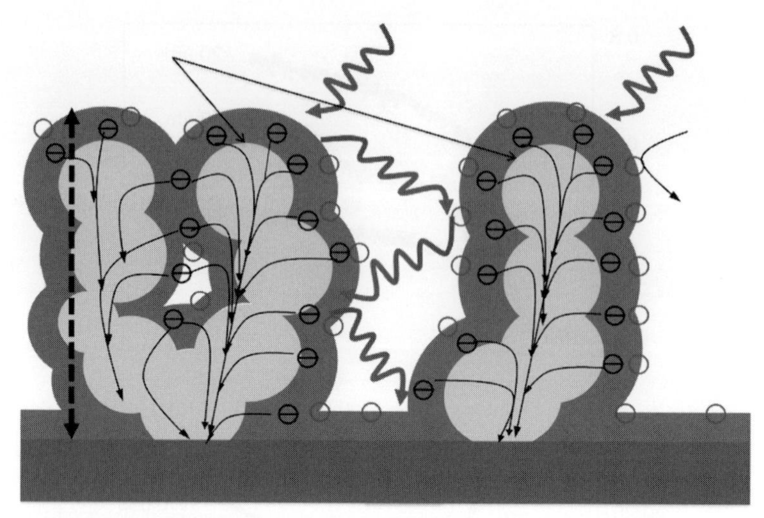

図 4.10　TiO_2/ナノ FTO アーキテクチャにおける光捕捉と電荷キャリヤ分離のメカニズムを示す模式図。ALD TiO_2 の薄膜（オレンジ色）が TiO_2/ナノ FTO ネットワーク（緑色）を被覆している。左側の領域ではネットワークにある空孔が TiO_2 膜によって封じられている。そのため光に誘起された正孔にとって電気化学的に活性な半導体–液体接合にたどり着けなくなる。（Cordova et al. 2015［119］。イギリス化学会の許諾を得て転載。）（口絵参照）

（光電気化学）活性が改善された。Bi_2O_3 の膜厚を 10 nm から 30 nm にしたときに光電流が増大したが，これは，ナノ構造体の表面積が増えたためである。しかし，その膜厚を 50 nm にすると電流密度が低下した。この厚みでは光吸収が低下しかつ膜の反射率が大きいためである。

Stranwitz et al. は，(Et_2Cp) Mn と H_2O を用いた厚さ 10 nm の ALD MnO 膜が，電解質水溶液に接している平面シリコン光電極を十分安定化することを示した。その MnO–被覆 n 型 Si 光アノードは，28 mA cm^{-2} の電流密度（vs Ag/AgCl，PH 13.6）および＞ 500 mV での 20 回以上のスキャンで安定であった［117］。

Peng et al. は，Sb–ドープ SnO（アンチモンドープ酸化スズ）ナノ粒子（nano ATO と略記）を 2 μm の膜厚で FTO 基板の上に堆積した［118］。そして，透明なナノ粒子電極に異なる膜厚で ALD TiO_2 による被覆を行った。そして，光電流密度のピーク値として 0.58 mA cm^{-2}（vs Ag/AgCl, PH＝14）が〜9 nm 厚の TiO_2 膜に対して得られることを報告している。彼らは，平面 FTO を使って最大光電流密度を得るためには〜50 nm 厚の ALD TiO_2 が必要なこと，しかし実際に達成できたのは 0.2 mA cm^{-2} であったことも報告している。DSSC の場合と同様に，電極の表面積を大きくすることによりナノ構造体化した ATO/TiO_2 の光電流密度が大幅に改善されると思われる。

DSSC の場合と同様に，水の分解についても大表面積電流コレクタがテストされている。Cordova et al. は，ALD TiO_2 膜を 5 nm から 20 nm にわたる膜厚で溶液法により形成した FTO ナノ粒子（ナノ FTO）の骨格（scaffold）構造体の上に堆積した（**図 4.10** 参照）。この手法により，ナノ FTO 骨格構造体自体が電流コレクタ材料になっていて，大きな表面積をもつためキャリヤ捕集効率が増大する。さらに，ナノ FTO に存在する無秩序によって光散乱効果が増進され，光エネルギーの捕集効率が向上する[119]。彼らは，$TiCl_4$と水を用い300℃でTiO_2を堆積してルチル型TiO_2の優先成長を観察し，ナノFTOのカシテライト（錫石）型格子構造がその原因であるとしている。彼らは，ナノFTOの上に10 nm厚のALD TiO_2膜を堆積したときに，最大光電流密度0.7 mA cm^{-2}（vs Ag/AgCl）が得られたと報告しているが[118]，これは以前に報告されたnano ATOの値よりも大きい。いずれの報告でも，水の分解についての最適な膜厚は同様である。

いずれの例でも，TiO_2膜はブロック層および光吸収体として同時機能しており，TiO_2のブロック特性に対して重要な情報を与えている。

4.4 展望と結論

太陽電池の分野ではALDが標準的な堆積技術としての地位を確立しており，より効率的な太陽電池デバイスを理解し開発するべくALDの利用に転じる研究グループが増えている。この章を通して記したように，ナノ構造体太陽電池における広範囲にわたる薄膜，たとえばキャリヤ再結合バリア層，活性材料，あるいは保護層や封止層などの被覆でのALDの応用には，ほかの技術に比べて大きな利点がある。ALDの決定的な特徴は，ピンホールフリーで精密な厚み制御が広範囲の材料について可能なこと，そしてドーピングも可能なことである。第三世代太陽電池および水分解デバイスでは，過去10年間に驚異的な進展がALDを使用することによってみられた。薄くてピンホールフリーのキャリヤ再結合バリア層の導入によって，これらデバイスの能力（ポテンシャル）の実現が可能になり，また，それらの限界に光を当てられるようになった。高いアスペクト比をもち幾何学的に複雑な構造体を精密に被覆することができる能力は，ALDを光吸収材料の堆積に理想的なものしている。加えて，酸素や湿気から活性材料を保護してデバイス全体を安定化するうえでALDがもつピンホールフリー特性が理想的である。

平面配置バージョンに比べたときにナノ構造化太陽電池がもつ利点がこの章で言及した報告で示されている。太陽電池のナノ構造化は，短い電子の拡散長をもつ半導体材料において電荷輸送距離を短くする戦略の一つである。ナノ構造化された骨格（scaffold）については複数の形状と多様な機能材料を使った構築が可能である。このタイプの太陽電池が他の太陽電池技術（たとえばSiベース太陽電池，CdTeまたはCIGS太陽電池）と競争するうえでは全体としての変換効率のさらなる向上と長期的安定性という課題の解決が必要だが，製造コストおよび構築の容易さからみて未来の太陽電池への有力候補に位置づけられる。

ペロブスカイト型太陽電池では，この3年間でほかの太陽電池技術のどれにもみられない目覚ましい進展が起こった。現在も議論されているナノ構造体方式か平面配置方式かというペロブスカイト光吸収体の最適配置の問題を抜きにして，どちらの配置であってもデバイスの構築に際してALDが主役を勤めることだろう。ALDを通した新規光吸収体やHTMの探索は，ペロブスカイトベースの太陽電池でも活躍するだろう。ALDは，TCO，コンパクト層とブロッキング層，および光吸収材料の堆積にすでに使われているのだ。現代型太陽電池デバイスの開発にとってALDは鍵になる手段であり続けることだろう。

疑いなく，ALDはデバイスの効率と安定性の向上だけではなく，電荷の輸送や再結合のメカニズムの理解にも重要な役を果たしている。第三世代太陽電池では新規材料と同時により薄い薄膜が追求されるから，太陽電池の総合的性能を改善するうえで表面と界面のエンジニアリングの重要性が一層増すことだろう。

参照文献

1 Beard, M.C., Luther, J.M., and Nozik, A.J. (2014) *Nat. Nanotechnol.*, **9**, 951−954.
2 O' Regan, B. and Grätzel, M. (1991) *Nature*, **353**, 737−740.
3 Zhou, H., Chen, Q., Li, G., Luo, S., Song, T.-b., Duan, H.-S., Hong, Z., You, J., Liu, Y., and Yang, Y. (2014) *Science*, **345**, 542−546.
4 Saliba, M., Orlandi, S., Matsui, T., Aghazada, S., Cavazzini, M., Correa-Baena, J.-P., Gao, P., Scopelliti, R., Mosconi, E., Dahmen, K.-H., De Angelis, F., Abate, A., Hagfeldt, A., Pozzi, G., Graetzel, M., and Nazeeruddin, M.K. (2016) *Nat. Energy*, **1**, 15017.
5 Eder, D. (2010) *Chem. Rev.*, **110**, 1348−1385.
6 Knez, M., Nielsch, K., and Niinistö, L. (2007) *Adv. Mater.*, **19**, 3425−3438.
7 Kim, H., Lee, H.-B.-R., and Maeng, W.J. (2009) *Thin Solid Films*, **517**, 2563−2580.
8 Bakke, J.R., Pickrahn, K.L., Brennan, T.P., and Bent, S.F. (2011) *Nanoscale*, **3**, 3482−3508.
9 Palmstrom, A.F., Santra, P.K., and Bent, S.F. (2015) *Nanoscale*, **7**, 12266−12283.
10 Roelofs, K.E., Brennan, T.P., and Bent, S.F. (2014) *J. Phys. Chem. Lett.*, **5**, 348−360.
11 Liu, M., Li, X., Karuturi, S.K., Tok, A.I., and Fan, H.J. (2012) *Nanoscale*, **4**, 1522−1528.
12 Wang, T., Luo, Z., Li, C., and Gong, J. (2014) *Chem. Soc. Rev.*, **43**, 7469−7484.
13 Bae, C., Shin, H., and Nielsch, K. (2011) *MRS Bull.*, **36**, 887−897.
14 van Delft, J.A., Garcia-Alonso, D., and Kessels, W.M.M. (2012) *Semicond. Sci. Technol.*, **27**, 074002.
15 Niu, W., Li, X., Karuturi, S.K., Fam, D.W., Fan, H., Shrestha, S., Wong, L.H., and Tok, A.I. (2015) *Nanotechnology*, **26**, 064001.
16 Singh, T., Lehnen, T., Leuning, T., and Mathur, S. (2015) *J. Vac. Sci. Technol., A*, **33**, 010801.
17 Saxena, V. and Aswal, D.K. (2015) *Semicond. Sci. Technol.*, **30**, 064005.
18 Graetzel, M., Janssen, R.A., Mitzi, D.B., and Sargent, E.H. (2012) *Nature*, **488**, 304−312.
19 Grätzel, M. (2003) *J. Photochem. Photobiol., C*, **4**, 145−153.
20 Snaith, H.J. and Schmidt-Mende, L. (2007) *Adv. Mater.*, **19**, 3187−3200.
21 Park, H.G. and Holt, J.K. (2010) *Energy Environ. Sci.*, **3**, 1028.
22 Zhu, K., Schiff, E.A., Park, N.G., van de Lagemaat, J., and Frank, A.J. (2002) *Appl. Phys. Lett.*, **80**, 685.
23 Cameron, P.J., Peter, L.M., and Hore, S. (2005) *J. Phys. Chem. B*, **109**, 930−936.
24 Law, M., Greene, L.E., Radenovic, A., Kuykendall, T., Liphardt, J., and Yang, P. (2006) *J. Phys. Chem. B*, **110**, 22652−22663.
25 Jiang, C.Y., Koh, W.L., Leung, M.Y., Chiam, S.Y., Wu, J.S., and Zhang, J. (2012) *Appl. Phys. Lett.*, **100**, 113901.
26 Miettunen, K., Halme, J., Vahermaa, P., Saukkonen, T., Toivola, M., and Lund, P. (2009) *J. Electrochem. Soc.*, **156**, B876.
27 Bills, B., Shanmugam, M., and Baroughi, M.F. (2011) *Thin Solid Films*, **519**, 7803−7808.
28 Kim, D.H., Woodroof, M., Lee, K., and Parsons, G.N. (2013) *ChemSusChem*, **6**, 1014−1020.
29 Wu, Y., Yang, X., Chen, H., Zhang, K., Qin, C., Liu, J., Peng, W., Islam, A., Bi, E., Ye, F., Yin, M., Zhang, P., and Han, L. (2014) *Appl. Phys Express*, **7**, 052301.
30 Lin, Z., Jiang, C., Zhu, C., and Zhang, J. (2013) *ACS Appl. Mater. Interfaces*, **5**, 713−718.
31 Prasittichai, C. and Hupp, J.T. (2010) *J. Phys. Chem. Lett.*, **1**, 1611−1615.
32 Lu, H., Ma, Y., Gu, B., Tian, W., and Li, L. (2015) *J. Mater. Chem. A*, **3**, 16445−16452.
33 Di Giacomo, F., Zardetto, V., D' Epifanio, A., Pescetelli, S., Matteocci, F., Razza, S., Di Carlo, A., Licoccia, S., Kessels,W.M.M., Creatore, M., and Brown, T.M. (2015) *Adv. Energy Mater.*, **5**, 1401808.
34 Lin, C., Tsai, F.-Y., Lee, M.-H., Lee, C.-H., Tien, T.-C., Wang, L.-P., and Tsai, S.-Y. (2009) *J. Mater. Chem.*, **19**, 2999.
35 Ganapathy, V., Karunagaran, B., and Rhee, S.-W. (2010) *J. Power Sources*, **195**, 5138−5143.
36 Gao, X., Guan, D., Huo, J., Chen, J., and Yuan, C. (2013) *Nanoscale*, **5**, 10438−10446.
37 Li, T.C., Góes, M.S., Fabregat-Santiago, F., Bisquert, J., Bueno, P.R., Praslttichal, C., Hupp, J.T., and Marks, T.J.

(2009) *J. Phys. Chem. C*, **113**, 18385–18390.
38 Chandiran, A.K., Tetreault, N., Humphry-Baker, R., Kessler, F., Baranoff, E., Yi, C., Nazeeruddin, M.K., and Gratzel, M. (2012) *Nano Lett.*, **12**, 3941–3947.
39 Chandiran, A.K., Nazeeruddin, M.K., and Grätzel, M. (2014) *Adv. Funct. Mater.*, **24**, 1615–1623.
40 Chandiran, A.K., Yella, A., Mayer, M.T., Gao, P., Nazeeruddin, M.K., and Gratzel, M. (2014) *Adv. Mater.*, **26**, 4309–4312.
41 Mali, S.S., Shim, C.S., Park, H.K., Heo, J., Patil, P.S., and Hong, C.K. (2015) *Chem. Mater.*, **27**, 1541–1551.
42 Dong, J., Xu, X., Shi, J.-J., Li, D.-M., Luo, Y.-H., Meng, Q.-B., and Chen, Q. (2015) *Chin. Phys. Lett.*, **32**, 078401.
43 Han, H.S., Kim, J.S., Kim, D.H., Han, G.S., Jung, H.S., Noh, J.H., and Hong, K.S. (2013) *Nanoscale*, **5**, 3520–3526.
44 Han, G.S., Lee, S., Noh, J.H., Chung, H.S., Park, J.H., Swain, B.S., Im, J.H., Park, N.G., and Jung, H.S. (2014) *Nanoscale*, **6**, 6127–6132.
45 Li, L., Xu, C., Zhao, Y., Chen, S., and Ziegler, K.J. (2015) *ACS Appl. Mater. Interfaces*, **7**, 12824–12831.
46 Hore, S. and Kern, R. (2005) *Appl. Phys. Lett.*, **87**, 263504.
47 Xia, J., Masaki, N., Jiang, K., and Yanagida, S. (2007) *J. Phys. Chem. C*, **111**, 8092–8097.
48 Hamann, T.W., Farha, O.K., and Hupp, J.T. (2008) *J. Phys. Chem. C*, **112**, 19756–19764.
49 Kavan, L., Tétreault, N., Moehl, T., and Grätzel, M. (2014) *J. Phys. Chem. C*, **118**, 16408–16418.
50 Ehrler, B., Musselman, K.P., Böhm, M.L., Morgenstern, F.S.F., Vaynzof, Y., Walker, B.J., MacManus-Driscoll, J.L., and Greenham, N.C. (2013) *ACS Nano*, **7**, 4210–4220.
51 Hoye, R.L.Z., Muñoz-Rojas, D., Iza, D.C., Musselman, K.P., and MacManus-Driscoll, J.L. (2013) *Sol. Energy Mater. Sol. Cells*, **116**, 197–202.
52 Diamant, Y., Chappel, S., Chen, S.G., Melamed, O., and Zaban, A. (2004) *Coord. Chem. Rev.*, **248**, 1271–1276.
53 Kim, J.Y., Lee, S., Noh, J.H., Jung, H.S., and Hong, K.S. (2008) *J. Electroceram.*, **23**, 422–425.
54 Palomares, E., Clifford, J.N., Haque, S.A., Lutz, T., and Durrant, J.R. (2003) *J. Am. Chem. Soc.*, **125**, 475–482.
55 Klahr, B.M. and Hamann, T.W. (2009) *J. Phys. Chem. C*, **113**, 14040–14045.
56 Antila, L.J., Heikkilä, M.J., Mäkinen, V., Humalamäki, N., Laitinen, M., Linko, V., Jalkanen, P., Toppari, J., Aumanen, V., Kemell, M., Myllyperkiö, P., Honkala, K., Häkkinen, H., Leskelä, M., and Korppi-Tommola, J.E.I. (2011) *J. Phys. Chem. C*, **115**, 16720–16729.
57 Kozen, A.C., Schroeder, M.A., Osborn, K.D., Lobb, C.J., and Rubloff, G.W. (2013) *Appl. Phys. Lett.*, **102**, 173501.
58 Gordon, R.G., Hausmann, D., Kim, E., and Shepard, J. (2003) *Chem. Vap. Deposition*, **9**, 73–78.
59 Elam, J.W., Routkevitch, D., Mardilovich, P.P., and George, S.M. (2003) *Chem. Mater.*, **15**, 3507–3517.
60 Dong, W., Wang, Z.-D., Yang, L.-Z., Meng, T., and Chen, Q. (2014) *Chin. Phys. Lett.*, **31**, 098401.
61 Pascoe, A.R., Bourgeois, L., Duffy, N.W., Xiang, W., and Cheng, Y.-B. (2013) *J. Phys. Chem. C*, **117**, 25118–25126.
62 Grünwald, R. and Tributsch, H. (1997) *J. Phys. Chem. B*, **101**, 2564–2575.
63 Xue, G., Guo, Y., Yu, T., Guan, J., Yu, X., Zhang, J., Liu, J., and Zou, Z. (2012) *Int. J. Electrochem. Sci.*, **7**, 1496–1511.
64 Sommeling, P.M., Späth, M., Smit, H.J.P., Bakker, N.J., and Kroon, J.M. (2004) *J. Photochem. Photobiol., A*, **164**, 137–144.
65 Heo, N., Jun, Y., and Park, J.H. (2013) *Sci. Rep.*, **3**, 1–6.
66 Son, H.J., Wang, X., Prasittichai, C., Jeong, N.C., Aaltonen, T., Gordon, R.G., and Hupp, J.T. (2012) *J. Am. Chem. Soc.*, **134**, 9537–9540.
67 Hanson, K., Losego, M.D., Kalanyan, B., Ashford, D.L., Parsons, G.N., and Meyer, T.J. (2013) *Chem. Mater.*, **25**, 3–5.
68 Son, H.J., Prasittichai, C., Mondloch, J.E., Luo, L., Wu, J., Kim, D.W., Farha, O.K., and Hupp, J.T. (2013) *J. Am. Chem. Soc.*, **135**, 11529–11532.
69 Hanson, K., Losego, M.D., Kalanyan, B., Parsons, G.N., and Meyer, T.J. (2013) *Nano Lett.*, **13**, 4802–4809.
70 Kim, D.H., Losego, M.D., Hanson, K., Alibabaei, L., Lee, K., Meyer, T.J., and Parsons, G.N. (2014) *Phys. Chem. Chem. Phys.*, **16**, 8615–8622.
71 Park, N.-G. (2013) *J. Phys. Chem. Lett.*, **4**, 2423–2429.
72 Jung, H.S. and Park, N.G. (2015) *Small*, **11**, 10–25.
73 Dong, X., Fang, X., Lv, M., Lin, B., Zhang, S., Ding, J., and Yuan, N. (2015) *J. Mater. Chem. A*, **3**, 5360–5367.
74 Chang, C.-Y., Lee, K.-T., Huang, W.-K., Siao, H.-Y., and Chang, Y.-C. (2015) *Chem. Mater.*, **27**, 5122–5130.
75 Van Huis, M.A., Kunneman, L.T., Overgaag, K., Xu, Q., Pandraud, G., Zandbergen, H.W., and Vanmaekelbergh, D. (2008) *Nano Lett.*, **8**, 3959–3963.
76 Pourret, A., Guyot-Sionnest, P., and Elam, J.W. (2009) *Adv. Mater.*, **21**, 232–235.
77 Ihly, R., Tolentino, J., Liu, Y., Gibbs, M., and Law, M. (2011) *ACS Nano*, **5**, 8175–8186.

78 Liu, Y., Gibbs, M., Perkins, C.L., Tolentino, J., Zarghami, M.H., Bustamante, J. Jr.,, and Law, M.（2011）*Nano Lett.*, **11**, 5349－5355.
79 Liu, Y., Tolentino, J., Gibbs, M., Ihly, R., Perkins, C.L., Liu, Y., Crawford, N., Hemminger, J.C., and Law, M.（2013）*Nano Lett.*, **13**, 1578－1587.
80 ten Cate, S., Liu, Y., Suchand Sandeep, C.S., Kinge, S., Houtepen, A.J., Savenije, T.J., Schins, J.M., Law, M., and Siebbeles, L.D.A.（2013）*J. Phys. Chem. Lett.*, **4**, 1766－1770.
81 Lambert, K., Dendooven, J., Detavernier, C., and Hens, Z.（2011）*Chem. Mater.*, **23**, 126－128.
82 Ip, A.H., Labelle, A.J., and Sargent, E.H.（2013）*Appl. Phys. Lett.*, **103**, 263905.
83 Kemp, K.W., Labelle, A.J., Thon, S.M., Ip, A.H., Kramer, I.J., Hoogland, S., and Sargent, E.H.（2013）*Adv. Energy Mater.*, **3**, 917－922.
84 Lin, X., Yu, K., Lu, G., Chen, J., and Yuan, C.（2013）*J. Phys. D: Appl. Phys.*, **46**, 024004.
85 Roelofs, K.E., Brennan, T.P., Dominguez, J.C., Bailie, C.D., Margulis, G.Y., Hoke, E.T., McGehee, M.D., and Bent, S.F.（2013）*J. Phys. Chem. C*, **117**, 5584－5592.
86 Dasgupta, N.P., Lee, W., and Prinz, F.B.（2009）*Chem. Mater.*, **21**, 3973－3978.
87 Brennan, T.P., Ardalan, P., Lee, H.-B.-R., Bakke, J.R., Ding, I.K., McGehee, M.D., and Bent, S.F.（2011）*Adv. Energy Mater.*, **1**, 1169－1175.
88 Marichy, C., Bechelany, M., and Pinna, N.（2012）*Adv. Mater.*, **24**, 1017－1032.
89 Noh, J.H., Han, H.S., Lee, S., Kim, J.Y., Hong, K.S., Han, G.-S., Shin, H., and Jung, H.S.（2011）*Adv. Energy Mater.*, **1**, 829－835.
90 Chappel, S., Grinis, L., Ofir, A., and Zaban, A.（2005）*J. Phys. Chem. B*, **109**, 1643－1647.
91 Martinson, A.B.F., Elam, J.W., Liu, J., Pellin, M.J., Marks, T.J., and Hupp, J.T.（2008）*Nano Lett.*, **8**, 2862－2866.
92 Hong Noh, J., Ding, B., Soo Han, H., Seong Kim, J., Hoon Park, J., Baek Park, S., Suk Jung, H., Lee, J.-K., and Sun Hong, K.（2012）*Appl. Phys. Lett.*, **100**, 084104.
93 Pint, C.L., Takei, K., Kapadia, R., Zheng, M., Ford, A.C., Zhang, J., Jamshidi, A., Bardhan, R., Urban, J.J., Wu, M., Ager, J.W., Oye, M.M., and Javey, A.（2011）*Adv. Energy Mater.*, **1**, 1040－1045.
94 Lee, T.Y., Alegaonkar, P.S., and Yoo, J.-B.（2007）*Thin Solid Films*, **515**, 5131－5135.
95 Lee, K., Hu, C., Chen, H., and Ho, K.（2008）*Sol. Energy Mater. Sol. Cells*, **92**, 1628－1633.
96 Nath, N.C., Sarker, S., Ahammad, A.J., and Lee, J.J.（2012）*Phys. Chem. Chem. Phys.*, **14**, 4333－4338.
97 Lin, W.J., Hsu, C.T., Lai, Y.C., Wu, W.C., Hsieh, T.Y., and Tsai, Y.C.（2011）*Adv. Mater. Res.*, **410**, 168－171.
98 Yang, Z., Liu, M., Zhang, C., Tjiu, W.W., Liu, T., and Peng, H.（2013）*Angew. Chem. Int. Ed.*, **52**, 3996－3999.
99 Chan, Y.-F., Wang, C.-C., Chen, B.-H., and Chen, C.-Y.（2013）*Prog. Photovoltaics Res. Appl.*, **21**, 47－57.
100 Dembele, K.T., Selopal, G.S., Soldano, C., Nechache, R., Rimada, J.C., Concina, I., Sberveglieri, G., Rosei, F., and Vomiero, A.（2013）*J. Phys. Chem. C*, **117**, 14510－14517.
101 Chen, J., Li, B., Zheng, J., Zhao, J., and Zhu, Z.（2012）*J. Phys. Chem. C*, **116**, 14848－14856.
102 Marichy, C., Donato, N., Latino, M., Willinger, M.G., Tessonnier, J.P., Neri, G., and Pinna, N.（2015）*Nanotechnology*, **26**, 024004.
103 Marichy, C. and Pinna, N.（2013）*Coord. Chem. Rev.*, **257**, 3232－3253.
104 Guerra-Nunez, C., Zhang, Y., Li, M., Chawla, V., Erni, R., Michler, J., Park, H.G., and Utke, I.（2015）*Nanoscale*, **7**, 10622－10633.
105 Zhang, Y., Guerra-Nuñez, C., Utke, I., Michler, J., Rossell, M.D., and Erni, R.（2015）*J. Phys. Chem. C*, **119**, 150203103227001.
106 Deng, S., Verbruggen, S.W., He, Z., Cott, D.J., Vereecken, P.M., Martens, J.A., Bals, S., Lenaerts, S., and Detavernier, C.（2014）*RSC Adv.*, **4**, 11648.
107 Hsu, C.Y., Lien, D.H., Lu, S.Y., Chen, C.Y., Kang, C.F., Chueh, Y.L., Hsu, W.K., and He, J.H.（2012）*ACS Nano*, **6**, 6687－6692.
108 Sun, X., Xie, M., Travis, J.J., Wang, G., Sun, H., Lian, J., and George, S.M.（2013）*J. Phys. Chem. C*, **117**, 22497－22508.
109 Jin, S.H., Jun, G.H., Hong, S.H., and Jeon, S.（2012）*Carbon*, **50**, 4483－4488.
110 Yazdani, N., Bozyigit, D., Utke, I., Buchheim, J., Youn, S.K., Patscheider, J., Wood, V., and Park, H.G.（2014）*ACS Appl. Mater. Interfaces*, **6**, 1389－1393.
111 Hwang, Y.J., Boukai, A., and Yang, P.（2009）*Nano Lett.*, **9**, 410－415.
112 Dasgupta, N.P., Liu, C., Andrews, S., Prinz, F.B., and Yang, P.（2013）*J. Am. Chem. Soc.*, **135**, 12932－12935.
113 Chen, Y.W., Prange, J.D., Dühnen, S., Park, Y., Gunji, M., Chidsey, C.E.D., and McIntyre, P.C.（2011）*Nat. Mater.*, **10**, 539－544.
114 Liu, M., Nam, C.-Y., Black, C.T., Kamcev, J., and Zhang, L.（2013）*J. Phys. Chem. C*, **117**, 13396－13402.

115 Lee, M.H., Takei, K., Zhang, J., Kapadia, R., Zheng, M., Chen, Y.Z., Nah, J., Matthews, T.S., Chueh, Y.L., Ager, J.W., and Javey, A.（2012）*Angew. Chem. Int. Ed.*, **51**, 10760−10764.

116 Weng, B., Xu, F., and Xu, J.（2014）*Nanotechnology*, **25**, 455402.

117 Strandwitz, N.C., Comstock, D.J., Grimm, R.L., Nichols-Nielander, A.C., Elam, J., and Lewis, N.S.（2013）*J. Phys. Chem. C*, **117**, 4931−4936.

118 Peng, Q., Kalanyan, B., Hoertz, P.G., Miller, A., Kim, D.H., Hanson, K., Alibabaei, L., Liu, J., Meyer, T.J., Parsons, G.N., and Glass, J.T.（2013）*Nano Lett.*, **13**, 1481−1488.

119 Cordova, I.A., Peng, Q., Ferrall, I.L., Rieth, A.J., Hoertz, P.G., and Glass, J.T.（2015）*Nanoscale*, **7**, 8584−8592.

第３編

ALDの電気化学的なエネルギー貯蔵への適用

第5章 燃料電池および電解槽に使用する電極触媒の原子層堆積

Lifeng Liu*

5.1 序論

燃料電池と電解槽は，クリーンエネルギーの未来におけるコアテクノロジーになると喧伝されている二つの重要な電気化学デバイスであり，学界と産業界の両方から多くの注目を浴びている。とくに，水素社会を担う未来のエネルギーインフラストラクチャにおける基礎（ビルディングブロック）に位置づける提案も行われている。

簡単にいえば，燃料電池とは，燃料の化学エネルギーを電気に変換するデバイスである。それは，隣り合う三つのコンポーネントすなわちアノード，電解質，およびカソードで構成されていて（図 5.1（a）参照），正電荷の水素イオン（すなわちプロトン）は燃料電池の片側から電解質の反対側に移動可能である。二つの化学反応がアノードとカソードのそれぞれで起こる。アノードでは，触媒が燃料，たとえば水素（H_2）を酸化して正電荷のプロトンと負電荷の電子に変換する。電解質とは，プロトンは通すが電子は通さないよう設計された物質のことをいう。典型的な電解質は，高分子プロトン交換膜（PEM：proton exchange membrane）でできている。PEM は電気的には絶縁体だから，アノードで生じた自由電子が外部回路の中を移動させられて電流が作り出され，一方プロトンが PEM を通ってカソードに移動する。カソードに達したプロトンは外部回路から来た電子と再結合し，第三の化学物質，通常は酸素（O_2）と反応して水（H_2O）を生成する。これら二つの半電池反応の正味の結果として，燃料が消費されて水がつくられると同時に電流が生まれ，これが電気デバイスに電力を供給するのに使われる。燃料源と酸素の定常的な供給が続く限り燃料電池は電力を継続的につくることができる。燃料電池は，おもに主要電力およびバックアップ電力として使われて，商用建造物，工業用建物，および住宅に供給され，また遠隔地や近づけない地域にも提供される。さらに魅力的なこととして，燃料電池は，フォークリフト，自動車，ボート，オートバイ，および潜水艇などといった乗り物の動力源としても使うことができる。このことが，現代の燃料電池の研究の主要な駆動力になっている。

水の電解槽は，燃料電池と逆の順序で動作をする電気化学デバイスである。このデバイスも，

* *Nanomaterials for Energy Storage and Conversion Research Group, International Iberian Nanotechnology Laboratory(INL), Avenida Mestre Jose Velga, 4715−330 Braga, Portugal*

Atomic Layer Deposition in Energy Conversion Applications, First Edition. Edited by Julien Bachmann.

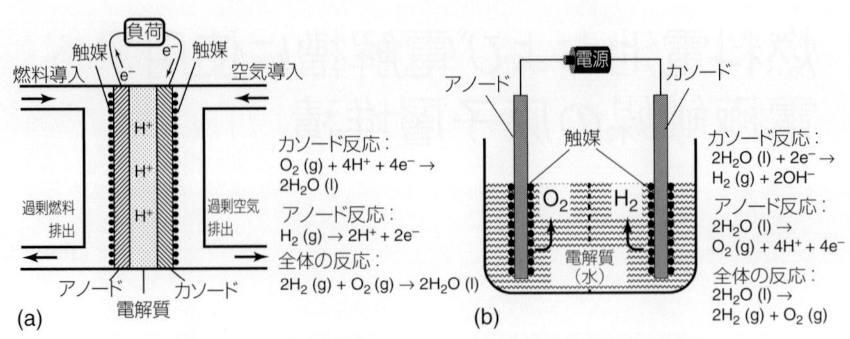

図 5.1　(a) プロトン交換膜燃料電池の概略図。(b) 水の電気分解槽の概略図。

アノード，電解質，そしてカソードと三つの主要コンポーネントで構成される（図 5.1 (b) 参照）。ただし，燃料電池と違って，この装置にはアノードをカソードに連結して H_2O を分解するときの駆動力を供給する電源が必要である。印加する外部電位が，H_2O 分解の熱力学的限界値，すなわち（電気化学プロセスにおける損失と電気化学プロセスにおける理想条件からのずれを考慮しなければ）1.23 V を超えるときにカソードからは主として H_2 が発生し，同時にアノードから O_2 が発生する。理想的なファラデー効率を仮定すると，H_2 の生成量が O_2 の生成量の 2 倍になる。そして，どちらも二つの電極間を通った電荷の総量に比例する。現時点では，水の電気分解でつくられる H_2 燃料は天然ガスの水蒸気改質によって生産される H_2 燃料に対して経済的な競争力が欠けている。しかし，水の電気分解は H_2 の生産においてクリーンさと持続可能性を発揮し，しかも，風力や太陽エネルギーなどといった変動性の再生可能エネルギー源と組み合せるのに好適で，したがって多様なスケールでの実装が可能である。

燃料電池および水の電気分解槽に関する詳細を知りたい読者には，教科書 [1〜3] および最近公表された総説論文 [4,5] を推奨する。

燃料電池および電解槽の動作における中心をなすのは，触媒，具体的には電極触媒 (electrocatalyst) であり，電解質とデバイス電極間の電荷移動過程を効率損失が最少になるよう仲介する。残念なことに，多くの最新の実用電極触媒は高価な白金族の金属（すなわち Pt, Pd，Ru，および Ir）でつくられている。これら貴重な金属は，高価であり，入手も制約されるため，効率的な稼働に大量の触媒の使用が必要なデバイスの生産拡大と市場参入にとっては超え難い障壁になっている。したがって，燃料電池および電気分解槽の大規模な商品化のために取り組まなければならない主要な挑戦課題は，電極触媒に白金族金属を使うのを抑制するか，あるいは，脱貴金属化して地球に豊富な安価な代替物質で完全に置き換えることである。

通常電極触媒は，サイズが数十ナノメートルからサブナノメートル程度のナノ粒子でつくられている。（たとえば Pt など）貴金属を含む電極触媒を最大限活用し，動作条件下で凝集して性能が劣化することがないようするために，一般的に電極触媒は，通常，表面積の大きな電気伝導性担体，たとえば，PEM 燃料電池ではメソ多孔質カーボンの上に分散させる [6]。これらの触媒は，スパッタリング，電着，あるいは含浸 (impregnation) と，それに続く化学還元など通常の方法で担持物質上に取り込まれる [7,8]。しかし，これらの方法ではナノ粒子 (NP) 触媒を多孔性の担持体の深部にまで浸透させることが不可能で，しかもいくつもの面倒な手順が必要なため，多孔性担持体の表面全体にわたり均一でコンフォーマルな NP 触媒の堆積を得ることができない。

原子層堆積法（ALD）は，薄膜形成の強力なテクニックであり，電極触媒を形成する有力な手法として最近脚光を浴びている。これまでの章で記したように，ALD がもつ素晴らしい特徴の一つは複雑なトポロジーをもつ表面にも高度に均一でコンフォーマルな被膜形成ができ，また，メソポーラス材料に浸透できることである。ALD は，極薄で均一な膜を成長させるという本来の目的に加えて，分散したナノ粒子（NP）を堆積させることも広く報告されている。このようなことが可能なのは，理想的な薄膜成長挙動からの逸脱があるためで，たとえば，ALD の初期サイクルで核生成の遅れあるいは島状成長の結果として起こる。このような特性は，表面積の大きなメソ多孔質担体上で高い分散性が要求される不均一触媒を成長させるのにとりわけ魅力的である。ALD は他の手法に比べてシンプルで，小さな粒子サイズと狭い粒径分布をもつ電極触媒を大面積でしかもバッチ製造することが可能である。より重要なのは，多孔性担持体の全表面にわたって触媒 NP を均一かつコンフォーマルに分散させられることで，これは，現在知られている他のいかなる手段を使っても直ちに達成できることではない。

この章では，ALD の手法で構築される燃料電池および水分解電極触媒について，貴金属や金属酸化物の電極触媒，触媒担体も併せて概説する。電極触媒の合成に ALD を利用することに関する現在の努力と将来の展開についても議論する。

5.2　白金族金属とその合金系の電極触媒用 ALD

すでに述べたように，白金族金属とその合金系 NP は，化学エネルギーから電気への変換またはその逆変換を促進するために，燃料電池と電解槽の両方で依然として最も効率的であり，かつ一般的に用いられる電極触媒である。白金族金属は，高価なだけではなく地殻における存在量がわずかである。これによって，燃料電池と水の電解槽の広汎な使用が多分に妨げられてきた。したがって，白金族金属触媒の総充填量を減らし，一方で十分高い触媒性能を保持することは，燃料電池および電解槽の電極設計において今でも重要な解決すべき課題の一つである。

最近の研究により，Pt［9～23］や Pd［24～28］といった貴金属およびそれらの合金である PtRu［29～32］，PtPd［33,34］，および PtCo［35,36］などの NP は，ALD 法で得られることが明らかになり，また，燃料電池や電解槽のなかで起きるさまざまな電気化学反応，すなわち，H_2 の酸化（HOR），メタノール／エタノール／ギ酸酸化（MOR/EOR/FOR），O_2 の還元（ORR），および H_2 発生反応（HER）などの諸反応を促進できることが示された。ALD 法由来のこれらの触媒 NP は，きわめて低い充填質量（たとえば 0.016 mg cm^{-2}）で大表面積の炭素担体上に堆積することができる。それにもかかわらずこの触媒は，通常の方法で形成された電極の触媒（典型的な触媒の充填質量は 0.5 mg cm^{-2}）と比べても，十分良好な電極触媒性能を示している［11］。以下の節では，これら触媒の製作，マイクロ構造，さらに電極触媒性能について詳細に議論する。

5.2.1　Pt電極触媒のALD

5.2.1.1　製作と微細構造

PtのALDが最初に研究されたのは2000年で，ヘルシンキ工科大学のUtriainen et al.により前駆体として白金アセチルアセトナート[Pt(acac)$_2$]を用いて行われた[37]。しかし，Pt(acac)$_2$が低温で熱分解して自己制御型膜成長メカニズムが働かなくなるため，ALDの前駆体として不適切なことが分かった。その後，Leskelä et al.は，(メチルシクロペンタジエニル)トリメチル白金[MeCpPtMe$_3$]を前駆体として用いるALDを発表し，堆積したPtがナノ粒子的特性をもつことを見出した[38]。現在では，MeCpPtMe$_3$はPtのALDで最も一般的に使われる前駆体である。

2008年にはKing et al.が，直径1 cmで厚さ500 μmの多孔質炭素エアロゲルモノリス(aerogel monolith)上にALDによりPt NPを堆積させたことを報告している[9]。炭素エアロゲルは多孔質で曲がりくねっているため，その多孔質エアロゲル担体の中へのALD前駆体の浸透と副生成物の除去を最大限にするために，きわめて長い前駆体パルスとパージ時間(20分間MeCpPtMe$_3$パルス−10分間N$_2$パージ−10分間乾燥空気−10分間N$_2$パージ)が適用された。構造評価により，モノリス表面から10 μm以上も深い位置にあるカーボンエアロゲルの内表面に均一に分布したPt NPが形成されることが分かった。ただし，深さが増すとともに粒子の平均サイズは減少することがわかり，理想的ALDプロセスとはならなかった。この理想的堆積から外れた原因は，前駆体自体の反応性と，前駆体と反応生成物の両分子の孔壁に対する吸着・脱離の平衡がどのような過程をたどるかに帰着すると考えられる。注目すべきことは，ALDは0.047 mg cm^{-2}というきわめて低いPt充填性を示し，そして，そのように低い充填レベルでも，Pt充填された炭素エアロゲルが一酸化炭素の酸化に対して高い触媒活性を示すことである。

ALDを使うことにより，たとえば炭素布[11]，カーボンナノチューブ(CNT)[10〜13,15,16]，グラフェン[17]，カーボンブラック[19,20]，そして酸化グラフェン[14]など，他の大表面積の炭素担体上へのPt NPsの堆積にも成功している。PtのALDはこれら炭素担体の表面化学に強く依存する。多くの場合，Pt核生成のためにカーボン担体上に十分な数の欠陥サイトやオキシ基を導入するためには，表面の機能化を行う必要がある。文献[9]の報告とは異なるが，表面機能化後であればPt前駆体のパルス時間を著しく短縮することができる。これはまた，貴重な前駆体を節約することにもつながる。

酸処理は，ALD成長のために炭素担体を機能化する効果的な方法である[11,13,16,19,20,22]。2009年にLiu et al.は酸処理で得られた機能化炭素担体上でのPtのALDについて報告した[11]。彼らは，無処理の炭素布と酸処理を施した炭素布上のPtの堆積挙動を比較し，酸処理のない炭素布ではPt堆積できないことを見出した(**図5.2**(a)参照)。対照的に，140℃の濃硝酸(HNO$_3$)中で6時間還流処理を施した炭素布上では，高濃度のPt NPが明確に観察できた(図5.2(b)参照)。さらに，彼らは，酸処理したCNTをポリテトラフルオロエチレン(PTFE)をバインダとして用いて炭素布上に貼り付けて燃料電池の電極をつくることを試みた。そして，Pt NPを炭素布／CNTコンポジットの上に堆積できるのはPTFEの濃度が0.0006 wt%以下の時だけであることを見出した（図 5.2（d）参照）。PTFE の濃度が高くなると（たとえば 0.06 wt%）Pt の堆積が一切生じないが，その理由は，PTFE が前駆体分子と反応しないためである（図 5.2（c）参照）。これらの実験事実からは，表面官能基（たとえば C-OH，C-OOH）が Pt 核形成のための活性サイトを提供することで，ALD の自己制限型反応を通じて Pt 単分子層の形成に決定的な役割を担うことが示唆される［11,16］。これら官能基の存在は，FTIR および XPS による解析で確認されている［11,16］。酸素原子の官能基を形成するためには，濃硝酸（HNO_3）のほかにクエン酸も用いられる。クエン酸を用いれば，カルボキシル基（O-C＝O），カルボニル基（C＝O），さらにエーテル基（C-O）が CNT 表面に形成され，ALD 時に Pt NP の堆積が促進される。そして，Pt 粒子の粒径と分布については濃硝酸処理された炭素担体の場合と類似の結果が報告されている［13,19,20,22］。

酸処理は時間のかかるプロセスであるのに対して，プラズマ処理は炭素担体の表面機能化により効果的な代替法を提供する［10,12,15］。**図 5.3**（a）には，O_2 プラズマ処理を行う場合と，行わない場合での 1 サイクルの ALD が完了した後の CNT の違いを模式的に示してある［15］。わずか 5 s の処理であっても O_2 プラズマ処理により，酸素原子や酸素の正イオン（O^{2+}，O^{+}）の衝突で CNT 上に表面酸化物が効果的に誘導され，Pt 成長のための核形成サイトの数が増加する。その結果，ALD 後の CNT 表面の上には高密度で粒径制御が可能な Pt NP を均一に堆積することができる（図 5.3（b）参照）。さらに，NP 粒径はプラズマ処理時間に正比例して増大し，調節可能なことも示された［15］。ただし，O_2 プラズマがきわめて強いため，CNT が完全破壊しないように処理時間は 35 s を超えないように実施されなければならない。CNT の機能化には，もう少し穏やかな Ar プラズマや Ar/O_2 プラズマを使うプロセスも開発されている［12］。しかし，Ar プラズマで処理した CNT 上では Pt の堆積がまったく起こらないことがわかった。Pt の核形成を促進するはずの表面欠陥サイトが Ar 衝撃で取り除かれたためと思われる。Ar/

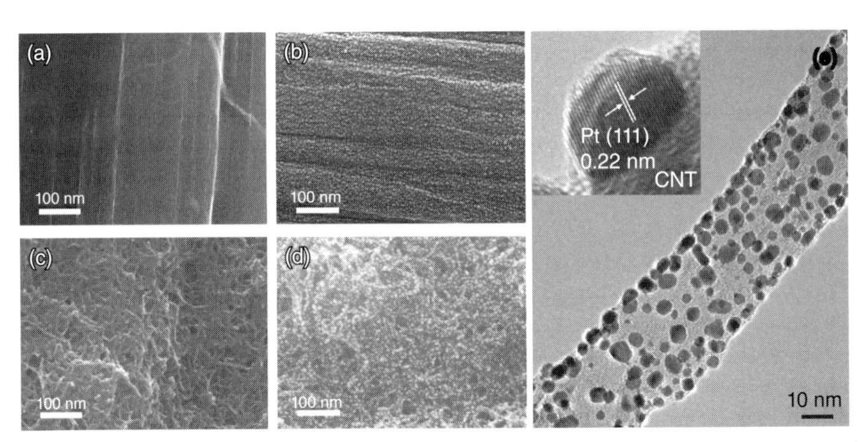

図 5.2　異なる基板の上に ALD 法で堆積した Pt NP のモルフォロジー：(a) 酸処理なしの炭素布，(b) 6 時間酸処理時の炭素布，(c) 0.06 wt%の PTFE を混ぜて 6 時間酸処理したときの CNT，(d) 同じく 0.0006 wt% PTFE の場合。サイクル数は炭素布で 200，CNT で 300 である。(Liu et al.［11］。John Wiley and Sons 社の許諾を得て転載。) (e) ALD 法により CNT 上に堆積させた Pt NP の TEM 画像。この挿入写真は Pt NP の高解像度 TEM 画像である。(Hsueh et al［16］。Elsevier 社の許諾を得て転載。)

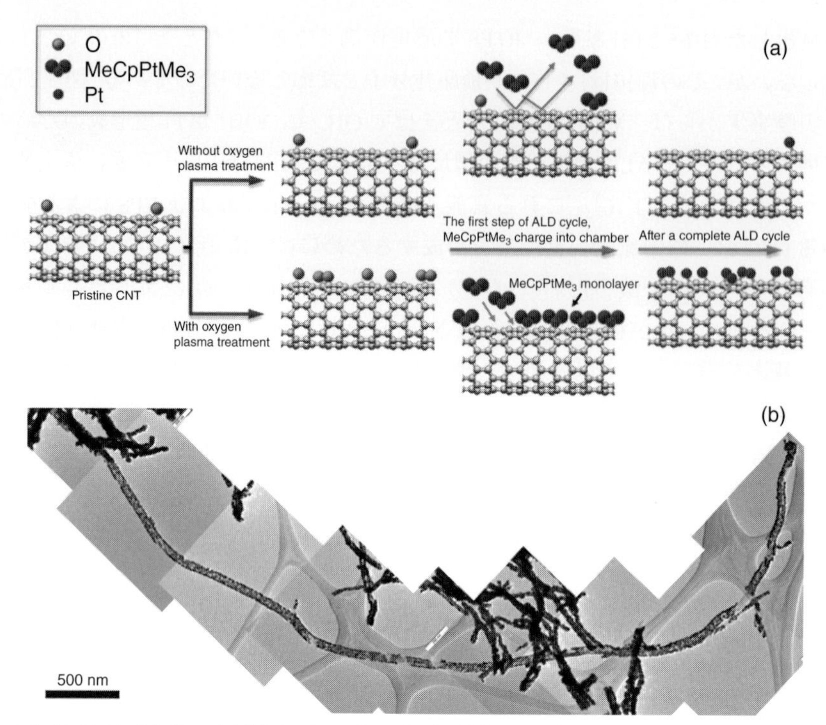

図 5.3　(a) ALD サイクルの完了後に O_2 プラズマ処理有りの場合となしの場合の CNT の相異を示す概念図。(Hsueh et al. [15]。イギリス物理学会の許諾を得て転載。) (b) O_2 プラズマ処理済 CNT のスティッチング（つなぎ合せ）TEM 画像。全長 25 μm にわたって Pt NP の一様な堆積がみられる。堆積は 25 μm 厚で垂直に配列された CNT アレイ全体に対して行われた（ALD は 200 サイクル）。(Dameron et al. [12]。Elsevier 社の許諾を得て転載。)（口絵参照）

O_2 プラズマで処理した CNT アレイでは CNT 表面に Pt の堆積が生じたが，CNT の長さ方向での堆積 NP の分布が不均一であった [12]。

酸処理およびプラズマ処理のほかに，トリメチルアルミニウム（TMA）を使って CNT の化学的機能化についても調べられている。TMA による機能化は，CNT アレイを ALD チャンバのなかで 250℃で TMA 前駆体に曝露して行われた [12]。この機能化により，非機能化 CNT に比べて同じサイクル数の ALD で堆積する Pt の量が大幅に増加した。しかし，CNT アレイの頂上部と底部では Pt 被覆率に有意な差異がみられた。堆積した Pt NP のサイズも，O_2 プラズマ処理を行った CNT に堆積した NP のものより大きかった。おそらく，TMA による機能化は，Pt の前駆体分子との反応活性が大きい化学サイトを提供するだけで，O_2 プラズマ処理と違って CNT 表面上で Pt 核形成に貢献するサイトの数が有意に増えることはないのであろう [12]。

表面機能化は CNT 上の Pt NP の核形成を促進するといっても，欠陥が導入されるからには CNT の化学的および電気的特性は劣化するということを忘れてはならない。性能の劣化を防止するために，Pt NP および PtRu NP の ALD 用担体として窒素（N）をドープした CNT（N-CNT）が用いられた [31]。適切な濃度で N-ドーピングされた N-CNT は無修飾の CNT より高い電気伝導度をもつことが報告されている [39]。加えて，N-CNT の方がより良好な触媒の分散，安定性，および活性を提供できる[40,41]。事実，N-CNT はそれ自体で ORR（酸素還元反応）と OER（酸素生成反応）の両方に対して効果的に作用する触媒であり[42,43]，それゆえこれらの表面反応を促進するうえで Pt NP との相乗効果が得られる。

5.2.1.2　電気化学的性能

水素酸化反応（HOR）　ALD 法で得られた Pt/C 触媒が HOR に対してどのような電気化学性能を示すかについて，膜電極接合体（MEA : Membrane Electrode Assembly）内の全電池を用いて評価が行われた[11,13,16,22,23]。

2012 年に Shu et al. は，単一の H_2-O_2 PEM 燃料電池の性能について報告している。彼らは，CNT アノード上に ALD により担持された Pt 触媒（0.26 mg cm^{-2}）と市販の Pt 触媒（0.4 mg cm^{-2}，Johnson Matthey）を担持したカソード，Nafion 212® 膜（Dupont）を用いて PEM を構成した[13]。相対湿度 100%，流量 200 cm^3 min^{-1} で高純度の H_2（99.999%）と O_2（99.999%）をそれぞれアノードとカソードに供給した。比較のために，Pt 充填質量が 0.4 mg cm^{-2} の市販 Pt アノードで構成される電池を，同じ動作条件の下でテストした。

図 5.4（a），（b）に示すのは，アノードに ALD-Pt と市販の Pt を使ったそれぞれの電池に対し

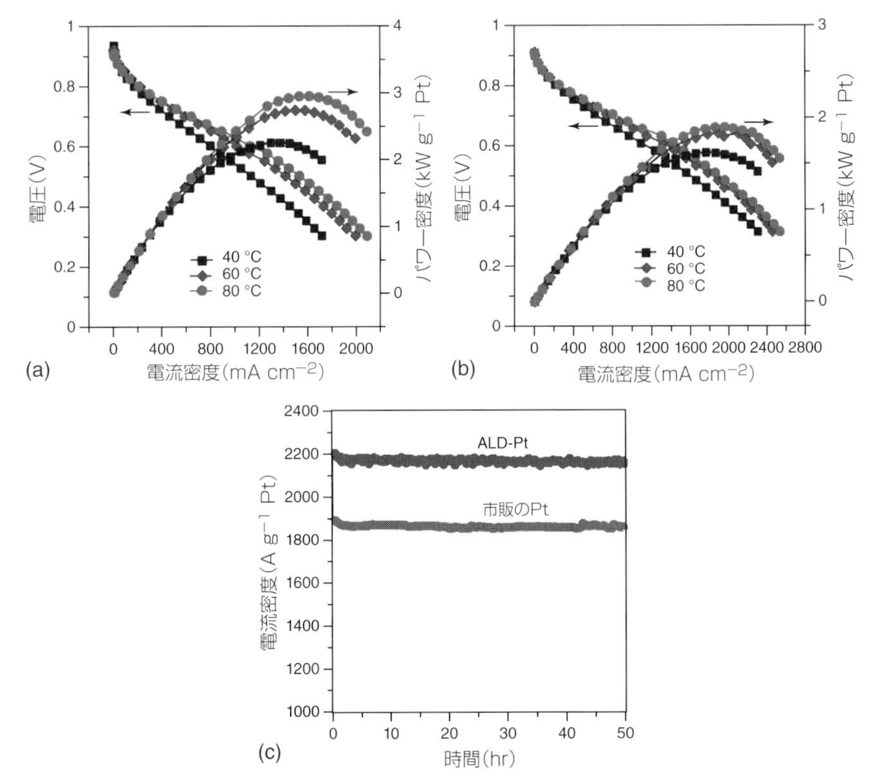

図 5.4　MEA で得られた 40，60，80℃のときの分極曲線。(a) ALD-Pt アノード (b) 市販の Pt アノード (c) それぞれ ALD-Pt と市販 Pt で作られた MEA で行った 60℃× 50 hr × 0.7 V 定電圧耐久テストの結果。（Shu et al. [13]。Elsevier 社の許諾を得て転載。）（口絵参照）

て 40℃，60℃，80℃で得られた分極曲線である。これらの曲線は，文献[1]に記されているように通常三つの分極領域：(i) 活性化分極 (ii) オーミック分極 (iii) 濃度分極で構成されている。図 5.4 (a) と 5.4 (b) にみられるように，ALD-Pt 電池の温度変化に対する分極曲線は，市販の Pt アノードをもつ電池のそれとよく似ている。しかし，ALD-Pt 電池の最大パワー密度は市販 Pt 電池のそれよりはるかに大きい。ALD-Pt 電池と市販 Pt 電池は同じ条件の下で動作させてあるから，ALD 法で得た Pt が市販の Pt 触媒に比べて確かに改善された触媒活性を与えると結論できる。パワー密度が改良されたのは，ALD 手法によって Pt NP が CNT 表面の全体にわたり良好に分散するからであり，それらの Pt NP が HOR に対する活性サイトとして役立って Pt の利用率が実質的に向上したのである。また 50 時間一定電圧 0.7 V で ALD-Pt と市販 Pt の耐久テストも行われた (図 5.4 (c) 参照)。ALD-Pt 電池で得られた比電流密度は，市販 Pt 電池で得られたものよりはるかに大きいことが分かった。初期 (1 h 以内) の電流の減衰を別にすると，ALD-Pt 電池の電流密度はおよそ 2155 A $g^{-1}{}_{Pt}$ でほぼ一定に保持され，ALD 由来の Pt 触媒が動作条件下で優れた耐久性を示すことが証明された。これは ALD が，Pt 原子と表面酸化物 (たとえば C-OH，C-OOH) 間の強力な化学吸着を介して CNT 表面上の Pt サイトが固定化するのを助けるからではないかと思われる。

アノードとカソードの両方が ALD 法でつくられた PEM 燃料電池の電気化学的性能についても調べられている。Hsueh et al. は，Pt 充填質量を変えるために ALD サイクル数を変えて，酸処理された CNT 上に Pt NP 触媒を堆積させた[16]。CNT の充填量を一定にして (4 mg cm^{-2})，ALD サイクルが 100，200，300 回 (以後 ALD-100，ALD-200，ALD-300 と記す) のときの Pt 充填質量はそれぞれ 0.02，0.05，0.11 mg cm^{-2} であった。その後，触媒をそのまま炭素布上に貼りつけ，その後 MEA の電極として使用した。**図 5.5** (a) と (b) は，アノードとカソードに Pt/CNT/ 炭素布コンポジットを使った MEA の分極曲線を示したものである。アノード用に調製した触媒は 100 ALD サイクルに固定し，カソード用の触媒は 100 ALD サイクルから 300 ALD サイクルまで変化させた。これらの電池の中では，200 ALD サイクルで Pt を調製したカソードが一番優れた性能を示している。Hsueh らはまた，触媒サイズを一定に保ったままで Pt 充填質量を増やすために，カソードの CNT 充填量を変化させ，そして ALD サイクル数は 100，アノードの CNT の充填量を 4 mg cm^{-2} に固定した。彼らは，カソードにおける CNT 充填量が増えると電池の性能が向上すること，およびパワー密度の増大は CNT 充填量にほぼ比例することを見出した (図 5.5 参照)。自製電極の性能は，どれも市販の E-Tek 電極には及ばない。しかし，自製電極ではすべて Pt 充填量が＜ 0.05 mg cm^{-2} で市販の E-TEK 電極の Pt 充填量 (0.5 mg_{Pt} cm^{-2}) よりの 10 倍も低いことを考慮すれば，報告された自製電極の性能は注目に値する。実際，もしある一定の電位，たとえば 0.65 V のもとで Pt の比電力密度を比較すれば，自製電極の性能の方があきらかに E-Tek 電極の性能より勝っている (自製電極では 2.27 kW $g^{-1}{}_{Pt}$，E-Tek 電極では 0.18 kW $g^{-1}{}_{Pt}$)。さらに，自製電極の比電力密度を E-Tek 電極の比電力密度で除した比率を増加因子 (enhancement factor) と定義して，それを燃料電池の性能比較に使うと，ALD-Pt 触媒 (アノードで 0.019 mg cm^{-2}，カソードで 0.044 mg cm^{-2}) でつくられた電池の増加因子は 11.95 にもなり，ほかの多くの文献に報告されている値よりもかなり高い[16]。

表 5.1 には，ALD 由来の Pt 触媒をアノードまたはアノード，カソード両方にもつ PEM 燃

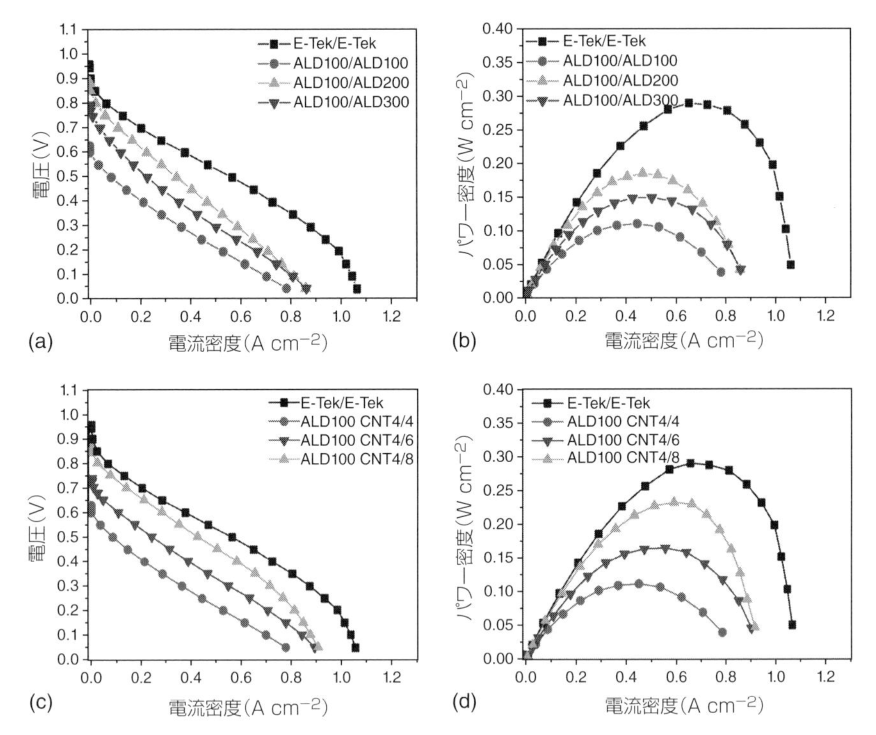

図 5.5　アノードとカソードの両方が ALD 法でつくられた単一 PEM 燃料電池の性能。ALD サイクル数を変えた場合（(a) と (b)）および CNT 充填量を変えた場合（(c) と (d)）。市販の E-Tek 電極でつくられた電池を比較として示してある。（Hsueh et al. [16]。Elsevier 社の許諾を得て転載。）（口絵参照）

表 5.1　アノードに ALD 法による Pt 触媒をもついくつかの PEM 燃料電池の電気化学的性能の比較

参照文献	アノードの Pt 充填密度 ($mg\ cm^{-2}$)	カソード同左密度 ($mg\ cm^{-2}$)	温度（℃）	最大パワー密度 ($kW\ g^{-1}{}_{Pt}$)
[11]	0.5（E-Tek）	0.5（E-Tek）	60	0.42
	0.016（ALD-Pt）	0.5（E-Tek）	60	10.60
[13]	0.4（Johnson Matthey）	0.4（Johnson Matthey）	60	1.83@0.63 V
	0.4（Johnson Matthey）	0.4（Johnson Matthey）	80	1.90@0.66 V
	0.26（ALD-Pt）	0.4（Johnson Matthey）	60	2.74@0.72 V
	0.26（ALD-Pt）	0.4（Johnson Matthey）	80	2.95@0.76 V
[16]	0.019（ALD-Pt）	0.044（ALD-Pt）	60	2.69@0.60V
[22]	0.08（ALD-Pt）	0.5（E-Tek）	75	7.60@0.95V
	0.11（ALD-Pt）	0.5（E-Tek）	75	5.10@0.90 V
[23]	0.061（ALD-Pt）	0.4（Johnson Matthey）	60	1.10@0.90 V
	0.061（ALD-Pt）	0.4（Johnson Matthey）	75	1.15@0.97 V
	0.13（ALD-Pt）	0.4（Johnson Matthey）	60	2.16@0.93 V
	0.13（ALD-Pt）	0.4（Johnson Matthey）	75	2.32@0.97 V

料電池のいくつかの性能について要約したものである。アノードとカソードの両方に市販の Pt 触媒が使われている電池もいくつか比較のために載せてある。

メタノール／エタノール／ギ酸酸化反応（MOR/EOR/FOR）　直接液体供給型燃料電池（DLFC）はPEM燃料電池の部類に入り，供給燃料として有機溶媒が用いられる[44]。これに分類される電池には，直接型メタノール燃料電池（DMFC），直接型エタノール燃料電池（DEFC），および直接型ギ酸燃料電池（DFAFC）などがある。H_2-O_2燃料電池と比べたときにDLFCにはいくつか長所があり，たとえば出力密度が高く，貯蔵と輸送が簡単で，動作温度が低く，しかも安全性が高い。これまでのところ，ALD由来のPt触媒は，DLFC中で全電池構成での評価は行われていない。しかし，MOR（メタノール酸化反応），EOR（エタノール酸化反応），FOR（ギ酸酸化反応）といった半電池反応における触媒活性を改善するのに大いに有望であるということを明らかにした[14,17,19～21]。

Sunとその共著者らは，ALDを用いてグラフェンナノシート（GNS）上へのPtの単原子，サブナノメートルクラスタ，さらにNPの構築に成功して，これらALD-Pt触媒のMORに対する電極触媒性能を調べた[17]。彼らは，ALDサイクル（1 s $MeCpPtMe_3$－20 s N_2－5 s O_2－20 s N_2）の回数を微調整することによって，GNS上のPtの粒径と密度を容易に調節できることを見出した。50 ALDサイクルを行ったPt/GNSサンプルでは，Pt単原子がGNS表面上に支配的に分布していることがわかった（**図5.6**（A），（A'）で暗い背景に浮かんでいる明るいスポット）。100 ALDサイクルでは，多少大きなクラスタが現れ始めて，平均サイズがそれぞれ1 nmと2 nmの2つのグループのNP（ナノ粒子）を生成する（図5.6（B），（B'）参照）。このサンプルでは単一原子とクラスターの両方が観察されたが，恐らく，最初の50サイクルで出現した単一原子が次の50サイクルで成長し，より大きなクラスタと粒子が形成される一方，それと同時に新しい単原子もいくつか生成されるのであろう。150サイクル後は，既成のクラスタおよびNPの粒径がさらに大きくなり，それぞれ1 nm，2 nm，4 nmのサイズの3グループになった。同様に，新たに生成した単原子やクラスタもまた見られる（図5.6（C），（C'）参照）。高分解能走査型透過電子顕微鏡（STEM）画像からは，これらPtクラスタとNPがきれいに結晶化している様子がうかがえる（図5.6（B'），（C'）の挿入図参照）。彼らは詳細なXANES（X-ray absorption near-edge structure：X線吸収端近傍構造）解析を行って，ALD由来のPt単一原子，クラスタ，およびNPが金属特性を発現していることを見出した。電極触媒テストの結果，50，100，150サイクルのALD後におけるALD-Pt/GNS触媒（以後それぞれをALD50 Pt/GNS，ALD100 Pt/GNS，ALD150 Pt/GNSと表す）および市販のPt/C触媒のMOR開始電位は，可逆水素電極（reversible hydrogen electrode：RHE）に対してそれぞれ0.59 V，0.60 V，0.62 V，および0.70 Vであることがわかった（図5.6（D）の挿入図参照）。ALD-Pt/GNS触媒の前方スキャンで現れるMORのピーク電位は，ALDのサイクル数に対して次のような順序で増大する：ALD50 Pt/GNS（0.79 V）＜ ALD100 Pt/GNS（0.82 V）＜ ALD150 Pt/GNS（0.85 V）。どの触媒もPt/Cに対する値（0.96 V）から有意に負の方向にシフトしていることが分かる。開始電位とピーク電位が負の方向にシフトすることから，これはALD-Pt/GNS触媒，とくにALD50 Pt/GNSはPt/C市販触媒と比べてメタノール酸化に対する過電圧を実質的に抑えることができるということを示唆している。さらに，ALD50 Pt/GNS触媒では，メタノール酸化におけるピーク電流密度（22.9 mA cm^{-2}）がALD100 Pt/GNS，ALD150 Pt/GN，Pt/Cにおける値のそれぞれ2.7倍，4.0倍，9.5倍も高いことがわかった。彼らは，XANES解析に基づいて，この増大はPtの単一原子と

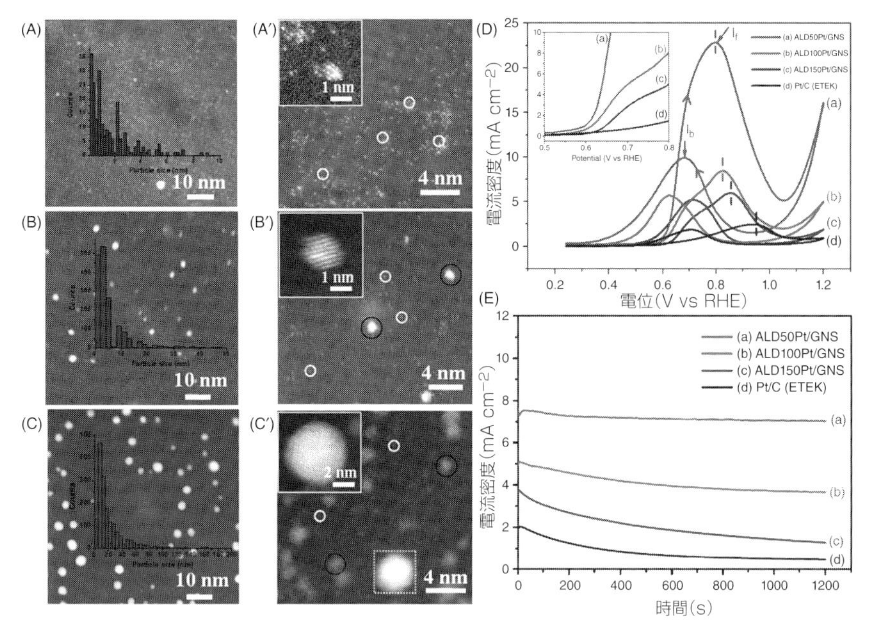

図 5.6　Pt/GNS 試料の HAADF-STEM 画像（A, B, C）および性能測定データ（D, E）。（A, B, C）は各 50, 100, 150ALD サイクルによる結果,（A', B', C'）は対応する拡大画像を表わす。各画像中の差し込み図は対応する GNS 上 Pt クラスターのヒストグラムを示す。（D）; 種々の Pt 触媒上でのメタノールの酸化におけるサイクリックボルタンメトリ（CV）曲線。挿入図はメタノール酸化の開始電位領域の CV 曲線を拡大したもの。（E）; 種々の Pt 触媒についてRHE に対して 0.6 V の定電位で測定された 20 分間にわたるクロノアンペロメトリ（CA）曲線。これら電気触媒作用のテストは室温で，1 M のメタノールと 0.5 M の H_2SO_4 を含む Ar-飽和水溶液中で行われた。試料の区分は ;（a）ALD50 Pt/GNS,（b）ALD100 Pt/GNS,（c）ALD150 Pt/GNS, および（d）Pt/C である。（Sun et al. [17]。Nature Publishing Group の許諾を得て転載。）（(D)（E）口絵参照）

サブナノメートルクラスターがもつ内在的な性質に帰因し，すなわちそれは，より低配位の 5d 空軌道，およびより強い Pt-C との相互作用によるものとしている。さらに彼らは，ALD-Pt 触媒の被毒耐性（poisoning tolerance）も調べた。順方向アノード電流密度のピーク値（I_f）の逆方向アノード電流密度のピーク値（I_b）に対する比率 I_f/I_b が，ALD50 Pt/GNS では 2.23 であり，この値がほかのサンプルの値よりはるかに大きいことを見出したが，これは ALD50 Pt/GNS の一酸化炭素（CO）被毒に対する耐性が最大であることを意味する（図 5.6（D）参照）。このことは，彼らが行った CO はぎ取り実験でも確認された［17］。さらに，クロノアンペロメトリによっても ALD-Pt 触媒の優れた CO 耐性が確認され，ALD-Pt/GNS サンプルの方が市販の Pt/C 触媒より電流減衰が時間的に遅かった（図 5.6（E）参照）。

さらに，MOR の触媒として用いるために，ALD 法を使って Pt NP 触媒がカーボンブラック（CC）［20］および炭素布上に担持された ZnO ナノロッド（ZnO-NR）アレイ［45］に堆積された。そして，両方のケースで ALD 由来の Pt に顕著に改善された触媒活性が観察された。さらに，ALD-Pt/CC と ALD-Pt/ZnO-NR の両方で CO 被毒耐性の改善がみとめられた。これらは，前者では Pt-O 基の存在，後者では ZnO 表面におけるヒドロキシド（HO）の存在に由来するものとも考えられる。どちらもPt表面上のCOのような中間種を除去するうえで都合よく，いわゆる二元触媒機構を介して活性サイトがリリース（解放）される。ALDによるZnO-NR上へのPt堆積では，ZnO上のメタノールの光酸化とPt上のメタノールの電解酸化の相乗効果により，触媒表面のUV光照射によってクロノアンペロメトリ応答が62％改善するという報告もある。このケースでは，一方ではZnO NRがPt表面にあるCOのような中間種と反応してCO_2を生成し，活性サイトを解放してさらなるメタノール酸化が進むようになるが，他方PtとCOのような中間種の間の結合が著しく弱くなるようにPt NPの電子構造を変える。その結果，UV光の存在下では，同じPt担持量の市販Pt/C電極に比べてALD-Pt/ZnO-NR電極は90％も高いメタノール酸化活性を示す。他の金属酸化物ナノ構造体にPtのALDを行ったときにも同様な促進効果が期待される[46,47]。しかし，ZnOは酸性溶液と塩基性溶液のどちらにおいても化学的に不安定なため，ALD-Pt/ZnO-NRコンポジットに実用燃料電池への応用が開けるかどうかは疑わしい。

MOR以外にも，ALD由来のPt NP炭素に担持された電極触媒性能がEORやFORに対してテストされている[14,19～21]。Juang et al.は，異なる粒径と密度のPt NPをカーボンブラック粉末上に堆積させ，それらのEORに対する触媒活性を調査した[19]。粒径と密度の変調は，$MeCpPtMe_3$のパルス時間を4 sから20 sの間で系統的に調節する改良ALDプロセスによって実現された。堆積したPt NPの平均粒径が$MeCpPtMe_3$パルス時間とともに単調に増大することから，これは拡散律速の成長挙動を表わしている。0.5 M H_2SO_4と0.5 Mエタノールを含む電解質中での室温におけるテストでは（**図5.7**(a)参照），すべてのALD-Pt触媒がエタノール酸化電位として0.2 V以下（対Ag/AgCl）を示し，また，平均粒径が2.9 nmのALD-Pt（4 s $MeCpPtMe_3$）の順方向エタノール酸化電流は，スキャン速度が50 mV s^{-1}のときに380 A $g^{-1}{}_{Pt}$という大きな値であった。これは，平均粒径が10.4 nmのALD-Pt（20 s $MeCpPtMe_3$）の値の8倍にあたる。加えて，粒径の小さいALD-Pt NPの方が大きい粒子より優れた被毒耐性を示すことがわかった。小さいALD-Pt NPがEORに対して示すとびぬけた電極触媒性能は，それらがもつ105 m^2 $g^{-1}{}_{Pt}$というきわめて大きな電気化学的活性表面積（ECSA；electrochemically active surface area）によるとされており，この値は，ほかのALD-Pt NPや文献に報告されている多くのPtベース触媒[19]に比べてかなり大きい。ごく最近，陽極酸化されたTiO_2ナノチューブにもALDを使ってPt NP触媒が堆積されたが，酸性溶液と塩基性溶液の両方のEORで良好な触媒活性を示した（図5.7(b)参照）[21]。

DFAFC（直接型ギ酸燃料電池）はDMFC（直接型メタノール燃料電池）と比べると，エネルギー密度が高く燃料のクロスオーバーがはるかに低いため，過去10年間に多くの注目を集めている。Pt触媒でALDを使ったギ酸の電極酸化に関する報告は，これまでのところほんの僅かしかない。2012年にHsieh et al.は，酸化グラフェン（GO）と炭素球（CS）を用いて行ったPt NPのALDについて報告し，ギ酸酸化反応（FOR）に対する電極触媒性能を調べた[14]。図5.7(c)には，0.5 M H_2SO_4＋0.5 M HCOOH溶液中のPt-GOとPt-CSに対して10 mV s^{-1}の掃引速度で得られたサイクリックボルタンメトリ（CV）の結果が示してある。Pt NPの平均粒径はGO上およびCS上で似ており，GO上のPt NP（おもにGOのエッジ部に位置する）の密度はCS上の密度より低いが，Pt-GOの方がFORに対してはるかに高い質量触媒活性を示した。このこ

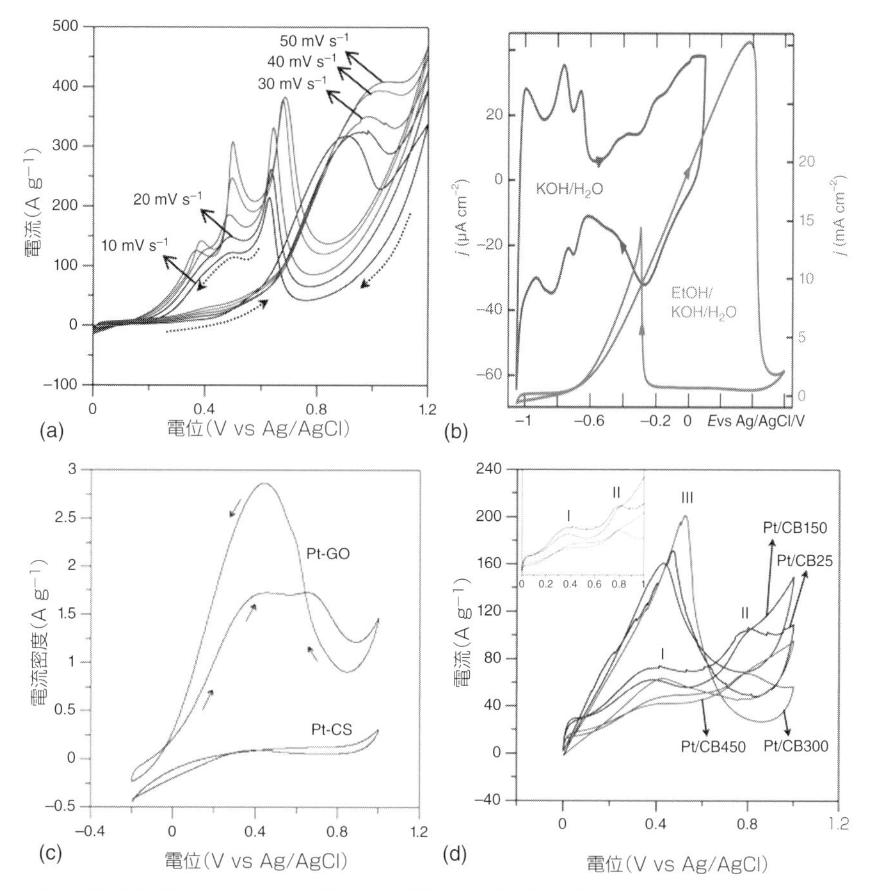

図 5.7　ALD-Pt 触媒のサイクリックボルタモグラム。(a) 平均粒径が 2.9 nm の ALD-Pt 触媒について，0.5 M H_2SO_4 + 0.5 M メタノール中で異なる掃引速度により測定されたサイクリックボルタモグラム (CV)。(Huang et al. [19]。Elsevier 社の許諾を得て転載。) (b) TiO_2 ナノチューブに担持させた Pt クラスターについて，0.1 M KOH および 1 M KOH + 1 M エタノール中で測定された CV 曲線。掃引速度：50 mV s^{-1}。(イギリス化学会の許諾を得て参照文献 [21] から転載。) (c) ALD-Pt 触媒について，0.5 M H_2SO_4 + 0.5 M HCOOH 中，10 mV s^{-1} の電圧掃引速度で測定された CV 曲線。(Hsieh et al. [14]。Elsevier 社の許諾を得て転載。) (d) 0.5 M H_2SO_4 + 0.5 M HCOOH 中, 50 mV s^{-1} の電圧掃引速度で測定された CV プロファイル。挿入図は，対 Ag/AgCl で 0−1 V の電位範囲内の CV 曲線。(Hsieh et al. [20]。Elsevier 社の許諾を得て転載。) (口絵参照)

とは GO のエッジに酸化物が高密度で存在することによると説明され，それが解離吸着ステップで生成された Pt-CO_{ads} の酸化には有利に働く抗被毒効果を与える [14]。同じ著者グループは，カーボンブラック粉末にも PtNP を堆積させて，還元雰囲気下で FOR に対する触媒活性に及ぼすアニール効果を研究した [20]。電気化学測定により，アニーリング処理なしの ALD-Pt 触媒が FOR に対して最大の触媒活性を示すことが明らかになった (図 5.7 (d) 参照)。これは，“二元触媒的” 効果を示す Pt-O 表皮層が存在するためとみることができる。

酸素還元反応 (ORR)　酸素還元反応は，燃料電池のカソードで起こる半電池反応である。この反応は，金属−空気電池など他のいくつかの電気化学デバイスでも性能を支配する決定的な働きをする[48]。ALD 由来の Pt NP 触媒を ORR に用いる例が 2011 年以来いくつかのグループから報告されている[12,18,49～52]。Dameron et al. は TMA あるいは O_2 プラズマにより機能化された垂直配向 CNT アレイに Pt NP を堆積させた。そして，電気化学的測定により，RHE（水素電極）基準 0.9 V のときに ORR に対する ALD-Pt/CNT の比活性（specific activity）（TMA で機能化された CNT に対して 470 $\mu A\ cm^{-2}{}_{Pt}$，O_2 プラズマ処理 CNT で 790 $\mu A\ cm^{-2}{}_{Pt}$）を市販の Pt/C 触媒における値と比べたときに，市販 Pt/C がかなり高い ECSA（101 $m^2\ g^{-1}{}_{Pt}$）をもつにもかかわらず ALD-Pt/CNT の方がはるかに高いことがわかった（ECSA ＝電気化学的有効比表面積）[12]。

通常，カソードは低い pH 値（＜ 1），高い O_2 濃度，高い湿度，そして高い電位（たとえば 0.6～1.2 V）といった過酷な条件下で動作しているため[53]，カーボン担体は腐食を受けやすい。そのため，Pt NP が凝集して電池性能が急速に劣化する。加えて，カーボン担体と Pt NP 間の弱い相互作用によって Pt NP の焼結が起こり，結果的に触媒活性の低下をまねく。そこで，研究者たちは ORR における過酷な条件に耐えられる他の耐食性担体材料でカーボン担体を置き換える方法を追求してきた。この努力は，ALD を使うことにより Pt 使用量を抑える試みとともに行われた[49～52]。

2011 年に Hsu et al. は，タングステンカーバイド（WC）の薄膜上に行った Pt の ALD について報告している。WC は Pt にきわめて類似した電気的性質をもつ安価な材料である[49]。Hsu らは WC 上に Pt 単層膜を成長させようとした。彼らが行った密度汎関数理論（DFT : density functional theory）による予測ではその膜が効果的な ORR 触媒になると考えられた。ところが，層ごとの積層にはならずに Pt は核形成を起こして WC 上では島状に成長してしまった。その結果，彼らが得たのは WC 表面を覆う離散的 Pt NP だけであった。それでも，得られた ALD-Pt//WC では，たとえ 20 サイクルの Pt ALD でも（10 s $MeCpPtMe_3$ − 30 s N_2 − 2 s O_2 − 30 s N_2），ORR に対する触媒活性は改善されていた。その後，XIe et al. は，$TiSi_2$ ナノネット表面に対する ALD-Pt について報告した[50]。興味深いことに彼らは，Pt NP の堆積はナノネットの上面と底面，すなわち Si で終端される *b* 結晶面に選択的に堆積されることを観察している（**図 5.8** 参照）。さらに，これら Pt NP は優先的に露出する Pt {1 1 1} 面との間で多重双晶化する。彼らは，比較実験を実施したうえで，Pt と $TiSi_2$ ナノネットの *b* 面との間の相互作用によって Pt の選択的堆積とユニークな双晶マイクロ構造が生じていると示唆した。とくに最適化したわけではないが，担持質量（50 $\mu g_{Pt}\ cm^{-2}$）を等しくして測定した場合，ALD-Pt/$TiSi_2$ の電極触媒活性が最適化した Pt/C 触媒よりはるかに高いことが分かった（RHE 基準 0.9 V で 160 $\mu A\ cm^{-2}{}_{Pt}$ と 90 $\mu A\ cm^{-2}{}_{Pt}$。図 5.8（b）参照）。

ごく最近，きわめて硬い導電性材料で耐蝕性も優れている炭化ジルコニウム（ZrC）のセラミック担体に Pt NP が堆積された[51]。原著者らが行った高分解能 TEM 観察と XANES 解析によると（図 5.8 参照），堆積 Pt NP が埋め込まれた Pt-ZrC 界面で ZrC 担体と強く相互作用し，Pt の電子構造が影響を受ける。その結果，比活性（specific activity）および質量活性（mass activity）が Pt/C がもつ値の約 3 倍に増強されるだけではなく（図 5.8（f）参照），ALD-Pt/ZrC の触媒活性安定度が大きく改善された（安定度が Pt/C の 5 倍になった）。さらに，同じグループがこの戦略を拡張して，領域選択性 ALD という賢い方法でジルコニア（ZrO_2）の開口ナノケー

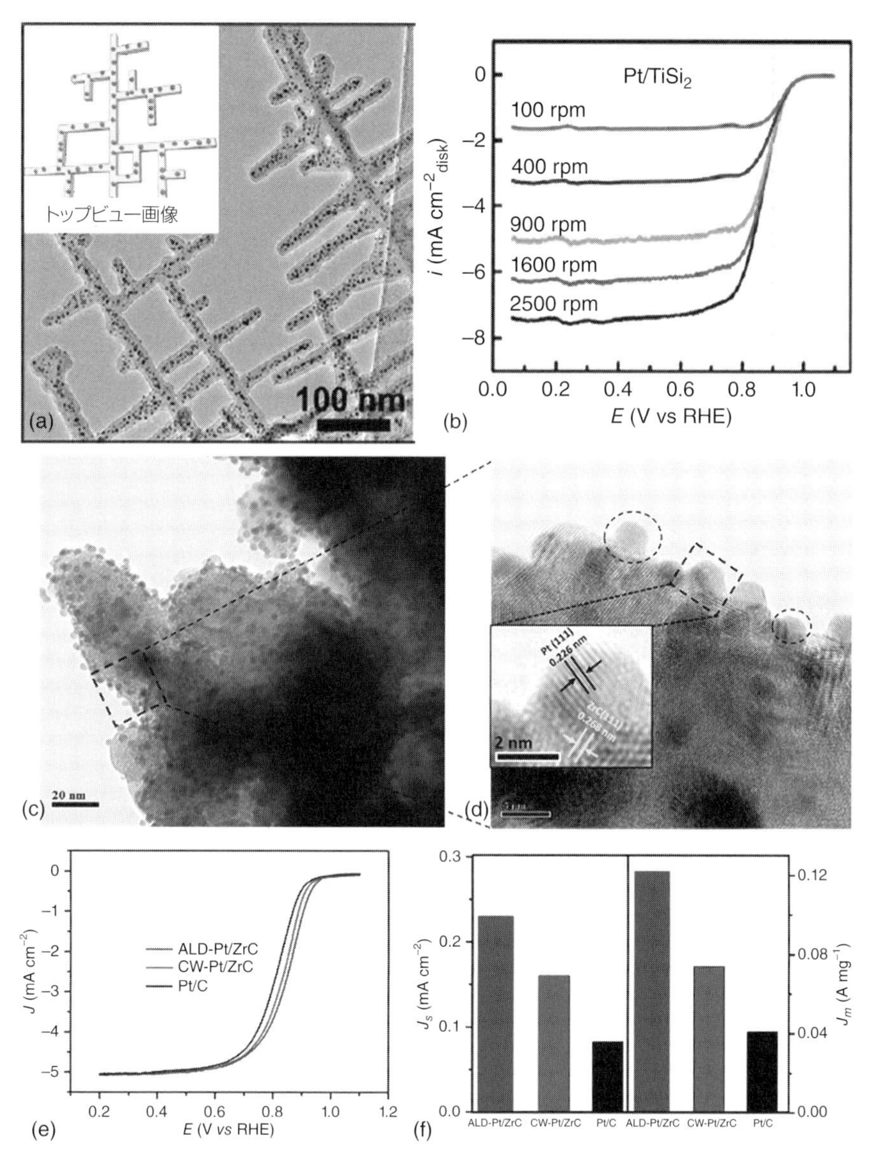

図 5.8　ALD-Pt/$TiSi_2$ および ALD-Pt/ZrC の TEM 画像と分極曲線 (a) 通常の 50 サイクル ALD 成長後の ALD-Pt/$TiSi_2$ ヘテロナノ構造のトップビュー TEM 画像。(b) 0.1 M KOH 中，10 mV s^{-1} の掃引速度の条件下，回転速度を変えて測定された ALD-Pt/$TiSi_2$ の分極曲線。(Xie et al. [50]。アメリカ化学会の許諾を得て転載。) (c，d) ALD-Pt/ZrC 触媒の TEM 画像。(e) 各種電極の分極曲線；ALD-Pt/ZrC，化学的還元複合物 (CW) -Pt/ZrC，E-TekPt/C 触媒。室温下で O_2−飽和 0.5 M H_2SO_4 溶液で測定 (1600 rpm，掃引速度：10 mV s^{-1})。(f) これら触媒の 0.9 V vs RHE での比活性と質量活性。(Cheng et al. [51]。イギリス化学会の許諾を得て転載。) (口絵参照)

ジの中に ALD Pt NP をカプセル化することに成功した [52]。この方法では，まず ALD により N-CNT の上に Pt NP を堆積し，次いで Pt NP の表面にブロッキング剤 (オレイルアミン) を塗布した。ALD ZrO_2 は Pt NP の周囲だけで選択的に成長し，ブロッキング剤が付いているので

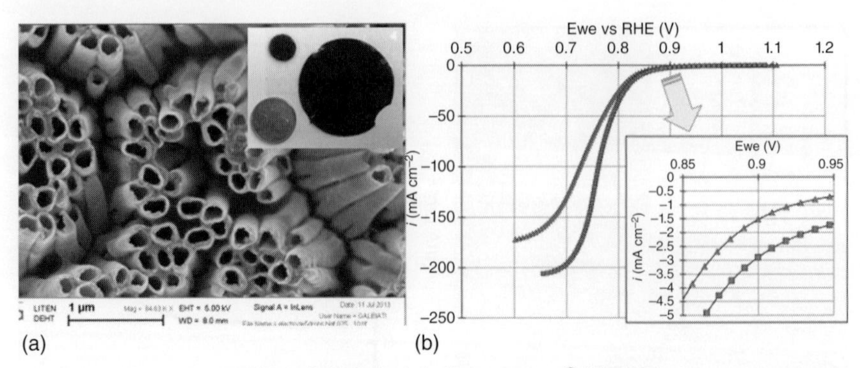

図 5.9　ALD-Pt NT の SEM 画像と分極曲線 (a) 薄い Nafion® 被覆層をもつ ALD-Pt NT の SEM 画像。挿入図 ;ALD-Pt NT 膜電極の光学写真。(b) O_2 飽和雰囲気下の 0.5 M H_2SO_4 中で測定された ALD-Pt NT 電極の分極曲線（赤色の三角）と Pt/C 電極の分極曲線（青色の四角）。（Galbiati et al. [18]。Elsevier 社の許諾を得て転載。）（口絵参照）

Pt の表面では成長しない。このように，ALD ZrO_2 層を精密にコントロールすることによってナノケージ構造を構築することができるのである。この方法で得た ALD-ZrO_2-Pt/N-CNT 触媒は，ORR に対する安定性が有意に改善されていて，4,000 サイクルの加速劣化試験（ADT）の後でも初期 ECSA（電気化学的有効比表面積）のわずか 8％程度減少したのみであった。対照的に，市販の Pt/C 触媒では同じ繰り返し試験で ECSA の 82％が失われた。

この 10 年間，電極反応を促進するためにさまざまなタイプの燃料電池で担持触媒が使われてきた。先に述べたように，担持触媒には二つの克服すべき大きな問題がある。それは炭素担体の腐食と触媒／担体の弱い相互作用である。これら問題は前節で議論した戦略を使ってある程度まで対処されてきた。しかし，PEM 燃料電池が広範囲で商品化されるうえで重大な障がいが残っている。近年，ナノワイヤやナノチューブ [18,54〜57] など担体なしのナノ構造化触媒の使用への注目が高まっているが，その理由は，炭素担体の必要性とそれにまつわる腐食の問題が併せて除かれることにある。これを念頭において，最近 Galbiati et al. は，ポーラス陽極酸化アルミニウム（AAO）をテンプレートに使った Pt の ALD で製作された担体なしの Pt ナノチューブ（NT）アレイについて発表している [18]。AAO が分解する前にその膜をプロトン交換 Nafion® フィルムの上にホットプレスし，Pt NT アレイの基盤を構成する。Pt NT アレイの面積は，実用燃料電池にも使えるようにするために直径 47 mm の大きさまで可能になっている（**図 5.9** の挿入図参照）。彼らは，作用電極として Nafion® で支持された Pt NT アレイを直接使って，Nafion® フィルムは電解液に直接接触させ，一方 Pt NT アレイは O_2 ガスフローに接するようにして，実際の燃料電池環境を模擬することにより Pt NT の ORR 電極触媒活性をテストした。予備的な結果では，Pt NT アレイは Pt/C に比べてやや高い ORR 比活性を示している（RHE 基準 0.9 V で 37 μA cm^{-2} と 28 μA cm^{-2}）。使用された NT はわずか 2 μm の長さであり，しかもまばらに分布していたことを考慮すると，NT アレイの構造パラメータの調節を通して改善する余地はたくさんある。

水素生成反応（HER）　燃料電池用の電極触媒のエンジニアリングにはこれまでもかなりの

努力が注がれてきたが，水電解槽に使う触媒にはほとんど関心が向けられてこなかった。とくに，ALD の手法が電解槽を研究している研究者から十分な関心をもたれることは久しくなかったのである。そのため，HER を促進するために使用する Pt 触媒の ALD に関する報告はわずかに過ぎない[58,59]。Hsu et al. は，WC（炭化タングステン）粒子に堆積させた ALD-Pt 触媒の HER 性能を検討した[58]。彼らが行った DFT（密度汎関数理論）計算によると，WC 上に担持された単層（ML）Pt の電子的性質がバルク Pt のものにかなり類似しているので[60]，ML-Pt/WC は HER に対して効率的な触媒になる可能性が高い。ALD 法による ML-Pt の形成はできなかったが，ALD-Pt/WC でも市販の 10% Pt/C 触媒と同等な HER 活性が示され，しかもそのときの Pt 担持量はほぼ 1/10 にすぎなかった。ごく最近，Liu et al. は，Pt NP の ALD と p 型シリコンおよびガラス状炭素上の薄膜について報告した[59]。それによると，3-nm ALD-Pt 層の HER 活性と，電子ビームスパッタで得た同じ膜厚の Pt 層の HER 活性とを比較して，高過電圧領域では ALD-Pt の方がわずかに高い活性を示すことを見出している。ALD-Pt で -10 mA cm^{-2} の電流密度を達成するためには 33.6 ± 0.4 mV の過電圧が必要だが，この値はスパッタ Pt 層における値（33.3 ± 0.8 mV）に近い。

5.2.2　Pd 電極触媒の ALD

パラジウム（Pd）も Pt と同じく貴金属元素で，電極触媒，とりわけ有機小分子の電解酸化や酸素の還元反応で多くの応用が見出される[61～63]。Pd の ALD を達成するのは Pt のように簡単にはいかない。$Pd(keim_2)_2$（$keim_2 = CF_3C(O)CHC(NBu^n)CF_3$）や $Pd(thd)_2$（thd = 2,2,6,6-tetramethyl-3,5-heptanedionato）のようなさまざまな前駆体が用いられたが，どれも満足な結果は得られなかった[64～66]。これまでで最良の結果が得られているのは $Pd(hfac)_2$（hfac = hexafluoroacetyl acetonate）を用いた ALD で，現在ではこの化合物が Pd ALD の前駆体として最も広く用いられている[24,25,27,28]。ほかの白金族金属の ALD プロセスでは共反応物（coreactant）として通常酸化剤が使われるが，$Pd(hfac)_2$ をベースとする ALD プロセスでは真還元剤が必要で，最も一般的に使われるのは H_2 である。

2003 年に Senkevich et al. による先駆的研究が報告されて以後[67]，Pd の ALD に関する膨大な数のレポートが発表されている。しかし，ALD-Pd を使う電極触媒に関する研究の数はわずかである[24,28]。Rikkinen et al. は，Vulcan XC72R カーボン担体を 180℃で $Pd(thd)_2$ 前駆体に長時間（サイクル当たり 6 h）曝露して，その上に Pd NP を堆積させた[24]。**図 5.10**（b）に ALD-Pd/C 触媒のモルフォロジーを示してあるが，平均粒径が 2.6 nm の均一な Pd NP がカーボン担体上に一様に分布している。市販の Pd/C 触媒（図 5.10（a）参照）と違って ALD-Pd/C ではごく少数の疑集体がみられるだけで，これは ALD がより良好な分散を与えていることを意味する。彼らは 0.1 M NaOH 溶液中で CV 測定を行い，カソード掃引時に PdO の還元に必要とされる電荷に基づいて触媒の ECSA（電気化学的有効比表面積）を算定した。その結果，ALD-Pd/C 上の Pd 担持量（3.5 wt%）が市販 Pd/C 上の担持量（20 wt%）よりかなり低いにもかかわらず，ALD-Pd/C の ECSA が市販 Pd/C の値より 2 倍以上大きいことがわかった。電極触媒テストにより，エタノールとイソプロパノールの両方の電解酸化反応について ALD-Pd/C の開始電位が

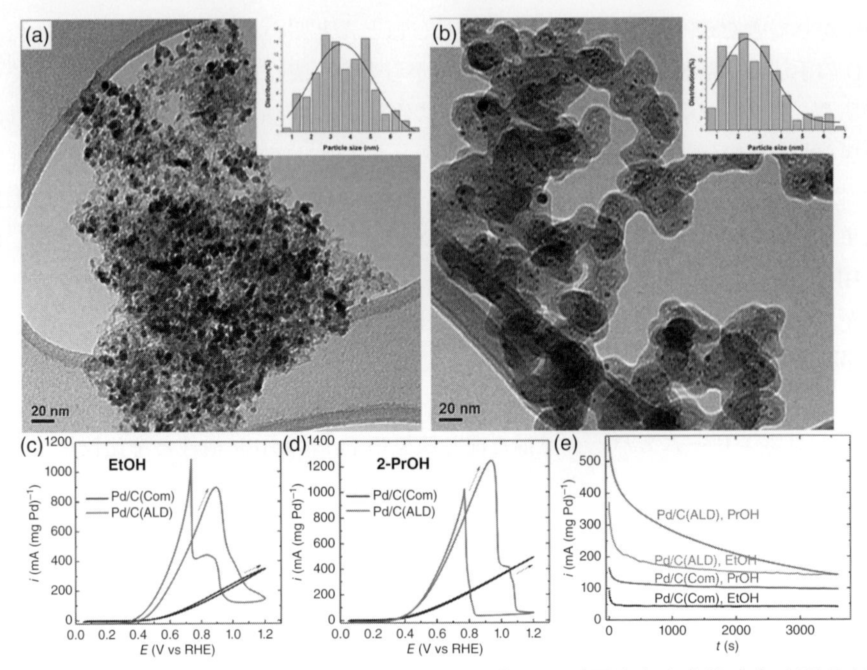

図 5.10　ALD-Pd/C と Com（市販）-Pd/C の TEM 画像および電流密度曲線（a）市販 Pd/C 触媒の TEM 画像。（b）ALD-Pd/C 触媒の TEM 画像。挿入図（a），（b）は NP サイズのヒストグラム。（c）エタノール酸化の CV 曲線。（d）イソプロパノール酸化の CV 曲線。どちらの曲線も 0.1 M NaOH と 1 M アルコールを含む電解液中で 10 mV s^{-1}，1800 rpm の条件下で測定されたもの。3 回目の CV スキャンの結果も示してある。（e）0.1 M NaOH ＋ 1 M アルコール中，RHE 基準 0,7 V で測定されたクロノアンペロメトリ曲線。（Rijjineb et al.［24］。アメリカ化学会の許諾を得て転載。）（（c）（d）（e）は口絵参照）

市販 PD/C の開始電位に比べてより負であることが明らかにされた。また，アルコール酸化に対しては，市販 PD/C に比べて ALD-Pd/C の方がはるかに高い質量活性を示した（約 2.5 倍，図 5.10（c），（d）参照）。市販 PD/C と ALD-Pd/C の両方の安定性についても調査された（図 5.10（e）参照）。驚くことではないが，ALD-Pd/C 触媒の時間経過でみる電流減衰は，市販 Pd/C に比べてはるかに遅い。また，これら触媒をイソプロパノールの電極酸化に使用したときにも，ALD-Pd/C 触媒の方が良好な触媒性能を示すことも注目に値する。これは，イソプロパノールがアルカリ直接型アルコール燃料電池にとって興味深い燃料になり得ることを示唆している。しかし，図 5.10（e）に示すようにイソプロパノールの酸化にとって表面被毒が深刻な問題である。この問題を克服するためには，Pd と被毒を緩和できる金属との合金化が必要である。

ギ酸に対する酸化触媒としては Pd は Pt より有効なことがすでに示されている［68,69］。最近，Assaud et al. は ALD 由来の Pd 触媒が FOR に示す電極触媒活性について調査した［28］。彼らは，前駆体に $Pd(hfac)_2$ とホルマリンを使い，Ni 被覆された AAO 膜のナノチャンネル上に ALD を実施した（1 s $Pd(hfac)_2$ − 30 s パージ−3 s ホルマリン−30 s パージ）。ここでの Pd/Ni 配置は触媒性能を高めるために用いられた。彼らの予備調査の結果は，低電位での高い酸化電流の FOR を達成できたことを示している。彼らは ALD-Pd 触媒と市販 Pd/C 触媒の性能比較はしていないが，ALD-Pd 触媒の質量活性はたしかに文献値と比肩し得る高さであった。具体的には，40 Pd ALD サイクルを用いたとき，質量活性は 0.83 A mg^{-1}_{Pd} 程度の高い値になる。しかし，Ni は容易に酸性溶液中で溶解するため，これらの触媒の安定性はきわめて脆弱であった。

ほかにも，Pd が ORR を効率的に促進できることも実証された。しかし，それに関連する研究はリチウム－空気電池での応用に向けて行われたに過ぎない[63,70]。この話題は本章の範囲を超える。

5.2.3 Pt ベース合金とコア／シェルのナノ粒子電極触媒の ALD

Pt ベース合金のナノ粒子とコア／シェルナノ構造は，Pt NP と比べてより効率的な電極触媒として広く提案されている。これまでにも，さまざまな Pt ベースの合金とコア／シェル NP が実際に製作されている。読者には，最近公表されたレビュー論文を読むことをお薦めしたい[71～75]。Pt 合金とコア／シェルナノ構造は, 純粋な Pt に対していくつかの長所をもっている：(i) 遷移金属との合金化により，または遷移金属コア／ Pt シェル構造により貴重な Pt の使用量を効果的に減らすことができる。(ii) 合金化またはコア／シェル界面に誘起される格子歪みによって Pt の電子構造が修飾され，それが電極触媒反応を促進する。(iii) 第二の金属を導入することによって生じるアンサンブル効果※(ensemble effect) が被毒に対する耐性を改善するのに役立つ可能性がある。そのため，Pt ベースの合金とコア／シェルナノ粒子は次世代 PEM 燃料電池にとって有望な電極触媒になるとみられている。

5.2.3.1 Pt 合金ナノ粒子電極触媒の ALD

PtRu 合金　PtRu 合金は MOR に対して最良の電極触媒として知られているため，これまでも幅広く研究されている[72]。しかし，ALD 法で製作された PtRu は今までのところはほとんど調べられていない[29～32]。2010 年に Jiang et al. は，Pt ALD の "x" サイクルとそれに続く Ru ALD の "y" サイクルで構成される“スーパーサイクル”を使った異なる組成をもつ PtRu 薄膜の ALD による製作を行った[30]。個々の ALD サイクル数の合計が目標とする数に達するまで各スーパーサイクルが繰り返された。PtRu 膜の組成は，x と y の値を調節して変調することができる。彼らは，MOR に対するこれらの膜の電極触媒活性をテストして，Pt：Ru の比が化学量論比 1：1 に近いときに最大の活性を示すと結論した。

PtRu 合金の NP の ALD は，薄膜製作よりさらにチャレンジングである。というのは，Ru は原理的にすでに存在する Pt クラスター上に堆積してバイメタル PtRu 合金をつくるか，あるいは担体上で自ら核形成して孤立した Ru クラスターをつくるしか方法はないからである。Christensen et al. はアルミナ粒子の上に PtRu を共堆積させることを試みた[29]。彼らは，Ru, Pt NP，そして PtRu 合金を区別するために XANES 解析を行い，堆積した NP のバイメタル的な性質を確認した。Johansson et al. によって最近行われた X 線回折の解析から Ru と Pt の合金

※訳注：アンサンブル効果とは合金触媒で，異種金属の存在により金属原子集団のサイズが変化し，金属触媒の性能が影響を受けること。

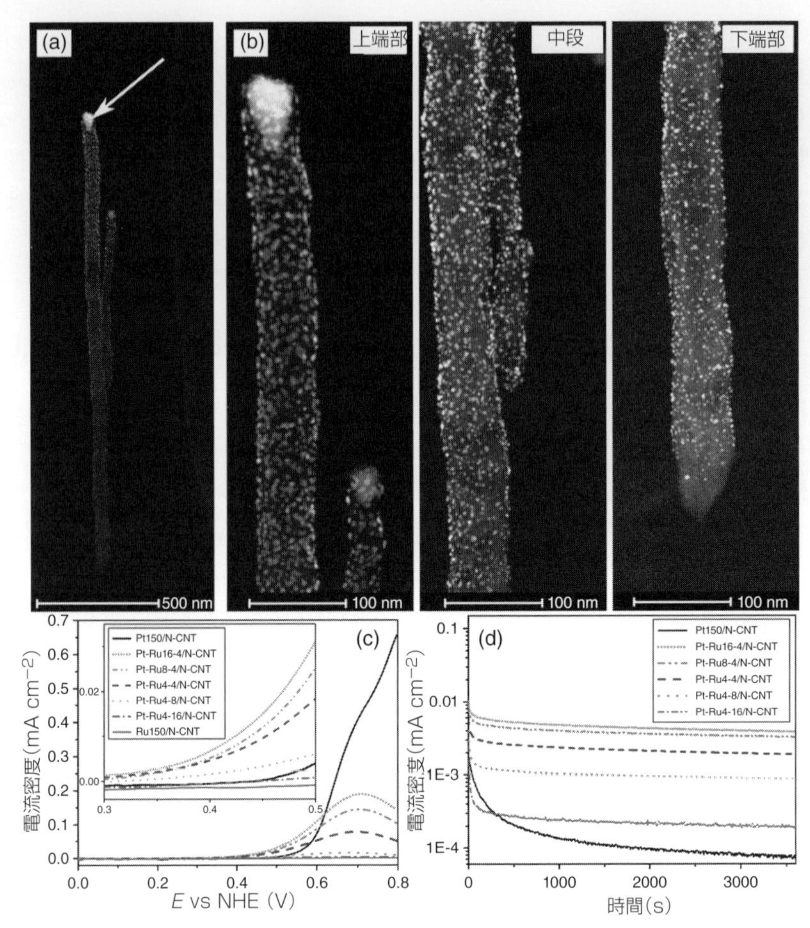

図 5.11 PtRu 触媒の STEM 画像および電流密度曲線 (a, b) ; PtRu 触媒 NP (ナノ粒子) で修飾された 1.8 μm 長の N-CNT の HAADF STEM 画像。矢印は CNT 成長触媒 (Ni) を指す。(c) ALD-Pt, ALD-PtRu, ALD-Ru 各触媒に対して 0.5 M H_2SO_4 + 1 M MeOH 中, 10 mV s^{-1} で測定されたアノード掃引 (第1回目の CV サイクル) の結果。(d) これら触媒に対して同じ電解液中で 0.4 V (vs NHE) で測定されたクロノアンペロメトリ曲線。
(Johansson et al. [32]。Elsevier 社の許諾を得て転載。) ((c) (d) は口絵参照)

化も証明された [32]。ALD 過程で PtRu 合金が生成するのは, どうやら Pt に比べて Ru の方が高い表面エネルギーをもつため, Ru が Pt 上で島状に核形成することが原因になっているようだ [31]。最近, PtRu NP を N-CNT 上に均一に堆積できることが Johansson et al. によって示された (**図 5.11** (a), (b) 参照) [32]。彼らは, MOR に対する組成をいろいろ変えて ALD-PtRu NP の電極触媒性能を調べた。1 回目のサイクルで得たアノードスキャンの結果によると, ALD-PtRu/N-CNT 触媒は, DMFC 電池 (直接メタノール燃料電池) にとって技術的にも関連性の高い領域での低過電圧時に非常に顕著な促進効果を示す (図 5.11 参照)。ただし, 高過電圧等には (たとえば 0.6 V 以上), ALD-PtRu/N-CNT の触媒電流は ALD-Pt/N-CNT のそれほど高くはない。なぜなら, この電位では Pt 単独でもそれなりの速度で水を解離して OH 基をつくり, 被毒性炭素種を酸化することができるからである。長期間の動作では, ALD-PtRu/N-CNT 触媒の方がはるかに良好な性能を示したが，これは，すべての ALD-PtRu/N-CNT 触媒が ALD-Pt/N-CNT 触媒に比べてより高い電流密度を与えた事実により証明された（図 5.11（d）参照）。

PtCo 合金　最近になって，ALD リアクタの中でカーボンブラック（Vulcan72R）上に PtCo NP を堆積すること成功したとの報告があった。それは，このカーボン担体をリアクタの中で 180℃ 6 時間にわたって順次 $Ptf(acac)_2$ と $Co(acac)_2$ に曝露することにより行われた[35,36]。注意しておくが，原著者らはこのプロセスを“ALD”だと主張しているが，その中には典型的な自己制限反応は含まれていない。NP の堆積は本質的には前駆体の熱分解から生じたものである。彼らは，比較のために PtCo 堆積後にさらに 1 回および 2 回の“ALD”サイクルを行ってそれぞれ PtCoPt 触媒と PtCoPtPt 触媒を合成している。すべてのサンプルが同一の実験バッチで得られたわけではないので，サンプルが異なるときの NP の粒径と分布に整合性がなく，したがって，お互いの間で相関関係を求めることは困難である[35]。しかし，彼らが行った電極触媒測定の結果によれば，PtCo 触媒は酸性溶液中での MOR と ORR の両方に対して顕著に改善された性能を示している。同じ著者らはまた，PtCo 触媒の EOR 性能をいろいろ温度を変えて調べ，“ALD”法による Co の導入によって EOR に対する触媒活性が効果的に改善されること，そして，その改善が主として 12 e^- の経路を介した反応の促進によることを結論している[36]。しかし，高温時安定性に乏しいことがこれらの触媒を実用燃料電池で使用する前に取り組むべき挑戦課題として残っている。

最近になって，一番目の金属表面上に二番目の金属を選択的に成長させ，担体上への直接成長は避けつつ単一金属の NP 生成を排除するという一般的戦略が報告された[34]。原著者らは，2 つの異なる金属の ALD 過程での堆積温度と表面化学の両方でおこるミスマッチ課題に対処するために，二番目の金属を一番目の金属の表面に選択的に堆積させるが酸化物担体表面には堆積させないようにするための適切な ALD 条件をまず確立した。そして，堆積シーケンスを精密にコントロールすることで PtPd，PdRu，および PtRu の良好な混合条件の二種金属合金を得ることに成功した。2 種類の金属の堆積を同じ温度で行い，合金ナノ粒子の粒径，組成，および構造の精密な制御を可能とした。しかし，これら二種金属合金 NP を用いた電極触媒テストは行われていない。

5.2.3.2　コア／シェルナノ粒子電極触媒の ALD

コア／シェル NP は，対応する合金の NP や単一金属 NP の混合体より優れた触媒特性を示すことがよくあるが，それは，コア／シェル界面で生じる格子歪みや異種金属結合による相互作用が表面の電子特性を変調して電極触媒反応を促進するからである[76]。

最近 Kessels とその共同研究者らは，酸化物基板上への一番目の金属コアの島成長とその一番目の形成金属 NP 上に引き続き二番目の金属シェルを選択的に堆積させるという方法により，ALD 法だけで Pd/Pt コア／シェル NP および Pt/Pd コア／シェル NP を製作できることを明らかにした[33,77]。たとえば，Pd/Pt コア／シェル NP を得るために，まず最初に，彼らは $Pd(hfac)_2$ と H_2 プラズマを前駆体として 100℃ で Al_2O_3 基板上に Pd の ALD を行った[33]。その結果，平均直径が 2.6（± 0.5）nm で密度が 8.6×10^{11} NP cm^{-2} の Pd NP が形成された。そのあと，真空を保ったまま $MeCpPtMe_3$ と O_2 ガスを前駆体として用い，300℃ で Pt の選択的成長を達成した。O_2 曝露中のときは，O_2 分圧として 7.5 Torr の低圧が使われた。この条件下では，Pt 成長にとって鍵になる O_2 の解離化学吸着（dissociative chemisorption）が事前に形成されている Pd NP 上でのみ起こり Al_2O_3 基板上では起こらない。その結果，Pt は Pd NP 表面上に選択的に堆積してコア／シェル構造を形成する（**図 5.12**（a），（b）参照）。これで得られた Pd/Pt コア／シェル NP の平均直径は 4.1（± 0.5）nm で，密度は事前に形成した Pd NP の値と事実上等しい。つまりこれは，Pt の ALD プロセスが新たに単体金属 Pt Np を作ることなく Pd コア上のみに生じることを示唆する。彼らはその後の研究で，Pd と Pt の ALD サイクル数をそれぞれ調節することによって，Pd コアの粒径と Pt シェルの厚みの両方をサブナノメータレベルで正確にチューニングできることを報告している[77]。彼らは，同じ方法を使って Al_2O_3 上に担持された Pt/Pd コア／シェルも製作している。さらに，彼らは，この Pt/Pd コア／シェル Np を高いアスペクト比をもつ GaP ナノワイヤの上にも堆積できることも示している（図 5.12（c）参照）。これは，Pt/Pd コア／シェルを半導体光電極触媒に使う新たな可能性を開いたといえる。

上で記した選択的 ALD を使えば Pd/Pt および Pt/Pd コア／シェル NP を首尾よく得ることができる。しかし，プラズマを使用するため大きな表面積をもつ基板には適さない。プラズマ中

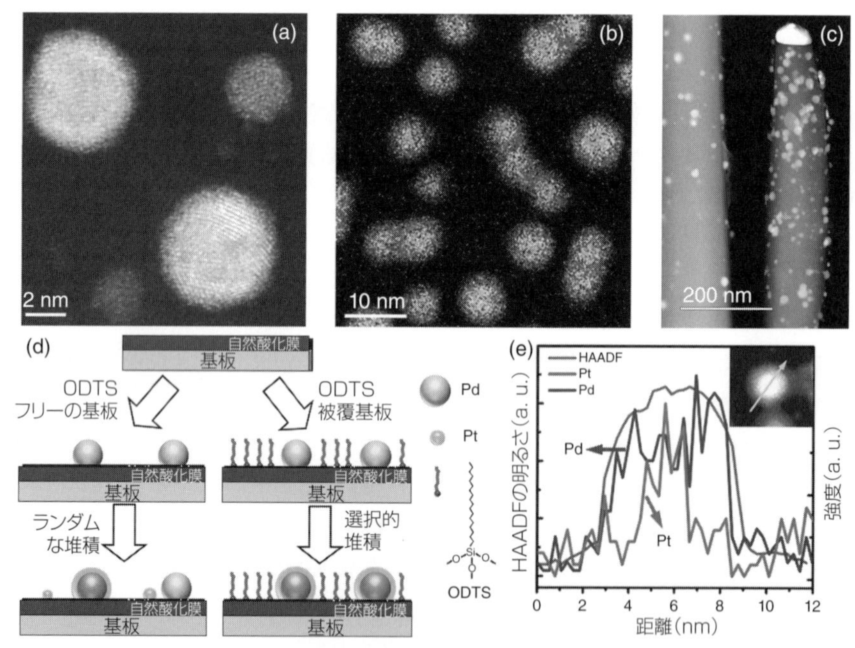

図 5.12　Pd/Pt および Pt/Pd コア／シェルの NP の堆積概念図など（150 サイクルの Pd；50 サイクルの Pt で）Al_2O_3 被覆 Si_3N_4TEM ウィンドウ上に成長させた Pd/Pt コア／シェル NP の（a）HAADF-STEM 画像と（b）EDX（エネルギー分散型 X 線解析）マッピング。（c）Al_2O_3 被覆 GaP ナノワイヤの上に Pt/Pd コア／シェルナノ粒子が堆積している様子を示す HAADF-STEM 画像。ナノワイヤの上端にある大きな粒子は金粒子で，VLS プロセスでナノワイヤを成長させるときに使用される。（Weber et al.［77］。イギリス物理学会の許諾を得て転載。）（d）ODTS で修飾された基板上に領域選択性 ALD 法を使ってコア／シェル NP を成形加工する概念図。（e）代表的な Pt/Pd コア／シェル NP の HAADF-STEM によるラインスキャンの結果。挿入図；HAADF-STEM 画像。（［78］から転載。http://www.nature.com/articles/srep08470 ではクリエイティブコモンズライセンス：https://creativecommons.org/licenses/by/4.0/）が使われている。）（口絵参照）

のラジカル種が内部界面に達する前に基板面で再結合してしまうのだ。さらに，Pd の ALD と Pt の ALD は異なる温度で遂行されているが，これはコア／シェル NP を成長させるのに実行上不便である。最近，Elam et al. は，適切な堆積温度と適切な共反応化合物（coreactant）を選ぶことにより，一定の堆積温度でプラズマを必要としない Pd/Pt と Pt/Pd のコア／シェル NP を製作した[34]。しかし，その達成には，ALD パラメータを細かく調節するのに多大の努力を必要とした。Chen と共同研究者らは熱的 ALD だけを使ってコア／シェル NP を製作することが可能な，一般性のある領域選択型 ALD 法を発表した[78]。彼らは基板表面を改質するためにオクタデシルトリクロロシラン（ODTS）の自己組織化単分子膜（SAM）を用いた。ODTS は ALD 前駆体と反応しないため，主金属（第一金属）と副金属（第二金属）の ALD は，図 5.12（d）に模式的に示すように SAMS のピンホールのなかで起こるだけである。とりわけ，2 番目の堆積段階では新たな核形成サイトは表面の ODTS SAM によって，効果的にブロックされる。このようにして，狭いサイズ分布の均一な Pd/Pt と Pt/Pd の各コア／シェル NP を高い収率でつくることができる（図 5.12（e）参照）。この手法はまた，別種の金属で構成されるコア／シェル NP の製作にまで拡張することができる。

5.3　遷移金属酸化物電極触媒の ALD

貴金属類およびそれらの合金は燃料電池および電解槽で使用されている最新の電極触媒なのだが，最近，MOR，ORR，および OER を含むいくつかの重要な反応を促進するうえで貴金属触媒に変わり得る有望な触媒として遷移金属酸化物（TMO）が浮かび上がってきた[79,80]。TMO はきわめて低価格で潤沢な天然資源でもあることから，貴金属触媒を TMO 触媒で置き換えることができれば燃料電池や電解槽の生産コストが下がる可能性もあり，これらデバイスの広範な利用が促進されることだろう。

TMO の堆積にも ALD は有力な手法である。しかし，ALD を使った TMO 触媒の堆積が現在おもな対象にしているのは光電気化学デバイスでの応用開発で，これについては第 8 章で詳しく述べる。燃料電池または電解槽での使用のために ALD 法で製作される TMO 触媒は，これまでほとんど注目されてこなかった[81～83]。

Tong et al. は 2012 年に，CNT-NiO ハイブリッドの製作について報告し，MOR に対する電極触媒の特性を報告した[81]。前駆体としてビス（シクロペンタジエニル）ニッケル（Cp_2Ni）を用い，共反応物としてオゾンを使うことにより，均質な NiO NP が CNT の表面に高い粒子密度で堆積した（**図 5.13**（a）参照）。彼らは，それまでの報告と違って，CNT に酸による前処理を行わなかった。彼らは，オゾン半サイクルのときに酸化された化学種や欠陥サイトを CNT 表面に導入され，NiO の核形成サイトがそれによって得られる。彼らは，NiO NT のサイズが ALD サイクル数とともに単調に増大し，100 サイクル後には 1.5 nm，600 サイクル後には 6.3 nm になることを示した。彼らは，さらに MOR に対する CNT-NiO の電極触媒活性もテストして，ハイブリッド触媒がメタノールの存在下で顕著な酸化電流を示し，また，市販品として入手可能な NiO ナノ粉末に比べて著しく長時間安定性が向上することを見出した（図 5.13 参照）。しかし，彼らは試料の比活性と質量活性に関してそれ以上の情報を提供することができなかった

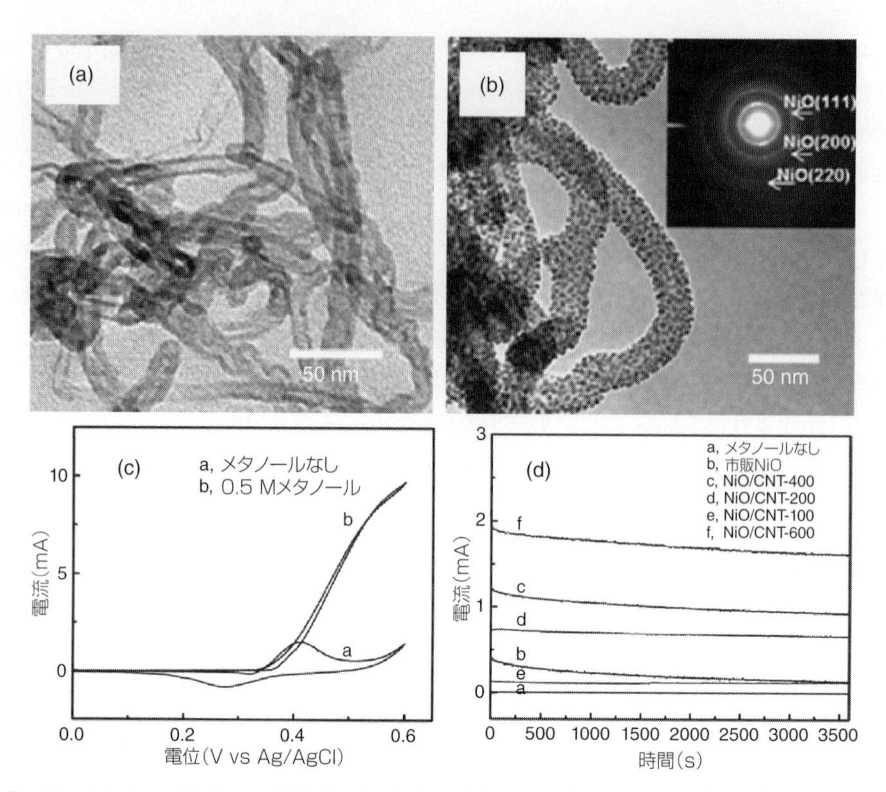

図 5.13　CNT の TEM 画像および性能曲線（a）そのままの CNT の TEM 画像。（b）400 サイクルの ALD 後に得られた CNT-NiO ハイブリッドの TEM 画像。挿入図は SAED パターン。（c）CNT-NiO 触媒について 0.5 M メタノール＋ 1 M KOH 溶液中，50 mV s^{-1} の掃引速度で測定されたサイクリックボルタモグラム。（d）担持量が異なる CNT-NiO 触媒について 0.45 V の vs Ag/AgCl 電位で記録されたクロノアンペロメトリ曲線）。（Tong et al. [81]。Wiley 社の許諾を得て転載。）

ため，関連文献との間で比較を求めることは困難である。

ORR と OER の両方に活性な二元性電極触媒として酸化マンガンが登場した [84]。Bent et al. は，ALD を使ってガラス状炭素基板の上に MnO_x 薄膜を堆積させて ORR および OER に対する堆積 MnO_x の電極触媒性能を調べた [82]。堆積したままの MnO_x はガラス状炭素の全表面を均一に被覆することがわかり（**図 5.14**（a）参照），そのときの Mn：O 化学量論比は 1：1 であった。その膜を空気中，480℃で 10 時間アニールしたものでは，MnO が Mn_2O_3 に変化した。そして膜は粗くて多孔性のものに変わった（図 5.14（b）参照）。おそらく，熱アニーリングの間に下地のガラス状炭素が反応したために生じた変化と考えられる。これら 2 種類のサンプルは異なる電極触媒性質を示した：MnO 膜は，ORR に対してきわめて貧弱な触媒活性しか示さないが，OER に対しては優れた触媒活性をもつ。一方 Mn_2O_3 膜は，ORR と OER の両方に対しきわめて良好な触媒活性を示し，その活性は貴金属参照触媒と同等なものであった（図 5.14（c），（d）参照）。MnO_x 以外では，Fe_2O_3 も OER でよく知られた TMO 電極触媒である。ただし，平面状の Fe_2O_3 薄膜は，Fe_2O_3 の電気伝導性が低いため通常貧弱な触媒活性しか示さない。ところが最近，適切なナノ構造化を施すことにより Fe_2O_3 電極の領域特異的触媒活性（area-specific

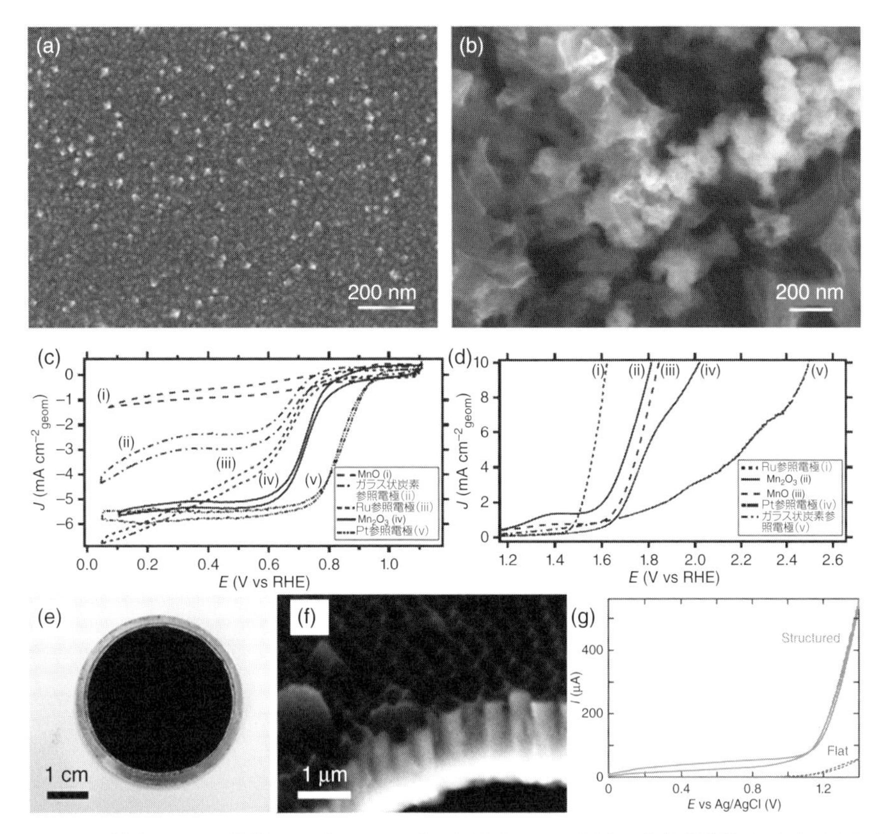

図 5.14　ALD-堆積 MnO_x 触媒のモルフォロジーを示す SEM 画像。(a) 堆積したままの MnO。(b) MnO を 400℃で 10 時間空気中でアニールして得られた Mn_2O_3。(c) O_2-飽和 0.1 M KOH 溶液の中で 1600 rpm でテストして得た MnO_x 触媒の酸素還元反応 (ORR) の性能。(d) O_2-飽和 0.1 M KOH 溶液の中で 1600 rpm でテストして得た MnO_x 触媒の酸素発生反応 (OER) の性能。(Pickrahn et al. [82]。John Wiley and Sons 社の許諾を得て転載。) (e) 多孔質 Fe_2O_3 電極のデジタル写真。(f) 多孔質 Fe_2O_3 電極の SEM 画像。(g) 新たに調整したナノ構造化電極 (緑色の曲線) と比較材電極 (赤色の点線) のサイクリックボルタモグラム。比較電極は，同じ巨視的表面積 (0.30 cm^2) をもつ平面電極で，Si 上にスパッタされた ITO 膜の上に Fe_2O_3 の ALD で調製されたもの。掃引速度：20 mV s^{-1}, pH=7。(Gemmer et al. [83]。Elsevier 社の許諾を得て転載。) ((e) (g) は口絵参照)

catalytic activity) が劇的に改善されることが Bachmann et al. によって示された [83]。彼らは，フェロセンとオゾンを前駆体とする ALD によって多孔質 AAO (アノード酸化アルミナ) テンプレートのなかに Fe_2O_3 を堆積した (図 5.14 (e) 参照)。その結果，Fe_2O_3 ナノチューブが垂直に配列したアレイが得られた (図 5.14 (f) 参照)。水の酸化に使用したところ，ナノ構造化 Fe_2O_3 電極では顕著な酸化電流密度の増大がみとめられ，平面の参照試料のそれと比べて 1 桁大きいという結果が得られた (図 5.14 (g) 参照)。

5.4 まとめと展望

ALD は，逐次的で自己制限的な表面反応がベースになっている強力な薄膜堆積技術で，それは，3 次元的な表面トポロジーをもつ基板上やあるいは高いアスペクト比の基板上に堆積が可能である。理想とはいえない ALD が結果的に離散化したナノ粒子を生成する場合がしばしばあり，これは，非常に多孔質に富む基板上に触媒クラスターを均一に分散させる方が望まれる不均一触媒の作製には興味深い手法になる。その点では，ADL を使った各種貴金属とそれら合金のナノ粒子を，うまく高表面積のカーボン担体上に堆積させることが可能となった。従来の作製法と比べて ALD は，粒径制御ができる触媒ナノ粒子を触媒の担体全表面にわたって一様に分散させることが可能である。しかも，触媒種と担体表面の間に強い化学的相互作用がつくられるため，ALD は触媒種を表面上で強固に不動態化することができると考えられている。したがって，ALD 由来の電極触媒と市販の電極触媒を燃料電池または電解槽に適用して比べた時に，前者の方が触媒活性と安定性で改善されることが示されている。

目覚ましい進展があったとはいえ，燃料電池や水電解槽で使われる電極触媒の製作での ALD の潜在力は今までのところまだ十分に発揮されていない。今後の努力は以下のような状況も踏まえて方向づけされるべきであろう。

1）前処理を必要としない新たな炭素ベースの触媒担体の使用。貴金属および合金のナノ粒子を炭素担体に堆積させるためには酸またはプラズマによる前処理が今でも必要である。しかし，多くのケースで炭素担体の化学的および電気的特性が前処理により劣化し，触媒性能も悪化する。したがって，本質的に高い電気伝導性と触媒の核生成のための十分な表面欠陥サイトを有する新規担体，たとえば N−ドープされた CNT/ グラフェンが使われるべきである。N ドープ CNT/ グラフェンはそれ自体がアルカリ溶液中で ORR に触媒活性を有し，ALD 堆積触媒の ORR にシナジー効果をもたらすことができる。

2）ALD 由来の合金およびコア／シェルの NP 触媒については，電極触媒の研究にさらなる努力が求められる。均一で粒径と組成の制御が可能な合金およびコア／シェルの触媒を製作するうえで，ALD が有力な手法であることは証明済みである。しかし，これら合金およびコア／シェル触媒の電極触媒性能は未だに不明確である。

3）DLFC 燃料電池で ALD 由来の Pt 触媒を使うにあたっては，全電池を用いた電気化学テストが必要である。現在までのところ，ALD 由来の Pt 触媒を用いる全電池テストはすべて H_2−O_2 燃料電池で行われている。DLFC での使用については，半電池反応（たとえば MOR，EOR，および FOR）の電気化学データだけが入手可能である。ALD 由来の Pt 触媒および Pt 合金触媒の利点を明確にするうえでは全電池の動作条件下でのテストが必須である。

4）電解槽で使用する触媒を積極的に開発しなければならない。ALD を使って電極触媒を製作する現在の努力はもっぱら燃料電池での応用に向けられており，電解槽のための HER 触媒や OER 触媒の開発を目指す研究はほとんどない。この状況は，この活気に満ちた分野での最近の急速な発展と結びつかない。

5）低価格な Pt フリーの電極触媒を開発すること。Pt は多くの電気化学反応に対してもっとも効率的な触媒であるが，高価で地殻中での利用可能性に限界がある。そのため，燃料電池や電解槽で大規模に使用することが事実上難しい。Pt をより安価な材料，たとえば Pd や地球に豊富な金属酸化物で置き換える傾向がこれまでにも存在した。Pd の ALD はすでに報告されているが，ALD 由来の Pd の動作条件下における電極触媒性能はまだ検証されていない。金属酸化物は，ORR での Pt の良き代替材料であると広く信じられている。ところが，ALD は金属酸化物の堆積手法として効果的な手法であるにも関わらず，ALD を使って合成された金属酸化物 ORR 触媒はほとんどない。

6) 無担体触媒の開発。無担体触媒は，担体触媒が動作条件下でしばしば悩まされる触媒の凝集，オストワルド熟成（Ostwald ripening），触媒ロスなどを緩和できると提案されてきた。ALD 由来の Pt ナノチューブを，無担体電極触媒として使ったという報告書もいくつかある。しかし，さらなる研究がやはり必要である。

謝辞

著者は，FCT Investigator Grant（IF/01595/2014）に感謝する。

参照文献

1 Vielstich, W., Lamm, A., and Gasteiger, H.A.（eds）（2003）*Handbook of Fuel Cells: Fundamentals, Technology, and Applications*, John Wiley & Sons, Inc..

2 Sorensen, B.（2012）*Hydrogen and Fuel Cells*, 2nd edn, Elsevier Ltd.

3 Bessarabov, D., Wang, H.J., Li, H., and Zhao, N.N.（2015）*PEM Electrolysis for Hydrogen Production: Principles and Applications*, Taylor & Francis.

4 Zhang, H.W. and Shen, P.K.（2012）*Chem. Soc. Rev.*, **41**, 2382–2394.

5 Carmo, M., Fritz, D.L., Merge, J., and Stolten, D.（2013）*Int. J. Hydrogen Energy*, **38**, 4901–4934.

6 Litster, S. and McLean, G.（2004）*J. Power Sources*, **130**, 61–76.

7 Chan, K.Y., Ding, J., Ren, J.W., Cheng, S.A., and Tsang, K.Y.（2004）*J. Mater. Chem.*, **14**, 505–516.

8 Wee, J.H., Lee, K.Y., and Kim, S.H.（2007）*J. Power Sources*, **165**, 667–677.

9 King, J.S., Wittstock, A., Biener, J., Kucheyev, S.O., Wang, Y.M., Baumann, T.F., Giri, S.K., Hamza, A.V., Baeumer, M., and Bent, S.F.（2008）*Nano Lett.*, **8**, 2405–2409.

10 Hsueh, Y.C., Hu, C.T., Wang, C.C., Liu, C., and Perng, T.P.（2008）*ECS Trans.*, **16**, 855–862.

11 Liu, C., Wang, C.C., Kei, C.C., Hsueh, Y.C., and Perng, T.P.（2009）*Small*, **5**, 1535–1538.

12 Dameron, A.A., Pylypenko, S., Bult, J.B., Neyerlin, K.C., Engtrakul, C., Bochert, C., Leong, G.J., Frisco, S.L., Simpson, L., Dinh, H.N., and Pivovar, B.（2012）*Appl. Surf. Sci.*, **258**, 5212–5221.

13 Shu, T., Liao, S.J., Hsieh, C.T., Roy, A.K., Liu, Y.Y., Tzou, D.Y., and Chen, W.Y.（2012）*Electrochim. Acta*, **75**, 101–107.

14 Hsieh, C.T., Chen, W.Y., Tzou, D.Y., Roy, A.K., and Hsiao, H.T.（2012）*Int. J. Hydrogen Energy*, **37**, 17837–17843.

15 Hsueh, Y.C., Wang, C.C., Liu, C., Kei, C.C., and Perng, T.P.（2012）*Nanotechnology*, **23**, 405603.

16 Hsueh, Y.C., Wang, C.C., Kei, C.C., Lin, Y.H., Liu, C., and Perng, T.P.（2012）*J. Catal.*, **294**, 63–68.

17 Sun, S.H., Zhang, G.X., Gauquelin, N., Chen, N., Zhou, J.G., Yang, S.L., Chen, W.F., Meng, X.B., Geng, D.S., Banis, M.N., Li, R.Y., Ye, S.Y., Knights, S., Botton, G.A., Sham, T.K., and Sun, X.L.（2013）*Sci. Rep.*, **3**, 1775.

18 Galbiati, S., Morin, A., and Pauc, N.（2014）*Electrochim. Acta*, **125**, 107–116.

19 Juang, R.S., Hsieh, C.T., Hsiao, J.Q., Hsiao, H.T., Tzou, D.Y., and Huq, M.M.（2015）*J. Power Sources*, **275**, 845–851.

20 Hsieh, C.T., Hsiao, H.T., Tzou, D.Y., Yu, P.Y., Chen, P.Y., and Jang, B.S.（2015）*Mater. Chem. Phys.*, **149–150**, 359–367.

21 Assaud, L., Schumacher, J., Tafel, A., Bochmann, S., Christiansen, S., and Bachmann, J.（2015）*J. Mater. Chem. A*, **3**, 8450–8458.

22 Hsieh, C.T., Liu, Y.Y., Tzou, D.Y., and Chen, Y.C.（2014）*J. Taiwan Inst. Chem. Eng.*, **45**, 186–191.

23 Hsieh, C.T., Liu, Y.Y., Tzou, D.Y., and Chen, W.Y.（2012）*J. Phys. Chem. C*, **116**, 26735–26743.

24 Rikkinen, E., Santasalo-Aarnio, A., Airaksinen, S., Borghei, M., Viitanen, V., Sainio, J., Kauppinen, E.I., Kallio, T., and Krause, A.O.I.（2011）*J. Phys. Chem. C*, **115**, 23067–23073.

25 Feng, H., Libera, J.A., Stair, P.C., Miller, J.T., and Elam, J.W.（2011）*ACS Catal.*, **1**, 665–673.

26 Liang, X.H., Lyon, L.B., Jiang, Y.B., and Weimer, A.W.（2012）*J. Nanopart. Res.*, **14**, 943.
27 Weber, M.J., Mackus, A.J.M., Verheijen, M.A., Longo, V., Bol, A.A., and Kessels, W.M.M.（2014）*J. Phys. Chem. C*, **118**, 8702－8711.
28 Assaud, L., Monyoncho, E., Pitzschel, K., Allagui, A., Petit, M., Hanbucken, M., Baranova, E.A., and Santinacci, L.（2014）*Beilstein J. Nanotechnol.*, **5**, 162－172.
29 Christensen, S.T., Feng, H., Libera, J.L., Guo, N., Miller, J.T., Stair, P.C., and Elam, J.W.（2010）*Nano Lett.*, **10**, 3047－3051.
30 Jiang, X.R., Gur, T.M., Prinz, F.B., and Bent, S.F.（2010）*Chem. Mater.*, **22**, 3024－3032.
31 Johansson, A.C., Yang, R.B., Haugshoj, K.B., Larsen, J.V., Christensen, L.H., and Thomsen, E.V.（2013）*Int. J. Hydrogen Energy*, **38**, 11406－11414.
32 Johansson, A.C., Larsen, J.V., Verheijen, M.A., Haugshoj, K.B., Clausen, H.F., Kessels, W.M.M., Christensen, L.H., and Thomsen, E.V.（2014）*J. Catal.*, **311**, 481－486.
33 Weber, M.J., Mackus, A.J.M., Verheijen, M.A., van der Marel, C., and Kessels, W.M.M.（2012）*Chem. Mater.*, **24**, 2973－2977.
34 Lu, J.L., Low, K.B., Lei, Y., Libera, J.A., Nicholls, A., Stair, P.C., and Elam, J.W.（2014）*Nat. Commun.*, **5**, 3264.
35 Sairanen, E., Figueiredo, M.C., Karinen, R., Santasalo-Aarnio, A., Jiang, H., Sainio, J., Kallio, T., and Lehtonen, J.（2014）*Appl. Catal., B*, **148－149**, 11－21.
36 Santasalo-Aarnio, A., Sairanen, E., Aran-Ais, R.M., Figueiredo, M.C., Hua, J., Feliu, J.M., Lehtonen, J., Karinen, R., and Kallio, T.（2014）*J. Catal.*, **309**, 38－48.
37 Utriainen, M., Kroger-Laukkanen, M., Johansson, L.S., and Niinisto, L.（2000）*Appl. Surf. Sci.*, **157**, 151－158.
38 Aaltonen, T., Ritala, M., Sajavaara, T., Keinonen, J., and Leskelä, M.（2003）*Chem. Mater.*, **15**, 1924－1928.
39 Mabena, L.F., Ray, S.S., Mhlanga, S.D., and Coville, N.J.（2011）*Appl. Nanosci.*, **1**, 67－77.
40 Chen, Y.G., Wang, J.J., Liu, H., Li, R.Y., Sun, X.L., Ye, S.Y., and Knights, S.（2009）*Electrochem. Commun.*, **11**, 2071－2076.
41 Chen, Y.G., Wang, J.J., Liu, H., Banis, M.N., Li, R.Y., Sun, X.L., Sham, T.K., Ye, S.Y., and Knights, S.（2011）*J. Phys. Chem. C*, **115**, 3769－3776.
42 Gong, K.P., Du, F., Xia, Z.H., Durstock, M., and Dai, L.M.（2009）*Science*, **323**, 760－764.
43 Tian, G.L., Zhao, M.Q., Yu, D.S., Kong, X.Y., Huang, J.Q., Zhang, Q., and Wei, F.（2014）*Small*, **10**, 2251－2259.
44 Soloveichik, G.L.（2014）*Beilstein J. Nanotechnol.*, **5**, 1399－1418.
45 Su, C.Y., Hsueh, Y.C., Kei, C.C., Lin, C.T., and Perng, T.P.（2013）*J. Phys. Chem. C*, **117**, 11610－11618.
46 Zhang, H., Zhou, W., Du, Y., Yang, P., Wang, C., and Xu, J.（2010）*Int. J. Hydrogen Energy*, **35**, 13290－13297.
47 Song, H., Qiu, X., Li, X., Li, F., Zhu, W., and Chen, L.（2007）*J. Power Sources*, **170**, 50－54.
48 Cheng, F.Y. and Chen, J.（2012）*Chem. Soc. Rev.*, **41**, 2172－2192.
49 Hsu, I.J., Hansgen, D.A., McCandless, B.E., Willis, B.G., and Chen, J.G.（2011）*J. Phys. Chem. C*, **115**, 3709－3715.
50 Xie, J., Yang, X.G., Han, B.H., Shao-Horn, Y., and Wang, D.W.（2013）*ACS Nano*, **7**, 6337－6345.
51 Cheng, N.C., Banis, M.N., Liu, J., Riese, A., Mu, S.C., Li, R.Y., Sham, T.K., and Sun, X.L.（2015）*Energy Environ. Sci.*, **8**, 1450－1455.
52 Cheng, N.C., Banis, M.N., Liu, J., Riese, A., Li, X., Li, R.Y., Ye, S.Y., Knights, S., and Sun, X.L.（2015）*Adv. Mater.*, **27**, 277－281.
53 Ferreita, P.J., Ia O', G.J., Shao-Horn, Y., Morgan, D., Makharia, R., Kocha, S., and Gasteiger, H.A.（2005）*J. Electrochem. Soc.*, **152**, A2256.
54 Debe, M.K.（2012）*Nature*, **486**, 43－51.
55 Chen, Z.W., Waje, M., Li, W.Z., and Yan, Y.S.（2007）*Angew. Chem. Int. Ed.*, **46**, 4060－4063.
56 Liu, L.F., Pippel, E., Scholz, R., and Gosele, U.（2009）*Nano Lett.*, **9**, 4352－4358.
57 Liu, L.F. and Pippel, E.（2011）*Angew. Chem. Int. Ed.*, **50**, 2729－2733.
58 Hsu, I.J., Kimmel, Y.C., Jiang, X.Q., Willis, B.G., and Chen, J.G.（2012）*Chem. Commun.*, **48**, 1063－1065.
59 Liu, R., Han, L.H., Huang, Z.Q., Ferrer, I.M., Smets, A.H.M., Zeman, M., Brunschwig, B.S., and Lewis, N.S.（2015）*Thin Solid Films*, **586**, 28－34.
60 Esposito, D.V., Hunt, S.T., Stottlemyer, A.L., Dobson, K.D., McCandless, B.E., Birkmire, R.W., and Chen, J.G.G.（2010）*Angew. Chem. Int. Ed.*, **49**, 9859－9862.
61 Yin, Z., Lin, L.L., and Ma, D.（2014）*Catal. Sci. Technol.*, **4**, 4116－4128.
62 Long, N.V., Thi, C.M., Yong, Y., Nogami, M., and Ohtaki, M.（2013）*J. Nanosci. Nanotechnol.*, **13**, 4799－4824.
63 Lei, Y., Lu, J., Luo, X.Y., Wu, T.P., Du, P., Zhang, X.Y., Ren, Y., Wen, J.G., Miller, D.J., Miller, J.T., Sun, Y.K., Elam, J.W., and Amine, K.（2013）*Nano Lett.*, **13**, 4182－4189.
64 Aaltonen, T., Ritala, M., Tung, Y.L., Chi, Y., Arstila, K., Meinander, K., and Leskela, M.（2004）*J. Mater. Res.*, **19**,

3353–3358.

65 Hamalainen, J., Puukilainen, E., Sajavaara, T., Ritala, M., and Leskela, M. (2013) *Thin Solid Films*, **531**, 243–250.

66 Lashdaf, M., Hatanpaa, T., Krause, A.O.I., Lahtinen, J., Lindblad, M., and Tiitta, M. (2003) *Appl. Catal., A*, **241**, 51–63.

67 Senkevich, J.J., Tang, F., Rogers, D., Drotar, J.T., Jezewski, C., Lanford, W.A., Wang, G.C., and Lu, T.M. (2003) *Chem. Vap. Deposition*, **9**, 258–264.

68 Zhu, Y.M., Khan, Z., and Masel, R.I. (2005) *J. Power Sources*, **139**, 15–20.

69 Ha, S., Larsen, R., and Masel, R.I. (2005) *J. Power Sources*, **144**, 28–34.

70 Lu, J., Lei, Y., Lau, K.C., Luo, X.Y., Du, P., Wen, J.G., Assary, R.S., Das, J., Miller, D.J., Elam, J.W., Albishri, H.M., El-Hady, D.A., Sun, Y.K., Curtiss, L.A., and Amine, K. (2014) *Nat. Commun.*, **4**, 2383.

71 Bing, Y.H., Liu, H.S., Zhang, L., Ghosh, D., and Zhang, J.J. (2010) *Chem. Soc. Rev.*, **39**, 2184–2202.

72 Zhao, X., Yin, M., Ma, L., Liang, L., Liu, C.P., Liao, J.H., Lu, T.H., and Xing, W. (2011) *Energy Environ. Sci.*, **4**, 2736–2753.

73 Long, N.V., Yang, Y., Thi, C.M., Minh, N.V., Cao, Y.Q., and Nogami, M. (2013) *Nano Energy*, **2**, 636–676.

74 Liu, B., Liao, S.J., and Liang, Z.X. (2011) *Prog. Chem.*, **23**, 852–859.

75 Strasser, P. (2009) *Rev. Chem. Eng.*, **25**, 255–295.

76 Lei, Y., Liu, B., Lu, J.L., Lobo-Lapidus, R.J., Wu, T.P., Feng, H., Xia, X.X., Mane, A.U., Libera, J.A., Greeley, J.P., Miller, J.T., and Elam, J.W. (2012) *Chem. Mater.*, **24**, 3525–3533.

77 Weber, M.J., Verheijen, M.A., Bol, A.A., and Kessels, W.M.M. (2015) *Nanotechnology*, **26**, 094002.

78 Cao, K., Zhu, Q.Q., Shan, B., and Chen, R. (2015) *Sci. Rep.*, **5**, 8470.

79 Doyle, R.L., Godwin, I.J., Brandon, M.P., and Lyons, M.E.G. (2013) *Phys. Chem. Chem. Phys.*, **15**, 13737–13783.

80 Hong, W.T., Risch, M., Stoerzinger, K.A., Grimaud, A., Suntivich, J., and Shao-Horn, Y. (2015) *Energy Environ. Sci.*, **8**, 1404–1427.

81 Tong, X.L., Qin, Y., Guo, X.Y., Moutanabbir, O., Ao, X.Y., Pippel, E., Zhang, L.B., and Knez, M. (2012) *Small*, **8**, 3390–3395.

82 Pickrahn, K.L., Park, S.W., Gorlin, Y., Lee, H.B.R., Jaramillo, T.F., and Bent, S.F. (2012) *Adv. Energy Mater.*, **2**, 1269–1277.

83 Gemmer, J., Hinrichsen, Y., Abel, A., and Bachmann, J. (2012) *J. Catal.*, **290**, 220–224.

84 Gorlin, Y. and Jaramillo, T.F. (2010) *J. Am. Chem. Soc.*, **132**, 13612–13614.

第6章 薄膜リチウムイオン電池用の原子層堆積

Ola Nilsen, Knut B. Gandrud, Amund Ruud, and Helmer Fjellvåg*

6.1 序論

リチウムイオン電池などの電気化学デバイスでは薄膜被覆の重要度が増している。この状況は，先端的な全固体型薄膜電池だけではなく，液体電解質を使う伝統的な粉末型電池にも等しく当てはまる。この観点では，原子層堆積(ALD)は特別な位置にあり，幾何学的に込み入った表面でさえ被覆膜厚を極度に制御してピンホールフリーの膜を作ることができる[1](第1章を参照)。ただし，これらの分野の現状は電池の設計原理から見ても，また，ALDによる関連プロセス開発の観点からも未完成な状態にあることを強調しておきたい。電池材料の被覆について，大規模実装に対する明確な解または設計が現時点では存在しないのである。そのことが，基礎的な研究と開発にとってこの分野を格別興味深いものにしている。この章では，リチウムイオン電池を進展させる目的にALDを応用することの位置づけと展望を記す。

界面の観点からいえば，可逆的電気化学システムはチャレンジングな対象である。電気化学ポテンシャルに大きな差が通常求められるリチウムベースの電池にはこのことがとくに当てはまる。電気化学電池はおおざっぱにいってカソード，電解質，そしてアノードで構成され，両側に電流取り出しのための集電体が加わる。充電された状態で電気化学ポテンシャルに大きな差があるカソードとアノードの間の反応が抑制される唯一の要因は，電解質の電子輸送能力がきわめて貧弱という事実である。しかし，カソードとアノード間の電気化学ポテンシャル差が大きくなると，さまざまな好ましくない反応が増える。典型的な例が電解質の分解反応と固体電解質界面(SEI)層の生成である[2]。ただしとくによくみられるのが，電気活性元素がカソードから溶出してそのあとアノードをメッキするケースや，電極とそれらの各電流コレクタ間の界面反応である[3,4]。これら望ましくない副反応があると，電気活性材料が失われ，また，電池のインピーダンスが全体として増大する。電気化学ポテンシャルと電池の総合的耐久性の間にはバランスがある。しかし，辛抱強く設計を最適化すれば体積容量，体積あたりの出力，比容量，および比出力が増加する方向に改善し続けるであろう。

好ましくない副反応を回避または制限する設計原理の一つに，特定界面の劣化メカニズムに

* *University of Oslo, Department of Chemistry, Centre for Materials Science and Nanotechnology (SMN), P.O. Box 1033 Blindern, 0315 Oslo, Norway*

Atomic Layer Deposition in Energy Conversion Applications, First Edition. Edited by Julien Bachmann.

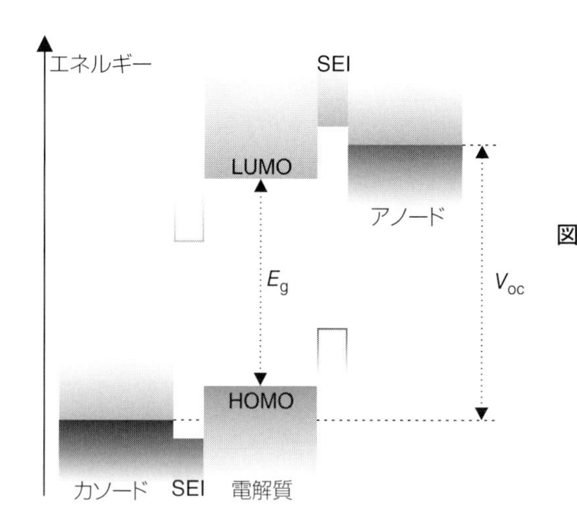

図 6.1　カソード側とアノード側の両方に SEI（固体・電解液間）膜をもつ電池における模式的エネルギーダイヤグラム。灰色に塗られた部分と色づけされた部分はそれぞれ空準位と被占有準位を示す。カソード側の SEI 膜の LUMO の位置およびアノード側の SEI 膜の HOMO の位置は任意性が大きい。V_{oc} は開回路ポテンシャル，E_g は電解質のバンドギャップを表す。（口絵参照）

対処するための耐久性をもつ界面の追加がある。この原理の背後にある全体的アイディアは Goodennough と Kim によって説明されている［2］。しばしば実際の電池で用いられる SEI（固体電解液層間）膜は，電池を安定性増大に導く点で確かにそのような界面層である。しかし，そのような膜には通常長期的安定性がなく，徐々に膜厚が増加してインピーダンス増大と活性材料の損失につながる。全体的な原理が**図 6.1** に転載されている。HOMO 準位と LUMO 準位（すなわち，それぞれ価電子帯と伝導帯）が電解質の電気化学的分解が阻止される高さに位置取りする界面材料の選択に関連づけられている。カソード側の SEI 層の HOMO 準位がカソードのフェルミ準位より低い位置にあれば，電解質とカソード間での酸化還元反応が阻止される。同様に，アノード電子の電解質への輸送を阻止するためにはアノード側の SEI 層の LUMO がそのフェルミ準位より高いレベルになければならない。

6.2　被覆粉末型電池材料の ALD による製造

ALD 被膜形成を介して行う SEI の安定化または生成阻止が多くのケースで大きな成功を収めている。粉末ベースの電池材料の被覆に関するかなり優れた総説が［5～7］に記述されている。これまでにテストされた材料タイプの例としては，Al_2O_3［8～16］，$LiAlO_2$［3］，TiO_2［17～20］，TiN［21,22］，HfO_2［23,24］，ZrO_2［25］，$LiTaO_3$［26］，LiF と AlW_xF_y［27］，および $FePO_4$［28］がある。ただ，これらの機能については電解質材料のタイプおよび電極材料のタイプとの関連で考えなければならない。こういった付加的な界面層を使用する場合には，良好な保護の達成とイオン伝導性の劣化や全体的容量の減少の防止との間でのバランスが肝心である。界面層の最適厚さは通常数サイクルの ALD で得られるから，適用されるそれら界面の多くがきわめて薄くて完全でピンホールフリーの被膜になるのは不可能であろう。

このようにして得られる層のいくつかでは，電気活性元素が電解質に溶出するのを防止するのが主要な機能である。そのときには，粒子表面にあって溶解しやすいサイトのパッシベーションが ALD 被覆の主要な役割になる。

カソード材料およびアノード材料のどちらについても ALD による被覆には付加的あるいは代替的な利点がある。カソード材料として $LiCoO_2$ を使う場合のおもな限界として，充電時に格子酸素原子が酸化に使われるまで Li の半分しか使えず，しかも好ましくない結果が伴うことがある。しかし，$LiCoO_2$ 粒子上に Al_2O_3 層を加えることにより活性 Li の比率範囲が 0.5 から 0.7 に増えることが証明されている。そのメカニズムは明らかでないが，構造的安定性の増大と関係しているはずである[29]。

最近は，炭素に代わるアノード材料としてシリコンが導入されている。しかし，サイクル時に大きな体積変化が起こることが課題になっており，最も自然に形成されたものであっても SEI 層の安定性を損ねてしまう。トリメチルアルミニウム（TMA）とグリセロールを使う分子層堆積（MLD）プロセスがシリコンアノード材料に適用されて，機械的に強く，しかも可撓性もあるバリアを作ることができた[30]。得られたナノシリコンコンポジット電極は，裸のナノシリコン材料のたったの 5 サイクルとは対照的に，100 サイクルにわたってほぼ 900 mAh g^{-1} の容量を達成することができた。同様に，リチウム硫黄電池の硫黄カソードに TMA とエチレングリコールが適用されて，無被覆カソード材料および Al_2O_3 被覆カソード材料に比べてサイクル寿命が大きく延びた[31]。

テスト済みとしてここまでに挙げた材料の大部分は，良好なイオン伝導体または電子伝導体としては知られていない。よって，電池の全体的インピーダンスを大きくすると思われる。このような被覆が自由に流れる粉末材料に用いられたときには，電極テープがつくられるときに粒子間の粒界や，粒子と炭素添加物間の界面にも同じ被覆が存在するであろうから，電極の全体的な電気伝導度が損なわれるであろう。このような効果を克服する一つの手順は，粉末自体ではなく最終的に得る電極テープを被覆することである[3,16]。これによって粉末の被覆に比べて過電圧（オーバーポテンシャル）が減少し，同時に反応速度（キネティクス）が改善される[16]。粉末材料ではなく電極テープを被覆する利点が，パッシベーションされた天然グラファイトアノードの高温特性によく現れている。高温では自然生成の SEI 層なら急速に劣化するところである[16]。Al_2O_3 で被覆された天然グラファイトは急速に劣化して，電気伝導度が落ちるために無被覆材料にも劣ってしまう。一方，被覆された電極テープは有意に改善された繰り返し特性を示す（**図 6.2** 参照）。これらの原理の間で生じるおもな結果は，ALD 反応器の設計と生産ロジスティクスに反映する。

パッシベーション層の電力容量を増加させる一つとして，パッシベーション層に固体 Li イオン伝導性材料を使う方法がある。この手法はすでに実証され議論されていて[3,26]，それぞれ $LiTaO_3$ および $LiAlO_2$ がパッシベーション層としてテストされた。これらの層は，初期高出力性能を実現する短時間間隔リチウム蓄電層として実際に機能している可能性がある。文献[28]にこの議論が示されていて，$LiNi_{0.5}Mn_{1.5}O_4$ の上でアモルファス $FePO_4$ が電気化学的バッファ層および Li 貯蔵層に使われている。無被覆粉末材料との比較で高速充放電性能と電気化学的安定性の改善が示されたが，全体としての容量が減少した。おそらく，$FePO_4$ の電気伝導度が比較的低いためであろう。

これまでの実験事実による限りでは，理想的なパッシベーション層には Li イオンと電子の両方に対する高い伝導度が求められる一方で，電解質に対する安定性も必要だということにな

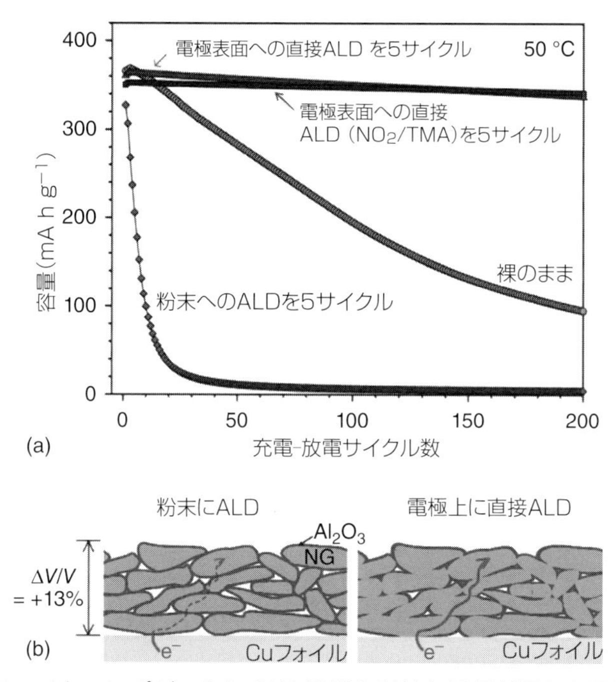

図 6.2　天然グラファイトコンポジットに ALD 被膜を付けた電極が示した電気化学的特性。(a) 50℃におけるサイクル特性。(b) 粉末上で ALD 処理したコンポジット電極と電極上で直接 ALD 処理したコンポジット電極のそれぞれの中での電子輸送の概念図。（Ju et al. 2010 [16]。John Wiley and Sons の許諾を得て転載。）（口絵参照）

る。電解質自体が分解して SEI 層を形成する場合には，電気伝導度との同時要請は相容れない。そのようなときには，パッシベーション層が電気絶縁性をもつべきであり，自由に流動する粉末の上というより調製済みのカソードテープの上に堆積することが望ましいと考えられる [16]。

6.3　ALD に関連する Li 化学

ADL による Li イオンを伝導する材料の堆積を実現するためには，Li が含まれている適切な前駆体が必要である。これまでに ALD 法で堆積された材料の多様さを考えると，一見これは些細なことのように思えるであろう [1]。含 Li 材料の堆積が最初に行われたのは 2009 年であった [32]。そのときにわかったことだが，酸化リチウムあるいは水酸化リチウム，ひいては多くの含リチウム化合物が吸湿性をもつため，“reservoir effect” として知られる現象が生じて成長が制御不能になる [33〜37]。後にわかったことだが，この現象は，成長中の膜内部での水分子の移動度だけでなく，リチウムイオンのバルク輸送にもあてはまる。その結果として，膜成長で得られる酸化物材料の厚い膜が，成長の最中ではなく最終段で一斉にリチウム化することも考えられることが示されている [38]。その影響で制御不能な膜成長になる可能性が高いため，ALD による含 Li 材料の堆積は他の材料の堆積よりチャレンジングである。

最近公刊された Nilsen et al. による総説に ALD のためのリチウムベース化学反応の現在の概

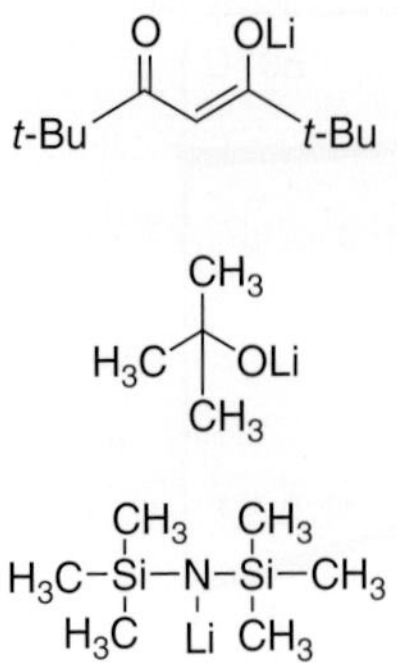

Li(thd)
リチウム(2,2,6,6-テトラメチル-3,5-ヘプタンジオナート)

Li(O^{t}Bu)
リチウム *tert*-ブトキシド

LiHMDS
リチウムヘキサメチルジシラザン
リチウムビス(トリメチルシリル)アミド

図 6.3　Li ベース材料の堆積において最も一般的な三つの前駆体

要が記されていて，11 種類の異なるリチウム前駆体が試験されたと報告されている［39］。この総説以後，新規 Li ベース化学反応を展開させたものはほとんどなく，むしろ Li (O^{t}Bu) 前駆体の応用に的が絞られている［3,26,37,40,41］。この前駆体は比較的安価であるとともに取り扱いが容易で，通常は 130～160℃で昇華して用いられる。しばしば使われる代替材料は Li (thd) で (Hthd = 2,2,6,6-tetramethyl-3,5-heptadione) および LiHMDS (HMDS = hexamethyldisilazane) で，それぞれ 175～200℃での昇華および 60～75℃での昇華により用いられる (**図 6.3** 参照)。

リチウムベースの材料が吸湿性をもつことはリチウムの堆積につきまとう問題で，さらに，堆積前に前駆体を扱う時の問題でもある。通常用いられるリチウム前駆体のうちでは Li (thd) が最も安定で，大気条件での保存および扱いになんら問題が生じない。しかし，これより揮発性が高い Li (O^{t}Bu) や LiHMDS を扱うときには状況が違う。どちらもグローブボックスの外では劣化するので，大気中での扱いを最小に抑えなければならない。もっとも広く使われるリチウム源が 2 種類あるが，それらが多用される理由が昇華温度が低いこと，堆積時の熱安定性が比較的良好なことにあるというのは一種のパラドックスといえよう。

6.4　薄膜電池

家電品の開発があまりに進んでしまった現在，さらに前進するためには特化したエネルギー源が必要になっている。粉末電極と液体電解質を用いるポーチ型のリチウムバッテリーでは，来るべき IoT 時代に向けた携帯型製品をウェアラブルデバイスや隠ぺい型エネルギー源に抜本的な再設計することは不可能である。これら挑戦的課題に対するソリューションは，固体電解質を用いた薄膜構造型の電池を使うことである。そのような新規電池は，いくつかの設計が商業的に利用可能であることが実証されており，それらはスパッタリングなどの製造法におもに立脚している。それら固体薄膜型電池の実現に向けてのチャレンジは，液体ベースの電池に比べたときに現行の固体電解質のイオン伝導度に限界があることであった［42］。液体ベースの電解質は，室温において通常 10^{-3} S cm^{-1} 程度のイオン伝導度をもっている。一方，現時点で最良の市販固体電解質の値は 10^{-6} S cm^{-1} 程度に過ぎない［42］。この章で取り上げる例を通して分かることだが，材料が薄膜として堆積されるときには比伝導度が低くなるのが通例である。ただし，このようなことが起こる理由はさまざまあると思われ，現時点では不明である。

全固体型電池設計への切り換えで生じるおもな利点としては，フレキシブル電池など薄型形状から派生する新しい可能性に加えて，可燃性の高い液体電解質の不使用による安全性の向上，SEI 層の形成がなくなることによる長時間安定性の向上にある。しかし，現在のおもな欠点の一つは，容量が 1 mAh cm^{-2} よりわずかに大きいだけということである（THINERGY, Infinite Power Solution）。現在使われている固体電解質はスパッタ LiPON で，実用の厚みが 1 µm 以上である。（ただし，はるかに薄い膜も実現されている［43］）。この厚みは，液体ベースの電解質に比べてかなり大幅な減少である。しかし，伝導度が比較的貧弱なことを考えると，取り出し可能な全出力はまだ低いと言わざるを得ない。このたぐいの電池の実用を予見したときは低電力でよかったことを考慮すると，最初の頃はさほど問題とはならなかった。それでもこれは，電池の急速充電のさまたげになったであろう。もし，著しく薄い電解質が製造可能であり，なおかつ ALD の任務であるピンホールフリーが維持できるのであれば，出力特性は向上するであろう。さらに，電極を現行の 2D 表面設計から複雑な 3D 構造体設計に切替えれば出力はさらに増大するだろう［44］。

薄膜電池では薄い固体電解質が有利である。しかし，全体容量を維持ないし増大するためにはかなり厚いカソードとアノードが必要となり，それはまた高い power rate 達成の可能性を阻害することになろう。厚い被膜形成が ALD にとっての挑戦課題かもしれない。ただ，電解質にとって有利であるとして前に言及したものと同じ複雑な 3D 構造を適用すれば基板表面積当たりの容量でみるかぎり，その構造上の薄い被覆は厚い被覆として見なすことができるだろう。さらに，薄い層でバッテリーを構築すれば，材料の大部分は使用期間を通して電気化学的に活性を保持するであろう［45～48］。3 次元構造の全固体型電池の実現が薄膜電池に関する昨今の研究開発における最優先課題とされている。

6.5　固体電解質を作るための ALD

3D 全固体電池の実現に必要なことの一つとして，良好な固体電解質の堆積プロセスがある。このような候補となりうる多くのものがこれまでにいくつか ALD 法で堆積されている。ただ，それらのどれ一つとして満足するに足るイオン伝導度を示していないが，それでも，低出力設計あるいは粉末ベースの電極のバリア材料としては使用可能であろう。

6.5.1　Li_2CO_3

Li_2CO_3は，コントロールされた形でのALD堆積が実施された最初の含リチウム化合物であった［32］。そのときには，前駆体として［Li（thd）＋O_3］の組合せを使って堆積されたが，Li_2CO_3 は，Li_2O または LiOH を生成するどんなプロセスでも空気に曝露された場合に結果として生じる典型的な副産物である。

LiHMDS 前駆体［LiHMDS＋H_2O＋CO_2］（LiHMDS ＝ヘキサメチルジシラザンリチウム）に対しても同様なパルススキームが適用された。均一膜が形成され，そのときのサイクル当たり成長速度は0.35 Å/ サイクル，堆積温度範囲は89～380℃であった[36]。LiHMDS前駆体はシリコンを含んでいるが，堆積膜はシリコン不純物をほとんど含んでいない。これはおそらく配位子交換型の単純な反応機構を示唆するものである。同様な反応スキームが[Li(O^{t}Bu)＋O_3＋CO_2]の組み合わせによるQCM(水晶微小天秤)を用いた研究でも試行され，初めの約25サイクルの反応シーケンス後に安定な成長が得られることが証明された[33]。

Li_2CO_3はイオン伝導度が室温でおよそ10^{-10} S cm^{-1}であり，良好なイオン伝導体とみなされていないが[49]，液体ベース電解質中のアノード上に生成するSEI層の成分になると一般的には予想されている。

6.5.2 Li-La-O

リチウムランタン酸化物(Li−La−O)は，リチウムランタンチタン酸塩(LLT)電解質材料の開発に向けた一歩として，[Li(thd)＋O_3]＋[La(thd)$_3$＋O_3]を使って堆積された，Li/La比全領域にわたりリチウム含有量を制御することが可能であった。しかし，選択された前駆体の組み合わせでは大量の炭酸塩が膜中に組み込まれてしまうことが分かった[32]。

6.5.3 LLT

ペロブスカイトベースのLLT材料$Li_{0.32}La_{0.30}TiO_z$が，リチウムイオン導電材料として可能性のあるものとして[Li(O^{t}Bu)＋H_2O]＋[$TiCl_4$＋H_2O]＋[La(thd)$_3$＋O_3]の組み合わせを用いてALDにより堆積された[50]。均一な膜を得るためには，異なる組み合わせをもつ前駆体に対するパルス順序が重要であることが明らかにされた。

[Li(O^{t}Bu)＋H_2O]のパルスの前に[$TiCl_4$＋H_2O]のパルスを行ったときには，塩素系の汚染物質を多く含む比較的不均一で空気に敏感な膜が得られた。同様な系についてその後行われた実験でも，塩素ベースの化学反応がリチウムベースのプロセスと直接には適合しないという事実を指摘している[51]。全リチウム含有量はパルススキームにより非線形に変化した。1×[$TiCl_4$＋H_2O]＋3×[La(thd)$_3$＋O_3]＋n×[Li(O^{t}Bu)＋H_2O]のパルススキームを適用したときには，Li含量を20 at.%までしか制御できなかった(**図6.4**参照)。後で示すように，いくつか他のプロセスでもLi含量について類似した制約が観察されている。

LLT(リチウムランタンチタン酸塩)材料は，その潜在的にはるかに高いLiイオン伝導率によって，全固体リチウムイオン薄膜電池におけるLIPON(リン酸リチウムオキシナイトライド)に置き換わる有力な候補とみなされている[52]。しかし，薄膜として堆積されたときに実際に達成されたイオン伝導率は，まだかなり低い。加えて，金属リチウムへの安定性に限界があるため，リチウムアノードとして使うためには，たとえば$LiAlO_2$のようなバリア層が必要になるであろう。

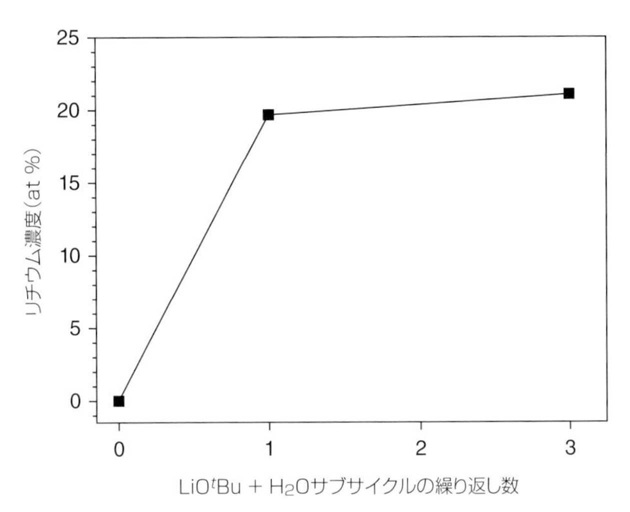

図6.4 TOF-ERDA法（飛行時間型弾性反跳粒子検出法:Time of Flight-Elastic Recoil Detection Analysis）で測定した膜のLi含有量。パルス印加スキーム400×(1×TiO_2+3×La_2O_3+n×Li_2O)サイクル中の他に続くリチウムサブサイクル数nの関数として測定したもの。（Aaltonen et al. 2010 [50]。イギリス化学会の許諾を得て転載。）

6.5.4 Li-Al-O ($LiAlO_2$)

アルミニウムを含むALDプロセスがどれだけよく知られているかを考えれば，アルミ酸リチウム(lithium aluminate)の生成はALDにうってつけの課題だと言えよう。理想的には$Li_xAlO_{1.5+x}$をつくる目的で今まで試みた計画ではすべて，[TMA+H_2O]または[TMA+O_3]と組み合わせた[LiO^{t}Bu+H_2O]プロセスが使われてきた[3,34,35,37]。驚くことに，サイクル当たりの速度が2.8 Åにまで達するという成長速度が両方のプロセスで観察された。[34,35]のプロセスをQCMとFTIRの解析で調べると，TMAとそれに先立つ[Li(O^{t}Bu)+H_2O]の堆積サイクルの間で著しい質量増加の傾向が見られる。TMA曝露間に生じる質量増加は前段の[LiO^{t}Bu+H_2O]サイクル数に依存し，全体的な成長が[TMA+H_2O]サイクル数から受ける影響は小さい。この挙動は，Li-Al-O材質中でLi含量をより高い方向に制御することを困難にする。おそらく水分が，バルク材料によりサイクル中にreservoir-effectを介して吸収され，放出されて成長速度が制御不能になるのであろう（**図6.5**参照）。[LiO^{t}Bu+H_2O]+[TMA+O_3]プロセスに関するさらに詳細な研究では，パルス比と得られる組成の間には何の関係も存在しないことが明らかとなった[37]。Li/Alパルシング比を変えても膜の組成，マイクロ構造，あるいは電気的性質は何ら影響を受けないのである。

インピーダンス分光法によって$LiAlO_2$材料のイオン伝導度が調べられており，90℃では1×10^{-7} S cm^{-1}程度[34]，室温では5.6×10^{-8} S cm^{-1}程度[3]の値が得られた。そのイオン伝導度は，理想的電解質材料としては多分低すぎるのであろうが，昨今のアノード材料向けには安定であり，アノードと交互する電解質の間に使うバリア層としての利用[53]，そしてまた，サイクリング時にカソード材料の安定性を延ばすための保護層としての利用[35]が提案されている。$LiNi_{0.5}Mn_{1.5}O_4$/グラファイトリチウムイオン電池の電気化学的安定性を改善する能力

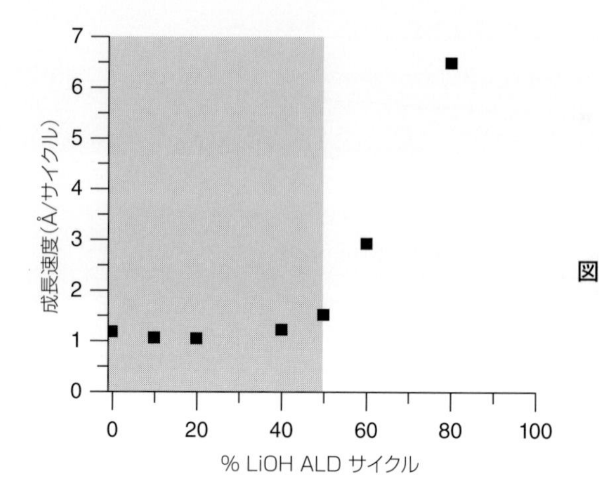

図 6.5　エリプソメトリ法で測定した Li-Al-O の成長速度を% LiOH ALD サイクルの関数として示した。グレーで陰影をつけたエリアは，ALD サイクルの関数として一定の，直線的成長が見られる安定成長領域を表わす。(Comstock and Elam 2013 [35]。アメリカ化学会の許諾を得て転載。)

も実証され[3]，Al_2O_3 の類似膜に比べてとくに高温での性質が有意に改善されることが示された。

6.5.5 $Li_xSi_yO_z$

LiHMDS(ヘキサメチルジシラザンリチウム)は $Li_xSi_yO_z$ シリコンとリチウムを含む前駆体で，オゾンと反応させてリチウムシリケート(珪酸リチウム)をつくるうえで最適な単一原料前駆体である[54,55]。成長速度は強い温度依存性を示し，150～400℃の堆積温度範囲でサイクル当たり0.3 Åから1.7 Åにわたって変化する。ただし，優れた均一性と良好な厚みコントロールは保持される。堆積膜の化学量論的値は温度依存性をもち，堆積温度が高くなると Li 含量は低下する。Li_2SiO_3 および Li_4SiO_4 に対して報告されている電気伝導度は 10^{-8}～10^{-7} S m^{-1} の範囲だが[56]，これらリチウムシリケートは有力な電解質材料である。例えば Al のようなイオン伝導度を高めることが分っている他元素と合金化することにより，この伝導度を実用的な値にまで引き上げるという見込みはある。

6.5.6 Li-Al-Si-O

アルミノシリケート(アルミノケイ酸塩)は，[Li(O^tBu)＋H_2O]プロセス，[TMA＋H_2O]プロセス，および[TEOS＋H_2O]などのプロセスを使って得られる(TEOS ＝テトラエチルオルトシラン)[41]。290℃で堆積した材料はアモルファス(非晶質)だが，900℃でアニーリングすれば結晶化して $LiAlSiO_4$ になる。室温でのその膜のイオン伝導度をインピーダンスから求めた値は 10^{-7}～10^{-9} S cm^{-1} で，活性化エネルギーは膜の組成により 0.46 eV から 0.84 eV までの値を示す[41]。

6.5.7　$LiNbO_3$

$LiNbO_3$ は強誘電体材料としてもっともよく知られている。しかし，Li イオン伝導体でもある。伝導度は結晶化度によって異なり，10^{-9}〜10^{-5} S cm^{-1} の範囲であり，アモルファス（非晶質）材料のときに最大値となる[57−59]。$LiNbO_3$ は，235℃で[LiHMDS + H_2O]と[Nb(OEt)$_5$ + H_2O]の2つのプロセスの組み合わせを使って ALD により堆積されている[60]。その研究の目的は，リチウムイオン伝導体を生成することではなく，前駆体パルスの比率を変えることにより広い範囲にわたり Li 含量を制御できることを示すことであった。得られた膜は均一で，Li リッチな組成にもかかわらず堆積過程は自己律速的であった。その結果として大きな濃度勾配が得られている。シリコンが含まれる前駆体が選択されたが最終的に得られた膜にシリコンは検出されなかった。

6.5.8　$LiTaO_3$

強誘電性とイオン伝導性の 2 つの面で $LiNbO_3$ と関連がある $LiTaO_3$ は，225℃で[LiO^{t}Bu + H_2O]と[Ta(OEt)$_5$ + H_2O]を使って ALD により堆積された[26,40]。どちらのプロセスも保護膜として堆積したものであり，高電圧ベースのカソード材料である $LiNi_{1/3}Co_{1/3}Mn_{1/3}O_2$ の上の保護膜として[26]，また 3D 電池構造への応用性を確かめるためにその高アスペクト比の表面上の保護膜としての堆積であった。室温で測定された被膜のイオン伝導度は 2×10^{-5} S cm^{-1} であった。これで被覆されたカソード材料は高い厚み依存性を示し，薄膜での充放電容量は増大し，低い電圧セットオフ（5 層被膜で 3.0〜4.5 V）がもたらされる。一方，より厚い被覆（10 層被膜）は電極の劣化を少なくする目的に最適である。

6.5.9　Li_3PO_4

結晶性の Li_3PO_4 は，[Li(O^{t}Bu) + TMPO]（TMPO = リン酸トリメチル）という前駆体組合せを使うと，サイクル当たりほぼ 0.7 Å の成長速度で形成される。あるいは，前駆体としては[LiHMDS + TMPO]でもよい[61]。LiHMDS を使った場合の成長速度は，275〜350℃の範囲での堆積で，サイクル当たりおよそ 0.4 Å から 1.3 Å にまで増加する。結晶性 Li_3PO_4 はそれ自身の上に重ねて使うにはいささか高すぎる電子伝導度になるが，強く求められている電解質材料すなわち，金属 Li に対する良好な電気化学的安定性を示すリン酸リチウムオキシナイトライド（LiPON）の形成に対しては明らかな貢献を示す。

6.5.10　Li_3N

LiHMDS はまた NH_3 とも直接反応して窒化物 Li_3N を生成するが，この生成物は比較的空気に敏感な化合物である[36]。この窒化物は 167℃のときにサイクル当たり成長速度 0.95 Å で均一に堆積したが，そのときに必要とされたパルス時間は比較的短かかった。窒化リチウムは

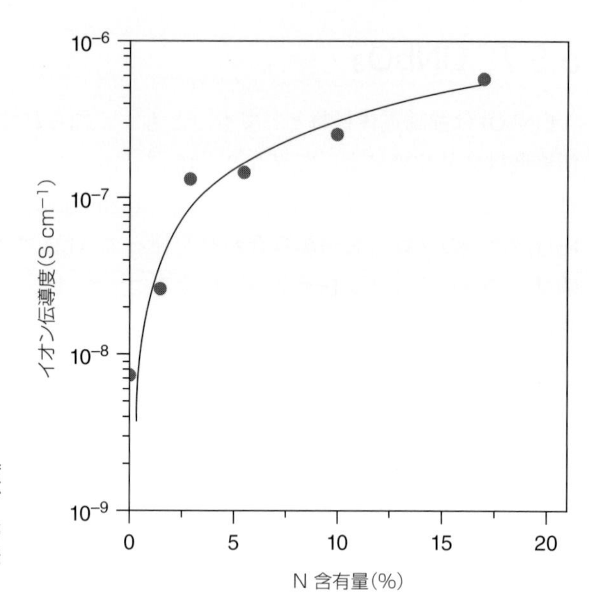

図 6.6　ALD LiPON 薄膜のイオン伝導度を N 含有量の関数として半対数グラフで表したもの。(Koze et al. 2015 [65]。アメリカ化学会の許諾を得て転載。)

良好なイオン伝導体だが[62]，絶縁破壊電圧が低いため，純粋な状態での電池への実用的使用は無理である[63]。ただ，この窒化物の生成は，Li イオン電池用としてさらに適切な材料の開発に向けた一歩とみなすことができるであろう。

6.5.11　LiPON

LiPON（リン酸リチウムオキシナイトライド）はイオン伝導度が 10^{-6} S cm^{-1} 台，活性化エネルギーが 0.5 eV で，最も一般的に使われる固体薄膜電解質である[64]。LiPON の堆積には PVD と CVD の両方が使われてきたが，プラズマ ALD による堆積が可能なことが最近報告された[65]。250℃でパルスシーケンス Li(O^tBu)＋H_2O＋TMP＋$^PN_2$ により非晶質膜と結晶性膜の両方が堆積された。N_2 含有量と結晶化度は $^PN_2$ のパルス時間を変化させることで調節された。パルス時間が 0〜20 s のときに N 含量が 0%から 16.3%に変化し，$^PN_2$ パルス持続時間が 7 s のときに非晶質 LiPON から結晶性 LiPON への相転移が起こった。

イオン伝導度は，**図 6.6** に示すように膜の N 含量に依存する。電気化学的インピーダンス分光法によって室温におけるバルクのイオン伝導度は最高値として 1.45×10^{-7} S cm^{-1} が得られたが，この値は PVD 法で堆積された膜として報告されている値より多少低くなっている。

LiPON がイオン伝導体に変化する上で決定的と思われる部分は P-N 結合の存在であろう。Nisula et al. は，プラズマなしでそれを実現するために，この機能性をすでにもっているジエチルホスホロアミダート($H_2NP(O)(OC_2H_5)_2$)を前駆体として使用した[66]。230℃〜330℃の温度範囲で LiHMDS パルスと($H_2NP(O)(OC_2H_5)_2$)を交互にパルス的に導入することによって非晶質（アモルファス）膜を生成した。3D 構造の Si 基板上への均一な堆積が得られたことにより，プラズマ ALD に対する熱 ALD の優位性が立証された。

イオン伝導度を決定するために，どちらの手法もインピーダンス分光法を用いている。イオン伝導度の値として Kozen et al.[65] は 1.45×10^{-7} S cm^{-1}，一方 Nisula et al.[66] は 6.6×10^{-7} S cm^{-1} という値を報告している。これらの値は，PVD ベースの LiPON 材料に対してすでに報告されている値（複数）より多少低くなっている [64]。

6.5.12 LiF

純粋な LiF の堆積は光学部品にとって最も関係が深いが，Li_3AlF_6 や Li_2NiF_4 のような Li イオン伝導材料では室温における伝導度が 10^{-6} S cm^{-1} 程度の材料では重要な成分となる [67]。前駆体として [Li(thd) + TiF_4] の組み合せを使ってフッ化リチウムの ALD 堆積が報告されている。250℃から 350℃の温度範囲，サイクル当たり 1.5～1.0 Å の成長速度で得られたこの膜は結晶性である [68]。このプロセスは，堆積シーケンスに $Mg(thd)_2$ を追加することで，膜中に Mg 不純物を含むことなくさらに改善することができる [69]。

6.6 カソード材料のための ALD

さまざまなカソード材料が ALD によって堆積されている。そのうちのいくつかはリチウムを含まない帯電状態で堆積されていて，堆積プロセスが簡単化されている。

6.6.1 V_2O_5

Li イオンカソード材料を ALD 法で堆積した最初の報告は 2003 年であった。そのときにはリチウムインターカレーション（intercalation：間に差し込むという意。※）のメカニズムを研究するためのモデル材料として V_2O_5 が使われた [70]。酸化バナジウムは，[$VO(O^iPr)_3 + H_2O$] プロセス（$VO(O^iPr)_3$ = バナジルトリイソプロポキシド）により 105℃の堆積温度でつくられた。堆積として得られた非晶質（アモルファス）は，空気中における 400℃でのアニーリングにより

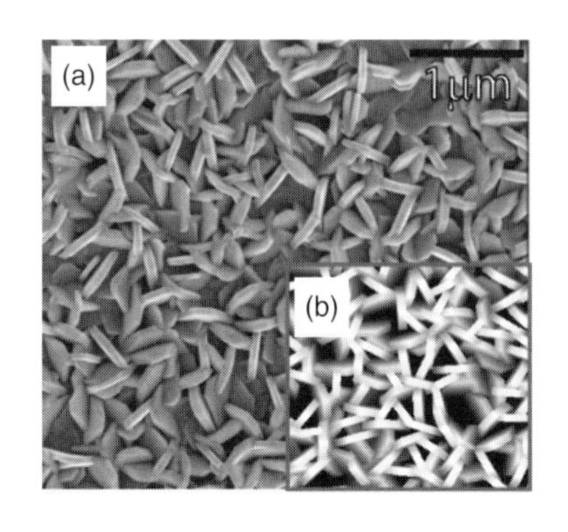

図 6.7 (a) シリコン基板に対する 5,000 ALD サイクルで得られた V_2O_5 サンプルの SEM 画像。プレート状のモルフォロジーがみえる。(b) 5,000 サイクルで堆積した試料と等価な表面のシミュレーション。（Østreng et al. 2014 [47]. http://pubs.rsc.org/en/content/articlehtml/2014/ta/c4ta00694a, creative commons license：CC BY SA 3.0 https:llcreativecommons.org/licenses/by/3.01. のもとで使用。）

※訳注：ゆるい層状構造をなすその層と層との間に多くのイオン P 分子を侵入させること。

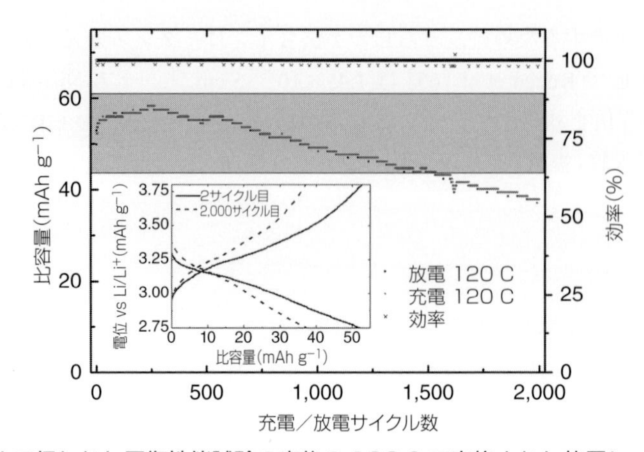

図 6.8　960 C まで行われた反復性能試験の直後の 120 C で実施された放電レートサイクリング安定性。グレーの部分は，初期の容量（120 C で 55 mAh g^{-1}）と比べて容量が劣化により 80%を切らない範囲を示す。クーロン効率は 100%に近い。挿入図：2 サイクル目と 2,000 サイクル目で得られる充電−放電特性曲線。(Østreng et al. 2014［47］. http://pubs.rsc.org/en/content/articlehtml/2014/ta/c4ta00694a, creative commons license：CC BY SA 3.0 https:llcreativecommons.org/licenses/by/3.0/ のもとで使用。)

V_2O_5 に結晶化した[70]。類似のアモルファス V_2O_5 膜の電気化学特性はモデル材料として調査され[45]，結晶性の膜との比較で優れた特性が確認されている。非晶質材料は，Li 含有量が $Li_{2.9}V_2O_5$ になるまでの Li 可逆インターカレーションが可能であり ω-V_2O_5 および γ-V_2O_5 の不可逆的相転移の制約なしに実現できる。その結果，4 V から 1.5 V のサイクル間で 200 nm 膜に対し 455 mAh g^{-1} の容量が達成された。しかし，比容量は膜厚とともに低下した。

非晶質材料では表面粗度がきわめて低い均一膜が得られるが，結晶性のものでは成長時に通常粗い膜が得られ，界面面積が大きくなる。[$VO(O^iPr)_3 + H_2O$]プロセスと[$VO(O^iPr)_3 + O_3$]プロセスがそれぞれ非晶質膜と結晶性膜を与え，それらの膜の電気化学的特性が文献[46]で比較されている。結晶性膜では 1 Li/V_2O_5 と 2 Li/V_2O_5 の非晶質膜より容量が大きいが，3 Li/V_2O_5 と同程度の容量になる。

[$VO(thd)_2 + O_3$]プロセスを使っても酸化バナジウムを成長させることができるが，堆積温度によって表面の組織（テクスチャ）は著しく変化する[47]。235℃で堆積させたときにとりわけ粗い表面組織が得られるが（**図 6.7** 参照），そのときの酸化物は，2.75〜3.80 V の範囲の 1C サイクリングに対して 105 mAh g^{-1} までの電気化学容量を示す。電流のサイクリング範囲は，V_2O_5 当たり 1Li の挿入及び 147 mAh g^{-1} の理論容量に対応する。表面積が大きいため，この材料の高速放電時の容量は驚くほど良好である。120℃の充放電サイクリングに対しては，650 サイクル数にわたって比容量が 56 mAh g^{-1} で保持され，また，電池がその初期容量の 80%を割り込むまでに 1,530 回の充放電サイクルを持続した（**図 6.8** 参照）。

6.6.2 $LiCoO_2$

$LiCoO_2$ は，$Li(O^tBu)$ 前駆体を O_2 プラズマプロセスの中で $CoCp_2$ と組み合わせて使うこと

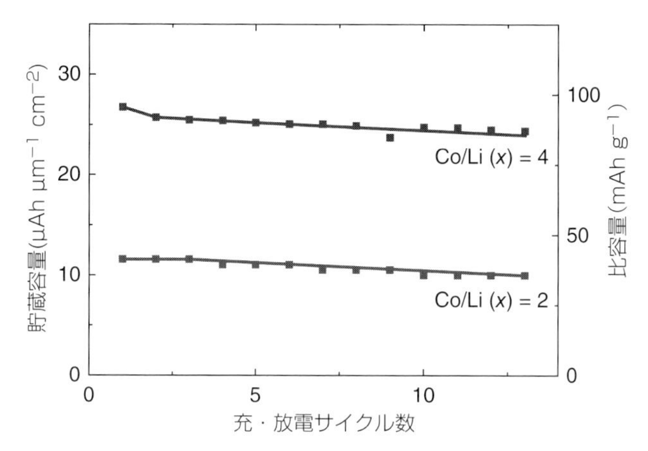

図 6.9 ALD 法で Si/TiO_2/Pt 上に堆積した $LiCoO_2$ 膜 (x=4) について，エチレンカーボネート／ジエチルカーボネート (EC/DEC 1/1) 液体中の $LiClO_4$ を液体電解質に使って得られた，3.0 V と 4.1 V の間での定電流充電・放電サイクリング。サイクリング時に可能な電気化学的貯蔵容量を x=2 および 4 について示してある。x は Co/Li パルス比を表す。（Donders et al. 2013 [71]。イギリス電気化学会の許諾を得て転載。）

により堆積させることができる [71,72]。堆積温度が 325℃においてサイクル当たりの成長速度が 0.6 Å であるとの報告があり，良好に飽和したパルス挙動を示している。得られた膜を電気化学的に活性化するためにはこのあと 700℃でアニーリングする必要があり，その結果，電気容量は思ったより多少低いとはいえ良好なサイクル挙動を示した (**図 6.9** 参照)。活性が低くなる原因としては，成長時またはその後に続く熱処理の際に炭酸リチウムの生成によりリチウム材料が失われることが考えられる。

6.6.3 MnO_x/$Li_2Mn_2O_4$/$LiMn_2O_4$

ALD による酸化マンガンの堆積ではさまざまな方法が用いられている。代表的なものではマンガン源に [Mn(thd)$_3$ + O_3] または [Mn(CpEt)$_2$ + H_2O] が使われる [73,74]。どちらのプロセスも電気活性な材料を得るために，いくつかのリチウムベースのプロセスと組み合わされる [38]。[Mn(thd)$_3$ + O_3] と [Li(O^{t}Bu) + H_2O] を組み合わせることにより，200 mAh g^{-1} に近い容量値を示す高度に電気活性なスピネル化合物が得られる (**図 6.10** 参照)。電気化学特性が劣るとはいえ同じタイプのスピネル化合物が [Mn(thd)$_3$ + O_3] と [Li(thd) + O_3] プロセスを組み合わせたときも，得られている。[Li(O^{t}Bu) + H_2O] プロセスについても [Mn(EtCp)$_2$ + H_2O] プロセスとの組み合わせでテストされていて，Li-Mn-O 材料が得られている。ただ，このときには Li の組み込みが欠失し，また，堆積膜から Mn が事実上失われる。[Li(O^{t}Bu) + H_2O] プロセスが [LiHMDS + H_2O] プロセスで置き換えられたときにも類似の状況が観察された。この状況の由来が MnO の化学エッチングなのかあるいは表面の不活性化なのかは今後の研究課題である。[LiHMDS + H_2O] プロセスを [Mn(thd)$_3$ + O_3] プロセスに組み合わせたときには，不均一で XRD (X-ray Diffraction) での非晶質の膜が得られた。

6.6.4　堆積後のリチウム化

MnO_2 と V_2O_5 の両方とも，［Li(thd)＋O_3］および［Li(O^tBu)＋H_2O］プロセスに基づく Li_2CO_3 被覆層の堆積により，リチウム化することが可能なことが証明されている［38］。それは Li_2CO_3 の生成というのではなく，酸化膜全体がそれぞれ電気活性な $Li_xMn_2O_4$ と $Li_xV_2O_5$ に変換されるのである。この観察は，堆積時の Li 移動度が比較的高いことを証明し，ALD は自己飽和型表面反応を呈するという従来の視点に一石が投じられたことを意味する。同様な試みが，TiO_2，Al_2O_3，ZnO，Co_3O_4，Fe_2O_3，NiO，および MoO_3 の堆積膜でも行われたが，類似のリチウム化は観察されず，その効果は材料に依存することが示された。堆積膜のリチウム化は，Li_2CO_3 膜の堆積後の高温アニーリング中の固体反応によっても達成されている。

6.6.5　$LiFePO_4$

リン酸鉄リチウム (lithium iron phosphate) 膜の成長が初めて報告された反応は，［Li(thd)＋O_3］，［Fe$(thd)_3$＋O_3］，および［Me_3PO_4＋(H_2O＋O_3)］の3つのプロセスの組み合わせであった［75］。得られたままの膜は非晶質だが，アルゴン中で 10% H_2 の存在下，500℃でアニーリングして $LiFePO_4$ 相に結晶化する。しかし，堆積した化合物に対する電気化学的調査によると，この物質はかなり不活性である。

より電気活性の高い $LiFePO_4$ は［$FeCp_2$＋O_3］＋［TMPO＋H_2O］＋［LiO^tBu/H_2O］のプロセスの組み合わせを用いて報告された［76］。その薄膜は 300℃で CNT 上に堆積され，その非晶質膜はアルゴン中 700℃でのアニーリングにより斜方晶構造に結晶化した。0.1 C (1 C ＝ 170 mA g^{-1}) における放電容量として 150 mAh g^{-1} が達成されているが，容量が 60 C の放電率でも保たれているとすればこれは 50%に近い値である。

興味深いことに，膜が $FePO_4$ として堆積され，集合体電池の状態でリチウム化が実施されるなら，一層高い電気活性をもつ化合物が得られる［48］。$FePO_4$ のアモルファス電極が［Fe$(thd)_3$＋O_3］と［TMPO＋(H_2O＋O_3)］プロセスの組み合わせを使って 246℃で堆積したが，このようにつくられた電極は優れた電気化学特性を示し，容量は 1 C の充放電速度に対して理論的限界値である 178 mAh g^{-1} に達する値になり，そのサイクリング特性についても，少なくとも 600 サイクルにわたって安定な容量を示した。

さらに，この非晶質化合物の薄膜が臨界電極厚以下になると擬コンデンサーの働きを示し，2,560 C (1.4 s の充電／放電) のときにその電極の理論電気容量の 50%を供給することができ非出力が 1 MW kg^{-1} 以上という極度に容易な動態が得られる。加えて，このアモルファス電極は 10,000 サイクルにわたって 320 C (11 s の充電／放電) の値でサイクルすることが可能であり，スーパーキャパシタに劣らない優秀なサイクル特性が得られる。

$FePO_4$ は，200～350℃で［$FeCP_2$＋O_3］＋［TMPD＋H_2O］プロセスを使う方法でも N-ドープ CNT 上につくられている。得られた構造体は，100 サイクル後の 1 C で 41 mAh g^{-1} の放電容量を付与することが可能なカソード材料として機能する［91］。この章の初めの部分で記したが，同じコーティングが $LiNi_{0.5}Mn_{1.5}O_4$ に対して保護膜として使われている［28］。

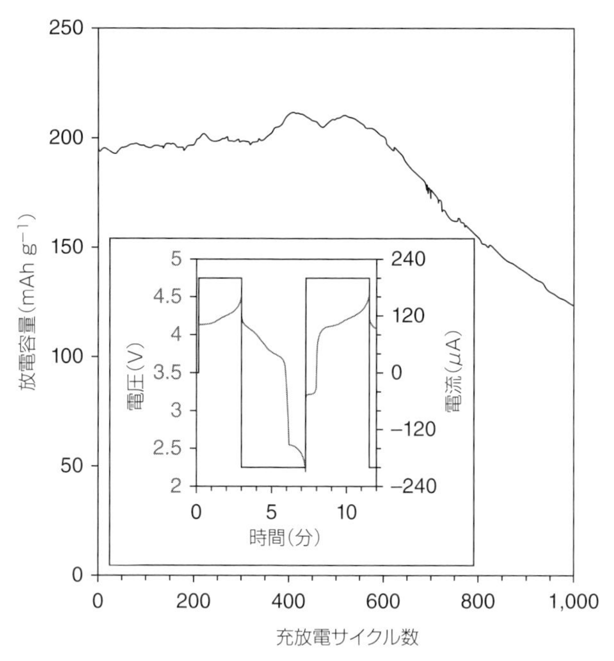

図 6.10　200 サイクルの [LiO^{t}Bu + H_2O] 処理により得られた 86 nm の MnO_2 カソードに対し，200 μA で 1,000 充放電サイクルを行ったときの放電容量と第一サイクルの電位差位 (potentiogram)（挿入図）。

6.6.6 硫化物

今まで述べた高ポテンシャル酸化物に対するアプローチに対して代替の方法となるアプローチでは，いくつかの酸化ステップを利用することができるしばしば変換材料として知られる低ポテンシャル材料を狙いとする。そのような変換カソード材料として硫化銅と硫化ガリウムが最近検討されている [77〜79]。そのときの硫化銅は前駆体に bis (*N*,*N*'-di-*sec*-butylacetamdiinato) dicopper (I) (CuAMD) と H_2S を使って SWCNT（単層カーボンナノチューブ）の上に堆積された。得られた構造は，100 mA g^{-1} の電流密度 0.01〜3.00 V の電圧サイクルに対して 250 mAh g^{-1} を超える容量を示し，200 サイクル以上にわたって目立った劣化は生じなかった。GaS_x は 125〜225℃の温度範囲でヘキサキス-(ジメチルアミド) di ガリウムと硫化水素を使い，生成された。高いアスペクト比をもつシリコン構造体の上への堆積は均一で，0.01〜2.00 V の電圧窓の中で，320 mAh g^{-1} の電流密度のもとで 770 mAh g^{-1} の高い比容量が達成された [78]。

6.7 ALD によるアノード材料製作

ALD の手法でアノード材料を堆積した例は限られており，おもにチタン酸塩 (titanate) と変換材料 (conversion material) に関連する。最近，リチウムイオン電池用のアノード材料に適するものとして WN（窒化タングステン）が示唆されている [80]。

純 TiO_2 は ALD を使って容易に堆積することができ，アノード材料としての適性が以下のごとく何度も示されている。たとえば，酸化チタンは多くの結晶相をもつが，そのうちアナターゼ※1は最も電気活性な材料で，TiO_2 式量単位当たりにして 0.5 Li を挿入することができ，Li/Li^+ に近い 1.55 V の起電力を生じる[81]。ALD により堆積される TiO_2 を Li イオン電池に適用するおもな狙いは，大表面積構造体上にコーティングすることであった。

アルミニウムのナノロッド構造体をコーティングすることによって TiO_2 の面積容量が 10 倍になった[82]。3D 多孔質陽極酸化アルミナテンプレートを使って TiO_2 のナノワイヤネットワーク構造体も形成された[83]。TiO_2 はニッケルメッキを施したタバコモザイクウィルス（TMV）の上にも，アノード材料として堆積され，面積容量の増大とサイクル性能の大きな改善が示された[84]。ペプチド集合体を犠牲鋳型（sacrificial template）として使って厚さが 15 nm の TiO_2 中空ナノリボンがつくられた[85]。このような中空構造体は，その中空構造の中にも電解質が貯蔵できるのでとくに有益である。陽極酸化アルミナ鋳型の内側の TiO_2 被膜層の厚みを変化させて TiO_2 のサイズ依存性が調べられた[86]。総合的にみてベストな特性が厚みが 5 nm の膜で得られ，そのときの比容量は 330 mAh g^{-1} で非常に優れた性能であった。

含 Li 酸化チタンの堆積は，[Li(O^tBu)+H_2O] と [Ti(O^iPr)$_4$+H_2O] プロセスの組み合わせ[33,34,51]，および [Li(O^tBu)+H_2O] と [$TiCl_4$+H_2O] プロセスの組み合わせ[51,87]によって実現した。[Ti(O^iPr)$_4$+H_2O] プロセスが用いられたときには，Li の組成を広範囲でコントロールすることができ[51]，得られた結晶性堆積膜は空気中で安定であった[51]。一方，[$TiCl_4$+H_2O] プロセスを適用したときには，得られた膜における Li 濃度が比較的低く，しかも膜はかなり空気に敏感であった[51]。

酸化状態では，酸化コバルトは典型的なカソード材料と見なされている。しかし，酸化コバルトはリチウムイオン電池の変換アノードとしても使うことができ[88]，そのとき，Co_3O_4 あたり 8 Li の電位容量は次の反応式（6.1）にしたがう。

$$Co_3O_4 + 8Li \rightleftharpoons 3Co + 4Li_2O, \quad \Delta E^\circ = 1.87\,\mathrm{V\ vs\ NHE}^{※2} \tag{6.1}$$

この膜は，[$CoCp_2$+O_2 プラズマ] プロセスによって堆積され，40 nm の膜厚の Co_3O_4 は，少なくとも 70 サイクルにわたって 1,000 mAh g^{-1} の容量をまかなうことができた。これは，機械的な劣化から変換材料を安定化されるための ALD の潜在能力を示すものである。

窒化タングステンは，[W(CO)$_6$+NH_3] プロセスを使う ALD によって得られたが，これは新しいタイプのアノード材料の開発を目指した研究であった[80]。ホスト材料は高い電気伝導性をもち，ステンレス鋼ディスク上に約 53 nm の厚みで堆積したときにおよそ 5.5 μAh cm^{-2} の安定した容量を与えた。CNT の上に堆積したときには容量は約 25 μAh cm^{-2} にまで増加した。

※訳注 1：anatase，正方晶系のチタン酸化鉱物
※訳注 2：NHE：Normal Hydrogen Electrode，標準水素電極

6.8 展望

電気化学的なエネルギー貯蔵材料の未来は，基礎研究と開発の2つの視点から見ても明るい。新しいタイプの設計や材料系が実現するかどうかが問題ではなく，開発がどの方向に進むかがポイントになる。その意味では，これは，エネルギー密度およびパワー密度の両方の入手可能性に依存するが，さらに大きく依存するのが長期的にみた電気化学的安定性と稼働時の安全である。消費者から出される要求はきわめて多岐にわたるため，全方位的に妥協点を見い出す必要が出てくるであろうが，その結果としていくつかの設計と材料系の同時開発･実装につながっていくだろう。このような設計で決定的な位置を占めるのが，ピンホールフリーの固体イオン型電解質の堆積可能性だが，これはALDが得意とする領域である。

粉末ベース材料[89]と多孔質表面のパッシベーションでALDプロセスのスケールアップが成功したことは，長寿命のハイエンドなバルク電極の実現を可能にするだろう。その分野は，堆積技術およびパッシベーション層の選択という面でいまだ未成熟のままだが，それは，とりわけ電極タイプと電解質化学への依存性が強いという理由からである。

現在選択されている固体電解質は，効率的な全固体電池を製造するうえで不十分である。しかし，新規材料に対する提案は次から次へ出ている[42]。適切なALD堆積プロセスがこれらの提案の後に続くことと思われる。この章で示したプロセスの多くは現在入手可能なスパッターによる2D電池を改良するのに適していると思われる。このことが十分実証されたときに，容量と出力を組み合せた3D電池構造が出現することだろう。このタイプの構造に関してより薄い膜が要求されているので，ALD法は電極材料自体の堆積に関しても早晩スパッタリングプロセスと競合することになるだろう。もともとは低電力での稼働が想定された薄膜電池に大出力が可能になることで，急速充電への機会も開かれるだろう。そのような電池に対して注目されている分野の一つが，スマートカード内部でのエネルギー貯蔵である。高出力設計にすれば，通常の使用時にユーザーに気づかれることなくカードを充電することができる。大スケールALDリアクターが実現すれば，上述の設計をさらに発展させて電池とキャパシタ間のギャップがブリッジされた擬似キャパシタにすることもできる[90]。

現在の分野に求められる必要条件の一つは，適切なリチウムベースのALDプロセスの実現である（**表6.1**参照）。この実現は，通常のALDプロセスと比べて材料の組み合わせにはより敏感なことが分っており，それは主に，リチウムには吸湿性があることと，さらにそれがなければ困るのだが，堆積時に動きやすいことによる。新しいリチウムベースの前駆体とプロセスが間違いなく現れるだろう。現在の私たちは，パッシベーション層としてのMLD（分子層堆積）材料の実装がまさに始められたことを知っており，大きな体積変化を示す材料に適した剛性と柔軟性が追求されている。このような性質を具えた材料は，将来の設計においても電解質および電気活性コンポーネントとして求められるに違いない。

それがもつ高い比容量が追い風となって，今や照準は主としてリチウムベースの材料に向けられている。しかし，薄膜電池を考えたときに，電流コレクタ材料およびパッケージ材料に対して求られる体積から，これが2次的なものになる可能性がある。ALDは，適切な固体電解質の開発に向いているだけではなく，先端的なナトリウム電池に対するパッシベーションプロ

表 6.1　ALD 法で堆積された Li 化合物

化合物	前駆体の組み合わせ	結果	参照文献
Li_2CO_3	[Li(thd) + O_3]	Li_2CO_3(185－300℃)，約0.30 Å per cycle	[32]
	[Li(O^tBu) + H_2O + CO_2]	Li_2CO_3(225℃)，QCM分析	[33]
	LiHMDS + H_2O + CO_2]	Li_2CO_3(89－380℃)，約0.35 Å per cycle	[36]
Li_2O Li(OH)	[Li(O^tBu) + H_2O]	Li_2CO_3(225℃)，QCM分析	[33]
Li-La-O	[Li(thd) + O_3] + [La$(thd)_3$ + O_3]	Li-La-O炭酸塩生成が付随(225℃)，Li含量制御は良好	[32]
Li-Ti-O	[Li(O^tBu) + H_2O] + [Ti$(O^iPr)_4$ + H_2O]	$Li_4Ti_5O_{12}$ on N-CNT(250℃)，約0.61 Å per cycle	[87]
	[Li(O^tBu) + H_2O] + [Ti$(O^iPr)_4$ + H_2O]	$Li_4Ti_5O_{12}$(225℃)，0.55 Å per cycle, Li含量制御は良好．生成時は結晶性かつ空気中で安定な膜	[51]
	[Li(O^tBu) + H_2O] + [$TiCl_4$ + H_2O]	$Li_x Ti_y O_z$(225℃)，1.5 Å per cycle, Li低濃度，空気に敏感な膜	[51]
LLT	[Li(O^tBu) + H_2O] + [$TiCl_4$ + H_2O] + [La$(thd)_3$ + O_3]	$Li_{0.32}La_{0.30}TiO_z$(225℃)，0.45 Å per cycle. LiパルスごとのLi量増加は非線形	[50]
	[Li(O^tBu) + H_2O] + [La$(thd)_3$ + O_3] + [$TiCl_4$ + H_2O]	$Li_xLa_y TiO_z$(225℃)，不均一膜	[50]
Li-Al-O	[Li(O^tBu) + H_2O] + [TMA + O_3]	$LiAlO_2$(225℃)，2.8 Å per cycle, QCM分析	[34]
	[Li(O^tBu) + H_2O] + [TMA + H_2O]	$LiAlO_2$(225℃)，QCM分析	[34]
	[Li(O^tBu) + H_2O] + [TMA + H_2O]	$LiAlO_2$(225℃)，QCM + FTIR解析	[35]
	[Li(O^tBu) + H_2O] + [TMA + H_2O]	$LiAlO_2$(225℃)，$LiNi_{0.5}Mn_{1.5}O_4$粉末上に被膜，室温でのイオン伝導度5.6×10^{-8} S cm^{-1}	[3]
	[Li(O^tBu) + H_2O] + [TMA + O_3]	$LiAlO_2$(225℃)，組成およびパルス速度にほとんど無関係	[37]
Li-Si-O	[LiHMDS + O_3]	Li_2SiO_3(200－300℃)，QCM + MS解析	[54]
	[LiHMDS + O_3]	Li_2SiO_3(150－400℃)，0.3－1.7 Å per cycle	[55]
Li-Al-Si-O	[Li(O^tBu) + H_2O] + [TMA + H_2O] + [TEOS + H_2O]	$LiAlSiO_4$(290℃)，堆積時は非晶質， 伝導度は10^{-7}－10^{-9} S cm^{-1}	[41]
$LiNbO_3$	[LiHMDS + H_2O] + [Nb$(OEt)_5$ + H_2O]	$LiNbO_3$(235℃)，0.5 Å per cycle. Si-フリーフィルム，良好なLi含量コントロール	[60]
$LiTaO_3$	[Li(O^tBu) + H_2O] + [Ta$(OEt)_5$ + H_2O]	$LiTaO_3$(225℃)， イオン伝導度：2×10^{-8} S cm^{-1}(室温)	[26,37,40]
Li_3PO_4	[Li(O^tBu) + TMPO]	Li_3PO_4(225－300℃)，0.7－1.0 Å per cycle	[61]
	[LiHMDS + TMPO]	Li_3PO_4(275－350℃)，0.4－1.3 Å per cycle.	[61]
Li_3N	[LiHMDS + NH_3]	Li_3N(167℃)，0.95 Å per cycle	[36]
LiP ON	[LiO^tBu + H_2O + TMP + $^pN_2$]	LiPON(250℃)，1.05 Å s^{-1}, $^pN_2$パルス長によりN含量を制御。イオン伝導度：1.45×10^{-7} S cm^{-1}(室温)	[65]
	[($H_2NP(O)(OC_2H_5)_2$) + LiHMDS]	LiPON(250－330℃)，0.7－1.0 Å s^{-1}, イオン伝導度：6.6×10^{-7} S cm^{-1}(室温)	[66]
LiF	[Li(thd) + TiF_4]	LiF(250－350 0℃)，1.5－1.0 Å per cycle	[68]
	[Li(thd) + TiF_4] + [Mg$(thd)_2$ + TiF_4]	LiF(300－350 0℃)，1.4 Å per cycle	[69]
$LiCoO_2$	[Li(O^tBu) + $^pO_2$] + [$CoCp_2$ + $^pO_2$]	$LiCoO_2$(325℃)，0.6 Å per cycle	[71,72]
Li-Mn-O	[Li(thd) + O_3] + [Mn$(thd)_3$ + O_3]	$LiMn_2O_4$(225℃，約0.5 Å per cycle	[38]
	[Li(thd)] + [Mn$(thd)_3$ + O_3]	$LiMn_2O_4$(225℃)，不均一膜	[38]
	[Li(O^tBu) + H_2O] + [Mn$(thd)_3$ + O_3]	$LiMn_2O_4$(250℃)，均一膜	[38]
	[Li(O^tBu) + H_2O] + [Mn$(EtCp)_2$ + H_2O]	(250℃)，エッチングまたはポイゾニングによるMnOの成長	[38] [38]
	[LiHMDS + H_2O] + [Mn$(thd)_3$ + O_3]	$LiMn_2O_4$(200℃)，不均一でXRDでは非晶質	[38]
	[LiHMDS + H_2O] + [Mn$(EtCp)_2$ + H_2O]	(250℃)，エッチングまたはポイゾニングによるMnOの成長	
$LiFePO_4$	[Li(thd) + O_3] + [Fe$(thd)_3$ + O_3] + [Me_3PO_4 + (H_2O + O_3)]	$LiFePO_4$(250℃)，堆積時は非晶質，500℃，10%H_2中で結晶化	[75]
	[Li(O^tBu) + H_2O] + [Me_3PO_4 + H_2O] + [$FeCp_2$ + O_3]	$LiFePO_4$(30℃)，堆積時は非晶質，CNT上の被覆に使われ，0.1 Cで150 mAh g^{-1}	[76]

表 6.1　ALD 法で堆積された Li 化合物（つづき）

化合物	前駆体の組み合わせ	結果	参照文献
$FePO_4$	[Fe(thd)$_3$ + O_3] + [Me_3PO_4 + (H_2O + O_3)]	$FePO_4$(200－370℃), 0.26 Å ps, 1Cに対して178 mAh g^{-1}	[48]
	[$FeCp_2$ + O_3] + [TMP + H_2O]	$FePO_4$(200－350℃), 100サイクル処理後に1Cで141 mAh g^{-1}	[28,91]
V_2O_5	[VO(O^{i}Pr)$_3$ + H_2O]	V_2O_5(65－125℃), 堆積時は非晶質, 大気中400℃でアニール後V_2O_5に結晶化, 4－1.5 Vでサイクル処理し, 200 nm厚の薄膜で455 mAh g^{-1}	[46,70]
	[VO(O^{i}Pr)$_3$ + O_3]	V_2O_5(170－190℃), 結晶性堆積, 非晶質状態よりも容量値大	[46]
	[VO(thd)$_2$ + O_3]	V_2O_5(235℃), 堆積時高い組織構造を呈し, 1Cで2.75－3.80 Vのサイクル処理で105 mAh g^{-1}の容量をもつ高率性能型	[47]

セスとしても適するであろう。ナトリウムを使った固体電解質で良いとされるものの数は，リチウムベースの対応するものと比べて種類が少ない。このことは，目下手つかずのままの，たとえば金属-空気ベースの電池のような代替テクノロジーに対しても当てはまることである。

薄膜と電気化学的エネルギー貯蔵の組み合わせに関しては，疑いなくその将来が楽しみである。私たちは現在，モノのインターネット（IoT），RFID（radio frequency identifier），スマートパッケージングその他における新規製品を実現させるために適した材料の選択と大規模な合成の実現に向けた競争を目の前にしている。

謝辞

執筆者らは，Reserch Council of Norway に対して，基金（Project 220135 Nano-Materials for Improved Lithium Ion Batteries－Nanomilib and M-Era Net 233031 Laminated Lion ion batteries－LaminaLion）の提供に感謝する。

参照文献

1 Miikkulainen, V., Leskelä, M., Ritala, M., and Puurunen, R.L.（2013）*J. Appl. Phys.*, **113**, 021301.
2 Goodenough, J.B. and Kim, Y.（2009）*Chem. Mater.*, **22**, 587－603.
3 Park, J.S., Meng, X., Elam, J.W., Hao, S., Wolverton, C., Kim, C., and Cabana, J.（2014）*Chem. Mater.*, **26**, 3128－3134.
4 Yang, L., Takahashi, M., and Wang, B.（2006）*Electrochim. Acta*, **51**, 3228－3234.
5 Aaltonen, T., Miikkulainen, V., Gandrud, K.B., Pettersen, A., Nilsen, O., and Fjellvaåg, H.（2011）*ECS Trans.*, **41**, 331－339.
6 Knoops, H., Donders, M., Van De Sanden, M., Notten, P., and Kessels, W.（2012）*J. Vac. Sci. Technol., A*, **30**, 010801.
7 Meng, X., Yang, X.Q., and Sun, X.（2012）*Adv. Mater.*, **24**, 3589－3615.
8 Riley, L.A., Cavanagh, A.S., George, S.M., Jung, Y.S., Yan, Y., Lee, S.H., and Dillon, A.C.（2010）*ChemPhysChem*, **11**, 2124－2130.
9 Wang, H.-Y. and Wang, F.-M.（2013）*J. Power Sources*, **233**, 1－5.
10 He, Y., Yu, X., Wang, Y., Li, H., and Huang, X.（2011）*Adv. Mater.*, **23**, 4938－4941.
11 Xiao, X., Lu, P., and Ahn, D.（2011）*Adv. Mater.*, **23**, 3911－3915.
12 Ahn, D. and Xiao, X.（2011）*Electrochem. Commun.*, **13**, 796－799.
13 Wang, D., Yang, J., Liu, J., Li, X., Li, R., Cai, M., Sham, T.-K., and Sun, X.（2014）*J. Mater. Chem. A*, **2**, 2306－2312.
14 Kang, E., Jung, Y.S., Cavanagh, A.S., Kim, G.H., George, S.M., Dillon, A.C., Kim, J.K., and Lee, J.（2011）*Adv.*

Funct. Mater., **21**, 2430−2438.
15 Lipson, A.L., Puntambekar, K., Comstock, D.J., Meng, X., Geier, M.L., Elam, J.W., and Hersam, M.C. (2014) *Chem. Mater.*, **26**, 935−940.
16 Jung, Y.S., Cavanagh, A.S., Riley, L.A., Kang, S.H., Dillon, A.C., Groner, M.D., George, S.M., and Lee, S.H. (2010) *Adv. Mater.*, **22**, 2172−2176.
17 Lotfabad, E.M., Kalisvaart, P., Kohandehghan, A., Cui, K., Kupsta, M., Farbod, B., and Mitlin, D. (2014) *J. Mater. Chem. A*, **2**, 2504−2516.
18 Lee, M.-L., Su, C.-Y., Lin, Y.-H., Liao, S.-C., Chen, J.-M., Perng, T.-P., Yeh, J.-W., and Shih, H.C. (2013) *J. Power Sources*, **244**, 410−416.
19 Lotfabad, E.M., Kalisvaart, P., Cui, K., Kohandehghan, A., Kupsta, M., Olsen, B., and Mitlin, D. (2013) *Phys. Chem. Chem. Phys.*, **15**, 13646−13657.
20 Lee, J.-H., Hon, M.-H., Chung, Y.-W., and Leu, C. (2011) *Appl. Phys. A*, **102**, 545−550.
21 Kohandehghan, A., Kalisvaart, P., Cui, K., Kupsta, M., Memarzadeh, E., and Mitlin, D. (2013) *J. Mater. Chem. A*, **1**, 12850−12861.
22 Snyder, M.Q., Trebukhova, S.A., Ravdel, B., Wheeler, M.C., DiCarlo, J., Tripp, C.P., and DeSisto, W.J. (2007) *J. Power Sources*, **165**, 379−385.
23 Ahmed, B., Shahid, M., Nagaraju, D., Anjum, D.H., Hedhili, M.N., and Alshareef, H.N. (2015) *ACS Appl. Mater. Interfaces*, **7**, 13154−13163.
24 Yesibolati, N., Shahid, M., Chen, W., Hedhili, M., Reuter, M., Ross, F., and Alshareef, H. (2014) *Small*, **10**, 2849−2858.
25 Liu, J., Li, X., Cai, M., Li, R., and Sun, X. (2013) *Electrochim. Acta*, **93**, 195−201.
26 Li, X., Liu, J., Banis, M.N., Lushington, A., Li, R., Cai, M., and Sun, X. (2014) *Energy Environ. Sci.*, **7**, 768−778.
27 Park, J.S., Mane, A.U., Elam, J.W., and Croy, J.R. (2015) *Chem. Mater.*, **27**, 1917−1920.
28 Xiao, B., Liu, J., Sun, Q., Wang, B., Banis, M.N., Zhao, D., Wang, Z., Li, R., Cui, X., Sham, T.-K., and Sun, X. (2015) *Adv. Sci.*, **2**, 1500022.
29 Kannan, A., Rabenberg, L., and Manthiram, A. (2003) *Electrochem. Solid-State Lett.*, **6**, A16−A18.
30 Piper, D.M., Travis, J.J., Young, M., Son, S.B., Kim, S.C., Oh, K.H., George, S.M., Ban, C., and Lee, S.H. (2014) *Adv. Mater.*, **26**, 1596−1601.
31 Li, X., Lushington, A., Liu, J., Li, R., and Sun, X. (2014) *Chem. Commun.*, **50**, 9757−9760.
32 Putkonen, M., Aaltonen, T., Alnes, M., Sajavaara, T., Nilsen, O., and Fjellvåg, H. (2009) *J. Mater. Chem.*, **19**, 8767−8771.
33 Cavanagh, A.S., Lee, Y., Yoon, B., and George, S. (2010) *ECS Trans.*, **33**, 223−229.
34 Aaltonen, T., Nilsen, O., Magraso, A., and Fjellvag, H. (2011) *Chem. Mater.*, **23**, 4669−4675.
35 Comstock, D.J. and Elam, J.W. (2013) *J. Phys. Chem. C*, **117**, 1677−1683.
36 Østreng, E., Vajeeston, P., Nilsen, O., and Fjellvåg, H. (2012) *RSC Adv.*, **2**, 6315−6322.
37 Miikkulainen, V., Nilsen, O., Li, H., King, S.W., Laitinen, M., Sajavaara, T., and Fjellvåg, H. (2015) *J. Vac. Sci. Technol., A*, **33**, 01A101.
38 Miikkulainen, V., Ruud, A., Østreng, E., Nilsen, O., Laitinen, M., Sajavaara, T., and Fjellvåg, H. (2013) *J. Phys. Chem. C*, **118**, 1258−1268.
39 Nilsen, O., Miikkulainen, V., Gandrud, K.B., Østreng, E., Ruud, A., and Fjellvåg, H. (2014) *Phys. Status Solidi A*, **211**, 357−367.
40 Liu, J., Banis, M.N., Li, X., Lushington, A., Cai, M., Li, R., Sham, T.-K., and Sun, X. (2013) *J. Phys. Chem. C*, **117**, 20260−20267.
41 Perng, Y.-C., Cho, J., Sun, S.Y., Membreno, D., Cirigliano, N., Dunn, B., and Chang, J.P. (2014) *J. Mater. Chem. A*, **2**, 9566−9573.
42 Wang, Y., Richards, W.D., Ong, S.P., Miara, L.J., Kim, J.C., Mo, Y., and Ceder, G. (2015) *Nat. Mater.*, **14**, 1026−1031.
43 Nowak, S., Berkemeier, F., and Schmitz, G. (2015) *J. Power Sources*, **275**, 144−150.
44 Oudenhoven, J.F., Baggetto, L., and Notten, P.H. (2011) *Adv. Energy Mater.*, **1**, 10−33.
45 Le Van, K., Groult, H., Mantoux, A., Perrigaud, L., Lantelme, F., Lindström, R., Badour-Hadjean, R., Zanna, S., and Lincot, D. (2006) *J. Power Sources*, **160**, 592−601.
46 Chen, X., Pomerantseva, E., Gregorczyk, K., Ghodssi, R., and Rubloff, G. (2013) *RSC Adv.*, **3**, 4294−4302.
47 Østreng, E., Gandrud, K.B., Hu, Y., Nilsen, O., and Fjellvåg, H. (2014) *J. Mater. Chem. A*, **2**, 15044−15051.
48 Gandrud, K.B., Pettersen, A., Nilsen, O., and Fjellvåg, H. (2013) *J. Mater. Chem. A*, **1**, 9054−9059.
49 Shi, S., Qi, Y., Li, H., and Hector, L.G. Jr., (2013) *J. Phys. Chem. C*, **117**, 8579−8593.

50 Aaltonen, T., Alnes, M., Nilsen, O., Costelle, L., and Fjellvag, H. (2010) *J. Mater. Chem.*, **20**, 2877–2881.
51 Miikkulainen, V., Nilsen, O., Laitinen, M., Sajavaara, T., and Fjellvåg, H. (2013) *RSC Adv.*, **3**, 7537–7542.
52 Thangadurai, V. and Weppner, W. (2006) *Ionics*, **12**, 81–92.
53 min Lee, J., ho Kim, S., Tak, Y., and Yoon, Y.S. (2006) *J. Power Sources*, **163**, 173–179.
54 Tomczak, Y., Knapas, K., Sundberg, M., Leskelä, M., and Ritala, M. (2013) *J. Phys. Chem. C*, **117**, 14241–14246.
55 Hämäläinen, J., Munnik, F., Hatanpää, T., Holopainen, J., Ritala, M., and Leskelä, M. (2012) *J. Vac. Sci. Technol., A*, **30**, 01A106.
56 Nakagawa, A., Kuwata, N., Matsuda, Y., and Kawamura, J. (2010) *J. Phys. Soc. Jpn.*, **79**, 98–101.
57 Perentzis, G., Horopanitis, E., Pavlidou, E., and Papadimitriou, L. (2004) *Mater. Sci. Eng., B*, **108**, 174–178.
58 Özer, N. and Lampert, C.M. (1995) *Sol. Energy Mater. Sol. Cells*, **39**, 367–375.
59 Glass, A., Nassau, K., and Negran, T. (1978) *J. Appl. Phys.*, **49**, 4808–4811.
60 Østreng, E., Sønsteby, H.H., Sajavaara, T., Nilsen, O., and Fjellvåg, H. (2013) *J. Mater. Chem. C*, **1**, 4283–4290.
61 Hämäläinen, J., Holopainen, J., Munnik, F., Hatanpää, T., Heikkilä, M., Ritala, M., and Leskelä, M. (2012) *J. Electrochem. Soc.*, **159**, A259–A263.
62 Huggins, R.A. (1977) *Electrochim. Acta*, **22**, 773–781.
63 Culligan, S.D., Langmi, H.W., Reddy, V.B., and McGrady, G.S. (2010) *Inorg. Chem. Commun.*, **13**, 540–542.
64 Yu, X., Bates, J.B., Jellison, G.E., and Hart, F.X. (1997) *J. Electrochem. Soc.*, **144**, 524–532.
65 Kozen, A.C., Pearse, A.J., Lin, C.-F., Noked, M., and Rubloff, G.W. (2015) *Chem. Mater.*, **27**, 5324–5331.
66 Nisula, M., Shindo, Y., Koga, H., and Karppinen, M. (2015) *Chem. Mater.*, **27**, 6987–6993.
67 Oi, T. (1984) *Mater. Res. Bull.*, **19**, 451–457.
68 Mäntymäki, M., Hämäläinen, J., Puukilainen, E., Munnik, F., Ritala, M., and Leskelä, M. (2013) *Chem. Vap. Deposition*, **19**, 111–116.
69 Mäntymäki, M., Hämäläinen, J., Puukilainen, E., Sajavaara, T., Ritala, M., and Leskelä, M. (2013) *Chem. Mater.*, **25**, 1656–1663.
70 Lantelme, F., Mantoux, A., Groult, H., and Lincot, D. (2003) *J. Electrochem. Soc.*, **150**, A1202–A1208.
71 Donders, M., Arnoldbik, W., Knoops, H., Kessels, W., and Notten, P. (2013) *J. Electrochem. Soc.*, **160**, A3066–A3071.
72 Donders, M.E., Knoops, H.C., Kessels, W.M.M., and Notten, P.H. (2011) *ECS Trans.*, **41**, 321–330.
73 Burton, B., Fabreguette, F., and George, S. (2009) *Thin Solid Films*, **517**, 5658–5665.
74 Nilsen, O., Peussa, M., Fjellvåg, H., Niinistö, L., and Kjekshus, A. (1999) *J. Mater. Chem.*, **9**, 1781–1784.
75 Gandrud, K.B., Pettersen, A., Nilsen, O., and Fjellvåg, H. (2010) Baltic ALD 2010 & GerALD 2, Hamburg, Germany.
76 Liu, J., Banis, M.N., Sun, Q., Lushington, A., Li, R., Sham, T.K., and Sun, X. (2014) *Adv. Mater.*, **26**, 6472–6477.
77 Meng, X., Riha, S.C., Libera, J.A., Wu, Q., Wang, H.-H., Martinson, A.B., and Elam, J.W. (2015) *J. Power Sources*, **280**, 621–629.
78 Meng, X., Libera, J.A., Fister, T.T., Zhou, H., Hedlund, J.K., Fenter, P., and Elam, J.W. (2014) *Chem. Mater.*, **26**, 1029–1039.
79 Meng, X., He, K., Su, D., Zhang, X., Sun, C., Ren, Y., Wang, H.H., Weng, W., Trahey, L., and Canlas, C.P. (2014) *Adv. Funct. Mater.*, **24**, 5435–5442.
80 Nandi, D.K., Sen, U.K., Sinha, S., Dhara, A., Mitra, S., and Sarkar, S.K. (2015) *Phys. Chem. Chem. Phys.*, **17**, 17445–17453.
81 Hardwick, L.J., Holzapfel, M., Novák, P., Dupont, L., and Baudrin, E. (2007) *Electrochim. Acta*, **52**, 5357–5367.
82 Cheah, S.K., Perre, E., Rooth, M., Fondell, M., Hårsta, A., Nyholm, L., Boman, M., Gustafsson, T.R., Lu, J., and Simon, P. (2009) *Nano Lett.*, **9**, 3230–3233.
83 Wang, W., Tian, M., Abdulagatov, A., George, S.M., Lee, Y.-C., and Yang, R. (2012) *Nano Lett.*, **12**, 655–660.
84 Gerasopoulos, K., Chen, X., Culver, J., Wang, C., and Ghodssi, R. (2010) *Chem. Commun.*, **46**, 7349–7351.
85 Kim, S.-W., Han, T.H., Kim, J., Gwon, H., Moon, H.-S., Kang, S.-W., Kim, S.O., and Kang, K. (2009) *ACS Nano*, **3**, 1085–1090.
86 Panda, S.K., Yoon, Y., Jung, H.S., Yoon, W.-S., and Shin, H. (2012) *J. Power Sources*, **204**, 162–167.
87 Meng, X., Liu, J., Li, X., Banis, M.N., Yang, J., Li, R., and Sun, X. (2013) *RSC Adv.*, **3**, 7285–7288.
88 Donders, M., Knoops, H., Kessels, W., and Notten, P. (2012) *J. Power Sources*, **203**, 72–77.
89 Longrie, D., Deduytsche, D., and Detavernier, C. (2014) *J. Vac. Sci. Technol., A*, **32**, 010802.
90 Gandrud, K.B., Nilsen, O., and Fjellvåg, H. (2016) *J. Power Sources*, **306**, 454–458.
91 Liu, J., Xiao, B., Banis, M.N., Li, R., Sham, T.-K., and Sun, X. (2015) *Electrochim. Acta*, **162**, 275–281.

第7章 高温燃料電池用のALD処理酸化物

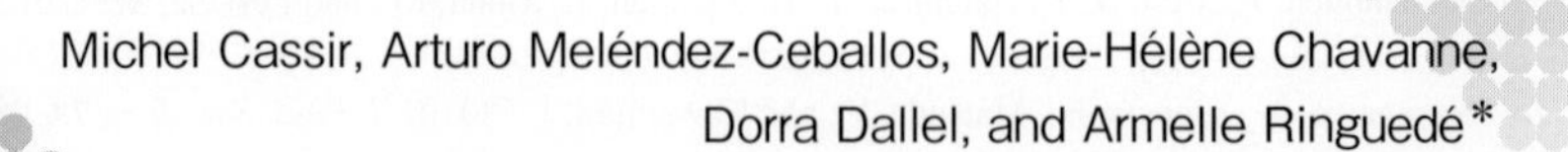

Michel Cassir, Arturo Meléndez-Ceballos, Marie-Hélène Chavanne,
Dorra Dallel, and Armelle Ringuedé*

7.1 高温燃料電池（HTFC）の概略

燃料電池（FC）は電気化学反応により電気エネルギーと熱エネルギーを取り出すための電気化学デバイスで，輸送用動力源，小型携帯用の駆動電源，および定置型電源として利用される。FC のコンセプトが Grove によって提唱されたのは 1939 年のことだが，材料科学および動電学（electrokinetics）の進歩と並行して商品化が実現したのは今世紀の初頭のことであった［1,2］。

燃料電池は，使用する電解質の性質や動作温度（60℃から 1000℃）によって分類され，高温燃料電池は HTFC と略記され，低温燃料電池とは区別する。低温で動作する燃料電池は，さらにアルカリ形燃料電池（AFC），プロトン交換膜形燃料電池（PEMFC），直接メタノール形燃料電池（DMFC），およびリン酸形燃料電池（PAFC）に分けられる。600℃から 1000℃で動作する高温燃料電池としては溶融炭酸塩形燃料電池（MCFS）と固体酸化物形燃料電池（SOFC）の 2 タイプが開発されている。本章では，議論の対象を HTFC だけに限定する。

HTFC のおもな長所は電力換算で 50 ～ 60％の高い効率に達することであり，熱電供給（コジェネレーション）により高価な貴金属触媒を利用せずに 90％という非常に高い組み合わせ変換効率が得られることである。加えて，このタイプのデバイスは非常に多様な燃料（天然ガス，炭化水素類，アルコール類，バイオマス，廃棄物，そしてもちろん水素ガスや一酸化炭素と水素の混合ガス（syngas））で稼働する。HTFC には大まかに二つのファミリー，すなわち，溶融炭酸塩（MC）が電解質に使われる溶融炭酸塩形燃料電池（MCFC）と総称されるものと，固体酸化物（SO）が電解質に使われる固体酸化物形燃料電池（SOFC）と総称されるものがある。これら燃料電池の動作原理を**図 7.1** に示してある。

* *PSL Research University, Chimie ParisTech - CNRS, Institut de Recherche de Chimie Paris, Paris Cedex OS, 75005 Paris, France*

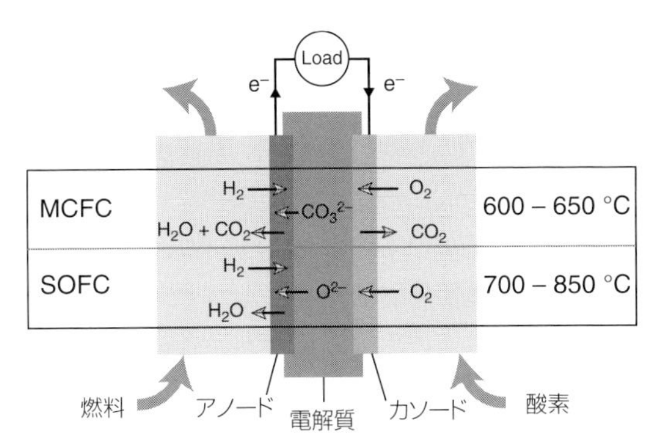

図 7.1　高温燃料電池 SOFC と MCFC の作動原理。
SOFC; カソードで酸素分子が解離して O^{2-} を生じ，その O^{2-} が高温で電解質中を移動してアノードに達し，水素と結合して水分子に変わるときに電子を放出する。関与する化学反応は（7.1）式と（7.2）式のように表される：

$$\text{カソード}: O_2 + 4e^- \rightarrow 2O^{2-} \tag{7.1}$$

$$\text{アノード}: 2H_2 + 2O^{2-} \rightarrow 2H_2O + 4e^- \tag{7.2}$$

MCFC; カソードでは CO_2 の存在下で酸素分子 O_2 が消費されて炭酸イオン（CO_3^{2-}）がつくられ，これがカソードからアノードまで移動する。関与する化学反応は（7.4）式と（7.5）式のように表される：

$$\text{カソード}: O_2 + 2CO_2 + 4e^- \rightarrow 2CO_3^{2-} \tag{7.4}$$

$$\text{アノード}: 2H_2 + 2CO_3^{2-} \rightarrow 2CO_2 + 4e^- \tag{7.5}$$

7.1.1　固体酸化物形燃料電池（SOFC）

SOFC は全固体型電気化学デバイスで，純粋にイオン性の密な電解質で隔てられた二つの多孔質電子電極またはイオン–電子組み合わせの多孔質電極により構成される。それらのおもな特徴としては，システムとしてみたときのモジュール性，高い電流密度（$1\ \mathrm{A\ cm^{-2}}$ まで），そして，燃料中に含まれる不純物に対する低感受性が挙げられる［3～5］。50％を超える電力変換効率が容易に達成される。次世代燃料電池のうちで SOFC が最高のものと考えることができ，事実，住宅用および定置型電源のいくつかのニッチな市場ではすでに入手可能であり，たとえば 2013 年には 50 MW が発電されている［6］。YSZ（イットリア安定化ジルコニア）は最新タイプのセラミック電解質である。通常のカソードはストロンチウムドープランタンマンガナイト，$La_xSr_{1-x}MnO_3$ だが，これは純粋に電子伝導体である。通常のアノードは電子–イオン伝導体の Ni-YSZ サーメットで電子–イオン混成伝導体である。電極における反応は下式で表される。

$$\text{カソード}: O_2 + 4e^- \rightarrow 2O^{2-} \tag{7.1}$$

$$\text{アノード}: 2H_2 + 2O^{2-} \rightarrow 2H_2O + 4e^- \tag{7.2}$$

7.1.2　溶融炭酸塩形燃料電池（MCFC）

MCFC はこの 3 年間で 250 MW 以上の発電を達成するほど成熟し，これを機に市場参入が始まった［6］。現在それらのデバイスで得られる電流密度は 200 mA cm^{-2} に満たないが，いくつかの MW 系統で電力変換効率が 50％に達している［3］。MCFC では電解質として Li_2CO_3-K_2CO_3 や Li_2CO_3-Na_2CO_3 といった溶融アルカリ炭酸塩共融混合物が使われる。オキソ塩基性（oxobasicity）をコントロールするための添加剤が加えられることもある。なお，このオキソ塩基性は，自己イオン化平衡 $CO_3^{2-} \rightarrow CO_2 + O^{2-}$ における炭酸塩イオンに対する CO_2 の分圧で定義される［3,7］。これらの電解質はアルミン酸リチウムにより担持される。アノードは，数 wt％のクロムまたはアルミニウムによって機械的に補強された Ni である。カソードは，酸素リッチな雰囲気下で多孔性ニッケルが *in situ* で酸化され，リチウム化された $Li_xNi_{1-x}O$ で構成される［8,9］。直列につながる個々のセルは波形バイポーラ−プレートにより分離され気体の分布とスタックの電気的連続性が同時に確保される。MCFC デバイスの動作温度は，通常 650℃ないしはそれよりやや低めである。アノードにおける CO_2 生成とカソードにおける CO_2 消費を含む電池の全反応（global reaction）は下の反応式で表される。

$$H_2 + 1/2\,O_2 + \underbrace{CO_2}_{\text{カソード}} \rightarrow H_2O + \underbrace{CO_2}_{\text{アノード}} \tag{7.3}$$

7.2　SOFC デバイスおよび MCFC デバイスにおける薄膜層

7.2.1　一般的特徴

YSZ（イットリア安定化ジルコニア）電解質が十分な伝導度をもち，SOFC（固体酸化物形燃料電池）系の古典的な電極が良好な性能を示すためには，850℃を超える温度が必要である。これはおそらくこのテクノロジーの競争力にとって決め手となる重要な課題になると思われるが，これがきっかけとなって，電解質−電極間界面で起こる余計な反応を回避し，さらに，セラミックベースのインターコネクトに代えて安価なステンレス鋼のものを利用可能にして，この温度を 700℃以下まで下げることにいくつかの研究グループと開発メーカーが成功した。ただ，温度を低くすると電解質の伝導度と電極での反応速度が下がるため，新規材料または薄層が組み込まれた新規アーキテクチャを見出すことが必須条件になる。薄膜層を使うと，電解質の抵抗が低くなるばかりか界面の歪みや物質移動のコントロールも容易になる。厚みが数マイクロメートルから数ナノメートルの高品質薄膜を使えるとなると，界面膜（物質拡散または電気的バリア層，接合層，保護層）に加えて，低抵抗の電解質薄膜層（マイクロ SOFC で有用）から触媒（水素や燃料の酸化）までという多くの可能性が開ける［10］（**図 7.2** 参照）。

SOFC（固体酸化物形燃料電池）と違って，MCFC（溶融炭酸塩形燃料電池）では動作温度は大きな問題ではない。その動作温度は，炭化水素類を水素改質するのと，両方の電極における良

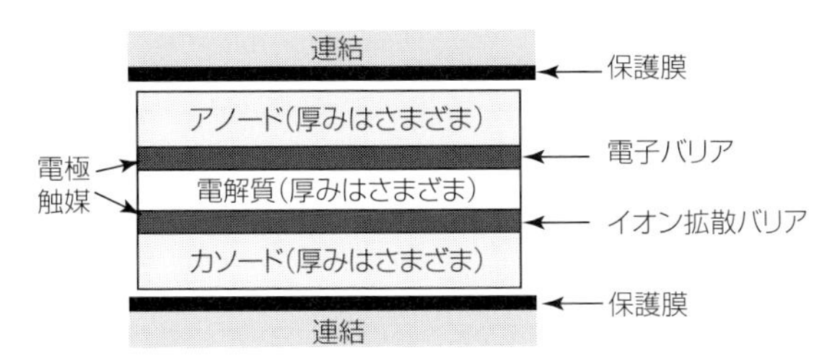

図 7.2　高温単電池，とりわけ SOFC における薄膜層の役割 [10]。

好な電気触媒特性を得るのに適した温度であるからだ。Ni が酸化雰囲気および含リチウム溶融炭酸塩型共融混合物と接触を通して形成される $Li_xNi_{1-x}O$ カソードは，電解質中で比較的高い溶解性を呈し，金属ニッケルの形成と，アノードとカソード間の短絡を誘導する。代替カソードを使うならそれは，炭酸塩媒質中にあって $Li_xNi_{1-x}O$ より安定で良好な電気的性能を有するものでなければならない [11,12]。とはいえ今のところ最善の解は，Ni カソードそれ自体の特性を維持し，ただし Ni を Co, Ce, または Ti 酸化物による保護膜で被覆することである [13,14]。ステンレス鋼のバイポーラプレートについても，溶融炭酸塩のなかでの腐食と溶解に対する保護膜の使用が必要である。

7.2.2　ALD の利点

SOFC 系や MCFC 系に必要な被覆を形成するためにさまざまな堆積手法が使われてきた；ゾル–ゲル法，スパッタリング法，電解析出法 (electrodeposition)，そして，電気化学的蒸着法 (EVD)，化学スプレー熱分解 (CSP) 法，および化学気相成長法 (CVD) などである。しかし，均一厚さでピンホールフリーの超薄膜の成膜はチャレンジングな課題である。原子層堆積法 (ALD) は，逐次型 CVD であり，上記の用途にうってつけの手法であり，できるだけ薄く (オーム損失を減らすことができる)，コンフォーマルで (均一性の高い)，しかも緻密な層を上記材料の上に堆積し，それによって劣化から効果的に保護したり特定の機能性を付与したりすることが可能なユニークな手法である。また，ALD では，堆積温度が低いため ($<$ 250℃)，準安定相を形成したり合成や製作を伴う構造を構築することができる。

ALD は，燃料電池だけではなく電気化学センサー，電解槽 (electrolyzer)，あるいはポンプなどの性能向上を目指して，表面構造を原子スケールで設計・加工する機会を提供する。加えて，薄膜エレクトロルミネセンス (TFEL) による高品質で大面積のフラットパネルディスプレイの生産も可能になる [15]。求められる応用で ALD がもつ重要な特性は，(i) 極薄膜や複雑なナノ構造体のプロセシングを可能にする原子レベルでの制御ができること [16]，そして，(ii) 界面の改質や，デルタドーピングを含めて要求レベルで薄膜をドーピングする可能性である [17]。

燃料電池とりわけ SOFC との関連でいえば，ALD 法で得られた電解質薄膜では表面交換反応が増進され，オーム損失が減少し，500℃で 1.34 W cm^{-2} といった卓越した燃料電池性能が実現している。

通常，1回の ALD サイクルは4ステップで構成される：(i) 第1の前駆体を反応チャンバ内に供給して第1表面反応物を取り込むようにし，(ii) 反応チャンバから未反応前駆体をパージし，(iii) 第2の前駆体（または酸化剤）を反応チャンバ内に供給して第2の反応物を取り込み，(iv) 再度反応チャンバをパージする。

成長サイクルは，所定の膜厚を達成するのに必要な回数だけ繰り返される。それぞれの半サイクルでは，前駆体分子が下地層の上に吸着し，反応して新しい層を形成する。吸着が飽和するとそれ以上の吸着あるいは化学吸着が起こらない。このプロセスは，非常に厳密な化学量論的なコントロールを必要とする三元系化合物（ternary compounds）の化学処理を可能にするが，7.3 節で見るように，このプロセスは，SOFC のカソードや電解質にごく普通に見かける混合酸化物や複雑な構造体についての問題に取り組むものである。

要約すると，堆積メカニズムがその薄膜の特性に関して支配的な役割を担うため，SOFC などの新世代燃料電池では ALD が重要なツールになろうとしており，近未来には MCFC および関連技術でも不可欠なものになるだろう。

7.3　SOFC 材料のための ALD

7.3.1　電解質および界面

ALD 法による純粋な電解質の極薄層（< 500 nm）を見るかぎり，大部分が μ-SOFC に関するものだが，界面の反応性を考慮するとその応用範囲は広い。ここで考える電解質は，YSZ（イットリア安定化ジルコニア），ドープされたセリア（酸化セリウム），および $LaGaO_3$ である。

7.3.1.1　ジルコニア系材料

ALD 法による YSZ を構成する金属それぞれの酸化物すなわち ZrO_2 [18,19] と Y_2O_3 [20,21] のプロセシングは 1990 年代にすでに報告されている。YSZ のプロセスにはいくつか異なる材料が使われているが，いずれも $Y(thd)_3$（thd = 2,2,6,6-tetramethyl-3,5-henpantedione），$ZrCl_4$（400℃），$Zr(thd)_4$（375～400℃）またはシクロペンタジエニル Zr 前駆体，すなわち $Cp_2Zr(CH_3)_2$ または Cp_2ZrCl_2 [22,23] が使われる。膜成長速度は前駆体の性質と大きく相関していて，Cp_2ZrCl_2，$Cp_2Zr(CH_3)_2$，および $Zr(thd)_4$ に対してそれぞれサイクル当たり 0.9 Å，0.8 Å，および 0.5 Å である [22～24]。その後，Cp_2ZrCl_2 と $Y(thd)_3$ を前駆体として 300℃で LSM 上に堆積させた YSZ 表面層の電気化学的性質がインピーダンス分光法によって調べられて，予想どおり膜抵抗が膜厚（0.3～0.9 μm）と共に減少すること，およびアニール処理なしで堆積膜が結晶性であることが明らかにされた [25]。前駆体として $Y[(MeCp)_3]$ と $Z[N(NMe_2)_4]$，酸化剤として H_2O を用い，作られた YSZ（< 100 nm）の両側にそれぞれ Pt 電流コレクターをつけて単電池試験を行ったところ，350℃で 270 mW cm^{-2} という結果が得られた。この動作温度を下げることができたのは，主として電解質抵抗が小さいためである [26]。YSZ の超薄膜（約 30 nm）ではバルク材料に比べて1桁高い電気伝導度が得られることから，粒子粒の大きさが

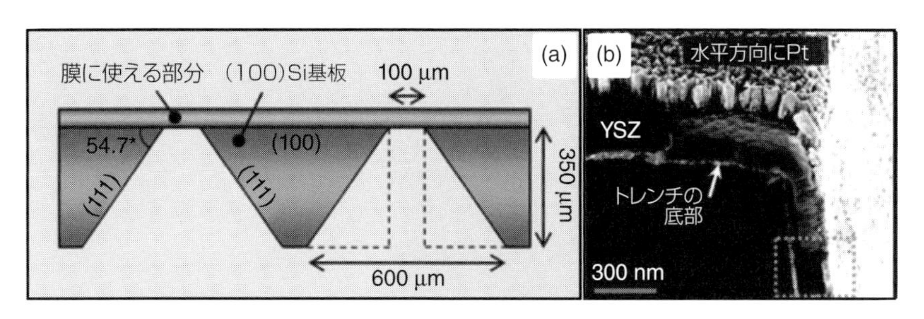

図 7.3　電解質部分の形状の影響：(a)（100）シリコン基板のスキーム，(b) 二つの白金層に挟まれた ALD で成膜された YSZ 電解質の SEM 断面画像。（Su et al. 2008 [28]。アメリカ化学会の許諾を得て転載。）

小さい (5〜25 nm) ことに由来する影響が明らかにされた [27]。電解質の幾何形状も性能に影響する。たとえば，予めパターン化されている基板に YSZ を堆積すると，わずか 450℃で電力密度が 861 mW cm^{-2} に達することができる (**図 7.3** 参照) [28]。にもかかわらず，極薄膜電解質の利用は限られていて，SOFC の応用面での ALD の主たる関心事項は，物質輸送および電荷輸送にとって都合のよい YSZ 界面のプロセスである。Chao らは，バルク YSZ (8 mol%) を 14〜19 mol% の範囲で変えた 1 nm 厚の YSZ 層によりイットリア (酸化イットリウム) の濃度が改質して，400℃における SOFC 単電池の電力密度を 50% 改善した。この改善は，電解質表面における酸素イオンの取り込み速度が上がったことによると考えられる [29]。別のグループが実証したところによれば，ALD 法により YSZ と LSM [ランタンストロンチウムマンガナイト (La,Sr) MnO_3] の間に 80 nm 厚の YSZ 界面層を設けることにより密着性が向上し，他の堆積法 (スパッタリング法やディップコーティング法) に比べてより効率的に界面抵抗が小さくなる [30]。ナノ粒子を用いたリソグラフィーと ALD により YSZ を波形状の膜にナノ構造化すると，分極とオーム損失が減少し，その結果 500℃で 1.34 W cm^{-2} の μ-SOFC が得られている [31]。最近 Ji et al. は，プラズマ強化 ALD を用いると，プラズマ源が堆積時に反応物を励起し，高い反応性を示す利点があることを示した。この方法で行えば，YSZ の最小膜厚 (気密性と電気絶縁性とを維持した状態で) を小さくすることが可能であり，500℃で 1.17 V という高い開回路電圧 (OCV) の条件において，プラズマを使わない ALD 処理では 180 nm であるのに対し 70 nm 膜厚を達成することができる [32]。イットリア濃度を変えて ALD により堆積された YSZ では，HRTEM/XRD による構造解析と膜平面内のインピーダンス分光による導電率解析から μ-SOFC への応用に適することがわかった。他の堆積法によるものに比べて数桁高い電導度と，燃料電池としての効率的な性能 (100℃での OCV が 1 V) が得られた [33]。上記以外のジルコニア化合物についても検討され，たとえば，ZrO_2-In_2O_3 のような材質を 300℃で ALD により堆積し，傾斜的にイオン性組成から電子性組成へと変えたもので界面の電気化学的性質を改良した。残念なことに，この考え方を証明する単電池テストが行われていない。概要は**図 7.4** に示してある [34]。

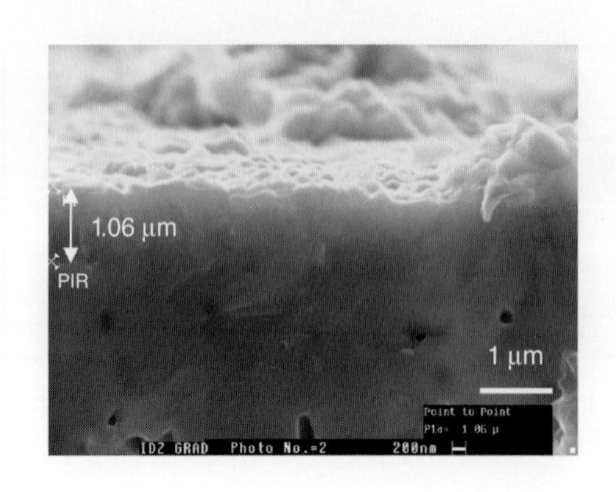

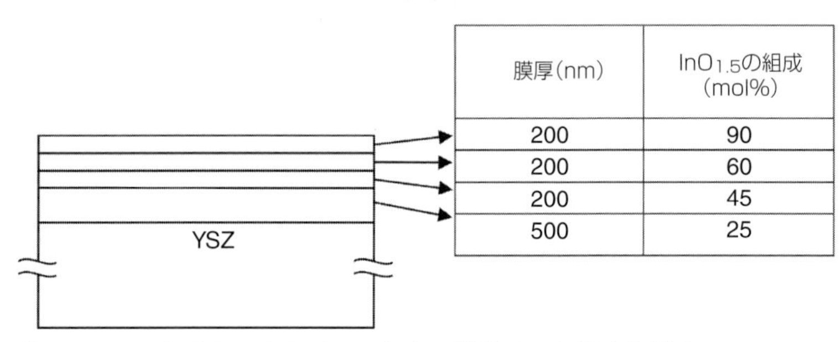

膜厚(nm)	$InO_{1.5}$の組成(mol%)
200	90
200	60
200	45
500	25

図 7.4　300℃での ALD により YSZ ペレット上に堆積させた混合伝導をもつ ZrO_2-In_2O_3 システムの SEM 断面画像。（Brahim et. al. 2009 [34]。イギリス化学会の許諾を得て転載。）

7.3.1.2　セリア系材料

SOFC（固体酸化物形燃料電池）の動作温度が低くなったことによってセリアベース材料の電極にとって重要な分野が開けた。その理由は，ジルコニア化合物に関しては高いイオン伝導度をもつにもかかわらず還元性雰囲気でも電子伝導体になり得るからである。ただこのことは，温度が 650℃以下では顕著ではない。いずれにしろ，セリア化合物は，アノード側では水素酸化用の触媒として，また YSZ 極薄膜をもつ二重層では電子遮断膜として使うことができる。ガドリニアドープトセリア（GDC）電解質とアノードの間に ALD-YSZ 層があると OCV（開回路電圧）が有意に増大する [35]。Ce(thd)$_4$，Gd(thd)$_3$，およびオゾンを前駆体に用いる ALD により，有望な候補である GDC は平面基板および多孔性基板の上に堆積されている [36,37]。得られた膜は均一かつ緻密だが，成長速度が遅く，しかも，化学量論的な安定化が難しい。ただし，300℃でイットリアドープトセリア（YDC）を thd 前駆体およびオゾンと処理することによって高い成長速度と良好な化学量論が得られた。400℃以上の温度で YDC は YSZ より優れた伝導体である [38]。

最近，ALD を使ったセリアのエピタキシャル層形成の可能性がいくつかのグループにより示され，モデル化および電気化学測定の両面から，その構造的特徴は CeO_2 の還元力に有利にはたらくこと，またその結果，水素酸化にも有利であることが示されている [39〜42]。このタイプの化合物はメタンの直接酸化にも役立つ可能性があるが，ただそれは燃料電池にとってとてつもなく大きな挑戦課題である[43,44]。

7.3.1.3　ガリウム系材料(Gallate)

ガリウムベースの化合物は，効率的なO^{2-}伝導性，広範囲の酸素分圧における安定性，および低温(< 650℃)でのGaの揮発性が低いことなどにより，SOFC用電解質として有力な候補である[45,46]。しかし，これまでにALDによるプロセスが用いられたのは$LaGaO_3$とGa_2O_3に限られている[47,48]。

7.3.2　電極および電流コレクタ

7.3.2.1　Pt析出

ALDプロセスによるPt(白金)は，参照電池の挙動をフォローするため，そして，そのような材料のコストが大きな問題にならないμ-SOFC系用として多くの研究者・技術者に使われている。Ptは，アノード，カソード，あるいは集電体として役立つ。何人かの著者らによって見出された結果では，($MeCpPtMe_3$を前駆体に使った)ALDで得られたPtアノードと，DCスパッタリングで得られたPtアノードの間で，貴金属の量がALD法の場合では1/5に過ぎないにもかかわらず，類似のピーク電流密度が得られることがわかった[49]。ALD法とスパッタ法の両方で形成されたPt触媒についても，三相境界密度が高く集電抵抗が低いナノ構造体が形成されており，スパッタリング法だけで堆積された触媒構造体で得られるものより90%大きいSOFCピーク出力密度が得られている[50]。厚み25 nmのPtカソードのALD膜では，わずか450℃の温度で110 mW cm^{-2}のピーク出力密度が得られている[51]。

7.3.2.2　アノード

厳密にいえばALDプロセスを用いたアノードの開発というものは実在しない。ガリウム系ベースの材料は，$La_{0.9}Sr_{0.1}Ga_{0.8}Mg_{0.2}O_3$(LSGM)の形のものがイオン-電子混合アノード(MIEC)として興味深いものになり得るが，ALDでこれを得るのは現在でも容易ではない[46]。しかし，アノード触媒としてのCeO_2への関心についてすでに記しており，その方向性では，スパッタPtメッシュ上に堆積したALDプロセスを用いたルテニウムについて，直接型エタノールSOFCでテストされている[52]。要するに，Pt/Ruバイメタル触媒があると，Ruによる$C\equiv O$酸化，Ptによるエタノールの脱プロトン化(deprotonation)，および$C-C$結合の開裂が可能になるのだ。そのような触媒の価格は高くなるが，そのようなシステムの概念の実証は見通しを明るくしている。

7.3.2.3　カソード

アノードの場合と同様に，SOFCカソードの構造が複雑なため十分な研究成果はこれまで得られなかった。しかし，その研究分野は成長分野であるから，最近は論文数も増加している。初期には，ストロンチウムとランタンが炭酸塩不純物と反応する可能性があったため，通常の$La_xSr_{1-x}MnO_3$カソードのプロセスは困難であった。ところがHolme et al.は，シクロペンタジエニル前駆体を水と一緒に用いることにより結晶性の LSM を得ることに成功した[53]。しかるに，このカソードの品質は低温での動作には不十分であった。ほかに ALD により堆積されたカソードとして(thd)前駆体をオゾンと一緒に使った $La_{1-x}Ca_xMnO_3$ がある[54]。界面の役割が Gong et al. によって概説されており，MIEC カソード $La_{0.6}Sr_{0.4}CoO_{3-\delta}$ 上への ALD ZrO_2 均一膜によってカソード材質の劣化速度が遅くなり，面積比抵抗が 1/20 近くまで減少することを検証した[55]。反対に，異なるカソード材料の境界面にある薄膜電解質には欠陥性ピンホールが存在しているが，それを埋めるために ALD により堆積された Al_2O_3 薄膜は，逆に電池性能に有害な影響を与える[56,57]。同様に MIEC カソードに関して CeO_2 や SrO でも有害な結果が得られている[58]。

7.4　MCFC カソードおよびリブ付きセパレータ（バイポーラプレート）の被覆

すでに述べたように，MCFC カソードにとっては，溶融炭酸塩のなかでの腐食と溶解が頭の痛い問題である[7,59,60]。MCFC の耐用性と性能に関して，ステンレス鋼バイポーラプレートの腐食も別の重要課題である[61,62]。カソードとバイポーラプレートの溶解と腐食への耐性を改善するうえで最も有望な技術の一つに，金属酸化物による保護被膜を使う方法がある。電着法，ゾル-ゲル法，プラズマ法，およびレーザースパッタ法などといった被覆法が興味深い結果を与えることが証明済みだが，それらには材料の接着性，層の不均一性，酸化物の結晶化度，層厚の制御，および多孔性など，なんらかの欠点が伴っている[63〜65]。ALD は，保護膜としての特徴を有しながら，しかしカソードあるいはバイポーラプレートとしてもつ基本的な基板の特性に影響を与えないで極薄膜で細密な層を成膜するのにとりわけ適した手法であるといえよう。今までのところ Melendéz-Ceballos et al. だけが，MCFC への応用のために多孔質 Ni 基板上に CeO_2，TiO_2，Co_2O_3，および Nb_2O_5 膜を作るのに ALD 法を用いた[14,65,66]。堆積物の大部分は，電気化学性能を保持したまま溶解に対するカソードの保護に有意な効果を示した。**図 7.5** に，溶融炭酸塩に浸漬する前後の多孔質 Ni 基板上への TiO_2 堆積物の様子を示す。堆積した直後の TiO_2 膜は結晶性をもち，緻密で均一性を示すが（図 7.5 (a)，(c)，(e) 参照），溶融 Li-K 共晶物のなかに 230 時間浸漬した後では，被覆表面がおもに Li_2TiO_3 で構成される Li-Ti-Ni-O 混合相に変化する（図 7.5 (b)，(d)，(f) 参照）。Ni の溶解度が保護膜によって半分になっているが（8 wt.-ppm に対し 15 wt.-ppm），これは，他の手法によって被覆された TiO_2 で得られた結果より優れている[67]。

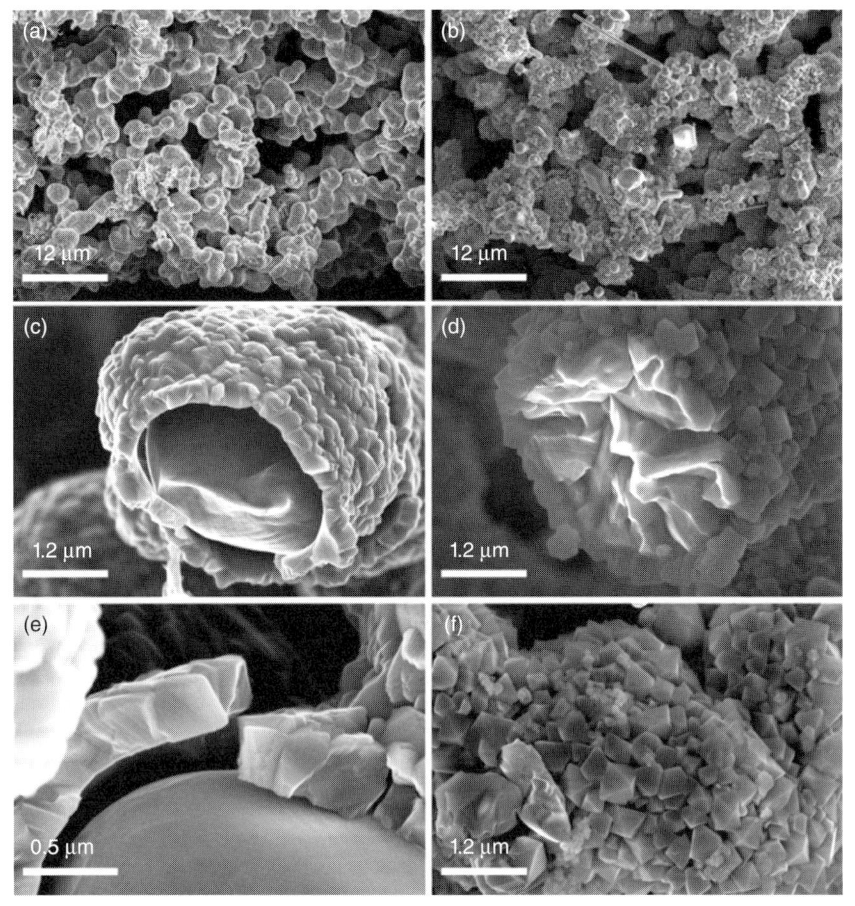

図 7.5　多孔質 Ni カソード上に ALD 法により堆積した TiO_2 (300 nm)。(a，c，e) それを溶融 Li-K 炭酸塩の中に 650℃で 230 時間浸漬したもの (b, d, f)。(Meléndez-Ceballos et al. 2013 [65]。Elsevier 社の許諾を得て転載。)

7.5　結論および新規話題

ALD は，今やさまざまな分野で材料および界面を機能化するはかり知れないスケーラブルなツールになろうとしている。ごく最近では，それに加えてエネルギーデバイスの分野で ALD の著しい普及が起こりそうである。SOFC デバイス用の MIEC カソードとアノードは，3 種類ないしそれ以上の前駆体が関与する ALD プロセスという複雑さのために大きなチャレンジに直面している。しかし，前途有望な研究もいくつかあり，新たな展開が開けるのもそう遠くはないだろう。近い将来，SOFC と MCFC の両方でメタンを直接酸化するためのエピタキシャル触媒が戦略的課題になっているかもしれない。同様な分野で新たなセリウム系ベースの電解質材料がプロトン交換膜をもつ燃料電池用に ALD で成膜可能となるかもしれない※。こ

※訳注：原文では proton electrolyte fuel cell

れによってデバイスの反応性が高くなって500℃以下の温度で動作するようになる。MCFCの場合には，ALDによる均一で緻密な膜によりカソードおよびアノードバイポーラプレートの対腐食性が増強される可能性がある。この分野は大きく広がっており，研究の努力もある程度予測できる。もう一つの話題は，MCFCアノードにおける機能性触媒層または硫黄吸着剤（sulfur sorbent）層のプロセスである［64］。薄膜はまた，ハイブリッドダイレクトカーボン形燃料電池（HDCFC）でも類似の役割を果たすことができ，このハイブリッド型のものはSOFCシステムの特徴と溶融炭酸塩で満たされた貯蔵部を組み合わせたシステムで，アノード側で炭素燃料の輸送能力を上げる効果がある［68］。

最後に，逆SOFC（またはMCFC）による高温水の電解分解に大きな関心が集まりつつあるが，これは，高温高圧の水蒸気が工業プロセス（原子力）でつくられるためである［69］。

参照文献

1　Grove, W.R. and Phil, M.（1842）*London Edinburgh Philos. Mag. J. Sci.*, **21**, 417−420.
2　Kordesch, K.V. and Simader, G.R.（1996）*Fuel Cells & Their Applications*, VCH, Weinheim.
3　Cassir, M., Jones, D., Lair, V., and Ringuedé, A.（2013）in *Handbook of Membrane Reactors*, Part III, Chapter 20,（ed. A. Basile）, Woodhead Publishing Limited, pp. 553−605.
4　Williams, M.C., Starkey, J.P., Surdoval, W.A., and Wilson, L.C.（2006）*Solid State Ionics*, **177**, 2039−2044.
5　Steele, B.C.H. and Heinzel, A.（2015）*Nature*, **414**, 345−352.
6　Carter, D. and Wing, J.（2013）The Fuel Cell Industry Review 2013. Fuel Cell Today, pp. 36−37.
7　Scaccia, S.（2005）*J. Mol. Liq.*, **116**, 67−71.
8　Janowitz, K., Kah, M., and Wendt, H.（1999）*Electrochim. Acta*, **45**, 1025−1037.
9　Fukui, T., Okawa, H., and Tsunooka, T.（1998）*J. Power Sources*, **71**, 239−243.
10　Cassir, M., Ringuedé, A., and Niinistö, L.（2010）*J. Mater. Chem.*, **20**, 8987−8993.
11　Mohamedi, M., Hisamitsu, Y., Kihara, K., Kudo, T., Itoh, T., and Ushida, I.（2001）*J. Alloys Compd.*, **315**, 224−233.
12　Belhomme, C., Gourba, E., Cassir, M., and Tessier, C.（2001）*J. Electroanal. Chem.*, **503**, 69−77.
13　Kulkarni, A. and Giddey, S.（2012）*J. Solid State Electrochem.*, **16**, 3123−3146.
14　Meléndez-Ceballos, A., Albin, V., Ringuedé, A., Fernandez-Valverde, S.M., and Cassir, M.（2014）*Int. J. Hydrogen Energy*, **39**, 12233−12241.
15　Suntola, T. and Antson, J.（1977）US Patent 4 058 430.
16　Knez, M., Nielsch, K., and Niinisto, L.（2007）*Adv. Mater.*, **19**, 3425−3438.
17　Lehto, S., Lappalainen, R., Viirola, H., and Niinisto, L.（1996）*Fresenius J. Anal. Chem.*, **355**, 129−134.
18　Ritala, M. and Leskela, M.（1994）*Appl. Surf. Sci.*, **75**, 333−340.
19　Cassir, M., Goubin, F., Bernay, C., Vernoux, P., and Lincot, D.（2002）*Appl. Surf. Sci.*, **193**, 120−128.
20　Molsa, H., Niinisto, L., and Utriainen, M.（1994）*Adv. Mater.* Opt. Electron., **4**, 389−400.
21　Putkonen, M., Sajavaara, T., Johansson, L.S., and Niinistö, L.（2001）*Chem. Vap. Deposition*, **7**, 44−50.
22　Cassir, M., Lincot, D., Goubin, F., and Bernay, C.（2002）Patent WO020537981.
23　Bernay, C., Ringuede, A., Colomban, P., Lincot, D., and Cassir, M.（2003）*J. Phys. Chem. Solids*, **64**, 1761−1770.
24　Putkonen, M., Sajavaara, T., Niinisto, J., Johansson, L.-S., and Niinisto, L.（2002）*J. Mater. Chem.*, **12**, 442−448.
25　Brahim, C., Ringuedé, A., Cassir, M., Putkonen, M., and Niinistö, L.（2007）*Appl. Surf. Sci*, **253**, 3962−3968.
26　Shim, J.-H., Chao, C.-C., Huang, H., and Prinz, F.B.（2007）*Chem. Mater.*, **19**, 3850−3854.
27　Ginestra, C.N., Sreenivasan, R., Karthikeyan, A., Ramanathan, S., and McIntyre, P.C.（2007）*Electrochem. Solid-State Lett.*, **10**, B161−B165.
28　Su, P.C., Chao, C.-C., Shim, J.H., Fashings, R., and Prinz, F.B.（2008）*Nano Lett.*, **8**, 2289−2292.
29　Chao, C.-C., Kim, Y.B., and Prinz, F.B.（2009）*Nano Lett.*, **9**, 3626−3628.
30　Benamira, M., Ringuedé, A., Cassir, M., Horwat, D., Pierson, J.F., Lenormand, P., Ansart, F., Bassat, J.M., and Fullenwarth, J.（2009）*Open Fuels Energy Sci. J.*, **2**, 32−44.
31　Chao, C.-C., Hsu, C.-M., Cui, Y., and Prinz, F.B.（2011）*ACS Nano*, **5**, 5692−5696.
32　Ji, S., Cho, G.Y., Yu, W., Su, P.-C., Lee, M.H., and Cha, S.W.（2015）*ACS Appl. Mater. Interfaces*, **7**, 2998−3002.
33　Jang, D.Y., Kim, H.K., Kim, J.W., Bae, K., Schlupp, M.V.F., Park, S.W., Prestat, M., and Shim, J.H.（2015）*J. Power*

Sources, **274**, 611−618.
34 Brahim, C., Chauveau, F., Ringuedé, A., Cassir, M., Putkonen, M., and Niinistö, L.（2009）*J. Mater. Chem.*, **760**, 760−766.
35 Ji, S., Chang, I., Lee, Y.H., Park, J., Paek, J.Y., Lee, M.H., and Cha, S.W.（2013）*Nanoscale Res. Lett.*, **8**, 48.
36 Gourba, E., Ringuedé, A., Cassir, M., Billard, A., Paivasaari, J., Niinisto, J., Putkonen, M., and Niinisto, L.（2003）*Ionics*, **9**, 15−20.
37 （a）Gourba, E., Ringuede, A., Cassir, M., Paivasaari, J., Niinisto, J., Putkonen, M., and Niinisto, L.（2003）Proceedings of the 8th International Symposium on Solid Oxide Fuel Cells, Paris, April 27−May 2;（b）Singhal, S.C. and Dokiya, M.（eds）（2003）, vol. 7, The Electrochemical Society, Pennington, NJ, pp. 267−274.
38 Ballée, E., Ringuedé, A., Cassir, M., Putkonen, M., and Niinistö, L.（2009）*Chem. Mater.*, **21**, 4614−4619.
39 Coll, M., Gazquez, J., Palau, A., Varela, M., Obradors, X., and Puig, T.（2012）*Chem. Mater.*, **24**, 3732−3737.
40 Marizy, A., Roussel, P., and Ringuedé, A.（2015）*J. Mater. Chem.* A, **19**, 10498−10503.
41 Désaunay, T., Ringuedé, A., Cassir, M., Labat, F., and Adamo, C.（2012）*Surf. Sci.*, **606**, 305−311.
42 Désaunay, T., Bonura, G., Chiodo, V., Freni, S., Couzine, J.-P., Bourgon, J., Ringuedé, A., Labat, F., Adamo, C., and Cassir, M.（2013）*J. Catal.*, **297**, 193−201.
43 Steele, B.C. and Heinzel, A.（2001）*Nature*, **414**, 345−352.
44 Gorte, R.J. and Vohs, J.M.（2003）*J. Catal.*, **216**, 477−486.
45 Huang, P. and Petric, A.（1996）*J. Electrochem. Soc.*, **143**, 1644−1648.
46 Chen, F. and Meilin, L.（1998）*J. Solid State Electrochem.*, **13**, 7−14.
47 Nieminen, M., Lehto, S., and Niinistö, L.（2001）*J. Mater. Chem.*, **11**, 3148−3153.
48 Dezelah, C.L., Niinistö, J., Arstila, K., Niinistö, L., and Winter, C.H.（2006）*Chem. Mater.*, **18**, 471−475.
49 Jiang, X., Huang, H., Prinz, F.B., and Bent, S.F.（2008）*Chem. Mater.*, **20**, 3897−3905.
50 Chao, C.-C., Motoyama, M., and Prinz, F.B.（2012）*Adv. Energy Mater.*, **2**, 651−654.
51 Ji, S., Chang, I., Cho, G.Y., Lee, Y.H., Shim, J.H., and Cha, S.W.（2014）*Int. J. Hydrogen Energy*, **39**, 12402−12408.
52 Jeong, H.J., Kim, J.W., Jang, D.Y., and Shim, J.H.（2015）*J. Power Sources*, **291**, 239−245.
53 Holme, T.M., Lee, C., and Prinz, F.B.（2008）*Solid State Ionics*, **179**, 1540−1546.
54 Nilsen, O., Rauwal, E., Fjallvag, F., and Kjekshus, A.（2007）*J. Mater. Chem.*, **17**, 1466−1475.
55 Küngas, R., Yu, A.S., Levine, J., Vohs, J.M., and Gorte, R.（2013）*J. Electrochem. Soc.*, **160**, F205−F211.
56 Kim, E.-H., Jung, H.-J., An, K.-S., Park, J.-Y., Lee, J., Hwang, I.-D., Kim, J.-Y., Lee, M.-J., Kwon, Y., and Hwang, J.-H.（2014）*Ceram. Int.*, **40**, 7817−7822.
57 Yu, A.S., Küngas, R., Vohs, J.M., and Gorte, R.J.（2014）*J. Electrochem. Soc.*, **160**, F1225−F1231.
58 Gong, Y., Palacio, D., Song, X., Patel, R.L., Liang, X., Zhao, X., Goodenough, J.B., and Huang, K.（2013）*Nano Lett.*, **13**, 4340−4365.
59 Ota, K., Mitsushima, S., Kato, S., Asano, S., Yoshitake, H., and Kamiya, N.（1992）*J. Electrochem. Soc.*, **139**, 667−671.
60 Brenscheidt, T., Nitschké, F., Söllner, O., and Wendt, H.（2001）*Electrochim. Acta*, **46**, 783−797. doi: 10.1016/S0013-4686(00)00665-4
61 Cassir, M. and Belhomme, C.（1999）*Plasmas Ions*, **2**, 3−15.
62 Yuh, C., Johnsen, R., Farooque, M., and Maru, H.（1995）*J. Power Sources*, **56**, 1−10.
63 Agll, A.A.A., Hamad, Y.M., Hamad, T.A., Thomas, M., Bapat, S., Martin, K.B., and Sheffield, J.W.（2013）*Appl. Therm. Eng.*, **59**, 634−638.
64 Albin, V., Goux, A., Belair, S., Lair, V., Ringuedé, A., and Cassir, M.（2007）*ECS Trans.*, **3**, 205−213.
65 Meléndez-Ceballos, A., Fernández-Valverde, S.M., Barrera-Díaz, C., Albin, V., Lair, V., Ringuedé, A., and Cassir, M.（2013）*Int. J. Hydrogen Energy*, **38**, 13443−13452.
66 Meléndez-Ceballos, A., Albin, V., Fernández-Valverde, S.M., Ringuedé, A., and Cassir, M.（2014）*Electrochim. Acta*, **140**, 174−181.
67 Hong, M.Z., Lee, H.S., Kim, M.H., Park, E.J., Ha, H.W., and Kim, K.（2006）*J. Power Sources*, **156**, 158−165.
68 Nabae, Y., Pointon, K.D., and Irvine, J.T.S.（2008）*Energy Environ. Sci.*, **1**, 148−155.
69 Yildiz, B. and Kazimi, M.S.（2006）*Int. J. Hydrogen Energy*, **31**, 77−92.
70 Putkonen, M. and Niinisto, L.（2001）*J. Mater. Chem.*, **11**, 3141.
71 Putkonen, M., Niinistö, J., Kukli, K., Sajavaara, T., Karppinen, M., Yamauchi, H., and Niinistö, L.（2003）*Chem. Vap. Deposition*, **9**, 207−212.

第４編

ALDの光電気化学的エネルギー変換および熱電効果によるエネルギー変換への適用

第8章 光電気化学的水分解に用いるALD

Lionel Santinacci*

8.1 序論

地球が浴びる太陽光のエネルギーは，その1時間分で全人類が1年間に消費するエネルギーを超える[1]。しかし，太陽光に昼夜の変化があることが，社会の電力インフラストラクチャーとしての太陽エネルギー取り込みが大きく広がるのを妨げる一つの要因になっている[2]。現在の先導的アプローチとは，この非連続的だが再生可能なエネルギー源から生まれるエネルギーを化学燃料として貯蔵することである。そのようにして太陽エネルギーからつくられる化学燃料はソーラー燃料と呼ばれる[3]。Fujishima and Honda[4]によって1972年に初めて実証された光電気化学的水分解(Photoelectro chemical water splitting：本多・藤嶋効果)は，ソーラー水素の生産に向けて確かな見通しを与えてくれた。この手法ではCO_2の生成を伴わないため，地球温暖化ガスの排出を最小限に抑えながら電気化学エネルギーを大規模に産出することができる。光電気化学的プロセスは光合成(photosynthesis)と強い類似性があるため，人工光合成(APS)のコンセプトが生まれた(この分野に関するレビューは[3,5,6]を参照)。APSでは光電気化学プロセスを使って水または炭酸ガスからソーラー燃料を製造する。Nocereは，含クロロフィル植物で起こる自然のプロセスからヒントを得た"人工葉(artificial leaf)"のコンセプトを大胆にも発表している[7]。人工葉の原理が**図8.1**に示されている。光合成膜がSi接合に置き換わり，これが光捕捉と電流への変換を行う。光合成膜がもっている酸素発生複合体(OEC)とフェレドキシンレダクターゼがそれぞれCo-OEC(コバルト–酸素発生複合体)と酸素発生反応(OER)触媒および水素発生反応(HER)触媒に置き換わって水分解が進行するのである。

ソーラー燃料にはメタノール，ギ酸，あるいはホルムアルデヒドなどさまざまなものがあり得るが，エネルギー密度が高くて燃焼・酸化が炭素フリーで進行する水素分子がきわめて好ましい候補になる。光電気化学的水分解は，再生可能なH_2製造プロセスであるばかりか，そのままで燃料電池に使うことができる高純度の水素を生成する。しかし，現在のH_2は化石燃料から主として製造されているため燃料として広く使われていない[8]。太陽光に駆動される水分解は持続可能でしかもエネルギー貯蔵量が豊富だが，商用デバイスの製造には，高効率かつ安定でしかも費用対効果の高い光電気化学電池(PEC：Photo-Electro chemical Cell)の開発が必

* *Aix Marseille Univ, CNRS, CINAM, Marseille, France*

Atomic Layer Deposition in Energy Conversion Applications, First Edition. Edited by Julien Bachmann.

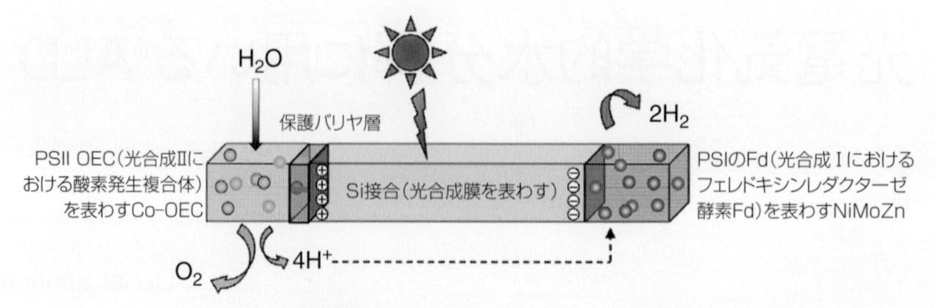

図 8.1　人工葉のコンセプトを示す概略図。(Nocera 2012 [7]。アメリカ化学会の許諾を得て転載。)(口絵参照)

要である [9]。

現在の PEC の効率は材料および電池のタイプ(単接合型，多接合型)にもよるが，12〜18% 程度で，理論的上限値はタンデム(型)太陽電池および多接合型太陽電池でそれぞれ 24.4%と 30%である [10]。多接合型太陽電池に対しては，高コストではあるものの高効率であることが 2001 年に示されたが [11]，市場対応性のある PEC へ向けた十分な改良はその後報告されていない。この点については，包括的なテクノ経済性評価 [9,12] および他の調査 [13] によっても確認されている。光電気化学技術は，未だに低レベルの技術成熟度(technology readiness level : TRL)にあるが(TRL が 1-2)，重要なのは実際の H_2 生産コストである。この問題を解決するためには，コストの大幅な引き下げと光変換効率の引き上げが不可欠である。昨今，市場の要求に応えられる PEC を構築するためのさまざまな方策を多くの研究グループが追求している。当然のことだが，効率，安定性，および価格を改善するためには，費用対効果の高い感光性材料と適正な電池設計を選択しなければならない。最近，光電極のマイクロあるいはナノ構造化および光電極の表面機能化が性能向上につながることが示された。ナノサイエンスおよびナノテクノロジーが出現して以来の数多くのアプローチや技術が用いられてきたが，その中で最近，原子層堆積(ALD)が 2 次元(2D)および 3 次元(3D)のナノ構造体の製作に対して高い有効性を示すことが実証された。エネルギーの製造と貯蔵は，ALD にとって将来の見通しが明るい分野である [14]。この章では，過去 5 年間，光電極のさまざまな製造戦略において ALD が効果的に組み込まれていったことを示す。

この章の目的は，性能改良された光電極を製造するための ALD について，その異なる使い方を報告することである。ALD 技術そのものの原理の記述はこの章の範囲外である。それについては，本書の第 1 章，およびこの分野で最近出版された多くの総説記事や書籍を参照されたい [15〜19]。8.2 節は PEC についての説明が中心である。まず，PEC の原理を簡単に述べ，次いで，光電極の製作に用いられるさまざまなタイプの材料を列挙する。そして本節の最後には，PEC を改良するための ALD を含めた最新の動向について述べる。最後に最も詳細な 8.3 節では，ソーラー燃料製造分野における ALD のさまざまな利用法について，すなわち活性材料，表面状態のパッシベーション，および防食などについてレビューする。

8.2　光電気化学電池（PEC）：原理，材料，改良

この節の最初の部分ではPEC分野に関して簡単に説明する。詳しい内容を知りたい読者にはこの分野に関する全般的な総説を参照されることを強く勧める［10,20〜25］。PECの性能を改善するものとして三つの主要な研究課題が提示されている［9］。(i) 光電極の材料組成で半導体／電解質接合部のエネルギー収支が決まる。(ii) 光電極の幾何構造が光の吸収，電荷キャリヤの分離と輸送に対して決定的な働きをする。(iii) 電極の被覆（または機能化）が電極の保護と安定化あるいは表面のパッシベーションのためにしばしば必要である。この節のあとに続く部分では，これら3方向の研究が互いに関連づけられる。

8.2.1　PECの原理

光触媒による水分解は二つの半反応に基づく水の分離で構成される。光カソードにおける還元作用（HER）により水素分子 H_2 が生成し（(8.1) 式），光アノードでの酸化（OER）により酸素分子（O_2）が生成する（(8.2) 式）。

$$2H^+ + 2e^- \rightarrow H_2 \quad E^\circ = 0\,V\,vs\,NHE \tag{8.1}$$

$$2H_2O \rightarrow O_2 + 4H^+ + 4e^- \quad E^\circ = 0\,V\,vs\,NHE \tag{8.2}$$

これらの反応はきわめて単純なものにみえるが，吸収された光を適切な熱力学により電子／正孔（e^-/h^+）対に変換する半導体材料が必要である。**図8.2**で説明するように，入射光により価電子帯（VB）に誘起された正孔 h^+ を用いて H_2O を O_2 に酸化するためには，また伝導帯（CB）で励起された e^- を使って H^+ を H_2 に還元するためには，入射光子の波長は1.23 eV以上（つまり $\lambda < 1000$ nm）のエネルギーに相当しなければならない。逆反応，すなわち H_2 と O_2 からの水分子の生成および e^-/h^+ の再結合は回避されなければならない。光カソードにおける H_2 の生成を促進するために助触媒（co-catalyst）が必要な場合もある。異なるエネルギースキームを使うこともできる。酸化・還元両方に使われる光誘起された電荷が同一半導体中に生成されるときには，光による一ステップの水分解（図8.2 (a) 参照）が可能である。ただし，対極※を使って光キャリヤの一方を逆反応により捕捉することは可能である（図8.2 (b)，(c) 参照）。二つめのアプローチは，Z-スキームとして知られる二重励起によるものである（図8.2 (d) 参照）このときにはタンデム型のセル設計が必要で，光子が二つの異なる半導体に吸収される。二つある光電極のうちの片方だけで水素発生反応HERと酸素発生反応OERが進行し，半導体間での電荷（移動）は酸化還元対（redox couple）によって仲介される。

※訳注：電気化学測定において作用極の対になり，作用極に対して電流がスムーズに流れるよう設ける電極のこと。補助電極ともいう。

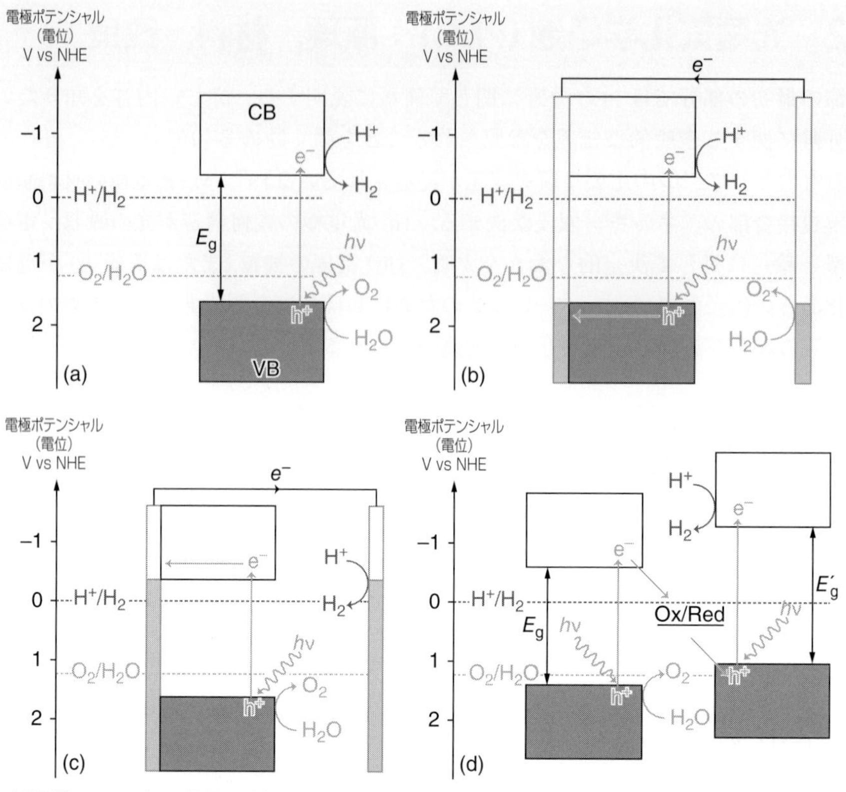

図 8.2　光触媒による水の分解に対するエネルギーダイアグラム。(a) 単一の半導体光電極をもつ単励起プロセス。(b) 半導体光カソードと金属アノードの組み合わせによる単励起プロセス。(c) 半導体光アノードと金属カソードの組み合わせによる単励起プロセス。(d) 二重励起スキーム別名 Z スキーム。（口絵参照）

8.2.2　光電極の材料

光触媒反応を示す材料として最初に用いられたのは TiO_2 であった [4]。その他の半導体金属酸化物，シリコン，InP，GaAs，GaP，CdTe，および CdS など III-V 族半導体や II-VI 族半導体も水の分解に利用されている [20]。最大の光電気化学性能を得るためには，半導体電極が下記の条件を満たすことが必要である。

・バンドギャップエネルギーが太陽放射領域での光吸収を最大とする値であること。
・バンドギャップエネルギーが，電気化学ポテンシャル $E^0(H^+/H_2)$ と $E^0(O_2/H_2O)$ にまたがり，しかも，光照射下で生成される e^-/h^+ を使って HER と OER の両反応を駆動できるような CB 端と VB 端をもっていなければならない。
・光電極部分を最大限に利用するためには，材料中への光の浸入深さが可能な限り深くなければならない。薄膜電極の場合には，光の浸入深さが材料の厚さと同程度でなければならない。
・少数キャリヤの拡散長（またはキャリヤ寿命）は，電子–正孔再結合が起こって集電ができなくなるのを回避するために可能な限り長くなければならない。

8.2.2.1　金属酸化物

TiO_2 を使った水の光分解が 1972 年に発見されて以来[4]，遷移金属酸化物触媒が広く調べられてきた。その理由の一つは地球に豊富に存在するため価格が手ごろなことにある。それらの多くは n 型半導体なので基本的には光アノードになる。一般的に n 型半導体は，水の分解という厳しい条件下でも化学的に安定である[26]。それら金属酸化物はバンドギャップが大きいため，多くが UV 領域の光を吸収し，そのため理論的効率が限られる。加えて，水酸化に対して遅い反応速度を示す場合が多い。TiO_2 が集中的に研究されているが，この 30 年をかけてもこの材料を用いたときの太陽光エネルギーの変換効率がやっと～1%ということから，アプローチがもつ可能性に対する疑問が生まれている[27]。TiO_2 に関する発見から間もなくして Fe_2O_3[28] および WO_3[29] でも水の光酸化が可能なことが明らかになった。これら 3 種類の材料が今日に至るまで最も研究されてきたのは確かだが，他の n 型金属酸化物，たとえば ZnO，$BiVO_4$，$SrTiO_3$，SnO_2，MnO_2 も有望な光電気化学的性質をもっていることがわかった[20,23]。

水の酸化に n 型金属酸化物を使うことに関しては多数の報告が出されているが，これと対照的に水の還元のための光カソードに関する研究発表はごくわずかに過ぎない[26]。その理由は，p 型金属酸化物が CuO[30]，Cu_2O[31]，Bi_2O_3[30]，p-Fe_2O_3[32]，あるいは $CaFe_2O_4$[33] のように少数に限られることにある。これらの材料は 1970 年代にも研究されているが，大部分が光還元条件下で不安定であった。Hardee と Bard は，1977 年に CuO と Bi_2O_3 の両方の光カソード応答について報告したが[30]，p 型 Fe_2O_3 が安定な光カソードとして提唱されたのは 1982 年になってからであった[32]。その後，$CaFe_2O_4$ と Cu_2O についても光電気化学特性が報告されたが，これらの材料も安定性に欠けていた[31,33,34]。最近，水を効率的に光還元するのに CoO ナノ粒子が使えることが発表された[35]。NiO を使う試みも報告されているが[36]，現在は主に他の光活性材料の被覆として用いられている[37]。金属酸化物ベースの光電極をソーラー燃料製造のために使うことに関するいくつかのレビューが最近発表されたが（たとえば[10,38,39]），最高のソーラー燃料製造効率を達成しているのは，現在でも元素半導体または化合物半導体である。

8.2.2.2　元素半導体および化合物半導体

Si は，上記の要請事項の全てを満足することから，水の分解に対して非常に良い候補である。金属酸化物が吸収するのが主として UV 光領域であるのと対照的に，Si は 1.1 eV のバンドギャップエネルギーをもち，太陽放射の波長領域で高い光吸収能を示す。バンド端の位置が $E^0(O_2/H_2O)$ と $E^0(H^+/H_2)$ の両方にフィットする。したがって，n 型 Si と p 型 Si をそれぞれ OER と HER に使うことができる[40,41]。よって，シリコンは単一 PEC またはタンデム型 PEC で使えることになる。Si では光の侵入が非常に深く（$\lambda = 800$ nm で 11 μm[42]），少数電荷キャリヤの拡散長がきわめて長い（p 型 Si 中の正孔で数 100 μm[43]）。さらに，Si は地殻内で酸素に次いで豊富に存在する元素であり，しかも環境に優しい。広く普及させるためには，

p型Siおよびn型SiがPECデバイスの中で用いられる前にいくつかの問題点に取り組む必要がある。大気中ではSi表面に酸化シリコンが速やかに生成して光活性が完全に消失する（クエンチ）可能性があるため，表面の保護が必要である。さらに，HERを促進する電解触媒をSi表面に導入して，プロトンの還元に伴う反応速度論的バリアを克服する必要がある。貴金属触媒の使用が効果的なことが分かっているが，賦存量の少なさと高価なことから好ましくない。同様に，光カソードとしてn型Siを使うとさらに二つの大きな欠点に直面する：OER反応を妨げる表面再結合と光腐食である［44］。したがって，PECデバイスにSiを組み込む道を開くには，保護されたSiを形成するための，単純で安価な，そしてスケーラブルな方法が必要とされる。

化合物半導体も水の光分解に対する能力を示している。III-V族半導体，たとえばGaP［45］，InP［46］，GaAs［47］，GaN［48］，および$GaInP_2$［49］は，おもに光カソードとして用いられているが，その中のいくつかは光アノードまたは両方に用いられている。それらは最高の効率を示している。たとえばKhaselev et alは，GaInP/GaAsベースの多接合デバイスを用いた結果として16.4％の収率を報告している［50］。II-VI族材料は光電池デバイスに優先的に使われるが，PECにもそれらを組み込むことができる。CdS［51］，CdSe［52］，CdTe［53］，$Cd_{1-x}Zn_xS$［54］，およびCdInGaSe（CIGS）は効率的に水を光分解する。これらの材料は，きわめて好ましい特性を示すが，Siと同様に光照射下で腐食しやすい。また，材料によっては価格や毒性による制約もある。最近，Sb_2S_3などの極薄吸収体（ETA）が代替色素として全固体色素増感太陽電池（sDSSC）の中に集積されたが［55,56］，ソーラー燃料生成にもこれらを使うことができる［57］。

8.2.2.3　窒化物

遷移金属酸化物半導体，元素半導体，および化合物半導体に比べて，窒化物が光電極に用いられるケースははるかに少ない。窒素の電気陰性度は酸素の電気陰性度より低いため，金属窒化物はアノードにおいて光腐食を受けやすい。しかし，光カソードとしてはかなりのポテンシャルをもっている［10,23］。これらの材料は，対応する酸化物からの窒化で合成される。たとえばTa_3N_5とW_2Nは，C_3N_4とNH_3を使ってそれぞれTa_2O_5とWO_3から得られる［58,59］。最近，非金属窒化物であるC_3N_4を使って，ソーラー水素の製造に成功している［60］。

8.2.3　光電極の幾何形状：マイクロおよびナノ構造化

前節は光電極として使うことができる材料の多様さを記した。PECデバイスの費用対効果を高めるためには，電池の設計および光電極構造も考慮する必要がある。事実，この二つのパラメータによってPECの性能が劇的に増大し得ることをここ数年の結果が実際に示している。さまざまなタイプのPEC設計の間では競合がある：single bed particle suspension（単一バッグ粒子懸濁）方式，dual bed particle suspension（デュアルバッグ粒子懸濁）方式，fixed panel array（固定パネル配列）方式，tracking concentrator array（追尾式集光配列）方式などである。

最後に挙げたPEC構造は光電気化学的問題の焦点からは外れるが，粒子懸濁方式とパネル配列方式間の選択には議論の余地がある［9］。パネル配列方式は，粒子懸濁方式と比べて効率

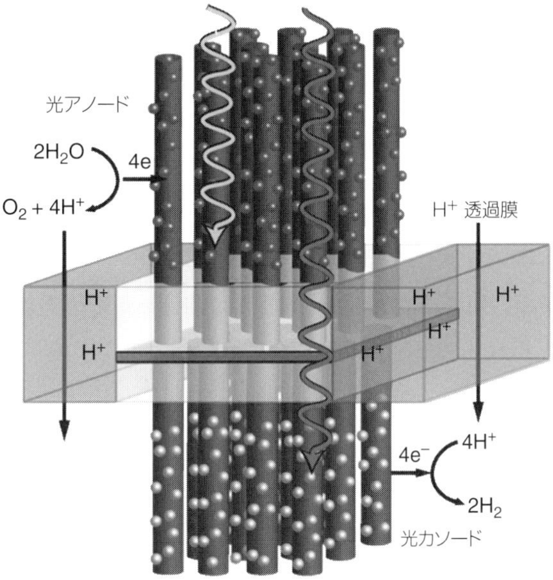

図 8.3 構造化された太陽光吸収体とイオン輸送用プロトン透過膜を用いた水分解デバイスコンセプトの概略図。アスペクト比の高い構造だと少数キャリヤ拡散長の短い半導体材料の光吸収を改善することができ，表面積が大きいと触媒の充填力を高めることができる。(Warren et al. 2014 [62]。アメリカ化学会の許諾を得て転載。)(口絵参照)

では同じ範囲であるが，コストが高い。しかし，その一方で粒子懸濁方式で用いられるコロイド溶液には安全性という深刻な問題がつきまとうため，パネル配列方式 PEC の研究がきわめて多くなされている。

Turner et al. によって提唱された高効率マルチジャンクション PEC ([47,50]) と対抗するものとして，一枚のプレートで HER (水素発生反応) と OER (酸素発生反応) の両方を行わせる新しいコンセプトがどんどん現れている。このような PEC の構造は，外部バイアスがないことから“ワイヤレスセル”とも呼ばれるが [61]，これは，デバイスの複雑さをおさえコストを下げる方法だと考えられている。残念ながら効率は今のところ思わしくない (2.5%) [61]。他にコンパクト化デバイスとして，光カソードと光アノードをプロトン伝導膜でつなぐものが精力的に検討されている。**図 8.3** に p 型 Si と n 型 Si からなるそのようなタイプのデバイス例を模式的に示してある [62]。さらなる改良として提唱されたのが，生物化学からヒントを得たもので，分子状助触媒 (キュバン型クラスタ※ Mo_3S_4) をワイヤ表面に堆積させる方式 [63]，あるいは Si の代わりに金属酸化物を使う方式である [3]。Kibria et al. は，類似の手法に基づき，p 型金属窒化物ナノワイヤアレイを用いて，pH 値が中性の条件で可視光駆動による効率的なワイヤレス型酸素・水素生成反応を報告した [64]。レーザーアブレーションとボールミル加工により得られた微粉末から合成された CoO ナノ粒子も，外部バイアスや犠牲剤 (sacriti cial reagent) 抜きで水を分解する (H_2 と O_2 の生成) のに用いられている [35]。単純性と低価格の可能性から，このアプローチは高く評価できる。Liu et al. は，$BiVO_4$ と Rh-$SrTiO_3$ で構成される自立型ナノワイヤメッシュネットワークを用いて水の全分解を可能とする，安価でシンプルなコンセプトを提案した [65]。これら最近の研究すべてにおいて，共通する進展は，光電極のマイクロ構

※訳注：Cubane-like cluster Cubane は C_8H_8 の立方体形の炭素骨格をもつクラスタ錯体。

造化ないしナノ構造化である。利用可能な光活性材料のリストがよく整備された現在では，目指す応用に適した材料を選ぶことが可能である。残念ながら光変換効率は未だ不十分なので，さらなる開発が必要である。マイクロ構造化とナノ構造化は，一般の活性物質の光変換収率を劇的に向上させる手段でもあるので，コストと効率のバランスを改善する興味深い方策だと思われる。

シリコンは，マイクロ構造体化およびナノ構造体化のインパクトを例示するうえで好適な材料である。平面Si電極自体でも，ドーピングの最適化，表面の無反射テクスチャ化，および触媒の配置により顕著に改良することは可能である。しかし，いくつかのグループは，SiベースPECの光電気化学特性をさらに向上するために，表面のマイクロ構造化やナノ構造化を提唱している。多くのSi表面マイクロ構造・ナノ構造のタイプのうちで，Siマイクロワイヤ(SiMW)とナノワイヤ(SiNW)が最も多く使われている。実際のところ，他のタイプのナノ構造，たとえば高収率デバイスにつながるポーラスSiなどの応用に関する報告はわずかしかない(たとえば[66～68])。ワイヤ群が高い光吸収性をもつのは明らかで，エネルギー変換効率を二倍にして最適化した単結晶光カソードで得られる値(すなわち＞10%)に近づけることも可能である[69]。SiMW群やSiNW群は，優れた電荷キャリヤ捕集，優れた光散乱，良好な電荷移動を誘引する量子閉じ込め(quantum confinement)，バンド端の適切な配置，表面積増大による電荷移動，励起子(exciton)の多重生成による光起電力の増大，良好な曲線因子(fill factor, FF)※そして内部量子効率の向上などの諸要因により，PECの性能を改善できることが示されている[42,69]。要するに，ワイヤード(結線された)構造が，光子の集光と，光電流の集電性を効率的にしている。これも光吸収に使える長さが延びること，および少数キャリヤの輸送距離が径方向になって短縮されることのおかげである。さらに，触媒反応に大面積の表面がさらされるという事情もある[63]。Kayes et al.によれば[70]，マイクロあるいはナノ構造体Siにより，少数キャリヤの拡散長が短い低純度Siを用いることが可能となる。最近SiNWは，低価格の金属グレードのSi(MG-Si)やその純度を向上させたアップグレードSi(UMG-Si)を用いて,金属援用化学エッチング(MaCE)により成長させることが可能であることが示された[71]。このような自己高純化Siナノ構造体は，ナノMG-Siと呼ばれ，水の還元においてきわめて好ましい性能を示している[71]。さらに，別のグループは，UMG－SiNWを使って太陽電池を構成し，約12%の効率を確認している[72]。

光電極のマイクロ構造化やナノ構造化は，当然ながらほかの材料に拡張することができる。それに関しては，Fe_2O_3，$BiVO_4$，WO_3，およびGaPといったSi以外の活性材料がマイクロ構造光電極やナノ構造光電極に用いられた多数の例が存在する[65,73～78]。先に述べたことであるが，ヘマタイトは水の光酸化に最もよく使われる材料の一つだが，シリコンと同じく，いくつかの短所をもつ。すなわち，過電圧(overpotential)が大きく，水酸化の反応速度が遅く，光の侵入深さが比較的浅く，電荷キャリヤの移動度が小さく，しかも少数キャリヤの拡散長が短い[26]。最近の報告によれば，ナノ構造化により光電流が増大する。それは，ナノ構造化が，

※訳注：太陽電池用語。ある照射条件における最大発電電力を開放電圧（open cir euit voltage）と短絡電流（short cireuit current）の積で割った値。1に近いほど性能がよい。

活性領域を拡大し，光吸収性の向上と同時に電荷分離と電荷輸送を改善し，反応速度を向上する手段なのだ［10］。

Kayes et al. は，放射状の p−n 接合モデルを開発し，ナノロッドベースの太陽光デバイス製作を評価した。このような光電極構造では，光吸収が深くなる一方で少数キャリヤの拡散長が短くなり，電池性能を劇的に向上させ得ることがわかった［70］。こうして，いくつかの光電極構造が提案されている。それらすべての設計における主要なアイデアは，光吸収の経路と電荷キャリヤの輸送方向を直交させるというものである。したがって，ワイヤ，ロッド，あるいはチューブ（管）のような円筒形状をした光電極は，光変換増強を達成するのにふさわしい候補である。なかでも，光吸収および電荷移動それぞれに適する材料を選ぶことが可能であるという理由で，コア−シェル構造が興味深い。そのような系では，ETA は透明で広いバンドギャップをもつ 2 個の半導体間に挟まれる。光の吸収は ETA 層の内部で生じ，電荷は p 型半導体と n 型半導体によって電流コレクタまで運ばれる［79］。

8.2.4　光電極の被覆と機能化

前述したように，光電極にはたとえば，遅い反応速度，表面再結合，あるいは光腐食など，その化学的性質による限界がある。ただ，適切な材料で光電極を被覆することで，これらの制約を克服できることが多い。

Si などバンドギャップが小さい半導体を H_2 生成用の光カソードに使うときの基本的問題は，Si の価電子帯のバンド端と H^+/H_2 酸化還元準位の差が小さく，光起電力が限られるということである。この問題に対処して HER 反応速度を増進するために，通常，高価な Pt 粒子を p-Si 表面に堆積する［80］。そこで，貴金属を他で置き換える戦略が必要になる。当初，バンド帯の屈曲を大きくして光起電力を高めるために，N^+/p−Si 結合が提案されたが［81］，金属酸化物ヘテロ接合を使う方が合理的である［82］。

半導体での表面再結合は光電気化学活性を阻害する。電極をナノ構造化すると，有効表面積が大きくなる分，その活性阻害は著しく増進する。貴金属クラスタを用いるとこの影響を抑えることができるが［83］，現在は，触媒作用をもつ遷移金属酸化物で全面をパッシベーションする方が表面再結合を少なくするうえで適切であると信じられている［84～86］。

多くの光電極材料は水の光分解の際に腐食する。この現象は，CdS，InP，GaP，Cu_2O などの光カソードおよび Si などの光アノードで生じる。そこで，Si の保護用として有機物官能基が提案されている［42］。しかし，水分解デバイスは数十年は持続する必要があり，これらの有機化合物がそれだけ長い期間持ちこたえられるかどうかは分かっていない［83］。Ni/NiO_x のような触媒作用をもつ遷移金属酸化物の堆積が報告されていて，こちらの方が安定性が勝っていることが示されている［82,87］。

8.3　PEC に対する ALD の関わり

これまでの節では，PEC 技術におけるおもな挑戦課題を取り上げ，光電極を改良するための今後の戦略を示した。新たな電極材料の合成は一つ解になりうることが示されたが，それより有力な方法はナノ構造化光電極の製作とその機能化である。ほかの堆積方法に比べて基本的な長所を多くもっている ALD 法は (厚みと組成の制御，複雑な 3D ナノ構造体を被覆する能力，コア–シェル構造体の製作など)，次世代 PEC を構築するうえで有力なツールになると思われる。最近発表されたレビューには，光触媒および色素増感型太陽電池 (DSSC) の分野でこの手法がどれほど有用なのか記されている [88,89]。そこで，この章のねらいはそれら前報に対する補足説明である。

ALD は，2D および主として 3D の複雑な能動膜あるいは受動膜を成膜するときにうまく用いられている。ここでいう能動層とは，光変換過程の中心的役割をなす膜を意味し (たとえば光吸収，電荷分離：ギャップ設計，ドーピング，バンド構造の最適化など)，これに対して受動層は，電荷の生成・分離・輸送に直接関与しないが，デバイスの安定性と性能に重要な働きをする膜 (光腐食抑制，表面状態のパッシベーション，ブロッキング層や触媒層，透明導電酸化物など) を指す。したがって，能動層と受動層の両方におけるさまざまな ALD の使い方を記述するつもりである。この節では，活性材料の合成およびナノ構造光電極の製作にどのように ALD が使われてきたかを示す。このあと，触媒の堆積，接合のパッシベーションと改質，そして最後に腐食に対する電極保護のための，ALD の利用について述べる。

8.3.1　電極材料の合成

ALD の手法は，電極材料を合成し，その組成を高い精度で目標値に合わせるもの，と想定することができる。活性層に使用されるさまざまなタイプの材料のうちで，ALD はおもに金属酸化物の成長に使われてきた。ALD は一層ずつ成長させる手法であるから，バルク材料の合成には向かない。そのような目的には，ゾル–ゲル法，スプレー熱分解法，あるいは熱水処理法などの方法が適切である。ただし，興味深いことに，特異な性質を示す多形相 (polymorphic phase) を成長させるために ALD を使うことはあり得る。図 3.7 に示すように，Emery et al. は，同形エピタキシー法を介して光による水酸化のための準安定 β-Fe_2O_3 を合成したことを報告している [90]。ALD 法で成長させた β 相は，実際，強塩基性の下で予想外の安定性を示し，α-Fe_2O_3 に比べてバンドギャップが狭まり ($\Delta E_g = 0.1$ eV)，光電流開始電位は改善され (~0.1 V)，光変換効率も太陽光スペクトルの赤色領域 ($\lambda > 600$ nm) で向上している。この実験事実は，好ましい特性をもつ活性材料の合成が ALD 法により可能であることを示すものである。

また，ALD 法で成長させた α-Fe_2O_3 は，活性材料が堆積する基板に依存して，特定の光電気化学特性を呈することが示されている [91,92]。極薄ヘマタイト上で行われる水の光酸化では，Ga_2O_3，Nb_2O_5，WO_3，または酸化インジウムスズ (ITO) といった下地層を予めフッ素ドープ酸化スズ (FTO) 上に堆積させておくと，光酸化は大幅に向上するが，これは，Fe_2O_3 の結晶性が上るためである。

以上は，PEC の応用に ALD を用いた二つの興味深い例を示したものである。他の例は，光電池応用のためのさまざまな光吸収体向け ALD として 3.3 節に示している。ところで，この手法はピンホールフリーの薄膜を均一に堆積するうえでも非常に効率的である。したがって，ナノ構造化された骨格（scaffold）上に既存の活性材料を合成するために，あるいは，機能層を向上させ，パッシベーションし，そして保護するために ALD を応用することがより適切であると思われる。こうした観点は，より詳しくは次節に関連する。

8.3.2　ナノ構造化光電極

平面光電極の性能は，適正な材料の選択，ドーピングの最適化，無反射組織の形成，そして触媒の堆積により顕著に改善することができる。しかし，8.2.3 節で説明したように電極をナノ構造化すれば，はるかに良好な光分解能を発揮する可能性がある。ALD は材料を合成し，その組成を高い精度で調整するために用いられるが，ALD の用途として最も興味深いのは，何といっても薄膜堆積を通した 3D ナノ構造をもった材料の構築である。

ALD はまた，テンプレート用に使われるナノポーラス Al_2O_3 膜の中に薄い Fe_2O_3 層を成長させるのにも利用される［93］。こうして得られた規則正しく平行に並んだ Fe_2O_3 ナノチューブは，アニールされ，電気化学的に粗面化される。こうしたシンプルなナノ構造は，水の酸化時に得られる電流密度が等価な平面電極を使って得られる値より 3 桁も大きいので，きわめて有望であるといえる。電流密度が孔の深さに線形的に依存するわけではないが，この大きな増加はナノチューブの幾何構造に直接起因すると考えられる。非常に豊富に存在する元素を使って高い性能が得られるため，このようなタイプのナノ構造光アノードがきわめて有用なことが，他の酸化物ベース化合物との比較から示唆される。

ナノポーラス Al_2O_3 膜と同様に，オパール構造は，複雑で効率的なナノ構造を成形するための秩序化テンプレートとして用いることができる。稠密に充填させたポリスチレン（PS）球に ALD により TiO_2 を堆積し，次いで焼成（calcination）により PS を除去して逆オパール構造を形成する。最後に，この中空のナノ構造体を CdS の量子ドット（QD）で増感すると光アノードが得られる（**図 8.4** 参照［94］）。同じ研究グループは，派生的な手法として，ALD 法を使って TiO_2 逆オパール構造上に ZnO 薄膜層を堆積させ，それをアニオン交換反応を使って ZnSe に変換する方法を提案した。最後に CdSe QD を使ってその構造に増感が施された［95］。どちらのケースでも，高度に秩序化され，パーコレートされた（小孔が全体わたっている）3D 構造体が，効果的で迅速な電荷輸送路として働くため，光電気化学活性が顕著に増進されている。また，フォトニック-バンドギャップエンジニアリングによる，背面反射，表面共鳴モード，キャビティ径の調節を通した遅い光子，そして，当然他の QD 増感剤の使用など，によるさらなる改良が将来構想されている。

不活性テンプレートのナノポーラス Al_2O_3 膜とは反対になるが，コア-シェル構造はその両方の材料に特定の働きをもたせたさまざまな設計が可能な点で，きわめて興味深い。コア-シェルナノ構造体を構築するときには当然 ALD 法の適用が想定されるが，それは，ALD 法は複雑な 3 次元ナノ構造体を均一に被覆することができるのに対して，物理的・化学的堆積法では，均一性も自己制御性も得られないからである（すなわち，ナノ構造全体の被覆厚を完璧に制御することができない）。たとえばナノチューブ（NT），ナノネット（NN），ナノワイヤ（NW），ナノ粒子（NP），ナノポアなどのさまざまな材料と多数の幾何学形状をもつ ALD ベースのコ

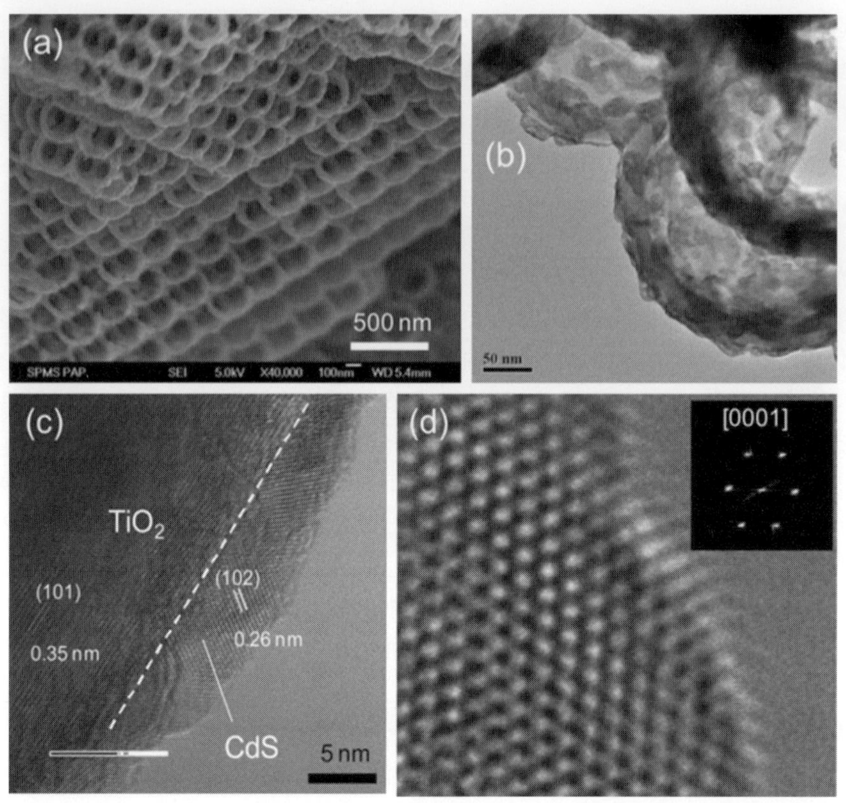

図 8.4　CdS QD–増感 288 nm 径の TiO_2 インバースオパールの SEM 画像と TEM 画像。(a) クラック領域の 20° ティルト画像。(b) QD で被覆されたいくつかの逆 TiO_2 球の TEM 画像。(c) CdS/TiO_2 界面の HRTEM 画像。(d) (c) に示した CdS QD の拡大 HRTEM 画像。挿入図は [0001] 晶帯軸方向で観測された QD のフーリエ変換電子回折 (FTED) パターン。(Cheng et al. 2011 [94]。John Wiley and Sons 社の許諾を得て転載。)

ア–シェル設計を製作するプロセスが多くの研究グループにより報告されている。その結果得られた改良はナノ構造体の構成がもつ多様な側面から生じたものであり，光電極の有効度を高めるために研究者に提供するさまざまなパレットを実証するものである。

最初に紹介する手法では，ナノ構造化 $TiSi_2$ 骨格を光活性材料で被覆する。$TiSi_2$ コア構造体は，ここでは TiO_2，WO_3，または Fe_2O_3 などでできている均一な光活性層の中に生成した電荷を集電する導電性ナノネットとして作用する [96～98]。このように複雑な構造をピンホールなしで完全被覆できるのは ALD だけである。$TiSi_2/Fe_2O_3$ の系が**図 8.5** に模式的に示されているが，$TiSi_2/WO_3$ および $TiSi_2/TiO_2$ の場合でも原理は変わらない。このコア–シェルシステムでは高い導電性をもつ $TiSi_2$ ナノネットが n 型金属酸化物半導体に連結している。電解質–半導体接合が形成されると，酸化物層全体が空乏 (depletien) 条件のもとに置かれる (図 8.5 (a) 参照)。これにより光生成電子–正孔対が効率的に分離される。そのうちの e^- は $TiSi_2$ コアに集められ速やかに輸送され，一方の h^+ は溶液に注入されて水の酸化反応 ($TiSi_2/TiO_2$ 上で起こる H_2 生成の逆過程) を起こさせる。この光電極構造はいくつかの点できわめて興味深い：(i) 酸化物

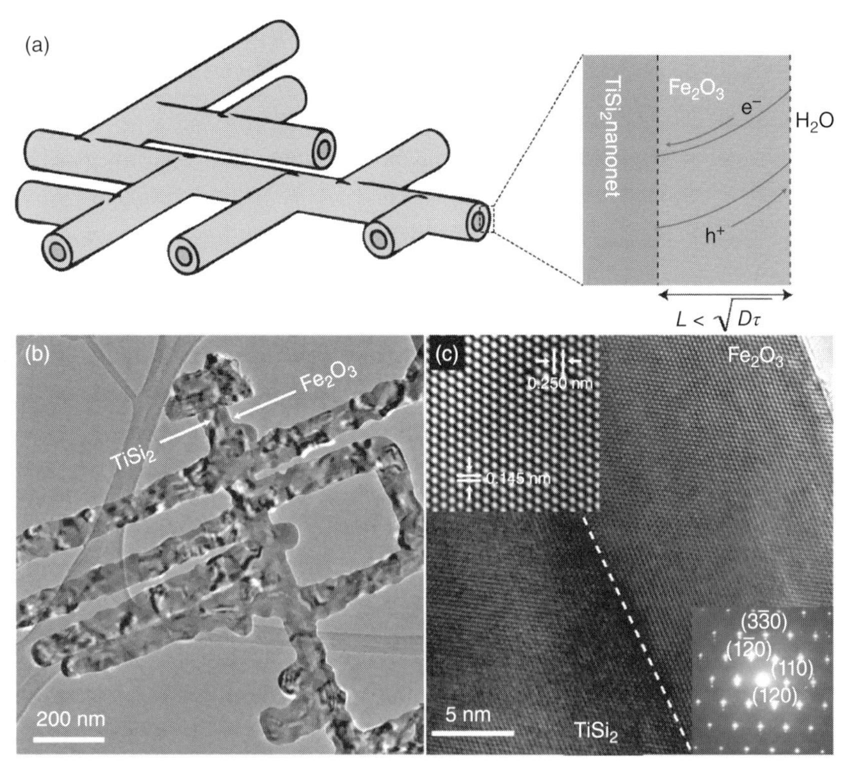

図 8.5　(a) その原理には有効電荷コレクタとしての高導電性 $TiSi_2$ ナノネットを用いる概念図。拡大断面図に電子バンドの構造を示す。ヘマタイトの厚さが電荷拡散長より小さいときに効率的な電荷捕集が行われる。(b) 典型的なヘテロナノ構造の構造複雑性とその $TiSi_2$ コア／ヘマタイトシェルの性質を示す低倍率 TEM 画像。(c) HRTEM データ (HR：High Resolution)。見やすくするために境界面に破線が引かれている。左側挿入図；ヘマタイト (110) および ($\bar{3}$30) に対する格子間隔［(0.250 nm) と (0.145 nm)］を示す格子フリンジ分解 HRTEM 画像。右側挿入図；ヘマタイトの ED パターン。(Lin et al. 2011 [98]。アメリカ化学会の許諾を得て転載。)((a) は口絵参照)

／液体接合部が大幅に拡大されている，(ii) $TiSi_2$ がもつ高電気伝導度によって電荷移動が容易に進行する，そして，(iii) 酸化物薄膜が完全に空乏化しているため，その膜の中で e^-/h^+ 分離が速やかに生じる。得られた結果はヘマタイトととしては十分満足すべきものだが [98]，さらなる改良も可能である。WO_3 の上に Mn 助触媒を堆積すると酸化物の安定性が拡大し，水から O_2 と H_2 への完全分解が可能になり [97]，一方，W と TiO_2 の共堆積により光吸収が増進される [96]。このように，豊富に存在する材料をナノスケール設計で使用することで平面型電極がもつ限界を押し上げることが可能であり，その点これらヘテロ構造はきわめて有望である。

上記と等価な設計が他のグループからも提案されている。Noh et al. は，ステンレス鋼メッシュの上に ITO コア–TiO_2 シェルナノワイヤを構築して柔軟性に富む PEC を製作した [99]。マイクロメートルオーダーの金属メッシュの上に ITO の高電気伝導度ナノワイヤを気相輸送法 (VTM) によって成長し，一方で ALD 法により TiO_2 の均一薄膜を堆積した。最適のワイヤ長とシェル厚が実験的に評価され，この研究においても幾何構造が重要であるという事実が報告された。実効作用面積が大きく，光子の収穫に優れ，電荷分離が効果的に生じることにより，このナノ構造化電極で得られた光電流は参照系における電流の 4 倍を示した。

コア材料の機能はそれぞれ異なる。α-Fe_2O_3 で被覆された Si NW の Si 骨格構造は当然ながら電荷コレクタとして使われるが，同時に補助的な吸光材料としても作用する [100]。ヘマタイトが主として紫外–可視領域の光を吸収する一方で，波長がより長い（$\lambda = 600 \sim 1100$ nm）光子はシリコンと相互作用する。ワイヤ構造に関連して期待される性質（大きい表面積，電荷分離の増進など）に加えて，光吸収体が 2 種類あることにより，ヘマタイト上での水の酸化開始電位が最も低くなる（$U = 0.6$ V vs RHE）。

水の光分解においては酸化チタンは最もよく研究されているものの一つだが，少数キャリヤの拡散長が短いこと，光浸透厚さが大きいこと，電子捕集が非効率的なこと，などが今でも課題として残されている。ナノポーラス構造を用いれば，TiO_2 の性能を改善することができる。透明で導電性のガラス（FTO）に支持された Sb ドープ酸化スズの透明コロイド膜の上に TiO_2 薄膜が ALD 法で堆積される [101]。その結果得られた光電流は，FTO 上に堆積した等価な TiO_2 層で得られる場合の 3 倍であったが，それは，相互接続された Sb : SnO_2/TiO_2 ネットワークは幾何構造的に光吸収と電荷捕集を分離する一方で，効率的な電子の捕集が保持されるからである。電気化学的な研究によれば，光電流は TiO_2 シェルの厚みに関係し，光電子輸送を加速することによりナノポーラスコア構造が電荷再結合を抑制することを示唆している。きわめて良く似たアプローチを Stefik et al. が提案している [102]。彼らは，市販の TiO_2 ナノ粒子からナノポーラス骨格構造を形成した。その骨格は透明導電動性酸化物 Nb : SnO_2 と光活性な α-Fe_2O_3 層からなるホスト–ゲスト系により被覆されている。これらの層はそれぞれ ALD 法と常圧 CVD（AP-CVD）法により連続的に堆積された [103]。TiO_2 ナノ粒子は，大表面積基板として作用するだけではなく，光路長を増すための光散乱体としても作用する。Nb : SnO_2 ホストは α-Fe_2O_3 ゲストのなかに光生成された電荷キャリヤを捕集し，輸送する。もっと最近になって，水熱合成により成長させた TiO_2 ナノワイヤ上に ALD 法によりヘマタイト極薄膜層（10 nm）を堆積させ，比較的安価な $Ni(OH)_2$ 触媒と組み合わせた例が報告された [104]。このコア–シェルナノ構造では，α-Fe_2O_3 薄膜が光活性材料として作用し，TiO_2 がドーパント源および正孔ブロック材料として作用する。この低温プロセスでは，そこまで薄い活性膜では未だ測定されたことがないほどの光電気化学性能を実現する。

最後になるが，上に記した二つの手法を組み合わせ，すなわち，同軸ナノ円筒アレイなどの秩序化され複雑なコア–シェル構造体の構築に不活性テンプレートを使うことも可能である [56]。ナノポーラス Al_2O_3 膜のなかに n 型半導体，ETA，および p 型半導体を逐次的に成長させるのに ALD が使われる。8.2.3 節で述べたように，そもそもこのコンセプトは，光吸収，電荷輸送，さらに電気触媒活性の機能を得るために材料を分離して，それぞれの物理的–化学的性質と幾何学形状を適材適所に割り振ることを目的としたものである。Wu et al. は太陽電池向けにそのような光電極のデザインを発表したが，それはソーラー燃料製造に容易に置き換えることができる。その設計では，広いバンドギャップをもつ二つの半導体 TiO_2（n 型）と CuSCN（p 型）が光吸収体 Sb_2S_3 によって隔てられている（**図 8.6** 参照）。“垂直な” 吸収経路（すなわち初

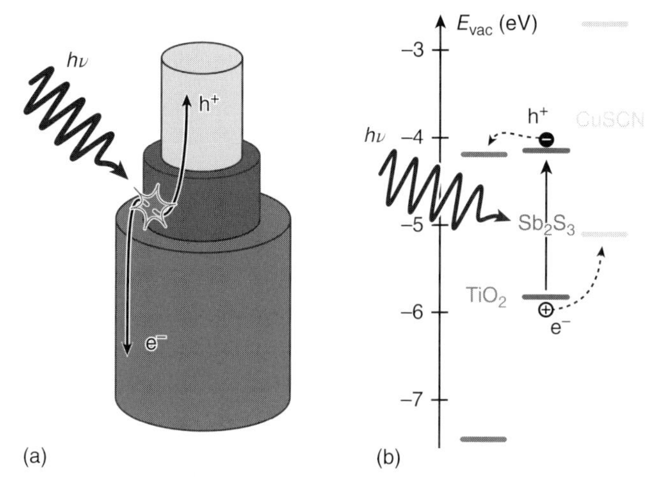

図 8.6　同軸ナノ円筒形太陽電池の機能原理。(a) 太陽電池デバイスを構成する多数の並列円筒の中の一本をとり，それぞれ同軸方向の p-i-n 接合の幾何形状を示す概略図。(b) 本半導体の (エネルギー) バンドダイヤグラム。(Wu 2015 [56]。イギリス化学会の許諾を得て転載。)(口絵参照)

期 Al_2O_3 ナノポアの軸方向）に沿って光子が Sb_2S_3 中で吸収される一方で，“側方の”幅に沿って電荷分離が TiO_2 と CuSCN 両層の中で生じる。

8.3.3　触媒の堆積

貴金属触媒の堆積に ALD 法が広く使われるが，その理由は，触媒担持量と粒子サイズの精密な制御が可能なため全体の原料費を節約できることにある。Weber et al. は，Pd と Pt の選択的 ALD によるバイメタル（2 種金属）ナノ粒子の合成を報告している［105］。この結果は，触媒のモルフォロジーと組成を調節するうえでこの手法がもつ可能性を示すものである。8.2.4 節で記したように，光電気化学反応を促進するために Si など光活性金属の上に貴金属を堆積することができる。Dasgupta et al. は，高いアスペクト比をもつ Si NW を狭いサイズ分布をもつ Pt ナノ粒子により機能化するために，ALD 法の使用を提唱した［106］。金属の量を正確にコントロールできるから潜在的に費用削減が可能になる。ほかのグループもこのコンセプトに従った。**図 8.7** (a)，(b) は，ALD が Si NW を貴金属ナノ粒子で均一に被覆するという付加価値を説明しており，ほかの手法ではナノワイヤの頂部だけしか被覆されない［107］。光による水還元は Pt ナノ粒子の位置で起こり，電荷は NW 表面の残り部分においてトラップされる。金属粒子が Si 表面に均一に分布しているときには，反応が爆発的に増大し，測定される光電流が劇的に増大する。修飾された Si NW の場合には，ナノワイヤの頂部だけに堆積があってはるかに長い拡散長をもつ金属と比べて電荷捕集も促進される。予想できることだが，HER（水素発生反応）も裸の Si NW に比べて大幅に増進され，また，電気化学的に堆積させた Pt ナノ粒子に比べても増進される［107］。この手法は，MoS_x や Ni-Mo などほかの触媒材料にも適用できるはずである。

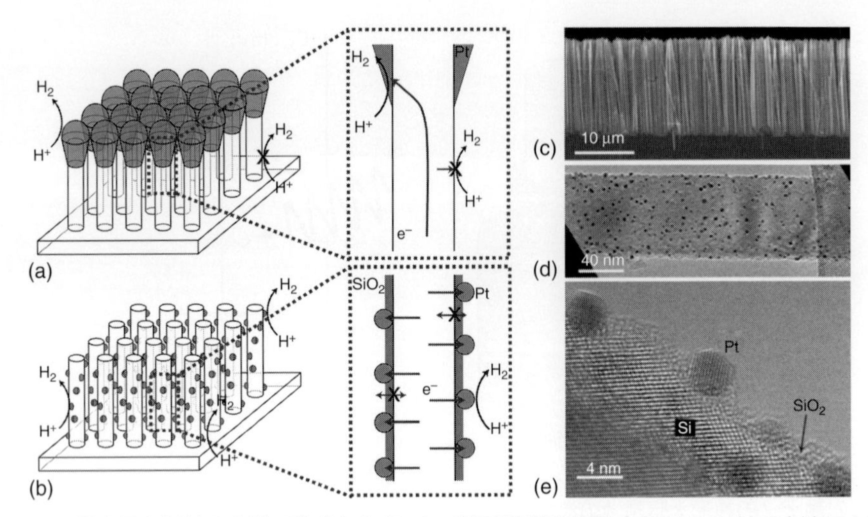

図 8.7　ALD 法とそれ以外の方法で作られた Pt ナノ粒子触媒の差異（a）ALD 以外の方法による。（b）ALD 法による。（c）～（e）ALD Pt で修飾された Si NW（シリコンナノワイヤ）の電子顕微鏡画像。（c）目だった触媒集塊がないことを示す断面 SEM 画像。（d）ALD Pt の分布と均一性を示す低倍率 TEM。（e）ALD 法により Si NW 表面に成長させた Pt 粒子の結晶質が分かる HR（高解像）TEM 画像。非晶質 SiO_2 の存在が矢印で示されている。（Dai et al. 2013［107］。John Wiley and Sons の許諾を得て転載。）

ALD は，別の堆積法で成長させた触媒の活性を増進する目的にも使われる。実際，p 型 InP ナノピラーアレイの上に，Ru のスパッタリングに先立って薄くて均一な TiO_2 層の堆積が行われた［108］。異種材料の Ru 膜は物理気相成長法（PVD）が用いられたが，表面をパッシベーションするためには均一でピンホールフリーの TiO_2 被覆を達成するために ALD が必要である。表面のナノテクスチャ化と InP の保護の組み合わせおよび助触媒の存在により，高い電流密度（$j = 30\ \mathrm{mA\ cm^{-2}}$）と正方向に 0.23 V という開始電位が得られる。

触媒の分野では，触媒活性をもつ金属ナノ粒子を酸化物極薄膜層によりカプセル化するための ALD の例がますます増えている。こういった酸化物薄膜は，薄くて（1～3 nm）十分触媒の活性を抑制することができ，それでいて触媒を保護して寿命延ばす働きをする［109］。水の光分解の分野ではこの戦略はまだ実現していないが，将来の開発にとっては期待できるかもしれない。

8.3.4　接合部のパッシベーションと修飾

PEC の性能を向上させるうえではマイクロ構造化およびナノ構造化が決定的に重要だが，長時間動作で最良の光電気化学的特性を維持するためにはさらなる機能化プロセスが求められる。ヘマタイトについては，熱処理により好ましくない表面状態を抑止することで性能を高めることができる［92］。いくつかの報告では，半導体表面にさまざまな材料を堆積させる異なる方法が提案されている。Ni/NiO_x など金属や金属酸化物の薄膜を平面電極に堆積するために当然のように PVD 法が使われてきた［82,87］。ALD も，平坦な p 型半導体上に Al_2O_3 や TiO_2 を成長させ，光カソードの劣化防止用に使われてきた［85,86］。他の研究でも，Si 光アノードに用いて，光触媒活性を最適化し，光腐食を回避するために同じようなやり方が用いられた[84,110,111]。しかし，3 次元のマイクロ構造電極およびナノ構造電極を完全に被覆するのに適用される手法はほとんどない。この章の初めの方で記したことだが，ALD は，均一性が高くピンホールフリーの被膜を膜厚と組成を完全に制御しながら成長させることができる強力な手法である。NiO_x に用いられるゾル–ゲル法[37]や TiNi 合金に用いられるドロップキャスティング法[112]など，その他の堆積法も興味深いが，ALD で達成された成果は大きな将来性をうかがわせる。したがって，光電池技術では ALD が太陽電池のさまざまな場所で広く用いられている。非常に多くの使い方のうちで，2.2 節で記したように ALD 法による薄膜は太陽電池のなかの表面や界面をうまくパッシベーションすることができる。したがって，ALD による表面パッシベーションは，PEC（光電気化学）技術に転用できると考えられる。この節では，光電極／電解質接合部における電子分布をパッシベーションまたは修飾するために用いられる ALD について記述する。その後で，光腐食を防ぐために行う薄膜堆積について記述する（8.3.5 節）。

ヘマタイトは豊富に存在して効率的な電極になる材料であり，材料としていくつかの短所がアルミナの薄膜層を堆積することで回避できる可能性があるため，Al_2O_3 の ALD による α-Fe_2O_3 パッシベーションが大がかりに研究されている。ナノ構造化された α-Fe_2O_3 のパッシベーションに ALD が利用されたごく初期のものの一つは，ごく最近であり，2011 年に報告された[113]。彼らは，AP-CVD で形成されたヘマタイト上に Al_2O_3 を堆積した。光電気化学測定によって，光電気化学特性の向上が確認されたが，TiO_2 で被覆されたサンプルでは改善がみられなかった。フォトルミネセンス分光と電気化学インピーダンス分光を使った特性評価により，その向上は触媒効果ではなく表面状態のパッシベーションであることが示された。SR-PES（シンクロトロン放射光光電子分光法）および X 線吸収分光分析（XAS）を用いた測定では，Al_2O_3 の堆積のときの主要な前駆体であるトリメチルアルミニウム（TMA）への曝露によってヘマタイトの電子的性質に好ましい変化が誘起されることが示された[114]。TMA と α-Fe_2O_3 との相互作用は，ポーラロン（polaron）※に対応するヘマタイトへの電子移動を誘発し，Fe-O 結合を変化させる。TMA 処理後は高い光電流密度が測定された。これは，電荷輸送が改善されたことによる。また，α-Fe_2O_3 の熱処理により光電極特性が向上するとの報告もある[115]。まだコンセンサスは得られていないが，この効果は無酸素雰囲気下でアニーリングが行われたときに生成した酸素空孔（Vo）のせいだとも考えられる。ALD によって α-Fe_2O_3 および α-Fe_2O_{3-x} の上に成長させた Al_2O_3 の吸着特性に関する最近の研究により，これらの現象の理解に対する新しい洞察が得られた[115]。すでに分かっていたのだが，ALD によるヘマタイト上への Al_2O_3 の被膜は，キャパシタンス（静電容量）の低下[116]と共に水酸化の開始電位を負方向にシフトさせる[103]が，文献[115]によると，ALD コーティングは，トラップ仲介による表面の電子–正孔再結合の抑制に貢献すると報告されている。Al_2O_3 極薄膜層は表面トラップ状態にだけしかパッシベーションしないので，α-Fe_2O_{3-x} バルクのバンド間トラップ状態は光生成電子にそのまま使うことができる。電子と正孔の分布は空間的に隔離されているため，

※訳注：結晶格子の変形・歪みを誘発する電子やホール（正孔），さらにそれら電荷キャリアに付随するフォノン（phonon）クラウドを総称してポーラロンという。

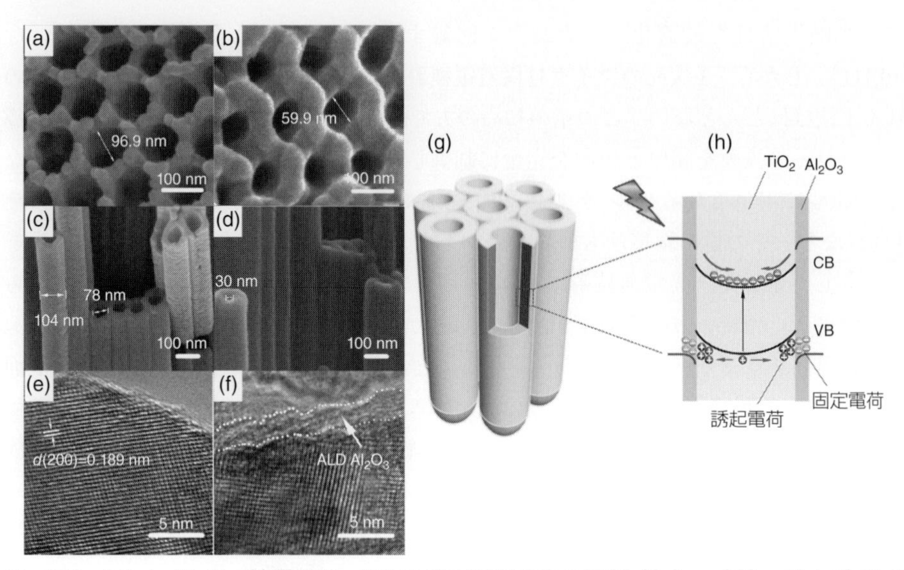

図 8.8　TiO_2 NT と Al_2O_3- 被覆 TiO_2 NT の EM 写真画像の比較 ((a) ～ (f))，および Al_2O_3- 被覆 TiO_2 NT の模式構造図 ((g)，(h))。(a)，(c)，(e) は TiO_2 NT，(b)，(d)，(f) は Al_2O_3- 被覆 TiO_2 NT のもの (a)，(b) は上端部，(c)，(d) は断面の画像 (いずれも SEM による；なお (d) は ALD180 サイクル処理)。(e)，(f) は TEM 画像 ((f) は ALD25 サイクル処理)。(g) と (h) は Al_2O_3 電場効果パッシベーションの模式図で，(g) は Al_2O_3 シェル (淡青灰色) と一緒に堆積させた TiO_2 NT の構造を示す。(h) は，Al_2O_3 シェルで被覆された TiO_2 NT のエネルギーバンドダイヤグラムである。UV 光照射下では，Al_2O_3 膜内に位置する負電荷の存在によって光生成正孔が表面にトラップされるため，管壁の中央部に不対電子が取り残される。(Gui et al. 2014 [118]。アメリカ化学会の許諾を得て転載。) ((g) (h) は口絵参照)

トラップに仲介された再結合が進行することはない。したがって，電子は外部回路によって集電される。これにより，水酸化の開始電位が 0.2 V だけマイナス側にシフトする。

三酸化タングステン WO_3 もヘマタイトと同様にきわめて有望な電極材料だが，表面の存在および表面におけるペルオキソ種の形成により急速な電荷再結合の問題に直面している。光吸収法を使った特性評価では，ALD による Al_2O_3 薄膜層は WO_3 表面における電子トラップを劇的に減少させ，同時に集電回路への電子移動を促進することを明らかにした [117]。Al_2O_3 シェルはまた，TiO_2 ナノチューブ (NT) 上でもうまく使うことができる。ナノチューブの場合には表面積が劇的に広がる。8.2.3 節で記したように，そのような幾何形状には一般的に有利であるが，欠陥位置での電子–正孔再結合など表面における好ましくないプロセスもまた増進される。TiO_2 ナノチューブへの Al_2O_3 の堆積によって表面欠陥の濃度が減少する結果，より良好な光電気化学特性が得られる [118]。**図 8.8** に模式的に示すように，この現象は，アルミナ層への電子の蓄積によって生じる電場効果パッシベーションと関連している。

意外なことだが，水熱合成により FTO 上に成長させたルチル (rutile) 型 TiO_2 のナノワイヤ (NW) を，ALD 法でアモルファス，アナターゼ (anatase) 型，あるいはルチル型 TiO_2 の薄膜で被覆するというのも，興味深いことである [119]。この手法から，界面が果たす決定的な役割が明らかにされた。というのも，アモルファス TiO_2 またはアナターゼ型 TiO_2 で被覆した NW では光電流の増大が見られないのに対して，ルチル型シェルで覆われた NW では光電気化学

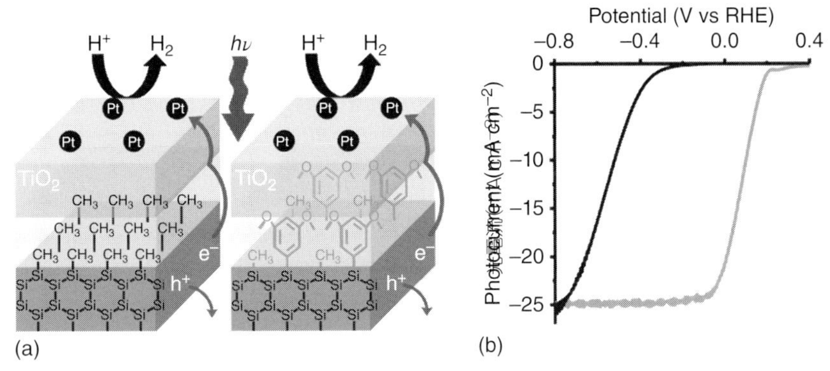

図 8.9 (a) Cl-終端処理された p-Si (111) 基板に，一つは CH_3 基，もう一つは 3,5-ジメトキシフェニル基 (dimethoxyphenyl) で修飾し，そのあと引き続き ALD により TiO_2 膜，Pt 粒子を積層して全体を機能化した概念図。(b) 0.5 M H_2SO_4 中，AM 1.5 G,100 mW cm^{-2}，0.1 V s^{-1} の条件下で得られた電圧–電流曲線。黒色：CH_3，緑色：3,5-ジメトキシフェニル。（Seo et al. 2015 [120]。アメリカ化学会の許諾を得て転載。）（口絵参照）

活性が 1.5 倍になったからである。この性能改善はまた，表面積の拡大（TiO_2 の堆積で多少粗い表面になるため）とさらに表面欠陥のパッシベーションからもたらされる。

分子グラフトされた p 型 Si では障壁高さが低いため，その表面上での H_2 生成は依然として挑戦的な課題のままである。この問題に対処するため，有機／無機ハイブリッド被膜で光電極を機能化することが提唱された [120]。すなわち，予め有機官能基（たとえばメチル基，フェニル基，ナフチル基など）で修飾されている p-Si (111) 上に，Al_2O_3 または TiO_2 の薄膜を ALD により成長させた。最終のステップでは，ハイブリッド多重層の上に ALD により Pt を堆積する（**図 8.9** (a) 参照)。グラフト分子の性質に依存してバンド端が変調され，その位置は水の光還元の開始を最適化するよう調整される（図 8.9b 参照）。この極薄膜はトンネルバリアとして働くから，金属酸化物の組成（Al_2O_3 または TiO_2）の効果は制限される。しかしながら，メトキシ基と組み合わされた TiO_2 では，直列抵抗が最小化されるため最高の性能を示す。この光電極設計をさらに改善するものとして，彼らは Pt の代わりに地球に豊富な金属を利用することを提唱している。新たな特性評価方法を追加した研究においても，ほぼ同じ結果が得られた [121]。その研究では，CH_3- 終端 p-Si (111) の上に TiO_2 触媒と Pt 触媒が堆積された。

アルミナ以外の材料の堆積も可能である。陽極酸化で形成した TiO_2 NT の上に成長させた薄い Co_3O_4 層は，光電気化学的性能の改善をもたらすが，これは NT が酸化コバルトで覆われたときの光吸収の増進と光キャリヤの良好な分離とに起因する [122]。幾何構造が原因になって TiO_2 NT は可視領域の光を部分的に吸収することができる [123]。しかし，Co_3O_4 の低いバンドギャップ (E_g〜2.07 eV) がこの吸収を $\lambda = 400$〜650 nm へと大幅に拡大する。光電流密度は ALD 被覆の厚みと直接関係する。Co_3O_4 の場合で 4 nm までは増大し，この値を過ぎると減少する。光生成電荷は容易に分離されるが，その理由は，電子が TiO_2 と Ti の接点に移動し，一方，正孔が Co_3O_4 を通して電解質に注入されるためである。同様に，TiO_2 膜は Si に対して補完的光活性材料として作用することができる。このアプローチは Yang et al. により Si NW に対して提唱され [124,125]，その後，Ao et al. によりブラックシリコンに対して提唱された。これらの系では，TiO_2

層が界面における電荷分布を最適化し，UV 領域の光子を吸収するが，Si ではそれが起きない。

DSSC で使われる SnO_2 ベースと TiO_2 ベースの光電極について行われた二つの研究が水の光分解について重要な情報を報告している。Prasittichai と Hupp は，I_3^-/I^- を含む電解質と接する電極上に極薄膜の Al_2O_3 を成長させた。電流が膜の厚みに指数関数的に依存するため，その層は 2 Å を超える厚みではトンネル障壁として作用する[126]。単一サイクルの ALD を使って Al_2O_3, ZrO_2, あるいは TiO_2 を SnO_2 や TiO_2 上に堆積させると，注入電子寿命の顕著な増大，曲線因子（FF）と開放電圧の改善，そして短絡電流の中程度の上昇をもたらす。これらの改善は，反応性で低エネルギーの表面状態のパッシベーションがバンド端のシフトと組み合わさったことによる。彼らは，この研究を別の基板（TiO_2）に拡張して，異なる機能性層（ZrO_2, TiO_2, Al_2O_3）の効果を比較している[127]。

8.3.5　光腐食からの保護

3 次元ナノ構造体を完全に覆うことができる能力により，ALD はまた光電極の腐食を防止するためにも使うことができる。パッシベーションと同様に，保護膜の堆積は，最初は PVD により平面基板に対して行われ，次に ALD によって行われ，そして最後には 3 次元電極に対して ALD だけが用いられた。PEC の安定性を増進する唯一の技術ではないのだが，ALD はこれらのデバイスを保護する最善のツールの一つである。なぜなら，どのようなタイプの光電極の上でもピンホールフリーで高度に均一性の高い薄膜を合成する能力をもつからである。ALD は，2D および 3D の光アノードと光カソードに対して適用される。コア材料の劣化防止に加えて，ALD シェルは光電極性能の改善も誘導する。

8.3.5.1　平面光アノードの保護

8.2.4 節で述べたように，多くの半導体が光還元や光酸化の間に腐食される。Kenney et al. は，PVD で成長させた Ni 層により n 型シリコンを保護することを提案した[82]。そこでは，Ni 層が Si の光腐食を防ぎ，酸化に対しては地球に豊富な金属助触媒として作用することが示された。調べられたうちでは最も薄い層（2 nm）が最高の活性を示し，電流密度は 80 時間を超えて安定に保持された。この手法がわずかに修正されて別のシステムに適用された。アモルファスあるいは結晶性のシリコン Si（a-Si, c-Si）および n-CdTe の上にスパッタリングにより NiO_x の透明膜が形成された[87]。いずれのケースでも光電極の安定性と活性が改善された。このことは，こういった電極上への薄膜堆積が PEC への応用に際して価値をもつ可能性を高く評価できることを明らかにしている。こうした経緯から，当然のこととして ALD が保護薄膜の成長に有力視されるようになった。

電極を保護する目的に ALD が使われた最初の試みの一つは，n 型シリコン上に TiO_2 薄膜を成長させることであった。引き続き，その平面電極に対してイリジウム助触媒の電子ビーム蒸着が行われた[110]。1977 年に行われた CVD を用いた過去の研究では効果がなかったのと違って[128]，ALD による薄い TiO_2 層（2 nm）は，酸性とアルカリ性の両媒質中で数時間の動作の間，Si ベースの電極を安定させた。TiO_2 はバンドギャップが大きいので可視光に対してほとんど

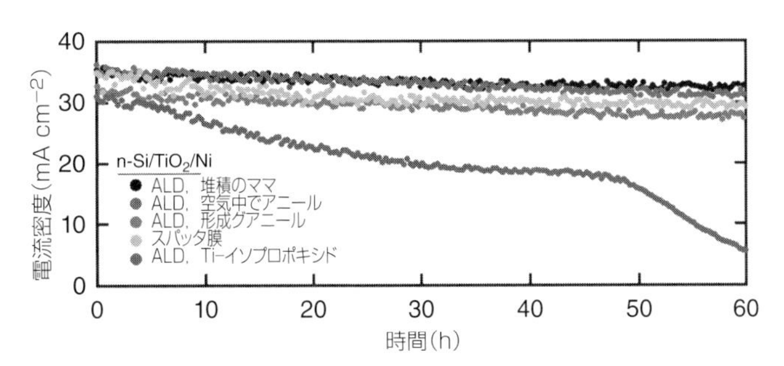

図 8.10　各種 n-Si/TiO_2/Ni の定電位安定度試験の結果。1.0 M KOH (aq) 中の水酸化で，光量 1 sun の照射条件下。電極は 1.85 V vs RHE に保持。全膜厚は TTIP-ALD を除いて～100 nm 厚で，TTIP-ALD はサンプル内で 50 ～ 150 nm の範囲で変化する。(McDowell et al. 2015 [129]。アメリカ化学会の許諾を得て転載。)(口絵参照)

透明であり，トンネリング過程による電荷輸送が可能となる。ごく最近，Lewis のグループは，比較的安価な金属ニッケルがイリジウムに代わり得ることを明らかにした [129]。この研究では，Ti を含む前駆体が光電極の安定化に決定的な働きをすることも示された。**図 8.10** に示されるように，テトラキスジメチルアミドチタン (TDMAT) を使って成長させた TiO_2 層は，60 h の O_2 生成期間中で安定だが，チタンテトライソプロポキシド (TTIP) を使うと光電極が不安定になる。保護層の熱処理 (空気中または水素の窒素の混合ガス (forming gas) 中でのアニーリング) は安定性に対して有意な効果をもたないが，開放電圧にはプラスの効果をもたらす。この戦略がシリコンと GaAS や GaP のような化合物半導体に適用された [84]。TiO_2 膜の膜厚は 4 nm から 140 nm 強まで変えられ，Ni 被覆層は連続的かまたはナノ粒子で構成された。一定の水酸化光電流が 100 時間以上にわたって観測され，これもまたきわめて良好な光腐食防止の例であることが示唆された。このアプローチは，同じグループによって n 型 CdTe にも適用された [130]。現在，この II-VI 族半導体は大型の太陽光発電で広く用いられているが，化学的に不安定なため PEC デバイスには使われない。この研究によって，適切なトンネリング保護層と組み合せれば CdTe が光電気化学的 O_2 生成において興味深い候補になり得ることが示された。最近，III-V 族半導体ベースの多層化光アノードを保護するため，モノリシックタンデム電池の製造プロセスにアモルファス TiO_2 の ALD が組み込まれた [131]。このワイヤレス PEC は 40 時間以上にわたり 10.5％の効率を示しており，きわめて有望である。

異なる光アノードの上にはまた別の保護材料が ALD によって形成されている。Si およびガラス状カーボンには MnO_2 が効率的に用いられるが [111, 132]，$BiVO_4$ と Ta_2O_5 にはそれぞれ CoO_x と Ta_2O_5 が堆積されている [133,134]。どちらのケースでも，被覆された光電極が動作中に長時間安定を保ち，しかも光電流が劇的に増大した。CoO_x 層は，腐食防止に加えて入射光の吸収への寄与と助触媒作用も示す。一方，Ta_2O_5 極薄膜層は ZnO 基板の表面欠陥を不活性化する。

8.3.5.2　平面光カソードの保護

ALD は，光アノードの保護だけではなく光カソードの保護にも使うことができる。Si，InP，WSe_2，Cu_2O，および GaP など多くの半導体が水の光還元が起こるときにカソード分解を受け

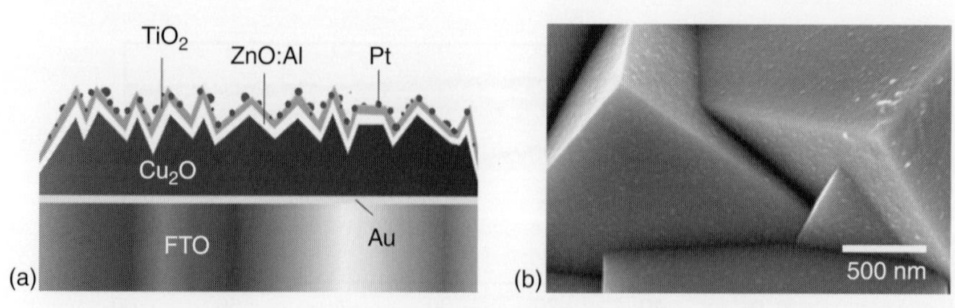

図 8.11　(a) 電極構造の模式図。(b) ALD サイクル [5 × (4 nm ZnO/0.17 nmAl_2O_3) / 11 nm TiO_2] とそれに続く Pt ナノ粒子の電着で得た電極表面の SEM 画像。(Pracchino et al. 2011 [135]。アメリカ化学会の許諾を得て転載。)(口絵参照)

る。Grätzel のグループは，2011 年に p 型 Cu_2O 上に透明で導電性の Al：ドープド ZnO と保護用 TiO_2 の逐次堆積を最初に報告した [135] (**図 8.11** 参照)。水還元の反応を促進するために Pt ナノ粒子が TiO_2 上に電着された。このやり方により，金属酸化物ベースの電極上でファラデー効率が 100% という高い光電流を示す安定な光カソードを作ることができる。

TiO_2 薄膜は，太陽光による H_2 生成で使用する p 型 InP の腐食防止にも用いることができる [86,136]。ALD 被覆は予想通り InP の劣化を防止するが，さらに p-InP/n-TiO_2 接合における電荷キャリヤの分布も水の光還元にきわめて有利になる。これら二つの材料では，伝導帯は一致しているが，TiO_2 の価電子帯がリン化インジウム (TnP) の価電子帯 (VB) のバンド端から大きく下がった位置にある。この状況により InP から TiO_2 への光電子の移動が容易になり，電子は水の還元に向けて電解質に注入される。一方，VB のオフセットによって誘起される固有の (built-in) ポテンシャルが正孔を表面から押し戻す。したがって，表面再結合が強く制限され，光電流効率が大きく向上する。

8.3.5.3　ナノ構造光電極の保護

こういったアプローチから生まれる自然な展開は，ALD による均一な薄膜層を使ったナノ構造光電極の保護である。8.3.3 節で記したように，テクスチャ化された p-InP 上に行う TiO_2 の ALD は，表面欠陥を不活性化し，したがって，光電気化学活性を増進する [108]。この TiO_2 はまた，均一でピンホールフリーの抗腐食層として働く。Choi et al. は，同様な展開を提唱した。まず最初に平面状の p-Si の上に Al_2O_3 保護膜を形成するために ALD を用い [85]，次に，ナノポーラスシリコン上にこの方法をうまく適用した。この場合にも，被覆によって腐食を防ぐだけでなく光カソード効率が改善される。Kayes et al. によって開発された平面状光および放射状光電極設計の性能を比較する物理モデルは，マイクロおよびナノ構造電極の方がより多くのエネルギーを生み出すことを明確に示している [70]。Das et al. は，このコンセプトに基づいて不安定な SiNW を TiO_2 で被覆した [137]。ALD は均一性に優れた堆積プロセスであるため，平面型カソードで見られるのと同じ改善が得られる。また予想どおり，ZnO ナノロッドのようなナノ構造化光アノードを ALD 被覆で保護することもまた可能である。このことは，薄い TiO_2 シェルを用いて実証されている [138]。

8.4 結論と展望

この章で記したように，ソーラー燃料の生産においてALDがもたらす高い利便は明白である。実験室スケールでALDが使われたのは5年足らずではあるが，この技術は今やPEC開発のロードマップの主要な一部になっていると思われる。電極構造を最適化し，ALD薄膜が接合部の特性をどのように変化させるかをよりよく理解し，そして，電極設計の選択肢を広げるために一層の研究活動の強化が求められている。ALDの遅い堆積速度は障害と見なされるかもしれないが，最近の技術的進歩により，ALDが大規模基板（1 m^2 以上）上への2D層の迅速成長に使えることが実証されている。3Dナノ構造体電極への高速堆積は今でも課題であり，集中的な研究努力が必要である。

参照文献

1 Lewis, N.S.（2007）Toward cost-effective solar energy use. *Science*, **315**, 798−801.

2 Lewis, N.S. and Nocera, D.G.（2006）Powering the planet: chemical challenges in solar energy utilization. *Proc. Natl. Acad. Sci. U.S.A.*, **103**, 15729−15735.

3 Gray, H.B.（2009）Powering the planet with solar fuel. *Nat. Chem.*, **1**, 7−12.

4 Fujishima, A. and Honda, K.（1972）Electrochemical photolysis of water at a semiconductor electrode. *Nature*, **238**, 37−38.

5 Tachibana, Y., Vayssieres, L., and Durrant, J.R.（2012）Artificial photosynthesis for solar water-splitting. *Nat. Photon.*, **6**, 511−518.

6 Ronge, J., Bosserez, T., Martel, D., Nervi, C., Boarino, L., Taulelle, F., Decher, G., Bordiga, S., and Martens, J.A.（2014）Monolithic cells for solar fuels. *Chem. Soc. Rev.*, **43**, 7963−7981.

7 Nocera, D.G.（2012）The artificial leaf. *Acc. Chem. Res.*, **45**, 767−776.

8 Armaroli, N. and Balzani, V.（2011）The hydrogen issue. *ChemSusChem*, **4**, 21−36.

9 Pinaud, B.A., Benck, J.D., Seitz, L.C., Forman, A.J., Chen, Z., Deutsch, T.G., James, B.D., Baum, K.N., Baum, G.N., Ardo, S., Wang, H., Miller, E., and Jaramillo, T.F.（2013）Technical and economic feasibility of centralized facilities for solar hydrogen production via photocatalysis and photoelectrochemistry. *Energy Environ. Sci.*, **6**, 1983−2002.

10 Osterloh, F.E.（2013）Inorganic nanostructures for photoelectrochemical and photocatalytic water splitting. *Chem. Soc. Rev.*, **42**, 2294−2320.

11 Licht, S., Wang, B., Mukerji, S., Soga, T., Umeno, M., and Tributsch, H.（2001）Over 18% solar energy conversion to generation of hydrogen fuel; theory and experiment for efficient solar water splitting. *Int. J. Hydrogen Energy*, **26**, 653−659.

12 Miller, E.（2011）Advanced Materials for Water Photolysis. *Task 26 Annual Report*, US DOE, Washington, DC.

13 McKone, J.R., Lewis, N.S., and Gray, H.B.（2014）Will solar-driven water-splitting devices see the light of day? *Chem. Mater.*, **26**, 407−414.

14 Marichy, C., Bechelany, M., and Pinna, N.（2012）Atomic layer deposition of nanostructured materials for energy and environmental applications. *Adv. Mater.*, **24**, 1017−1032.

15 Leskela, M. and Ritala, M.（2003）Atomic layer deposition chemistry: recent developments and future challenges. *Angew. Chem. Int. Ed.*, **42**, 5548−5554.

16 Knez, M., Nielsch, K., and Niinistö, L.（2007）Synthesis and surface engineering of complex nanostructures by atomic layer deposition. *Adv. Mater.*, **19**, 3425−3438.

17 George, S.M.（2010）Atomic layer deposition: an overview. *Chem. Rev.*, **110**, 111−131.

18 Detavernier, C., Dendooven, J., Sree, S.P., Ludwig, K.F., and Martens, J.A.（2011）Tailoring nanoporous materials by atomic layer deposition. *Chem. Soc. Rev.*, **40**, 5242−5253.

19 Miikkulainen, V., Leskela, M., Ritala, M., and Puurunen, R.L.（2013）Crystallinity of inorganic films grown by atomic layer deposition: overview and general trends. *J. Appl. Phys.*, **113**, 021301.

20 Walter, M.G., Warren, E.L., McKone, J.R., Boettcher, S.W., Mi, Q., Santori, E.A., and Lewis, N.S.（2010）Solar water splitting cells. *Chem. Rev.*, **110**, 6446−6473.

21 Cook, T.R., Dogutan, D.K., Reece, S.Y., Surendranath, Y., Teets, T.S., and Nocera, D.G.（2010）Solar energy supply

and storage for the legacy and nonlegacy worlds. *Chem. Rev.*, **110**, 6474－6502.

22 Maeda, K.（2011）Photocatalytic water splitting using semiconductor particles: history and recent developments. *J. Photochem. Photobiol., C*, **12**, 237－268.

23 Li, Z., Luo, W., Zhang, M., Feng, J., and Zou, Z.（2013）Photoelectrochemical cells for solar hydrogen production: current state of promising photoelectrodes, methods to improve their properties, and outlook. *Energy Environ. Sci.*, **6**, 347－370.

24 Hisatomi, T., Kubota, J., and Domen, K.（2014）Recent advances in semiconductors for photocatalytic and photoelectrochemical water splitting. *Chem. Rev. Soc.*, **43**, 7520－7535.

25 Cho, S., Jang, J.-W., Lee, K.-H., and Lee, J.S.（2014）Research update: strategies for efficient photoelectrochemical water splitting using metal oxide photoanodes. *APL Mater.*, **2**, 010703.

26 Prévot, M.S. and Sivula, K.（2013）Photoelectrochemical tandem cells for solar water splitting. *J. Phys. Chem. C*, **117**, 17879－17893.

27 Nowotny, J., Bak, T., Nowotny, M.K., and Sheppard, L.R.（2007）Titanium dioxide for solar-hydrogen I. Functional properties. *Int. J. Hydrogen Energy*, **32**, 2609－2629.

28 Hardee, K.L. and Bard, A.J.（1976）Semiconductor electrodes. V. The application of chemically vapor deposited iron oxide films to photosensitized electrolysis. *J. Electrochem. Soc.*, **123**, 1024－1026.

29 Hodes, G., Cahen, D., and Manassen, J.（1976）Tungsten trioxide as a photoanode for a photoelectrochemical cell（PEC）. *Nature*, **260**, 312－313.

30 Hardee, K.L. and Bard, A.J.（1977）Semiconductor electrodes. X. Photoelectrochemical behavior of several polycrystalline metal oxide electrodes in aqueous solutions. *J. Electrochem. Soc.*, **124**, 215－224.

31 Hara, M., Kondo, T., Komoda, M., Ikeda, S., Kondo, J.N., Domen, K., Shinohara, K., and Tanaka, A.（1998）Cu_2O as a photocatalyst for overall water splitting under visible light irradiation. *Chem. Commun.*, 357－358.

32 Leygraf, C., Hendewerk, M., and Somorjai, G.A.（1982）Photocatalytic production of hydrogen from water by a p- and n-type polycrystalline iron oxide assembly. *J. Phys. Chem.*, **86**, 4484－4485.

33 Matsumoto, Y., Sugiyama, K., and Sato, E.I.（1988）Photocathodic hydrogen evolution reactions at p-type $CaFe_2O_4$ electrodes with Fermi level pinning. *J. Electrochem. Soc.*, **135**, 98－104.

34 de Jongh, P.E., Vanmaekelbergh, D., and Kelly, J.J.（1999）Cu_2O: a catalyst for the photochemical decomposition of water? *Chem. Commun.*, 1069－1070.

35 Liao, L., Zhang, Q., Su, Z., Zhao, Z., Wang, Y., Li, Y., Lu, X., Wei, D., Feng, G., Yu, Q., Cai, X., Zhao, J., Ren, Z., Fang, H., Robles-Hernandez, F., Baldelli, S., and Bao, J.（2014）Efficient solar water-splitting using a nanocrystalline CoO photocatalyst. *Nat. Nanotechnol.*, **9**, 69－73.

36 Barr, M.K.S., Assaud, L., Wu, Y., Laffon, C., Parent, P., Bachmann, J., and Santinacci, L.（2015）Engineering a three-dimensional, photoelectrochemically active p-NiO/i-Sb_2S_3 junction by atomic layer deposition. *Electrochim. Acta*, **179**, 504－511.

37 Sun, K., Park, N., Sun, Z., Zhou, J., Wang, J., Pang, X., Shen, S., Noh, S.Y., Jing, Y., Jin, S., Yu, P.K.L., and Wang, D.（2012）Nickel oxide functionalized silicon for efficient photo-oxidation of water. *Energy Environ. Sci.*, **5**, 7872－7877.

38 Sivula, K.（2013）Metal oxide photoelectrodes for solar fuel production, surface traps, and catalysis. *J. Phys. Chem. Lett.*, **4**, 1624－1633.

39 Awad, N.K., Ashour, E.A., and Allam, N.K.（2014）Recent advances in the use of metal oxide-based photocathodes for solar fuel production. *J. Renew. Sustain. Energy*, **6**, 022702.

40 Nakato, Y., Tsumura, A., and Tsubomura, H.（1982）Efficient photoelectrochemical conversion of solar energy with n-type silicon semiconductor electrodes surface-doped with IIIA-group elements. *Chem. Lett.*, **11**, 1071－1074.

41 Ueda, K., Nakato, Y., Sakamoto, H., Sakai, Y., Matsumura, M., and Tsubomura, H.（1987）Efficient solar to chemical conversion with an n-type amorphous silicon/p-type crystalline silicon heterojunction electrode. *Chem. Lett.*, **16**, 747－750.

42 Boettcher, S.W., Spurgeon, J.M., Putnam, M.C., Warren, E.L., Turner-Evans, D.B., Kelzenberg, M.D., Maiolo, J.R., Atwater, H.A., and Lewis, N.S.（2010）Energy-conversion properties of vapor-liquid-solid–grown silicon wire-array. *Science*, **327**, 185－187.

43 Tyagi, M.S. and Van Overstraeten, R.（1983）Minority carrier recombination in heavily-doped silicon. *Solid State Electron.*, **26**, 577－597.

44 Matsumura, M. and Morrison, S.R.（1983）Anodic properties of n-Si and n-Ge electrodes in HF solution under illumination and in the dark. *J. Electroanal. Chem. Interfacial Electrochem.*, **147**, 157－166.

45 Tomkiewicz, M. and Woodall, J.M.（1977）Photoassisted electrolysis of water by visible irradiation of a p-type gallium phosphide electrode. *Science*, **196**, 990－991.

46 Heller, A. and Vadimsky, R.G. (1981) Efficient solar to chemical conversion: 12% efficient photoassisted electrolysis in the [P-type InP(Ru)]/HCL-KCL/Pt(Rh) cell. *Phys. Rev. Lett.*, **46**, 1153–1156.
47 Khaselev, O. and Turner, J.A. (1998) A monolithic photovoltaic-photoelectrochemical device for hydrogen production via water splitting. *Science*, **280**, 425–427.
48 Waki, I., Cohen, D., Lal, R., Mishra, U., DenBaars, S.P., and Nakamura, S. (2007) Direct water photoelectrolysis with patterned n-GaN. *Appl. Phys. Lett.*, **91**, 093519.
49 Kocha, S.S., Turner, J.A., and Nozik, A.J. (1994) Study of the schottky barrier and determination of the energetic positions of band edges at the nand p-type gallium indium phosphide electrode/electrolyte interface. *J. Electroanal. Chem.*, **367**, 27–30.
50 Khaselev, O., Bansal, A., and Turner, J.A. (2001) High-efficiency integrated multijunction photovoltaic/electrolysis systems for hydrogen production. *Int. J. Hydrogen Energy*, **26**, 127–132.
51 Kaneko, M., Yao, G.-J., and Kira, A. (1989) Efficient water cleavage with visible light by a system mimicking photosystem II. *J. Chem. Soc., Chem. Commun.*, (18), 1338–1339. doi: 10.1039/C39890001338
52 Gerrard, W.A. and Owen, J.R. (1977) Stable photo-electrochemical solar-cell employing a CdSe photoanode. *Mater. Res. Bull.*, **12**, 677–684.
53 Mathew, X., Bansal, A., Turner, J.A., Dhere, R., Mathews, N.R., and Sebastian, P.J. (2002) Photoelectrochemical characterization of surface modified CdTe for hydrogen production. *J. New Mater. Electrochem. Syst.*, **5**, 149–154.
54 Xing, C., Zhang, Y., Yan, W., and Guo, L. (2006) Band structure-controlled solid solution of $Cd_{1-x}Zn_xS$ photocatalyst for hydrogen production by water splitting. *Int. J. Hydrogen Energy*, **31**, 2018–2024.
55 Peng, G., Wu, J., Zhao, Y., Xu, X., Xu, G., and Star, A. (2014) Ultra-small TiO_2 nanowire forests on transparent conducting oxide for solid-state semiconductor-sensitized solar cells. *RSC Adv.*, **4**, 46987–46991.
56 Wu, Y., Assaud, L., Kryschi, C., Capon, B., Detavernier, C., Santinacci, L., and Bachmann, J. (2015) Antimony sulfide as a light absorber in highly ordered, coaxial nanocylindrical arrays: preparation and integration into a photovoltaic device. *J. Mater. Chem. A*, **3**, 5971–5981.
57 Kim, J., Sohn, Y., and Kang, M. (2013) New fan blade-like core-shell Sb_2Ti_xSy photocatalytic nanorod for hydrogen production from methanol/water photolysis. *Int. J. Hydrogen Energy*, **38**, 2136–2143.
58 Yuliati, L., Yang, J.-H., Wang, X., Maeda, K., Takata, T., Antonietti, M., and Domen, K. (2010) Highly active tantalum(V) nitride nanoparticles prepared from a mesoporous carbon nitride template for photocatalytic hydrogen evolution under visible light irradiation. *J. Mater. Chem.*, **20**, 4295–4298.
59 Chakrapani, V., Thangala, J., and Sunkara, M.K. (2009) WO3 and W2N nanowire arrays for photoelectrochemical hydrogen production. *Int. J. Hydrogen Energy*, **34**, 9050–9059.
60 Wang, X., Maeda, K.,Thomas, A., Takanabe, K., Xin, G., Carlsson, J.M., Domen, K., and Antonietti, M. (2009) A metal-free polymeric photocatalyst for hydrogen production from water under visible light. *Nat. Mater.*, **8**, 76–80.
61 Reece, S.Y., Hamel, J.A., Sung, K., Jarvi, T.D., Esswein, A.J., Pijpers, J.J.H., and Nocera, D.G. (2011) Wireless solar water splitting using silicon-based semiconductors and earth-abundant catalysts. *Science*, **334**, 645–648.
62 Warren, E.L., Atwater, H.A., and Lewis, N.S. (2014) Silicon microwire arrays for solar energy-conversion applications. *J. Phys. Chem. C*, **118**, 747–759.
63 Hou, Y., Abrams, B.L., Vesborg, P.C.K., Björketun, M.E., Herbst, K., Bech, L., Setti, A.M., Damsgaard, C.D., Pedersen, T., Hansen, O., Rossmeisl, J., Dahl, S., Nørskov, J.K., and Chorkendorff, I. (2011) Bioinspired molecular co-catalysts bonded to a silicon photocathode for solar hydrogen evolution. *Nat. Mater.*, **10**, 434–438.
64 Kibria, M.G., Chowdhury, F.A., Zhao, S., AlOtaibi, B., Trudeau, M.L., Guo, H., and Mi, Z. (2015) Visible light-driven efficient overall water splitting using p-type metal-nitride nanowire arrays. *Nat. Commun.*, **6**, 6797.
65 Liu, B., Wu, C.-H., Miao, J., and Yang, P. (2014) All inorganic semiconductor nanowire mesh for direct solar water splitting. *ACS Nano*, **8**, 11739–11744.
66 Koshida, N. and Echizenya, K. (1991) Characterization studies of p-type porous Si and its photoelectrochemical activation. *J. Electrochem. Soc.*, **138**, 837–841.
67 Jung, J.-Y., Choi, M.J., Zhou, K., Li, X., Jee, S.-W., Um, H.-D., Park, M.-J., Park, K.-T., Bang, J.H., and Lee, J.-H. (2014) Photoelectrochemical water splitting employing a tapered silicon nanohole array. *J. Mater. Chem. A*, **2**, 833–842.
68 Chandrasekaran, S., Macdonald, T.J., Mange, Y.J., Voelcker, N.H., and Nann, T. (2014) A quantum dot sensitized catalytic porous silicon photocathode. *J. Mater. Chem. A*, **2**, 9478–9481.
69 Boettcher, S.W., Warren, E.L., Putnam, M.C., Santori, E.A., Turner-Evans, D., Kelzenberg, M.D., Walter, M.G., McKone, J.R., Brunschwig, B.S., Atwater, H.A., and Lewis, N.S. (2011) Photoelectrochemical hydrogen evolution using Si microwire arrays. *J. Am. Chem. Soc.*, **133**, 1216–1219.
70 Kayes, B.M., Atwater, H.A., and Lewis, N.S. (2005) Comparison of the device physics principles of planar and radial

p-n junction nanorod solar cells. *J. Appl. Phys.*, **97**, 114302.

71 Li, X., Xiao, Y., Bang, J.H., Lausch, D., Meyer, S., Miclea, P.-T., Jung, J.-Y., Schweizer, S.L., Lee, J.-H., and Wehrspohn, R.B.（2013）Upgraded silicon nanowires by metal-assisted etching of metallurgical silicon: a new route to nanostructured solar-grade silicon. *Adv. Mater.*, **25**, 1521−4095.

72 Zhang, J., Song, T., Shen, X., Yu, X., Lee, S.-T., and Sun, B.（2014）A 12%-efficient upgraded metallurgical grade silicon–organic heterojunction solar cell achieved by a self-purifying process. *ACS Nano*, **8**, 11369−11376.

73 van de Krol, R., Liang, Y., and Schoonman, J.（2008）Solar hydrogen production with nanostructured metal oxides. *J. Mater. Chem.*, **18**, 2311−2320.

74 Mor, G.K., Shankar, K., Paulose, M., Varghese, O.K., and Grimes, C.A.（2005）Enhanced photocleavage of water using titania nanotube arrays. *Nano Lett.*, **5**, 191−195.

75 Yang, X.Y., Wolcott, A., Wang, G.M., Sobo, A., Fitzmorris, R.C., Qian, F., Zhang, J.Z., and Li, Y.（2009）Nitrogen-doped ZnO nanowire arrays for photoelectrochemical water splitting. *Nano Lett.*, **9**, 2331−2336.

76 Wang, D.F., Pierre, A., Kibria, M.G., Cui, K., Han, X.G., Bevan, K.H., Guo, H., Paradis, S., Hakima, A.R., and Mi, Z.T.（2011）Wafer-level photocatalytic water splitting on GaN nanowire arrays grown by molecular beam epitaxy. *Nano Lett.*, **11**, 2353−2357.

77 Wang, H.L., Deutsch, T., and Turner, J.A.（2008）Direct water splitting under visible light with nanostructured hematite and WO_3 photoanodes and a $GaInP_2$ photocathode. *J. Electrochem. Soc.*, **155**, F91–F96.

78 Mishra, P.R., Shukla, P.K., and Srivastava, O.N.（2007）Study of modular PEC solar cells for photoelectrochemical splitting of water employing nanostructured TiO_2 photoelectrodes. *Int. J. Hydrogen Energy*, **32**, 1680−1685.

79 Tena-Zaera, R., Ryan, M.A., Katty, A., Hodes, G., Bastide, S.P., and Lévy-Clément, C.（2006）Fabrication and characterization of ZnO nanowires/CdSe/CuSCN eta-solar cell. *C.R. Chim.*, **9**, 717−729.

80 Oh, I., Kye, J., and Hwang, S.（2012）Enhanced photoelectrochemical hydrogen production from silicon nanowire array photocathode. *Nano Lett.*, **12**, 298−302.

81 Nakato, Y., Egi, Y., Hiramoto, M., and Tsubomura, H.（1984）Hydrogen evolution and iodine reduction on an illuminated n-p junction silicon electrode and its application to efficient solar photoelectrolysis of hydrogen iodide. *J. Phys. Chem. C*, **88**, 4218−4222.

82 Kenney, M.J., Gong, M., Li, Y., Wu, J.Z., Feng, J., Lanza, M., and Dai, H.（2013）High-performance silicon photoanodes passivated with ultrathin nickel films for water oxidation. *Science*, **342**, 836−840.

83 Seger, B., Pedersen, T., Laursen, A.B., Vesborg, P.C.K., Hansen, O., and Chorkendorff, I.（2013）Using TiO_2 as a conductive protective layer for photocathodic H2 evolution. *J. Am. Chem. Soc.*, **135**, 1057−1064.

84 Hu, S., Shaner, M.R., Beardslee, J.A., Lichterman, M., Brunschwig, B.S., and Lewis, N.S.（2014）Amorphous TiO_2 coatings stabilize Si, GaAs, and GaP photoanodes for efficient water oxidation. *Science*, **344**, 1005−1009.

85 Choi, M.J., Jung, J.-Y., Park, M.-J., Song, J.-W., Lee, J.-H., and Bang, J.H.（2014）Long-term durable silicon photocathode protected by a thin Al_2O_3/SiO_x layer for photoelectrochemical hydrogen evolution. *J. Mater. Chem. A*, **2**, 2928−2933.

86 Lin, Y., Kapadia, R., Yang, J., Zheng, M., Chen, K., Hettick, M., Yin, X., Battaglia, C., Sharp, I.D., Ager, J.W., and Javey, A.（2015）Role of TiO_2 surface passivation on improving the performance of p-InP photocathodes. *J. Phys. Chem. C*, **119**, 2308−2313.

87 Sun, K., Saadi, F.H., Lichterman, M.F., Hale, W.G., Wang, H.-P., Zhou, X., Plymale, N.T., Omelchenko, S.T., He, J.-H., Papadantonakis, K.M., Brunschwig, B.S., and Lewis, N.S.（2015）Stable solar-driven oxidation of water by semiconducting photoanodes protected by transparent catalytic nickel oxide films. *Proc. Natl. Acad. Sci. U.S.A.*, **112**, 3612−3617.

88 Wang, T., Luo, Z., Li, C., and Gong, J.（2014）Controllable fabrication of nanostructured materials for photoelectrochemical water splitting via atomic layer deposition. *Chem. Soc. Rev.*, **43**, 7469−7484.

89 Bakke, J.R., Pickrahn, K.L., Brennan, T.P., and Bent, S.F.（2011）Nanoengineering and interfacial engineering of photovoltaics by atomic layer deposition. *Nanoscale*, **3**, 3482−3508.

90 Emery, J.D., Schlepütz, C.M., Guo, P., Riha, S.C., Chang, R.P.H., and Martinson, A.B.F.（2014）Atomic layer deposition of metastable β-Fe_2O_3 via isomorphic epitaxy for photoassisted water oxidation. *ACS Appl. Mater. Interfaces*, **6**, 21894−21900.

91 Zandi, O., Beardslee, J.A., and Hamann, T.（2014）Substrate dependent water splitting with ultrathin alpha-Fe_2O_3 electrodes. *J. Phys. Chem. C*, **118**, 16494−16503.

92 Zandi, O. and Hamann, T.W.（2014）Enhanced water splitting efficiency through selective surface state removal. *J. Phys. Chem. Lett.*, **5**, 1522−1526.

93 Haschke, S., Wu, Y., Bashouti, M., Christiansen, S., and Bachmann, J.（2015）Engineering nanoporous iron(III) oxide into an effective water oxidation electrode. *ChemCatChem*, **7**, 2455−2459.

94 Cheng, C., Karuturi, S.K., Liu, L., Liu, J., Li, H., Su, L.T., Tok, A.I.Y., and Fan, H.J. (2012) Quantum-dot-sensitized TiO_2 inverse opals for photoelectrochemical hydrogen generation. *Small*, **8**, 37–42.

95 Luo, J., Karuturi, S.K., Liu, L., Su, L.T., Tok, A.I.Y., and Fan, H.J. (2012) Homogeneous photosensitization of complex TiO_2 nanostructures for efficient solar energy conversion. *Sci. Rep.*, **2**, 451–456.

96 Lin, Y., Zhou, S., Liu, X., Sheehan, S., and Wang, D. (2009) $TiO_2/TiSi_2$ heterostructures for high-efficiency photoelectrochemical H_2O splitting. *J. Am. Chem. Soc.*, **131**, 2772–2773.

97 Liu, R., Lin, Y., Chou, L.-Y., Sheehan, S.W., He, W., Zhang, F., Hou, H.J.M., and Wang, D. (2011) Water splitting by tungsten oxide prepared by atomic layer deposition and decorated with an oxygen-evolving catalyst. *Angew. Chem. Int. Ed.*, **50**, 499–502.

98 Lin, Y., Zhou, S., Sheehan, S.W., and Wang, D. (2011) Nanonet-based hematite heteronanostructures for efficient solar water splitting. *J. Am. Chem. Soc.*, **133**, 2398–2401.

99 Noh, J.H., Ding, B., Han, H.S., Kim, J.S., Park, J.H., Park, S.B., Jung, H.S., Lee, J.-K., and Hong, K.S. (2012) Tin doped indium oxide core—TiO_2 shell nanowires on stainless steel mesh for flexible photoelectrochemical cells. *Appl. Phys. Lett.*, **100**, 084104.

100 Mayer, M.T., Du, C., and Wang, D. (2012) Hematite/Si nanowire dual-absorber system for photoelectrochemical water splitting at Low applied potentials. *J. Am. Chem. Soc.*, **134**, 12406–12409.

101 Peng, Q., Kalanyan, B., Hoertz, P.G., Miller, A., Kim, D.H., Hanson, K., Alibabaei, L., Liu, J., Meyer, T.J., Parsons, G.N., and Glass, J.T. (2013) Solution-processed, antimony-doped tin oxide colloid films enable high-performance TiO_2 photoanodes for water splitting. *Nano Lett.*, **13**, 1481–1488.

102 Stefik, M., Cornuz, M., Mathews, N., Hisatomi, T., Mhaisalkar, S., and Grätzel, M. (2012) Transparent, conducting $Nb:SnO_2$ for host–guest photoelectrochemistry. *Nano Lett.*, **12**, 5431–5435.

103 Cesar, I., Kay, A., Gonzalez Martinez, J.A., and Grätzel, M. (2006) Translucent thin film Fe_2O_3 photoanodes for efficient water splitting by sunlight: nanostructure-directing effect of Si-doping. *J. Am. Chem. Soc.*, **128**, 4582–4583.

104 Steier, L., Luo, J., Schreier, M., Mayer, M.T., Sajavaara, T., and Grätzel, M. (2015) Low-temperature atomic layer deposition of crystalline and photoactive ultrathin hematite films for solar water splitting. *ACS Nano*, **9**, 11775–11783.

105 Weber, M.J., Mackus, A.J.M., Verheijen, M.A., van der Marel, C., and Kessels, W.M.M. (2012) Supported core/shell bimetallic nanoparticles synthesis by atomic layer deposition. *Chem. Mater.*, **24**, 2973–2977.

106 Dasgupta, N.P., Liu, C., Andrews, S., Prinz, F.B., and Yang, P. (2013) Atomic layer deposition of platinum catalysts on nanowire surfaces for photoelectrochemical water reduction. *J. Am. Chem. Soc.*, **135**, 12932–12935.

107 Dai, P., Xie, J., Mayer, M.T., Yang, X., Zhan, J., and Wang, D. (2013) Solar hydrogen generation by silicon nanowires modified with platinum nanoparticle catalysts by atomic layer deposition. *Angew. Chem. Int. Ed.*, **52**, 11119–111223.

108 Lee, M.H., Takei, K., Zhang, J., Kapadia, R., Zheng, M., Chen, Y.-Z., Nah, J., Matthews, T.S., Chueh, Y.-L., Ager, J.W., and Javey, A. (2012) P-type InP nanopillar photocathodes for efficient solar-driven hydrogen production. *Angew. Chem. Int. Ed.*, **51**, 10760–10764.

109 Lu, J., Elam, J.W., and Stair, P.C. (2013) Synthesis and stabilization of supported metal catalysts by atomic layer deposition. *Acc. Chem. Res.*, **46**, 1806–1815.

110 Chen, Y.W., Prange, J.D., Duehnen, S., Park, Y., Gunji, M., Chidsey, C.E.D., and McIntyre, P.C. (2011) Atomic layer-deposited tunnel oxide stabilizes silicon photoanodes for water oxidation. *Nat. Mater.*, **10**, 539–544.

111 Strandwitz, N.C., Comstock, D.J., Grimm, R.L., Nichols-Nielander, A.C., Elam, J., and Lewis, N.S. (2013) Photoelectrochemical behavior of n-type Si(100) electrodes coated with thin films of manganese oxide grown by atomic layer deposition. *J. Phys. Chem. C*, **117**, 4931–4936.

112 Lai, Y.-H., Park, H.S., Zhang, J.Z., Matthews, P.D., Wright, D.S., and Reisner, E. (2015) A Si photocathode protected and activated with a Ti and Ni composite film for solar hydrogen production. *Chem. Eur. J.*, **21**, 3919–3923.

113 Le Formal, F., Tetreault, N., Cornuz, M., Moehl, T., Gratzel, M., and Sivula, K. (2011) Passivating surface states on water splitting hematite photoanodes with alumina overlayers. *Chem. Sci.*, **2**, 737–743.

114 Tallarida, M., Das, C., Cibrev, D., Kukli, K., Tamm, A., Ritala, M., Lana-Villarreal, T., Gomez, R., Leskela, M., and Schmeisser, D. (2014) Modification of hematite electronic properties with trimethyl aluminum to enhance the efficiency of photoelectrodes. *J. Phys. Chem. Lett.*, **5**, 3582–3587.

115 Forster, M., Potter, R.J., Ling, Y., Yang, Y., Klug, D.R., Li, Y., and Cowan, A.J. (2015) Oxygen deficient alpha-Fe_2O_3 photoelectrodes: a balance between enhanced electrical properties and trap-mediated losses. *Chem. Sci.*, **6**, 4009–4016.

116 Klahr, B. and Hamann, T. (2014) Water oxidation on hematite photoelectrodes: insight into the nature of surface states through in situ spectroelectrochemistry. *J. Phys. Chem. C*, **118**, 10393–10399.

117 Kim, W., Tachikawa, T., Monllor-Satoca, D., Kim, H.-I., Majima, T., and Choi, W.（2013）Promoting water photooxidation on transparent WO3 thin films using an alumina overlayer. *Energy Environ. Sci.*, **6**, 3732－3739.

118 Gui, Q., Xu, Z., Zhang, H., Cheng, C., Zhu, X., Yin, M., Song, Y., Lu, L., Chen, X., and Li, D.（2014）Enhanced photoelectrochemical water splitting performance of anodic TiO_2 nanotube arrays by surface passivation. *ACS Appl. Mater. Interfaces*, **6**, 17053－17058.

119 Hwang, Y.J., Hahn, C., Liu, B., and Yang, P.（2012）Photoelectrochemical properties of TiO_2 nanowire arrays: a study of the dependence on length and atomic layer deposition coating. *ACS Nano*, **6**, 5060－5069.

120 Seo, J., Kim, H.J., Pekarek, R.T., and Rose, M.J.（2015）Hybrid organic/inorganic band-edge modulation of p-Si（111）photoelectrodes: effects of R, metal oxide, and Pt on H-2 generation. *J. Am. Chem. Soc.*, **137**, 3173－3176.

121 Kim, H.J., Kearney, K.L., Le, L.H., Pekarek, R.T., and Roses, M.J.（2015）Platinum-enhanced electron transfer and surface passivation through ultrathin film aluminum oxide（Al_2O_3）on Si（111）-CH_3 photoelectrodes. *ACS Appl. Mater. Interfaces*, **7**, 8572－8584.

122 Huang, B., Yang, W., Wen, Y., Shan, B., and Chen, R.（2015）Co_3O_4- modified TiO_2 nanotube arrays via atomic layer deposition for improved visible-light photoelectrochemical performance. *ACS Appl. Mater. Interfaces*, **7**, 422－431.

123 Dai, G., Yu, J., and Liu, G.（2011）Synthesis and enhanced visible-light photoelectrocatalytic activity of p–n junction BiOI/TiO_2 nanotube arrays. *J. Phys. Chem. C*, **115**, 7339－7346.

124 Hwang, Y.J., Boukai, A., and Yang, P.（2009）High density n-Si/N-TiO_2 core/shell nanowire arrays with enhanced photoactivity. *Nano Lett.*, **9**, 410－415.

125 Ao, X., Tong, X., Kim, D.S., Zhang, L., Knez, M., Müller, F., He, S., and Schmidt, V.（2012）Black silicon with controllable macropore array for enhanced photoelectrochemical performance. *Appl. Phys. Lett.*, **101**, 111901.

126 Prasittichai, C. and Hupp, J.T.（2010）Surface modification of SnO_2 photoelectrodes in dye-sensitized solar cells: significant improvements in photovoltage via Al_2O_3 atomic layer deposition. *J. Phys. Chem. Lett.*, **1**, 1611－1615.

127 Prasittichai, C., Avila, J.R., Farha, O.K., and Hupp, J.T.（2013）Systematic modulation of quantum（electron）tunneling behavior by atomic layer deposition on nanoparticulate SnO_2 and TiO_2 photoanodes. *J. Am. Chem. Soc.*, **135**, 16328－16331.

128 Kohl, P.A., Frank, S.N., and Bard, A.J.（1977）Semiconductor electrodes. XI. Behavior of n- and p-type single crystal semiconductors covered with thin films. *J. Electrochem. Soc.*, **124**, 225－229.

129 McDowell, M.T., Lichterman, M.F., Carim, A.I., Liu, R., Hu, S., Brunschwig, B.S., and Lewis, N.S.（2015）The influence of structure and processing on the behavior of TiO_2 protective layers for stabilization of n-Si/TiO_2/Ni photoanodes for water oxidation. *ACS Appl. Mater. Interfaces*, **7**, 15189－15199.

130 Lichterman, M.F., Carim, A.I., McDowell, M.T., Hu, S., Gray, H.B., Brunschwig, B.S., and Lewis, N.S.（2014）Stabilization of n-cadmium telluride photoanodes for water oxidation to O-2（G）in aqueous alkaline electrolytes using amorphous TiO_2 films formed by atomic-layer deposition. *Energy Environ. Sci.*, **7**, 3334－3337.

131 Verlage, E., Hu, S., Liu, R., Jones, R.J.R., Sun, K., Xiang, C., Lewis, N.S., and Atwater, H.A.（2015）A monolithically integrated, intrinsically safe, 10% efficient, solar-driven water-splitting system based on active, stable earth-abundant electrocatalysts in conjunction with tandem III–V light absorbers protected by amorphous TiO_2 films. *Energy Environ. Sci.*, **8**, 3166－3172.

132 Pickrahn, K.L., Gorlin, Y., Seitz, L.C., Garg, A., Nordlund, D., Jaramillo, T.F., and Bent, S.F.（2015）Applications of ALD MnO to electrochemical water splitting. *Phys. Chem. Chem. Phys.*, **17**, 14003－14011.

133 Lichterman, M.F., Shaner, M.R., Handler, S.G., Brunschwig, B.S., Gray, H.B., Lewis, N.S., and Spurgeon, J.M.（2013）Enhanced stability and activity for water oxidation in alkaline media with bismuth vanadate photoelectrodes modified with a cobalt oxide catalytic layer produced by atomic layer deposition. *J. Phys. Chem. Lett.*, **4**, 4188－4191.

134 Li, C., Wang, T., Luo, Z., Zhang, D., and Gong, J.（2015）Transparent ALD-grown Ta_2O_5 protective layer for highly stable ZnO photoelectrode in solar water splitting. *Chem. Commun.*, **51**, 7290－7293.

135 Paracchino, A., Laporte, V., Sivula, K., Grätzel, M., and Thimsen, E.（2011）Highly active oxide photocathode for photoelectrochemical water reduction. *Nat. Mater.*, **10**, 456－461.

136 Qiu, J., Zeng, G., Ha, M.-A., Ge, M., Lin, Y., Hettick, M., Hou, B., Alexandrova, A.N., Javey, A., and Cronin, S.B.（2015）Artificial photosynthesis on TiO_2-passivated InP nanopillars. *Nano Lett.*, **15**, 6177－6181.

137 Das, C., Tallarida, M., and Schmeisser, D.（2015）Si microstructures laminated with a nanolayer of TiO_2 as long-term stable and effective photocathodes in PEC devices. *Nanoscale*, **7**, 7726－7733.

138 Liu, M., Nam, C.-Y., Black, C.T., Kamcev, J., and Zhang, L.（2013）Enhancing water splitting activity and chemical stability of zinc oxide nanowire photoanodes with ultrathin titania shells. *J. Phys. Chem. C*, **117**, 13396－13402.

第9章 熱電材料のための原子層堆積

Maarit Karppinen and Antti J. Karttunen*

9.1 序論

9.1.1 熱電エネルギー変換と冷却

熱電（Thermoelectric：TE）材料は，発電器として，またヒートポンプとして利用することができる。世界レベルで増大し続けるエネルギー需要とその結果としての化石燃料の枯渇は，未使用の熱や排出されたまま何もしなければ捨てられる熱，すなわち，天然由来のさまざまな熱（太陽放射，地熱など）や人類の活動（産業プロセス，運輸，家庭暖房など）に由来する熱を捕捉して直接電気に変える効率的な熱電発電テクノロジーを開発するための強力な駆動源になっている[1]。他方では，止むことなく続いているマイクロエレクトロニクスデバイスの微細化からは携帯型デバイス用としてより効率的な冷却システムへの需要があり，この課題は局所埋込みが可能な薄膜TE冷却デバイスを利用することによって解決することができるかもしれない[2]。

熱電（TE）発電器あるいはヒートポンプは，熱から電気あるいはその逆の直接変換ができる全固体型デバイスである。それらのデバイスは，基本的には熱が関係する任意の応用またはプロセスのエネルギー効率を高める目的に使用することができ，したがって次世代型の持続可能エネルギー利用にとって卓越した手段をわれわれに提供してくれる。熱電デバイスは機械的に動く部位がないためきわめて信頼性が高く，耐久性があり，静粛で，空間的にコンパクトかつスケーラブルである。したがって，たとえばユビキタスな用途に適している。エネルギー量で考えると，ガラスや鉄鋼の生産など全生産コストの主要部分をエネルギーが占める高エネルギー工業プロセスでの熱交換器に装備されるTE発電器においては大きな利得を期待することができる。高い将来性が予想されるもう一つの応用は自動車の分野であり，エンジン排気ガスからのエネルギー回収にTEモジュールを使うことにより燃料効率（燃費）向上に大きな期待がもてる。光電池システムとTE発電の組み合わせもまた興味深い選択肢である。まったく違った分野であるが，熱電発電がかなり恩恵をもたらすと考えられる一つの例は，小型のワイヤレスおよびウェアラブルデバイスである。これらのデバイス用の蓄電の問題も局所型TEモジュー

* *Aalto University, Department of Chemistry and Materials Science, Kemistintie 1, 02150 Espoo, Finland*

Atomic Layer Deposition in Energy Conversion Applications, First Edition. Edited by Julien Bachmann.

ルによる電力供給によっておのずから解決されるであろう。とくにそのような場合の需要は，たとえばウェアラブルセンサーやその他の電子デバイスを駆動するために人間の体温から発電することができる新しいフレキシブルな薄膜TE材料に向かう[3]。強調すべきことは，昨今はそのような応用（たとえば医療用のセンサー技能）が続々登場しているが，そのデバイスの大部分が依然として頻繁な再充電を必要とする充電式バッテリーで駆動されている。この分野はまた，ALD法で構築されるTEモジュールがすぐにでも優位に立てる領域である。

9.1.2　熱電材料の設計と最適化

TEデバイスの背景をなす熱電現象（ゼーベック–ペルチエ現象）は1800年代初頭にすでに発見されていた。大規模実用的で経済的に見合う用途への熱電発電の実用化を阻むおもな障害は，TE材料のエネルギー変換効率の問題である[1,4]。この効率は，動作温度Tにおいて性能指数（figure of merit）$ZT \equiv S^2T/\rho\kappa$で評価される。ここでの課題は，$Z$を構成する個々の因子，すなわち電気伝導度（$\sigma = 1/\rho$），ゼーベック係数（$S$），および熱伝導率（$\kappa$）が互いに独立な可変量ではないことで，どれか一つのパラメータを良くすると，しばしば他のパラメータが犠牲になる。実用の熱電デバイスは，固体のn型TE材料とp型TE材料が直列に接続されてつくられたモジュールからできている。このことは，n型p型の各材料成分が互いに互換性をもつ必要があるため，材料設計に対するもう一つの挑戦課題である。

効果的なTE材料は，n型であろうとp型であろうと良好な電気伝導体であると同時に不良な熱伝導体であるという2役を演じなければならない[5]。実際にはS，σ，および熱伝導率の電子部分κ_{el}（$\equiv \kappa_{tot} - \kappa_{lat}$）は，Wiedemann-Franz則によりキャリヤ濃度（n）に対して逆の形で依存する（**図9.1**参照）。最適化すべきもう一つの相反的熱電特性は，キャリヤ有効質量（m^*）と移動度（μ）に関するものである[6]。イオン化合物では有効質量は十分大きいがキャリヤの移動度は低く，それに対して共有結合性化合物では高いキャリヤ移動度が実現できても有効質量が小さすぎる場合が多い。TE材料では，結晶構造とバンド構造のエンジニアリングにより，μ

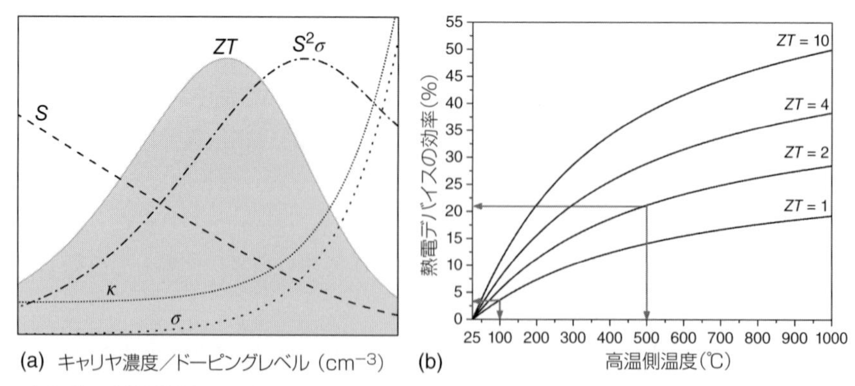

図9.1　(a) 熱電性能指数Zを構成する因子，すなわちS，σ，およびκのキャリヤ濃度に対する依存性，(b) 熱電変換効率の熱源／高温側温度に対する依存性（低温側温度は25℃）。

値を極端に下げることなく十分大きな m^* 値が出るよう工夫されている。

Bi_2Te_3 およびその合金のような現在使われている熱電材料は，キャリヤ濃度が 10^{19}～10^{21} キャリヤ /cm^3 という範囲で ZT 値が最適化された高濃度ドープ半導体で，そのとき室温近くで ZT が 1 をわずかに越える値を示す。これらの材料がもつ明らかな欠点は，それらが稀少で高価なだけではなく，環境的に優しい成分とはいえないことである。もう一つの短所は，たとえば 200℃以下という比較的低温でのみ安定なことである。TE 材料は基本的には高温になるほど効果的に作用するから，エネルギー変換効率の観点からは後に挙げた短所が問題である（図 9.1 参照）。

この 20 年程度の間に，多くの材料群が熱電材料の新規候補として調べられてきた（**図 9.2** 参照）。一般に大きくて複雑な単位格子（unit cell）の方がフォノンを効果的に散乱し，そのため熱伝導度の格子成分（κ_{lat}）が減少する。たとえば，$CoSb_3$ から得られる充填スクッテルダイト（filled skutterudite：コバルト砒化鉱物）と呼ばれる鉱物および $Yb_{14}MnSb_{11}$ のようなジントル（Zintl）相※と呼ばれるものは，空孔や格子間原子をもつ複雑な結晶構造をもつため低い熱伝導率と良好な TE 特性を示す [1,4]。

一方，酸化物材料には，環境に優しくかつかなり高温まで熱的に安定という明白な長所がある。これらも優れた TE 特性を発揮することは（とくに高温での応用に際して），すでに 1990 年代の終わりに Na_xCoO_2 で始めて明らかにされた [7]。しかし，現在入手可能な酸化物材料の TE 性能は未だ従来のベストな TE 材料のレベルに届いていない。ZnO など単純な酸化物材料に付随する一般的な欠点は熱伝導度が圧倒的に大きいことで，とくに格子熱伝導度が問題である。

格子熱伝導度は，熱容量（C），フォノン速度（v），およびフォノンの平均自由行程（l）の積で表され，キャリヤ濃度 n ではなく，異なる長さスケールをもつ化学結合の性質や無秩序／欠陥に依存する。そこで，材料の電気伝導度をそれほど下げないでフォノン輸送を操作するために

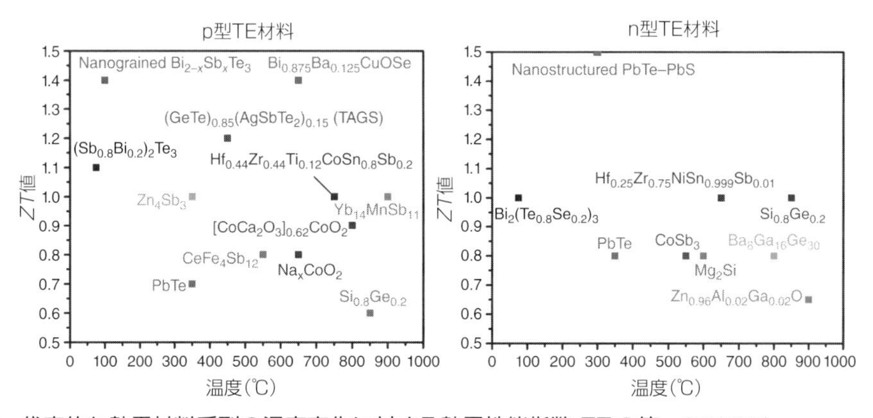

図 9.2　代表的な熱電材料系列の温度変化に対する熱電性能指数 ZT の値。（口絵参照）

※訳注：アルカリ金属やアルカリ土類金属などの電気的に強陽性金属と弱陰性金属との間のイオン性金属間化合物の総称。

さまざまなナノスケール／マルチスケールのエンジニアリング方法が探索されてきた[4,8〜10]。それらアプローチのうちで目覚ましい実証が，PbTeの*ZT*値が2.2（約640℃で）まで向上したという実例である。これは，原子レベルでの格子無秩序化からエンドタキシャル（endotaxial）析出およびメゾスケール粒界までの，フォノン散乱の全スペクトル領域をカバーするマルチスケール欠陥構造である[11]。

天然のものであれ人工物であれ多層結晶は，電子とフォノンを独立に操作するまた別のタイプのプラットホームを与える。ここでは，$[CoCa_2O_{3\pm\delta}]_qCoO_2$などミスフィット層型酸化コバルトと呼ばれるものが第一タイプを形成する。このタイプは，六方晶対称の導電性CoO_2層と，岩塩構造をもち酸素が非化学量論的に介在する層の2つの相互に不整合な層によって形成される特異な結晶構造を有するため，そのミスフィット層の相が高い電気伝導性，高いゼーベック係数，そして比較的低い熱伝導率を同時に発現するものと思われる。

9.1.3　薄膜熱電デバイス

薄膜熱電デバイスは，マクロな観点からもミクロな観点からも技術的に魅力がある[12,13]。マクロなデバイスレベルの観点からみたときには，薄膜熱電材料はバルクの熱電材料で求められるのとは本質的に異なるパッケージの解決策や使用シナリオが可能になる。たとえば，厚みが1〜10 μm範囲の薄膜熱電材料であれば，熱電冷却デバイスをマイクロエレクトロニクスの内部に集積するのに大いに助かるだろう。しかも，薄膜熱電デバイスの製作工程は半導体デバイス製造の標準的なツールとしばしば互換性があり，TEモジュールのスケーラブルな製造を可能にする。ただし，材料が本来もっている高い*ZT*値を効率的なTEデバイスに役立てるためには，薄膜熱電に関連するいくつかの主要課題を解決する必要がある。たとえば，薄膜の高温側と低温側の熱管理が大きな課題として残っている。というのも，もし低温側の冷却が十分でない場合は高い熱流束によってその温度差がたちどころに消えてなくなるからである。

微視的視点からいえば，新たな熱電材料を開発するうえで薄膜材料がもつ特有の性質が大きな強みになる。ナノ構造化は，熱伝導率の値を大幅に抑える熱電材料の開発にとって鍵になる戦略と考えられており[4]，バルク材料の場合と比べて熱伝導率を下げる上で100〜1000 nm程度の薄膜であれば非常に良い出発点になる。とくに，ALDなど高度に制御可能な薄膜製作法を用いれば，9.3節でより詳しく議論する種々の超格子アプローチを通して熱伝導率を引き下げる可能性が開ける。異種材料を交互に積み重ねた層構造をもつ人工超格子薄膜材料では，内部の境界面散乱によってフォノンの輸送が抑制される。超格子の周期を適切に調節すれば，格子熱伝導率が低くなる一方で，電子特性は不変に保たれ，あるいはたとえば量子閉じ込め効果によりさらには改善される可能性もある。たとえばBi_2Te_3−Sb_2Te_3超格子では，熱伝導度の顕著な抑制が実証されている[14]。興味深いことに，超格子における熱伝導度の低下は，層の積み上げ方向に沿ってだけではなく膜に平行な方向でも得られている[15]。

注目すべきことだが，薄膜熱電材料は，平面垂直方向と平面内方向のどちらにも利用することができる。平面に垂直な配置は，バルク材料に基づく標準的なTEモジュールの配置と類似しており，温度勾配が平面垂直方向に生じる。これは熱電発電器および冷却用途に最も関連深い配置である。平面内平行配置では，温度勾配が薄膜および基板に対して平行に生じるので，熱電発電器および冷却デバイスにはそれほど関係がないが，熱電センサーへの応用にはかなり使い途がありそうだ※。

フレキシブル基板に集積した薄膜熱電素子は，ウェアラブルエレクトロニクスの駆動に体温を使う有力な解決策である[3]。この類いの用途に適する材料の解は有機熱電材料と無機–有機ハイブリッド熱電材料である。高度な制御性を有する原子層／分子層堆積法（ALD/MLD）プロセスは，原子レベルでの構造特性とハイブリッド薄膜の性質に対して高い調節性をもつという点で後者の製作すなわち無機–有機ハイブリッド熱電材料の加工にとりわけ適している。さらに，ポリマーや繊維などフレキシブルな基板に直接 TE 材料を堆積するときにも ALD ベースの加工法が適用できる[16]。繊維やポリマーへの原子層堆積（ALD）には，基板の複雑度が高まったことに対処するために堆積パラメータの慎重なチューニングが求められるかもしれないが，一旦適切なパラメータが見つかれば，TE 材料とフレキシブル基板とを制御された形で一体化するための実用解を手に入れることができるだろう。

9.2　熱電材料における ALD プロセス

ALD は，TE 技術には恩恵となるはずの固有の特徴をいくつか持ち合わせている。たとえば原子レベルでの各層の厚み制御，大面積にわたる均一性，そして，ナノ構造技術や成層技術における多面的可能性（たとえば精密に制御されたナノラミネートや超格子を容易に堆積させる）などが考えられる。それでもこの分野の研究は始まったばかりである[17,18]。

9.2.1　熱電酸化物薄膜

これまでに，ALD プロセスによって 2，3 の可能性の高い TE 酸化物材料や代表的なビスマスおよび鉛–カルコゲニド（chalcogenide）TE 材料を対象とした開発が進められてきた。ALD 法で構築されている熱電材料のうちで最も広く調べられているのは ZnO である[19～21]。ZnO がベストな TE 材料というわけではないが，いくつか長所がある。構成元素が安価で，地球に豊富に存在し，しかも毒性がないばかりか比較的高温まで安定である。また重要なことだが，ジエチル亜鉛 $Zn(CH_2CH_3)_2$（DEZ）と H_2O を前駆体とする ALD プロセスによる ZnO の堆積は，典型的な ALD プロセスの一つである（最近の総説としては[22]）。DEZ と H_2O を前駆体に用いる ALD では，六方晶ウルツ鉱構造をもつ多結晶の薄膜が得られ，堆積温度が比較的低いときでも高度の結晶化度を示す。結晶粒の配向は堆積温度に依存していて，70℃以下では c 軸配向が優先され，70℃から 200℃の間では a 軸配向の優先度が温度と共に高くなるが，220℃を超えると再び c 軸配向が支配的になる。

ZnO はワイドバンドギャップ半導体で，自然に欠陥が形成されるため真性 n 型半導体の特

※訳注：基板を一部エッチングした上に薄膜 TE を平面配置することで基板垂直方向の温度勾配から発電する TE デバイスも多く報告されている。

表 9.1　ALD 法で製作された熱電薄膜のプロセスパラメータと室温熱電特性の結果

材料	前駆体／堆積温度	結晶化条件	ゼーベック係数 (μVK^{-1})	比抵抗 ($m\Omega$ cm)	参照文献
$[CoCa_2O_3]_qCoO_2$	$Co(thd)_2$，$Ca(thd)_2$，O_3; 275℃	空気－750℃ Ar－600℃	＋113 ＋128	10	[17]
$(Zn_{0.98}Al_{0.02})O$	DEZ，TMA，H_2O; 220℃	堆積条件と同じ	－60	70	[22]
$(Ti_{0.75}Nb_{0.25})O_2$	$TiCl_4$，$Nb(OEt)_5$，H_2O; 210℃	H_2－600℃	－12	1.4	[23]
$(Ti_{0.95}Nb_{0.05})O_2$	$TiCl_4$，$Nb(OEt)_5$，H_2O; 160℃	H_2－600℃	－12	1.4	[24]
$CuCrO_2$	$Cu(thd)_2$，$Cr(acac)_3$，O_3; 250℃	Ar－800℃	＋330	10^3	[25]
Bi_2Te_3	$BiCl_3$，$(Et_3Si)_2Te$; 160℃	堆積条件と同じ	－180	0.1－1	[26]
Bi_2Se_3	$BiCl_3$，$(Et_3Si)_2Se$; 160℃	堆積条件と同じ	－180		[27]
Sb_2Te_3	$SbCl_3$，$(Et_3Si)_2Te$; 80℃	堆積条件と同じ	＋146	10	[28]

徴を示す。したがって，受容体ドーパントを通して p 型の半導体特性を誘起するのは難しい。他方，三価カチオンとりわけアルミニウムによる置換で n 型半導体特性を高めるのは容易である。ALD-ZnO 薄膜では，DEZ/H_2O サイクルを部分的に TMA/H_2O（TMA ＝トリメチルアルミニウム $Al(CH_3)_3$）サイクルに置き換えることによって簡単に n 型ドーピングが実現する。Zn を Al で置き換えて電気伝導度を最大にする最適置換レベルは約 2% である（通常，Al 含有量を直接分析するのではなく TMA/H_2O ALD サイクルと DEZ/H_2O ALD サイクルの比率から計算する）。そして，その最適条件で Al 置換された ALD-ZnO 膜では $10^{-4}\ \Omega$ cm という低い比抵抗値が達成されている [22]。Zn の Al 置換が軽度な場合の (Zn,Al) O 膜では，十分低い比抵抗に加えてゼーベック係数（Seebeck coefficient）がほどよい値（負値）を示し（**表 9.1** 参照），いわゆる出力因子（power factor）$PF \equiv S^2/\rho$ が最適化されている。

ALD 法による製作が容易で好ましい TE 特性を示すもう一つの n 型半導体は，アナターゼ構造 TiO_2 である [23,24,29]。最も一般的な TiO_2 用 ALD プロセスは，四塩化チタン $TiCl_4$ 前駆体と H_2O 前駆体を使って行われる。最近のレビューは文献 [30] を参照のこと。$TiCl_4$/H_2O プロセスを使って製作された TiO_2 膜の結晶化度は堆積温度に依存して変化し，100℃から 165℃の間では通常非晶質，165℃から 350℃の間ではアナターゼ型結晶，350℃以上でも結晶性だが堆積温度の増加と共にルチル相が増加する。Ti に対する Nb 異原子価（aliovalent）カチオン置換を利用すれば電気的特性のさらなる向上が容易に達成できる。Nb 置換 $(Ti,Nb)O_2$ 薄膜を得る ALD では，$TiCl_4$/H_2O サイクルの一部分が $Nb(OEt)_5$/H_2O サイクルに置き換えられる。ところが，その Nb による置換によって膜の結晶化がかなりおさえられて，たとえば 210℃の堆積温度では $x = 0.05$ $(Ti_{1-x}Nb_x)O_2$ の膜は事実上非晶質である。そのため，通常は堆積後アニール処理を 500〜600℃の温度と強い還元条件の下（過剰酸素を除去するために H_2 気流下で）で実施して膜をアナターゼ構造に結晶化させ，電気伝導度を向上させる。このような ALD で得られた $(Ti_{1-x}Nb_x)O_2$ 膜では，電子移動度が低ドーピング領域（$x \leq 0.15$）における粒界散乱により制約されるため，高導電性（$\rho \approx 1$ mΩ cm）で明瞭な c 軸方位配向を示す膜が得られるのは $x \geq 0.20$ のときだけである。

高濃度で Nb 置換された TiO_2 膜の欠点は，Nb の含有量 x が増大するとゼーベック係数が顕

著に減少して $-10\ \mu V\ K^{-1}$ のレベルに近づくことである（表 9.1 参照）。この問題を克服する賢い解決策が最近発見されたが，それは，そもそも堆積時に膜中にあった結晶相が，堆積後のアニーリング処理の間に結晶粒の成長を実際には邪魔するのだというものである。すなわち，160～175℃で堆積された最初は非晶質の $(Ti,Nb)O_2$ 膜を，その後 H_2 気流中でアニーリングすると，そのアニーリング中に顕著な結晶粒成長が達成され，結晶粒界の性質ではなく結晶内部の性質が電子輸送を支配することがわかった[24]。とりわけ，$(Ti_{0.95}Nb_{0.05})O_2$ 膜を 175℃で（非晶質膜として）堆積してから H_2 気流中 600℃でアニール処理したときに有望な電子輸送特性が得られた（表 9.1 参照）。

ZnO と TiO_2 はどちらも n 型の熱電特性をもつ。p 型の酸化物熱電材料としてこれまでに ALD プロセスが開発されているのは，$[Ca_2CoO_3]_{0.62}CoO_2$ と $CuCrO_2$ である。いずれの場合も問題点は，堆積時の非晶質膜を結晶化するための堆積後アニーリングに比較的高温が必要なことである。前者の膜は $Ca(thd)_2$, $Co(thd)_2$, および O_3 を前駆体として 275℃で形成された[17]。O_2 気流中，750℃で行われた堆積後熱処理により，良好な結晶化度をもち c 軸方向に強く配向した $[Ca_2CoO_3]_{0.62}CoO_2$ 膜が得られた。O_2 によるアニーリングが施された膜の酸素含有量は，還元性 N_2 アニーリングを使ってさらにコントロールすることができる。還元の程度はアニール温度に依存するから，N_2 アニーリング時の温度の選択が酸素含有量を細かく調節するうえでのツールになる。酸素含有量が少なくなると格子パラメータ c とゼーベック係数 S 値の値が増大することが見出された。室温における S 値は，最大の酸素含量をもつサンプルで $113\ \mu V\ K^{-1}$，もっとも還元度が高いサンプルで $128\ \mu V\ K^{-1}$ であった（表 9.1 参照）。

$CuCrO_2$ 膜を得るための ALD プロセスは，2,2,6,6- テトラメチル -3,5- ヘプタンジオナート（$Cu(thd)_2$）とクロムアセチルアセトナート（$Cr(acac)_3$）を金属前駆体，O_3 を酸化剤として行われる[25]。240℃から 270℃の温度範囲において金属組成の精密に制御された滑らかで均一な薄膜を堆積することが可能で，Ar ガス気流中，700～950℃での堆積後アニーリングによりデラフォサイト（delafossite）構造の良好な結晶性の膜が得られている。電気輸送測定により膜の p 型半導体としての挙動が確認されている（表 9.1 参照）。

9.2.2　熱電性のセレニド薄膜およびテルリド薄膜

熱電材料の原型ともいえる Bi_2Te_3 の薄膜は，160℃あるいはそれ以上の温度で $BiCl_3$ と $(Et_3Si)_2Te$ を前駆体とした ALD によって得られ，GPC 値（growth por cycle，サイクル当たりの成膜速度）は，堆積温度が高くなると 160℃での 1.1 Å/ サイクルから減少した[26]。160℃において，ALD タイプの成長を特徴づける飽和成長挙動が確認され，堆積サイクルの回数により容易に膜厚を制御することができた。得られた膜は（001）方向に沿った好ましい方位をもつ六方晶 Bi_2Te_3 相の結晶質であることがわかった。輸送特性の測定では，比抵抗の室温値が 0.1～1 mΩ cm であり，同じくゼーベック係数は $-180\ \mu V\ K^{-1}$ となって，通常 Bi_2Te_3 で報告されているものよりやや小さいか同程度の値が得られている。

Bi_2Te_3 と平行して Bi_2Se_3 の ALD プロセスも報告されている。この ALD プロセスは，$BiCl_3$ と $(Et_3Si)_2Se$の両前駆体間での脱クロロシリル化反応に基づき，160℃で成長速度 1.6 Å/ サイクルのときに不純物量の低い高品質な薄膜が生成された[27]。アルキルシリルカルコゲナイド前駆体を用いる他のALDプロセスと同様に，堆積温度が高くなると成膜速度が有意に低下した。ALD Bi_2Te_3 膜は，金属型の電気伝導度の温度変化挙動を示すが，ALDで堆積された Bi_2Se_3 膜は半導体型の挙動を示した。

ALD Bi_2Te_3 膜とALD Bi_2Se_3 膜はn型の導体だが，$SbCl_3$ と $(Et_3Si)_2Te$ 間での脱クロロシリル化ALDプロセスを使って80℃ 0.16 Å/サイクルの成膜速度でp型導体 Sb_2Te_3 膜が成膜された[28]。この低温堆積は，標準的なリソグラフィプロセスによる膜の事前パターニングを可能にしている。これらの Sb_2Te_3 膜に対しては，50〜400 Kの温度範囲で三つの異なる導電領域が見出された；室温での諸数値は次の通りである：$n = 2.4 \times 10^{18}$ cm^{-3}，$\mu = 270.5 \times 10^{-4}$ m^2 V^{-1} s^{-1}，$\sigma = 10^4$ S m^{-1}，$S = 146$ μV K^{-1}。

9.3　熱電性能を向上させる超格子

電子特性と振動特性が異なる2種類の材料でつくられた多層膜では，異なる材料の境界面が熱輸送を効率的に低減するものと予想される。境界面では，フォノン境界錯乱および境界を横切る熱エネルギー移動の抑制が生じ，したがって境界面での熱コンダクタンスは，弾道的(ballistic process)あるいは拡散的プロセスにより制御される可能性がある。境界面の構造特性と化学特性の慎重な制御，および材料内部での境界面の配置制御を通して，材料の熱伝導特性を電気伝導度と独立に調整するという画期的な手段が提供される。

界面を高密度にもつ薄膜超格子では，熱伝導度が相当に下がると予想される。これら超格子で調節すべきパラメータには，構成材料ごとの特性，界面を形成する異なる材質間の化学結合および構造的ミスマッチ，および界面の出現頻度すなわち超格子の周期などが含まれるであろう。

無機や有機材料は基本的に化学的・物理的性質が極端に異なり，したがって，導電性の無機材料マトリックスに有機層が規則的に埋め込まれた無機–有機超格子構造では，無機–有機界面上で界面熱コンダクタンスが大きく減少することにより，TE(熱電)特性が向上すると期待される。この原理の模式図を**図9.3**に示す。

重要なこととして，シャープな材料界面を有する無機–有機超格子薄膜を原子／分子層ごとに次々と高度に制御しながら作製するのに適した一意な方法は，ナノメートル厚の無機層用ALDサイクルと極薄／単分子有機層用MLDの単一サイクルとを組み合わせるものである。有機物に適用する分子層堆積(MLD)法は，無機物に適用する通常のALDの手法と同様に，自己飽和型の気体–表面反応に依存し，そのため，(サブ)単分子層の精度での薄膜形成が保証される。MLD法およびALD/MLD組合せ法に関しては，最近の包括的総説を参照されたい(文献[31])。

ALD/MLD組合せ技術を使うと，無機–有機超格子薄膜の堆積が可能なことはすでに見たとおりである。個々の層の厚みが所定の正確さで制御され，したがって熱電無機材マトリックスのなかで有機層同士の間隔すなわち超格子周期が精密にコントロールされる[32]。**図9.4**は，このようなALD/MLDで成長させた無機–有機超格子薄層の製作原理と，それをFTIR分光法

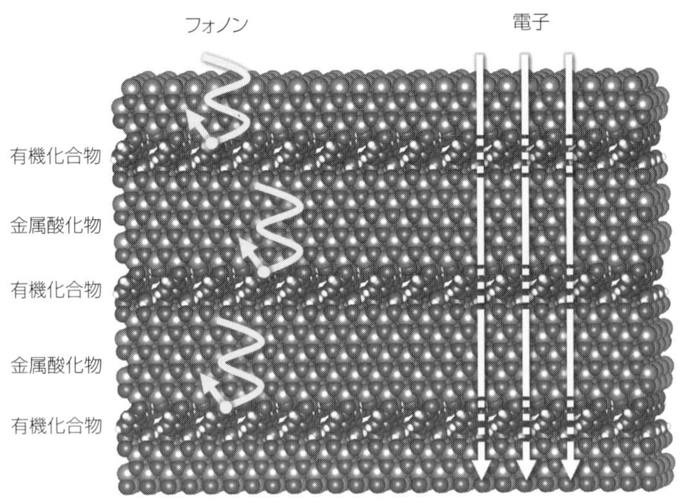

図 9.3　厚い熱電性酸化物層の間に薄い有機薄膜層が規則的に挟み込まれてフォノンの輸送がブロックされ電子輸送は保持されている超格子薄膜の模式図。（口絵参照）

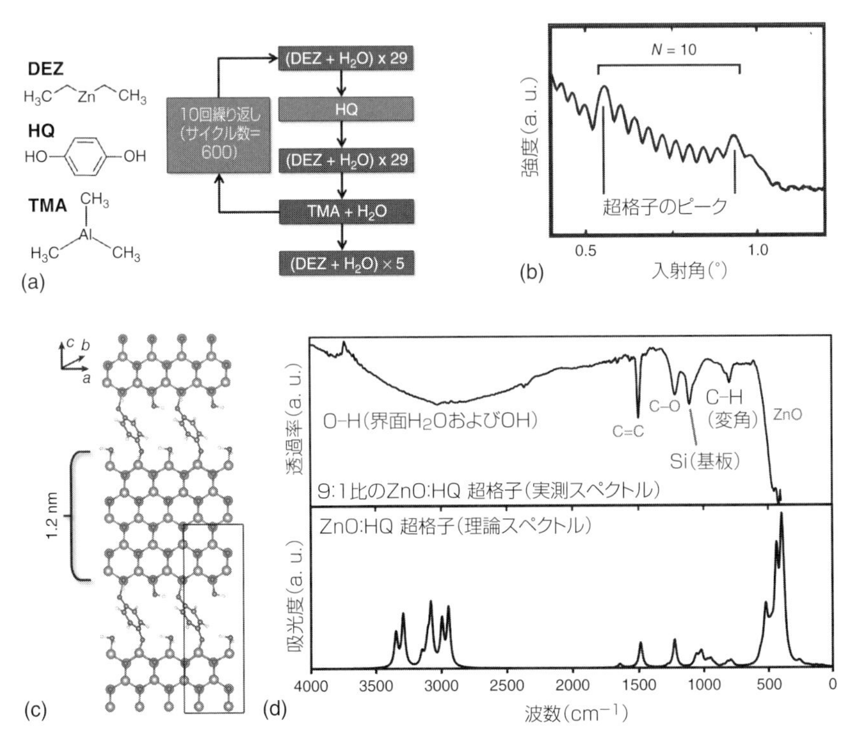

図 9.4　(a) 酸化物：有機材 ZnO:HQ 超格子を ALD/MLD 法で製作するときの模式図；(b) XRR 法による超格子構造の検証；(c) 第一原理計算で得られた ZnO:HQ 超格子の原子レベルモデル；(d) ZnO:HQ 超格子の IR スペクトルの測定結果と理論スペクトル。（口絵参照）

(フーリエ変換赤外線分光)およびXRR(X線反射率測定)法を用いて実験検証したときの図解例である。これら新規の無機–有機ハイブリッド材料の研究に，さらにはその原子レベルの構造–性質の相関を解明するのに，*ab initio*/第一原理による密度汎関理論(DFT)に基づく最新の計算手法も援用されている[33,34]。

今のところコンセプトを実証する実験データが報告されているのは，(Zn,Al)O と(Ti,Nb)O_2の二種類の酸化物材料系が単一の有機材料ヒドロキノン(HQ)ベースの層と組み合わされたものだけである[4,35〜38]。**図 9.5** からはっきり分かることだが，元の成分と比較してこれらの超格子薄膜の熱伝導度はかなり低下している。この図は，TDTR(時間領域サーモリフレクタンス熱反射)法で測定された熱伝導度の値を，非ドープの ZnO:HQ と TiO_2:HQ 系の XRR データから決定された超格子周期に対してプロットしたものである。両サンプルとも，超格子周期が小さくなるとそれに比例して熱伝導度も低下している。これは，無機–有機–無機界面での非干渉性(incoherent)フォノン散乱がこれらの多層構造における熱輸送を支配していることを示唆するものである[39]。また，有機層の数が増えると，超格子膜の密度と，それに相まって熱容量が減少することが見出されている[40]。ZnO:HQ と TiO_2:HQ の両系列において，超格子周期がおよそ 5 nm 以下の場合に，1 桁以上の熱伝導度の減少と，それによるきわめて低い熱伝導度の値が得られている(図 9.5 参照)。

TE 全体としての性能が向上するためには，熱伝導度の低下が電気的な輸送特性の低下を伴うようではいけない。(Zn,Al)O:HQ 系においては，赤外線反射率，比抵抗，およびゼーベック係数などの測定を通じ，とくに Al 含有量が適切に調節されていれば(Zn,Al)O マトリックス内に有機単分子層が導入されても電子のドーピングレベルに大きな影響がないことが示されており，幸い，この系ではそのようなことは生じないと考えられる。有機層が導入された(Zn,Al)

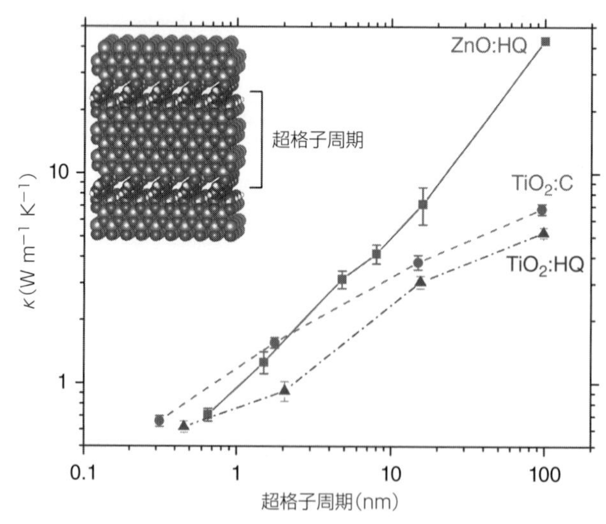

図 9.5　超格子周期の関数として熱伝導率をプロットしたもの。ZnO:HQ，TiO_2:HQ(いずれも堆積のまま)，TiO_2:C(アニール後)の ALD/MLD による薄膜のデータ。図中約 100 nm 超格子周期のデータは純無機材薄膜からとったもの。(口絵参照)

O:HQ 超格子では出力因子（PF）に変化がほとんど見られないことから，超格子で観測される1 桁以上の熱伝導度の減少は，その材料の熱電性能指数 *ZT* が大幅に増大する結果をもたらすであろう。ただ，ここで（より正確な結論を求めるに先立って）注意しなければならないのは，これまで報告されている電気輸送特性の測定が面内での測定であるのに対して，TE 薄膜の熱伝導度の測定に用いられる最新の TDTR（時間領域サーモリフレクタンス測定）技術では膜面に垂直な熱伝導度を測定するという事実である。そのため二つの値が完全に同等であるとはかぎらない。同時に純粋に無機材料の超格子に対する実験データによると，熱伝導度の減少は超格子層の厚さ方向だけではなく面内方向でも生じる可能性があり，そのことも念頭に置かなければならない［15］。以上から，ALD/MLD 技術を用いて周期的・間欠的に有機層を成層することにより，無機材料の TE 性能を向上させるという考え方はきわめて有望と思われ，有機成分と無機成分の選択幅を拡大することでさらに開発の広がりが生じるものと考えられる。また，特筆に値することだが，（Zn,Al）O:HQ 系の場合において，超格子構造を含む膜が空気中で500℃までの高温の加熱でも安定を保つことが報告されている。

TiO_2:HQ 超格子膜に対して H_2 気流中 600℃で行われた高温アニーリング実験からは，興味深い事象が観測されている。この還元性アニーリング処理によってベンゼン環が分解されてグラファイト炭素に変わるが，超格子構造がほんの少し収縮しただけでそれ以外は変化がなかった（付随して膜の密度と熱容量のわずかな増大は生じた）。これは面外方位のベンゼン環が面内方位の C_6 環に変形したものと考えられている［38］。とくに重要なのは，オリジナルの TiO_2:HQ 超格子膜で見られるように，TiO_2:C 超格子薄膜でも超格子周期が短くなるのに伴って熱伝導度が減少するという挙動が確認されていることである（図 9.5 参照）［38］。応用面でいえば，このような酸化物：炭素超格子膜の方がさらに良好な熱安定性のため酸化物：有機材料膜よりも魅力的な膜になり得る。

無機–有機界面を通過するときの熱輸送の低下に関するメカニズムの理解を深める目的の研究も行われている。それらの研究のなかで，ZnO:（HQ-Zn）$_k$ 型の超格子薄膜に，より厚い（HQ-Zn）$_k$ を間欠的に組み入れたハイブリッド層のものが検討された。ZnO 層の間のハイブリッド（HQ-Zn）層の厚みが増すと，界面を横切るフォノン輸送が弾道的輸送から拡散輸送に変化することが見出された［40］。

ZnO:HQ 超格子薄膜に対する原子レベルでの構造モデルが量子化学的方法を使って導出され，分光的性質，電子的性質，そして熱電的性質の詳細な検討が可能になった［33,34］。計算による分光データは，実験的に測定された赤外スペクトルの詳細な解釈を可能にし，結晶性 ZnO:HQ 超格子内部での有機界面の存在を強くサポートすることになった（図 9.4c，d 参照）。DFT-PBE0 近似を用いたバンド構造の計算は，ZnO：有機材料超格子のバンド構造の目的に応じた改良が簡便でしかも実験可能な成分調整を行うことで可能になることを明らかにし，より優れた TE 効率のための ZnO：有機材料超格子のバンド構造エンジニアリングに向けたガイドラインが得られた。また，計算で予測された格子熱伝導度が対応する実験値と一致することもわかり，ZnO:有機材料超格子ではバルク ZnO に比べて熱伝導度が大幅に低いことが示された。この熱伝導度の低下は ZnO ブロックの周期厚によって制限され，また，親酸化物に対する累積格子熱伝導度（cumulative lattice thermal conductivity）と呼ばれる量を単に計算すれば超格子の

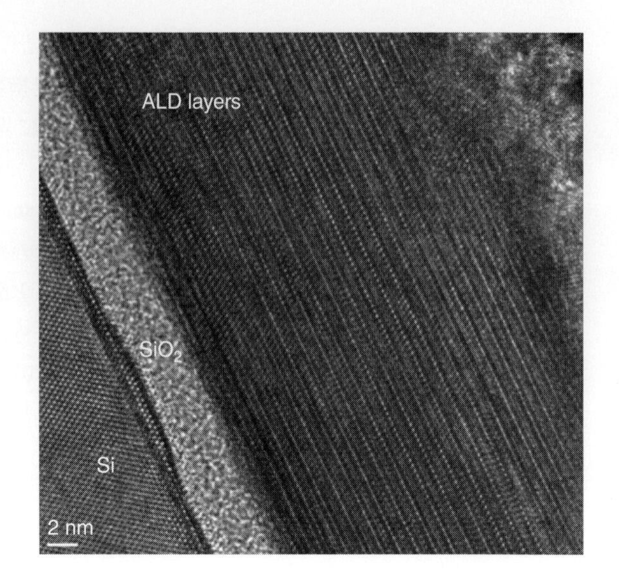

図9.6　ALD Bi_2Te_3 ALD Sb_2Te_3が交互に現れる二重層ナノラミネート構造に対して得られたHRTEM断面解析画像[38]。局所的エピタキシャル成長が見られる。（Nminibapiel et al. 2013 [41]。アメリカ電気化学協会の許諾を得て転載。）

効果に対する粗い見積もりを手に入れることができる。

ここで言及しておきたいのだが，Bi_2Te_3層とSb_2Te_3層を交互に組み込んだ純粋な無機材料熱電ナノラミネート構造が，対応する脱クロロシリル化（dechlorosilylation）プロセスを使ってALD法で製作されている[41]。TE性能向上のためのナノラミネート化というコンセプトは新しいものではなく，Bi_2Te_3/Sb_2Te_3ナノラミネート構造は，これまでにもMBE法やPLD法などさまざまな従来手法を使って得られている。しかし，これらの手法は工業的大量製造への移行が困難なため，ALD法で同じものを形成する努力が高く評価されている。電界放出走査電子顕微鏡（FE-SEM）画像には，特徴的な六方晶微結晶（crystallite）をもつ島型成長がBi_2Te_3とSb_2Te_3の両方で観察されており，また，高分解能TEMの断面解析からは，ALD-Bi_2Te_3層とALD-Sb_2Te_3層が交互に現れる局所的エピタキシャル成長が大きな島状組織の内部に確認された（**図9.6**参照）。これまでのところ，これらナノラミネート薄膜構造の熱電特性の評価は行われていない。

最後になるが，ALD法とMLD法の両方は，その成長メカニズムにより，本質的にきわめて均一な被覆を与えるということを強調しておきたい。この章で記した熱電超格子材料やナノラミネート材料に対して，たとえばナノ構造化した天然または人工の基板材料を犠牲テンプレートとして使い，さらなるナノ構造化を施すのは自然な流れといえる。そのようなナノ構造化のアプローチはこれからの課題である。

9.4　展望とこれからのチャレンジ

熱電材料は原理的にさまざまなタイプの熱流を直接電力に変換することができるため，熱電発電は過剰に存在する熱源からさまざまな形で排出される熱あるいは不可避的に排出される排熱からエネルギーを収穫または回収（エネルギーハーベスティング，energy harvesting）するために用いる有望なテクノロジーである。遍在的な薄膜ベース熱電デバイスが必要とされるであろう分野としては，たとえばウェアラブルエレクトロニクスに使用する小型無線用電源がある。そのデバイスは，たとえば私たちの体温の熱エネルギーを収穫して医療用センサーやその他の超小型携帯式デバイスを駆動する。これは，高品質の均一被膜を大面積／ナノ構造体／可撓性基板の上に成膜するのが可能であるという意味でALD技術が競争力をもち得る分野である。

ALD法には，個別層に対する原子レベルでの厚み制御ができ，ナノ構造体のエンジニアリングが容易であり，ALDが熱電技術の分野できわめて有用になり得る固有の特徴になっている。厚み制御の観点では，ALD法を有機層を分子レベルの精密度で堆積する技法であるMLD法と組み合わせたときにとくに著しいのだが，二種類の無機材料または無機–有機ハイブリッドのナノラミネートあるいは超格子をオンデマンド方式の層加工が施された形で構築することができて，それによって熱伝導を抑制して熱電特性を向上することができる。

しかし，当該分野の研究は今も黎明期にある。これまでにほんの一握りの有望な熱電材料に対してのみALDプロセスおよびALD/MLDプロセスが開発されているだけである。実際の熱電モジュールの構築については，n型材料とp型材料を単純に組み合わせようとする試みすら存在しない。したがって，さまざまな可能な材料／プロセスの拡張は，この分野にとって喫緊の課題である。これまでになされた努力は，Bi_2Te_3ベースおよびPbTeベースの材料，あるいは酸化物材料に向けられている。しかし，考えてしかるべき別の熱電材料ファミリーも存在するはずである。

参照文献

1 Snyder, G.J. and Toberer, E.S. (2008) *Nat. Mater.*, **7**, 106–114.
2 DiSalvo, F.J. (1999) *Science*, **285**, 703–706.
3 Bahk, J.-E., Fang, H., Yazawa, K., and Shakouri, A. (2015) *J. Mater. Chem. C*, **3**, 10362–10374.
4 Sootsman, J.R., Chung, D.Y., and Kanatzidis, M.G. (2009) *Angew. Chem. Int. Ed.*, **48**, 8616–8639.
5 Slack, G.A. (1995) in *CRC Handbook of Thermoelectrics* (ed. D.M. Rowe), CRC Press, Boca Raton, FL, p. 407.
6 Pei, Y., LaLonde, A.D., Wang, H., and Snyder, G.J. (2012) *Energy Environ. Sci.*, **5**, 7963–7969.
7 Terasaki, I., Sasago, Y., and Uchinokura, K. (1997) *Phys. Rev. B*, **56**, R12685–R12687.
8 Dresselhaus, M. .S., Chen, G., Tang, M. .Y., Yang, R. .G., Lee, H., Wang, D. .Z., Ren, Z. .F., Fleurial, J.-P., and Gogna, P. (2007) *Adv. Mater.*, **19**, 1043–1053.
9 Kanatzidis, M.G. (2010) *Chem. Mater.*, **22**, 648–659.
10 Nielsch, K., Bachmann, J., Kimling, J., and Böttner, H. (2011) *Adv. Energy Mater.*, **1**, 713–731.
11 Biswas, K., He, J., Blum, I.D., Wu, C.-I., Hogan, T.P., Seidman, D.N., Dravid, V.P., and Kanatzidis, M.G. (2012) *Nature*, **489**, 414–418.
12 Böttner, H., Chen, G., and Venkatasubramanian, R. (2006) *MRS Bull.*, **31**, 211–217.
13 Venkatasubramanian, R., Pierce, J., Colpitts, T., Bulman, G., Stokes, D., Posthill, J., Barletta, P., Koester, D., O'Quinn, B., and Siivola, E. (2012) in *Modules, Systems, and Applications in Thermoelectrics* (ed. D.M. Rowe), CRC Press, Boca Raton, FL, pp. 21-1–21-18.
14 Venkatasubramanian, R., Siivola, E., Colpitts, T., and O'Quinn, B. (2001) *Nature*, **413**, 597–602.
15 Yao, T. (1987) *Appl. Phys. Lett.*, **51**, 1798–1800.
16 Parsons, G.N., Atanasov, S.E., Dandley, E.C., Devine, C.K., Gong, B., Jur, J.S., Lee, K., Oldham, C.J., Peng, Q., Spagnola, J.C., and Williams, P.S. (2013) *Coord. Chem. Rev.*, **257**, 3323–3331.
17 Lybeck, J., Valkeapää, M., Shibasaki, S., Terasaki, I., Yamauchi, H., and Karppinen, M. (2010) *Chem. Mater.*, **22**, 5900–5904.
18 Niemelä, J.-P., Karttunen, A.J., and Karppinen, M. (2015) *J. Mater. Chem. C*, **3**, 10349–10361.
19 Tynell, T., Yamauchi, H., Karppinen, M., Okazaki, R., and Terasaki, I. (2013) *J. Vac. Sci. Technol., A*, **31**, 01A109.

20 Tynell, T., Okazaki, R., Terasaki, I., Yamauchi, H., and Karppinen, M. (2013) *J. Mater. Sci.*, **48**, 2806–2811.
21 Ruoho, M., Pale, V., Erdmanis, M., and Tittonen, I. (2013) *Appl. Phys. Lett.*, **103**, 203903.
22 Tynell, T. and Karppinen, M. (2014) *Semicond. Sci. Technol.*, **29**, 043001.
23 Niemelä, J.-P., Hirose, Y., Hasegawa, T., and Karppinen, M. (2015) *Appl. Phys. Lett.*, **106**, 042101.
24 Niemelä, J.-P., Hirose, Y., Shigematsu, K., Sano, M., Hasegawa, T., and Karppinen, M. (2015) *Appl. Phys. Lett.*, **107**, 192102.
25 Tripathi, T.S., Niemelä, J.-P., and Karppinen, M. (2015) *J. Mater. Chem. C*, **3**, 8364–8371.
26 Sarnet, T., Hatanpää, T., Puukilainen, E., Mattinen, M., Vehkamäki, M., Mizohata, K., Ritala, M., and Leskelä, M. (2015) *J. Phys. Chem. A*, **119**, 2298–2306.
27 Sarnet, T., Hatanpää, T., Vehkamäki, M., Flyktman, T., Ahopelto, J., Mizohata, K., Ritala, M., and Leskelä, M. (2015) *J. Mater. Chem. C*, **3**, 4820–4828.
28 Zastrow, S., Gooth, J., Boehnert, T., Heiderich, S., Toellner, W., Heimann, S., Schulz, S., and Nielsch, K. (2013) *Semicond. Sci. Technol.*, **28**, 035010.
29 Niemelä, J.-P., Yamauchi, H., and Karppinen, M. (2014) *Thin Solid Films*, **551**, 19–22.
30 Niemelä, J.-P., Marin, G., and Karppinen, M., manuscript (2017).
31 Sundberg, P. and Karppinen, M. (2014) *Beilstein J. Nanotechnol.*, **5**, 1104–1136.
32 Tynell, T. and Karppinen, M. (2014) *Thin Solid Films*, **551**, 23–26.
33 Karttunen, A.J., Tynell, T., and Karppinen, M. (2015) *J. Phys. Chem. C*, **119**, 13105–13114.
34 Karttunen, A.J., Tynell, T., and Karppinen, M. (2015) *Nano Energy*, **22**, 338–348.
35 Tynell, T., Terasaki, I., Yamauchi, H., and Karppinen, M. (2013) *J. Mater. Chem. A*, **1**, 13619–13624.
36 Tynell, T., Giri, A., Gaskins, J., Hopkins, P.E., Mele, P., Miyazaki, K., and Karppinen, M. (2014) *J. Mater. Chem. A*, **2**, 12150–12152.
37 Niemelä, J.-P. and Karppinen, M. (2015) *Dalton Trans.*, **44**, 591–597.
38 Niemelä, J.-P., Giri, A., Hopkins, P.E., and Karppinen, M. (2015) *J. Mater. Chem. A*, **3**, 11527–11532.
39 Giri, A., Niemelä, J.-P., Tynell, T., Gaskins, J., Donovan, B.F., Karppinen, M., and Hopkins, P.E. (2016) *Phys. Rev. B*, **93**, 115310.
40 Giri, A., Niemelä, J.-P., Szwejkowski, C.J., Karppinen, M., and Hopkins, P.E. (2016) *Phys. Rev. B*, **93**, 024201.
41 Nminibapiel, D., Zhang, K., Tangirala, M., Baumgart, H., Chakravadhanula, V.S.K., Kübel, C., and Kochergin, V. (2013) *ECS Trans.*, **58**, 59–66.
42 Zhang, K., Pillai, A.D.R., Bollenbach, K., Nminibapiel, D., Cao, W., Baumgart, H., Scherer, T., Chakravadhanula, V.S.K., Kübel, C., and Kochergin, V. (2014) *ECS J. Solid State Sci. Technol.*, **3**, P207–P212.

索　引

数　字

3D フォトニック結晶 …… 43

A

AAO …… 31, 142, 172
ADT …… 172
Al-BSF …… 56
Al_2O_3 膜 …… 67
ALD Al_2O_3（膜）…… 67, 71
ALD-Pt 電池 …… 164
AP-CVD …… 71, 236
APS …… 223
ARC …… 56
AR 値 …… 16

B

band bending …… 64
BM シフト …… 84
Bragg ミラー …… 79

C

C－C 結合 …… 215
CB …… 225
CC …… 167
CdS …… 123
CIS …… 121
CNT …… 144, 160
CO …… 167
COCOS …… 68
CQDSC …… 128, 140
CS …… 168
CSP …… 211
Cu_2S …… 122
CVD …… 16, 113, 211
CZTS …… 121

D

DEFC …… 166
DFAFC …… 166
DFT …… 260
DLFC …… 166
DMFC …… 208
DSCC …… 134
DSSC …… 122, 127, 232

E

ECSA …… 168
EIP …… 133
Eley-Rideal 機構 …… 23
EOR …… 159, 166
EPMA …… 31
ETA …… 116, 228
ETP …… 86
EVD …… 211

F

FCA …… 84
FCR …… 84
FE-SEM …… 262
FOR …… 159, 166
FTIR …… 27, 258

FTO ··· 232

G

GDC ··· 214
GISAXS ··· 29, 45
GNS ··· 166
GO ··· 168
Gordon モデル ··· 35
GPC ··· 18, 24, 80
GPSC ··· 89

H

H_2S ··· 141
H_2 発生反応（HER）··· 159, 172, 223
H_2 プラズマ ··· 23
HAADF-STEM ··· 167
HDCFC ··· 218
HDR ··· 65
HF ··· 68
$Hf(NMeEt)_4$ ··· 76
HOMO 準位 ··· 187
HOR ··· 163
HQ ··· 260
HTFC ··· 208
HTM ··· 128

I

IB ··· 118, 124
IBC ··· 58
IBPV ··· 124
IIS ··· 83
In_2O_3 ··· 90
In_2S_3 ··· 123
InCp ··· 91, 142
interdigitated ··· 58
ITO ··· 141, 232
IZO ··· 86

K

Knudsen 拡散 ··· 44

L

Li-Al-O（$LiAlO_2$）··· 193
Li-Al-Si-O ··· 194
Li-La-O ··· 192
Li_2CO_3 ··· 191
$Li_2Mn_2O_4$ ··· 199
Li_3N ··· 195
Li_3PO_4 ··· 195
$LiCoO_2$ ··· 198
LiF ··· 197
$LiFePO_4$ ··· 200
$LiNbO_3$ ··· 195
LiPON ··· 196
$LiTaO_3$ ··· 195
$Li_xSi_yO_z$ ··· 194
LLT ··· 192
LPCVD ··· 86, 90
LUMO 準位 ··· 187

M

MaCE ··· 228
Masetti のモデル ··· 82
MC ··· 208
MCFC ··· 210
MEA ··· 163
MEMS ··· 33
MIEC ··· 215
MLD ··· 255, 258
MnO_x ··· 199
MoO_x ··· 102
MOR ··· 159, 166

N

NAOS ··· 95
NN ··· 233

O

O_2 還元反応（ORR）··· 159, 169
OCV ··· 213
ODTS ··· 179

OEC・・・223
OER・・・223
OES・・・23, 28, 40
OPAL2・・・82
OTR・・・139

P

p-n 接合モデル・・・231
PAFC・・・208
PbS・・・122
PbSe QD FET トランジスタ・・・140
PC・・・63
PCE・・・127
PDA・・・63
PDMS・・・144
PE-ALD・・・21
PEC・・・145
PE-CVD・・・63, 71
PEM・・・157
PEMFC・・・208
PERC・・・56
PL・・・63
PLD・・・82
PtCo・・・177
PTFE・・・160
PtRu・・・175
Pt 析出・・・215
PVD・・・16, 71, 238

Q

QCM・・・25
QD・・・139
QDSSC・・・128, 140
QD 増感剤・・・233
QMS・・・26

R

RHE・・・166
RP・・・77
RPD・・・82

S

S-ALD・・・72, 92
SAM・・・179
Sb_2S_3・・・122
SCR・・・63
sDSSC・・・228
SEI・・・186
SEM・・・30
SHJ・・・58, 81
Shockley-Queisser 限界・・・118
SILAR・・・114
Si ヘテロ接合太陽電池・・・58
Si ホモ接合太陽電池・・・56
SnS・・・122
SO・・・208
SOFC・・・209
Spiro-OMeTAD・・・141
SRH 方程式・・・64
STEM・・・166
STO・・・95

T

TCO・・・55, 128, 141
TDMASn・・・142
TDMAT・・・45, 243
TDTR・・・260
TEM・・・30
TFEL・・・211
TiC_4・・・23
TMA・・・23, 67, 162, 239
TMO・・・179
TOPCon・・・59
TRL・・・224
TTIP・・・243

V

V_2O_5・・・197
VB・・・225
Vo・・・239
VPT・・・142
VTIP・・・24

VTM …… 235

W

Wiedemann-Franz 則 …… 252
WVTR …… 139

X

XANES …… 166
XAS …… 239
XRR …… 29, 45, 260
X 線回折（XRD）…… 29
X 線吸収端近傍構造（XANES）…… 166
X 線吸収分光分析（XAS）…… 239
X 線光電子分光法（XPS）…… 29
X 線反射率測定法（XRR）…… 29, 260

Y

YDC …… 211
YSZ 電解質 …… 210

Z

Z–スキーム …… 225
ZnO ナノロッド（ZnO-NR）…… 136, 167
ZrO_2 粉末 …… 27

あ 行

アスペクト比 …… 16, 32, 34
アノード …… 186, 215
アルミニウム裏面電界（Al-BSF）…… 56
イオン–電子混合アノード（MIEC）…… 215
イオン不純物散乱（IIS）…… 83
一酸化炭素（CO）…… 167
イットリア安定化ジルコニア（YSZ）電解質 …… 210
イットリアドープトセリア（YDC）…… 211
エタノール酸化（反応）（EOR）…… 159, 166
エネルギー増強 ALD …… 68
エピタキシ法 …… 118
エリプソメーターポロシメトリ …… 45
オージェ再結合 …… 61, 95
オームの法則 …… 94
オクタデシルトリクロロシラン（ODTS）…… 179
オパール構造 …… 233

か 行

カーボンナノチューブ（CNT）…… 144, 160
カーボンブラック（CC）…… 167
開回路電圧（OCV）…… 213
化学気相成長法（CVD）…… 16, 113, 211
化学スプレー熱分解（CSP）…… 211
化学的パッシベーション …… 64
化学量論比 …… 117
可逆水素電極（RHE）…… 166
化合物半導体 …… 227
カソード …… 186, 215
加速劣化試験（ADT）…… 172
価電子帯（VB）…… 225
ガドリニアドープトセリア（GDC）…… 214
ガリウム系材料 …… 215
カルコゲニド材料 …… 119
擬–フェルミ準位 …… 62
ギ酸酸化（反応）（FOR）…… 159, 166
技術成熟度（TRL）…… 224
気相輸送成長法（VPT）…… 142
気相輸送法（VTM）…… 235
気体拡散方程式 …… 34
キャリヤの密度 …… 61, 82
吸収体 /HTM 界面 …… 137
強誘電体 …… 195
巨視的テスト構造 …… 33
金属援用化学エッチング（MaCE）…… 228
金属酸化物 …… 231
クーロン散乱 …… 83
空間電荷領域（SCR）…… 63
空間分割 ALD（S-ALD）…… 72, 92
クヌーセン拡散 …… 32
グラフェンナノシート（GNS）…… 166
クロノアンペロメトリ …… 167
蛍光 X 線測定（XRF）…… 29
結晶シリコン（Si）太陽電池 …… 55
元素半導体 …… 227
コア–シェル構造 …… 233
コア／シェルナノ構造 …… 175

高温燃料電池（HTFC）…………………208
光学発光分光法（OES）…………………23
格子成分……………………………253
高周波（RF）発振器…………………23
光電化学電池…………………………128
光伝導性（PC）………………………63
高濃度ドープ領域（HDR）……………65
高分解能走査透過電子顕微鏡（STEM）……166
高分子プロトン交換膜（PEM）…………157
固体酸化物（SO）……………………208
固体酸化物形燃料電池（SOFC）…………209
固体電解質界面（SEI）…………………186
コロイド量子ドット太陽電池（CQDSC）……
……………………………128, 140
コロナ酸化物特性評価法（COCOS）………68

さ　行

サイクリックボルタンメトリ……………132
サイクルあたりの成長厚（GPC）………24, 80
酸化インジウム（IZO）…………………86
酸化インジウムスズ（ITO）…………141, 232
酸素還元反応（ORR）…………………169
酸化グラフェン（GO）…………………168
酸化モリブデン（MoO_x）………………102
三酸化タングステン……………………240
酸素空孔（Vo）…………………………239
酸素透過速度（OTR）…………………139
酸素発生反応（OER）…………………223
酸素発生複合体（OEC）………………223
時間領域サーモリフレクタンス熱反射法（TDTR）
……………………………………260
色素 /MO_x 構造………………………137
色素増感（型）太陽電池（DSSC）…122, 127, 232
シクロペンタジエニルインジウム（InCp）……
…………………………………91, 142
自己組織化単分子膜（SAM）……………179
四重極質量分析（QMS）…………………26
質量分析……………………………40
ジメチルカドミウム（DMCd）……………141
斜入射小角 X 線散乱（GISAXS）…………29
出力因子……………………………256
常圧 CVD（法）（AP-CVD）………………71
硝酸酸化ステップ（NAOS）………………95
触媒プローブ…………………………40
シリコンヘテロ接合（SHJ）…………58, 81
ジルコニア系材料……………………212
シンクロトロン…………………………29
人工光合成（APS）……………………223
信号-雑音比……………………………27
ジントル相……………………………253
スーパーサイクル当たりの成長（GPSC）……89
スーパーサイクル法………………87, 93
水蒸気透過速度（WVTR）………………139
水晶振動子マイクロ天秤（QCM）…………25
水素酸化反応（HOR）…………………163
水素発生反応（HER）…………172, 223
スクッテルダイト………………………253
スパッタ LiPON…………………………191
正孔輸送材料（HTM）…………………128
成膜速度（GPC）…………………………18
接合のパッシベーション…………………59
セリア系材料…………………………214
遷移金属酸化物（TMO）………………179
全固体色素増感太陽電池（sDSSC）………228
ソーラー燃料…………………………223
相互嵌合（interdigitated）…………………58
相互嵌合（interdigitated）バックコンタクト（IBC）
……………………………………58
走査型電子顕微鏡（SEM）………………30
疎水性-親水性反発………………………44
その場測定質量分析法……………………23

た　行

大気圧化学蒸着（APCVD）………………236
堆積後アニーリング（PDA）………………63
太陽エネルギー変換効率（η_p）…………111
太陽からの放射スペクトル………………110
太陽光発電……………………………55
太陽電力変換効率（PCE）………………127
大量生産………………………………55
多結晶膜………………………………133
脱クロロシリル化反応…………………257
炭素球（CS）…………………………168
チタン酸ストロンチウム（STO）…………95
チタンテトライソプロポキシド（TTIP）……243
窒化物…………………………………228

中間バンド（IB）……………………118, 124
中間バンド型太陽電池（IBPV）……………124
超格子……………………………………258
超薄膜吸収体（ETA）………………116, 228
直接液体供給型燃料電池（DLFC）…………166
直接型エタノール燃料電池（DEFC）………166
直接型ギ酸燃料電池（DFAFC）……………166
直接メタノール型燃料電池（DMFC）………208
低圧 CVD 法（LPCVD）………………86, 90
低温エピタキシ……………………………118
定電圧耐久テスト…………………………163
定電位安定度試験…………………………243
テトラキス（ジメチルアミノ）スズ（TDMASn）……………………………………142
テトラキス（ジメチルアミノ）チタン（TDMAT）……………………………………45, 243
デュアル熱電対………………………………40
電界効果不動態化……………………………67
電界放出走査電子顕微鏡（FE-SEM）………262
電荷キャリヤ…………………………………61
電荷抽出長…………………………………114
電気化学的活性表面積（ECSA）……………168
電気化学的蒸着法（EVD）…………………211
電極触媒テスト……………………………166
電子選択型接合………………………………95
電子線マイクロアナライザ（EPMA）………31
点接触アプローチ…………………………116
伝導帯（CB）………………………………225
電場効果パッシベーション…………………64
ドープ…………………………………………64
透過型電子顕微鏡（TEM）…………………30
等電点（EIP）………………………………133
透明導電性酸化物（膜）（TCO）……55, 128, 141
トリイソプロポキシドバナジル（VTIP）……24
トリメチルアルミニウム（TMA）……………………………………23, 67, 162, 239
ドルーデ効果…………………………………84
トンネル現象…………………………………96
トンネル酸化膜………………………………97
トンネル酸化膜パッシベーションコンタクト（TOPCon）……………………………59

な　行

ナノ円筒アレイ……………………………236
ナノ構造光電極…………………………230, 244
ナノチューブ／ナノワイヤ…………………141
ナノネット（NN）…………………………233
ナノポーラス材料……………………………43
ナノ粒子を用いたリソグラフィー…………213
ナノワイヤ…………………………………142
熱（的）ALD…………………………22, 77, 100
熱電酸化物被膜……………………………255
熱容量（C）………………………………253
熱力学的平衡…………………………………61

は　行

バースタイン–モスシフト（BM シフト）…84, 87
ハイブリッドダイレクトカーボン型燃料電池（HDCFC）………………………………218
薄膜エレクトロルミネッセンス（TFEL）……211
薄膜熱電デバイス…………………………254
薄膜の堆積……………………………………25
発光分光法（OES）…………………………28
パッシベーション効果………………………31
パルスレーザ堆積（PLD）…………………82
反射防止膜（ARC）…………………………56
バンドギャップ………………82, 133, 231, 232
バンド屈曲（band bending）………………64
反応性プラズマ堆積（RPD）………………82
汎用性をもつコーティング技術……………16
光吸収の効率（η_a）……………………110
光触媒………………………………………232
光増感体……………………………………128
光電気化学（PEC）…………………………145
光電極構造…………………………………234
光電極材料…………………………………231
光電極／電解質接合部………………………239
光ルミネセンス（PL）………………………63
表面再結合速度………………………………66
表面：体積比……………………………62, 139
表面の赤外線分光……………………………27
表面パッシベーション………………………60
表面不活性効果………………………………31
フーリエ変換赤外分光法（FTIR）………27, 258

ファラデー効率……244
フェルミ準位……84
フェルミ-ディラック統計……62
フォトニックバンドギャップ……43
フォノン境界錯乱……258
フォノン速度(v)……253
フォノンの平均自由行程(l)……253
フッ化水素酸(HF)……68
フッ素ドープ酸化スズ(FTO)……232
物理気相成長法(PVD)……16, 71, 117, 238
部分的金属化……97
プラズマ ALD(PE-ALD)……21
プラズマ CVD(PE-CVD)……63, 71
プランク定数……83
フリーキャリヤ吸収(FCA)……84
フリーキャリヤ反射(FCR)……84
ブリルアンゾーン……112
フレネルの反射則……110
フレネルの方程式……27
ブロッキング層……133, 143
プロトン交換膜形燃料電池(PEMFC)……208
分光エリプソメトリ……26, 33
分子層堆積法(MLD)……255, 258
平面 FTO……148
平面光アノード……242
平面光カソード……243
ペロブスカイト型太陽電池……128
ホウ素ドーピング……90
膨張熱プラズマ(ETP)……86
ポリカーボネートフィルター……43
ポリ(ジメチルシロキサン)(PDMS)……144
ポリスチレン……233
ポリテトラフルオロエチレン(PTFE)……160
ボルツマン定数……34, 61

ま　行

マイクロ波プラズマ……40
膜厚均一性……15, 29, 31, 40, 124
膜電極接合体(MEA)……163
水の分解……148, 226
密度汎関理論(DFT)……260
無反射被膜コーティング……111
メソ多孔質シリカ膜……44
メタノール酸化(反応)(MOR)……159, 166
面方向電導度……81
モンテカルロモデル……37, 41

や　行

有機材料ヒドロキノン(HQ)……260
有機太陽電池……128
誘電定数……43
誘電率……101
陽極酸化アルミニウム(膜)(AAO)……31, 142, 172
溶融炭酸塩(MC)……208
溶融炭酸塩形燃料電池(MCFC)……210

ら　行

ラジカル支援 ALD……22
ラングミュア則……37
ランダムな偏光……11
ランダムピラミッド(RP)……77
硫化インジウム(In_2S_3)……123
硫化カドミウム(CdS)……123
硫化水素(H_2S)……141
量子効率……230
量子ドット(QD)……139
量子ドット増感太陽電池(QDSSC)……122, 128, 140
リン酸形燃料電池(PAFC)……208
連続的イオン層吸着反応による沈着法(SILAR)……114

わ　行

ワイヤレスセル……229

原著編者（序文執筆者）　Julien Bachmann
Friedrich-Alexander Universität FAU Anorganische Chemie
Egerlandstr. 1 91058 Erlangen Germany

ALD（原子層堆積）による エネルギー変換デバイス

発行日	2018年11月28日　初版第一刷発行
原著編者	Julien Bachmann
監訳者	鈴木　雄二
翻訳者	廣瀬　千秋
発行者	吉田　隆
発行所	株式会社 エヌ・ティー・エス 〒102-0091　東京都千代田区北の丸公園2-1　科学技術館2階 TEL.03-5224-5430　http://www.nts-book.co.jp/
印刷・製本	株式会社 双文社印刷

ISBN978-4-86043-565-3